激扬青春之人格魅力塑造丛书

# 细 节：
# 难事作于易，大事作于细

谢普 主编

红旗出版社

红旗出版社
HONGQI PRESS
推动进步的力量

# 图书在版编目（CIP）数据

细节：难事作于易，大事作于细 / 谢普主编. ——
北京：红旗出版社，2019.11
（激扬青春之人格魅力塑造丛书）
ISBN 978-7-5051-4999-1

Ⅰ．①细… Ⅱ．①谢… Ⅲ．①故事—作品集—中国—
当代 Ⅳ．①I247.81

中国版本图书馆CIP数据核字（2019）第242280号

书　名　细节：难事作于易，大事作于细
主　编　谢普

| | | | |
|---|---|---|---|
| 出 品 人 | 唐中祥 | 总 监 制 | 褚定华 |
| 选题策划 | 华语蓝图 | 责任编辑 | 王馥嘉　朱小玲 |

| | | | |
|---|---|---|---|
| 出版发行 | 红旗出版社 | 地　　址 | 北京市丰台区中核路1号 |
| 编 辑 部 | 010-57274497 | 邮政编码 | 100727 |
| 发 行 部 | 010-57270296 | | |
| 印　　刷 | 永清县晔盛亚胶印有限公司 | | |
| 开　　本 | 880毫米×1168毫米　1/32 | | |
| 印　　张 | 40 | | |
| 字　　数 | 970千字 | | |
| 版　　次 | 2019年11月北京第1版 | | |
| 印　　次 | 2020年7月北京第1次印刷 | | |

ISBN 978-7-5051-4999-1　　定　价　256.00元（全8册）

# 前/言

　　人生中出现的一切，都无法拥有，只能经历。深知这一点的人，就会懂得：无所谓失去，只是经过而已；亦无所谓失败，而只是经验而已。用一颗浏览的心，去看待人生，一切得与失、隐与显，都是风景与风情。

　　把自己交付给人生长河，不去过问奔涌的河水将带着我们流向何方。这并不是听天由命，而是明智之选。我们并没有因此而逃避责任，也不是就此不管不顾，只是停止再去控制那些本就不在我们掌控之中的事情。我们停止了与苦难的对抗，也停止了对片刻欢愉抓住不放。

　　清醒地认识到你是谁，把每一件事做好，总有一天会找到属于你自己的位置。

　　如果你现在问我什么是成功，我会说，今天比昨天更慈悲、更智慧、更懂爱与宽容，就是一种成功。如果每天都成功，连在一起就是一个成功的人生。不管你从哪里来，要到哪里去，人生不过就是这样，追求成为一个更好的、更具有精神和灵气的自己。

生命需要保持一种激情，激情能让别人感到你是不可阻挡的时候，就会为你的成功让路！

天下的难事，都是先从容易的地方做起；天下的大事，都是从细微的小事做起。一个人内心不可屈服的气质是可以感动人的，并能够改变很多东西。

# 目/录

## 第二章　大事作于细

## 第三章　细节决定成败

# 第一章
## 难事作于易

成功没有捷径。你必须把卓越转变成你身上的一个特质。最大限度地发挥你的天赋、才能、技巧，把其他所有人甩在你后面。高标准严格要求自己，把注意力集中在那些将会改变一切的细节上。变得卓越并不艰难，从现在开始尽自己最大努力去做，你会发现生活将给你惊人的回报。

——乔布斯

# 做事比别人用心，成功就会多一点

卓越的人，都有一个好心态：永远比别人用心。日本经营之神松下幸之助就是一个很好的例子。

一天，松下幸之助路过一个经销商的店铺，看见待售的松下电器满是灰尘，松下走进去，女主人不认识他，以为是顾客，非常热情地向他介绍产品。

松下说："您大概很忙，这样吧，我帮您把这些商品擦亮，看哪个更好，我要挑最好的。"说完，就动手擦洗起来。女主人愣了一会儿，觉得这应该是自己的事情，也动起手来。经过整理清洁后的商店和里面的电器，就像理过发的蓬头少年，精神多了。

女主人正要感谢松下先生，松下说："我是松下幸之助，不是来买电器的。我路过这里，进来看看。松下电器有今天的成就，多亏你们的关照和支持。"女主人听完松下发自内心的感激之言，面带愧色地说："我的工作没有做好，很不好意思，松下先生，请多指教。"松下说："卖东西就像嫁女儿，女儿漂亮，小伙子才会喜欢。"

自此以后，女主人开门营业之前的第一件事就是打扫卫生，使商店整洁，给人舒适之感。商店生意也渐渐兴隆起来。

有一次，松下幸之助来到一家代销店进行业务访问。寒暄过后，店主抱怨说："现在的生意越来越难做，真不知道我这个小店还能维持多久。为什么您的生意越做越大，无论景气不景气您都能赚钱，有诀窍吗？"

"做生意的诀窍，无非是用心去做。"松下回答。

"说到用心，该想的办法我都想过了，生意却不见起色。"

松下微笑着说："是这样吗？"

正说着，一个小孩蹦蹦跳跳地跑进来，说："伯伯，我买一个灯泡，40瓦的。"

店主停止谈话，转身取出一个灯泡，在灯座上一试，是好的，然后交给小孩，收钱。小孩又蹦蹦跳跳地跑出去了。

松下问："平时你都是这样做生意吗？"

"是的，有什么不妥吗？"

"你这样做生意是发不了财的。"

"为什么？"店主感到很纳闷：生意不这样做，又怎样做呢？

松下说："那孩子来买灯泡时，你为什么不跟他聊几句呢？比如：'小朋友，上几年级了？长得可真高啊！'拿灯泡给他时说：'回去告诉妈妈，如果灯泡不好用，只管来退换，好不好？'孩子将你的话带回去，他们全家都知道这儿有一个很热情的店主，下次买电器，肯定会来找你。"

店主频频点头，觉得有道理。

松下又说："还有，那孩子蹦蹦跳跳地跑出去时，你为什么不提醒他走慢些呢？万一灯泡因此损坏，他家里人碍于情面不来找你麻烦，也会对你的商店留下恶劣印象吧！"

店主恍然大悟。他这才意识到，自己平时确实用心太少了！

很多人做事，就像这位店主一样，该做的事都做了，该用的心却没用。这样做事，充其量达到"及格"的水准，怎么能做到100分呢？怎么能得到期待的收获呢？松下做事却用心良苦，考虑到了如何增进跟顾客的沟通，考虑到了如何避免顾客的损失，考虑到了如何在顾客心目中建立长期的信用……按这种高水准、高境界的方式做事，怎么会不成功呢？

自动自发积极主动的人跟别人最大的不同，就是他愿意多花一些心思，做别人不愿意做的事情。一般人都不愿意付出这样的代价，可是卓越人士愿意，因为他渴望成功。卓越人士不是因为所有的事情都比别人好很多，他只是在某一方面比别人优秀一点点。而这一点点又是非常关键的，人到了某一极限，只要增加一点点都有可能承受不起，也就是我们常说的压死骆驼的最后一根稻草。

别人不愿意操练，你就要加强自我操练；别人不愿意练习，你就要不断地练习；别人不愿意做准备，你就多做准备；别人不愿意多付出，你就多付出；别人不愿意多关怀顾客，你就多关怀顾客。只要你总是坚持比别人用心多一点的心态，每一件别人不愿意做的事情，你都愿意多花一点心思，你的成功概率一定会提高很多。

# 人生需要不断地学习充电

　　赵普现在是中央电视台的一名新闻主播，但很少有人知道30年前的他居然是一名保安。

　　初中毕业后，赵普参军了。1990年退伍后，赵普到安徽省体育局下属的体育馆当了一名保安，但他的梦想是成为一个像样的电视节目主持人。从保安到电视节目主持人，距离似乎太大了，大得足以让人泄气。但赵普并没有气馁，他仍然执着于自己的梦想。每个月几百元的工资，大部分被他用来购买有关主持艺术的书籍。

　　为了练好自己的普通话，咬准每一个字音，每天下班后，赵普都会将《新华字典》上的字连同拼音抄满6页，然后折成小卡片，放在衣兜里，一有时间就一个字一个字地练习。不到半年，赵普的普通话就已练得炉火纯青，就连当初曾笑话他的同事，也都纷纷竖起大拇指，称赞他的普通话说得顺溜。同时，为了练好形象和表情，他又专门从书店里收集了一些印有电视主持人形象的挂历，贴在镜子旁边，对照着模仿。

当一个人做好充分准备的时候，机会就真的来了。1991年，安徽省气象台面向社会公开招聘一名临时气象播报员。气象播报员虽然只有短短3分钟的出镜时间，而且还是一个每月只拿200元劳务费的临时工，但赵普还是决定试一试。

当他向气象台主管人事的领导递上自己的简历时，那位领导只是草草地扫了一眼，便丢还给他，面无表情地说：招聘对象的首要条件是必须具备本科以上学历。看到对方如此怠慢，赵普心里难过极了，但是他不甘心就这样错过机会。

于是，他控制住自己的情绪，诚恳地说：虽然我没上过大学，但我学习了很长时间的主持艺术，恳请您给我一次机会。经过赵普的再三请求，那位领导听赵普的确吐字清晰准确，最终同意让他试一试。结果出乎意料，赵普的综合素质竟远远超过其他竞争者，应聘成功了。

赵普并不满足于只当一名临时气象播报员，而是想以此为敲门砖，最终成为正式而且出色的电视节目主持人。因此，为了能够系统地学习和掌握有关播音主持的知识，赵普报名参加了北京广播学院的自学考试。从此，他既要当体育馆的保安，又要做临时气象播报员，还要自学，每天都忙忙碌碌的。

转眼间，3年时间过去了。正当赵普蓄势待发的时候，打击却接二连三地落到了他的头上。1994年11月，赵普的父亲因患膀胱癌不幸去世。3个月后，他又意外地接到了体育馆不再续聘的通知。接连遭受丧父和下岗的双重打击，命运似乎对24岁的赵普过于残酷。

下岗后，赵普立即开始在合肥找工作。然而，整整两个月过去了，他连当搬运工的活儿都没找到。最终，他只好拿出仅有的2000元积蓄，加盟了一个同学的服装店。为了谋生，他不得不放弃自学考试。为了淘到物美价廉的服装，他每天凌晨就要赶往千里之外的武汉市汉正街，与小商小贩们讨价还价，并且在天亮前赶回合肥。虽然服装小店在赵普和同学的精心打理下，生意越来越红火，但巨大的失落感却使得他的内心十分痛苦。

恰好在这个时候，北京广播学院播音系干部专修班正在全国招生，这个消息就像一剂强心针，扎在了他那休克了几个月的心间，让他发奋走出挫折的阴影。赵普毅然决定报考。但他从招生简章中得知，北京广播学院播音系属艺术专业，既要考文化课，又要考专业课。文化课需要参加全国统一的成人高考，专业课则是寄送本人主持或播音的作品。

时间已经是1995年6月，距离文化课考试只剩下4个月了。在这么短的时间里学完整整3年的高中课程，几乎是天方夜谭。赵普决心放手一搏，把不可能变成可能。他给自己制订了详细的学习计划，从早上5点到子夜1点，所有的时间都被充分地利用起来。即使是上厕所，他也要带上英语单词书。

凭着这份决绝和勇气，1996年2月，只有初中文凭的他终于接到了北京广播学院播音系的录取通知书。毕业之后，赵普凭借自己的努力进入了北京电视台。后来，他又在魅力新搭档比赛中，从1000多名选手中脱颖而出，顺利地进入了中央电视台。

谁都希望自己能做重要的事情，但大多数时候，我们只能做些跑龙套的事情。在跑龙套的时候，我们同样要不断地学习和充电，因为只有学习和充电才能让我们立于不败之地。

# 对自己也要讲诚信

诚信是一种习惯，当你屡屡对自己失去诚信，那么，距离你对他人不讲诚信的那一天，也许就为时不远了。

试图在竞争激烈的社会中站稳脚跟并成就一番大事，什么最重要？

才华？勤奋？人际脉络？都不是，是诚信。

社会是一个大团体。每个圈子都是一个相对独立的小团体。虽然诚信与法律不可相提并论，但无论大团体还是小团体，诚信都是维系其秩序和可持续发展的重要条件。丢失诚信，你将很快失去伙伴，失去朋友，到最后，无人再敢与你共事。

诚信，首先是重承诺，然后要讲诚信，守信用——不仅对别人必须如此，对自己，亦应该如此。

　　但太多时候，我们将对自己的诚信忽略掉了。或者说，我们对自己，完全没有诚信可言。理由很简单：因为无人知道——无人知道，便可以"不讲诚信"。

　　比如早晨的时候，你计划晚上要去看望一位朋友。但是一天工作结束，你有些累，于是便决定不去。你决定不去，因为你没有跟你的朋友谈及此事。就是说，既然没有对朋友做出口头承诺，也就没有恪守承诺的理由。但是，请注意，心里的承诺也是承诺。你没有失信于朋友，但是你已经失信于自己。

　　比如周一的时候，你计划周末去郊区爬山。但到了周末，或因为事情太忙，或因为你的懒惰，你突然不想去了，并将爬山的计划再一次延迟。爬山乃小事，但因为这件事，你将自己欺骗了一次。你对自己失去诚信，可是你非常大度地原谅了自己。原谅自己的原因，只因为那完全是你个人的事情。

　　比如月初的时候，你计划在这个月读完一本书。但是你天天在忙，将读书的时间完全挤掉。或者，即使你不忙，你还有别的安排，比如喝酒、健身、打牌、会友等。到月底，那本书仍然被翻在第一页。读书乃小事，但因为这件事，你对自己失去诚信，可是你并未发觉。

　　比如年初的时候，你计划做成一件大事。这件事无人知道，这是你的秘密。可是，或因为工作和家庭的琐事，或因为事情的难度，你终究没努力去做这件事情。不努力去做这件事情，不仅因为难度，更因为你内心的懒惰。你对自己失去诚信，你却并不以为然，只因为无人知道。

我们常常会批评不讲诚信的人，但事实上，如果仔细回忆，你大约会发现，其实你就是一个不讲诚信的人。因为无人知道你对自己不诚信，所以，你还可以批评别人、鄙视别人、要求别人。

诚信是一种习惯，当你屡屡对自己失去诚信，那么，距离你对他人不讲诚信的那一天，也许就为时不远了。

对自己讲诚信，不仅是对你的事业负责，更是对你的人品负责。

# 那些不为人知的努力

　　那些不为人知的努力，才是真正的努力。默默无闻地做好自己当下想去追求的事，就是最好的、最真实的努力，不必到处宣扬，也不必所有人都知晓，更不用发朋友圈公之于众，内心以为自己已经很努力了，这只不过是用自己所谓付出的努力感动了自己的内心而已，到处宣扬只不过想得到别人的夸奖。

　　在现在这个社会，人们都喜欢在取得一个小的成就时，就迫不及待地想告诉别人自己有多努力，其实真正有所作为的人不会关心别人有没有看到他的努力，因为他知道自己正在做一件大事。

　　破茧成蝶的过程是漫长而艰难的，然而却没人知道它要多么努力才能挣脱束缚成为美丽的蝴蝶，它只是默默无闻地努力，只为有一天能自由自在地享受天空的广阔、大地的无垠，最后它做到了，这是它日日夜夜的努力换来的，这才是真正的努力。

假装的努力并不能收获到自己想要的东西，流于形式的努力只是走了个过场。那些真正努力的人，是不会夸大其词的，他们能坚守自己内心想要到达的方向，默默地去为自己积累更多资源，只为有一天厚积薄发，成为真正的实力派，被人认可。

小李在一家工厂做财务助理，因为对会计这个职业很感兴趣，便萌生了考会计资格证的想法。

考完初级报中级的时候，她遇到了拦路虎。中级资格证的首要报考条件就是大专学历，这对于高中毕业的小李来说是一个大难题。

自考是唯一不影响工作又能解决学历问题的方式，但这条路不容易走。参加过自考的人都知道，这是一条磨人心志的漫长征途。她的朋友参加过自考，14门课程，从报考到全部考试合格总共花了6年时间，中间经历了数次挂科、重考、放弃、再出发。一路摸索着前进，每参加一次考试就仿佛被扒下来一层皮。

小李在没人指导的情况下，只用了两年就拿到了会计专业自考毕业证书了！她跟朋友说："很庆幸，运气比你好一点儿，没有挂过科。"其实，走过同样的路，就会知道自己与他人的差距在哪里。小李并不是运气好，而是因为她更勤奋。

有一次，她动了个小手术，朋友去医院看她，只见她左手打着点滴，右手拿着笔，正在聚精会神地做题。一套高等数学的真题试卷摊在腿上，上面画满了歪歪扭扭的计算公式，连护士都说从没见过这样的病人。

备考期间，她一直是五点起床。因为孩子小，黏人，自己也还要上班，如果早上不挤出两三个小时学习，一天下来就再也没机会翻书了。有时候看书看得困了，就用巧克力或提神饮料来醒醒脑，因此她还笑自己"每逢考试胖三斤"。没有这一路的披荆斩棘，就没有这么顺理成章的"运气"。好运气都是拼出来的。

你若真见过那些强者打拼的样子，就一定会明白，那些人之所以能到达别人到不了的高度，全是因为他们吃过许多人吃不了的苦。

世上从来就没有横空出世的运气，只有不为人知的努力。没有哪种成功是可以不费吹灰之力的。有时候，我们看到曾站在同一起跑线的人后来却远比我们成功，总会质疑，为什么我没有他们这么好的运气？我们能看到的仅仅是他们作为成功者的光鲜，这光鲜背后他们付出过多少努力，却往往不为人知。

在一位女作家的新书签售会上，有读者问她是如何走上作家之路又是如何出书的。她说："起初是因为喜欢写作而坚持每天写，写得久了就开始在报刊上零零散散地发文。能出书实属幸运，不过是出版社来找我的时候，我刚好有那么多囤稿而已。"

只有写作的人才能明白出一本书是多么不容易。有时候一篇稿子被人叫好，背后可能是十几篇甚至几十篇废稿在做铺垫；而一本内容精良的书，也绝对经过了作者成千上万次精雕细琢。

命是弱者的借口，运是强者的谦辞。强者之所以更强，不过是因为他们为机遇的到来做好了更充足的准备。当同样的机会来临，刚好你比别人专注一点点，刚好你比别人突出一点点，刚好你比别人细致一点点，你的运气就会比别人好许多倍。如果你害怕吃苦，不敢努力，自然不会有什么好运气。

# 迟到是你自己的事

那年她刚从大学毕业，分配在一个离家较远的公司上班。每天清晨7时，公司的专车会准时等候在一个地方接送她和她的同事们。

一个骤然寒冷的清晨，她关闭了闹钟尖锐的铃声后，又稍微赖了一会儿暖被窝——像在学校的时候一样。她尽可能最大限度地拖延一些时光，用来怀念以往不必为生活奔波的寒假日子。那一个清晨，她比平时迟了五分钟起床。可是就是这区区五分钟却让她付出了代价。

那天当她匆忙奔到专车等候的地点时，到达时间已是7点5分，班车开走了。站在空荡荡的马路边，她茫然若失。一种无助和受挫的感觉第一次向她袭来。

就在她懊悔沮丧的时候，突然看到了公司的那辆蓝色轿车停在不远处的一幢大楼前。她想起了曾有同事指给她看过，那是上司的车，她想真是天无绝人之路。她向那车走去，在稍稍一犹豫后打开车门，悄悄地坐了进去，并为自己的聪明而得意。

为上司开车的是一位慈祥温和的老司机。他从反光镜里已看她多时了。这时，他转过头来对她说："你不应该坐这车。"

"可是我的运气真好。"她如释重负地说。

这时，她的上司拿着公文包飞快地走来。待他在前面习惯的位置上坐定后，她才告诉他的上司说班车开走了，想搭他的车子。她以为这一切合情合理，因此说话的语气充满了轻松随意。

上司愣了一下，但很快明白了一切后，他坚决地说："不行，你没有资格坐这车。"然后用无可辩驳的语气命令："请你下去！"

她一下子愣住了——这不仅是因为从小到大还没有谁对她这样严厉过，还因为在这之前，她没有想过坐这车是需要一种身份的。当时就凭这两条，以她过去的个性一定会重重地关上车门，以显示她对小车的不屑一顾，而后拂袖而去的。可是那一刻，她想起了迟到在公司的制度里将对她意味着什么，而且她那时非常看中这份工作。于是，一向聪明伶俐但缺乏生活经验的她，变得从来没有过的软弱。她近乎用乞求的语气对上司说："我会迟到的。"

"迟到是你自己的事。"上司冷淡的语气没有一丝一毫的回旋余地。

她把求助的目光投向司机。可是老司机看着前方一言不发。委屈的泪水终于在她的眼眶里打转。然后，她在绝望之余，为他们的不近人情而固执地陷入了沉默的对抗。

他们在车上僵持了一会儿。最后，让她没有想到的是，他的上司打开车门走了出去。坐在车后座的她，目瞪口呆地看着有些年迈的上司拿着公文包向前走去。他在凛冽的寒风中拦下了一辆出租车，飞驰而去。泪水终于顺着她的脸颊流淌下来。

老司机轻轻地叹了一口气："他就是这样一个严格的人。时间长了，你就会了解他了。他其实也是为你好。"

老司机给她说了自己的故事。他说他也迟到过，那还是在公司创业阶段。"那天他一分钟也没有等我，也不要听我的解释。从那以后，我再也没有迟到过。"他说。

她默默地记下了老司机的话，悄悄地拭去泪水，下了车。那天她走出出租车踏进公司大门的时候，上班的钟点正好敲响。她悄悄而有力地将自己的双手紧握在一起，心里第一次为自己充满了无法言喻的感动，还有骄傲。

从这一天开始，她长大了许多。

# 失败留给过去，成功属于未来

　　先来说个故事，从前，有一头老驴，一天它不小心掉到了一个废弃的陷阱里，很深，根本爬不上来，主人看它是老驴，懒得去救它了，让它在那里自生自灭。那头驴一开始也放弃了求生的希望。但是，每天还有人不断地往陷阱里面倒垃圾，按理说老驴应该很生气，应该天天去抱怨，自己掉到了陷阱里，它的主人不要它，就算死也不让它死得舒服点，每天还有那么多垃圾扔在它旁边。可是有一天，它决定改变它的人生态度，它每天都把垃圾踩到自己脚下，从垃圾中找到残羹来维持自己的生命，而不是被垃圾所淹没，终于有一天，它重新回到了地面上。

　　在我们的人生中，这样的情况也会经常出现，这个时候我觉得不要抱怨你的专业不好，不要抱怨你的学校不好，不要抱怨你住在破宿舍里，不要抱怨你没有一个好爸爸，不要抱怨你的工作差、工资少，不要抱怨你空怀一身绝技没人赏识你，现实有太多的不如意，就算生活给你的是垃圾，你同样能把垃圾踩在脚底下，登上世界之巅。

这个世界只在乎你是否在到达了一定的高度，而不在乎你是踩在巨人的肩膀上上去的，还是踩在垃圾上上去的，踩在垃圾上上去的人更值得尊重。永远没有失败，永远不要说失败，只要你能超越它，成功就在前面等着你。

莎士比亚曾在一部戏剧中写道："希望往往会落空，并且在最有希望之时。"

的确，每当我们为一步步的前进而欣慰，在我们为不久后的成功而暗自庆幸之时，失败就突然降临。这时我们会很苦闷，觉得自己一无是处，甚至自暴自弃。但是我们忘了，没有一条通向成功的道路是平坦的，它必然是迂回曲折的。而在这道路上的失败不是拦路虎，而是磨炼意志的磨刀石。

有人说，当命运将你抛进了失败的低谷时，也给了你向上攀登的藤条，而问题在于你能不能将它抓住。

每个人的性格不同，对同一事物的感觉和态度也各不相同。身处在同一环境之中，有人全身不自在，有人却如鱼得水，悠游自在。那么当你面对困境的时候，是抱怨叹息还是慢慢使自己适应环境呢？当然应该选择后者。

曾经有这样一部电视剧，剧中的主人公是一位出身文人家庭的公子。他的老师每天让他读《论语》《诗经》等一些大家之作，他觉得十分厌烦。

一天，他的老师问他："你是不是觉得这些书枯燥乏味，充满说教意味，甚至有些篇章让人根本无法理解？"

这位公子回答说："弟子的确是这样认为的。"

"那你可曾留意到书中也不乏令人感动的故事，还有很多警醒人的词句呢？为师不只是在教你做学问，更重要的是在教你如何做人啊！"

听了老师的话后，公子开始静下心来细细品味每篇文章。一段时间之后，他发现书中发人深省的语句不胜枚举。从此这位公子改变了以往的观点，学到了"寻找乐趣的艺术"。不但在读书时津津乐道，在日常生活中也变得开朗起来。无论他面对什么样的环境，都能以笑脸应对。

如果你能用这位公子的方法和态度处世的话，就可使人生整个蜕变，创造出全新的人生观，从而使你的生活充满乐趣和希望。并且用这种寻找乐趣的方法，能使你很快适应环境，接受环境，融入环境，从而使你重整旗鼓，振作精神，发挥能动性，创造更好的天地。

所以说，有一个很强的适应环境的能力是很重要的。尽快地适应环境，你就有更多的时间和机会去赢得成功。真正地懂得适应环境的意义，你就能改变你的人生，使自己活得更出色。所有的成就都是历史，而所有的失败也属于过去，而不属于我们。此刻的我们孑然一身，所以我们没有任何理由退缩，没有任何理由放弃，因为我们一无所有。我们只有勇敢地爬起，继续前进。跌进失败之谷，不要祈求上帝的怜悯，也不要希望真主的赐福。能够帮助自己的神，就是我们自己站起来，抓住那可以通向成功的藤条，去前进。把失败交给过去，而把成功留给自己。

# 每天淘汰你自己，才能不被淘汰

美国著名指挥家沃尔特·达姆罗施二十多岁就当上了乐队指挥，但他仍保持着谦和、勤勉的作风，没有忘乎所以。面对大家的夸奖，他自己透露了谜底——

"刚当上指挥的时候，我也有些飘飘然，以为自己才华举世无双，地位无人可撼。一天排练，我忘了带指挥棒，正要派人回家去取，秘书说：不必了吧，向乐队其他人借一根不就行了？我想：秘书真是糊涂，除了我，别人带指挥棒干吗？但我还是随便问了一声：'谁有指挥棒？'话音还没落，大提琴手、小提琴手和钢琴手，各掏出了一根指挥棒。

"我心中一惊，突然醒悟：原来自己并不是什么不可或缺的人物，很多人一直在暗中努力，随时要取代我。以后，每当我偷懒、膨胀的时候，那三根指挥棒就会在面前晃动。"

亿万年前，在一个原始森林里，有一种强悍的熊，以其他动物为食。后来，雷电引发的大火把这片森林化为灰烬，各种动物四散奔逃。为了生存，熊不停地迁徙、跋涉，终于找到了一个温暖、草木繁茂、食物充足的盆地，便定居下来。

可熊很快发现，这里的肉食动物太多太厉害了，自己根本无力跟它们竞争。于是，熊决定不吃肉了，改为吃草。可这里的草食动物更多，竞争更激烈，填不饱肚子。没办法，它们只好改吃别的动物都不吃的东西——竹子，这才得以生存下来。渐渐地，竹子成了它们唯一的食物来源。由于没有其他动物与之争食，它们变得好吃懒动，体态臃肿，慢慢地演化为我们现在看到的大熊猫。后来随着竹林的减少，大熊猫也越来越少，濒临灭绝，只是在人类的帮助下才免遭灭亡的命运。

竞争，是件令人厌恶的事，可它时时刻刻都在发生，停滞、逃避就意味着被淘汰出局。大熊猫有人类的保护，我们如果被淘汰，或许也能得到同类的怜悯和施舍，但却会失去做人的尊严。

只有"每天淘汰你自己"，才能不被淘汰。你不淘汰自己，就会被别人淘汰。

# 盯住目标，走出人生直线

　　人，总是在极端的情况下，空前灾难或是莫大幸福到来的时候，更容易大彻大悟。可惜的是，绝大多数人的这种幡然悔悟只是短暂的。

　　一场幸福团圆的相拥而泣之后，一次生死离别刻骨铭心的手术之后，蓦然回首，才领悟到幸福的真谛，生命的价值，活着的意义。

　　有两个地方，你最容易听到人们的这些感叹：机场与医院。在机场，来来回回，不是离别就是团聚，想到就禁不住辛酸，什么是幸福？在亲人的身边就是幸福！看到人家的眼泪自己眼眶也发潮。在医院，住院住久了会发现，在医院里的重症监护室旁，经常有很多的人在感叹，看透了人生，活着只要健康什么都好，平平安安就是福，要那么多的钱干什么啊！但是，走出医院，却看见"世间熙熙，皆为利来，世间攘攘，皆为利往"。于是，刚刚呼吸到医院外面的清新空气便又放不下那颗世俗的心了。

我们在大彻大悟的时候，真心地用自己的经历去很认真地劝解那些苦海中人，希望能帮到他们，可是他们却是一副不耐烦，甚至是听不进去的样子。有时候，我们对待这种人，没有别的办法，我们有时候只能在心里苦笑着对自己说：那你就吃亏去吧！我也没有办法，不是我没有劝告过你啊，我仁至义尽了。其实，在我们的身边也还有很多劝诫我们的人，也还是以同样的姿态，同样的方式在劝诫着我们，而我们也就像那些被我们暗自嘲笑的人一样，听不进去，当成耳旁风。于是，世界上"不听老人言，吃亏在眼前"的剧情，便一幕又一幕地在我们的生活中循环，我们却无可奈何。"古之成大事者，不唯有超世之才，亦必有坚忍不拔之志"。超世之才，不能人人奢求；但坚毅之志，它属于我们每个人的潜能，只要你学会给自己制造环境，就一定可以激发这种潜能。最好的办法就是"盯住目标"。所以，目标的明确很重要，不要总是回头看你已经取得的小小的成绩，即使你取得了99%又怎样呢？没有那剩余的1%，一切都是枉然！所以，在你的目标没有达到的情况下，始终不要放弃，放弃立马就很有可能失败。只有牢牢地盯住自己的目标，才有可能获得成功。如百米赛跑，你要是不管不顾，只管自己一路狂奔，你必定是一马当先；你要是担心这，担心那，说得夸张点，甚至还花时间看看别人，那你必败无疑。看国际百米决赛，你见过哪个人跑着跑着回头看看自己跑了多远了吗？一样的道理，如果我们还没有达到目标就开始松懈了，为自己一丁点儿的成功沾沾自喜，不能够一鼓作气，那么将会再而衰，三而竭，越来越累。这也就是为什么有很多人达不到目标的原因了。

所以，我们需要"盯住目标"，走出人生直线。理想和目标就如同一面在风中高高飘扬的旗帜，它指引着我们前进。没有目标，我们就会随波逐流。我们身边有很多人，看起来也很努力，但却始终距离成功还有一大步，原因就是这些人没有人生目标，或者说目标的层次太低，只知道注视着自己的脚，而不看着远方目标。

# 逆境不可怕，怕的是无信仰

每个人心中都有一个漂流记，幸与不幸，如人饮水，冷暖自知。

2012年，华人导演李安携影片3D巨作《少年派的奇幻漂流》震撼出场。是震撼，没错。全景3D特效美轮美奂，逼真感觉犹如亲身经历一场风暴。从商业角度来说，继《阿凡达》之后，这种三维观影模式依然吊足观众胃口，而演员高超的演技更不需多说。

笔者很庆幸当天错过另一场电影，选择了《少年派的奇幻漂流》。直到影片结束，我还沉浸在老虎上岸后转身离去的画面。

## 关于信仰

《少年派的奇幻漂流》中的两个片段讲述了有关信仰的故事。第一，少年派的全名叫帕西尼，读音同小便的单词。由于自己的名字，他经常被同学取笑，后来少年派将自己的名字称为π。π是无限不循环的，这个名字说明了人生的不可预见性。第二，派的父亲是动物园园长。某天，派去参观老虎，拿起饲养员准备的肉打算丢给老虎吃。就在老虎张开嘴巴要吃少年派手中的肉时，他被父亲拦下了。父亲说，老虎就是老虎。不过少年派不信，且深感委屈。

影片告诉观众：信仰救了派。在物欲纵横、消息四通八达的快节奏社会，信仰似乎离生活越来越远。其实不然，所谓信仰，是由心而发的自救，不是神，但又感觉神的存在，勾勒一个坚定的符号。在危险的时候，在无处躲藏的时候，求生的信仰愈加坚定。

一个人从濒死中逃离出来，会豁然开朗，相信神的存在。其实，那个神便是你自己。

## 关于人生

影片《少年派的奇幻漂流》的两个开放式结局一直是观影者热衷讨论的话题。一个是派和他的动物朋友们；一个是水手、厨师、母亲和派吃人的故事。故事的情景是跟随上帝的善，故事的结局却是人性的恶。影片用了80%的长度向观众讲述了一个童话故事，留给真实结局的只有20%的剧情。为了80%的美好，观众可以不去思考所有的逻辑，只需要一个完美的结局。就算明知老虎的本性是凶残的，也还存着美好愿景，这是因为生存的需要，人生亦如此。

在派的脑海中始终有天马行空的想象，千变万化。就算在海难时，当派落入救生艇的刹那，心中仍有些惊喜划过，那是一种对生命未知情绪的期待、不安与兴奋在相互纠结。电闪雷鸣般的挣扎、乘风破浪的刺激、静如止水的安静、海底世界的离奇——这些全部来自青春的激情。于是，每个人心中都有一个漂流记，幸与不幸，如人饮水，冷暖自知。

## 关于教育

最终，电影《少年派的奇幻漂流》的剧情像海浪一样，涨起之后落下。这部影片留给观众思考的无疑是派带来的意义。本片以一个童话的姿态，用另一种隐形的力量，将每个人心底看不见的东西讲出来，让观众看见一个真正的社会。而对于无数像派一样的少年，经过叛逆、质疑之后一次次找回真实，回归正轨。这些少年正一步步成为家人、朋友，或者陌生人。

# 双赢的典范

亚洲是一个气候复杂的地区。当韩国的初冬来临时，一些人会选择去印度尼西亚的巴厘岛等热带地区。

通常，韩国旅客会穿着笨重的皮大衣前往仁川机场，到达目的地后，再随身带着这个返回韩国前都用不上的累赘。

针对这一点，韩国两大航空巨头找到了非常贴心的解决方案：大衣洗熨服务。乘客可以在首尔的机场寄存大衣，然后在回国时取回，而不用把它们也带到巴厘岛海滨。

这个创新方案戳中了航空公司在运营和财务上的一大痛点。每年冬季，机舱内的舱顶置物箱通常都会过早地被先登机乘客的厚重衣服塞满，以致后面登机的乘客根本没地方放行李。许多乘客会紧张地在机舱过道中走来走去，寻找放置行李的地方，导致登机秩序受到严重干扰。有的乘客会使劲将行李塞进置物箱间狭小的缝隙里，使得其他乘客担心自己的东西会被压坏。为了保证登机顺利，机组人员有时不得不清空舱顶置物箱，重新排列箱内物品，甚至将实在放不下的东西"请"下飞机。一旦发生这种状况，就会给乘客带来极其糟糕的体验，这对航空公司非常不利。

众所周知，精明的乘客对不同航空公司的航班准点率十分敏感。起飞班机滞留，意味着降落航班将无法准时落地。因此，如果飞机误点，就会造成顾客流失、运营效率降低、空载燃料成本增加等后果。

而大衣洗熨服务则是一箭双雕的解决方案，无论乘客、机组人员，还是航空公司的首席财务官都从中受益良多。乘客因摆脱沉重的行李负担而欣喜，登机程序也和巴厘岛沙滩上的微风一样顺畅。当然，大衣洗熨服务仅是头几天免费，超过规定保管期，机场就将收取一定的费用。这也是所谓的双赢典范。

# 第二章
# 大事作于细

世界上没有一件事情是可以预先想象的，即使是最微不足道的事情也不能。所有事情的发生，都是由许许多多单独的难以预料的细节所组成。

——里尔克

# 命运的 0.1 秒

我想每个人都会遇到这种情况，当你特别赶时间的时候，走到斑马线前，这时信号灯偏偏就从绿变成了红，这时候你是走还是不走呢？都说人从眼睛看见情况到大脑做出判断，只需要零点一秒，于是就在这零点一秒你决定走，但是你知道吗？很多事故其实就是这样发生的，就是因为这零点一秒你确信自己是幸运的，你不相信你身上会发生危险，但是根本就不是什么幸运，那是侥幸啊。

今年我做交警十八年了，看见过很多的交通违法，闯红灯、酒驾、超载、逆行，往往都是在你迈出那一步的零点一秒，选择相信了所谓的幸运。2014年11月19日7点30分，在一条尚未开通的道路上一辆超载的运沙车自南向北行驶着，途中它遇到了一辆自东向西行驶的小型面包车，当时两辆车相互躲避着，但是因为运沙车超载严重，它失控了、侧翻了，整整二十四吨黄沙掩埋了小面包车。面包车受损严重，面目全非，车顶被压扁了，车门子被都挤掉了。然而这辆面包车是一辆幼儿园非法营运的校车，事故发生时一辆只能坐八个人的小面包车里面满满当当地挤了十四个孩子。在这场事故中十一个孩子的生命戛然而止，剩下的三个孩子重伤。这是一个由无数个零点一秒汇聚成的悲剧：校车非法营运上路的零点一秒，货车司机决定超载的零点一秒，当他们决定走这条尚未开通的道路的零点一秒。这里面的每一个人都很清楚地知道，自己正确的选择是什么，但是每一个人都在做决定的零点一秒，耍了小机灵。这里面如果有一个人，哪怕只有一个人在做决定的零点一秒，选择老实一点，那么悲剧都不会发生，十一个无辜的孩子都不会死。

平常我们总说出门要小心，不要把孩子自己留在家里，如果孩子必须自己在家，家长一定要关好门窗。这些都是老生常谈，但是总有人在做决定的那零点一秒选择了相信侥幸。那个时候我在110上工作，当我们接到报警电话说有个孩子从五楼上掉下来了，我们马上赶到现场。原来是一个妈妈出门买早点，在临出门的那零点一秒她回头看了一眼五岁的儿子，但最后她还是决定把孩子一个人锁在屋里。那是我第一次看一个人而且是一个五岁的孩子躺在那儿，从耳朵里、鼻孔里、嘴里都流出血来。那一幕我至今记得清楚，是因为当时我看见他的时候，他的眼睛是睁着的，他看着我。等到120来了，等到医生判断孩子已经没有活着的希望了，孩子的妈妈才提着早点回来。但当我问她你住五楼吗？你有个男孩吗？她的脸噌的一下就红了，嘴唇却越来越白，想张开嘴，又拼命地咽着口水。她自始至终提着手里的早点，她都不知道扔掉，甚至不知道先把早点放下，就那么提着愣在那儿。她茫然地看着我，嘴里反复地嘟囔着。对，她是住五楼，不对，她不相信是她的孩子。她后悔，她后悔这零点一秒：因为这零点一秒，她把孩子一个人锁在家里；因为这零点一秒，最后让白发人送黑发人；因为这零点一秒，她选择把孩子的命交给了侥幸；因为这零点一秒一个五岁的孩子没了，走了。

我们的一生中有无数的零点一秒，我们不要把自己和别人的命运交给侥幸。只要在那零点一秒我们选择笨一点，去遵守那些看上去再简单不过的规则，那我们身边的每一个人就能够多一分幸福和平安。如果在这零点一秒里我们再用心一点，那么你就是幸运的，因为你从来都没有选择过侥幸。

# 一箱画带来一生追悔

我的两个舅舅反目成仇好多年了。尽管母亲反复做他们的工作，但他们依旧谁也不理谁，在一条街上住着，形同陌路，甚至连孩子们都不往来。

事情的起因是因为外婆的一箱子画。

外婆是大地主家的小姐，陪嫁过来一箱子画，有好多出自名家之手，虽然经历了一些事，但还剩下不少。外婆从小习画，是个知书达理的人。两个舅舅也上过少年宫美术班，特别是二舅，画画得非常有灵气，后来去中央美院进修过。

除了母亲，他们都动过画的心思。特别是二舅，总是借口临摹谁的画而到外婆的房里去。他去借画，借了好几张没还。大舅知道了，跑去吵，再加上媳妇鼓动，大舅和二舅终于打了起来，一个说另一个想占为己有，那个就说只不过是为艺术想看看而已。

一家人都知道，有几张画是价值连城，但独独那几张画没有了。

那时外婆已经中了风，根本说不出话，直急得流眼泪。大舅、二舅在她的房间里吵，一个说另一个藏了起来，而另一个说，肯定是你拿了换钱，因为我的大舅嚷着要买新楼盘好久了。就这样越吵越凶，外婆死的那天达到了高潮，他们甚至顾不得外婆刚刚咽气，就为这箱子画动了手。

母亲气得晕了过去，大舅、二舅恨不得白刀子进红刀子出了。所有亲戚全笑话他俩，母亲做了一件任何人想象不到的事情，她不知从哪里找来了一瓶子汽油，然后倒在了那箱子画上，大舅和二舅惊叫着，但已经来不及了，母亲镇定而迅速地把一根小小的火柴扔到了上面。

所有人全震惊了！母亲说："既然亲情不如这箱子画值钱，那就烧掉它吧。"

那箱子画里有多少画没有人知道，所有的一切片刻间化为灰烬！转眼灰飞烟灭了！而母亲转身走了，从此再也不回娘家，这两个舅舅太让她伤心了。

大舅、二舅从此不再往来！甚至走个对面也不说话，这就是我的大舅和二舅。

转眼10年过去了，大舅和二舅都老了，他们不再年轻不再意气风发。大舅妈得了一种奇怪的病，总是治不好，家里渐渐就空了。开始二舅还总跑到母亲这里说："活该，谁让他不长好心眼！"后来大舅越来越惨，惨到快吃不上饭了，儿子的学费都没有着落了，而二舅的小日子过得特别好，还开了一个小厂子。母亲常常偷偷塞给大舅钱。有一次二舅看见了嫉妒地说："姐，你就是偏向他。"母亲生气地说："我不是偏向谁，而是谁让我心疼我就向着谁。"

这些家长里短的事情母亲总是和我说，有时候母亲也后悔，要是不烧那一箱子画就好了，卖个三张两张的就够吃一辈子了！现在，大舅母都没有钱看病了，看着大舅就可怜，50多岁的人了，还天天跟着山西的车去拉煤。

不幸就在我们念叨之间发生了。

大舅去拉煤，在春节前想多挣几个钱过年，结果再也没有回来。疲劳驾驶，结果出了意外，车翻到沟里，人当时就完了。二舅是第一个听到这消息的，他当时就傻了。嚎了一声"哥啊"就昏了过去，醒来就派手下的人去山西，说是花多少钱也要把大舅拉回来！大舅妈当时就傻了，人疯疯癫癫的。大舅的儿子正要考研究生，二舅果断决定不告诉自己的侄子，等他考完再说！葬礼全是二舅一手操办的，他给大舅打了幡，这个本来应该是儿子做的，但二舅执意要做。他三步一回头，一边叫着哥一边哭。"来不及了，"他哭叫着，"哥啊，为什么来不及了！"真的来不及了，他还有好多话想说啊。他想说，他错了，自从母亲一把火烧了那箱子画开始他就想认错；自从看到大舅越来越瘦时他就想认错，可已经10年了，他抹不开这个面子啊。

到底晚了！他跪在大舅灵前，长跪不起，把头磕得如山响，大舅却再也听不到了！大舅去世后，二舅承担了大舅家的一切，给大舅妈看病，供一双儿女上学，10年的恩怨，在大舅去世后冰释前嫌。但二舅说，即使这样，他仍然觉得后悔万分：本来，他可以和大舅坐在老槐树下喝几杯二锅头下下棋的；本来，他可以拉着大舅去看远在北京的姐姐，让姐姐骂骂他俩，但现在，一切都没有机会了。他常常一个人来看我母亲，来了就傻哭，只说想念大哥。

我终于知道，世界上有一种东西无论如何也难以割舍，世上有一种感情斩不断理还乱，用我母亲的话说，那是砸断了骨头还连着筋，那就是亲情，血浓于水，永远不断。如果，如果你觉得有亲人在身边，那么，尽情去爱吧，有些爱错过就真的来不及了，而亲人给我们的感动，永远是最深的。

# 同　情

　　我毫无保留地写这件事，是需要勇气的——一种令人悲伤的勇气。家里的人，特别是我，有时会无意中对有残疾的儿子按捺不住火气，现在也这样。

　　这件事让我想起医生、护士、理疗人员，以及精神疗法专家，他们也有对患者生气的时候，他们是怎样去克服这种情绪的呢？我也是个任性的人，等我老了，给家人及护士们带来麻烦，他们要是也对我生气……我不能不具体地去考虑这些问题。

　　记得那是光五六岁时的事了，那时他的体重、身高都超过了同龄孩子的平均值，可智力还不及三岁儿童。带他一起外出时，不知他会在什么地方、什么时候停下。不仅如此，他还要朝他自己要去的方向走。我拉着他的手，常常感到他拽我的劲儿特别大。

一天，我和光一起去了位于涩谷的百货商场。那天好像是有点感情用事，因为在家和妻子闹了点矛盾，所以就我们两个人出来了。在那个商场的六层和七层处，有一个连接新馆和旧馆的通道。我正想穿过旧馆的体育用品部时，光却又想我行我素地随便走。自从进了这个商场以后，这已经不知是第几次了。我真的要急了，但还是调整了情绪，牵着他往前走。光却固执地把头一转，径自向着他要去的方向走。

我还清楚地记得，那时我突然产生了一种不切实际的想法，连自己都意识到这种想法很不负责任。他太倔强，我气极了。我松开他的手，径直向新馆走去。买完东西，我又去了新书柜台，之后我回到原来的地方，当然我没能找到我的孩子。

到了这地步，我狼狈极了。我去广播站让他们帮忙找孩子，广播倒是马上开始了，但光当然不会意识到自己就是那个走失的孩子。听着广播，我简直乱了阵脚，不知自己该做些什么。除了新旧两馆连接处的楼梯，我还上上下下找遍了每一层楼梯，大概找了两个小时吧，我不得不给家里打了电话，告诉他们现在的情况，妻子也很不安。

我茫然了，想坐下来休息一下。就在这时，顺着新馆楼梯处的休息平台向外望，透过模糊的玻璃窗，我发现在旧馆那边的楼梯处，有一个个子很小、像小狗一样的"东西"异样地、慢慢地，但是拼命地移动着。我向着新旧两馆的通道跑去，跑到对面，下了楼梯，正遇见头上严严实实地戴着红色毛线帽的光，两手撑着地爬上来。光因为刚才的运动，胖胖的脸变得油亮亮的，但是脸上的表情仍然毫无变化，只是看了我一眼。不过，在坐电车回家的那段时间里，他再没松开我的手。

那天，要是就那么把光丢了，或是他从楼梯的休息平台处滚落下去，或是爬着走时双手被电梯夹住……有好几次我想起来都觉得后怕。因为一时生气而将有残疾的儿子推向死亡，作为父亲，我将一辈子都不可能从这罪恶的意识中解脱出来，不用说，我的家庭也就破碎了。

那段时间，报上时常有这样的报道，说是年轻的母亲把夜里哭闹的婴儿扔在地上摔死了。那时，我站在这毫无经验的母亲的立场上，再次回味了后怕时出冷汗的感觉。我不怀疑，作为人，育儿是最基本的一种本能的感情，但对深夜哭闹的婴儿大动肝火，不也是接近人本能的一种感情吗？看到为残疾儿子奉献着一切的妻子，虽然已经司空见惯，但还是时常令我感受到心灵的震撼。

最近我与光在心理上的对立，是不言而喻的。但与当初他用那种天真幼稚的态度让我感到棘手的时候又不一样。

每天要接送光去残疾人福利工厂，这事他的弟弟、妹妹做得多，我很少出门，因此也就很自然地免去了接送的任务。

有时我正集中精力读一本我想读的书，或是在打小说草稿，却到了不得不去接儿子的时间。我家没有车，坐汽车和电车来往于福利工厂，要花一个半小时，其中有好几次，我都想快点儿回到家，接着做我刚才没做完的事……从福利工厂到电车站，必须要过两个人行横道。其中一个是要横穿甲州街道，这条路有包括大型卡车在内的大量的车通过，因此，等红绿灯的时间很长。要是在信号灯快变时过马路，一旦信号灯变成红色，光肯定会害怕，半路发作，我可就没有办法了。因此，若他一人来往于福利工厂的话，我一定要磨破嘴皮子告诉他那个人行横道的危险性，实际上他才是最遵守交通规则的人呢。

有一天，我催着儿子来到这个人行横道，看到信号灯是绿色，可其他人已走过人行横道的一半了。我拉着儿子的手小跑着过去了，走到一半，信号灯就开始闪了。过来以后，因刚才稍稍运动了一下，心情还不错。我松了口气，对儿子说，看，我们过来了吧！今天虽然在福利工厂有些累，但还是走得很快嘛！可儿子不理我，他挣脱我的手，交叉放在胸前，像金刚力士似的站在那儿，然后一直到家，他都慢我几步，跟着我回来的。

我因此生儿子的气，说来也有些孩子气。在公共汽车上，我俩谁也不说话；回到家里，我继续做留在桌子上的工作，儿子躺在房间的地毯上听音乐，我也不理他。儿子认为，父亲没有耐心等下一个绿灯，反而让自己快跑，这并不是自己擅长的，而且明知自己最害怕半路会变成红灯。儿子确信自己是对的，所以他生我的气。他虽然没有向我妥协的意思，却好像一直记挂着我这个沉默而郁闷的父亲。

于是，儿子开始实施他值得夸耀的和解办法：电话铃一响，他用往常没有的机敏拿起听筒，不让妈妈来接电话，然后一边告诉我对方的名字，一边把电话拿给我；他还负责拿晚报；电视里一出现我友人的面孔，他就往我这边看，看我是否注意到了。对于过人行横道后他那反抗的态度，他却没有要向我道歉的意思。

他这么做，让我感到很惭愧，但为了不失做父亲的面子，我开始寻找至少是和儿子对等的和解机会，等我留意时，我发现妻子和女儿正忍着笑，看着我的一举一动……

# 遇见一朵阳光的盛开

## 一

春风一吹，小区旁边冰封的河道也开始融化了。每天都会看到许多人在河边钓鱼，我也不落俗套，买了一副鱼竿，搬起小板凳，钓起鱼来了。

钓鱼最需要安静，可是旁边一个小女孩总是走来走去的，像个小偷似的东张西望，不知道想干什么，害得我半天一条鱼都没钓上来。第二天我也学乖了，看到那个小女孩后，我就专门找了个离她远一些的位置，可是她还是跟过来了。于是，我又没钓上鱼。

一连几天都是如此，我实在忍不住了，就问她："小朋友，我钓鱼你老在旁边走来走去干什么？鱼都被你吓跑了。"

她不好意思地看着我说:"叔叔,我想求你送我一条鱼。"我顿时没了好气,别人辛辛苦苦钓的鱼你想不劳而获?我想逗逗她,就继续问:"给你鱼可以,你得告诉我你要鱼干什么。"她指了指身后的小猫,说:"我想给它吃。"我一看,原来是只瞎了眼的流浪猫,经常在小区的垃圾里面找东西吃,由于是只瞎猫,所以也没人关心它。我突然心里一暖,对小女孩说:"可以给小猫吃鱼,但是你不能来回走动,不然鱼就被吓跑了。"她听了特别开心地点了点头,把小猫抱在了怀里。

过了一会儿,我就钓上来几条鱼,把偏小的鱼给了小猫,小女孩连连说了好几声谢谢,等小猫吃完鱼就抱着它一蹦一跳地回家了。轻风吹皱了一河春水,阳光里波光粼粼的温暖倒是和远处小女孩的身影相映成趣。

## 二

夏日炎热难耐,周末一大早和妈妈一起去菜市场买菜。在菜市场门口遇到了一个推着三轮车卖白菜的老爷爷,他脸上笑呵呵的,皱纹像浪花般一层层地荡开。他的白菜价钱便宜又新鲜,妈妈毫不犹豫地买了几棵。

就在我们买完菜准备回去的时候,看到老爷爷却坐在地上啜泣起来。围观的人七嘴八舌说,老爷爷刚才收了一张一百元的假钞，而他卖菜一个月也就赚二三百块钱，这一下让老爷爷不知道如何是好，坐在地上气得发抖。围观的人都很同情老爷爷，纷纷谴责拿假钞骗人的行为。

就在大家扼腕叹息的时候，人群里挤进来了一个小女孩，样子也就十多岁，走到老爷爷的身旁，笑着说："爷爷别哭了，刚才那个大哥哥知道错了，他让我把钱还给你。"说着小手还挥动着一百元的钞票。

老爷爷半信半疑地接过小女孩的钞票，小女孩又说："把那张假的给我吧，这张一定是真的。"老爷爷把假钞递给了小女孩，小女孩当着大家的面把钞票撕个粉碎，唱着儿歌跳着离开了。

围观的人群仿佛被什么触动了一般，纷纷开始买老爷爷的白菜。

我回头望了一眼，看到远处一个母亲正牵住小女孩的手，她们离去的身后，一大一小的两个影子像镀了一层金边，被夏日的阳光拉得好长。

## 三

秋高气爽，我们一家人准备开车去香山看枫叶。刚刚学会驾车的妻子非要大显身手，执拗不过她的我，只好坐在副驾驶座上时时刻刻提醒她小心。可最后还是出事了，刚出家门妻子倒车的时候，就把后面一辆车给剐了。

我急忙从车上下来，看看两辆车的情况，还好剐痕不是很明显。一番协商之后，赔了对方200块钱。这下，妻子像霜打的茄子，老老实实地坐在副驾驶座上，话也不敢多说。我也没有再责备她，载着我们一家继续前往目的地。

到了香山，满目都是红艳艳的枫叶，像极了浓墨重彩的山水画。看着如画的风景，一家人说说笑笑，刚才郁闷的情绪也烟消云散了。可就在这时，我的手机接到了一个陌生号码的电话。是刚才剐车那人打来的，我心里一惊，不会是想继续讹钱吧。忐忑不安地接了电话，我还没开口，他就在那边急忙忙地说："打你的电话打了这么久，你怎么才接啊？修车师傅说了，我这车100块钱就够了。剩下的100块钱我给你充话费了。"我听到他这么说，顿时为自己刚才的联想感到一阵阵的羞愧，我好奇地问："这100块钱你完全可以不告诉我的啊？"他说："不是我的钱，我拿了也不踏实。"说完就挂了。

不一会儿，100元话费提示短信就收到了。看着这条短信，我心头顿时涌上一股感动。那天艳阳高照，秋日里的阳光，斑驳了整片枫林，也渗透了我的心。

## 四

时值年末天寒地冻的时候，嫂子怀孕了，全家人就让她做起了全职太太。嫂子一个人在家闲暇无事，就迷上了网购。于是总能看到她家里堆着大包小包的快递盒子。后来小区超市做了一个快递接收点，所有的快递都需要自己去那边取。这让原本家住顶楼的嫂子气坏了，冬天下雪路滑，自己又是个孕妇，拿快递极其不方便。

这天中午，我过去看她，吃饭的时候她跟我抱怨起了快递，顺便让我帮她取几个快递。正要出去时，突然有人敲门，打开门一看原来是个快递员，他看了看我愣住了，说："这是××家吧。这是您的快递。"我笑着接过了好几个包裹，他递给了我一支笔，我就帮着签了名。签完名字之后，他冲我不好意思地笑了："看您也不像怀孕的啊，我看到包裹上写着，收件人为准妈妈。所以怕您不好下去取包裹，就没放在超市代收点，直接送过来了。"我听了之后哈哈大笑："收件人其实是我嫂子，她正发愁自己不方便去拿快递呢。谢谢您啊。""哦，原来是这样啊，这是应该的呢，您忙吧，我走了。"说完，顾不上擦一下满脸的汗水就噔噔地下楼了。

关上门的一刹那，从楼道窗口透射的那一缕冬日阳光里，我分明看到一滴汗水在他身后的地板上摔成了金光闪闪的浪花，晶莹剔透。

# 积极生活，就是爱

有段时间，我很喜欢法国电影，却对法国电影里总要出现的"爱"感到不耐烦。

以法国女歌手伊迪斯·皮亚芙生平故事为主线的电影《玫瑰人生》里，记者向坐在海滩上的皮亚芙发问："您对少女们有什么建议吗？"

"爱。"

"您对青年们有什么建议吗？"

"爱。"

"您对孩子们有什么建议吗？"

"爱。"

在法国电影里，爱是最重要的事，电影里的男人女人，不断地告诉自己和别人要爱，要示爱，要落实爱。

　　爱是被夸大的信仰，还是词穷之时的自动回复？他们为什么要用爱去解释一切、解决一切？爱对他们来说，到底意味着什么？

　　后来，读到法国哲学家阿兰·巴迪欧的书《爱的多重奏》，这是他在71岁时一次访谈的文字稿。此时的他清澈洞明。对这种"爱文化"有了深刻的理解和阐述。他所论述的爱，是爱情，但又不仅仅是爱情。人本来是单个的，以单数形式存在。而爱情，却让人从"一"变"二"，在这个过程里，人得打破自己身上的封闭，试着通过另一个人的角度去看世界。两个人的爱，是"最小的共产主义单位"。但这种形式，却是一种更大规模的集体之爱的演习，让"从两个人过渡到人民"成为可能。

　　在他看来，爱不是一下就能完成的，得靠忠诚去维护，得不停地宣示爱意，"尽管在一开始就已经宣布，爱仍然需要不断地被重新宣布"。而这，需要巨大的行动力，不断激发自己身上的热情和能量，所以，他所谓的爱，是一种更朴实的态度：积极生活。去爱，去行动，去寄托，去反省，去剔除焦虑，去解决不安。去认识命运，去抵抗死亡。

　　装扮自己，是爱；维护自己的健康，是爱；经济独立，让自己过得舒服一点，是爱；尊重自己物质和情感上的欲望，是爱；去山清水秀的地方远足，是爱；种植花草，是爱；接听朋友的倾诉电话，是爱。当然，爱情，也是爱；克服爱情中的障碍，弥补自己的缺陷，也是爱。

爱，就是一种积极的生活，积极生活，就是爱。

# 父爱如茶

母亲说我出生的时候，欣喜若狂的父亲跑遍了医院所有的房间，告诉每一个人他有儿子了。尽管从母亲的叙述里我知道他很疼我，但在现实中我却从来没有这样的感受。记得我5岁那年，父亲在家里教我学加减法，我的脑子笨，算到10以上的数字就得靠数手指，经常回答不出他的问题，于是就扳着手指头数个不停，一直数到他失去了耐心为止。"到底是几？"他冲着我大吼，吓得我直发抖，瞪着惊恐的双眼一点一点向墙边缩。他猛地拽过我，像抓小鸡一样拎起我："到底是几？"我吓得大哭，"啪！"一个响亮的耳光重重打在我的脸颊上，泛起一片潮红。"不许哭！"于是我哽咽着不敢出声，可不管他再如何追问，我就是说不出答案来。最后还是在厨房听到哭声的母亲跑出来替我解围，才没让我再受皮肉之苦。

　　从那之后，父亲成了我最恐惧的人，即使在大街上远远看到他，我也会像只小耗子一样"哧溜"一下溜走。上小学之后我最害怕回家，每当在胡同口听见他的声音，我就干脆背着书包在街上闲逛，一直逛到夜幕降临才怀着忐忑不安的心情回到家里。打开家门，他冰冷的目光便落在我的身上，吓得我浑身打冷战，两腿发软。他会盘问我放学这么久跑到哪里去了，我从来不回答他，其实每当看到他恶狠狠的样子，我早就吓得不会说话了。这样的情况下我通常会被毒打一通，时间一长，倒也习惯了。他不让我哭，我就紧咬着牙憋着不哭，冷冷地看着他。每当这时，母亲就会感叹道："这哪里还是父子，分明是对冤家。"

　　我在他的专横之下战战兢兢地一天天长大。后来，我上中学，感觉自己是个大人了，应该有些自己的尊严和权利。可父亲却不这么想，他会因为一点芝麻大的事在大庭广众之下斥责我，有时候羞辱得我直想找个地缝钻进去。他从没在别人面前夸奖过我半句，也从来没在乎过我的自尊心。似乎我只是他的附属品。所以他从来不去询问我的感受，更不会和我去沟通，在他看来，他在我面前就代表绝对的真理。

　　北方的冬天异常寒冷，我们都会在窗户上罩一层防寒的塑料。而每年钉塑料就成了我最害怕的事情。记得有一年，我被他强拉着给窗户上塑料，他让我给他找些水泥钉。我开始在工具箱里匆忙翻找，我心里明白，要是找不到那就又是一场灾难。可是心里越着急，手上的动作越笨，急得我直冒汗也没找出几根合适的钉子来。就在这个时候，他走了过来，站在我身后冷眼旁观，静静地看着我。过了半天，耳畔猛然响起他不耐烦的声音："你是找钉子，还是造钉子！"我回头一看，他正满脸怒气地看着我，经他这么一看，我的手更是猛烈地抖，脑子里一片空白。他抬起腿，一脚把我踢开，蹲下身子，敏捷地找出几个合适的钉子，转身走开，然后甩下一句话："你还能干什么？"我呆呆地望着他，心里像被什么猛地刺了一下，痛不欲生。这句话在我幼小的心灵上狠狠地划开了一道伤口。

父亲在我眼中逐渐成了"蛮横无理"的代名词。我对他的恐惧深深根植在心里。我唯一能做的就是躲开他，远远地。高中毕业之后我毅然去了几千里外的一所大学，没人知道这一切仅仅是因为对父亲的恐惧。这一去就是7年，整整7年我从学校辗转进入社会苦苦奋斗。这么长的时间里我一次都没有回过家，父亲那恶狠狠的目光一直是我心中的梦魇。每年过节的时候我就象征性地打个电话回家，如果是父亲接电话，他也会很快把电话交给母亲。他知道我不愿意和他多说一句话。我偶尔会给他们寄点东西回去，母亲可能是睹物思人，常常催促我回家看看他们，我都找借口回绝了。直到爷爷去世了，这样我才怀着惴惴不安的心情重新踏上了故土。

　　事先说好了父亲来接站，可走出火车站找了半天我也没看见他的身影。掏出手机正要给家里打电话，忽然觉得被人拍了一下，回头一看，一张苍老的面孔映入眼帘。眼角堆积了不少皱纹，干涩枯燥的皮肤，瘦小的身材，让我没认出来这就是当年那个走路如风的魁梧男人——我的父亲。在我惊异的瞬间，他已经接过我手中的箱子。我本想自己拎着，可他执意不让，我拗不过他，索性交给他，自己落个轻快。

　　我们没有回家而是先去祭奠了一下爷爷。一切都忙完已经是深夜了。他开着车一路上我们什么也没说，他只是偶尔从反光镜里看看我。气氛沉闷得让人窒息，我想说些什么，可每次张嘴都觉得胸口被什么压着似的，把我的话生生憋了回去。于是我们就这么沉默着，一路回家。

　　母亲看到我回来，欣喜若狂，又是倒水又是拿水果的，我费了好大的劲才让她坐下来。她拉着我的手不住地问这问那，父亲则坐在旁边眼睛紧紧盯着电视，头却有意无意地歪向我这边。夜越来越深了，父亲起身去给我收拾房间，母亲偷偷告诉我，早在接到我电话的当天他就已经给我准备妥当了，就等着我回来住了。她还告诉我父亲把家里的日历一撕就是两张，掐着指头算我回来的日期。我无语。母亲又像当年一样长长叹了一口气："唉！这父子俩不知道上辈子结下什么仇了，这辈子谁也看不上谁……"

我洗漱完毕，躺在床上，塞上耳机。小时候，父亲就有一个让我无法忍受的习惯——打鼾。一旦他睡着觉，鼾声震得玻璃都微微颤抖。对于神经衰弱的我来说，这简直就是灾难。于是我早早做好准备工作，竖起耳朵等待他的鼾声。可出人意料的是，等了很久都没声响，也许是太累了，等着等着就睡了过去……

因为公司有急事，第二天一早我就要赶回去。早上起来，母亲便把早餐准备好了，父亲睁着红肿的双眼执意要送我上车，怎么劝都劝不住。没办法只好答应了他，他顾不得吃早饭就连忙去给车加油。不知道为什么，看见他忙碌的身影，我就想起小时候他忙着给自行车打气送我上学的情景。吃饭的时候，母亲问我睡得好不好。我点头答应。她说为了让我休息好，父亲一直没敢睡觉。他知道我神经衰弱的老毛病，所以到半夜确认我睡着之后才匆匆补了一觉。我猛地觉得胸口被什么东西牵动了一下，狠狠地痛着。我连忙低下头大口大口地吃饭，以掩饰我脸上的痛苦以及湿润的眼角……

父亲开车送我的时候仍是很少说话，只是将一张银行卡塞给我，告诉我自己想买什么就买点什么，别委屈了自己……

我们来到火车站，他忙着去买票。我忽然想起他还没吃早饭，于是到外面买了一些糕点。等我站在护栏外正要往回走的工夫，突然发现他正在我刚刚站过的地方焦急地寻找着，他手里紧紧攥着车票，穿着厚重的冬衣在人群中东张西望，大声呼唤着我的名字。我愣在原地，呆呆地望着他！这是我第一次看见他焦急的样子，在我的记忆里，父亲永远都是我的权威，在我眼里他有的只是刚毅、沉着、冷酷。一直以来我以为他是自私的、不会在乎别人的，而今天我却看见他为我而急得满头大汗。我突然想起许多年前，那么多我不肯回家的夜晚，他是不是也像现在一样疯狂地找我呢……

当我手捧着糕点出现在他面前的时候，他没责备我，也没问我，更没有提刚才寻找我的事情，一如往日地平静。火车到了，他催促我上车，我还想说什么，却紧咬着嘴唇什么也没说出来。"走吧，火车快开了。"他擦去额角的汗水，轻轻拥着我上了火车，然后在下面默默地望着我，什么也没说。

火车开了，父亲成为倒影远去，终于消失在我的视线里。过往日子里的记忆忽地涌了出来：当初是他牵着我的手送我上学的；是他让调皮的我坐在脖子上撒娇的；是他在黑夜回家的路上用大衣将我紧紧包裹住的；是他……太多太多的往事像一颗颗细小的水晶摔碎在心里，刺得我心痛。想起他那苍老的容颜，我的心就被狠狠地牵动着。这么多年来，我是第一次感受到炽热的父爱。虽然它早已存在，但我到现在才渐渐读懂。

父爱如茶，没有母爱那般地温暖，更没有母爱的香甜。初尝的时候，齿颊之间不免有一丝苦涩，然而日久弥香。岁月久长，那淡淡的茶香之中早已经没有了当年的酸楚，有的只是那浓浓的化不开的深爱。

# 轻　放

　　走廊里的声控灯，很早以前就坏了。每次走到门口，同租三室一厅的几个人，都会习惯性地叹口气，在黑暗中摸索着将门打开，又重重地关上，似乎想要以此发泄对那一脸晦暗的廊灯的愤恨。其实，楼下的小卖部里，摆满了各种各样的灯泡，而且价格低廉到不过是坐一站公交车的价格，但包括我在内的所有人，谁都没有想起，在买泡面的时候，顺手捎带一个灯泡上来。而那盏灯，也就这样沉默着，一日日听我们的踩脚声，砰砰砰地响了又响。

　　父亲过来看我，走到门口，看见我费力地用手机里微弱的光线照明，立刻放下手里的东西，说声"稍等"，便下了楼。不过是几分钟的工夫，他便拿了一个灯泡上来，一声不响地安好。然后，他轻轻一击掌，昔日暗淡无光的走廊，瞬间便有了温暖通透的光亮，我站在门口，看着父亲脸上淡然的微笑，便说："您可真是光明使者呢，您一来，这灯就好了。"

父亲却扭过身来，正对着我，说："其实路过的每一个人，都可以是光明使者，不过是一块五毛钱的灯泡，顺手就捎过来了，何必每次总是感叹世风日下，自己却始终不去动手呢？"

我笑："可不是人人都像您这样乐于助人，况且，这还是租来的房子，这走廊，也属于公共的区域，不只我们这一层，楼上的人也都要从此经过呢。"

父亲没吱声，只拿起身边的扫帚，一边一层层地扫着楼梯上丢掉的烟头、纸屑、菜叶，一边哼起他惯唱的京剧。有人从他身边经过，他便停下来，将身子朝楼梯一侧，又朝来人笑着点一点头，表示让对方先行。而路人总是诧异地看父亲一眼，又微微地停一下，这才在父亲的笑意里，慌乱地点一下头，匆匆离去。那脚步的失措，看上去有些逃的意思，似乎他遇到的是一个神经稍稍有点错乱的老人。

在晚饭的时候，我便抱怨他，说："何必对陌生人这样殷勤？他们指不定在心里觉得您有毛病呢。"父亲呷下一口酒，道："我管不着别人心里怎么想，但我开心就可以啊，况且，我就不信你给别人微笑，他还能泼你一盆冷水不成？所谓寻开心，就是这样，你自己不去主动找，它还会自登家门？"

　　几日后，翻起账本，突然想起一个借钱的熟人，当时他信誓旦旦，说三个月后肯定一分不少地全都打到我的账户里来，可是又过去两个月了，他不仅没有打钱，连一个解释的电话都没有。气愤之下，我抄起电话便要质问熟人。父亲得知后将我拦住，说："钱既然已经借出去了，就不必再催了。"我不解，说："难道就把这笔钱白白地给他了不成？这样不守信用的人，您又何必跟他客气？他不仁在先，我又为何再做君子。"

　　父亲一声不响地拿过我的账本，将我记下的还款日期一栏"啪"的一道线勾掉，这才说："何时你将心里那个还款的日期，也一并改成无期限的时候，就不会像现在这样气愤了；假如人家忙得忘记了，你过去一通责问，那岂不是彼此坏了感情？一笔钱丢掉不要紧，连带地连一个朋友也给弄丢了，那就得不偿失了。"

　　我依然心里憋闷，说："可是我觉得这个人根本就是故意忘记的，我刚刚听说他借过别人的钱，每次别人一催，他就推说下个月还，结果是几个月过去了，还是没有丝毫要还的迹象。"

　　父亲依然不紧不慢地喝一口茶，道："如果他真是一个常占便宜的人，那你这钱，丢了也没有关系，能够用钱测出一个人的深浅，并在以后的路上，尽可能地远离这样的人，不是更好吗？况且，如果他不打算还你，你再怎样地催促，也是得不到这笔钱的，不如心中先放下，这样轻松的是你，而他，则会在你的安静里，心里有小小的失落与不安。"

隔着十几年的光阴看过去，我第一次发觉，硕士毕业的我，从书本中得到的那些东西，在没有读过几本书的父亲面前，原来是如此地苍白且无力。人生中一切矛盾的化解，并不是拿尖锐的刀子划过，而是那最朴素最温暖的轻轻一放。

# 时间去哪儿了

卡门每天六点钟准时起床。下床的第一件事是打开电视机，伴着新闻频道的《朝闻天下》，用三十分钟的时间梳洗完毕。然后他关上电视，拿起背包走到电梯口，时针指向六点三十五分。

六点四十分，卡门在小区的早餐车点一份营养早餐。七点，他随着人群走进地铁，在长达一个小时的旅程中，他看到时间从旁边玩游戏的乘客手里溜过，而他耳朵里听着BBC慢读新闻。

八点半之前，卡门准时在公司的门禁上按了手印，开始一天的工作。工作的间隙，上午十点钟左右，他会到公司的健身房做一套广播体操。

午餐时间过后，卡门没有像其他同事那样上网购物或者刷微博，他会到公司楼下的花园里喂猫，顺便放松下紧张的神经。下午上班时，卡门的状态像是又充了一次电，精神饱满得让同组同事羡慕嫉妒恨。

五点钟下班，卡门不会马上去坐地铁，他总是沿着公司附近的运河边走长长的一段路，在这条路上，他先是给爸妈打电话，聊聊家长里短。然后，他在这条道路上对一天的工作进行反思。然后，他搭乘地铁，回到自己的家。

八点钟，卡门为一天收尾，他准时坐在书桌前学习他觉得应该补充的知识。九点半，他拿起手机，查看朋友们的微信，进行回复。

十点钟，卡门上床，打开枕边书，他会大声地朗读。

卡门很少刷微博，但他从来没有疏于朋友的联络，与父母也常沟通，他的身体很健康，没有普遍存在的亚健康，他的生活充满情趣。他的工作因为上司的赏识而不断升迁。

在别人没有时间与朋友联系、没有时间给父母打电话、没有时间锻炼身体、没有时间培养一个爱好、没有时间为工作充电的时候，卡门，一个26岁的广告总监做到了。别人问及，他只是说："时间就在那里，我只是更好地利用它而已。"

# 生存还是生活，你说了算

　　曾经看过一个纪录片：一个中国留学生在德国因为迷恋赌博，导致破产、失业、离婚，欠下了50万欧元的债务，人已经处在崩溃的边缘。这个时候，他50岁的大哥，决定去德国打工，一边为弟弟还债，一边督促弟弟戒赌。这似乎是个不可能完成的任务。大哥的妻子身体不好，女儿正在上高中。为了这个决定，气恼的妻子和他离了婚。他只身一人去了德国。

　　到了德国，他做的第一件事就是找地下赌场谈判。他说，我是个一无所有的人，来这里就是为了救弟弟，如果你们再放他进去赌，我第一不会还债，第二就报警。如果你们想砍死我，请便。三个地下赌场，从此不再放他弟弟进门。

　　他做的第二件事情，是带着弟弟在一家华人蛋糕店学手艺，弟弟身上的钱不允许超过一欧元。这样过了一年，他想办法借了点钱, 开了家糕点店。由于口味好、信誉好, 又有救弟弟的动人故事, 店里生意兴隆。

他做的第三件事情, 就是在当地成立了互帮会。慢慢地, 很多初到德国的华人, 有什么问题都去找他帮忙。他成了当地一个欠着一身债的传奇人物。

他做的第四件事情, 就是不断给女儿与妻子写信, 希望她们能理解并原谅他。他说他如果不这样做, 弟弟就会死在异国他乡。

10年过去了。记者采访他的时候, 他刚过60岁生日。弟弟欠的债, 只剩5万欧元了。弟弟再也没赌过, 他开始利用网络尝试外贸生意。他的妻子和女儿也原谅了他, 妻子决定和他复婚。

如果说生存, 他真的是曾被逼到了死角。可是他没有远离生活, 而且创造了奇迹, 洋溢着人性的光辉。

我们常会为生计所迫, 做些不得已的事。但是有些人, 永远能在生存中品出好滋味, 这就是生活。生存是我们生活的基础, 是我们不得不做的事情。但生活到底是何种滋味, 是由我们自己选择的。

小时候听母亲说, 懂得生活的人, 哪怕住最差的房子, 穿最差的衣服, 也会把屋子收拾干净, 衣服折好放在枕下, 压得平平整整。生存是有限的, 生活是无限的。

# 朴　素

忽然喜欢"朴素"这个词，就像一张未着油漆的旧桌椅，显露的是淡淡的本色。

朴素的桌子上有碗筷，粗茶淡饭。经年累月留下的木纹，那棵树的痂结还在上面，它就是一张旧桌椅。

朴素是件什么东西？它是以前乡村女孩子的两根大辫子，走起路来，一跳一跳的，背影消失在旧时光里。我在少年时，曾看到河对岸，张家小媳妇坐在屋后的一张小椅子上梳头，袅娜的身姿在斑驳树影里，那是一种朴素之美。

朴素的汉子捧着朴素大花碗，坐在路边呼啦呼啦地吃饭。还有一个老头儿，推过来一辆车，站在树下擦汗。天冷的时候，老太太穿厚棉裤显得臃肿，远远地看就像一只大萝卜。

我坐在朴素的小餐馆里。小餐馆里，一椅、一桌、一伙计，老板娘安静地坐在吧台后面。那个餐馆，就在繁华的大上海，一条热闹马路与另一条安静小路的拐角处，只有步行才能找到，坐在公交车上会一掠而过。

朴素不见大红大紫、大是大非，也没有夸张的表情和惊讶的肢体语言。往往是屋檐上的瓦，色调平和，就像一个人从来没有炫耀过，谈不上有过什么七上八下，也不好大喜功，痴嗔癫狂。

有的地方很朴素，我坐车路过一个小镇，朴素的房子，绳子上晒着朴素的衣裳，路边站着朴素的人，下车问路，他们说的都是些平淡朴素的话。

上初中时我们到农场学农。同学的姐姐是个知青，她从旁边的生产队赶过来看望弟弟。我记得那个女子，穿着一条洗得泛白的工装裤子，远远地站着，两条长腿在朴素裤子的映衬下，像一只丹顶鹤，风姿绰约。

朴素的人有朴素的浪漫。我认识的一个写诗的人，他写了一首朴素的诗念给我听："我最大的理想啊，是坐在有猪头肉的桌旁，一边喝酒，一边吃猪头肉，穿着朴素的衣裳，有朴素的老婆和朴素的热炕头，再盖一间朴素的房子。"

其实，在朴素年代，我和朋友陈二狗曾在小城的百货大楼里一人买了一件黄大衣。黄大衣长及没膝，温暖周身。我和陈二狗各骑一辆老式自行车，像骑着两匹马，在小城笔直的大马路上飞奔。后来，我和陈二狗渡江，到上海去买大红衬衫、山羊皮猎装、雪花呢大衣，就变得不再朴素了。看来，一个人的朴素年代，是在少年和中年以后。

对于许多东西的迷恋，我们变得不再朴素。这个世界太过于炫目和迷离，我们变得朴素不起来。大街上，看不到梳两根大辫子的姑娘，也看不到穿黄大衣的小伙。朴素年代成为一种怀念。

有个做官的朋友，退下来之后，他的生活才重返朴素年代。他遇到的人，对他说的话变得朴素了，不像从前那么恭维和修饰。一个人年老了，从华丽中脱身而出，他就是一篇朴素文章。

这个世界，最终是由朴素的人和器物组成的，越朴素越接近事物的本质。那个留着大胡子的英国人培根说过，在朴素背景的衬托下，一个打扮并不华贵却端庄严肃而有美德的人，是令人肃然起敬的。

# 时光之舟

去南方旅游，在一条古老的镇街上，看到一座古老的宅子，灰砖青瓦粉墙，处处透出岁月久远的痕迹。宅边的老树枯枝虬结，青石板路上开满米粒一样的青苔花，有看不出年岁的老人在镇街上聊天，或者什么都不做，散淡地，安静地，待在时光里，与那老宅子相得益彰，仿佛是那老宅子的一部分，静默、无语，仿佛听得见时光流走的声音。

在那里，时间是静止不动的，阳光安好，岁月静美，像一张唯美的油画。可是透过这样安好静美的表象，透过岁月的烟尘，我仿佛看到另外一些画面：沧桑，离乱，战争，情爱，眼泪，灰扑扑的长衫，袅娜的花样旗袍，或者更久远一些，留着辫子，盘着发髻的男人和女人，都曾在这老宅子里进进出出，像幻灯片的图像，虚幻又或者真实，热闹纷繁落幕之后，是出奇的安静。

时间犹如一只神奇的手，不管当初是怎样地旖旎多姿，不管当初是怎样地千疮百孔，时间这只手抚过之后，什么都变得不一样了，但，又仿佛什么都与从前一样，那中间，被时光过滤掉惊喜与绝望，只剩下如水地平淡。

用时光做舟楫，我们都可以渡到彼岸，再回首时，当初惊天地，泣鬼神，欲为之生，欲为之死，以为那就是所有，那就是一切，可是经过时光的淘洗之后，很难想象，都被搁浅在岁月的沙滩上。

所有这些，像极了我们的生活。

青葱岁月里，遇上喜欢的人，以为那就是生活中的一切，一个不经意的眼神，一个没有任何目的的动作，被我们在睡不着觉的夜里，反复回放，终于加上了自己的注解，然后在一场已经开始的恋爱里，或者并不曾开始的单恋里，失恋了。

走过一些岁月的人当然都知道，失恋也是人生的一种美妙的体验，可是当初，我们却觉得天崩地裂般地疼痛，没有了生活的方向，或者试图以生命做代价，为疼痛埋单。可笑吗？当然不，因为我们爱得过于真实，以至于没有办法与自己和解。

然后，在漫长的人生岁月里，走过一段又一段路之后，时光的舟楫终于把我们带到彼岸，然后回头看那些走过的时日，理性，淡然，用某种美好的情愫，用温情宽容的眼光去看待自己，去打量别人，去忖度生活。

当然，人生之中不只有爱情，还有友情与仇恨，当初无论经历了怎样的误解和背叛，无论仇恨有多么深，即便深到寝食难安的地步，经过岁月的淘洗，时光的舟楫也会把我们渡到彼岸，使我们忘记仇恨的狰狞，忘记那些不快的瞬间。

人的一生，在时间的长河里，就是一滴水，就是一个转瞬，短暂，但却会遇到很多事情。无论遇到什么事情，我们都不要绝望，不要对时间绝望，因为时间会让我们心灵宁静，回归平和，会抚平我们的创伤，会抚平我们的小欣喜，让我们美好安宁地生活，与人生所有的不快乐和不美好和解。

用时光做舟楫，渡我们到彼岸，看鲜花开满这世界，看鲜花开满我们的心灵。

# 分数之外，让他们学会感动

这件事情已经过去很久，有时候，一空下来，就会想起，一丝一缕地把心填得满满的。等到要写，却发觉找不到合适的词，只能再放回到心底。因为太看重，所以，不敢碰，不敢写，生怕写坏了它，生怕写歪了它。

那还是十年前，我刚做老师的时候。一个学生——校刊的主编、校文学社社长，语文好到只要说出他的名字，整个年级都知道的人物——一次期中考试时，有一道大题的现代文阅读竟得了零分。匪夷所思的是，并非答错了，而是没有做。试卷上是触目惊心的空白。

我找他，问为什么。

他告诉我，用作题目的那篇文章，他读完第一遍，就哭了。他当然知道这是在考试，所以，再读一遍，还是哭，哭到无法思考。他决定先完成后面的试题。直到把作文写完，回过来读第三遍，还是哭。于是，他选择放弃，即便还有足够的时间。

后来，教过许多学生，做过无数的阅读。不可避免地，我渐渐淡忘了那些学生的名字，忘却了那些文章的内容。可是，我一直记着有这样一个学生，有这样一张脸——那神情真是庄严，庄严到令我心生敬畏。

我们教给学生知识，教给他们阅读的方法，有经验的老师还可以传授给学生所谓的技巧。可是，我们却一直忘了让他们学会感动。我们当老师的自己读书的时候，常常是感动的，只是这份感动无关考试、无关升学，上课的时候，就常常"省略"了。

我们的学生真好——他们很认真地听课，很认真地记笔记，很认真地追问："老师，课文的主旨是什么？"我多想告诉他们：不要管什么主旨，考完试，你再也不需要这些东西，再也不会用这种方式来读书。

我问学生可曾为哪篇文章感动？没有。读《五人墓碑记》，读这五个人以一己之力对抗强大的统治集团，为一个毫无瓜葛的人"谈笑以死"——他们不感动；读《为了忘却的记念》，读鲁迅和柔石相互扶持，"仓皇失措的愁一路"——他们不感动；读《三棵树》，读一个人在困境中拼命抗争——他们不感动。

他们中的一些人，将来会进很好的大学，但是，他们的生命中少了一点温暖。那温暖并不一定能让他们获得一个好分数，但一定会让他们成为一个正直的人、美好的人。

有一年高三，课时紧，紧到甚至用"分钟"来安排每个知识点。课堂上不再有笑声，不再有眼神的交流，人人埋头做笔记，不敢稍有差池。每上完一节课，教室里一片如释重负的叹息。我受不了，终于，狠下心，硬是"抠"出半节课，让学生读自己写的文章。他们一段段地念，笑，鼓掌，读到特别激动的地方，刹那间静默。

半节课的时间，实在是奢侈的，这二十分钟可以完成一篇现代文阅读，可以讲解两首诗歌，可以分析完一篇文言文。可是，我舍弃了；我舍弃了，因而获得更多：也许只是一个瞬间，他们就被同窗的文字甚至自己的文字感动了。他们惊讶地重新发现了自己，惊讶地重新发现了熟悉而陌生的同学。不经意间，这份感动给他们的生命铺上了一层温暖、纯净的底色，让他们愿意成为更好的人。

我们是尽职的老师。我们在课堂上，告诉学生，这篇文章的主旨是什么，那篇文章的手法是什么。我们无法置分数于不顾。

然而，我还是希望，多年以后，有人会记得，有这样一些文章，他读的时候流过泪；有这样一个瞬间，他感受到一部分生活的意义。没有人可以追随世界走向永远，但在感动的那一刻，我们拥有了一切。

和分数无关，它属于心灵。

# 把美好送给别人

阳光把真诚的爱送给大地，大地万物生长；月亮把美好光明献给世间，世间充满诗情画意。春雨滋润禾苗、花草，五谷丰登，鸟语花香，六畜兴旺。

抛弃内心的阴霾，换一个灿烂的艳阳天给自己，也给别人。把自己的心灯先点亮，也把别人的心灯燃亮，共度漫漫长夜，自己的人生路上不再枯寂，别人的人生路也增添了光彩。

心中有了窗棂，阳光才能照进来。心中有了明灯，你才不会困惑迷茫。不仅自己要拥有一份明朗的心情，还要给他人带去明朗、愉快的心情，将自己的真才实学和美好送给别人，别人不会总送给你一张苦脸、哭脸。如果烦心事太多，别怪别人，分析一下原因和来龙去脉，往往是因为你的心胸还不够宽大。要学会拓宽自己的心胸。要记住，许多情况下，你的心胸是被冤枉和委屈撑大的。有一天，你会突然发现，以前过来的磨难和磨炼都沉淀成人生路上宝贵的财富，它让你深深地知道，晴天和雨天不一样，温暖和寒冷不一样，干爽和潮湿不一样，大海和小溪不一样，有大爱和有小爱不一样，有爱心和没有爱心更不一样。播撒更多的爱给人间吧，人间就少些心灵的沙漠，多些心灵的绿洲！

心里缺少光亮，就先吸纳别人的正能量和光亮。心里充满阳光，要懂得释放你的温暖和光明。要怜惜枯萎的禾苗，要滋润干渴的禾苗，以阳光甘露，以春风化雨。

任何时候，都要心存高贵、尊严、善良、追求等，这些都是美好高尚的字眼，让你拥有完善的措施、丰富的思想、良好的心态及不再破碎的心灵世界。

洒一些锦囊妙计的香露给人间，穿一些神秘念珠给他人，布一些花香送亲朋，春天定会永驻你心间。伤害奈何不了你，千种厄运、万般挫折也奈何不了你，忧伤对你望而却步，痛苦见你也畏惧三分，欢乐和幸福总会最早向你抵达。

把眼睛睁大，把阅历放大，把事业做大，让耳朵静听世界各个角落的声音，把感觉的触角锻炼得敏锐一点，一切芳香会狂奔而来，一切喜悦会蜂拥而至。眼前会出现一番新景象，面前会出现一番新天地。灵魂跟着心走，心跟着美好走，美好跟着耳目走。让美好多多点缀你的耳目，让美好洋溢在你的四周和心中。让人生的天线多多吸收亮丽健康的信号，多给自己一些坚毅果敢，多给别人一些平和、旷达、包容，像温玉一样平和，如大海一样旷达，似天空一样包容。玉碎也要保持着平和，海洋动与不动都保持旷达，天空既包容晴天丽日，也包容乌云闪电。

任何时候，不要忘记，把你的美好送给别人，把你的精华献给人间。美好本身就介入着你的人格的魅力、人品的力量。只有这样，你和人们的心中才会春天永驻，四季花香，怡享天年。

# 叫醒你的是什么

　　杰克是美国纽约一家公司的主管，由于经济危机的影响，杰克的薪水很低。杰克每天早晨6点多到公司，晚上8点多了还在公司加班，有时候甚至要忙到晚上10点多。

　　工作的劳累不算什么，可是让杰克难过的是自己对这份工作已经没有了信心，每天的工作仅仅是为了那微薄的薪水。

　　终于有一天，杰克再也受不了这样的生活了，他请了假，去一个风景区散心。风景区有一处是钓鱼的地方，于是杰克买了鱼竿坐了下来，开始钓鱼。烦躁的杰克钓了足足一个多小时，可是依然没有任何收获。

　　坐在杰克旁边的一位老者，却在一个小时的时间里钓了很多鱼。老者问杰克："年轻人，在想什么呢，这么烦躁？"

　　杰克对老者说了自己工作上的不如意：工作很累，可是却没有任何成就感，而且薪水也低，更要命的是自己已经厌倦了这份工作。

　　老者默默地听着，等杰克说完的时候，老者又问了一下杰克公司的情况，然后对杰克说道："每天早晨叫醒你的是什么？"

　　杰克一下子愣住了，不明白老者是什么意思，杰克想了想说道："每天回来都很晚了，一直到第二天早晨都很累，叫醒我的当然是闹钟了。"

　　老者摇了摇头说道："这就是为什么你会感到工作累而且没有希望的原因，年轻人，你觉得每天叫醒你的应该是什么呢？"杰克不明白什么意思，满脸疑惑地看着老者。

　　老者说道："年轻人，每天早晨叫醒你的应该是梦想，而不是闹钟。"

　　杰克一下子愣住了，半天才明白过来，是啊，为什么自己会这么累，很重要的一个原因就是自己一直在为那些微薄的薪水而工作，而不是在为梦想努力。

　　杰克想起了大学毕业的时候，自己曾经立志要成为一个优秀的销售专家，可是现在却在一个小公司里混日子……想到这里，杰克再也坐不住了，他想马上回去辞职，然后开始寻找适合自己的销售工作。

　　一个月后，杰克找到了一份销售工作，虽然薪水比原来低很多，可是杰克却干得很有兴趣。一年后，杰克成为一家大公司的销售主管；三年后，杰克成了著名的销售专家。

　　叫醒你的是什么？

　　如果是闹钟，你仅仅是在为一份工作而工作，可是如果叫醒你的是梦想，那么你正在为梦想而努力。

　　为工作而工作，你收获的只是一份微薄的薪水，如果叫醒你的是梦想，那么最终你的梦想就会实现。

# 快乐取决于自己

一帆风顺的人生不会存在，坎坷一生的生活也不是最悲惨的，痛苦和快乐都取决于心。你要做的就是接受这一切，开朗地接受，大度地包容，博爱这些哪怕是最痛苦的事情。

雅文拥有一切。她有一个完美的家庭，住海景洋房，从来不用为钱发愁。而且，她年轻、漂亮、聪慧。

和她一起外出是一件乐事。在餐厅里，你会看到邻桌的男士频频向她注目，邻桌的女士为她而相互窃窃私语……有她的陪伴，你感觉很棒。她让你由衷地认为做男人真好。

不过，当所有闲聊终止的时候，这样的一刻出现了：雅文开始向你讲述她悲惨的生活——她为减肥而跳的林波舞，她为保持体形而做的努力，她的厌食症。

你简直不敢相信自己的耳朵！这位美丽的女士真实地、

深切地认为自己胖而且丑，不值得任何人去爱。当然，你会对她说，她也许弄错了。事实上，这世界上一半的人为了能拥有她那样的容貌，她那样的好运气和生活，宁愿付出任何代价。不，不，她悲哀地挥着手说，她以前也听过类似的话。她知道这话只是出于礼貌，只是一种于事无补的慰藉。你越是试图证实她是一位幸运的女孩，她越是表示反对。

或许是生活真的给了她太多，令她反而觉得一切都是那么理所当然，于是对生活的期望也越来越高，乃至一点微小的缺憾都不能容忍。现在的她需要明白：生活并不完美，生活从来也不必完美。生活能否美如画，取决于你的活法。

许多人都听过"超人"克里斯托夫·瑞维斯的故事。他曾经又高又帅、又健壮、又知名、又富有。可是，一次，他不慎从马上跌落下来，使他摔断了脖子。从此，他不能再自由地走动了。现在，他坐在轮椅里……不过，瑞维斯和雅文有所不同：他感谢上帝让他保留了一条生命，使他可以去做一些真正有意义的事——为残疾人事业做努力。而雅文则是为她腹部增加或减少了几毫米厚的脂肪或喜或悲着。

生活并不完美，但是也并不悲惨。人来到这个世界上，不是为了享受生活或体验悲惨的。

不能因为有人说我们活着是为了享受的，所以遇到悲惨就不想活了；不能因为有人说人活着就是为了体验苦痛、经历磨难的，所以好日子就被鄙视了。

其实，不都是生活？都是生命？如果人生的意义、目的，可以说清道明，那世界上的人不都一样了？都做一样的事，都过一样的生活，这一般不太可能。

悲不悲惨、快不快乐是一种感觉，每个人在心里怎样告诉自己，就会拥有怎样的生活，或悲，或喜。

# 我的重大突破

几十年前，我和几个朋友打算把一个破败的地方装修成一个时尚的图像设计室。

然而，即将被装修成镶木的地板中央，躺着一个丑陋不堪的黑色保险箱。箱子大约有1.8米长、0.9米宽、0.9米高。很明显，在开始装修之前，我们得将这个生锈的丑箱子搬出去。

我们七个人将这个保险箱团团围住，齐心协力，要将保险箱抬起来。我们几个搬得筋骨扭曲，指节泛白，腹痛如绞，青筋暴起，满头大汗，但保险箱依然纹丝不动。

我们于是改变策略，所有的人移到箱子的一边，使劲地推箱子。这一次，箱子还是一动也不动。

"也许，"我们当中一个失去信心的人提议说，"我们可以在上面搭上一块桌布，然后放上一个花瓶。"

他说完这句沮丧而无用的话，大家都出去吃午饭了。

我吃完饭回来，发现另一个朋友正绕着保险箱转，若有所思的样子。这个朋友并没有加入早些时候那场混乱的搬运活动。

"你在做什么？"我问。

"我要搬开这个保险箱，"他若无其事地说，"你要不要帮我一下？"

"开什么玩笑。"我经验十足地说，接着便告诉他七个壮小伙和一张桌布的故事。

"我和你可以搬动这个小捣蛋鬼！"他轻轻一挥手，不顾我的经验之谈。我忘了早上的失败，接受了他的邀请。很快我们便想出了对策。

我们把一个螺丝起子的尖端塞到箱子底下，在起子把手上放上一根长管，然后在长管下面放了一个小东西作为杠杆支点。我们将管子往下压，让箱子抬起来一点点，虽然缝隙很小，但足以塞进一些纸。尽管保险箱离地的距离微乎其微，但我们还是可以让起子的尖端再往里塞一点。

我们再压一下管子。这次可以把箱子下垫的纸换成杂志了。接着我们调整了杠杆和支点的角度，把箱子举到足以让我们塞进第二本杂志。随着杂志越放越多，我们终于能够把整根管子塞进箱子下面了。我们在箱子另一端重复了这个操作过程。然后，就像两位推着婴儿车轻松闲逛的老祖母，我们毫不费力地让保险箱从这些管子上滚出了房子。

两个人开动脑筋，就能毫不费力地干成七个人竭尽全力都不能完成的事情，这件事是我人生的一个转折点。从那以后我就相信人生没有做不了的事，只不过要找到正确的角度，而这个帮你获得大成就的角度，就是要时时找准轻松与省力的方向。

成功与努力工作不一定成正比，这个道理不但适用于搬重物，还适用于一切事情——人、财、物，还有形势、思想、情感，等等。成功的基础不是努力工作，而是要学会工作。

# 低头是一种智慧

　　记得小时候，有一次，我看见庭院前的向日葵低垂着头，便突发奇想，找来绳索和竹竿，将其中一棵向日葵固定起来，让它昂然挺立，直视太阳。我成熟地以为那样就可以让向日葵省去转来转去的麻烦，可以更好地接收阳光，未来的颗粒也必定会更加饱满。

　　到了秋天，向日葵成熟了，我急不可待地来到那棵昂扬着头的向日葵跟前，满认为它是最好的，可令我觉得懊恼的是，那棵向日葵空洞无物，里面不仅没有一粒丰满的籽，还散发出一股刺鼻的霉烂味。我不解地问："为什么昂着头的向日葵会颗粒无收呢？"父亲呵呵地笑着说："傻孩子，向日葵头朝上，里面过剩的雨露排不出去，很容易繁殖细菌，所以它会霉烂掉，你是善意帮了倒忙。其实，向日葵稍微低头，一则是为了表白对太阳的忠诚与敬意，二则也是为了维护自己。"

听了父亲的话，我似懂非懂地点了点头。后来，我通过察看发现，不只是向日葵，很多植物也清楚这个道理。比如，当麦子青涩的时候，它们总是昂首挺胸，一副无所害怕的样子；可当它们成熟的时候，却总是谦虚地低垂着头，一副与世无争的样子。由于这样不仅能够有效地防止被折断的危险，而且还让鸟儿找不到着力点，从而保留了自身历经含辛茹苦得来的果实。

我有一个友人，他始终奉行"人善被人欺，马善被人骑"的处世准则，因而为人十分强硬，得罪了不少人，在单位里他长期得不到领导重视，也不受同事喜欢。每次，升职与他无缘，提干与他擦肩而过，混了十多年，仍是小职员一个。朋友非常纳闷，他说："我只是捍卫自己的权利罢了，这有什么错误的呢？"

确实，这没有什么不对的，只是自身的问题。左宗棠有一句至理名言："困窘潦倒之时，不被人欺；飞黄腾达之日，不被人嫉。"一个人应当理解什么时候应该争夺，什么时候应该放下，一味地忍辱负重，那是一种脆弱；而一味地强硬，那是一种愚蠢。一个逞强好胜、狂妄无礼、不可一世的人，他很难得到别人的认可与肯定，也很难在事业上有所成就，不是在事实眼前碰得头破血流，皮开肉绽，就是遭人排斥，孤独无援，郁郁而不得志。

古人云：至刚易折，上善若水。做人不可无傲骨，但也不能总是昂着头。君子之为人处世，如同流水一样，擅长方便万物，又水性至柔，不与人纷争不休。因为他们明白，能低者，方能高；能曲者，方能伸；能柔者，方能刚；能退者，方能进。

# 掌声总在成功后

在竞技场上，冠军跑到终点之后；在演艺剧场，艺人结束了精彩表演；在科研战线，科学家公布了科研成果；在工程领域，大楼盖好，桥梁修成——掌声才骤然响起，鲜花才会献上。

而在这之前的刻苦训练，潜心努力，卧薪尝胆，宵衣旰食，一般是不会引人注意的，更不会换来掌声和喝彩。掌声总在成功后，冠军跑在掌声前，是古今中外一条普遍规律。

飞人博尔特在百米跑道撞线后就赢来了掌声雷动，还有鲜花、美酒、奖金，告慰了此前他为此付出的一切努力，回报了他在训练中流下的汗水。

苏东坡，文赋、诗词、书法、绘画、佛理，无所不精，那是个几乎在他涉足的所有领域里都大获成功的文化巨人，但在世时不仅掌声不多，而且倒掌一片，身世坎坷，饱经风霜，屡受贬谪，甚至还有生命之虞。当掌声响起的时候，他墓前的柏树已有一抱粗了，好在与他没有利害冲突的后人都是识货的，毫不吝惜地报以长时间的、雷鸣般的掌声，他若在地下有知，当安息九泉。

最具戏剧性的是荷兰后印象派画家梵·高，他是个天才画家，成功地创作了一批伟大作品，但生前没人赏识，未闻任何掌声和肯定，居然连一幅画都没有卖掉，过着饥寒交迫的生活。而在他身后，人们慢慢认识到了他的艺术魅力，把他奉为表现主义的先驱，他的画作深深影响了20世纪的艺术，好评如潮，掌声雷动，其作品如《星夜》《向日葵》《有乌鸦的麦田》等，现已跻身于全球最著名与最昂贵的艺术作品行列。

生前寂寞，不知掌声为何物的作家卡夫卡，死后却引起了世人广泛的注意，被誉为西方现代派文学的主要奠基人之一。还有生前默默无闻，死后却赢得世人惊赞，其遗作成为至今无人超越的汉语文学高峰的曹雪芹。

掌声总在成功后，既然是无法改变的规律，那么，我们能做的事，就是耐得寂寞，顶住清贫，积蓄能量，积累成果，在自己喜爱的事业上辛勤耕耘。不要过分奢望成功后的掌声，幻想人们的拥戴和赞扬，那会分心、误事、劳神，影响奋斗的脚步。

"掌声响起来，我心更明白"，掌声为生命添彩，掌声为成功做证，我们期盼掌声，但不为掌声而活着。

# 第三章
## 细节决定成败

生命是无数无数细节串联起来的。不要小看小事情，细节很重要。凡事从大处着眼，但一定要从小处着手。

——叶莺

# 失败的成功者

我偶然听说过一个小名为史帕基的男孩的故事。上学对于史帕基来说简直糟透了，读到八年级的时候，他门门功课都不及格。

在得到一个大大的零分之后，史帕基成了学校有史以来物理成绩最差的学生，他的拉丁文、代数和英文，也全不及格。他在体育上也好不到哪里去，尽管加入了学校的高尔夫球队，但是在一年当中最重要的比赛上，他迅速地输给了对手。在接下来的安慰赛中，他也输得一塌糊涂。

整个学生时代，史帕基在人际交往上非常愚钝，实际上他并不惹人讨厌，只是没有人关注他。放学之后，如果还有谁会冲着他说一声"你好"，他会觉得惊讶无比。

史帕基是个彻头彻尾的失败者，对此，他和他的同学都深信不疑，因此他也就心平气和了。在很早的时候，史帕基就产生了一种念头：有些事情如果注定要成功的话，那就一定会成功，否则，自己也犯不着为那些看起来无法避免的失败而伤心。

对史帕基来说，有一件事情非常重要，那就是画画。他对自己的绘画作品非常骄傲，但是，除了他自己之外，没有人欣赏它们。在高中的最后一年，他把其中的一些卡通作品交给学校年鉴的编辑，希望被采用，之后被理所当然地拒绝了。尽管这次失败对他伤害很大，但史帕基坚信自己的绘画才能，立志成为一名专业画家。

高中毕业后，史帕基给迪斯尼工作室写了一封信，迪斯尼工作室让他寄送一些画作样品，并且给了他一个卡通主题的建议。史帕基在这个主题上花费了大量的时间和心血。最后，迪斯尼工作室的回信来了——不幸的是，他再一次遭到拒绝，失败者的又一次失败。

没办法，史帕基开始以卡通的形式写自传。他描述自己的童年，描述那个总是失败的小男孩，那个笨拙的后进生。后来他还创作了《花生》漫画系列，他笔下的卡通男孩叫作查理·布朗，查理的风筝总是飞不起来，每次都踢不着足球，也是一个倒霉透顶的家伙。他创作的卡通形象小狗史努比自从在《花生》漫画中出现后，就风靡世界。

这位史帕基先生，不是别人，正是享誉全球的漫画大师查尔斯·舒兹。他成名之后获奖无数，曾于1955年和1964年获得职业漫画家最高荣誉"鲁宾奖"，而且是首位两度获此殊荣的漫画家。他还亲自参与了《花生》漫画的改编工作，这些作品多次获得艾美奖、皮巴帝奖和舞台剧奖项。

史帕基的确是一位失败的成功者。

# 挫折是最美的

1981年，美国设立了与"奥斯卡金像奖"意义完全相反的一个奖项——"金酸莓电影奖"。它是专为那些被评选为最差影片、最差导演和最差演员等所设立的奖项。从此奖项设立到2005年前，虽然获奖者不少，但却没有一人出席过"金酸莓"的颁奖仪式，更没有一人到现场领取"最差男女主角"的奖杯。

2004年，是"金酸莓电影奖"最获丰收的年份，首先是美国影片《娇小女孩》被评选为最差影片。剧中男主角的扮演者本·阿弗莱克和女主角的扮演者詹妮弗·洛佩兹，分别"荣获"了最差男女主角奖和最差搭档奖。而后是著名肌肉男星席尔维斯特·史泰龙，成为"金酸莓电影奖"中最强势的冠军得主。他总共得到了最高纪录的10个奖项，其中还包括"世纪最差男主角奖"。接着，性感天后麦当娜也紧随其后，也包揽了9个奖项，荣膺"最差女主角"称号。

在当年举行的"金酸莓电影奖"颁奖晚会上，上述几位影星都"因太丢人"，而无一人前去领奖。

转眼，2005年"奥斯卡金像奖"和"金酸莓电影奖"评选也已揭晓。在2月26日晚，也就是第77届奥斯卡颁奖的前一夜，第25届"金酸莓电影奖"也将正式颁奖。这次，影片《猫女》《亚历山大大帝》和《煎熬圣诞节》已顺利获奖，颁奖晚会在好莱坞中区一个仅能容纳300人的小剧院举行，与"奥斯卡金像奖"颁奖典礼的盛大场面形成了鲜明对比。

人们估计，此次"金酸莓电影奖"依然会和往年一样，不会有任何一个获奖演员前来领奖，因为这已是历年形成的惯例。

颁奖仪式开始后，主持人以调侃的语言宣布："请《猫女》主角的扮演者、获得本届最差女主角大奖的哈莉·贝瑞女士上台领奖。"

主持人的话音刚落，全场便爆发出肆无忌惮的大笑声，主持人也跟着嬉笑道："只有傻瓜才会来领这个奖，除非她有着和常人不一样的非凡勇气。"

而此时，令所有人都意想不到的事情发生了，只见穿着艳丽晚装的哈莉·贝瑞，款款地向领奖台走去，而且边走边微笑着向大家挥手致意。那一刻，全场空气顿然凝固，所有人都惊异地瞪大了眼睛，张大了嘴巴，以为自己处在梦境之中。直到哈莉·贝瑞登上了领奖台，双手从颁奖嘉宾手中接过了金酸莓"最差女主角"的奖杯后，大家这才如梦方醒。顿时，雷鸣般的掌声骤然响起，主持人几次提醒大家安静，但掌声一直在响，将近10分钟后才慢慢停下来。

主持人请哈莉·贝瑞发表获奖感言。

哈莉·贝瑞向台下深深鞠了一躬，眼含热泪地对大家说："虽然，我曾是好莱坞的当红女明星之一，也曾获得过第74届奥斯卡最佳女主角奖，说实话，我这辈子从没想过会登上这个领奖台，来领取'最差女主角'这个奖。当我得知自己获得这个奖后，也想过放弃领取，但我想起了小时候妈妈叮咛过我千万遍的话：'没有人一生总是一帆风顺的，你如果不能做一个好的失败者，你就永远无法具备做一个好的成功者的基本素质。'于是，我就无所顾忌地来了。我非常感谢所有的评委和观众，是你们把最珍贵的一笔财富赠送给了我，它足以让我这辈子享用不尽！"

哈莉·贝瑞又向大家深深鞠了一躬，然后擦干了眼泪，依然微笑着走下了领奖台。全场再次响起了暴风雨般的掌声。

哈莉·贝瑞是迄今为止登上"金酸莓电影奖"领奖台的第一人。她勇于承认自己的缺点和不足的勇气，已成为世界影视界津津乐道的不衰话题。她之所以能勇敢地把失败照单全部收下，是她始终相信一个道理：挫折是美丽的，尽管它会给自己带来痛苦，但也能磨炼意志和激发斗志。任何挫折都会有过去的一天，而人生的追求却永无止境。

# 生活在苦难里发酵

建筑工地上，吃力地推着独轮车艰难地往返；火热的夏天，蹬着三轮车穿行于小区里，扛着沉重的煤气罐不停地爬楼；天寒地冻里，在路边跳着脚取暖，守着一地的冰激凌叫卖；或者风尘仆仆地走家串户去推销洗发水，白眼冷遇从未间断……

那是二十年前的我。那一段的经历，回想起来，苦是有些苦，难却谈不上。不过在我生命里，那短短两年的经历，还是弥足珍贵的。仿佛蕴敛于岁月长河中的一枚石子，幽幽散发着无尽的眷恋。

每个人都不可能一帆风顺，也有许多人自认磨难重重，其实和别人一对比，就会觉得自己的经历其实是幸运，即使是真正的不幸，当走过之后，也会有一种超脱的淡然。所以说，幸福点缀了生活，苦难却丰盈了生活。

我客居了一年多的那个城市，在我租住的小房子前面，有一块小小的开阔场地，中间是一个大花坛，盛夏的时候，芬芳四溢。每天的午后，一个四十多岁的大婶，会带着三个小孩准时来到花坛边。那三个孩子都很特别，都是十岁左右的年龄。我观察了多日发现，有一个男孩是失明的，另一个男孩似乎是聋哑人，而那小女孩却是能说能笑眼睛明亮，可是听别人说，却是智力发育缓慢。

心里想着，这样三个孩子，那个大婶可是够苦的了。平常人家，如果有一个孩子有残疾，都是会让父母操碎了心的，三个，和天塌下来无异。可是，后来一打听，那大婶却远比我想象的更艰难。那三个孩子，都是大婶从福利院里领养的。她年轻的时候，家庭幸福，生了个男孩，长到五岁时，却丢了。找了好长时间，也没能找到，她就精神失常了一阵子。这期间，她丈夫和她离了婚，弃她而去。她后来好了之后，便一个人静静地生活，也不再尝试去寻找自己的儿子。然后，就陆续领养了三个残疾孩子，心思全系在他们身上。

所以，每天看着她带着三个孩子在花坛边，或者讲着花儿蝴蝶，或者飞快地做着手语，然后，他们就不停地笑，我的心里便会慢慢濡湿。生活绽放在这里，苦难成为一片肥沃的土壤，唯其厚重，成其风韵，那是一种不知不觉的改变，不仅安抚着自己的灵魂，还温暖着别人的心境。

曾经认识一个女孩，起初生活很幸福，学习也好，高三的时候，父母却突然离婚，她跟着母亲，便一下子断了大学的路。母亲多病，且精神也因受刺激变得有些不好，她只好用自己的双肩扛起这个家。每天起大早去批发蔬菜，然后去市场上占地方，不管春夏秋冬，风中雪里，她忙忙碌碌，有时看到有学生走过，她眼里便会恍惚一下。曾经的生活已远如隔世，奔向眼前心底的，都是曾经不被预料的种种。

后来，她结婚了，只是婚姻没有维持一年，便匆匆离散。然后，接下来几年里，又是两次失败的婚姻。有一年遇见她，她依然忙碌着。说起以往的经历，我以为她会痛苦，可是她的脸上云淡风轻。她说，我这些都不算什么，和别人比起来，我够幸运的了。前些年在市场上卖菜的时候，她旁边也是一个年龄差不多的女孩，闲暇时两人便聊得很投机。她们有着类似的经历，所以一见如故。可是，没过多久，那个女孩偶然在医院检查出绝症，不到两个月就去世了。

她和我说："那女孩检查出绝症后，很绝望，对我说，以前觉得生活很苦，可是现在，多希望这样的生活能一直过下去。"

生活也许就是这样，我们自认为的苦难经历，在有些人眼中，却是不可再来的幸福。生活中的苦难，累积着，只要心里的希望一直在，便终会发酵成生命的馨香。

　　那是一种美好，是的，是美好，虽然背景是那样暗淡，然唯其如此，才能映衬出那一份明亮。一如曾经客居的那个城市的角落里，那个花坛边，那个大婶和三个孩子在花前幸福的笑脸。

# 留一份纯朴在心头

人生幸福，莫过于内心纯朴。

纯朴是心灵深谷的幽兰，是生命世界的暖春，是人生慈悲的情怀。纯，就是真实、自然、纯洁、善良；朴，就是淡雅、质朴、素简、平和。纯朴，就是清清的心灵，淡淡的喜乐，怀抱着对生活的热爱，任凭俗尘纷扰，我自清风朗月，以生命本来的样子呈现于世，安之若素，不浮不躁，多美好的意境啊。

人活得纯朴，才可亲可爱。

纯朴的人，不贪恋虚荣，不刻意躲避名利，即使有缺憾，也能守住心中的那份从容与宁静；纯朴的人，知道给困惑的心灵松绑，舍得放弃旅途中沉重的包袱，能够把琐碎的生活变得轻松活泼；纯朴的人，内心澄澈透明，无论世界多浮躁、多喧嚣、多诱惑，都能看见生命的本真，懂生活，享人生，从而不会忘记自己为什么而出发，为什么而抵达。

人生因纯朴而明媚，岁月因纯朴而静美。一个内心真正纯朴的人，即使在荒野上，也能看到野花盛开的绚烂与精美；即使在严寒中，也能感到一束阳光带来的温暖与热烈；即使在困苦里，也能让心灵滋长幸福的快意与安适；即使在繁忙时，也能让生命颐养诗意的舒缓与从容。

然而，这个功利的世界，放眼望去，身边许多心浮气躁的人把持不住自己，不停地在追逐，在挣扎，在纠结，在迷乱，惶惶不可终日，内心无法安宁，纯朴离他们已经很远了，且越来越远，消失在喧闹飞舞的红尘中。

纯朴去哪儿了？其实，纯朴哪儿也没去，一直都在，莫名失踪的是我们自己，过去的自己与现在的自己成了陌路。

心之幸福，滋生在生命的原乡，生命原乡的幸福有很多，但内心的纯朴是最重要的。生命缺少了纯朴，就缺少了美好，缺少了欢欣，世界就会成为荒漠。身处俗尘，没有什么，也万万不能没有纯朴；远离什么，也万万不能远离纯朴；丢失什么，也万万不能丢失纯朴。

一朵花，悄然绽放最美丽；一个人，心地纯朴最完美。

清水出芙蓉，天然去雕饰。当叶片落尽，生命的脉络才能历历可见。在衣锦繁华、灯红酒绿的都市中，守护好自己的纯朴，用纯朴之心来凝神生活，来滋养自己，来感知世界，世界才会找到你，世界也才会属于你。

# 将心灵展示给他人

16岁的美国高中学生乔治·马斯卡从迈阿密出发，乘列车前往罗德岱堡读书。列车就像腾飞的长龙，向着奥兰多驰骋而去。

到罗德岱堡后，乔治发现手机居然不在。经过慢慢回忆他才想起来，在高铁上接过电话，通话结束他随便将手机放进裤子口袋，然后开始打瞌睡。

乔治猜测，肯定是手机顺着口袋滑出来，落在座位上，下车的时候走得比较匆忙，没有注意查看座位。他只好向火车站求助，希望把丢失的手机找回来。

火车站的人帮助乔治打了电话，首先跟列车长取得联系。明白情况后，列车员到乔治的座位上寻找，发现座位上是空的，并没有手机。

车站工作人员拨通乔治的手机，很快就有人接电话。接待乔治的那位实习生问了情况后，对方诚恳地回答，确实在座位上捡到手机。

以为对方还在火车上，实习生便用急促的语气说："请你把手机交给乘务长。"了解到捡拾者已经下车，她又严厉地说："请你赶紧把手机交给警察。"

交流的过程中，实习生的几句不妥当的言语，便将捡到手机的人惹怒，干脆挂断了电话。乔治拨打几次手机，电话是通的，只是那个人不愿意接听。

在无可奈何下，乔治只得去报警，打算请求警察协助，尽快找回自己的手机。当警察打电话时，手机已经关掉，无法与捡到手机的人取得联系。

警察对乔治说："以前也发生过这样的事情，经过失主耐心交流，最终手机失而复得。你不用着急，只要与捡到手机的人进行好好沟通，是完全有希望将手机找回来的。"

看着乔治无奈的表情，警察对他的情况做出分析："打第一个电话时，实习生的态度那么蛮横，已经引起对方误解，捡拾者可能怕麻烦，干脆把手机关闭，纯粹置之不理。"

"在这种情况下，如何沟通就显得很重要。"警察向乔治出谋划策，"是否能够把手机找回来，最关键的是沟通时的态度。"

"要如何与对方进行沟通？"面对乔治的询问，警察回答："请你的同学发短信，感谢对方帮忙保管手机，并声明是你自己的错，对给人家造成的麻烦要道歉。"

听了警察的建议，乔治赶紧去学校，请同学约翰·迈克尔发短信。在下午5点10分，约翰精心发送一条短信到乔治丢失的手机上。

"先生：您好！我同学不慎遗失手机，十分感谢您帮忙保管。手机里存有很多联系人和其他重要信息，对他来说特别珍贵。在您方便的情况下，麻烦您联系我。"

约翰发出短信后，始终没有收到回信。当天晚上7点5分，他又发出一条信息，希望对方能给予回复。"先生：您好！手机放在您那里，请您看看是否有重要信息，有空回复我，谢谢！"

夜间9点的时候，捡拾者终于发来短信："把邮寄地址发过来，别打电话给我。接听你的电话，我感觉你说话太傲慢。不想说别的了，赶快发信息。"

乔治马上发信息道歉，同时附上地址，并强调快递费自己到付。第二天清早，捡拾者将快递件单号发送至约翰的手机，提醒注意查收。

收到短信后，乔治万分高兴，热情洋溢地赞扬了捡拾者，并表达了感谢。很快，丢失的手机就邮寄到罗德岱堡，回到乔治的手里。

　　快递上没有写寄件人的地址、姓名和电话，乔治无法联系到为自己保管手机的陌生人。拿着终于回来的手机，他深受感动，心里格外温暖。

　　"推心置腹地谈话，就是心灵的展示。"与人交流，不能倨傲无礼，否则会把问题弄糟糕，需要用和蔼的态度，真诚地进行沟通，才能将事情做成功。

# 生命仅仅需要一颗心

利奥·罗斯顿是美国好莱坞最胖的电影明星。他腰围6.2英尺，体重385磅，走上几步路也会气喘吁吁。医生曾多次建议他注意节食，减少演出，如果再为金钱所累，将会危及生命。但罗斯顿却不以为然地说："人在世上只有短暂的几十年，我虽然有很多钱，但我还要拼命地继续挣下去。因为，我太喜欢钱了。"

罗斯顿不但没停下挣钱的脚步，反而更疯狂地到世界各地演出挣钱。1936年，罗斯顿在英国伦敦演出时，突然晕倒在舞台上，人们手忙脚乱地把他送到伦敦最著名的汤普森急救中心。经诊断，他是因心力衰竭而导致发病。紧急抢救后，他虽勉强睁开了眼睛，但生命依然危在旦夕。尽管医院用了当时最先进的药物和医疗器械，最终还是没能挽留住他的生命。弥留之际，罗斯顿断断续续说出了一句话："你的身躯很庞大，但你的生命需要的仅仅是一颗心！"

汤普森急救中心院长、世界著名胸外科专家哈登眼睁睁地看着罗斯顿闭上了双眼，而自己却无能为力，不由得黯然垂泪，十分惋惜地说："罗斯顿醒悟得太迟了。"

为警示后人，哈登院长决定把罗斯顿的临终遗言，镌刻在医院中心接待大厅的醒目处。此后，凡来这里就诊的病人，第一眼就能看到那条醒目的警示语。这确实起到了警示作用。

转眼47年过去了，那条警示语虽然还醒目地保留在汤普森急救中心大厅的墙上，但罗斯顿却已渐渐淡出了人们的记忆，心脏病患者有增无减，而且已成为威胁人类生命的头号杀手。时间到了1983年夏天，汤普森急救中心接收了一名危重病人，他是美国石油大亨默尔。几天前，他来英国谈一笔很重要的生意，忽然晕倒在谈判桌前。随行人员急忙把他送到速家医院救治，诊断结果也是心肌衰竭。但重病中的默尔并没忘记自己的生意，他不但包下了急救中心的一层楼，而且安装了联络总部和分部的电话及传真机。他一边接受治疗，一边忙碌地向各地发出道道指令。主治医生曾多次劝他，让他在生命的危急时刻，一定要静心休养，千万不能劳累，否则随时都会有生命危险。但默尔依然我行我素，医生也无可奈何。

那天，默尔散步来到院中心的接待大厅，发现了墙上那条警示语，情不自禁停住了脚步，聚精会神地默念起来，然后让随从请来主治医生，询问这条警示语的来由。医生原原本本给他讲了事情的来龙去脉。默尔听完后，顿时陷入了沉思，又在那条警示语前驻留了一个多小时，才神色凝重地缓缓离开。

回到病房，他首先命令随从撤掉了所有电话和传真机，接着又指示公司财务部，让他们迅速核查账目，说他出院后有大事要办。

一个月后，默尔痊愈出院。他回到公司做的头件事，竟是卖掉苦心经营资产已达数千万美元的公司，之后便带上家人，去了苏格兰乡下的一栋别墅，过起了逍遥自在的世外桃源生活。

默尔的奇特举动，顿时引起了外界的种种猜测。媒体更是对此兴趣十足，纷纷提出采访他的要求，期盼解开这个谜底，但都被默尔断然拒绝。

后来，人们还是在默尔的自传中解开了这个谜。在自传的结尾有这样一段话："这个世界上，不知有多少人日夜在为金钱财富拼命，挣到了百万还想挣到千万，达到了千万又想挣到亿万，一门心思聚敛钱财，到头来自己究竟得到了什么呢？我之所以要这样做，只不过是汲取罗斯顿的教训罢了，他那句临终遗言'你的身躯很庞大，但你的生命需要的仅仅是一颗心'，让我大彻大悟。但我还要加上自己的感悟：富裕和肥胖没什么两样，不过是获得超过自己需要的东西罢了。多余的脂肪会压迫人的心脏，多余的金钱会拖累人的心灵，多余的追求会增加生命的负担。要想活得健康和自在一点。就必须尊重自己的生命，舍弃那些'多余'的财富。"

# 月亮是个会撒谎的孩子

那个微凉的午后，我正在家里准备着第二天的出差行李，门铃突然响了，邮递员将一封普通的信件递至我手中，然后转身离去。

拆开信封一看，里面有两张信纸，一张上面只是写着零星的几个不规则的字——老师，我想做您的学生；另一张是密密麻麻的成人字迹，意思是他的孩子先天弱视，只能艰难地看见很近很近的事物，因此在学校里常被同学们嘲笑和捉弄，孩子虽小，但懂事，受了委屈不说，只是一个人偷偷哭泣。家长为保护孩子的自尊心便让她退学在家了，可孩子实在喜欢读书，于是，家长经别人介绍，给我写了这封信，请求我能单独给她辅导功课。

看着那些雀跃在泛黄信件上的深情字语，再看看孩子那稚嫩的字迹，我似乎看见家长那期许的目光和孩子趴在桌上，头努力低着，一字一字在信件上写字的情景。心被濡湿，倏然难过起来，难以言表。我拿出手机，拨打信件上留下来的电话号码，允诺免费给孩子补习功课，直到她重新上学为止。电话那头，是家长的万般恩谢。

那一个春风轻拂的周末，我见到了我的这位学生——一个非常拘谨而有礼貌的女孩子。扎着两个马尾辫，穿着整齐干净的衣服，笑起来，脸颊两边露出两个浅浅的酒窝。可也许因为知道自己视力不好，总是微微低着头，似乎显得有些自卑。

第一次见面，我没有直接给她补习功课，而是给她讲了许多童话故事，如《大灰狼与小白兔》《国王与大臣》《白雪公主和七个小矮人》等，以此来增进我与她之间的感情，好进一步了解她。她听得非常认真，回答问题也很积极，兴趣盎然的样子。时光匆匆，一个小时似乎瞬间而过，转身离开前，我给她做了一道测试题：让她从前面的几个故事里，随意抽取一个关键词，然后简单地造个句子。她选择了"撒谎"一词，然后思考了两分多钟，一字一顿地说出了她造的句子——月亮是个会撒谎的孩子。说完，她捂着自己的小手，似乎非常期待着我的肯定。

这一句话，确实是我所未想到的，把月亮比拟成孩子，可以。可是为什么会"撒谎"？句子应该还没说完整啊。我一时不知如何回答，于是沉默了一会儿说："再认真想想噢，老师下次上课来告诉你答案。"

走在回去的路上，脑子里反复回想着刚才的那一幕——在离开的时候，我似乎见到了那浅淌在她眼角的泪。想到眼泪，我猛然大悟：对啊，她是个弱视的孩子，只能非常艰难地看清眼前的景物，而月亮，或圆或缺，她又怎能知晓？于她而言，她只能从书本上或别人口中知道月亮的形状，有人说它像一艘弯弯的船，而有人却告诉她那是圆圆的满月。既然她从未看过月亮，而月亮又变化无端，她便自然觉得它就是一个会撒谎的孩子。如此想着，我自责不已，她的造句是想让我这位老师告诉她困惑在她心中已久的确切的答案，而我的回答，却如一阵冰冷的风，让她原本生机勃勃的春天迎来阴霾寒冷的冬日。

第二天在学校上课，我拿她的造句"月亮是个会撒谎的孩子"问学生们是否正确，几乎是一大半的学生都否定了这个句子。可当我将女孩的故事陈述给他们听时，那些幼小的善良的心灵一下子便被感动填满，千万般要求我带他们去见这位女孩子。

当我们40多位学生排成一排，依次出现在女孩家里，并说着"月亮是个会撒谎的孩子"的造句真美时，女孩愣住了，然后冲上来，抱住我，哭了。她说，从来没有人对她这么好。最后学生们相拥一起，强烈要求女孩跟他们一同到我们的学校上学读书，做形影不离的好朋友。女孩允诺了，那是她第一次，抬起头，正视我们。那浅浅的酒窝里，绽出一朵灿烂的自信之花。

数日后，我收到了女孩家长的来信，信的结尾这样写着："孩子从未见过月亮，也看不见，但是，老师您却在她心中勾勒出一轮美丽的月亮。相信，那皎洁的月光，会让她走出迷顿、困惑与自卑的时光……"

读完信，心中徜徉着一种温暖的幸福感。是啊，月亮是个会撒谎的孩子，这是我听过的世上最动人的句子。

# 做好自己喜欢的事

在这个世界上，人们想要做的事情太多了。我们漫长的一生中，实在是充满了许许多多的美好心愿待我们去实现。当我还是一个小女孩时，在一个阳光灿烂的天气里，躺在草垛上，静静地望着湛蓝的天空，感受着安静的风从我脸庞吹过，我的心里涌现出了一些复杂、难以言说的情绪。

也许在很多人的生命中，都曾有过这样一个微不足道的时刻，但他们都会很快忘记，我却一直记忆深刻。当时，四周的环境沉闷安静，朦胧的远景里，是参差不齐的屋顶和看不清样子的飞鸟。怠惰的气息萦绕在我的身体四周，隐隐约约有一种奇特的味道。几十年之后，在我拿起画笔，画出一幅又一幅心爱的画作之后，深藏在我遥远记忆中的味道，重回我脑海中。我很喜欢这种感觉，它使我很放松，也很愉悦。画画只是我喜欢做的事情之一，我享受着拿起画笔作画的时刻，就好像回到了小时候无忧无虑的岁月里。

在我被所有美国人熟知之后，许多人会给我写信，我收到了许多来自世界各地的信件，在洒满阳光的午后，我会在农场里宽大的桌子前，拆看这些信件，看那些信件的主人向我提出的形形色色的问题。

在来信中，他们向我诉说自己的困惑和不安，他们问我最多的一个问题便是：为什么我会在生命走过了几十年之后，突然选择拿起画笔，是不是为了圆年轻时候的梦想？他们不知道是不是应当像我一样勇敢，放弃自己眼下稳定的生活，去做自己喜欢做的事情。

我认真思考了这个问题，首先我并不觉得自己勇敢，我一直过着平凡简单的生活，从一个幼稚可笑的姑娘，成长为孩子的母亲、祖母，我的一生几乎都是在农场里度过的，我的日常工作以刺绣为主，闲暇时，也会喂养几只鸡鸭，如果不是因为关节炎的毛病，我想我现在依然在刺绣，而不是拿着画笔。

我从来没有过什么伟大的梦想，我所希望的就是过好每一天的生活。在亲人和邻居们的眼中，我只不过是一个啰唆、麻烦的老奶奶。我想在许多人的眼中，我的生活不值一提，但是我却非常珍惜和满足，我十分感谢生活赋予我的每一分美好，我暗自思忖，一定要万分珍爱我所拥有的这一切。

人的一生，总是拥有太多的愿望，但时间却很少，我们想要做好每一件想要做的事情，可是到头来却发现，每一件事情都没有做好。这样的发现，会让我们心里有些莫名的惊慌和悲哀，想一想自己在这漫长的一生中，曾有过那么多的美好愿望，但在最终，却一件都没能做好。

也许，并不是我们无法好好地实现我们的愿望，而是因为我们无法分出那么多的精力，将所有的愿望都变成现实。

这世间的事情应该都是如此，你之所以恐惧、担忧，是因为你不满足，在你的人生清单上，列满了太多要做的事情，静下心来，抛开清单仔细想一想，到底哪些事情对你来说是最重要的，是真正想去做的。想好之后，就去好好做你喜欢做的事情，并且把它做好。

你要去相信，你最愿意做的那件事，才是你真正的天赋所在。

# 退一寸有退一寸的欢喜

优秀的人只是少数中的少数，何必活在他人的阴影下和评价中，而让自己闷闷不乐。要记得，退一寸有退一寸的欢喜。

## 失败，从来都不是一件可耻的事

前两天，朋友圈里流传着这样一个小视频。在北大的毕业晚会上，一位因"失败"而出名的学生，作为代表上台演讲。他叫曹直，是北大中文系男子足球队队长。初听是一个很厉害的人物，实际上他说，自己完全是因为踢球踢得最差才被叫来分享的。

2014年，曹直考上北大，作为自己高中19年来第一个考上北大的人，很长一段时间，他都处于自信心爆棚的状态，觉得没有什么事是干不成的，只要努力。对曹直来说，最拿手的事就是踢足球。腿脚短、步频快、爆发力强，再加上从小踢到大，他进入中文系男足后，底气十足。直到与其他系踢了第一场正式的足球赛。

开场整整七分钟，曹直没有碰到过一次球，第八分钟，对方进球了。按照这样的节奏，一场比赛80分钟，对方一共进了十个球。这场球赛的失败，算是曹直整个大学时光失败的开始。

不光是足球再也没有赢过，就连学习、恋爱、就业，每一件事情都不顺利，甚至可以说，都很失败。但正因为这些失败，他突然意识到，人生并不是一帆风顺的，有很多事情是不能得偿所愿的。就像对于大多数人来说，失败原本就远多于成功。所以即使失败了，那又怎么样，它的存在，并不可耻啊。

虽然在北大的足球生涯毫无亮点，过程也尴尬无聊，但他依然热爱足球，因为他享受每一次在球场上奔跑的感觉，并为此感到快乐。

人生本就是个不断认识自己、接受自己、与自己讲和的过程。优秀的人只是少数中的少数，何必活在他人的阴影下和评价中，而让自己闷闷不乐。要记得，退一寸有退一寸的欢喜。

## 过分追求完美，你会失去自我

身边有个同事，是个完美主义者。常挂嘴边的人生格言是：凡事都要做到最好，不能被别人比下去。的确，从毕业之后进入公司，她只用了不到五年的时间，就从最底层的销售部小职员，做到中层管理人员，收入更是翻了几番。前几年，女儿出生，无论是一开始的高级婴儿用品、早教机构，还是近两年的兴趣班、五万块一次的高端夏令营，只要觉得好的，她都不能让自己孩子错过。一直以来，大家都很羡慕她的生活。直到前几天加班时，她突发胃绞痛。

陪她去医院的路上，被称作"钢铁女侠"的她，突然哭了。握着我的手，一脸疲倦地说："活着真累啊。"那天晚上，她告诉我，这么多年，为了维持家庭和工作的平衡，每天她都像一个陀螺，不停旋转。害怕工作做得不够好，被其他人比下去；担心陪家人陪得不够，被孩子和丈夫埋怨；害怕自己身材走形，被大家嘲笑；还要挤出时间去健身、做护理……所有的压力堆在一起，她的神经紧绷到了极致，以致很久没有体会到真正的快乐，更别提去感受幸福是什么样子的。

想起这样一个故事，一个未婚的男人来到一家婚姻介绍所寻找伴侣。进了大门后，看见两扇小门：一扇写着"美丽的",另一扇写着"不太美丽的",男人毫不犹豫地推开了第一扇。进去之后,又看见两扇门:一扇写着"年轻的",一扇写着"不太年轻的",他还是选择了第一扇。进入里面,依旧还是两扇门:"有钱的"和"不太有钱的"。就这样,男人依次选择了"温柔聪慧的""忠诚的""勤劳的""幽默的"等九扇门。等到他推开最后一扇门时,上面写着:"对不起,由于您过于追求完美,这辈子没有符合您要求的,请下辈子再来吧。"

生活,不如意事十有八九,接受现实的漏洞,不刻意追求所谓的完美,才能真正体会成功的喜悦,享受生命中的小确幸。

## 接受真正的自己,才能完成逆袭

第一季的《奇葩大会》里,贾伟的经历分享,我到现在还记忆犹新。

十八岁时,他经历了很多人生第一次。第一次去北京,第一次坐火车,第一次喝可乐,第一次吃汉堡包……这个从未走出家门的小伙子,为了考清华美院,敢于不远千里地折腾,说实话,除了乡邻,就连他自己,也一度觉得这很了不起。直到考试之前,贾伟报名参加了一个三百多人的考前辅导班。上课的时候,老师突然把他叫上台,让他在黑板上画出6

个手电筒。犹豫片刻后，他特别认真地画了一个老式的铁皮手电筒，就再也画不出来了。老师让他再画5个，他说没有办法，因为十八年来，自己只用过也只见过这一种手电筒。

得知他是从宁夏来的考生，老师直接对他说：你是骑着骆驼来的吧。回去吧，像你这样的我见多了，你一辈子都考不上，我见过乡里来的，村里来的，第一次见从沙漠里来的。

听完这话，贾伟整个人都是蒙的。所有的骄傲都化为虚无，只记得当时两眼都是泪。

在那之后，贾伟才真正知道，自己的见识原来那么少，与其他人的差距远不止一个沙漠的距离。想清楚后，他没有再去辅导班，为了弥补当下的短板，他跑遍了北京所有的商场，画了十五天手电筒。

安布罗斯·雷德沐说，所谓勇气指的并不是无所畏惧，而是明白了除了畏惧以外更重要的事。当你真正撕开那层遮掩不足和缺陷的窗户纸，并为之填补，那一刻就是逆袭的开始。

谁能想到，等到考专业课时，贾伟拿起试卷一看，考题竟然就是"画六个手电筒"。贾伟当时就傻了，唰唰唰不到五分钟就画了六个；接着说老师你再给张纸，唰唰唰又画六个；最后他一共画了三十六个手电筒。以致监考老师把所有考场的老师都叫来说："这是天才！"

最终，贾伟考了全国前40名，是他们那里第一个专业课成绩过清华美院分数线的人。

如今的他已经是洛可可设计公司创始人兼设计总监，被誉为兼具商业头脑和设计才华的商业设计师，也是唯一一个获得了全球所有的设计界奥斯卡金奖的人。那个风靡一时的55度杯，就是他为自己的女儿设计的。

人生是不公平的，不是每个人都有与生俱来的天赋，有良好的成长环境，有高高的起跑线。人生也是公平的，了解了最真实的自己，接受了最平凡的自己，梦想之路也就更加清晰，走得更稳，也更容易完成逆袭。

## 活着，不是为了证明给别人看的

美国著名的社会活动家、心理学教授赫伯特·西蒙说，"最好"就是"好"的敌人。

看过这样一个故事：一位非常优秀的短跑运动员，在年轻时就已取得耀眼的成绩。人们对他满是赞许和期待，都说他一定能成为最小的世界冠军。不幸的是，在大赛前夕，他训练过度，跟腱完全断裂，即使得到及时治疗，也无法再恢复到之前的速度。从那之后，这位运动员就变得颓废，无法接受现实，觉得人生彻底玩完，甚至得了严重的抑郁症。

这种认知偏差的产生，其实就是一种极端思维。

因为太看重他人评价，导致他对自己的定位就是"需要不断地跑，不断地刷新成绩"，认为自己的生命中，再没有其他东西。

心理学上有这样一种说法：一个人的期望值越大，心理承受力就会越小，就越接受不住失败的打击，最终也就越容易失败。而这一切都是因为，我们太在乎别人的目光，而忽视了真正的自我。

生活实苦，我们必须掌握人生幸福的主动权。这就意味着，面对成功，我们的内心满足感不能完全来自外界，不能让他人对你进行角色化塑造。不论是好是坏，评价自己，我们要有自己的标准，接受自己，肯定自己，然后做好自己。面对失败，最好的办法其实就是自我谅解。

失败的时候，你要告诉自己，每个人都会失控，每个人都想偷懒，每个人都有管不住自己的时候，你的弱点，不仅仅是你的，也是大家的。不要苛求自己，请谅解自己，谅解自己的不完美，谅解自己能力不足，谅解自己的脆弱。

生活是属于每个人自己的，既然别人没有感同身受，那我们就无须在意他人目光。失败也好，成功也罢，记住一句话：但行好事，莫问前程。

# 感谢从不放弃的自己

这个夏天，以707分考上北大的河北枣强女孩王心仪，那篇关于乐观和不屈、贫困与感恩的文章，看哭了全国人民。

这篇文章中，18岁的女孩以平实朴素的笔墨，讲述了自己亲历的病患和苦难、卑微和迷茫，也记录了自己扎根的家庭和父母、亲情和泥土：

我出生在河北枣强县枣强镇新村。枣强县是河北省贫困县，人均收入极低。我有两个弟弟，大弟弟和我一起就读于枣强中学，小弟弟还在上幼儿园。一家人的生活仅靠着两亩贫瘠的土地和父亲打工微薄的收入。

第一次直面贫穷和生活的真相，是在八岁那年，姥姥被诊断为乳腺癌。姥姥的离世，让幼小的我第一次感到被贫困扼住了喉咙，我也开始明白：谈钱世俗吗？不，并不是的，它给予我们最基本的生活保障，也让我们尽可能去留住那些珍爱的人和物。

记得初一一个男生很过分地嘲弄我身上那件袖子长出一截的"土得掉渣"的棉袄，我哭着回家给妈妈说，她只说了一句："不要理他，踏实做事就好。"那件衣服我穿了三年，那句话我也记到现在。

升到三年级，只能到乡里的学校，乡里学校的伙食实在太贵，妈妈又心疼正在长身体的我们，就坚持每天接送。记得一次下大雪，雪积了一尺厚，自行车出不了门，妈妈裹着棉袄，顶着风，走到学校来接我们，一路上也不知道有多少雪融化在妈妈的脸上。但我和弟弟兴奋得不得了，一边玩雪，一边和妈妈说着今天学到的新知识。我们三人就这样一直走到天黑才到家。

我的童年可能少了动画片，但我可以和妈妈一起去捉虫子回来喂鸡，等着第二天美味的鸡蛋；我的世界可能没有芭比娃娃，但我可以去郁香的麦田，在大人浇地时偷偷玩水；我的闲暇时光少了零食的陪伴，但我可以和弟弟做伴，爬上屋后高高的桑葚树，摘下红色的果子，倚在树枝上满足地品尝。

农民们都知道，播种的时候将种子埋在地里后要重重地踩上一脚。第一次去播种，我也很奇怪，踩得这么结实，苗怎么还能破土而出？可妈妈告诉我，土松，反而会出不来，破土之前遇见坚实的土壤，苗才能茁壮成长。长大后，当我再回忆起这些话来，才知道自己也正是如此。

贫困的家庭，患病的老人，缴不起的学费，穿亲戚家的旧衣服，同学鄙夷的目光，但也有雨雪过后的泥土清香，丰收在望的金黄粮田，父母眼中的殷切希望，亲情相依的珍贵时光……

这篇文章中那些裹着泥土和芬芳、眼泪和欢笑的故事，不仅仅属于王心仪，也属于所有出身底层的孩子。

不同的是，由于教养和心态、父母和思维的差异，穷人家的孩子只有极少人成长为王心仪，更多人却沦为被贫困捆住手脚的甲乙丙。

我年少时生活在落后农村，工作后见识了底层的艰辛。

虽然，我没有考上北大，但王心仪文字深处那从艰辛日子里淌出来的山泉般的清澄和明亮，还是让我看见了自己，也坚定了如下认知：比起点低更可怕的，是不敢追。

"我家这么穷，还是算了吧。"生活中，这是挂在很多穷人嘴边的口头禅。

因为穷，不敢读高中，去读了技校；因为穷，胡乱报志愿，错过好学校；因为穷，放弃去面试，错失更高平台；甚至因为穷，赶走喜欢的人，潦草一生的婚姻……直到有一天，放弃一切还是穷，你才明白：穷，一直是借口。懦弱，才是你不敢面对的灵魂。

穷人家的孩子：命运给你一个比别人低的起点，并不是让你躺在坑里做井底之蛙，而是想让你用一生的反击，书写出一个跳出井口后饱满丰富的人生。

自卑并非别人看不起，而是穷人自我的嫌弃。"因为出身贫寒，我一直都很自卑。"据观察，这是我接听情感热线时听到概率最高的一句话。

你是农村人，别人是城里人，你自卑；你穿着老土，别人穿得新潮，你自卑；你没有特长，别人才艺出众，你自卑；你人缘不好，别人左右逢源，你自卑……直到有一天，你放弃所有尝试依然自卑得抬不起头，才不得不承认：自卑，不是别人眼光的诅咒，而是你给自己戴上的镣铐。

穷人家的孩子：你只有用努力和坚持合铸的铁锤，一点点砸开自卑无形而沉重的枷锁，自信和阳光才会在你的肩头舞动翅膀。

抱怨父母是容易的，难的是超越他们。"父母经常为钱争吵，给我带来极大的心理阴影。"这句话，想必很多出身底层的孩子都熟悉。父母生活粗粝，沉默寡言，不擅沟通；父母感情不和，经常争吵，鸡飞狗跳；父母没有眼光，能力欠缺，不能帮你；甚至，父母年迈之后，帮你带娃，还一身毛病……当你在一地鸡毛中重复父母的命运时，才恍然大悟：这世上没有完美的父母，只有接纳父母不够好、依旧努力向上的孩子。

穷人家的孩子：那些从不成长的人，才把所有过错都甩给原生家庭背锅。那些敢于拼搏的人，会懂得用一个人的努力带动一个家的风生水起。

不要痛恨疾苦，它带你更接近幸福。"我想逃离这样的出身，觉得自己特别无助。"这一句，在很多悲观而沉重的自述中一找一个准儿。你体验过缴不起学费，名字上黑名单的屈辱；你见证过看不起病，放弃治疗的绝望；你亲历过吃不饱饭，猛喝开水充饥的辛酸；你也目睹过放假时，别人被私家车接走，而你在火车上站了三天三夜才到家的落魄……所以，你长大后，才要加班加点，精进自己，拼命挣钱。因为，那些见识过疾苦的人更能触摸幸福。

穷人家的孩子：真正慈悲的人，是把曾经受过的所有伤，都当铠甲穿在身上，然后抵达更远更美的地方。

不要感谢贫穷，谢谢从不放弃的自己。"要是没有当年的贫穷，也就没有我今天的一切。"这句台词，是很多成功人士的幌子，因为它具有欺骗性。如果上帝安排，每个人在出生前，都可以选择出身，估计没有人放弃富足优渥的家庭，而选择贫困无助的童年。贫穷不是值得感恩的对象，而是无法选择的选择。磨难不是需要铭记的过去，而是没有退路的接受。每个原来曾经很穷、如今很棒的人，都该拥有这样的认知：不必去讴歌和美化苦难，但需要拥抱和热爱自己。

穷人家的孩子：感谢坚持不懈的你自己，这样你才会看见自我的珍贵，相信奋斗的价值，创造出更多的奇迹。

幸运只是刚刚开始，坚持才是漫漫长路。"你考上好大学，就不用吃苦了。"这句话，是我们小时候听过的最多的教诲。但考上好大学后，你会发现，想门门优秀是很难的；大学毕业后，你会发现，想找份称心的工作是很难的；工作后，你会发现，想立足社会是很难的；成家后，你会发现，想过上安稳日子是很难的；买房买车后，你依旧会发现，想随心生活是很难的。为什么？因为你长到一定年纪，你终究看透：吃苦，不是小时候的必备，而是成人后的标配。

穷人家的孩子：所谓人生，并不是文人骚客常说的岁月静好，而是你一直负重前行后，历经的酸甜苦辣，尝遍的泪笑歌哭，并坦荡地说出的那句"不后悔"。

对于所有出身底层的人来说，最大的原罪，并不是"我很穷"，而是"我不配"。

对于那些逆袭成功的人来说，最好的褒奖，并不是"你幸运"，而是"你努力"。

# 出售欲望的孩子

卡尔从小无父无母，祖母将他拉扯长大，他从小养成了一种偏激执拗的性格，加上祖母对他的恩宠，使得他平日里活像个社会上的小混混，在方圆几个社区里，没有人愿意招惹他。

在一次偶然的喝酒事件中，他爱上了抢劫。他虽然只有13岁，但他的个头足以支配他的力量了，他轻而易举地从一位妇女手中抢走她的挎包，里面有几百美元的现金。

有了第一次的成功后，他欲罢不能，校园里到处传扬着他的恶行。校长，还有他的老师对他很是头疼，不知道如何处理这个没有完全民事行为能力的学生。

事情愈演愈烈，他的欲望也越发膨胀起来。在校园里，他成了黑社会的老大，拉帮结派，唯我独尊，公开旷课，甚至盗走女学生的生活用品。

被驱逐出了校园后，他才感觉到自己的行为损害了自己的名誉，还有祖母的尊严。他想回家向祖母承认错误，但他没有这个勇气，想到她苍老的面庞后，他觉得无地自容。

走在匆忙的人群中，他的眼睛瞄见了一个小个子的老者，他的钱包无意中露在了口袋的外面。天赐良机，手中空空如也的卡尔欲望顿时又占据了上风。他跟随着老者，走街串巷，终于，老者走疲倦了，艰难地坐在地板上休息。

卡尔的黑手伸向了老人，只是在一刹那间，老人的皮包就落到了卡尔的手中。

卡尔本来是这样设想的：拿到钱包后，冲着老人扮一个鬼脸，然后就逃之夭夭。

但他遭到了强有力的反抗，老人的手像一把钳子一样抓住了他的手，卡尔看到了一张狰狞、可怕的脸。老人什么也不说，反身将他塞进了身后的小屋里。

老人问他："说吧，怎么办？是送警察局还是私了？"

"别送警察局了，丢面子。"卡尔的脸一直看着地面。

"那好吧，看来你是个惯犯，有这样的本事也算是了不起。我有个孙子，很想学会这一招，你将欲望和技能卖给他吧。"话音刚落，一个年轻人推门走了进来。

"他叫奇里，你现在将你所有的技术传给他，但你记住，以后你永远不准再有这样的欲望和行为了，否则你就侵了权，这也是对你的一种惩罚。我如果发现你再做坏事，就会将你扭送至警察局和专利局，因为你同时犯了两大罪，要受到严厉的制裁。"

老人说话斩钉截铁，容不得卡尔不同意。老人拿了一张协议书，协议书的题头写着："出售欲望协议书"，内容卡尔看懂了，与老人所述一样。老人拉着他的手，狞笑着让他摁了手印。

卡尔出来时，感到一阵恐惧和失望，他想到刚才老人的脸，还有他的双手，还有那张可怕的协议书。

卡尔回到家时，祖母正与老师坐在一起，看到祖母向老师求情的表情，卡尔失声痛哭起来，他发誓再也不做对不起祖母的事，同时，他也不敢做了，因为他已经失去了做坏事的"版权"。

他回到学校后，解散了"坏蛋组织"，一心一意地想做个好孩子。当他的欲望侵袭他时，他在人群中恍惚看到了那个老人的脸，他不敢动手，害怕他报复，将他塞进那个小黑屋。

卡尔考上高中后，身上的臭毛病已经彻底改掉了，祖母也年迈多病，无力照顾他。他学会了自立，每天帮助祖母打扫房间、做饭，邻居们都夸他变成了一个懂事的孩子。

那大，他正在侍弄庭院里的花草时，一位老人推开了他家的院门。卡尔本想上前去询问，可他认出了那张可怕的、狰狞的脸，正是那个老者。

坏了，他一定是想将以前的事告诉病中的祖母，无论如何都不能让他得逞，否则祖母的病会雪上加霜。他这样想着时，老人走了过来，脸上却荡漾着慈祥，不再有原来的狰狞，他摸着卡尔的额头，开心地问道："你的奶奶呢？"

"她不在家里，出去了，我知道你过来做什么。你不能这样做，这样对待一位病中的老人，你于心何忍？"卡尔正颜厉色地说。

"哟，学会保护奶奶了，好孩子，我是来看你奶奶的，这不，牛奶、鲜花。"老人说着，指了指自己手中的袋子。

原来他认识奶奶，卡尔放松了警惕性。

老人步入屋里，屋内传来了奶奶与老人开心的对话声，卡尔偷听他们的谈话，当听到一半时，他禁不住潸然泪下。

祖母早就知道了他的劣行，她没有张扬，而是与这位好友一起，用一种别出心裁的方式改掉了卡尔的毛病，这样做，既彻底解决问题，又不让他失去人格和尊严。

这个出售欲望的孩子，当晚在日记中这样写道："欲望是可以出售的，但亲情和尊严永远不能。"

# 生活从来没有亏待过我

　　我的故事，是从这个记事本开始的。你们可以看到它特别地厚，我是从2008年开始写起的，一直写到了现在。我记得，比如"第一天面临着信任危机""一袋面包加牛奶""不留名的长发姐姐"，还有我借的别人的一元、两元钱。也许你们会好奇，别人怎么只借给我这么一点钱？因为这是2008年那几个月里，我在街边乞讨要来的。

　　六年前，那时候我高二，是个十七岁的姑娘了。爸爸脑溢血，住院了大半年，医药费总共花了十七万多，也就是在那个时候，我弟弟又心脏病发，要二十多万。可是我们家很特殊，因为一场车祸，爸爸被夺去了健康，失去了干重体力活儿的能力，而妈妈因为脑膜炎，从此失去了原本正常的智力。爸爸和弟弟两个人的医药费加起来，将近四十万元，简直是个天文数字。

一开始我去借钱，我借遍了亲戚朋友家能够借到的钱，还是不够。我想辍学打工，连辍学打工的地点我都找好了，我们浏阳一中的老师和我干妈把我劝回了学校。因为医院快停药了，所以只能去乞讨，我一开始来到大街上，真不知道该怎么开口，头都不敢抬，甚至有点躲闪别人的眼光，我怕看到别人眼里异样的目光。我就把所有的证件都铺在了路上，有我爸爸的医药费清单、我自己的学生证，还有我爸爸和妈妈两个人的残疾证，但是过程也不是那么地轻松，有些人相信我，帮助我，我会用笔郑重地在这个本子上记下每一块钱。当然也有人会怀疑我，误会我，说你看她有手有脚的，万一是骗子呢？甚至我跟他解释，这是我的证件的时候，他说，现在证件有很多可以造假的呀。晚上写日记的时候，我就告诉自己，没关系，至少还是有那么多好心人愿意帮助我。想到这些的时候，我心里会觉得，丢脸就丢脸吧，也没办法，先救爸爸和弟弟的命再说。

那时候我弟弟没办法再等着这么去筹钱，太慢了。我只能从医院方面想办法，终于湘雅二医院答应免费救治弟弟。后来我们家在政府的帮助下，所有的债务都还清了。我觉得生活从来没有亏待过我，我一定要好好地努力。读大学的时候，我打了七份工，最多的时候每天是五份兼职，等我回到宿舍后都十点多了。没有时间学习，就等到别人都睡觉的时候，我才开始熬夜学习两个小时。那时候就是特别瞌睡，眼皮子直耷拉下来，然后用冷水洗把脸就精神一些。

白天的时候，我上课是站着的，站着让我至少还能清醒地去听课。课间的时候，我室友就说，何平，你怎么一下课就睡得跟猪一样？要那么费力地才能把你叫醒。很多人问我，你这么累，怎么每天还乐呵呵的？那是因为我会安慰自己，累就是充实，有事情做才是幸福，没事做那才空虚寂寞冷，这种快乐又不要花钱。

有时候，我会多想想生活好的一面，就多给自己找快乐。至少，能有更多让我说"至少"的地方。比如说，至少我现在还读到了研究生。我告诉自己：何平，你要多想想事情好的一面，你要多看看别人的好，多记着别人的情，想到生活中的那些人，也会觉得很温暖，很有爱。我觉得，是爱让我更加坚强。

# 请别轻易评价别人

我们生活在不同的世界，你生活在一艘豪华的大船上，船上什么都有，有一辈子喝不完的美酒，还有许多跟你一样幸运登船的人。

而我抓着一块浮木努力漂啊漂，海浪一波一波拍过来，怎么躲也躲不掉，随时都有被淹死的危险，还要担惊受怕有没有鲨鱼经过。

你还问我：为什么不抽空看看海上美丽的风景？

人和人之间，有太多的不同，这构成了世界的多样性，同时也产生了不少误解和偏见。

在你眼中轻而易举的小事，可能是我费尽心力也无法达到的奢望。

我们总是渴望遇见懂自己的人，渴望能和在乎的人产生

"情绪共鸣"和"频率共振",但是世界上没有那么多的感同身受,毕竟别人终究不是你,性格和经历的差异,让相互的了解和沟通有了距离。

很多时候,你以为自己已经很熟悉对方,其实那只是你的想象,别总站在自己的角度去评价别人,那些你认为的"事实",不一定真的就是客观存在。

不知从什么时候开始,很多人的认知变成非黑即白,以偏概全,完全以自我为中心,不能理解和尊重与自己不一样的价值观和生活方式。

有人选择创业打拼,就会有人说他不安守本分;有人中意稳定的工作,就会有人说他成不了大事。

有人早婚,就会被说没有事业心;有人为爱远走高飞,就会被说不孝;有人不婚,就会被怀疑精神是否出了问题。

我们的耳边也常常听到这些话:

他能在好单位工作,一定靠关系;

她每天都打扮得漂亮,一定想吸引谁;

他不喜欢社交应酬,一定不懂配合人;

她年纪轻轻开豪车,默默傍大款了吧;

她向往云淡风轻的生活,真是个没进取心的姑娘……

别人过得好或坏,其实和你并没有多大关系。人言可畏,有时候,一句随口的评价就会对别人造成伤害。

不轻易评价别人，是一种修养，也是一个人成熟的重要标志之一。

每个人的背后都有一些不为人知的故事和心事，别轻易评价别人，得知真实的答案后，你可能会大吃一惊。

每个人都是独一无二的存在，都有自己的生活和追求，都有选择的权利，都值得被尊重，这样生活的样貌才能千姿百态，才会更丰富有趣。

每件事都有它相应的原因，不要轻易推测，更别轻易评价。

同样的行为背后，可能会有1000种不同的行为动机。每一个不可理喻的行为身后，都潜藏着一个不被理解的需求。

世上的人那么多，真正了解你的人又有多少？

愿你能遇见那位真心懂你的人，看出你故作坚强的辛酸，看穿你毫不在意背后的良苦用心，给你精神上的慰藉，挺你人生前进的方向。

也愿你能真心体谅他人的处境，理解对方的辛苦和难以言喻的忧伤。

人生不易，请别轻易评价别人。

谨以此书，献给那些在黑暗中提灯前行、勇敢追梦的人。

　　愿你的眼中有万丈光芒，努力活成自己想要的模样。

激扬青春之人格魅力塑造丛书

# 思　路：
# 思路决定出路，高度决定深度

谢普　主编

红旗出版社

## 图书在版编目（CIP）数据

思路：思路决定出路，高度决定深度 / 谢普主编.
—北京：红旗出版社，2019. 11
（激扬青春之人格魅力塑造丛书）
ISBN 978-7-5051-4999-1

Ⅰ.①思… Ⅱ.①谢… Ⅲ.①故事—作品集—中国—
当代 Ⅳ.①I247.81

中国版本图书馆CIP数据核字（2019）第242279号

书　名　思路：思路决定出路，高度决定深度
主　编　谢普

出 品 人　唐中祥　　　　　　总 监 制　褚定华
选题策划　华语蓝图　　　　　责任编辑　王馥嘉　朱小玲

出版发行　红旗出版社　　　　地　　址　北京市丰台区中核路1号
编 辑 部　010-57274497　　邮政编码　100727
发 行 部　010-57270296
印　　刷　永清县晔盛亚胶印有限公司
开　　本　880毫米×1168毫米 1/32
印　　张　40
字　　数　970千字
版　　次　2019年11月北京第1版
印　　次　2020年7月北京第1次印刷

ISBN 978-7-5051-4999-1　　　定　价　256.00元（全8册）

每个人的生命中，都有最艰难的那一年，将人生变得美好而辽阔。

梦想是天边的星星，每天你都看到它在头顶闪耀，但伸手却碰不着。为了离它更近，你不断向天际奔跑，不断跑，跑过一条又一条河，一座又一座山……却总发现前面还有一座山，还有一条河。你灰心丧气流泪，因为没人知道要跑多远，甚至不知道路对不对，只能一直跑啊跑啊跑啊跑啊跑……那，那就擦干眼泪，跑吧。

哪怕所有的色彩都被光阴褪去，尘封的往事依旧静静地留在心底，绚烂无声；哪怕世界在它眼里只有黑白两色，天蓝云白在它眼中只有明暗，它献给主人的仍然是一颗彩色的心，毫无保留。当那些过往的美好悄悄走过，记得珍惜；更不要忘记，用力去珍惜身边那双单纯透明的眼睛。

　　成长是一个破茧成蝶的过程。年少的轻狂、白日放歌、纵意，随着尝遍世间毒草而克制、温润、收敛。不再向似水流年索取，而是向光阴贡献渐次低温的心，那些稍纵即逝的美都被记得，那些暴烈的邪恶渐次被遗忘。与生活化干戈为玉帛，任意东西，风烟俱净，不问因果。

　　世界上只有一种英雄主义，那就是认清生活的真相之后依然热爱生活。谢谢你，一直默默守护着那个真诚、善良、乐观向上的自己。

　　在孤独而平凡的岁月中，你变得柔软又充满力量，依旧愿意相信美好的事情即将发生，依旧对生活怀有满腔的热爱。

　　思路决定出路，高度决定深度，你的青春，你的人生，由你做主。

# 目/录

# 第一章 征途未完，提灯前行

我未曾见过一个早起、勤奋、谨慎、诚实的人抱怨命运不好。良好的品格，优良的习惯，坚强的意志，是不会被假设所谓的命运打败的。

——富兰克林

# 你有一分钟吗

　　她叫苏意涵，是中国台北市的一个高二学生。2008年5月，她来到美国亚特兰大市世界展览中心，参加一年一度的英特尔国际科学展。这是全球最大规模的中学生科学竞赛，每年都会有众多优秀选手参赛。

　　苏意涵的展位很小，不到1平方米。她年龄也小，只有17岁。在这个高手如林、面积巨大的展览中心，苏意涵就像一只丑小鸭瑟缩于灰暗的一隅，而对面展位的主人却是一只闪烁着耀眼光环的白天鹅——一位美国学生，上年该项竞赛活动的金奖得主。那位美国学生被评委以及参观者里三层外三层地围得水泄不通，可苏意涵的展位前却总是冷冷清清，几乎没有一个人。

　　时间就这样一分一秒地流走，苏意涵想，如果再这样下去，这次肯定是白来一趟了。她极不甘心，因为她带来的是一项在台湾被专家学者普遍看好的科技成果。

"当你寂寂无名时，你的成果无论怎样不同一般，也极有可能像一粒微尘被世俗的劲风吹走。"她想起了临行亲友说过的一句话。"不行，我一定让这甜美的果实被人知道、让人赏识，我不能让我近一年的辛勤劳动付诸流水，我要主动出击！"想到这里，苏意涵一步跨出展位，她觉得自己走出这一步便进入了一个无限宽广灿烂的天地。

"你有5分钟吗？"苏意涵大声拦住欲从她展位前一晃而过的一位评委。

那人看了一眼小小年纪黄皮肤的她，摇了摇头，急匆匆走了。她这样拦了5次，都遭到拒绝。但她并不气馁，再一次拦住一位评委，这人终于肯留步了！苏意涵紧紧抓住这来之不易的机会，对着这位评委做了简要的自我介绍后，便有声有色地讲了起来："……这个实验主要是探讨燃料电池的触媒转换效率，这项研究对于改善混合同构型金属，加强原料电池的应用及缓解石油能源危机都有可贵的借鉴意义……"

5分钟到了，她要讲的话也正好全部讲完了。整个上午如此这般，她总算争取到了几名评委当了自己的听众。

她知道，评委们个个都是顶尖级的专家，多争取一个听自己的介绍就会多一分胜算，她觉得以5分钟来请求一个评委，是不是太过奢侈了？她决定下午索性只要1分钟。

"请给我1分钟行吗？"吃过午饭后，她便又开始拦评委了，果然就有更多的评委愿意听她的介绍了。她知道这既是机遇，也是更大的挑战，自己的语言必须更精练、更富有感染力。从听完介绍的评委微笑额首的表情上，她知道自己收到了期盼中的效果。

果然，她成功了！她不但获得了英特尔国际科学化学科首奖，而且最大奖项"青年科学家奖"她也榜上有名。由此，她获得了5.8万美元的奖金、一台英特尔双核笔记本电脑以及学费补助、暑期打工及考察补助等。在历年的36位大奖得主中，仅有6名是美国之外的，苏意涵是亚洲两个人中的第二位幸运者。

一个人的成功，努力做固然很重要，而争取别人听你讲话更为关键，对于一个没有什么名气的人尤其如此。当然，这需要勇气，更需要你出色的讲话艺术与水平。

# 上班路上的撑竿跳

"小张要去朗讯美国本部工作了，今晚一起聚餐吧。"午休时研发部的小徐走过来跟我们说，大家都不信。小张是那种扔在人堆里不好找的人，朗讯公司可是大名鼎鼎的跨国公司，在国内招聘的都是一流大学的尖子生，他哪里来的好运气呢？

张绪喜是我的同事，其貌不扬，少言寡语，毕业于本省一所二流大学，用他自己的话说，"比较适合跟机器和代码打交道"。我们是同一年进入这家公司的。四年间，他一直默默无闻地做着研发工作，住乱哄哄的集体宿舍，我们俩对门。

晚上，大家喝着酒，我们不约而同地问起小张凭啥诀窍一步登天闯到了美国。

小张说今年合同到期，想换一下工作环境，抱着试一下的态度给正在招聘的这家外资公司中国分公司投了一份简历，后来经过几次笔试、面试被录用了，因为英语成绩第一名，他被派往美国本部工作一年。

小张轻描淡写的解释让我很疑惑，我知道他的英语基础很差，大学四年期间，四级考了三次才过，这样的英语水平怎会挫败那些名校的人？

"平时根本没见你学英语，怎么会取得这么好的成绩？"我的疑问引起了同事们的共鸣。

小张喝了酒，满脸通红地说："我在这里工作了4年，但是我花在英语上的时间满满2年啊，每天7个小时雷打不动。"

"别吹牛了，你天天在我们眼皮子底下，每天晚上看电视、打牌到半夜才熄灯，啥时候看你学习过？"阿强说。

小张站起来说："的确我们共同生活了4年，但是我每天上下班路上都在学习。每天乘车上下班能学一个半小时，一个月就是45个小时，若按每天学习7个小时计算每月就白捡了6天多，4年下来，我用在英语上的时间足足280多天。大学四年我们用在英语上的时间累计起来不过4个多月而已，我这可相当于上了两次大学啊。"

我们都惊呆了。

原来每天上下班看小张挂个MP3，我们认为他是在听歌；他偶尔买几本《英语世界》坐在熙熙攘攘的公交车上，我们还曾怀疑他在装小资企图泡美眉，原来他正按照自己的节奏进修外语……

　　弹指4年， 200多天金子般的光阴被我们白白扔在了上班的路上，永不再来，而小张每天都在奔跑，都在加速度，今天终于以一个漂亮的"撑竿跳"站上了生活的新高度。

　　当大家碰杯一饮而尽的一瞬间，我的眼前升起一团雾水。

# 抓住每一个新奇的念头

这个社会已经到了一种物质极大丰富的时代，每一个产业都快要饱和，所以，竞争总是非常激烈，要想在激烈的竞争中取胜，没有特点是不行的，你只有做到与众不同才能脱颖而出。

生活中，新奇的想法和念头常常闪现，但绝大多数人只是把它当成一个念头而已，想想就过去了，却不知这些念头中潜藏着巨大的商机。富有者和贫穷者的差别就在于富有者能把一闪而过的念头抓住，而贫穷者只是把它当作一个念头而已。

英国的商业奇才安妮塔·罗蒂克年轻的时候尝试着做过不少生意，但都以失败而告终。一天，她在与男友聊天时，突然产生了一个神奇的念头：为什么我不能像卖杂货和蔬菜那样，用重量或容量的计算方式来卖化妆品？为什么我不能卖一小瓶面霜或乳液……将化妆品的大部分成本花在精美的包装上，以此来吸引消费者？

当这个念头在她头脑中出现的时候，她觉得这是个机会，然后她就把这个念头告诉了男友，但是，男友并不认可她的想法，认为这真是无稽之谈，这样做根本不可能成功。但是安妮塔就是不相信，她向银行贷款租了个门面，起名为"美容小店"。就在她一切准备就绪、准备开张的时候，一位律师受她的小店所在的街道上两家殡仪馆的委托控告安妮塔，认为"美容小店"这种花哨的店名会影响殡仪馆庄严的气氛而破坏业主的生意。

官司缠身的时候，她没有惊慌，头脑中又产生了一个新念头。她打了个匿名电话给《观察晚报》，声称黑手党经营的殡仪馆正在恐吓一个手无缚鸡之力的可怜女人——安妮塔·罗蒂克，这个女人只不过想在丈夫外出探险时开一家美容小店维持生计而已。

后来，这个新闻在《观察晚报》的头版上出现了，引起了人们的注意，很多善良正直的人到美容小店来安慰安妮塔。这当然为她带来了不少生意，这种不花钱做广告的手段让她出尽了风头，也赚足了钱。

之后，安妮塔又倡导顾客参与制作化妆品，她把麝香、苹果花、薄荷香等香水油放在样品碟里，让顾客选择她们喜爱的香味，然后，让她们自己把这些香料加到化妆品中。顾客们乐此不疲，十分热衷于自己动手制作化妆品，并陶醉其中，乐而忘蜀。

　　当人们来到美容小店的时候，一定会有与在其他的美容商店里不一样的感觉：简易的包装，用装药水的瓶子装化妆品，标签是手写的，产品没有说明书，只以海报的形式贴在店里，这成了日后美容小店经营的显著风格，店里甚至有一段时间摆上了艺术品、书籍之类的东西出售……这一切使她的美容小店生意日增，不到半年时间，她又开了第二间美容小店。很快，她开了第三间、第四间同样风格的小店……

　　当灵感产生的时候，你要立即抓住它，想办法把它变成现实中可以看到的东西。毕竟灵感只是虚幻的，它不会直接变成财富，你必须去做，才会把理想变成现实，把念头变成财富。

　　成功学大师希尔博士说：许多成功始于一个精明的设想，大多数人所缺的不是金钱的意识而是好的念头。心灵力量的发挥已经被众多的自我创富者接受，并切实地创造出了令人瞩目的成就。当财富开始到来的时候，它来得那么迅速，那么充足，甚至让你都不敢相信这是真的。你会纳闷，在过去那些贫困的岁月里，财富都藏到哪儿去了？回过头去想一想，你将觉察到，财富其实始于一种思想状态，一个好的念头，而你只需要少量或根本不需要繁重的劳动。而好的念头的产生，源于对过去经验的否定。

　　人的思维总是习惯朝一个固有的模式发展，比如说，谈到电影院，我们的大脑一定会浮现出巨大的银幕，一排排隐在暗影中的椅子，几扇太平门和一些服务生。除此之外，似乎再也没有什么可以描述的了。但是，有个叫吉姆的人却在和朋友看了场电影后产生了一个新奇的念头——为什么不能在电影院里设餐厅呢？如果这样，我们既能看电影，又能喝啤酒，吃美味佳肴……那该是一件多么享受的事！

　　第二天，吉姆便开始行动了。他在佛罗里达州承包了一个电影院，这不需要花太多的钱。然后，他在电影院里建造了餐厅，让电影观众如同上酒吧的顾客一样，坐在舒服的座椅上吃着三明治，喝着啤酒，同时悠然自得地观看电影。

　　这种别出心裁的新鲜事物一出现，立刻受到人们的欢迎，年轻人尤其喜欢。这里没有传统的一排排固定的座椅，而是较为宽松地放置着桌椅。穿着燕尾服的服务员彬彬有礼地为观众送上三明治、意大利脆饼、啤酒等各种食品饮料。店堂里布置得非常雅观，在放映的时候，人们常会感到是在家里与亲朋好友聚会，吃着点心，看着电视节目的那种气氛和感觉。

　　当时，一般电影院的门票是5美元，可是吉姆的餐厅电影院门票只有2美元。有些人不禁要问："这样做不会亏本吗？""当然不会！"电影院门票的收入只是他收入的很小一部分，他主要靠那个餐厅赚钱。很多人来这里是要感受"家庭影院"的气氛，并不在乎这里的食物要比别的地方稍微贵一些，双重享受的乐趣才是最重要的。

餐厅电影院开张以后，很快就容纳不下纷至沓来的观众和顾客。第二家、第三家开张以后，还是满足不了更多顾客的需求。最后，吉姆在全美国开了21家这样的场所。吉姆打破常规尝到了甜头，又顺着这个思路想下去，将影剧院的服务内容再次扩展。

白天，这里不放电影，他就将电影院出租，供人们举行会议和其他活动。这样，影院的利用率就更高了。他还在20多家餐厅电影院里安装了卫星接收器和屋顶天线，以便接收闭路电视，进行电视会议等。这种新型的电影院给电影业带来了一股新鲜的空气，吉姆也因此成了百万富翁，那一年他才26岁。

好的念头来源于对固定观念的逆向思维，善于打破老习惯的人，更容易产生新奇的念头，为自己提供更多的选择机会。摄取财富需要不断地创新，不断地产生好的想法，不断地抓住新奇的念头。

聪明的人善于在陈旧中捕捉创意，在迷惘中捕捉灵感，在山重水复中捕捉柳暗花明……新奇的念头是财富的源泉。机会总会不断地提醒我们，可是有的人却总是无动于衷，任凭机会白白地丧失，然后，他到一边去羡慕别人。

看到别人取得成功，有些人总是说："我以前早就这么想过了，但就是没做，如果我做了，成功的就不是他了！"这样的话以后还是不要再说了，既然你想到了，那就马上去做——财富不会凭空产生，它要靠智慧的头脑和勤劳的双手去创造。失败不可怕，总结经验再战而已，抓住每一个可以成功的念头，立即行动起来，也许世界富豪榜上会出现你的名字。

一些偶然的奇思灵感，可能会促进发明创造的念头。所以，那些发明家大人物，多是善于思考、善于抓住灵感的非凡的人。人只有不放过新颖的思想，不甘于平庸的生活，才能有非凡的成就。

# 让思维拐个弯

　　一天我带着6岁的孩子在街里闲逛，碰到两位同事，其中一位同事热情地打了声招呼："哎呀，难得见你带小孩出来玩。"另一位同事马上接过话："不对，是小孩带他出来玩吧。"平时我们总是习惯于认为大人带小孩出来玩，其实，换个角度来看还确实是小孩带我出来玩。一方面，我平时喜欢在家里坐在电脑前，不愿出去走动，只有小孩要求出来时，我才会跟着出来。另一方面，小孩走到哪里，我就跟到哪里。平时我不喜欢到别人家里去，可是，小孩如果去了别人家，我也只得跟着进去。这样看来，的确是小孩带我出来玩。

　　同事的话使我发现让思维拐个弯是一件很有趣的事情，让我不禁陷入了思考。是人放羊，还是羊放人？常规的答案肯定是人放羊。换个角度，其实是羊在放人。羊吃草的时候，吃到哪里，人就得跟到哪里。羊知道哪个地方有好草，它边吃就边往那个地方去，但人却不知道，所以，人只能跟着羊走。羊还知道哪个地方有水，吃到一定的时候，它自然而然地就向那个地方走去，它不乱走，从来也不会迷路，有经验的牧民跟在羊后面，总是能够找到水。

美术课上，老师拿出一张白纸贴到黑板上，然后让学生选各种颜色的彩笔，将自己的名字写在纸上。同学们尽管很纳闷，不知老师要干什么，但是他们还是很快地在纸上签了名。等全班同学都写完，同学们的名字已经占满了整张纸。这时老师问道："谁还能在纸上画出一朵花？"大家纷纷摇头，认为纸上已经毫无空隙，不能再画一朵花。老师没再说什么，他揭下纸，伏在桌子上挥笔作画。很快，一朵美丽的花被老师画好了，原来，老师只是把纸翻了过来，在纸的另一面画出了一朵美丽的花！

一张纸有两面，常人看到的是密密麻麻的签名，可是很少有人想到我们只要把纸翻过来，就又可以在纸上写字或画画。多面的思维不仅给我们带来了无限的乐趣，同时，也有助于我们解决现实问题。有时候不走阳光大道，而是潜入森林，走过沼泽地，你会发现有另一个艳阳天在等着我们。当我们面对挫折和磨难而一筹莫展时，其实，很多时候，你需要做的只是让自己的思维拐个弯，打破常规的思维定式。

# 超越自己，突破自我

　　人生的旅途本来就是起伏不定的，而生命也是由欢笑和泪水编织而成的，就像一部电影，不管是主角、配角或是临时演员，只要尽本分，把戏演好才会成功。向困难挑战，超越自己，就是懂得生命真谛、突破自我的表现。失败并不可耻，可耻的是不再勇敢地站起来，放弃挑战，一味地逃避，不敢面对现实！

　　天空下雨地上滑，自己跌倒自己爬。当你遇到困难时，无须自怨自艾，也无须别人拉一把才能从泥淖中爬起来，重要的是要有挑战的心，自己救自己。跌倒了，自己爬起来，再迈开步伐，奔向前去，执着向前，才是勇者的表现。

　　人生的路崎岖不平，只有向自我挑战才能往前行。把自我挑战当成一把锐利的刀，用它去斩除旅程中的荆棘，超越巅峰，超越自己，突破自我。

人生的旅程有无数的挫折，但是挫折只是生命旅程中小小的插曲，被挫折击倒的人，如果不重新振作，便无法实现自我。遇到挫折无须惧怕，那正是向自我挑战的好机会。拾取信心，向自我挑战，打破从前的不良记录，就从此刻开始，把挑战当指南针，失败当试金石，勇敢地向自己挑战，并战胜自己，超越自我，勇往直前。

人生的过程就好比一个开悟的过程，一次次你所经历的、所体验的，并不是简单机械地出现，而是为了让你向更高层次的境界迈进，执着地去做一件事，不论成功与失败，都要有勇气、有毅力向前前进。人只有在平静的状态下，才能理性地思考，反省自身的错误，从而稳定踏实地完成任务。

人生的每一步，做出的每一个决定，都组成了人生的一部分，所以认真处理和对待我们遇到的每一个问题，这样才不会留有遗憾。人生如一次长长的旅行，旅行中有坦途也有弯路，你得以平静的心态面对每一天，挑战自我，执着向前，突破自我，一如既往地朝着目的地勇敢走下去。

# 趁着年轻，拼搏吧

"做最好的自己"虽然是老话题，但却是永恒的主题。因为这目标，引领着我们不断地战胜自己、超越自己，因为这是一种积累，见证着我们从一个个小成功走向大成功，最终实现人生价值，获得快乐的人生体验。今天的我比昨天的我更好，明天的我比今天的我更好。

有人认为很多人都是庸庸碌碌，不那么拼的，拼的只是极少数。其实这是错的。

现在好多"90后""95后"，是通过努力学习，从小地方考上大城市的名牌大学，他们在大学里面兼任学生干部，还每次都拿奖学金，考托福、GRE，出国的机会也不落下。而且无论是从气质谈吐，还是穿着打扮，都特别让人舒服，甚至觉得是恰到好处的时尚。不拼能得到这些吗？

但有些他们的同龄人读着普通高校，瞧不起学生干部，也不好好学习，每天花着父母的钱吃喝玩乐。越是优秀的人越是努力，越是"扶不起的阿斗"越是继续堕落。

大家都知道撒贝宁吧，他在录制节目前，通常就坐在一张破旧的桌子前，看着监视器里的现场画面，全神贯注地记笔记，写满一张纸又一张纸。每场录制两个半小时，有时候一天三场，有时候一天两场，他就连续地坐在那里，安静地记录，穿着白衬衣，像个备战高考的高中少年。当时的录影棚非常嘈杂，有嘉宾在舞台上演讲，有工作人员拿着麦到处走动，还时不时有音乐响起。他的同事说，和他合作这么多年来，他没有迟到过一次，没有控场失败过一次，无论接到多么陌生的嘉宾，都能在前一天拿到台本，第二天就能够流畅录制。

一个普通的小公司，有好几位同事是12点的时候就跑去健身房运动1个小时，然后才吃午饭。还有的同事，每天早上6点起床，步行1个小时到公司，就是为了锻炼身体。甚至有人已经人到中年，还依然能够兴致勃勃地来完成对自我的重新塑造和打磨，使自己并不是一副大腹便便的模样。

不管是撒贝宁也好，每天去健身房的中年人也好，还是了不得的年轻人也罢，对于他们本身而言，这种别人觉得"拼"的状态，对于他们来说就是常态，是再正常不过的一种生活节奏。

每件事都做到既高效又完美，不就是正常的人生状态吗？但不知从什么时候起，它反而成了我们的一种追求、一种目标，一种需要别人狠狠去敲打、去逼迫才能保有的一时激情。自己做不到的，并不意味着别人没有在做。

我们的选择决定了我们能成为怎样的人，而我们的能力则决定了我们能有怎样的选择。只要坚持一下，再坚持一下，你就有机会向世界发出呐喊，就有机会成为最优秀的那一类人，就有机会主宰这个世界。只要你不曾投降，只要你没有绝望，你会变得宽广，世界也就会渐渐露出缝隙。如果你还年轻，如果你肯努力，如果你想成为更好的自己，从这一刻开始行动，一切都来得及！

每个人对成功的理解不同，什么才是真正的成功？怎样才能得到成功？真正的人生价值是什么？如何实现？人和人之间千差万别，每个人都有自己的选择，不能用同一个模式去衡量所有人的成功，无论是所处地位与名望的高与低，拥有财富的多与少，只要努力过、坚持下来，做到最好的自己，就是成功。每个人都可以做最好的自己，做快乐的自己，并一步步向成功迈进。

人生没有如果，只有后果和结果。过去的不再回来，回来的不再完美。所以，去努力吧！趁着我们还年轻，趁着我们敢想敢做。请记住，这个世界，从不曾亏待那些努力把自己变得优秀的人。而下一个优秀的人，也许就是你。

一年前你是谁，甚至昨天你是谁，都不重要，重要的

是，今天你是谁，以及明天你将成为谁。趁着年轻，大胆地走
出去，去迎接风霜雨雪的洗礼，练就一颗忍耐、豁达、睿智的
心，你挽救了你自己，幸福才会来，这世界上除了你自己，没
有谁可以真正帮到你。鸡蛋，从外打破是食物，从内打破是生
命。人生亦是，从外打破是压力，从内打破是成长。如果你等
待别人从外打破你，那么你注定成为别人的食物；如果能自己
从内打破，那么你会发现自己的成长相当于一种重生。

# 天才也需要努力

　　丁俊晖8岁接触台球。有一次，他帮父亲打了一盘球，最后竟赢了父亲的朋友。然后，父亲的朋友就说，这小孩对球的感觉特别好，于是他父亲就带他到正规的俱乐部，直接接触上了斯诺克。在东莞，他们一家人住在一张床上，三个人都是侧着身睡觉的，每天吃饭都是每个人两块钱的标准。但他并不觉得这是一种苦，每天只要给他一张桌子、一根杆、一副球，他就是很快乐的。刚去广东的时候，因为参加比赛，学校里落了很多课，他就决定不上学了，要把自己所有的精力都投入台球这个事业上。他的父亲只好同意了，但从此他的父亲对他的要求更加严格了，盯着他打每一个球，不允许他有任何错误。在那几年，一天至少训练12个小时，除了吃饭、睡觉就是训练。他童年的记忆完全就在台球上，他没有正常小朋友的童年生活。但他觉得他在为自己的理想而努力，不需要跟人家比较。人们都称他为天才，但他觉得他只是一个努力的天才。

比尔·盖茨21岁时从哈佛大学退学，在1975年与好友一起创办了微软公司。他蝉联世界首富的位置长达二十几年，但是人们往往只看到他光鲜的一面，却忽视了另一面。他从16岁起，就和同学为其他公司编写软件，两人整日埋头工作，每天都在机房工作8小时，在连续工作了8个星期之后才走出电脑室。比尔·盖茨虽然是辍学生，但他是从哈佛大学辍学的，而且他在学校期间学习也十分刻苦，可以一次学上几十个小时，睡10个小时后，再出去吃饭，然后又开始学习，还不觉得疲倦。所谓的天才、高智商，也不过是他们将天分发挥到极致，再加上变态式的刻苦努力，这才变成了别人眼中的天才。

说天才不需要努力，只是普通人为了掩饰自己的懒惰而编造出来的谎言。那些所谓的天才，最大的天赋不是他们天生具有的能力，而是他们严于律己的强大自控力和强于任何人的拼命刻苦的精神。所有伟大的成就都基于他们周而复始的艰辛与孤独。

天分在努力面前根本微不足道。从平凡到卓越的过程中，必然伴随着寂寞、眼泪、心血、汗水，一次又一次地将自己逼到悬崖边上，才创造出了举世瞩目的奇迹。

既然天才都需要努力，我们普通人还有什么资格不努力呢？也许大多数人天生就不是雄鹰，而是蜗牛。但蜗牛只要付出不亚于雄鹰的努力，也可以到达金字塔的顶端，当人们最终看到这个结果时，不会在意你是雄鹰还是蜗牛，只会记住你所到达的高度。

# 天下没有免费的午餐

有一个农户养了几头猪。一天，主人忘记关圈门，那几头猪就乘机逃跑了。经过几代以后，这些猪变得越来越凶悍，以致开始威胁经过那里的行人。几位经验丰富的猎人闻听此事，很想为民除害。但是，这些猪却很狡猾，从不上当。

有一天，一个老人赶着驴车，车上拉着许多木材和粮食，走进了野猪出没的村庄。当地居民很好奇，就走上前问那个老人："你从哪里来？要干什么去呀？"

老人告诉他们："我来帮助你们抓野猪啊！"众乡民一听就嘲笑他："别逗了，连有经验的猎人都做不到的事你怎么可能做到？"

但是，两个月以后，野猪已被老人关在山顶上的围栏里了。村民们都很惊讶，问那个老人："是真的吗？真不可思议，你是怎么抓住它们的？"

老人解释说："首先，就是去找野猪经常出来吃东西的地方。然后我就在空地中间放一些食物做陷阱的诱饵。那些猪起初吓了一跳，最后还是好奇地跑过来，闻食物的味道，很快一头老野猪吃了第一口，其他野猪也跟着吃起来。这时我知道，我肯定能抓到它们。

"第二天，我多加了一点食物，并在几尺远的地方竖起一块木板。那块木板像幽灵般暂时吓退了它们，但是那免费的午餐很有诱惑力，所以不久它们又跑回来继续大吃起来。此后我要做的只是每天在食物周围多竖起几块木板，直到我的陷阱完成为止。

"然后，我挖了一个坑立起了第一根角桩。每次我加进一些东西，它们就会远离一段时间，但最后都会再来吃免费的午餐。围栏造好了，陷阱的门也准备好了，而不劳而获的习惯使它们毫无顾虑地走进围栏。这时我就收起陷阱，那些吃免费午餐的猪就被我轻而易举地抓到了。"

猪选择了老人的免费午餐，也就落入了老人的陷阱。动物要靠人类供给食物时，它的机智就会被取走，接着它就有麻烦了。同样的情形也适用于人类，如果你想让一个人残废，只要给他一对拐杖，而他接受了拐杖并使用了拐杖，再等上几个月他就离不开拐杖成为一个残疾人。

"天下没有免费的午餐"来源于一个故事：在很久很久以前，一位聪明的老国王，想编写一本智慧录，以传后世子孙。一天，老国王将他聪明的臣子召集来，说："没有智慧的头脑，就像没有蜡烛的灯笼，我要你们编写一本各个时代的智慧录，去照亮子孙的前程。"这些聪明人领命离去后，工作很长一段时间，最后完成了一本12卷的巨作，并骄傲地宣称："陛下，这是各个时代的智慧录。"

老国王看了看，说："各位先生，我确信这是各个时代的智慧结晶。但是，它太厚了，我担心人们读它会不得要领。把它浓缩一下吧！"

这些聪明人费去很多时间，几经删减，成了一卷书。但是，老国王还是认为太长了，又命令他们再次浓缩。这些聪明人把一本书浓缩为一章，然后减为一页，再变为一段，最后则变成一句话。老国王看到这句话时，显得很得意。

"各位先生，"他说，"这真是各个时代的智慧结晶，而且各地的人一旦知道这个真理，我们大部分的问题就可以解决了。"这句话就是："天下没有免费的午餐。"

智慧之书的第一章，也即最后一章是："天下没有免费的午餐。"

如果人们知道出人头地要以努力工作为代价，大部分人就会有所成就，同时这个世界将变得更美好，而吃免费午餐的人迟早会连本带利付出代价的。一个人活着，必须为自身与外界创造足以使生命和死亡有点尊严的东西。

# 花儿在不同的季节开放

花儿代表了漂亮、高雅和生命的灿烂，几乎我们每个人都喜欢花儿。但如果所有的花儿只在一个季节开放，比如都在春天开放，而其他季节都不是花开的季节，那这个世界就会显得单调枯燥，人们就会失去对美的期待。

我们的生命和四季的花儿一样，也是不同的阶段有着不同阶段的漂亮：童年的纯真、少年的遐想、青年的冲动、中年的成熟、老年的聪明。

我们在不同的阶段总会有不同的成长和领悟。如果一辈子没有变化就意味着停滞不前，也意味着蒙昧无知；如果所有的出色一次性释放完毕，就意味着生命像夜空中的礼花，尽管炫目但一瞬间就归于黑暗。

现在的很多青年急于求成，看到别人年轻时成功了就很着急，寻找各种方法取得所谓的成功，甚至不惜在网络上自曝隐私；还有很多大学生刚进大学就想创业赚钱，把读书积累知识这样重要的事情抛到脑后。他们陷入了一种误区，认为一时的成功就等于一世的成功。

其实人生就像花儿一样，有的人在春天就开出了漂亮的人生之花，有的人要到夏天、秋天或冬天才开出绚烂的人生之花，我们的人生并不会因为花季晚到就不出色，相反可能会更加出色，因为我们有更多的期待和努力。我们要做的就是努力进取，期待未来。

肯德基的创始人山德士50岁才开始经营一家小小的快餐店，最后将其建成了世界上最大的餐饮连锁店；姜太公80岁的时候还在渭河上钓鱼，最后终于得到周文王的重用，一起创建了周朝800年的基业；齐白石到90岁艺术创作才达到了顶峰。花有自己的季节，人有自己的时刻。

爱因斯坦3岁多还不会讲话，直到9岁时讲话还不很顺畅，每一句话都必须经过吃力的思考才能讲出来。在念小学和中学时，爱因斯坦由于举止缓慢，不爱同人交往，老师和同学都不喜欢他。教他希腊文和拉丁文的老师对他很厌恶，曾经公开骂他："爱因斯坦，你长大后肯定不会成器。"但爱因斯坦最后成了为人类做出杰出贡献的科学家，而且还是一位相当不错的小提琴家。

花儿一般只开放一次，开过之后会化作春泥，守护后一代生命再次绽放出灿烂的花朵。人可以比花儿做得更好，通过我们持续不断的努力，我们可以让生命持续不断地绽放光彩。只要我们不断地努力，生命的花季就可以很长，而且可以绽放出不同的漂亮花儿。很多人不成功是没有给自己足够的时间和耐心去努力，很多人一生只成功了一次就像流星一样消失，是因为他们不懂得成功是一种持续不断努力的过程。

当我们懂得人生每个阶段都能够通过自己的努力而出色时，也许我们的少年时代就会像春天的桃花一样绚烂，青年时期就会像夏天的荷花一样清香，中年时期就会像秋天的菊花一样坚韧，老年时期就会像冬天的梅花一样，在严寒中给人们留下难忘的温馨和动人的精神。

# 眼泪解决不了任何问题

都说女人是水做的，所以女人大多爱哭；都说女人是柔弱的，所以眼泪也成了女人的秘密武器；人说世上本无海，只是因为有太多的泪，于是，就有了海。

现实是残酷的，眼泪虽然凄美，但靠它赢不来你想要的一切。眼泪只是温柔心底的一种宣泄，释放压力的一种良方，但不能改变你的现实，改变不了你的悲伤，唯一能解决问题的是坚强的自己。

17岁时玫琳凯就结婚了，但有了3个孩子之后，她却被丈夫抛弃了。她很沮丧，整天无精打采的，渐渐地，她的身体也不好了。几位医生诊断说是风湿性关节炎，专家们预言，她很快就会完全瘫痪。

虽然走投无路，但为了3个不能独立的幼子，她擦干眼泪，仍然挣扎着为一家直销产品公司服务，因为每举办一次销售演示聚会，便可挣10~12美元。为了这10~12美元，再难，她都必须微笑着面对她的顾客。

奇怪的是，微笑再微笑之后，她的身体渐渐好了起来，最后所有关节炎的病症都消失了。玫琳凯自嘲地说："原来上帝是喜欢笑脸的。"

在最艰难的岁月里，她是孩子们最有力的支撑和保护，但她毕竟是个女人，她时常为糟糕的境遇流泪。这个时候，孩子们总是对她说："妈妈，不哭！你是最好的妈妈，最好的妈妈怎么能哭呢？"哭是没有用的，玫琳凯一次次擦干眼泪。

1963年，玫琳凯母子二人用尽所有积蓄，准备成立玫琳凯化妆品公司。可是，灾难再一次降临，就在公司计划开张前的一个月，玫琳凯的第二任丈夫因肺癌和心脏病猝然离世。

这是她最深爱的男人，这个男人曾与她共度了14年的甜蜜时光，要知道，那是她一生中最受宠爱的日子！但一切都结束了，她又流下了眼泪。

她最小的儿子理查德为母亲擦掉眼泪，说："妈妈，哭是没有用的！神与我们同在，请勿放弃！"

玫琳凯点点头，她强忍着悲伤，尽量不让自己的眼泪再度掉落。毕竟，剩下的路她还得走下去。在她的坚强信念之下，公司安然地度过了创业期，而且，很快便成长为美国一家颇为著名的企业，随着公司名声的扩大，玫琳凯本人也成了一名具有典范意义的美国成功女性。

带着执着的信念，玫琳凯带领着千千万万不甘平庸、渴望成功的女性，坚定不移地往前走。她像一个美丽的皇后，用她的热忱、爱和欢笑，改变了千千万万女性的命运，也改变了自己的命运。

不要在别人面前轻易流泪，波澜不惊的定力才能衬托出一个成熟女人的优雅气质。我们要学会坚强，学会微笑着去应对发生的一切，不管它是值得庆幸的，还是让人困惑的。我们要擦干眼泪，也许明天还要经历更多的艰难。但我们要相信，我们会越来越从容、越来越冷静，一切困难都将不再是困难，一切都会过去。

# 失败的次数越多，离成功就越近

为了寻宝，一个人已经在河边找了很长的一段时间，整个人筋疲力尽，全身痛得几乎动弹不得。

他坐在河床的石头上，对他的伙伴说："你看，我已捡了九万九千九百九十九块石头，却还没找到一块宝石，我实在不想捡了，也实在捡不动了。就算我命苦吧，好不容易下定决心干一件事，没想到又是劳无所获，落得如此下场！"

他的伙伴开玩笑地回答："那你最好再捡一块，凑足十万吧，反正多捡一块也累不死你，少捡一块也不能使你的累减轻一分。"

寻宝人疲累地闭上眼睛，随手在一堆石头中捡起一块石子，说："好！这就是最后一块了。"

当他握着手中的石子时，他感觉到这石头比一般的重，于是，他睁眼一看，惊讶地大叫，因为他手中握着的正是一块价值连城的宝石。

柏拉图曾经说过："成功唯一的秘诀就是坚持到最后一分钟。"失败的次数越多，离成功也就越近，成功往往是最后一分钟来访的客人。

早在1821年，英国的科学家戴维和法拉第就发明了一种叫电弧灯的电灯。这种电灯用炭棒做灯丝。它虽然能发出亮光，但是光线刺眼，耗电量大，寿命也不长，很不实用。因此，爱迪生就暗下决心："电弧灯不实用，我一定要发明一种灯光柔和的电灯，让千家万户都用得上。"

他的实验开始着手于灯丝的材料：用传统的炭条做灯丝，一通电灯丝就断了。用钌、铬等金属做灯丝，通电后，亮了片刻就被烧断。用白金丝做灯丝，效果也不理想。就这样，爱迪生试验了1600多种材料。一次次地试验，一次次地失败，很多专家都认为电灯的前途暗淡。

英国一些著名专家甚至讥讽爱迪生的研究是"毫无意义的"。一些记者也报道："爱迪生的理想已成泡影。"爱迪生面对失败，面对所有人的冷嘲热讽，他没有退却。他明白，失败乃成功之母，每一次的失败，意味着又向成功走近了一步。

1879年10月，在一次偶然的机会下，爱迪生的老朋友麦肯基来看望他。爱迪生望着麦肯基说话时一晃一晃的长胡须，突然眼睛一亮，说："胡子，先生，我要用您的胡子。"麦肯基剪下一绺交给爱迪生。爱迪生满怀信心地挑选了几根粗胡子，进行炭化处理，然后装在灯泡里。

可令人遗憾的是，试验结果也不理想。"那就用我的头发试试看，没准还行。"麦肯基说。这句话深深地触动了爱迪生，但他明白，头发与胡须性质一样，于是没有采纳老人的意见。

爱迪生起身，准备为这位慈祥的老人送行。他下意识地帮老人拉平身上穿的棉线外套。突然，他又喊道："棉线，为什么不试试棉线呢？"

麦肯基毫不犹豫地解开外套，撕下一片棉线织成的布，递给爱迪生。爱迪生把棉线放在U形密闭坩埚里，用高温处理。爱迪生用镊子夹住炭化棉线，准备将它装在灯泡内。可由于炭化棉线又细又脆，加上爱迪生过于紧张，拿镊子的手微微颤抖，因此棉线被夹断了。

最后，费了九牛二虎之力，爱迪生才把一根炭化棉线装进了灯泡。此时，夜幕正在降临，爱迪生的助手把灯泡里的空气抽走，并将灯泡安在灯座上，一切工作就绪，大家静静地等待着结果。

接通电源，灯泡发出金黄色的光辉，把整个实验室照得通亮。13个月的艰苦奋斗，试用了6000多种材料，试验了7000多次，终于有了突破性的进展。

这个故事告诉我们，如果你多年的努力看不到一点点的成果，不要灰心，不要放弃，再加把劲，再等等看，再给自己一次机会，成功可能就在下一个转弯处。

# 第二章
# 未来可期，梦想不老

当你向着一个目标进发时，留心看路非常重要。道路总会把最佳的到达方式教给我们。我们走过了它，它便丰富了我们。

——保罗·柯艾略

# 跌倒之后要能爬起来

　　一个人想干成任何大事，都要能够坚持下去，坚持下去才能取得成功。说起来，一个人克服一点儿困难也许并不难，难的是能够持之以恒地做下去，直到最后成功。

　　美国总统林肯，在任期间政绩辉煌，但他战胜人生灾难的成绩实际上比政绩更辉煌。

　　1809年，林肯出生在一个一贫如洗的伐木工人家庭。

　　7岁时，因为太穷，他全家被赶出了原居住地，小林肯从那时起便承担起了抚养家庭的重任。

　　9岁时，慈爱的母亲去世，林肯受到了巨大的精神打击。

　　22岁时，第一次经商失败，生活陷入艰难。

　　23岁时，竞选州议员落选。同年，失业。同年，争取进入法学院，失败。

　　24岁时，再次经商失败，欠下巨额债务，16年后才全部还清。

25岁时，再次竞选州议员，终于赢了，这多多少少让他饱经沧桑的心得到了些许安慰。

26岁时，订婚后正准备结婚，未婚妻却突然死亡。

27岁时，精神完全崩溃，卧床半年之久。

29岁时，竞选州议员发言人失败。

31岁时，争取成为选举人失败。

34岁时，参加国会大选落选。

39岁时，寻求国会议员连任失败。

40岁时，争取自己所在州的土地局局长职位失败。

45岁时，竞选美国参议员落选。

47岁时，在共和党的全国代表大会上争取副总统职位提名，支持票数还不到100张。

49岁时，再度竞选美国参议员落选。

51岁时，当选美国总统。

一生中，林肯都被忧郁症所折磨，并且，婚姻生活很不幸。

如果问林肯是如何走过这一路艰辛的，他会略表惊讶又很无所谓地回答你："这很奇怪吗？那些都只不过是滑一跤，又不是死去爬不起来。"他面对困难没有退却、没有逃跑，他坚持着、奋斗着，他压根儿就没想过要放弃努力，他不愿放弃，所以他成功了。

　　成功就是爬起来的次数比跌倒的次数多一次。困苦磨难本身从来不是魔鬼，面对它时你所表现出的萎靡和屈服才是最大的灾难。如果每次跌倒之后都能爬起来，成功早晚会属于你。

# 为了目标坚持不懈

我在钢琴培训教学生涯中，教过一些"音乐天分不足"的学生，罗比就是其中之一。

当他到我这儿来时，已经11岁了。我一向都认为，学习音乐应该从更小的时候开始，对男孩子来说，尤其如此。他却告诉我，他妈妈最大的梦想就是能够听他演奏钢琴。

于是，我收下了罗比。就这样，罗比开始了他的钢琴课。从一开始，我就觉得罗比的一切努力都将会是徒劳，无论他怎么努力怎么刻苦，他仍旧缺乏对音调和基本节奏的敏感。尽管如此，他仍旧一如既往地认真学习音阶知识，按照我的要求努力练习。

后来，不知为什么，罗比再也没有来上过课。我想当然地认为，他可能因为觉得自己确实没有天分而去学别的东西了。几个星期后，我给每位学生的家里都寄了一张宣传广告，询问他们是否愿意参加即将举行的钢琴独奏音乐会。令我感到吃惊的是，罗比收到宣传广告后，问我他是否可以参加钢琴独奏音乐会。我告诉他，因为他中途已经退学了，所以不具备参加演出的资格。他说他妈妈生病了，所以无法带他来上课，但是他一直都在坚持练琴，从未间断。

"老师……我一定要上台去演奏！求求您答应我吧！"他坚定地说。我实在不忍拒绝他的请求，只好同意。

终于，钢琴独奏音乐会举行的日子来到了。我把罗比的节目安排在音乐会的最后，我想，这样的安排，将会把由于罗比的演奏可能造成的任何不良影响控制在节目的最后，而且到时候我还可以通过我的"压轴戏"来挽救因为他差劲的表演可能会带来的损失。

由于学生们一直都在勤奋地练习，所以音乐会进行得非常顺利。终于，轮到罗比出场了。当他走上舞台的时候，我不禁有些后悔先前的决定。他的衣服皱巴巴的，头发乱作一团。"为什么他就不能像其他学生那样穿戴得整整齐齐呢？"我心里抱怨道，"为什么他妈妈就不能为了这个特殊的晚上给他梳梳头呢？"

我正兀自想着的时候，罗比拉出了琴凳，准备开始演奏。当他宣布他将为大家弹奏一曲莫扎特的《C大调第二十一号钢琴协奏曲》时，我大吃一惊，而在我还没有为我接下来将要听到的做好心理准备的时候，他的手指已经在琴键上轻盈地弹奏起来，确切地说，它们几乎就是在琴键上敏捷地跳着舞。此刻，整个体育馆里安静极了，只有罗比的琴声在回荡着。那琴声时而轻柔，时而响亮，时而急速，时而舒缓……不仅如此，他还把莫扎特在总谱上标明的延留和弦弹奏得那么完美！

几分钟之后，他以一段恢宏的渐强音节结束了演奏。顿时，场上的每个人都情不自禁地站了起来，并且热烈地鼓掌、欢呼……我早已激动得热泪盈眶。我快步跑上舞台，将小罗比紧紧地拥在怀里，轻声问道："罗比，我从来没有听过你弹得这么好！能告诉我你是怎么做到的吗？"罗比向我解释道："您还记得我曾经对您说过我妈妈生病了吗？她得的是癌症。并且，就在今天早上，她去世了。还有……因为她一生下来耳朵就是聋的，听不见任何声音。所以，今天晚上是她第一次能够听到我的演奏，我要让这场演出变得特别。"

那一刻，我不禁想："今天晚上，我自己成了一个学生——罗比的学生。正是因为收了罗比这个学生，我的人生才变得更加富有，我的生命才变得更加宽阔。"

我是一位钢琴老师，我一直认为学钢琴需要天分，但罗比却以实际行动让我明白了，只要心中有爱，有目标与理想，并不懈地拼搏努力，再大的困难也可以克服。

# 一磨六十年

列文·虎克是荷兰人。他出生在一个非常穷苦的家庭里，很小的时候，父亲便因无钱治病早早地去世了。在童年时代，他为了维持生活，便到处流浪奔波。16岁那年，他到一家杂货店里当学徒，一天干12小时的活，天天累得疲惫不堪。可是，他很有志气，决不肯向苦难的命运低头。他想尽办法学习知识，学习本领。每到晚上，就在昏暗的灯光下，翻开从别人那里借来的书，刻苦认真地自学。

这家杂货店的近邻是一家眼镜店。列文·虎克常常看到眼镜店的人磨镜片，他渐渐对镜片发生了兴趣。他一有时间就到眼镜店里观察磨制镜片，有时也试着磨一磨，这样就慢慢地掌握了磨镜片的技术。同时他也了解了什么样的镜片可以使人看的东西变大，什么样的镜片可以使人看远处的东西时看得真切。

过了五六年，列文·虎克所在的杂货店倒闭了，列文·虎克失业了，重新又过上流浪生活。后来他找到了一份给市政府看大门的工作，生活才算稳定下来。他又有条件学习了。他一方面刻苦自学文化知识，另一方面精心细致地磨制镜片。这时他产生了一个愿望，就是要制造一个能够放大物品的仪器，来观察肉眼看不到的小东西。要创制这种仪器，当然是很不容易的。他用自己的双手，像"铁杵磨针"那样一点一点地磨着。失败了重新再磨，不知失败过多少次，不知度过了多少个不眠之夜，不知手上磨起过多少血泡，不知受过多少人多少次的讥笑，这一磨就是60年。但是到最后他终于取得成功，一块质量完全合格的高精度镜片终于完成了。

镜片的制作成功，使列文·虎克完成了他所设想的仪器的最基本的工作。他怀着喜悦的心情，又把这高精度镜片装在了一块金属板上，还安上了调节镜片的螺旋杆，世界上第一台显微镜就这样诞生了。

由于这种仪器的极大成功，列文·虎克成了显微镜发展史上最杰出的人物。他之所以成功是由于他在磨制镜片方面有精湛的技术（他磨的镜片能放大300倍），还有他在创制显微镜时的那种坚韧不拔的执着精神。列文·虎克显微镜的问世，为微生物学的研究打开了大门，开辟了人类征服传染病的新纪元。

　　列文·虎克的故事告诉我们：人生的每一件大事都是由无数件小事组成的，如果能执着地把手上的每一件小事都做到完美无缺，上帝早晚会派成功使者光顾你的小屋。

# 成功贵在坚持不懈

骐骥一跃，不能十步；驽马十驾，功在不舍。同样，成功的秘诀不在于一蹴而就，而在于你是否能够持之以恒。

1987年，她14岁，在湖南益阳的一个小镇卖茶，1毛钱一杯。因为她的茶杯比别人大一号，所以卖得最快，那时，她总是快乐地忙碌着。

1990年，她17岁，她把卖茶的摊点搬到了益阳市，并且改卖当地特有的"擂茶"。擂茶制作比较麻烦，但也卖得上价钱。那时，她的小生意总是忙忙碌碌。

1993年，她20岁，仍在卖茶，不过卖的地点又变了，在省城长沙，摊点也变成了小店面。客人进门后，必能品尝到热乎乎的香茶，在尽情享用后，他们或多或少会掏钱再拎上一两袋茶叶。

1997年，她24岁，长达十年的光阴，她始终在茶叶与茶水间滚打。这时，她已经拥有37家茶庄，遍布于长沙、西安、深圳、上海等地。福建安溪、浙江杭州的茶商们一提起她的名字，无不竖起大拇指。

2003年，她30岁，她的最大梦想实现了。"在本来习惯于喝咖啡的国度里，也有洋溢着茶叶清香的茶庄出现，那就是我开的……"说这句话时她已经把茶庄开到了中国香港和新加坡。

她就是孟乔波，一个卖茶的商人。

还有这样一个故事。"今天只学一件最容易的事情，每人把胳膊尽量往前甩，然后再尽量往后甩，每天做300下。"老师在新生开学第一天说。一个月以后有90%的人坚持。又过了一个月仅剩80%的人坚持。一年以后，老师问："每天还坚持300下的请举手！"整个教室里，只有一个人举手，他后来成了世界上伟大的哲学家。这个人就是柏拉图，一个伟大的哲学家。

成功没有秘诀，贵在坚持不懈。人生路上，出发、赶路、跋涉、开拓、耕耘、进取、冲锋和奋斗，风再大，雨再大，只要自己不放弃，我们的力量会因争斗而更加勃发。世间最容易的事是坚持，最难的也是坚持。说它容易，是因为只要愿意，人人都能做到；说它难，是因为能真正坚持下来的，终究只是少数。巴斯德有句名言："告诉你使我达到目标的奥秘吧，我唯一的力量就是我的坚持精神。"

# 坚持你的梦想

保罗·杰克逊是一位很有名气的眼科医生。尽管他还年轻，但这并不妨碍他成为美国佛罗里达州眼科界的权威。

有一次，他在接受记者采访时，谈及他成功的经历，有一句话很能给人以启示。他说："无论遇到怎样对你不利的事情，有一样东西你一定不可以丢弃，那就是——坚持你的梦想。"

保罗·杰克逊还谈到自己学医的动机。那是在他童年时，他的父亲患上了严重的眼病，花了很多钱，寻访了许多医生，然而，父亲的眼睛还是没能够保住。从那时候起，保罗·杰克逊发誓要做最好的医生，帮助那些像他父亲一样的人，使他们可以重见光明。为此，他疏远了以前的玩伴，并且几乎不结交学业以外的朋友。目的当然只有一个：节省一切时间，为了心中的梦想努力学习。

还应提到的是，保罗·杰克逊一家并不富有。父亲失明后，更是陷入了贫困。所以保罗·杰克逊大学毕业后，在工作和继续深造的十字路口犹豫不定。

这时，他的母亲，一位普通的家庭主妇使他下定了决心。他母亲说："不要让眼前的东西迷失了自己的眼睛。如果你已经选择了，就不要轻易放弃。一切的付出都是有回报的。"

因此，保罗·杰克逊放弃了唾手可得的高薪工作，继续攻读他的学业。几年后，他终于成为美国医学界令人惊讶的后起之秀。

在拿破仑还是一个单纯的小朋友时，一次偶然的机会，他的叔叔问拿破仑，将来长大想要做什么？拿破仑在听叔叔这样问他之后，马上滔滔不绝地发表了心中构想已久的伟大抱负。小拿破仑从他立志从军开始，一直说到想带领法国的雄兵，席卷整个欧洲，建立一个前所未有的超级大帝国，并且让自己成为这个大帝国的皇帝。不料，叔叔听完小拿破仑的抱负之后，当场大笑不已，指着小拿破仑的额头，嘲讽道："空想，你所说的一切全都是空想！想当法国皇帝？那是不可能的！依我看，你长大之后，还是去当一个小说家，反倒更容易实现你的皇帝迷梦——"小拿破仑被叔叔这一阵抢白，非但没有动怒，反而静静地走到窗前，指着远处的天边，认真地问道："叔叔，你看得到那颗星星吗？"这时还是正午时分，拿破仑的叔叔诧异地走到窗前，茫然地答道："什么星星？现在是中午，当然看不到啊！孩子，你该不会是疯了吧？"再次面对叔叔的质疑，小拿破仑依然镇定而冷静地说道："就是那颗星星啊！我真的看得到，它依然高挂在天边，不分日夜，一直为了我而闪烁着，那是属于我的希望之星；只要它存在一天，我的梦想就永远不会破灭——"事实上，那颗希望之星从未高悬天际，它一直躲藏在拿破仑的内心深处，凭借内在希望之星的引导，终于使得拿破仑成为真正的法国皇帝。

生活中，每个人都有自己的梦想，不管是远大的还是当前的小梦想。我们也许经常会遇到梦想和现实相冲突的时候，是坚持梦想还是屈服于现实，总是使我们很难选择。这个时候，我们不妨想想保罗·杰克逊和拿破仑，细细体味——坚持你的梦想，无论何时何地。

# 我们拥有无限大的梦想

电影《立春》中有这样的台词："立春一过，实际上城市里还没啥春天的迹象，但是风真的就不一样了。风好像一夜间就变得温润潮湿起来了。这样的风一吹过来，我就可想哭了。我知道我是自己被自己给感动了。"说这句话的文艺女青年叫王彩玲，喜欢唱歌剧，唱得也好。你说她是其貌不扬的普通人吧，其实她还算不上。电影中喜欢油画的黄四宝看到她后，曾遗憾地说，想不到王彩玲长得这么难看。王彩玲大龄未婚，一口龅牙，满脸疙瘩和黑斑，走路迈着八字，性情古怪，对喜欢自己的男人很不屑。她喜欢躲在房间里自己缝制演出服，自视为天才，与芸芸众生不同，经常对人说"我一定能把自己唱到巴黎去"。她一次次坐着火车从小县城来北京，找歌剧院求职，被人拒绝，人家对她说"你想都不用想"。她一次次在北京花钱托人买户口，希望自己能走出这闭塞的小县城。后来，她的户口梦、北京梦、巴黎梦都幻灭了。婚姻无果后，她似乎认命了，领养了一名兔唇的小女孩，过着庸常平静的日子。她带着女儿去做手术，修复了女儿的容貌，她教女儿唱童谣，带她去北京玩。

一个人在追求理想的路上，会遇到很多的阻碍。对于王彩玲来说，她丑陋的相貌，身处20世纪80年代的中国底层以及中国户籍等体制问题是横在她理想路上的巨石。一个在北京有房有车，还有北京户口，会唱歌剧，又长得好看的黄彩玲显然比王彩玲"唱到巴黎去"的可能性要大得多，这就是现实。人要脱离自己的环境而选择其道路是异常艰难的。我们身处的环境往往塑造了我们自己和我们要走的路。电影中的故事也让我们看到：最坏的情况也不过如此，我们还没有失去生活。

有一个女文艺青年，30岁，已婚未育，一直在一个三线城市做着行政的工作，不知道自己真正热爱和擅长什么，想转行但很迷茫，想离开小城市到大城市去闯荡又缺乏勇气，心中一直梦想着能开一家带着书吧的咖啡馆。

还有一个文艺青年，他做着一份薪水平平的工作，一旦停下工作就要为房租发愁，虽然他没有读过多少本文学作品，但真心热爱写作。他的理想是写出一部很棒的小说，成为著名的作家，最好能将自己的小说拍成电影，放在大银幕上播放。

他们也许会去追逐自己的梦想，也许他们在追逐梦想后会像王彩玲一样遭遇失败。但理想的失落与幻灭是文艺青年认识和发现自己的必经之路，也是追求理想的人理应面对的——因为选择而承担那失败的50%的可能性。王彩玲们的理想幻灭除了面临的现实压力外，还有一个重要原因恐怕是自身才华的有限性。

有个广告公司的前辈说，他曾志大才疏，对于行业的牛人看不上，觉得他们"不过是运气好，自己以后一定比他们更牛"。可是随着时间的流逝，他发现那些牛人能做到的事自己永远做不到。他说出了生活的真相。很多时候我们以为自己是棵参天大树，但是实际呢？自己也许只是一棵小草。

也许你一直在通往梦想的路上努力着，可是走着走着，某一天你忽然发现，你耗尽一生也到达不了那个终点。我们在追逐理想的过程中认识到自己的才华是如此有限，撑不起自己的梦想，梦想简直就是一生最大的奢望。那怎么办？

曾经几个朋友为"要不要退了学去创业"这事而争得面红耳赤。一个朋友举了比尔·盖茨和乔布斯的例子，他们都从大学里退了学。他说，如果乔布斯不理想主义，还会有后来的苹果吗？乔布斯还能成为乔布斯吗？当时另一个朋友反驳说：可人家是乔布斯，而你只是张三。就像我会写作，他也会写，但他叫曹雪芹……

那几个朋友的观点似乎都是对的。追逐理想是好的，理想幻灭也是好的。就像王彩玲们在追逐理想失败后会认识到自己"未必是这块料"，从而更清楚地看清了自己，然后重新调整自己。

也许我们在追逐理想的过程中会认识到自己的才华有限，我们的本事撑不起自己的理想。也许我们会认识到自己缺乏梦想成真所需的资源与坚持，在逐梦的过程中，我们败给了时间、败给了自己的惰性与懈怠。也许我们还会认识到自己完全不可能去拥抱理想……但是认识到这些不也是好的吗？人生不就是如此吗？如果你早早放弃理想，过一种更现实的生活，这也是好的，只是每一个人的选择不同罢了。

现实很多时候会阻碍我们实现梦想，但是它并不妨碍我们拥有梦想。一个身处阴沟的人，同样有仰望星空的权利。

# 成功之后，也要一直努力

人生路上，最重要的是坚持，不比终点比进步，不跟别人比幸运，要跟别人比坚持。坚持意味着一切努力的存在，每天努力一点点，积跬步以至千里！

当知道高考成绩的时候，不管成绩的好坏，都要知道高考结束并不是终点，一定要继续努力。生活中确实有一些人，在取得一点点成绩后就放弃了继续努力。

有一个男同学，用三年时间从一个差生逆袭考入名牌大学。本以为他这一生会就此改写，没想到过了两年，居然面临被退学的风险。原来，他到了大学以后，整日抽烟喝酒打牌，多门功课挂科，还违反了好几次校规。后来这个师哥是否"改邪归正"，我们并不太清楚。但可以肯定的是，即便辛辛苦苦过了高考独木桥，你若不再努力，也随时都有可能落后于人。

人生其实就如马拉松，它要比的不是起跑时谁跑在了最前面，也不是谁暂时看起来更厉害，而是谁能坚持到最后。这个世界上从来没有一劳永逸的努力，就如没有不劳而获的成功，要想一生过得顺遂，除了一直努力，别无捷径。

"只要你努力……就可以……"从小到大，我们总是被这句话鞭策着前进，可到后来你会发现，努力是个持续式的状态，而不是一次性的投入。

小时候老师总是告诉我们，只要你们努力冲刺，期末考了好成绩，就可以安心过好假期。可等开了学，你会发现学业依旧很重，作业依旧很多，书包依旧很沉。你必须每次都很努力，才能过好每一个假期。

等你好不容易毕了业，父母告诉你，只要努力找到一份稳定的工作，以后就可以过上好日子。可等你过五关斩六将，费尽洪荒之力进入了一个好单位，你才发现原来这里人才济济，你不努力精进业务，随时都可能被淘汰。

在人生的每一个阶段，你足够努力足够优秀，只能代表你那一小段日子的成功。而生活是由无数个麻烦和问题组成的，你必须认真地、努力地过好每一个当下，解决好每一个难题，渡过每一个难关，保证每一个环节不掉链子，你的生活才可能一直顺着往前走。

有一位男士，事业有成，妻子贤惠，儿子懂事，似乎命运格外垂青于他。有一次，他的妻子在院子里提到丈夫，风轻云淡地说，他哪儿是运气好，不过是一直够踏实，肯努力罢了。他小时候家里穷，于是早早地就出来打工挣钱，脏活儿累活儿都揽着干。即便到现在，他也保持着不怕吃苦受累的习惯。如今他的生意虽然越做越大，但公司的每笔大单子他都像事业刚起步那会儿一样认真审核，每个重要的老顾客他都会像对待新顾客那样用心维护，每次员工活动他也会为了团队凝聚力尽量参加。他从没有因为自己是老板就跷着二郎腿，在办公室里当甩手掌柜，反而总以一种如履薄冰般的心态努力经营公司。而不管工作有多忙，他都会抽出时间陪伴妻子儿子，尽力平衡事业与家庭的关系。所有在外人看来的功成名就，都是他日复一日努力的结果。无论哪方面都毫不松懈的态度，才让今天的他看起来过得如此毫不费力。

在生活中，努力是一件很容易的事，因为只要你愿意，人人都可以做到。但它又是一件很难的事，因为并不是所有人都能轻松做到一直努力。

每一个励志故事，看似轻松，但背后都曾有过长时间的努力和坚持。其实，努力并不能让你的人生立马发生翻天覆地的改变，可能也不会让你轻轻松松渡过每一个难关，更不能让你一辈子高枕无忧。但是，一直努力，或许就可以做到。

# 人生没有过不去的坎儿

生活最后到底会不会如我们所想，谁也无法预测；明天和意外到底哪个先来，谁都不知道。但我们可以笃定的是，命运不会辜负每一个用力奔跑的人，你越努力，就会越幸运。成年人的世界里，没有"容易"二字，但也不应有"放弃"二字！

因为工作的缘故，小芳一直和先生分居两地。生了孩子后，她选择把孩子带在身边，白天请保姆帮忙照看，晚上下了班回宿舍再自己接手。边工作边带娃本来就不容易，可偏偏那几年，不如意的事又一件接一件。先是她的父亲得了重病，需要经常请假照看；单位领导对她总有忙不完家事的情况表示很不理解，又无形中给了她更多的压力。今年这场考试的前几天，她女儿却发烧住院，她已经连续三晚没睡个好觉了，明天一早还要参加考试，她该怎么办？她哭了，但痛哭之后，她勇敢地抹干眼泪，打起精神去参加了考试，结果她顺利地通过了。

"挺住"，从来就不是什么豪言壮语，它只是意味着你知道再艰难的日子、再黑暗的光阴，只要肯咬牙坚持，就一定会有熬过去的时候。你要先把苦日子挺过了，好日子才会来。

小林刚毕业时，对生活充满幻想，但因为家人突然重病，急需用钱，她硬着头皮去应聘业务员，经常要被外派到偏远的地方，一出差就是十天半个月。为了省钱，出差时只住那种十分破旧的旅馆，在汗水和眼泪中睡去。独自一人，只觉得日子过得无比灰暗。很多次工作上受了委屈也不敢跟家人说，只能一个人偷偷地哭。可也许是跌到了谷底，即使是最难的时候，她也从来没想过要放弃，而是一直提醒自己，没有绝望的处境，只有对处境绝望的人。她知道成年人的世界里，没有"容易"二字。哭过之后，她开始尝试壮起胆子谈业务，利用各种空余时间恶补行业知识，虚心向前辈请教经验，就这样从零做起，一点点打开了市场。现在她是部门主管，事业小成。她说："现在想起来，当时那些觉得大得足以遮天的困难，也不过都是小事。生活有时没得选择，不管它给你什么，咬牙接住就是了。"

一个人独自在外打拼多年，也走过不少弯路。随着阅历日益丰富，特别是人到中年之后才发现，生活真的不会轻易饶过谁。工作、家庭、孩子，还有日渐年老的父母，无论哪个环节出了点问题，都足以让人焦头烂额、疲惫不堪。但是，我们要知道人生没有过不去的痛和坎儿，人生最大的愿望也不过就是希望能够幸福安然地走完一生。

无论如何祈望命运垂青，那些艰难和苦难依然会无可避免地袭来。而唯一能帮助我们度过这些时光的，只有默默挺住、不言放弃的自己，只有你下定决心不负此生的愿望。

# 熬得住就出众，熬不住就出局

  《倚天屠龙记》中，每次张无忌有大长进的时候，几乎都是经受灾难的时候。因为中了玄冥神掌，又被胡青牛拒绝医治，于是自学成才掌握了医术。因为遭遇了朱家的算计，被迫跳崖，于是误打误撞得到了藏于猿腹中的《九阳真经》，从而习得绝世神功。九阳真经练成后，连体内的玄冥神掌都自愈了。因为被成昆追杀，潜逃到明教密道，这才有了和乾坤大挪移结缘的机会。因为要拯救武当免于赵敏迫害，这才亲眼看见并学会了张三丰的太极，让自己的武学修为更上一层楼。张无忌的成长史也可以说是一部遇难史。

  《神雕侠侣》中，杨过要不是从小孤苦伶仃、尝尽人间冷暖，就不会养成自卑傲慢的性格。要不是自卑傲慢又被其父拖累，就不会不容于桃花岛。要不是不容于桃花岛就不会去全真教。要不是去了全真教就不会被赵志敬欺负，要不是被赵志敬欺负就不会逃命到古墓。但正是因为逃命到古墓，杨过才能有机会和小龙女结缘，才能和小龙女一起谱下绝世恋曲，才能有后面的种种机缘，最后成了神雕大侠。

古文有句：天将降大任于是人也，必先苦其心志，劳其筋骨，饿其体肤，空乏其身……曾益其所不能。这句话说得有深意：有大成就的人必是做大事之人，做大事之人必是有大能之人，而人之大能必是在大危大难的磨砺之中增益的。

上天给你这么多痛苦，无非是让你增加自己的能力。大危难出大才能。危机和苦难是一种变相的天赐，它们是你寻求突破的契机。突破就是打破旧我重塑新我的过程，打破和重塑必定身心俱苦，但成长却正是这种过程的不断循环。只有慧眼识珠的人才懂得把危机当成转机，把苦难当成磨砺，把黑暗当成黎明的开始，把痛苦当成新生的契机。

现实生活中这样的例子比比皆是。

这半年多，小兰过得很辛苦。公司部门大调整，更换了掌舵人。新领导一上任，大到组织结构、岗位职责、工作流程，小到领导的沟通方式、性格特点、个人喜好都变了。新领导不再给出明确的要求和方向，反而要求小兰自己发挥。小兰的工作从原来的听要求给方案，变成了既给要求又给方案。领导下达工作时喜欢轻描淡写，但验收工作时却极其明确和严格。他本就技术出身，又是自我要求极高之人，对自己负责的产品经常比肩行业头牌，甩给小兰的课题非常前沿和高深。

小兰经常要在两三天之内啃掉一本英文资料；在一下午的时间头脑风暴出三个方案；在半小时内解决掉领导随手扔出来的炸弹。工作上的变化，让英语一般、技术不专的小兰痛苦不已。和小兰相同岗位的同事们都习惯了不接触英语和技术的工作方式，他们不想改变，所以陆续离了职。要不是小兰每一次都能极力牵制住不想干了的冲动，根本无法坚持下去。

大约在半年后，小兰和表弟闲聊，谈到了当今的某一前沿技术，这正好是小兰近段时间一直研究的课题。小兰发现表弟有很多疑问，就把自己了解的内容给表弟从头到尾讲了一遍。表弟听后直夸小兰专业。这句"专业"触动了小兰的内心，让她突然缓过了神儿，要不是熬过这半年多的痛苦，她又怎么能得到"专业"的夸奖？

她慢慢回忆最近的工作情况，发现很多变化已经悄然发生：英语文档越看越顺、被领导驳回的方案越来越少、发表的意见越来越被认可、承担的任务越来越重。曾经在团队边缘可有可无的人已然成了核心成员。而那些离职的同事，只不过换了一个公司，做着早已熟练的工作，轻松但却毫无长进。

每一个成就和长进，都蕴含着你曾经忍的痛苦、受的寂寞、洒的汗水、流的眼泪。熬得住就出众，熬不住就出局，收获和成长，正是因为坚持不懈的努力。

有一个当地非常有名的油画家，别人问他怎么做才能在当年不被看好的领域里闯出名堂。没想到他却回了四个字：

剩者为王。他说，不是胜利的胜，而是剩余的剩。他只是在别人都选择放弃另投他行的时候，努力地把自己剩在了这个行业里。

想当初，和他一起学画的同学，有的是画画天才，他是最不起眼的学生。他画一天的作品，天才学生们才画俩小时。他找一天的灵感，天才学生们一眨眼就来了。他常常感叹天才同学们的天马行空和出神入化。可惜，那些天才都迫于生计选择放弃了，只有他咬着牙坚持了下来。技能总是在一次次的练习中精湛，手感总是在一次次的坚持中纯熟。风格会在千百次练习后自成一格，灵感会在持续不断地沁入中孵化养成。真正的天才，是长期的坚持不懈，天赋只能决定你的起点，坚持才能决定你的终点，只有坚持之树才能结出黄金之果。成功不是将来才有的，而是从决定去做的那一刻起，需要不断坚持、不断累积才能有的。

马云说过，今天很残酷，明天更残酷，后天很美好。但是绝大多数人死在明天晚上，见不着后天的太阳。最大的失败是放弃，最大的敌人是自己，最大的对手是时间。

老张总喜欢讲以前的老故事。他讲他上高中时要走的土路。天晴的时候，路上的土又硬又梗，一路骑车上下学，屁股颠得麻麻地疼。要是天气不好，赶上放学时下大雨，那更惨。厚泥卷着车轮不动，车子根本没法骑，要淋着大雨一路拖着车回家。他讲他小时候帮失明的舅爷卖果仁儿。每天都不能睡懒觉，要早起把泡好的果仁儿摊在院子里晾好。中午放学回家只能抓紧扒拉几口饭，好赶着帮忙把果仁儿裹成独立的包装，按照五分、一毛的价钱单独去卖。下午放学不能玩儿，要去摊位帮舅爷看摊。回家后还得当"会计"，把赚的钱一分一毛数清、记账、裹成摞。童年的全部记忆似乎都是劳作。他讲他新婚后的艰难日子。那时候很穷，为了赚钱什么脏活累活都干，打铁、拉土、种菜。脏累都是小事儿，有时候还得冒着生命危险，最高的架子没人敢上，他要上，最偏的地方没人敢去，他要去。

当问他为什么喜欢讲苦日子时，他说，那些舒坦平顺的日子都渐渐淡了，反而是那些年熬过的苦日子在脑海里越来越清晰，越品越有味儿。

过去的苦日子让现在的幸福更闪耀。当你一路披荆斩棘获得现在的幸福时，你会特别感激和庆幸。感谢曾经的自己那么勇敢，庆幸曾经的自己那么坚持。没有波澜的江河不会宏伟壮观，没有皱纹的祖母不会和蔼可亲，不辣喉的酒不香，不带刺的玫瑰不媚。缺少遗憾的青春不完美，缺少沟坎的人生不精彩。

今天的事故会成为明天的故事，明天的故事会成为他日的传奇。磨难就像一颗裸钻，渡难的过程就像打磨钻石。挺过的难关都将成为悬挂在人生长河中最闪亮的星。它们会成为一种最有力的印证，印证着你不曾平凡、有过努力的人生。

# 原来生活可以更美的

2017年7月25日，美的集团创始人何享健在老家广东佛山市顺德区公布了60亿元慈善捐赠计划。至此，他的家电事业与慈善事业全部完成了顺利交接——前者，他将美的集团交到了职业经理人方洪波手上；后者，他将和的慈善基金会交到了儿子何剑峰手上。

从1968年创业至今，作为中国第一批企业家，何享健始终秉承"唯一的不变就是变"的创新变革理念。他敢闯敢试，大力推行企业内部股份制改革，使美的成为我国第一家由乡镇企业改组而成的上市公司。与此同时，他还积极推行股东、董事会、经营团队分设的经营模式，带领美的集团从一个街办塑料生产组，发展壮大为在海内外拥有15万名员工、近200家子公司、60多个海外分支机构的世界500强企业。

## 从创建塑料瓶盖厂起步

即便是在如今已经功成身退的企业家中，美的集团创始人何享健也是非常资深的一位。

时光倒转半个世纪，1968年，26岁的何享健已经在广东省的一个小镇上开始了自己的"创业之旅"。彼时，17岁的王石尚在参军，同样17岁的知青刘永好还在四川省成都市新津县的古家村插队，而24岁的大学毕业生柳传志则正在广东省珠海市白藤农场下放劳动……

北滘镇位于广东省佛山市顺德区东北部。在字典中，"滘"字多用于地名，意思是水路相通的地方。生长在这样一个百河交错、水网密集的地方，何享健的行事作风超前、灵活且坚定，其创业经历则正如陆游吟咏水乡的经典诗歌中所写的那样——"山重水复疑无路，柳暗花明又一村"。

在1968年之前，何享健的履历与当时的绝大多数人并无二致——高小毕业，辍学务农，工厂学徒，进入公社。正是在公社时期的这段经历促成了他命运的转向。在计划经济时代，公社负责解决群众就业。当时，因为没有企业，一穷二白的北滘镇一直面临着就业难的问题。久而久之，作为公社干部的何享健便萌生了生产自救的想法。

在当时的社会背景下，创业对于很多人来说是一个不得已的选择。作为一名创业者，何享健一没资金，二无技术，三不懂市场。因此，在联合二十几位村民筹集到5000元之后，何享健创办了北滘街办塑料生产组（下文简称"北滘生产组"），开始用尼龙纸、塑料布等废旧塑料生产小瓶盖。尽管这已经是最容易操作的项目，但因为技术落后，北滘生产组生产出的产品迟迟无法打开市场。

转折来自一位叫梁伟伦的技术人员。面对经营困难，何享健几经寻觅终于从顺德糖厂挖来了这位技术员。为了留住人才，生产组给了梁伟伦全厂最高的工资待遇，梁伟伦也很快证明了自己的价值。在他的指导下，北滘生产组生产的小瓶盖质量大幅提升，很快就拿下了不少厂家的订单。不久之后，北滘生产组还引入了首台机器设备——手动注塑机。

此后12年间，这家小作坊一直在政策夹缝中艰难求存。1973年，小瓶盖被药用玻璃瓶（管）、皮球等产品取代；1975年12月6日，"北滘街办塑料生产组"变更为"顺德县北滘公社塑料金属制品厂"，半年后又换成"顺德县北滘公社汽车配件厂"，生产汽车和挂车的刹车阀等配件。有了产品，何享健开始背着刹车阀、橡胶配件四处跑市场。为了节约开支，他早餐就喝一碗红糖水，晚上睡在火车站里。他怕差旅费被人偷走，不敢乱放，就藏在鞋子里面。

1979~1980年，停电成为各地的常见现象，何享健抓住机会生产发电机。直到此时，何享健与"家电"二字仍然没有半点儿联系。

## 跟风转型进入家电领域

广东是改革开放的前沿，顺德则是被春风率先吹暖的土地之一。从地图上看，顺德距离港澳都不算远，仅有100多公里路程。

作为著名侨乡，20世纪70年代末，在港澳地区打工的同胞回乡探亲时，都喜欢带上一些家电产品荣归故里。此时，嗅觉敏锐的外商已经发现了这个巨大的市场以及潜在的商机。随后，外商纷纷选择家电行业进行投资。

风潮之下，何享健也想涉足其中。他让工人买回100套零件，开始组装生产金属电风扇。然而，当时在广东地区已经有了不少初具规模的风扇企业，仅在顺德地区就已经出现了裕华风扇厂、桂州第一风扇厂等。因此，何享健的决策在当时受到了不少质疑。有人说时机不对，有人说技术不足，还有人直言他根本争不过别人。

未做过多争论，何享健便将"顺德县北滘公社汽车配件厂"更名为"顺德县北滘公社电器厂"。1980年11月，顺德县北滘公社电器厂生产的第一台40厘米台扇面世，何享健为其取名为明珠牌。

与涉足瓶盖产业时的情景相似，技术落后再次限制了工厂的发展。困扰之下，何享健再次认识到人才的重要。他从广州的国企里请来技术师傅，在休息时间为自己偷偷"兼职"。此后，明珠台扇的质量大幅提升，成功打开市场。1981年11月28日，"顺德县北滘公社电器厂"又一次更名，这一次它变成了"顺德县美的风扇厂"（下文简称"美的风扇厂"），"美的"商标也在此时正式注册。当时，美的风扇厂共有工人251人，年产量达13167台，总产值328.4万元。至此，何享健的创业之路开始发生根本转变。

江河入海不舍昼夜。流动是水不变的性格，也是水乡人何享健不变的创业风格。1984年，美的研制出全塑风扇。凭借这款产品，美的在此后的"风扇大战"中脱颖而出。然而，刚刚在风扇细分市场上站稳脚跟，何享健又开始思变。这一次，他看上的产品是空调。

1985年4月8日，美的空调设备厂成立。不过，选对项目固然重要，但看准时机才能赢得市场。对于1985年的中国消费者来说，空调远远超过了大家的消费能力。因此，空调项目不仅没能为美的带来经济效益，还耗尽了企业的现金流。由于资金短缺，美的公司只得向员工借钱渡过难关。直到1988年，随着美的公司获得自营进出口权，产品打入海外市场，企业的生存情况才得以改善。因为出口业务量暴增，美的在当年实现产值1.2亿元，成为顺德地区10家产值超亿元的企业之一，其中出口创汇达810万美元。

1991年夏天，27岁的马军从华南理工大学热能工程专业毕业。拿到博士学位后，马军来到美的，成为顺德企业中第一个拿到600元月薪的博士"打工仔"。与之前的梁伟伦等人一样，美的从待遇、福利、工作等方面给予马军支持。3个月之后，马军设计出了国内一流的高效节能空调器样机。很快，该产品带来的订单额就突破了1亿元，马军的月薪也连翻数倍。不仅如此，他还在年底拿到了14000元的奖金。

1992年，邓小平同志视察南方谈话后，顺德率先进行综合配套改革，核心内容就是企业产权制度改革。此时，美的正在遭遇第一次危机。当年，由于产权不明，美的的经营情况遭遇瓶颈期，哪怕想引进人才、提高人员工资也很难实现。那时候，何享健和很多人一样对现代企业制度不甚明了，也搞不清股份制改革该怎么个改法。即便如此，认定这是一个契机的何享健，仍然主动争取试点名额，并顺利成为中国第一家完成股份制改造的乡镇企业。现代企业制度也逐渐在美的内部建立起来。

这一年，美的销售收入已经超过7亿元。虽然何享健当时对股份制改造理解得并不深，也不太懂股票，但他敏锐地意识到"一个企业的进步、规范需要股份制改造这种代表未来方向的手段"。此后，他曾不无自得地说："我这个人看问题一直比较超前，什么事都要看得远一点。"

## 去家族化的典范

1993年11月12日，代码为000527的美的电器股票在深圳证券交易所挂牌上市，成为中国证监会批准的第一家由乡镇企业改制而成的上市公司。然而，上市3年后，美的空调却从行业前三下滑到第七位；1997年，美的销售收入在上年突破25亿元之后，大幅跌落到20亿元左右，经营性利润全靠投资收益来支持。

多年后，美的一位管理者回忆称："当时很多高管蒙了。大家没想到会出现这种局面，也不知道企业出了什么问题。"

紧接着外部流言四起，很多传闻都在说"美的快要不行了"。但是，此时美的的处境究竟有多差，即便是美的的管理层也给不出一个令人信服的答案。

经过分析，何享健找到症结所在："企业大了就会出现'大企业病'，员工没激情、没动力也没压力。"现任美的集团董事长兼总裁方洪波也认同这个病根，他认为："本质是责任不清晰，权力分配不清楚，有问题不知道谁去承担责任，也没有人负责任，没有人去解决。"

美的的问题出现在从上到下的垂直管理模式上。当时，美的公司所有的产品都由总部统一生产、统一销售，产品负责人既抓生产又抓销售；销售人员既要卖风扇、空调，又要卖新开发的电饭煲。这种方式在民营企业发展早期曾发挥过"船小好掉头"的优势，但随着企业不断发展，1997年的美的已经拥有五大类、1000多种产品，集权式管理所带来的企业反应迟缓，员工激情受挫逐渐成为企业发展的障碍。

为了重新给企业注入活力，何享健开始向外企取经。杜邦、GE、东芝、松下等都是他考察的对象。1997年，何享健从日本松下公司那里找到了应对之策——事业部制改革。随后，他将美的划分为5个事业部，由部门经理具体负责日常经营，自己则只管经理。然而，改革的理念并没有第一时间在美的高层中达成一致。相反，不少人对此忧心忡忡。他们认为，事业部制改革一不小心就会将公司弄得分崩离析。

为了提高高管们对事业部制的认识，何享健请相关专家到美的讲解这一制度的好处。不料，台下不仅有人窃窃私语，还有人站起来反对。见此情景，何享健激动地冲上讲台，从专家手中抢过话筒，厉声宣布："美的只有搞事业部才有出路，事业部是美的必须走的一条道路。"

顿时，台下鸦雀无声。企业改革过程中的杂音也暂时被压了下去。

1998年，美的制定出长达70多页的《分权手册》，将股东、董事会、经营团队分开。其中，事业部拥有高度自治权限，总经理可自行组阁，但经营业绩不达标整个团队要集体引咎辞职。

分权改革后，美的迎来了高速发展期。2000年，其销售收入达到105亿元。仅用4年，美的就完成了从30亿元到100亿元的跨越。2010年，美的规模更是首次超过1000亿元。何享健说："从1980年做家电到现在，我的观点一直是，每个时期每个阶段，我的职业经理人是最优秀、最能干的。我要求部下，不要整天想自己把事情做好，而要想怎么把要干的事情找人去干，找谁干，怎么给他创造好的环境。"

至今，美的集团决策层里都没有何享健的亲属，他的子女只持股不参与日常管理，被视为中国民企去家族化的典范。

## 思考另一段人生

2012年出任美的集团董事长的方洪波是典型的职业经理人。方洪波1967年生于安徽枞阳县山村，16岁考上华东师范大学历史系。1992年，25岁的方洪波从湖北东风汽车制造厂离职，加入美的总裁办公室任企业报编辑。因为主导了巩俐担纲的"千金一笑"广告——"美的生活，美的享受"，方洪波开始受到何享健的注意。随后，方洪波曾先后被调任至广告科长、空调事业部总经理、美的电器总裁等岗位进行锤炼。最终，他成为何享健选定的接班人。

几乎在所有人眼里，何享健都是一个天生的企业家。方洪波这样评价他的老板："以前是一群人在农田里干活，他冲在最前面。但是后来他坐在高高的地方看着你们。他得抽离出来不断再思考，那样眼光才更远，他能知道山外还有一座山。"方洪波还说："我可能跟他有时候一个月不见一次。他放权，但又什么都知道。"

在方洪波看来，何享健就是商业场上的科比或乔丹，"为什么随便他在哪个位置，只要球到他手上，一举手就能投进。这是因为他以前每天练了很多，身经百战了，所以现在投得就很准"。

2012年，卸任美的集团董事长之后，70岁的何享健开始"思考另一段人生"。2014年2月28日，何享健慈善基金会举办了成立仪式，但没有邀请任何一家媒体。"不做任何宣传"——这是何享健的要求。

2017年7月25日，他再一次出现在公众视野中。当天，何享健在广东省佛山市顺德区公布了60亿元慈善捐赠计划。计划显示，他捐出自己持有的1亿股美的集团股票和20亿元现金，注入其担任荣誉主席的广东省和的慈善基金会，用以支持在佛山本土乃至全省全国的精准扶贫、教育、医疗、养老、创新创业、文化传承等多个领域的公益慈善事业发展。与此同时，何享健慈善基金会正式更名为和的慈善基金会。

为人低调，性情温和，何享健还经常以自己普通话讲不好为由婉拒媒体来访，拒绝在公众场合发言。

何享健的低调，或许源于传统。不少顺德当地人认为，做善事就不应该宣扬。积善得福，如果太高调或有其他功利目的，将适得其反。何享健说，他的初衷来自于最简单朴实的逻辑：得到之后要有所回报。"没有国家的发展，也没有美的的发展，没有我今天的成绩。"他希望，"在顺德带头创造一种社会氛围，从一个企业家的角度，做一些有利于社会、有利于民生的实实在在的事情。"

# 战胜自我

　　年届不惑的朋友刘先生准备辞官办实业，家人都不同意，认为他的事业已经发展得不错，如果下海失败，就意味着前面几十年的努力将付之东流。刘先生是我的知心朋友，他向我征求意见时，我没有直接表态，而是给他讲了一个故事。

　　韩国三星集团会长李健熙在全球率先推行一项名为TPI/TPM（全员生产力革新与综合全员生产保全）的全新变革时，正是1997年亚洲金融危机爆发前夕，当时，三星是韩国排名第三的大集团，发展很顺利，做出这样的变革，社会各界和企业内部都非常不理解。

　　但是，李健熙认定了变革的必要，力排众议，大力推行，使整个集团的管理发生了脱胎换骨的变化。为了表达变革的决心，李健熙与全体员工一道在就餐时，都将右手绑了起来，改用左手就餐。变革是痛苦的，就像昆虫蜕皮化蝶，光是裁减的员工就占30%。经过改革，三星的实力得到增强。1997年，亚洲金融危机爆发，三星集团不仅成功避过了风险，还步入高速发展轨道，成为韩国实力最强的企业。

我对刘先生说，你也试试把右手绑起来的滋味，先请三个月的假，薪水也不要去领，尝尝远离权力和优厚待遇的滋味，如果你有信心摆脱诱惑，下定决心去打天下，你就可以作出自己的选择。

三个月后，刘先生的公司开张。开张的日子选在他四十岁生日这天，我送给他一只"鹰击长空"的木雕。传说鹰是有两次生命的，第一次是前40年，一般的鹰都可以活到，另一次是后30年，只有少数的鹰能活完。40岁的鹰已经是体态臃肿，苍老不堪，很多鹰到这个时候就收敛起锋芒，但是也有不认命的，它们用自己的喙猛力地击啄石头，直到旧喙完全脱落，新喙奇迹般地生长出来。苍鹰再用新喙把爪上的老皮啄掉，长出新的爪皮，使双爪变得有力。苍鹰又用有力的双爪把全身羽毛抓掉，长出新羽毛。在此过程中，苍鹰承受着凤凰涅槃般的痛苦。之后，苍鹰得以冲破大限，获得了第二次的生命。

刘先生明白我的意思，公司开张后，他与原单位彻底脱钩，也没有利用过去的所谓资源搞官商不分式的企业，而是扎扎实实地做事，如今，他的企业已开始步入正轨。

现在在一家外企当中国分公司总裁的李先生，早先也在政府机关当处长，他辞掉公职时，曾试过将双脚绑起来。当他被猎头瞄上后，也花了很长的时间进行人生抉择。那个时候，猎头推荐给他的位置是外企的一名部门经理，收入是他在政府机关的近三倍。

是去是留，李先生犹豫不决。恰好那段时间，他的主管上司被纪检部门双规，空出了一个职位，而李先生是这一位置的最佳人选。就在这时，李先生被朋友拉去旅游，在游乐场玩了一次蹦极。玩过这一项目的人都知道，玩蹦极要用绳索将双脚绑起来，在工作人员的帮助下往悬崖下跳，下落到一定的位置时，弹性极强的绳索会拉着蹦极者在空中弹跳很多个回合，再被人拉回到地面。

李先生是在玩完蹦极后下定决心的。他说，还没有移到跳台前的时候，心里很害怕，但是一旦鼓起勇气站到了前面，反而会变得很轻松。在往下蹦的过程中，还能从容地饱览崖下的风光，体验到一种战胜自我的快感。

改变自己，去一个陌生的环境从事一个全新的工作，对未来不可知的恐惧感和不安全感是很困扰人的。但是一旦下定了决心，就会发现，这带来的不仅是全新的挑战，也会有全新的收获感和成就感。

# 选择积极的心态

郑女士和崔女士同样在市场上经营服装生意，她们初入市场的时候，正赶上服装生意最不景气的季节，进来的服装卖不出去，可每天还要交房租和市场管理费，眼看着天天赔钱。这时郑女士动摇了，她以认赔了3000元钱的价钱把服装精品屋兑了出去，并发誓从此不再做服装生意。

崔女士却不这样想。崔女士认真地分析了当时的情况，觉得赔钱是正常的，一是自己刚刚进入市场，没有经营经验，抓不住顾客的心理，当然应该交一点学费；二是当时正赶上服装淡季，每年的这个季节，其他服装生意人也都不赚钱，只不过是因为他们会经营，能够维持收支平衡罢了。而且，崔女士对自己很有信心，知道自己适合做服装生意。果然，转过一个季节，崔女士的服装店开始赚钱。三年以后，她已成为当地有名的服装生意人，每年可有5万元的红利。

而郑女士在三年内改行几次，都未成功，仍然穷困潦倒，一筹莫展。

这倒让我想起了两则有趣的寓言故事：

古时有一位国王，梦见山倒了，水枯了，花也谢了，便叫王后给他解梦。王后说："大势不好。山倒了指江山要倒；水枯了指民众离心，君是舟，民是水，水枯了，舟也不能行了；花谢了指好景不长了。"国王惊出一身冷汗，从此患病，且愈来愈重。一位大臣要参见国王，国王在病榻上说出他的心事，哪知大臣一听，大笑说："太好了，山倒了指从此天下太平；水枯指真龙现身，国王，你是真龙天子；花谢了，花谢见果子呀！"国王全身轻松，很快痊愈。

有这样一个老太太，她有两个儿子，大儿子是染布的，二儿子是卖伞的，她整天为两个儿子发愁。天一下雨，她就会为大儿子发愁，因为不能晒布了；天一放晴，她就会为二儿子发愁，因为不下雨二儿子的伞就卖不出去。老太太总是愁眉紧锁，没有一天开心的日子，弄得疾病缠身，骨瘦如柴。一位哲学家告诉她，为什么不反过来想呢？天一下雨，你就为二儿子高兴，因为他可以卖伞了；天一放晴，你就为大儿子高兴，因为他可以晒布了。在哲学家的开导下，老太太以后天天都是乐呵呵的，身体自然健康起来了。

看来，事物都有其两面性，问题就在于当事者怎样去对待它们。上面提到的郑女士只看到赔钱的一面，而看不到将来会赚钱的发展前景，不能以积极的态度去分析事物；而崔女士的态度则是积极的，她更多地从将来的角度看待当前的不景气，所以，她能顶住压力，坚持到成功。

强者对待事物，不看消极的一面，只取积极的一面。如果摔了一跤，把手摔出血了，他会想：多亏没把胳膊摔断；如果遭了车祸，撞折了一条腿，他会想：大难不死必有后福。强者把每一天都当作新生命的诞生而充满希望，尽管这一天有许多麻烦事等着他；强者又把每一天都当作生命的最后一天，倍加珍惜。

美国性格潜能学家罗宾说："面对人生逆境或困境时所持的信念，远比任何事都来得重要。"这是因为积极的信念和消极的信念直接影响创业者的成败。

美国学者拿破仑·希尔关于心态的意义说过这样一段话："人与人之间只有很小的差异，但是这种很小的差异却造成了巨大的差异！很小的差异就是所具备的心态是积极的还是消极的，巨大的差异就是成功和失败。"

是的，一个人面对失败所持的心态往往决定他一生的命运。

积极的心态有助于人们克服困难，使人看到希望，保持进取的旺盛斗志。消极心态使人沮丧、失望，对生活和人生充满了抱怨，自我封闭，限制和扼杀自己的潜能。

积极的心态创造人生，消极的心态消耗人生。积极的心态是成功的起点，是生命的阳光和雨露，让人的心灵成为一只翱翔的雄鹰。消极的心态是失败的源泉，是生命的慢性杀手，使人受制于自我设置的某种阴影。选择积极的心态，就等于选择了成功的希望；选择消极的心态，就注定要走入失败的沼泽。如果你想成功，想把美梦变成现实，就必须摒弃这种扼杀你潜能、摧毁你希望的消极心态。

美国宾州大学的塞利格曼教授曾对人类的消极心态做过深入的研究，他指出了三种特别模式的心态会造成人们的无力感，最终毁其一生。它们是：

（1）永远长存。即把短暂的困难看作永远挥之不去的怪物，这是在时间上把困难无限延长，从而使自己束缚于消极的心态不能自拔。

（2）无所不在。即因为某方面的失败，从而相信在其他方面也会失败。这是在空间方面把困难无限扩大，从而使自己笼罩在失败的阴影里看不到光明。

（3）问题在我。即认为自己能力不足，一味地打击自己，使自己无法振作。这里的"问题在我"，不是勇于承担责任的代名词，而是在能力方面一味地贬损自己，削弱自己的斗志。

朋友，你有过这样的情形吗？如果有，请尽快从消极心态的阴影里解脱出来。记住德国人爱说的一句话吧："即使世界明天毁灭，我也要在今天种下我的葡萄树。"

# 第三章
# 勇往直前，不计颠簸

无论你从什么时候开始，重要的是开始后就不要停止；无论你从什么时候结束，重要的是结束后就不要悔恨。

—— 柏拉图

# 坚持不懈的韧性

  这个只上过3天小学、仅会写自己名字的农村妇女，可以说目不识丁。她白手起家创业，居然在短短的6年间，创办出了一家资产达13亿元的私营大企业！创造这个创业传奇的农村妇女名叫陶华碧。陶华碧1947年出生于贵州省湄潭县。说出她的名字，许多人也许茫然不知，但提起她的"老干妈麻辣酱"，却几乎是家喻户晓，尽人皆知。她是老干妈麻辣酱创始人，现任贵州省人民代表大会常务委员会代表、贵阳市政治协商委员会常务委员、贵阳市南明区政治协商委员会副主席、贵阳南明老干妈风味食品有限责任公司董事长、贵阳南明春梅酿造有限公司董事长等职。

  这个目不识丁的农村"老干妈"，连文件都看不懂，她如何创办和管理好拥有1300多名员工的大企业？

  陶华碧由于家里贫穷，从小到大没读过几天书。20岁时，她嫁给了206地质队的一名队员，但没过几年，丈夫就病逝了，扔下了她和两个孩子。为了生存，她去外地打工和摆地摊。

1989年，陶华碧用省吃俭用积攒下来的一点钱，在贵阳市南明区龙洞堡的一条街边，用四处捡来的砖头盖起了一间房子，开了个简陋的餐厅，取名"实惠餐厅"，专卖凉粉和冷面。为了佐餐，她特地制作了麻辣酱，专门用来拌凉粉，结果生意十分兴隆。

有一天早晨，陶华碧起床后感到头很晕，就没有去菜市场买辣椒。谁知，顾客来吃饭时，一听说没有麻辣酱，转身就走。这件事对陶华碧的触动很大。

她一下就看准了麻辣酱的潜力，从此潜心研究起来。经过几年的反复试制，她制作的麻辣酱风味更加独特。很多客人吃完凉粉后，还要买一点麻辣酱带回去，甚至有人不吃凉粉却专门来买她的麻辣酱。后来，她的凉粉生意越来越差，而麻辣酱却做多少都不够卖。一天中午，她的麻辣酱卖完后，吃凉粉的客人就一个也没有了。她关上店门，走了10多家卖凉粉的餐馆和食摊，发现他们的生意都非常好。原来就因为这些人做佐料的麻辣酱都是从她那里买来的。

第二天，她再也不单独卖麻辣酱。经过一段时间的筹备，陶华碧舍弃了苦心经营多年的餐厅，1996年7月，她租借南明区云关村委会的两间房子，招聘了40名工人，办起了食品加工厂，专门生产麻辣酱，定名为"老干妈麻辣酱"。办厂之初的产量虽然很低，可当地的凉粉店还是消化不了，陶华碧亲自背着麻辣酱，送到各食品商店和各单位食堂进行试销。不过一周的时间，那些试销商便纷纷打来电话，让她加倍送货。她派员工加倍送去，很快就脱销了。

1997年6月，"老干妈麻辣酱"经过市场的检验，在贵阳市稳稳地站住了脚。1997年8月，"贵阳南明老干妈风味食品有限责任公司"正式挂牌，工人一下子增加到200多人。此时，对于陶华碧来说，最大的难题并不是生产方面，而是来自管理上的压力。虽然没有文化，但陶华碧明白这样一个道理：帮一个人，感动一群人；关心一群人，肯定能感动整个集体。果然，这种亲情化的"感情投资"，使陶华碧和"老干妈"公司的凝聚力一直只增不减。在员工的心目中，陶华碧就像妈妈一样可亲可爱可敬；在公司里，没有人叫她董事长，全都叫她"老干妈"。

到2000年末，只用了3年半的时间，"老干妈"公司就迅速壮大，发展到1200人，产值近3亿元，上缴国家税收4315万元。如今，"老干妈"公司累计产值已达13亿，每年纳税1.8亿，名列中国私营企业50强排行榜的第5名。

豆豉辣椒的销售刚刚起步时，玻璃厂觉得老干妈的玻璃瓶要货量少，不太愿意接这单生意，陶华碧急了，她质问玻璃厂老板："哪个娃儿是一生下来就一大个哦，都是慢慢长大的嘛，今天你要不给我瓶子，我就不走了。"软磨硬泡了几个小时后，双方达成了如下协议：玻璃厂允许她每次用提篮到厂里捡几十个瓶子拎回去用，其余免谈。陶华碧满意而归。

当时谁也没有料到，就是当初这份"协议"，日后成为贵阳第二玻璃厂能在国企倒闭狂潮中屹立不倒，甚至能发展壮大的唯一原因。

"老干妈"的生产规模爆炸式膨胀后，合作企业中不乏重庆、郑州等地的大型企业，贵阳二玻与这些企业相比，并无成本和质量优势，但陶华碧从来没有削减过贵阳二玻的供货份额。

现在"老干妈"60%产品的玻璃瓶由贵阳第二玻璃厂生产，二玻的4条生产线，有3条都是为"老干妈"24小时开动。

陶华碧虽然不识字，但她的记忆力和心算能力惊人，财务报表之类的东西她完全不懂，"老干妈"也只有简单的账目，由财务人员念给她听，她听上一两遍就能记住，然后自己心算财务进出的总账，立刻就能知道数字是不是有问题。

她没有文化，就一心研究技术。卖米豆腐时，她做的米豆腐可以下锅炒，做辣椒调味品，总是比别人的产品口味独特，比别人的香。

由于"香"，由于"香辣结合"，老干妈的产品已经覆盖除台湾省以外的全国各地，并远销欧盟、美国、澳大利亚、新西兰、日本、南非、韩国等20多个国家和地区，一举改变了辣

# 人生第一桶金

那是在15年前，我到这个城市出差，谈完生意，我去商场给同事买些礼物。平时，我逛商场时喜欢随身带一些硬币，因为商场附近有时会有乞讨的人，给上一两枚硬币我心里会踏实些。这天也是这样，口袋里依旧有些硬币，于是我就将十几枚硬币散给一帮乞讨的小乞丐。

就在这时，我看见一个男孩高举着一块牌子看着我，无疑，他想引起我的注意。我朝他走过去，看到他十三四岁，衣着破旧却很干净，头发也梳得整齐。他不像别人手里拿个搪瓷缸，他的牌子一面画着一个男孩在擦鞋，一面写着："我想要一只擦鞋箱。"那时我正在做投资生意，反正还有时间，我便问男孩需要多少钱，男孩说："125元。"我摇摇头，说他要的擦鞋箱太昂贵了。男孩说不贵，还说他已经去过批发市场4

次，都看过了，要买专用箱子、凳子、清洁油、软毛刷和十几种鞋油，没有125元就达不到他的要求。男孩操着方言，说得有板有眼。

我问他现在手里有多少钱，男孩想都没想，说已经有35元，还少90元。我认真看着男孩，确定他不是个小骗子，便掏出钱夹，拿出90元，说："这90元钱给你，算是我的投资。有个条件，从你接过钱的这一刻起，我们就是合伙人了。我在这个城市待5天，5天内你不仅要把90元钱还给我，我还要1元钱的利息。如果你答应这条件，这90元现在就归你。"男孩兴奋地看着我，满口答应。男孩还告诉我，他读六年级，每星期只去上3天课，另外几天要放牛、放羊和帮母亲种地，可他的成绩从没有滑下过前三名，所以，他是最棒的。我问他为什么要买擦鞋箱，他说："因为家里穷，我要趁着暑假出来，攒够学费。"

我以一种欣赏的眼光看着男孩，然后陪他去批发市场选购了擦鞋箱和其他各种擦鞋用具。

男孩背着箱子，准备在商场门口摆下摊位。我摇摇头，说："作为你的合伙人，为了收回自己的成本，有义务提醒你选择合适的经营地点。"商场内部有免费擦鞋器，很多人知道。男孩认真想了想，问："选在对面的酒店怎么样？"我想："这里是旅游城市，每天都有一车一车的人住进那家酒店，他们旅途劳顿，第二天出行时，肯定需要把鞋擦得干干净净。"想到这些，我就答应了他。

于是，男孩在酒店门口附近落脚了，他把擦鞋箱放到了离门口稍远的地方，他看看左右无人，对我说："为什么不让我现在就付清1元钱利息？你也应该知道我的服务水平。"我"扑哧"一声笑了，这小家伙真是鬼得很，他是要给我擦鞋，用擦鞋的收费抵那1元的利息。我欣赏他的精明，便坐到他的板凳上，说："你要是擦得不好，就证明你在说谎，而我投资给一个不诚实的人，就证明我的投资失败。"男孩的头晃得像拨浪鼓，说他是最棒的，他在家里练习擦皮鞋练了一个月。

要知道，农村并没有多少人有几双好皮鞋，他是一家一家地让他们把皮鞋拿出来，细心地擦净擦亮的。几分钟后，看着皮鞋光可鉴人，我满意地点头。我从口袋里拿出红笔，在他的左右脸颊上写下两个大字："最棒。"男孩乐了。正在这时，有一辆中巴车载着一车游客过来了，他连忙背着擦鞋箱跑过去，指着自己的脸对那些陆续下车的旅客说："这是顾客对我的奖赏，你想试试吗？我会把你的皮鞋变成镜子的。"就这样，男孩忙碌起来了……

第二天，我来到酒店，看到男孩早早来守摊了，他兴奋地告诉我，他昨天赚到了50块钱，除去给我18元，吃饭花3元，他净剩29元。我拍拍他的头，夸他干得不错。他说昨晚没睡地道桥，而是睡了大通铺，但没交5块钱的铺位钱。我疑惑了，怎么会不付床铺钱？这时，男孩得意地笑了："我帮老板和老板娘擦了十来双鞋子，今晚我还能不用掏钱住店。"5天过得很快，我要离开这个城市了，这5天里，男孩每天还18元，还够了90元。

男孩知道我在北京一家投资公司做经理，说是等他大学毕业，会去北京找我，说着他伸出小黑手，我也伸出了手，两只手紧紧握到一起……

弹指一挥间，竟是15年。 我离开了当初的投资公司，自己开了一家贸易公司。这天，我正在办公室忙得焦头烂额，公司因为意外损失了一大批货物，周转资金面临困难，四方都在催债。刚放下电话，秘书进来了，说有个年轻人约我中午吃饭，我头也不抬地问是谁，秘书拿出一枚钥匙链，放到我桌上，看着这钥匙链，我愣住了，那上面有一个玻璃小熊，小熊的脑门上刻着三个字"我最棒"。 我想起来了，这钥匙链，是15年前我和那个擦鞋少年临别握手时，塞进他掌心的礼物。 到了中午，我走进酒店，预订好的座位上站起一个西装革履、英气逼人的年轻人。他含蓄地微笑，朝我微微弯一下腰。从他脸上，我略微找到了当年擦鞋少年的影子。喝茶时，他拿出一张500万元的支票，说："我想投资到你们公司，5年之内利润抵回。"500万元，真是雪中送炭！

　　年轻人笑吟吟地说："15年前，你教会了我以按揭的方式生存。从那个擦鞋箱起，我完成了一次又一次的积累。现在，我有了自己的公司，这500万元投进去，我有权利要求一笔额外利息。"我抬起头，问他要多少，他不动声色地回答："1元钱。"我靠到椅背上，脸上露出微笑。90元，回报500万元，这无疑是我投资生涯中最成功的案例。

# 路，始终要自己走完

## 一

记得刚入大学时，我活得挺迷茫，压根就没想过要考研。和周围人一样，打算毕业后找份工作。当时想，那样安分过日子，不必操劳，可以活得轻松。起初的想法很单纯，图个安稳。可一次偶然的机会，让我慢慢改变了。

那是个大学军训的午后，我陪室友去图书馆借书。正巧，邂逅了赵姐。她是个文静的女生，坐在一隅翻阅《海边的卡夫卡》。我也迷恋村上春树，于是跟她攀谈。渐渐地，我知道了她在备考北大中文系。

当时，身边的朋友常开玩笑说："你看，这不是北大才女吗？"她们语气里带着讽刺，充满着轻蔑，让人不舒服。赵姐显得大度，并未多加理会，莞尔一笑后，做自己该做的事。日子虽然单调，但她却过得很充实。在那份平静下，我看到了一份成熟。每次路过她的位置，看着堆满的书，心里总会有些莫名的触动。

一个夜里，走在昏暗的路灯下，她突然对我说，家里不让她考研，她爸托关系，帮她找了一份国企的文员工作。十一月末时，由于压力过大，她患了支气管炎，耽误了最佳冲刺时期。

得知她考试失利后，我发了一封邮件给她，里面写了一段话：许多人过得很盲目，可能终其一生都不知道自己该干什么。你比他们要优秀，尽管失败了，但也没关系，至少你是在为自己而活。

再次遇见她，是在她离校时，也只是匆匆一个告别。之前的一些事情，我们没有谈论。似乎就在那么一瞬间，我们形同陌路，回到了原点。而她的那些挣扎，也成了垂死。

那一年，我从别人身上听到了梦碎的声音。

## 二

在销声匿迹的那段日子，赵姐按照父亲的安排，进了一家国企。但她并不喜欢那种压抑的环境。由于学历低，晋升空间小，她也看不到希望。当时，她背着家人，开始默默复习，但那一年，她考得更糟糕。

为了更好地复习，在第三年的暑假，她不顾家人反对，决定辞职，继续走上了那条路。我曾伤感地认为，与她自此后便再无交集，但不料世事难料，她又重新坐在离我五十公分距离的对面。

万一考不上怎么办？我为她捏了把汗。

赵姐说，只管努力，剩下的交给命运。那段时间，看书倦了，她就跑到阳台，看着窗外的繁华，吹一阵冷风，之后又悄无声息地回到教室继续奋斗。

我很羡慕那些轻而易举就成功的人。我不明白，对于我们这种不聪明的人，要有多努力才能走向成功。我也曾在深夜哭泣，懊恼自己为何那么笨，为何一而再、再而三地失败。作为一个平凡人，我们要为梦想奋斗多久，要经受多少次现实的撞击，才能抵达幸运的彼岸？

谁也不知道，但唯一能知道的是，自己现在一无所有。如果不努力，这一辈子也就那样，在社会底层卑微地苟且。

那一年，赵姐的付出得到了回报。虽然没有通过北大中文系的复试，但经老师介绍调剂去了北师大。通过复试后，她跟我分享成功的喜悦。

从赵姐身上，我看到一个小人物的挣扎。如你我一样，更如每个在繁华都市里生活的人一样。仿佛狗尾巴草，生活在城市的每个角落，或繁华，或荒芜，坚强地成长。

我始终相信成功不会缺席，只会迟到。一个有梦想的人，无论走到哪里，都能活得精彩。

# 三

我考研失败后，在职场混迹了一段时间，可依然感到不顺利。在最困顿时，赵姐微信对我说："你甘心吗？"

那一年，我独自背包来到一座陌生的城市、陌生的学校，住在一个陌生的房间里。仿佛浮萍，在这人世间里颠沛流离。

每天背着书包，穿行于陌生的人群中；面对墙壁，背着那些生涩的单词。那时候，不光别人质问，连我都没打算放过自己：那样做真的值得吗？

有人说考研不是唯一的出路，确实如此。但对于我这种贫寒出身的人而言，考研确实是唯一能承受得起、跨入更高层次圈子的入场券。

两年的心路历程，让我明白了赵姐当年四面楚歌、不得不破釜沉舟的处境。而如今，她研三了，并且申请到海外读博的机会。她踏入了梦寐以求的圈子，过上了想要的生活。而我，还走在披荆斩棘前行的路上。

当结束了最后一场考试，赵姐的电话问我考得怎样。我说，还不错。电话那头的她，彻底松了一口气，对我说，北京见。那声快慰，让我忽然想起了风雨无阻的日子里，那一道道单薄的身影，孤独前行。

是你，是我，同样也是每一个怀揣梦想走在路上的普通人。
我们都一样，平凡且倔强。

# 四

曾有位朋友对我说："如果决意做一件事情，就不要再问别人和自己是否值得，心甘情愿才能理所当然，理所当然才会义无反顾。"

至今，我很难忘记每一个迟回的夜晚，也很难忘记每一个早起的清晨，看着日出，照耀新一天的开始。

这几年的经历，让我深刻地明白，最漆黑的路，始终要自己走完。当熬过了一个又一个的黑夜，你终将会看到黎明，以及那些迟到的风景。

# 艰难时刻，如何走下去

我还记得自己刚刚到深圳的日子。那段日子，让我真的明白什么叫作生存。

因为母亲的关系，大学毕业之后，我到深圳去了，放弃了在外资公司的工作，在母亲的公司帮忙。所谓的公司，其实就是那种皮包公司。我和母亲，还有她的几个带着发财梦来到深圳的亲戚，也算是她公司的员工一起，在深圳的一栋农民房里面，每天忙忙碌碌，和形形色色的人碰面。用母亲的话来说，生意就是这样碰出来、谈出来的。

我的母亲在我四岁的时候，就在我的生活当中消失了，然后在我十八岁的时候又突然出现在我的眼前。对于少女时期的我来说，母亲在我的想象里面，是一个神秘而又亲密的人物。于是当她说，希望我大学毕业之后，能够到深圳帮忙的时候，我毫不犹豫地去了。

　　记得当时我的父亲什么都没有说，他总是这样，每当我决定要做什么事情的时候，他总是什么也不说，即使之后我碰得头破血流地站在他的面前，他还是什么都不说。

　　我还记得那个夏天，我提着一个箱子，来到母亲既是办公室，也是住所的地方。母亲的第一句话是，你怎么穿得这样不好看？那一天，我穿的是一件简单的白衬衫，和一条长长的花裙子。母亲总是嫌我长得不漂亮，因为那样在她的眼中，我很难找到一个有钱的男朋友。看上去还非常年轻的母亲对我说，在外人的面前，不要说我是她的女儿，这个年头，一个女人要做生意，要在这里混下去，不要让人家知道年纪，不要让人家知道婚姻状况会更加划算。

　　当时的我，真心诚意地想，这个从来没有和我生活在一起的母亲，她曾经经历过多么艰难的日子，我应该帮她。于是我答应了。

　　接下来的日子，慢慢让我开始明白生活的艰难。在我住的房子的对面，是那些来自湖南的打工妹的集体宿舍。每天都会看到她们到了吃饭的时间，很多人都是端着一碗白饭，就着一瓶辣椒酱，津津有味地吃着。

　　而我们的生活也不富裕。我发现，我的母亲什么生意都做，只要能够赚到钱，哪怕只是一点点。虽然请别人吃饭的时候，我的母亲总是抢着埋单，但是在家里面，每顿饭总是节省到只有一个素菜、一个荤菜。

不过我的母亲是那种，哪怕口袋里面只有两块钱，但是也在别人面前装得像一个百万富翁那样豪爽的人。这也就是，直到现在，兜兜转转，她还是在用这样的方式生活着。

我的母亲经常会突然消失一段时间，于是房东就会找我来要房租。她的这些亲戚每天都要开饭。曾经有一天，我的口袋里面只剩下两块钱，看着他们，看着这个地方，我真的想哭。因为我不知道，这两块钱用完之后，明天如何生活下去。

母亲消失的时候，我必须自己赚钱支撑这个家，同时也是支撑我自己。靠着同学的关系，我接到了一单礼品生意。我还记得我和我的同班同学一起，跑到别人的厂里面和别人谈判。不过别人很快看穿了我的底价到底是多少，这个合同签得有点灰溜溜。不过好歹有点钱赚，心里面已经算是很满足。

还有一次，我的母亲不知道从哪里拖来一百箱饮料，从东北运到了深圳，而她自己却不知去向。我手忙脚乱地找了一个仓库把这些饮料存放起来，但是开始为仓库费发愁。

面对这一大堆连我都没有听说过名字的饮料，我和我的这位同班同学一起，推着自行车，开始一家小商店一家小商店地推销。

求人真的是一件需要勇气的事情，要面对别人毫不留情的拒绝，或者是那种干脆不愿搭理的样子，现在回想起来，还好那个时候年轻，刚刚走出校门，反而能够承受这些东西，如果是现在，我真的很难想象自己，还能不能像那个时候那样，去做这样的事情。

结果，就这样，冒着炎热的天气，我还记得，有一天的下午还下着雨，我们的自行车倒在地上，一箱子的饮料从后座上面摔了下来。那个时候，一刹那有一种绝望，觉得自己不可能做到任何的事情。我知道我的这位同学那个时候和我有着同样的感觉。

不过幸运的是，我们的这种软弱只持续了很短的时间，我记得，我们扶起自行车，继续一家商店一家商店，推销着我们的饮料。

最后，我记得，终于有一个好心人被我们感动，于是我们又赚了一点钱，终于可以解决一大帮人一个月的生计问题。

这样的日子持续了几个月的时间，很快我发现，原来我和我的母亲对于生活的价值观、生存的方式实在有太大的区别。

在我母亲的眼里，钱才是最重要的，无论如何也不要和钱过不去，因为只有足够的钱才能够生存。

但是我不这样看。我觉得，如果真的爱上一个人，那个人很有钱，倒也是不错的一件事情，但如果只是为了钱却并不值得。

我们闹翻了，从此我和她断了来往，但是对于当时的我来说，我已经没有办法再回到上海，于是我要在深圳从头开始。

　　为了生活，开始的几个月，我什么工作都做过。酒店服务员，仓库管理员，还有国有企业的每天闲着没有事情做的老总秘书。换工作的原因，最主要还是工资问题，因为要租房子，要应付日常的支出，因此那个时候，选择工作的首要准则是工资是不是高。直到后来，在朋友的推荐下，我进入了一家国际会计师事务所，从此我的生活重新上了轨道。

　　之所以这样说，是因为如果我没有选择来到深圳，没有跟着我的母亲的话，我会像我的不少同学那样，几个月下来，在外资企业已经有了不错的表现。有的时候，我会觉得，我好像浪费了半年的时间。但是现在回想起来，我真的要感谢我的母亲，感谢在深圳的这段日子。

　　因为在这段日子里面，我看到了那么多生活在底层挣扎的人们如何生活，我也接触到了形形色色的人物，他们做着不同的事情，有的人循规蹈矩，慢慢寻找着机会，有的人用不正当的手法，希望能够在最短的时间赚到最多的钱。但是他们最初的出发点都是一样，为了生存。

　　在这段日子里面，我也体验到了，很多时候为了生存，必须有足够的勇气和韧劲，来面对这个社会里面的人和事情。

　　我的那位同学，我们在深圳一起待了一个月之后，他回到了自己的老家湖南的一个偏远县城，他说过，他的理想是要进电视台工作，之后我听说，他在县城的电视台主持少儿节目。后来我们失去了联络。

八年之后，当我们在北京再见的时候，他已经是珠海电视台的一名编导，而我则成为了凤凰卫视的一名记者。他告诉我，他用五年的时间，从县城走进省电视台，然后又只身来到珠海，从一名编外人员成为电视台的正式员工的整个过程。他说，深圳的那段日子，教会他如何在艰难的时候，勉励自己一定要走下去。

# 人与人之间的差距

　　小时候我生活的村子里有个邻居刘姨，超能干，经营着一个棉布店，每天早上五点起床去店里做活，晚上十点才回家。她手也灵巧，做什么都好看，我妈每次从她那改衣服、做被子，回来都赞不绝口。当时小镇上有六七家棉布店，她家人气最旺。

　　照说这么聪明能干，日子应该过得不错吧？然而并没有。

　　她家的房子破烂不堪，窗户玻璃从没完整过，吃的穿的用的，都远不及普通人家。她一直想换个大点的铺面，也始终没能如愿。

　　如果我没记错的话，她家一直是负债状态。很奇怪，每次省吃俭用攒钱还了债，就会发生要花更多钱的坏事，家里被盗、老公车祸、儿子捣蛋打坏了同学、她自己重病求医……

　　每回她家出事，人们说起来都是一个字：邪。有个算命的，说她财运虽好，但八字太凶，容易破财，所以注定过不好。

我那时小，怎么也想不通为什么这样一个心灵手巧、吃苦耐劳、勤俭节约的人，日子却那么凄惨。

一

直到今年节假日回家，才听妈妈说刘姨的儿子盗窃入狱，她四处求人帮忙却无济于事。很多往事重新浮现，我才终于有点懂了。

她儿子小时候也很聪明，但不爱学习，经常逃课，几乎不写作业，是老师眼里的问题孩子。老师喊刘姨去学校沟通，她说店里一堆活等着，去不了。老师去家访，她总不在家，有次老师等到晚上十点多才等到她，再三嘱咐她要管好孩子。她答应着，但第二天又是孩子还在睡她就走了，孩子睡着了她才回来。

她老公又常年奔波在外。可想而知，一个脱离了父母管束的孩子，随意成长，最后成长成什么样？

其实她家里其他所谓"破财"的事情，也都有迹可循：家里的锁坏了，她顾不上修，于是招了贼；她干活太劳累又顾不上吃饭，所以胃也不好，眼也不好，腰也不好，关节也不好……

细细想来才发现，刘姨的苦命，并非因为八字凶，而是她只顾眼前，忽略了长远。

所谓人无远虑必有近忧，一个人如果目光短浅，命是不会太好的。

## 二

昨天和朋友聚餐，聊着聊着便谈起了我养狗的事情。

朋友疑惑问道：你看你白天工作忙一整天，下班折腾半个多小时回到家，又累又饿，还要照顾这条狗，你不累吗？养了它，你要给它洗澡，要给它打针，要修剪毛，还要定期买狗粮，麻烦又费钱，哪有这时间和精力？

"我感觉我自己都难养活，哪有时间和精力养它！"朋友笑着自嘲道。

我是这么想的，我这人缺乏耐心，也需要提升下责任感。所以想养条狗，既然养了这条狗我就无法对它视而不见，就要对它有所担当。就打趣地说道："你别说，我从养狗的这件小事，真感受到，养狗和养孩子是一样的，现在我用怎样的态度去对它，很有可能我会用什么样的态度去对待将来的孩子。"

出门一趟，狗狗把家里弄得一团糟，这件事的主角将来很有可能会是自己的孩子，因为生气就把孩子丢出去吗？养狗提升了我的耐心，培养了我的责任感，也丰富了我的生活，让生活多了一分温度。

这件事也许在将来会对我有很大帮助，我这是未雨绸缪哈。我打趣地说道。

其实，生活也是在考验一个人掌控精力和分配的能力，有些事很重要，但由于不紧急我们很容易把它忽略。锻炼、保养身体看起来不紧急，你不做，最后落一身病，又痛苦又花钱又耗费精力。教育、培养孩子看起来不紧急，你不做，最后孩子不走正路，你赚多少钱也挽回不了。防火容易，救火难。如果你整天只顾救火，不花时间防火，那么这辈子估计就会永远十万火急，焦头烂额，千辛万苦却百般不如意。

别被眼下貌似非做不可、实则毫无意义的事情牵绊，腾出更多时间，去做关系长远的、真正的大事，去读书，去锻炼身体，去规划未来，去提升技能，去教育孩子……如此，生活才会越来越美好，越来越轻松。

## 三

其实生活中我们每天面临的基本上就四件事，安排好这四件事，生活就会越来越好。

紧急重要的事。比如写毕业论文，重病去医院，领导喊你谈事，这必须第一时间去做，我们也都明白。

不紧急也不重要的事。比如听歌、追剧、玩游戏，这些事相对其他事最不重要，自然我们会把它们放到最后做。当然，做不做得到是另一回事。

可是让我们最为迷乱的是"紧急不重要"和"重要不紧急"的事情顺序。

紧急不重要的事。比如朋友突如其来的邀约、陌生人来访、手边待处理的活儿等。

重要但不紧急的事。比如读书、锻炼身体、提升技能、教育孩子等。

生活中我们往往会把这两者的轻重颠倒。大部分时候，我们都是放下了重要不紧急的事情，去做紧急不重要的事。

说起来貌似很合理，手边这么多活要做，客人一会儿就要来拿衣服了，哪有时间锻炼身体、陪孩子写作业？但事实是，如果你被紧急的事拖住，忽略了重要的事，那么重要的事迟早变得特别重要特别紧急，让你不得不花费大得多的代价去弥补，而且未必弥补得了。

我想这就是对"人无远虑，必有近忧"最好的诠释吧。

《这个杀手不太冷》里有个经典的对白，小女孩马琳达用生无可恋加期盼的目光看向里昂问道："生活是否永远如此艰辛，还是仅仅童年如此？"

"总是这样艰辛。"里昂肯定答道。

是呀，谁的朋友圈不是岁月静好，谁的生活里不是　地鸡毛。既然生活总是如此，那我们就该这样任凭生活拨弄，随波逐流吗？我觉得不应该是这样。

如果我们这样随意地过生活，任它漂泊，不去修饰，那我们只能像没有方向的水中浮萍漂到哪算哪。没有目标的船，又怎能找到那个想要停靠的驿站？心中没有光，生活里的阴暗又怎能退去？正是因为对生活有期盼，才会促使我们向那个目标进发。

罗素先生曾言："对于人而言，不加检点的生活不值得一过。"我觉得认凭漂泊地活着，是对生活的不负责任。而我不敢这样叶落浮萍地漂去，因为我怕将来的我，会瞧不起现在的自己。

# 不要轻易放弃

## 一

曾经有一阶段,我酷爱一种电影,那种电影目前还没有人归类,我将它们统称为"主人公倒了八辈子血霉"类的电影。

比如,一名宇航员,飞到了太空深处,咔嚓,硕大的宇宙飞船出毛病了,然后需要他自己修,自己救自己,最后还得飞回来。

比如,一位探长,接到一起连环凶杀案,他走进作案现场,发现凶手一丁点线索都没留下,然后领导要求他三天内破案。

比如,一个渴望成功的爸爸,希望通过自己的努力让生活焕然一新。而此时,媳妇跟人跑了,儿子突然重病入院,上司顺便炒了他的鱿鱼，他低着头走回家，发现房子着火了。

这种"主人公倒了八辈子血霉"类的电影，如果只看前一半，会把人活活憋死。但接着往下看，我们的"倒霉主人公们"仿佛都是打不死的小强，对待生活的耐心指数爆表。

那个宇航员啊，他绝望了一会儿，竟然没放弃，转而开始修修这里，摆弄摆弄那里，做一些自己目前能做的事情。

那个探长啊，他咒骂了几句，竟然没放弃，转而拿个放大镜，看看这里，找找那里，做一些自己目前能做的事情。

那个爸爸啊，他哭了一会儿，竟然没放弃，转而抄起电话，打给这个朋友，打给那个朋友，做一些自己目前能做的事情。

突破口竟就此打开，且牵一发而动全身，主人公们在一团乱麻中找到了毛线头，一点点解，一点点捭，最终重返地球，抓到真凶，走上人生巅峰。

## 二

长时间以来我发现，当面对一个比山还要大的困难时，最好的办法就是先集中兵力，把前10%的任务攻下来，把能做的一切小事先打通，把能拿到的部分先拿下来，牢牢攥在手中。只要这个头一起，这个口子一撕开，后边的事往往就会比之前想象的要轻松，问题也并没有一开始看起来那般复杂，一切都能水到渠成。

初中的时候寄宿在数学老师家，经常有不会的题就去问他。来回问得勤了，我发现他在解题能力上并没有多么厉害。

一道题我解不出来，而他能解出来的原因往往是：我总嫌已知条件给得太少，一看出题人只说了两三句话就冲我要答案，我就怒了，就觉得这事儿压根不可能，直接放弃掉，说我不会。

而数学老师则有耐心得多，他拿到题干时，会像个饥饿的怪兽遇到馒头一样，甭管题目多刁钻，他都不管，只是一门心思地去反复吮吸那些已知条件，看看能不能抠出点什么线索。题干短短的两句话都能被他榨干，分析得渣都不剩。很多时候，当他把从已知条件中嚼出来的几个推导结论，罗列在纸上时，答案自己就出来了。

他跟我讲，遇到任何问题，先把自己能做的，一丁点不落地做好，汇集全部力量，先干掉敌人的一根手指头。这根手指头掰下来，再去征服它，就会特别轻松。


三


中国有句古话：万事开头难。这句话听起来太沉重了，它后面还可以接上这么一句：但只要肯干，把这个头开下来，后面的路程将会一马平川。

为什么说先把头开了，先把前10%的困难解决掉，后边往往会比较容易呢？

一方面是现实因素。站在原地，一动不动，问题摆在那里，又多又难；而一旦出发，路上的问题往往会在行进中捎带手地被解决。因为行动主体是运动的，就会自然地吸引过来很多帮你解决困难的手段与资源。

另一方面则是心理因素。人在面对问题时，产生焦躁甚至是想要放弃的念头，多半是在心理上被问题的庞大与复杂给慑住了，觉得自己力量有限，举步维艰；而暂时忽略掉后90%，先用闪电战的方式将前10%攻陷，相当于在心理上为自己造势，通过这前10%困难的顺利解决，你会切实地感受到自己的主观能动性，进而士气大增，没心没肺地向接下来的又一个10%宣战。

宇航员后来已经不考虑自己能不能回家；探长手持放大镜，已经忘了自己能不能破案；爸爸抄起电话，不再奢求媳妇很快归来、儿子病情立马好转。他们在脑子里早已将困难拆解，不问前路，像是着魔一样地重复着一个心念：解决一段，再解决一段。

闷头干一阵子，回头一瞧，自己已经走了这么远。那时候你再抬头看，天真的很蓝。

# 难走的，通常是上坡路

一

大学的时候，我进报社实习了将近两年的时间。那个时候，最喜欢采访的是各路创业者，开餐饮的、开补习班的、开服装店的，总之，只要是自己白手起家创立起来的，我都非常感兴趣。

我不好奇他们有多少财富、有多少挣钱之道，我只是非常想知道，他们是如何熬过那段艰苦日子的。

第一个接受我采访的，是我们学校对面的一家计算机培训机构的创始人，李老师。

和大多数创业者一样，他也是以自己的专业起家的。大学主修计算机专业的他，毕业后从湖北到广州打拼。他敏锐地感觉到电脑发展的前景，就有了开办电脑学习班的念头。一年后，他回到家乡创业。那一年，他26岁。起初，只是在家里开设简单的电脑培训业务，靠着十来台电脑，辅导熟人介绍来的几个学生。没多久，他就不满足了，开始寻找场地，筹备建立一个较大的培训中心。

那段时间，就是他最艰苦的时刻。首先是资金，由于是白手起家，没有殷实的家底，李老师果敢地选择贷款，这在当时是一个非常冒风险的事情。弄得不好，随时都有可能倾家荡产。

筹备好之后，招到的第一批学生还不到三十人，他急得团团转，开始玩命地工作，忙起来连饭都没有时间吃，还常常熬夜备课到次日凌晨三四点钟。

他告诉我，那是他这十年创业生涯中最难熬的时光，觉得路真难走，且走得十分吃力，大汗淋漓。

由于异常焦虑，本来已经够辛苦了，他还失眠，整夜整夜睡不着觉。很多次，他的家人看不下去，劝他放手，以他的条件，去学校里任教不是难事。只有他自己明白，一旦选择踏上这条路，便无路可退，或者说，是自己不允许有后退的念头。

靠着这样的决心，他艰难前行。如今，他的培训机构已经是全城规模最大、载誉最多的计算机培训中心，一整栋楼都是他的。

直到现在，他才觉得，原来那是一段从谷底向上爬行的日子，因为是上坡路，所以走得才艰难。若非前路的坚持，也绝不会攀登到这一步。也正是前路的坚持，才成就了现在的登顶。

## 二

还有一个采访对象，是开汉堡包店的大学生小陈。

毕业后，家里给他安排了一份稳定的工作，收入可观，清闲自在。小陈去上了一个月的班，就决定辞职。他告诉我，不想就这么一眼看完自己的一生。

于是，不甘平淡的他开始捣鼓创业。他笑称，自己的创业完完全全是折腾出来的。

创业前，他考察过当地市场，觉得洋快餐在当地比较流行，但普遍消费较高。于是，他决定自创一家洋快餐小店，做大众喜爱又都消费得起的食品。

揣着几千块钱，他只身跑去武汉学习制作汉堡包的成套技术。由于经验不足，误入一家假冒技术培训公司，交了学费，学到的却是假技术，加之不包吃住，带去的钱很快就所剩无几了。

请求家里支援是不可能的，因为辞掉工作的事情已经惹怒了双亲，他不再问家里要一分钱。小陈找大学同学借来几百块钱，这才不致流落街头。

　　回忆当时的情景，他说，那时的他简直就是颠沛流离，有时候站在江滩边，觉得唯有那安稳的桥洞才是最好的栖身地。

　　后来学到了技术，汉堡包店开张了，但由于自己的技术不过关，小陈做出来的汉堡包口味不正宗，得不到认同，有时店里一连几天没有顾客。

　　"从来没有觉得生活有这么难过，我每天都在担心自己会不会第二天就饿死。"这是他对我说的话。那个时候，他过着每天为生计发愁的日子，即使这样，他也没有放弃。

　　靠着打不死的决心和慢慢积累起来的客户，小陈的汉堡包店终于开始赢利。经过几年的经营，现在已经开到第五家分店了。

　　"年轻人，就是要拿出那股子风风火火的劲来，敢做敢闯！"这就是小陈的决心与干劲，多难的日子，都不放弃。

## 三

　　越艰难的，才是越向前的；越难走的，才是越向上的。倘若我们一直行走得十分轻松，那一定是在做平行运动，没有坡度，也就不会上升。而如果走得毫不费力，甚至是不需要付出力气，那一定是被惯性推着下滑了，降职、挂科、失败，将接踵而至。

人生是段漫长的征途，有人选择毫不费力甚至倒退的生活，然后越来越穷困，越来越潦倒。有人选择轻松行走，遇到上坡路段就绕道而行，这样的人，永远站不到更高的位置。

而只有那些选择艰难爬坡、双手布满荆棘却仍旧咬牙往上爬的人，才可能站到高处，望到其他人所望不到的风景。

这个世界是公平的，没有事情是可以徒劳而获的，一切都是逆风而行。你若想获得想要的东西，必须通过一段勤奋努力的岁月。而等你终于得到，一回头，你会发现，原来难走的，都是上坡路啊。

# 底气来自努力

## 一

很多年前我便认识了小小。那时，我陪弟弟在人才交流中心求职，刚好碰到她。他们是同学，她给我的第一印象是"丑"。人矮，皮肤黄，国字脸，塌鼻梁，一张口说话满嘴的四环素牙。这个学机械的乡下女孩，拿着简历站在那儿一副不知所措的样子，看来又碰了壁。

后来我再也没见过她，偶尔想起来也只是感慨，一个出身贫寒，不美又没有多少才气的女孩，过几年可能会随便找个人嫁掉。

因为那次被她的落寞打动，我常向弟弟打探小小的近况，知道她一直很努力，专升本了。过两年，听说留校当了辅导员，又听说考上研究生了……

直到去年，在一次活动中意外见到小小，如果不是她对我自报姓名，我根本认不出来是她，小巧的个子，身材凹凸有致，十公分的高跟鞋踩得进退自如，妆容精致，当然，五官还是很普通，但举手投足间光芒四射。

我们聊了很久，我掩饰不住对她蜕变的惊奇。她大方地告诉我，最初找工作碰壁，真想找个人嫁了，但当时能接手自己的人并不优秀。咬咬牙，想起那句"人丑就要多读书"的名言。

她不吭声，慢慢坚持，忍受寂寞，看到很多同龄人因为年轻美丽享受着青春，而自己却夜夜一书一灯，很痛苦却也咬牙默默忍受，知道自己选择了一条最笨拙却最踏实的路。

研究生毕业后，她留在大学任教，28岁那年嫁给了大她一岁的同校老师。

比起那些天生丽质的女孩，她几乎一无所有，没有背景、学历、颜值，只有不曾停下的脚步。

在这个看脸的社会，她通过努力改变了命运。

## 二

最近很多人的印象停留在《朗诵者》第三期里那个温暖感性的徐静蕾身上。我却更喜欢《圆桌会》里，她不徐不疾、独立自信的模样。

许多美艳的女明星除了绯闻和保养，基本没什么可说的，而徐静蕾却因为才气一直活得招摇又淡定。

除了一手拎得出的好字，她主编过《开啦》电子杂志，当过博客女王，戏演够了又做了导演。每一样都做到极致，半生在很多角色中自如转换。虽然活得越来越透彻的她，并不在乎那所谓的名气。

38岁以前，她很拼。38岁以后，离开娱乐圈，给自己放了两年假，去纽约读书充电。迈入40岁以后，她更加不急不忙——吹玻璃杯做陶艺，手工裁缝做包做衣，抽空还完成了新作品的拍摄。

她活得炫目，自由，随性，看起来积极向上，又从容豁达。因为，她有炫目的资本。

就像她说的："每个人都有选择生活的权利，但我还是建议先积累，让自己达到那个可自由的度。"而她所谓的积累，就是我们所说的努力。

谁都想在未来活成她的样子，却不知除了运气，她的底气都来自努力。


三


蜕变，往往是要以时间作为交换。这句话用在小谷身上也很合适。

两年前她怀揣一张三流院校的毕业证求职无门，小谷绝望了，跑到省城，最后为了不挨饿留在一家酒店做前台，和几个好看的女孩每天站在那儿对着客人笑啊笑。

有一天客人对她揩油，她忽然笑不出来了，想结束那有点混蛋的人生，这个想法让她斗志昂扬。

晚上在出租屋整理在校时发表过的文章，内心有了底气。她辞了职，每天在地下室，用电饭锅将白饭和菜混在一起，这是一天的饭。然后戴着耳塞打开那台淘来的二手电脑，敲啊敲。

虽然退稿退到想吐，仍是觍着脸向编辑索要栏目要求，细细研究。在写了无数废稿后，有一篇终于变成铅字。那天她理直气壮地请自己吃了一盘小龙虾，因为天天白饭混菜已吃到反胃。

上帝只要打开一扇窗，就不会再关上了。她的稿子越发越多，又超有耐心，有时版面缺稿找她，临时抓她写一夜也乐意。渐渐笼络了很多编辑，他们都知道有个小姑娘文笔好，脾气好，要的稿子从不拖欠，不怕改。慢慢来了约稿，开了专栏，有了养活自己的底气。后来有出版社找来。

新书发布会上，她说，站在台上的自己感觉像个发光体。

谁都渴望有光芒加身的时刻啊！

只是钻石发光以前全是原石，要经过切割、起瓣、抛光，磨啊磨才能成型，其实磨的过程就已距万众瞩目的时刻不远了！

## 四

很多美女自恃天生丽质，放弃努力与梦想，一生甘于让美貌随着时光流逝。也有些因为相貌平庸、一切居于劣势的女人，每天灌输自己："提升了自己又怎样？还不是被男人挑来选去？赶紧找个男人嫁了，不管好坏，从此有人接盘了。"

聪明的女人，却知道才华与能力才能确保一生无虞。她们随着眼界与情商的提升，每天防晒补水，睡前倒立半小时瘦腿，努力提高颜值。然后全身心投进学业或工作，风雨无阻，年华无欺，活生生地为自己杀出一条血路。因为她们知道，美丽或许能锦上添花，底气才能让美持久、炫目，且光芒万丈。

# 你是不是间歇性努力

　　你是不是一段时间努力得快被自己感动，一段时间又堕落得自己都看不起自己，不知道什么时候开始，我们都患上了这种病——间歇性努力症。

## 一

　　这一年，大林三十三了。

　　北京的雾霾吸了一整年，孩子的咳嗽也断断续续半年多了。看着桌上的一堆报销单，点着那只早已有点迟钝的鼠标，听着隔壁桌王姐在聊她孩子又去哪个国家参加钢琴演出了，伴随着其他同事略有艳羡的称赞，他开始怀疑：当初来到北京是不是一个错误？

　　那时正是初冬，大林孤身一人，连秋裤都没穿就从深圳热气腾腾地杀到北京，意气风发地冲进了金融街的那幢大楼。身后，则是老婆打包的十几箱行李家当，还有恨不得一块儿打包寄快递的两个儿子。

## 二

当初，因为老板的一句话，他唯其马首是瞻，毫不犹豫地下了决定："离开已经生活了10年的深圳，带着老婆和两个儿子迁居北京。"

周围人都说他疯了，老婆也一直在他耳边念叨着要不要再考虑一下。但大林毅然决然，因为老板说："到了北京，有我的就有你的！"

老板确实努力地帮着大林上下打点，眼看着提职的事儿就要落定了，结果在一个周三的午后，老板被悄无声息地带走了。调任北京三个月，却因为碰上股灾救市的事惹了一身骚。

于是，大林又一次陷入了彻底的低谷。茶不思饭不想，老板以前许诺的升职也打了水漂，他再一次从打鸡血的状态陷入了熟悉的模式：堕落。这种感觉对于大林来说，太熟悉不过了。在他印象中，从上高中开始，这种鸡血与堕落的交替变换构成了他的生活常态。

一段时间努力得快被自己感动，一段时间又堕落得自己都看不起自己，典型的间歇性努力症。

# 三

因为老师的一句表扬，发誓一定要冲进学校前三名。结果模考判卷老师给他的跑题作文打了零分，他鼓起来的热情一下子又被扎破了，浑浑噩噩了一星期。

偶尔看到了同桌手里的《读者》，瞄了一篇文章《现在不够努力，以后够你流泪》，鸡血又来了，老子可不愿意以后抱头痛哭，于是又向着目标开始冲冲冲。

大林运气够好，高考发挥有些失常分数刚到一本线，阴错阳差报了一所全国前十的"985"，因为那年是小年，人都没招满，一本线就是录取线，他竟然被神奇地录取了。

大林向师哥师姐们打听着大学的奇闻逸事，幻想着自己的美好大学生活。还没进校园，他就给自己定了大学四年的目标：拿一次国家奖学金，发一篇顶级论文，谈一场不散场的恋爱。毕业时，除了依然紧握着女朋友的手，其他的目标一个都没实现。

在走出校园的那一刻，他觉得世界是公平的。都说一分耕耘一分收获，他四年里付出最多的就是这份感情，而最后的结果也如他所愿，王子和公主一起毕业，从此幸福地生活在一起。

# 四

女人在恋爱时的智商为零，大林觉得，应该把男人也加上。因为这四年的大学时光，他每次考试都觉得自己是个弱智。跌跌撞撞补考了好几次，总算是有惊无险地毕业了。

四年之中，除了爱情的甜蜜之外，他感受最深的便是那种间歇性的努力和堕落。

前一天听了俞敏洪的演讲，发誓要把丢掉的英语捡起来，坚持听了三天单词，发现记住的还是没几个，看着那本大一就买了的四六级单词，他把自己逗笑了："看了那么久，还依然没见过D开头的单词呢！"于是，把单词书一扔，跑去操场打球了。

单词书的状态像极了他四年的大学生活，书的前一小段被翻了太多次，书页都有些破旧了，但后边的大部分内容却从来都没有看过，崭新如初。

那时阿里还没有现在这么如日中天，但马云爸爸也已经成为了创业的传奇。大林最爱看的就是名人传记，当堕落的时候，无助的时候，看看那些痛苦中起死回生的大佬，觉得自己似乎也跟着他们重生了。

那段时间，他最喜欢的就是站在西湖边上，捧着从地摊上10块钱一本买来的盗版马云自传，一看就是一下午。如痴如醉的状态持续了三天，第四天一觉醒来，他跟室友郑重宣布：
"我要创业啦！"

创业内容是他在这三天里想到的——送外卖。那时还没有什么饿了么、美团、百度，他算是当年专职做外卖的第一家，他后来总是自嘲："说不定我当年再坚持坚持，也能拼个亿万富翁啥的……"模式依然是从鸡血到堕落。

外卖第一单很顺利，靠着他从各种销售传奇传记里看的各种奇人绝技，很快就把那家成都小吃老板征服了。三个人，第一单赚了200多元，这对于当时的穷学生来说已经是笔巨款了。

尝到了甜头，信心爆棚，于是大刀阔斧又找了三个同学，每天晚上开会打鸡血，谈梦想。梦想要有，万一实现了呢？

但梦想有了，大林发现，实现起来远没有那么一帆风顺。第一单生意虽然钱赚到了，却因为送餐仓促，搞混了好几次，时间有延误，于是他们的送餐队伍被一个宿舍投诉了。

成都小吃的老板可没见过这架势，把200块给了大林，就再也不接电话了。大林跑到店里和老板沟通，老板显然心已凉，给他们上了一碗扬州炒饭，然后就骑着摩托车跑市场去了。

于是，鸡血打得满，跌得也快。在苦苦挣扎了一个月之后，他把团队解散了。

又是一个轮回，这种间歇性努力似乎变成了大林的一个死循环，怎么走都走不出来。间歇性努力症，意味着很多事情都是浅尝辄止，或许离成功就差那一步，但一旦进入了那个间歇期，之前所有的努力都成了泡影。

五

离开学校，大林靠着亲戚的关系，拿到了一家券商的 offer。从杭州到深圳的火车上，一路牵着女朋友的手，心里默默发誓一定要干出个人样来！但间歇性努力的魔咒却总是甩也甩不掉。

工作一年，大林结婚了，从初恋到结婚，他觉得这应该是自己这辈子最酷的事儿了。

那时深圳房价还不高，而且首付比例很低，他从县城老家的父母手里拿了20万，买了一套市中心的小房子。

有房有媳妇，紧接着儿子也来了。一家人其乐融融，大林觉得这应该就是幸福了吧。

虽说是高大上的券商，但其实后台工作让大林很郁闷。看着跑业务的同事每天风风火火，他有些迷茫。真的一辈子要干这些没有"技术含量"的活儿吗？他的努力又开始了，考CFA（特许金融分析师）！

他把计划告诉了老婆，老婆很支持，但也有忧虑，CFA考试费用不低，孩子刚出生，房贷也要还，生活压力真的很大。老婆不想伤害大林的积极性,"老公加油,你是最棒的!"。

带着老婆的鼓励,大林的复习计划开始了。要想过,先要把钱拍在那儿逼着自己看书,于是,大林很自觉地做了报考的"early bird(早起的人、勤奋的人)",信用卡钱一刷完,大林有一种"风萧萧兮易水寒"的悲壮,紧接着便是"壮士一去兮不复返"的斗志满满。

但大林隐隐觉得,这种斗志似曾相识,又有些害怕了。他从不缺斗志,但斗志却总是在某个中间时点荡然无存。间歇性努力有一个症状,便是给自己制造一种假象、幻觉。要努力,要奋斗,要拼出个人样!当喊出这些励志的口号时,大林感觉似乎已经成功了一半。

心理学讲,我们对自己通常是高估的。而高估之外,又给了自己更高的评价,于是,我们便会潜意识地把一件事情的难度看得过低,原本需要一年来完成,那种充血的斗志会告诉自己:"老子半年就能搞定!"

于是,我们真的努力了半年,却发现,怎么离目标还是那么远?然后就再一次掉进了自我怀疑、自我否定的怪圈,从鸡血到堕落的死循环又来了。

大林也一样,真的开始看书之后,他才发现CFA远没有想象中那么简单。但既然钱都交了,破釜沉舟也得硬着头皮看啊!

第一年，CFA（特许金融分析师）一级低空飘过，他扬扬得意，老子还是棒棒棒的呀，都没怎么看书就考过了。是啊，一级的那些基础知识，不就是应该那么轻松考过吗？

第二年，考二级，挂了；再考，又挂了；三战，还是挂了。

大林欲哭无泪，他想不通，为什么复习一级的时候随随便便看看书就能过，考二级都已经加长复习时间了，却屡屡败北。自我怀疑、自我否定果然又包围了大林，紧接着便是自我放弃。在第三次挂的那天，他给老婆发了条短信："老婆，我不考了，对不起。"

间歇性努力的人，还有一个"优秀"的品质，就是喜欢自我批评，而且把自己批得非常狠。那种对自己的憎恶，对堕落状态的愧疚，对身边人的辜负，把所有的恶毒词语都狠狠地甩到自己身上。

这种所谓的"千夫所指"依然是他们的一种幻觉，大林的媳妇没有怪他，他却已经无法原谅自己。自我批评也要有度，但间歇性努力的人却喜欢把自己批到极致，于是，大林自己被自己打败了。

# 六

这一年，大林三十三了。

从四川的一个小县城，到美如画的杭州，再到奋进向上的深圳，再到雾气腾腾的首都，大林有些累了。有时候，他觉得自己是这个世界上最努力的人，但有时候又觉得自己简直就是一堆扶不起的烂泥，他感觉似乎永远也逃不开这个忽冷忽热的魔咒。

很想对大林说，其实我们都在用同样的方式，走同样的路，间歇性努力症很恼人，但绝不是不治之症。

不以努力为荣，也不以堕落为耻，只要试着把努力的时间拉长哪怕一点点，或许一切都迎刃而解了。

# 强大自己

## 一

每个不能打败我的事件，都会把我变得更加璀璨。这句话是我说的。尼采说过一句类似的：任何不能杀死你的，都会把你变得更加强大。

原则上类似这样的小句子，再加上个名人的名字，都要小心，很可能是杜撰出来的。而这句话恰恰是尼采说的。因为尼采在哲学界就是这样一个心灵鸡汤大师，加上他最终疯了，这更增加了他的神秘主义色彩。所以很多人不见得是崇拜尼采的思想，而是崇拜他作为哲学家，竟然疯了。

我认识尼采是我读初中的时候，一个学长，当然是长得很帅气的那种，后来成了电视台主播。那是一个阳光明媚的早上，他在学校的大喇叭里说，自己最喜欢的人是尼采。听到这个奇怪的名字，简直羞愧难当，原来我跟帅哥之间差的还有一个尼采呢！

于是去图书馆借阅尼采的书，跟图书馆的大妈说：我要读尼采！如果那一刻我是个动物的话，肯定是一只雄鸡。在大妈"你要疯了"的眼神中，借到了尼采的《权力意志》。读了一遍，也没看懂，每天早上再听到学长的声音，都无地自容。因为他竟然可以读得懂我读不懂的书，这个打击实在太大了。

直到后来学业乱七八糟的事情积累到一起，身心疲惫，在上海徐家汇的一家书店，重新遇上了尼采。

## 二

其实我相信总有一本书，在某个地方等着你。如果你太早遇到，肯定不会认识，也不知道其价值，因为自己还没准备好。那时读到"任何不能杀死你的，都会把你变得更加强大"这句话，简直热血沸腾。这俨然就是为我写的话，和为我写的书。

后来我开始迷上了尼采，就如同尼采迷恋叔本华。

尼采年轻的时候非常崇拜叔本华，在莱比锡的旧书店，尼采看到叔本华的《作为意志和表象的世界》时，他才21岁。他回忆说，不知道什么鬼精灵在耳边悄悄说：把这本书拿回去。从此尼采就崇拜起了叔本华，每次尼采遇到问题都会大喊：叔本华救我。就如同唐僧遇到问题，总会喊：悟空！

尼采拿起叔本华这本书的那一天，是1865年的一个秋天。

这种迷恋持续了大约10年，尼采就开始走向了批判叔本华的道路，他认为叔本华的思想太过懦弱而不真实，"像胆小的麋鹿一样躲藏在森林里"。因为叔本华这位悲情主义大师，用一生来逃避痛苦，尼采觉得这太懦弱了，我也这么觉得。

尼采认为，我们应该正视痛苦，因为痛苦是达到善和完美的必经之路。就好比一些创伤，你企图忘记它们，尽量不去想它们，但它们不会消失，它们总在某个时点跳出来，对自己构成二次伤害。

你只有正视这些问题，才能不被它们控制。比如睡觉前跟放电影一样，把这件事过一遍，你越想逃避越让自己难受的细节，越要直视它。想过一遍，对自己说：这件事发生了，我接受了。然后你留在这里，我要继续我的生活。

逃避苦难，是懦弱，是叔本华。面对苦难，才是真正的强者，这是尼采。

三

后来我又遇到那位学长，我说，你当年提到的尼采帮了我。他不好意思地说，我那会也就只是知道尼采的名字而已。他说，我其实真正喜欢的人是海德格尔。

虽然被骗很多年，但我倒是觉得，每个人都应该有一位哲学家做伴。在理性主义上我崇拜康德，在形而上的问题上我崇拜尼采。每次我跟自己的朋友说到这个问题时，他们也都恶狠狠地瞪着我，如同我当年恶狠狠地盯着广播站的那个大喇叭。

尼采是激情的，但他的生活却是悲剧的。他一生不被人理解；他写的《查拉图斯特拉如是说》，也只送出去七本；他爱的人也不爱他，他自己得了梅毒。

他的转机出现在1889年1月3日，因为那天他疯了。尼采在都灵看见一个马夫在虐待他的马，尼采跑过去抱住马脖子，然后就疯了……那一年他45岁。

尼采疯了以后，财富和名气接踵而至，他妹妹给他穿上白色的袍子，留起浓密的胡子，仙风道骨一般。他妹妹还篡改他的著作，把《权力意志》修改成了种族歧视的学说，从而让希特勒成为了尼采的忠实信徒。就这么被他妹妹折腾到56岁，他死了。

这就是尼采的一生，颇悲情。但他的思想大气磅礴。

## 四

尼采认为，同情弱者是没有错的，但弱者不能以此作为资本，去要挟、榨取强者。这样做是可耻的。自己的悲惨，不是让别人同情的资本。自己要强大，不能自甘堕落。

痛苦和挫败，都是人生的组成部分，尽管让人难过，但要接受。没有痛苦和挫败的人，创作不出好的作品。甚至你有多痛苦，你就会有多幸福，试想一个饿得要死的人吃到一个馒头，该是多么地幸福。因为他遭遇了巨大的痛苦，所以他能享受到莫大的幸福。

要尝试与自己的悲观情绪沟通。用尼采的话说：从悲观的内心世界发出欢快而又恶毒的笑声，因为我们有勇气、野心、尊严、人格的力量、幽默感和独立性。这些意志，让我们可以跟悲观情绪平起平坐。如何训练这个部分呢？可以阅读，可以读诗歌，可以旅行，可以与智者交谈，这些都是在增强自己的"权力意志"。

我们推一面墙，一次不倒，两次不倒，好像永远都不会倒。但是在推墙的过程中，我们变得更加强壮。这句话好像是蔡康永说的，也是尼采那句话的另一个版本。

最后让我们再次重温尼采的观点：任何不能杀死你的，都会把你变得更加强大。

# 创造属于自己的舒适

不知道你有没有去回顾过去的几年，自己过着怎样的生活？

或许每天起得比鸡早，昏昏欲睡中，却要奔波去地铁站，在地铁中与很多人互相挤着，在拥挤的人潮中甚至被撞、被踩到了脚板，痛得自己呱呱叫。冬天，在地铁车厢中，大家一起取暖；夏天，在地铁车厢中，却时不时地闻着令人难受的汗臭味，拥挤中动弹不了，只能默默地忍受着。

或许每天去到公司，面对着老板对工作的各种要求，面对着上级的那几张臭脸，却只能带着微笑面对，忍气吞声，敢怒不敢言。拿着每个月几千块钱的工资，除去每个月的生活费、租房费、水电费，剩下寥寥无几的几张红色毛爷爷，看着自己喜欢的名牌衣服，却只能多看几眼，然后默默走开，安慰自己说，等以后有了钱，再回来买。可是自己私下却一直盯着产品的动态，看看有没有打折，喜欢却买不起。

或许每天下班，拖着疲惫的身体，却依旧需要在拥挤的人潮中，与别人一起挤着地铁，坐着公交，在街角暖暖的灯光的陪伴下，带着冰冷的心情，奔波于漫长的路途中，下车后，还要再走一段路，才能够回到家里。而此刻的你，心累，身体也累，在晚上有限的时间里，洗洗澡，放放松，就想要上床睡觉了。

第二天，依旧过着重复的生活，日复一日，年复一年。你很想要改变，可是，你又觉得生活本就是这样子啊，不然还能怎样？

你怪自己没有出生在好的家庭环境中，没有富有的爸妈，可以给你很多钱，不用像现在一样辛苦；你怪自己没有遇到个有钱的男朋友，没有给你零花钱，没有办法带着你来一场说走就走的旅行；你怪老板太吝啬，不肯给你多一点薪资，所以，充满怨气地在工作；可你不怪的，却是甘于平庸的自己。你早已经习惯了每天两点一线的生活，你早已经习惯了每天挤公交地铁上下班的日子，你早已经习惯了每个月领着几千元的薪资过日子，你早已经习惯了下班后轻松舒服地享受的日子。

不知道每天过着这样生活的你，是否有想过，当自己在某一天成家的时候，当自己有了小孩的时候，当自己的年龄已经渐渐增大的时候，你突然面对公司倒闭，或者是你面对离职的这种情况的时候，你有什么优势可以在职场中取胜，在新岗位中获得高薪资；你有什么才能，可以让你在离职期间依旧能够有收入，不致给家庭增大压力呢；你又有什么打算，去重新开始一份新的工作呢？

而不是像现在的你，这么的普通而又这么平庸地过着日子。做着一份很平庸的工作，觉得毫无意义。难道就这样度过一生？

我发现人一旦熟悉了自己生活的环境，就会自然而然地在熟悉的环境中待着，不去做任何的改变，继而，这种舒适区便渐渐地形成了。

一旦形成了属于自己的舒适区，很多人便会选择安于现状，觉得生活本就是这样子的。在舒适区中，也渐渐地少了一些对陌生环境的焦虑及不安，很多东西，自己也渐渐变得不去思考那么多了。

很多在职场中的人，其实就是这样子的。每天虽然早出晚归，看上去很忙碌，也很努力，可是，在忙碌之余，却缺少了思考。看上去过得很充实，却一直在瞎忙，每天过着重复的日子，做着重复的工作，因为熟悉，所以自己也渐渐觉得很舒服。但是自己并不知道自己的出路在哪里，不知道自己学到了什么，想要学什么。

曾经我就是陷入这种舒适区中，我知道在舒适区中，倘若你不想在平庸中过一辈子，那为什么不逼自己一把，去改变现状，遇见更好的自己呢？

　　不要让未来的你，讨厌现在的自己。趁现在一切还来得及，尽早跳出舒适区。

　　每天下班之余，利用空闲的时间，多看看书，学习自己想要学的东西，尝试着做些改变；每天上班的时间，少些怨气，全身心投入到工作中去，将每件事做到尽善尽美，不断地提升自己；利用空闲时间，学习一种技能，拥有自己的一技之长；在提升自己的同时，不断地发现身边优秀的人，以他们为榜样，不断努力，遇到更优秀的自己；愿我们都不是平庸地过完此生，而是在舒适区之外，不断地努力，创造真正属于自己的舒适。

# 以梦为马，奔向北大

"流光容易把人抛，红了樱桃，绿了芭蕉。"在这似水流光中，转眼又是一年。是的，又是一年，流光带走了365个日夜，带走了那些笑容与泪水。从高中到大学，我的生活发生着巨大的变化。无法计算在这一年我得到了什么，此时此刻，只想用这些文字记录下那些回忆，那些有关高三，有关成长以及我的梦想的青春。

## 以梦想的名义

王国维在《人间词话》中，把人生分为三个境界：第一个境界，"昨夜西风凋碧树，独上高楼，望尽天涯路"；第二个境界，"衣带渐宽终不悔，为伊消得人憔悴"；第三个境界，"众里寻他千百度，蓦然回首，那人却在，灯火阑珊处"。而这样三句话，也恰好概括了我追逐梦想的历程。

可以说，大部分中国学生，心中有一个北大情结，我也不例外。从小，北大就是我的梦想。我一直向往来到北大，度过人生中最重要的四年时光。我时常会想象这样的场景：在未名湖边，在博雅塔下，在北大图书馆里，感受北大的兼容并包，感受名家大师的博学睿智，与同学们在一起为一个问题而激烈地讨论……然而，毕竟，梦想还是梦想，在实现它之前还有一段漫长的路要走。

仍然记得高二的时候偶尔路过高三同学的教室，看到里面不断跳动的高考倒计时牌。当时心中便想，一年以后的自己，在高三复习的状态下，又会有什么样的心境呢？也许淡定，也许紧张，但是不管怎样，我会为了高考做好最充分的准备，不管前方的路多么辛苦，我也会为了我的北大梦想坚持走下去。

## 逐梦之旅

为梦想而努力，就必然有着很多的艰辛与困难，可以说是"衣带渐宽终不悔，为伊消得人憔悴"。

到了高三，每天要做很多的作业，睡眠时间大大减少，到后来这些辛苦似乎已经成为家常便饭。这还仅仅是身体上的艰难。偶尔一两次考试失利，发挥失常，则又要经历一番心理的折磨。在这个时候，我常常在心里对自己说："加油，必胜。"或是在书桌前贴上各种振奋人心的语句，通过心理暗示给自己鼓励和信心。之后，再次鼓起斗志，开始新的奋斗。事实证明，这样积极的自我暗示对我面对各种困难，直到顺利度过高考起到了巨大的作用。因为这样的心理暗示在不知不觉中可以增强我们的信心，而当我们怀有一种必胜的坚定信心时，胜利的大门也一定会向我们打开。

当然，学习之余仍然需要娱乐生活。高三的空闲时间大幅缩水，但我仍然坚持在每个周末拿出小提琴，选几首自己喜欢的曲子，让自己的思绪完全随着音乐而飘荡。在忙碌的高三中抽出这样几个小时，让自己在音乐的纯净世界里潜下去，暂时不考虑学习，暂时忘记考试以及其他一切烦恼，的确能让自己焦躁的心宁静下来，之后便是再次在神清气爽的状态下回归学习。所谓"宁静才能致远"，这便是其中的道理吧。作为一个柯南迷，每次月考完，我都会到校门口的书店买几本柯南的漫画，作为自己一段时间努力的奖励。偶尔有喜欢的电影上映，便约上几个死党去电影院一起观看。或者在放假的时候，三五成群到KTV（歌厅），一唱便是一下午。这些不同形式的休闲生活和那些忙碌与紧张交织在一起，成为高三生活中一朵朵绚丽的浪花。它们留给了我一个尽情放松的空间，让我的高三在张弛有度中度过，更成为最温馨最美好的回忆。

沐浴着家人、老师和朋友的关爱，梦的征程便不再显得孤单和艰辛，而是变得快乐而充满各种期待。

## 梦想的基石

"众里寻他千百度，蓦然回首，那人却在，灯火阑珊处。"是的，在经历了千辛万苦后，成功便在不经意间来到了。高考也正是这样一个过程。每一段路，都是一种领悟，当我们用心走好每一步时，我们的梦想便不再遥远。

首先最重要的一点是为各科打下扎实的基础。学习没有捷径，这是我一直信奉的箴言。因此，我很重视每一科细节知识的整理，尤其是文综。例如地理，我把中国地图和世界地图的各个重要经纬度，通过口诀的方式进行记忆，以确保在看到一幅完全陌生的地图时，能够通过图上标注的经纬度，做出大致判断。还有历史，不管是古代史、近现代史，还是世界史，我都注重教材中细节的记忆，同时对其中的专题，也注重脉络的梳理。当做好这些基础工作后，我在高三复习后期就有了充足的时间和空间给自己进行提高和强化。

高三总会面对各种大大小小的考试。很多同学在前几次考试的时候总是怀着侥幸的心理，总是想这毕竟不是高考，就算没有做好准备也是情有可原的。然而我认为，把每一次模拟考试都当作高考，尽力在每次考试中不留遗憾，这不仅能锻炼自己的临考心理素质，更能保持一种积极的考试状态。

走好这每一步，当我们面对高考时，便会多一些自如和淡定，少一些紧张和不安。

高考之后常常在想一个问题，我究竟从这场考试中得到了什么？除了分数，还有其他吗？答案是肯定的。因为高考，我从一个无知孩童蜕变成一个成熟青年，我收获的不仅是知识，更有无比宝贵的人生体验；因为高考，我结识了一群博学的老师、优秀的同学，从他们身上受益匪浅；因为高考，我得到了一颗坚强的心，因为走过高考的人，今后无论面对任何困难，都不会再怯懦。而高考，更是我走向梦想、实现人生价值的一座桥，正是因为它，我的北大之梦才能得以实现。现在，回想起高考时，心中带着真诚的感激。而我也相信每一个人在经历了高考的洗礼后，一定会从中得到很多很多。

## 梦想，还在继续

九月，带着兴奋和憧憬，我终于踏上了燕园求学的路途。乘飞机离开昆明的那天，看着昆明灿烂的阳光和澄净的蓝天，眼泪忍不住流了下来。是的，我即将离开生活了18年的家乡，去到那个陌生的城市，开始生命中新的一段旅程。我哭泣，是因为对家乡深深的依恋和不舍，更是因为忆起了那些挥洒泪水和汗水为梦想而努力的日子。从现在起，一切都将成为过去，崭新的梦想之路等待我的开拓，而那些痛并快乐着的高中生活终将成为美好的回忆，珍藏在心中。

　　来到燕园之后，在这个神圣的学府里，我感受到的是它的渊博、它的活力。课堂上有学问渊博、幽默风趣的老师，他们总是带给我们精神的充实。身边是各种精英，大家来自五湖四海，却志趣相同，一起为着各自的理想而携手奋斗。这些体会是前所未有的，它们既带来强大的压力，让我感受到自己的渺小和浅薄，更带来巨大的动力，让我很想努力成为众多优秀北大人中的一员。很喜欢在没课的时候去北大图书馆看看，在这个全国排名第三的图书馆里，走在高高的书架之间，看着那些浩如烟海的书卷，总是觉得一切是那样神圣。在这里，有种动力驱使我在书海中畅游，填补精神的空白。这就是北大的力量吧，无形之中，催人上进。

　　想起那句话，"大学之道，在明明德"。是的，大学，让人增长知识的同时，更增加着我们的人生阅历，让我们真正做到了解天下，心系国家。而在这之中，我更寻找到了新的梦想，并将会为之锲而不舍，继续努力。

谨以此书，献给人生旅途中迷茫、彷徨的你，我，他。

　　愿我们有梦有远方，面朝大海，终会等到春暖花开。

激扬青春之人格魅力塑造丛书

# 改 变：
# 虚心笋成竹，逆流鱼化龙

谢普　主编

红旗出版社

**图书在版编目（CIP）数据**

改变：虚心笋成竹，逆流鱼化龙 / 谢普主编. —
北京：红旗出版社，2019. 11
（激扬青春之人格魅力塑造丛书）
ISBN 978-7-5051-4999-1

Ⅰ.①改… Ⅱ.①谢… Ⅲ.①故事—作品集—中国—
当代 Ⅳ.①I247.81

中国版本图书馆CIP数据核字（2019）第242273号

书　　名　改变：虚心笋成竹，逆流鱼化龙
主　　编　谢普

| | | | |
|---|---|---|---|
| 出 品 人 | 唐中祥 | 总 监 制 | 褚定华 |
| 选题策划 | 华语蓝图 | 责任编辑 | 王馥嘉　朱小玲 |

| | | | |
|---|---|---|---|
| 出版发行 | 红旗出版社 | 地　　址 | 北京市丰台区中核路1号 |
| 编 辑 部 | 010-57274497 | 邮政编码 | 100727 |
| 发 行 部 | 010-57270296 | | |
| 印　　刷 | 永清县晔盛亚胶印有限公司 | | |
| 开　　本 | 880毫米×1168毫米　1/32 | | |
| 印　　张 | 40 | | |
| 字　　数 | 970千字 | | |
| 版　　次 | 2019年11月北京第1版 | | |
| 印　　次 | 2020年7月北京第1次印刷 | | |

ISBN 978-7-5051-4999-1　　　定　价　256.00元（全8册）

真正的失败只有一种，是你无法做到"坚持"二字。赖床、玩手机、打游戏的生活很舒服，但也绝对会伴有一事无成的焦虑。真正让你变好的那些事，比如跑步、健身、读书，开始也许很不容易，但只要坚持下来就能成长。

什么是成长？那是你内心的一个尺度。你能够感觉到你的成长，你内心知道你会成长为什么样子，就好像一颗橡树籽，无须指导，也会成长为一棵挺拔的橡树。世界上每一个人都可以成长为自己最好的样子。

人生的每一次抉择，都掌握在你自己手里。

一段路走了很久，依然看不到方向；一些事想了很久，还是觉得纠结困惑。人生有千万种可能，其实无论选择哪一种，都是最好的安排。最重要的是，你得敢于做出选择，并向着更好的自己努力靠近。每一个从容淡定的今天，都是昨天苦苦担忧的未来。要大胆去改变。

不管全世界所有人怎么说，我都认为自己的感受才是正确的。无论别人怎么看，我决不打乱自己的节奏。喜欢的事自然可以坚持，不喜欢怎么也长久不了。

别让今天的懒，成为未来的难。每天起床都特别难，总想再睡一会儿，可眼看上课、上班就要迟到，一边说自己忙，没时间锻炼，一边沉溺于打游戏、刷朋友圈，美好的东西永远不会轻易获得。从现在开始，不要再假装努力。别在该奋斗的年纪，选择安逸；别在最好的时光，成为瘫在沙发和床上的废人。

生活中的缺憾，恰恰是生活本身，学会努力改变自己的心态。改变自己，做最好的自己。

# 目 / 录

# 第一章
## 改变自我

---

去接受一些你不了解的东西，去争取，去相信
自己可以改变一些事情。

——蕾秋·乔伊斯

# 不要向生活低头

晚上10点下班，在回家的路上打开微信群，想和朋友诉说工作很辛苦，忙了一天才喝了两杯水，工作量大，压力也很大。可是却看到朋友在群里说他刚下班，走了好几公里的路到了租车点，却发现车坏了，又气呼呼地跑回了公司，坐公司提供的大巴去地铁站赶最后一班地铁。看到他发这些文字的时候，我不由得将心里的委屈咽了下去，一边安慰他，一边开玩笑地说："这不我也刚下班，回到家还有一堆事要忙，我们都一样，都在为自己想要的生活拼命地努力着。"

昨天我跟同事聊天的时候得知，她住的地方到公司打车要50分钟，坐公交一个半小时，她每天必须6点起床，才能确保上班不迟到。我忍不住问她："那你每天晚上12点下班，不累吗？"她笑着说："很累呀，每天都是强迫自己爬起来上班，总是在车上昏昏欲睡。"

我问她："为什么不辞掉这一份工作，换一份离家近的工作呢？"她说换了工作之后又有试用期，她担心试用期不过，会影响房贷。她说这些的时候表情很自然，就好像这些事和她无关一样。可是我知道，她的心里一定很苦。

我能想象到一个女孩，每天早上定很多个闹钟，一遍遍将它按掉，等到最后一个响起的时候不得不起床。她每天必须早起，留出充足的时间打车，如果打不到车她就得去坐公交。所以很多时候，她都是一边求司机再等一会儿，一边匆忙地洗脸。如果遇到了雨天，她可能要起得更早，因为下雨天路上会特别堵。

我能想象她每天晚上下班，肯定是走出办公楼的屏蔽门后，长长地叹一口气，又饿又渴地等回家的车，然后在回家的车上昏昏欲睡。有时候父母会埋怨她，半个月都不给家里打一个电话；有时候男朋友会抱怨，两个人见面的机会越来越少；有时候老板会否定她加班修改了好几遍的方案……这些时候她一定特别地委屈。

她特别想哭着对爸妈说："我真的很累，我真的没有空想其他的，你能不能不要烦我，我要生活。"她特别想对男朋友说："你能不能体谅我一下，我的工作已经很烦心了，你能不能稍微对我友善一点。"她特别想对领导说："这份方案我已经改了很多遍了，我不知道要怎么改了，我不想改了。"可事实上她没有这样做，因为她知道自己是一个成年人，她知道不能将坏情绪传递给别人，不能图一时之快丢了养活她的工作。所以，她强装着快乐对爸妈说："我挺好的，会照顾好自己。我一定抽时间给家里打电话。"她压抑着要爆发的脾气，耐心地跟男朋友说："别生我气，都是我的错，这周我一定去你家，一定和你吃一顿饭。"她笑脸相迎地跟老板说："好的，我再改一版，明天再拿给您看。"

生而为人，真的很不容易。尤其是成了大人，不只是身体，精神也要承受很多压力。虽然我们都很累、都很忙，但从来没有消极过，也没有想过要得过且过。

不管我们经历了多少挫折、多少委屈，我们都会笑着接受，慢慢地将这些困难克服掉。有人问："是我们麻木了吗？"不是的，是我们越来越强大，越来越明白人生就是这样，你要面临各种各样的挑战和困难，有些事你可以向他人求助，但有些困难和挑战，必须你自己咬着牙忍过去、流着泪熬过去。

等经历过这些之后，你会发现，其实也就那样，比你想象的要简单，并没有别人说的那么辛苦。我们可能都在经历着这样或那样的不如意，但人生没有过不去的坎儿，我们要坚强一些、乐观一些，相信自己，通过我们的努力一定可以过上我们想要的生活，不要向生活低头。

# 一件蠢事

那时候，我还很年轻，在格拉斯哥的一家广告公司里工作。后来，公司里来了一个新员工，他叫科尔，因为我们来自同一个小镇，所以他非常信任我，有什么想法都会和我说。

年底时，老板在公司里推出一个策划评比，优胜者不仅会得到一笔丰厚的奖金，还将被提拔为部门主管。我凭着丰富的经验，很快就做出了一个不错的方案。在递交方案的前一天晚上，科尔找到我，说他对自己的方案有些拿不定主意，让我帮他看看，我自然不会推辞。在我答应他的时候，我是真心地想帮助他，可当我看了他的方案后，我顿时变了心。他的方案本身不能说非常完美，但他的思路却十分新颖，在那一刻，我产生了邪念，我要把它占为己有，至少我要以他的思路为基础，写一个更加完美的方案。

　　我故意对科尔说："你这个方案看似不错，但其实漏洞百出，而且风险太大，根本行不通！"接着，我又假装非常诚心地给了他一些思路上的引导。我之所以这样做，是为了让他放弃这个方案，另外去做一个，那么这个方案也就自然而然地落入我的手中。科尔非常感激我的帮助。他连忙根据我的引导回去重新做方案了，而我则沿着他的思路，重新写了一个更加完美的方案。

　　评选结束后，我果然获得了第一名，并且被提拔为主管。科尔当然非常沮丧，不过他也没有证据证明我抄袭了他。事实上，我呈现出来的方案与他的原稿比起来，不仅有很大的出入，而且我的方案还比他的原稿要高明许多。所以尽管我能看出来他的感受不太好，但他也没有什么办法。就在我升任主管的那天，科尔辞职离开了这家公司。

　　我虽然得到老板的赞许，但毕竟这个方案不完全是我自己写的，所以有些细节我并不清楚，结果在执行这个方案时候，出现了很多我并没有预料到的问题，而我又无法及时补救。直到这时，老板才产生了某些怀疑。他把我叫到办公室问我到底是怎么回事，直到这时我才无奈地说出了实情。没多久，老板重新找到了科尔，把科尔请回来负责这个方案，而我则被解雇了。不仅如此，我的名声也坏透了，在广告界连工作也找不到，只能开了一家百货店来经营。

　　现在，我经营百货店也算是有一些成就，但这并不能说明我曾经做的那件蠢事是正确的。

　　去年，我的孩子大学毕业了，并且找到了一份非常不错的工作。在他去上班的前一天晚上，我来到他的房间里，告诉了他我的这段经历，然后我对他说："你要从我做的这件蠢事上牢记这样一个道理——不是你的功劳不要去抢，抢别人的功劳一定不是成功的捷径，而等到真相大白时你也将无脸见人，不仅被抢者会成为你的敌人，而且你也会失去别人的尊重。有本事就自己去努力，没本事就自己多学习，万万不能去做那种自毁前程的蠢事。"

# 如何度过这一生

高唱，一个二十六岁的文静女孩，刚刚从令人羡慕的国企辞职了。朋友们都说她疯了，才会选择"跳伞"这样一个"不务正业"的职业。

涂思雨，已经三十二岁的她，推掉了国外的高薪，把女人青春中最宝贵的四年献给了不见阳光的实验室。她甚至连自己的生日都忘记了，闺密说她是读书脑子读坏了，而她只能一个人躲起来哭。

张星辰，二十八岁的高才生，一名新来的大学生村官，每天奔波于各家各户，却十句话顶不上别人一句，因为他是个外人。村里的大妈聊天经常拿他开涮，"不出半年就得走"。

他们就是这样的平凡，除了一张身份证便再无身份；他们又是这样的熟悉，看见了他们，仿佛看见了自己。

人生实苦，苦作行舟。

有那么一刻，盯着眼前的繁华，眼里却只有含泪的辛酸；有那么一刻，望着不变的现状，心中生出对过往的怀疑；有那么一刻，看着无尽的问题，自己不知还能再撑多久。

那么，你想过放弃吗？

他们说：

"我想过放弃，也许不是所有人都能飞上蓝天。"

"我想过停下，也许这是一条看不到尽头的路。"

"我想过离开，也许我本来就不属于这里。"

走一样的路很无趣，走不同的路却会很辛苦。也许有一天，你也曾像他们一样怀疑自己。但是，放弃从来不是人生的救命稻草。

柴静在《看见》中劝慰年轻人："失败不是悲剧，放弃才是。"不要计较成败，一个从来没有失败过的人，必然也是一个从未尝试过的人。

豆瓣红人"特立独行的猫"说过一句话："人生没有固定的轨道，无论你选择怎样的方式生活，只要内心强大，都可以精彩。重要的是在你选择的道路上，你想要什么，以及你做过了什么。"

有的人二十岁已经死了，他们终其一生都不知道自己想要什么。

有的人七十岁还在发现生命的可能，他们为一件事着迷，简单执着，一直到老。

没有人知道坚持下去会怎样，但他们知道，不坚持下去会后悔。

高唱，七年六百三十次的训练，给过她伤痛，给过她失望，也给了她梦想。当踏出机舱，纵身跃向蓝天那一刻，她没有辜负天空，更没有辜负自己。

涂思雨，一万七千五百二十个小时，一次又一次的失败，熬过了无尽的黑夜，承受着岁月的捶打。当实验成功了，她只淡淡一笑，她知道熬过的那些日子没有白熬。

张星辰，一千八百七十五个日夜，当夜幕降临，埋怨和怀疑成了最熟悉的陪伴，当太阳升起，却依旧信心满满。教孩子写字，帮村民修补，融化了那道心墙，他终于成了村里的一分子。

毛姆在《月亮与六便士》中说："我用尽了全力，过着平凡的一生。"

我想他在说这句话时应该是无憾的。不论成就与否，至少他曾让梦想看见了自己的力量。

重要的不是结果，而是曾经努力过。

# 预则立，不预则废

俗话说得好："对于一艘没有目标的帆船来说，任何方向的风都是逆风。"

一个人最重要的是知道自己要去的目的地在哪里。简而言之，目标就是你未来人生选择要走的方向。

一个不甘平庸的人，总会掌握自己的人生使命，在追求的前方永远高悬着理想和希望，全力以赴，并使自己的事业配合一个又一个目标，逐步迈向成功。庸庸碌碌的人则默默以终，这是他们认为人生自有天定，从没想到人生可以创造。

事实是，人立于世，就是要开创一番事业，所以更应朝着自己理想的目标前进。因为伟大的人生是以憧憬开始，就是想着自己要做什么或要成为什么，为自己想象出明确的前途，然后把它作为自己的人生目标，勇往直前地追求。

中国有句古话："凡事预则立，不预则废。"正像西方的一句谚语所说："如果你不知道要到哪儿去，那通常你哪儿也去不了。"

据不完全统计，人的一生当中，至少有四分之一是在无聊、无所事事中度过。你是否也有这样的经历？

以我个人为例，每天都会有部分时间闲置，而且不知所措，看直播？看新闻？打游戏？似乎都不是很好的选择，感觉是在浪费时间，对于自身却无半点好处。或许对我来说，只有去书中寻找解决方案了。

于是，我来到了图书馆，这里整齐地排列着各种各样的书籍，从成功学到管理学，从古今汉文学到外国文学史，却找不到一本如何教我度过闲时时光的书。或许，读书本身就是一个解决方案吧，但这并不是我所求。我需要的是一种能够解决我内心空虚并且能提升自我的东西。

苦苦索求多日未果，偶然发现"预则立，不预则废"，我茅塞顿开，原来苦苦所求，竟是我的方向错误。建设城市需要先做城市规划图，修建高楼需要图纸，装修房间也需要室内设计，那么人生是否也一样需要设计呢？

从小到大，一直随着老师走，毕业后随着公司走，随着工作内容走。转而发现，自己却不会走了。思考一下，自己以前的宏图大志是否还在，自己的理想是否还在？如果不在，停下来，好好思考，规划一下自己以后的人生。给自己一个目标，一个切实可行的目标，付诸行动，再向前走。

按照自己的规划去填充自己每天的生活，你会发现每天都很充实，你会发现一个不一样的自己。

有人问我怎么做，很简单，前一天晚上睡觉前，制订第二天的计划，写一个备忘录，记录第二天应该要去做的事情并认真执行即可。虽然有时候，因为种种原因，会导致执行不到位或者没时间去做，但是这不重要，重要的是，你的生活已经被你充实，你不会再感觉到空虚、无聊，而且你有计划、有目标，也会潜移默化地影响你的行为，让你变得有主见、更主动，让你成为一个全新的自己，并且拥有一个全新的生活。

# 人生没有如果

生活中没有重来，每天都是现场直播，因为过去不会回来，而回来也不会完美。

经常有人感叹，如果一切都能重新开始，我会珍惜；如果我一开始没有放弃，也许现在是另一个不同的结局；如果你再给我一次机会，我会尽我最大的努力去争取，没有遗憾……

有些人，有些事情，直到他们经历了一个不好的结局，才会觉得后悔当初。我们太希望得到"如果"的绿色，但是，那"如果"就像镜子里的月亮一样空虚。

人生的每一步都很重要，没有人提前知道每一个选择的结果。

每当事情没有达到预期的结果，你就陷入深深的自责和遗憾，这样的生活会更好吗？

人生是一场不可预知的动荡，无论是谁，都不可能永远是一条通向鲜花的平坦之路，总会有荆棘和挫折，面对遗憾是不可避免的。

我们不可能一辈子都活在过去。生活永远不会回来，展望未来就是生活。

正如我在互联网上读到的一段非常令人有共鸣的话："生活，如果你总是盯着乌云，温暖的阳光怎么能照耀进来；生活，如果你总是把握过去，你怎么能跟上旅程的步伐？"

在生活中，总有一些错误，无法回到天堂；在感情中，总有一些思念，将永无止境。

我们都知道时间是不能倒转的，没有人能改变过去，生活中没有所谓的"如果"，所以不要沉溺于"如果我们没有这样做，就不会像现在这样"，因为我们都知道生活中没有后悔药可以买，一切都不会回来。

人生有进步又有退却，不要让一次后悔，影响未来的美丽风景。

在生活中，我们收到了不同的剧本：有些是平淡的，有些是坚强的，有些是欢笑的，有些是泪水的。不管怎样，我们总是要玩得很好，直到帷幕结束。

如果你选择继续你的生活，即使未来的风险未知，我们也应该振作起来。只要我们努力，我们就不会后悔。

人生中最可怕的事情不是做出错误的选择，而是活在过去或活在希望的未来，而在后悔过去的同时，巴望着未来，这样的人只会后悔错过了现在，你只有很好地把握了现在，才是对自己最好的回答。

生活中没有如果，不要幻想，忘记你失去了什么，珍惜你现在拥有的。

希望你能尽快抛开过去，活在当下，努力工作！

# 温柔地爱自己

我们只是一粒沙尘，飘浮在世界的某个角落里，难免会深感孤独、备感惆怅，我们想要世界温柔地对待自己，何曾想过对自己温柔以待？当你学会温柔地爱自己，你便会发现其实世界并没有抛弃你，而是你抛弃了自己。

无论你身在何处，也不管你身处何境，依然言行自如，活出精彩的自己。心中拥有自己，始终热爱自己，不被凡尘所染，别无他念，一切的苦难只是为了让你变成更好的自己。

爱自己不是你花了多少钱在自己身上，而是你花了多少时间去修炼自我。

很多人会说："算了吧，别折腾了，老老实实地工作，别把自己活得那么受罪呀，你就做个普通人吧。"很多人在听了这些话后就开始怀疑自己了，而只有少部分人却依然坚持着当初的选择。

　　我有一个朋友，大学毕业不到两个月，就挣到了人生的第一桶金—— 一百万，他在无锡买了一套房，并且从最初一个人单打独斗到现在的四个人摸爬滚打。曾经相信他的朋友跟着他到现在也挣到了二十多万，也许这对很多人来讲不算什么，但对一个刚毕业的大学生而言，他已经做得足够好了。

　　前段时间，我去他那里找他，和他交流了一下午，突然发现他已经不再是以前那个懵懵懂懂的大学生了，远远甩过同龄人一大截。想想当初，他刚进大学的那会儿，他说他自己连网吧都没进过，什么也不会，甚至连电脑开机键在哪儿都不知道。后来，为了有机会更多地锻炼自己，他竞选了班长，再后来他尝试着帮辅导员做事，帮班级做事。同学一有需要就会找他帮忙，辅导员开始关注他，同学开始喜欢他。慢慢地，他又开始进社团，在社团做各种事情，学校开始重视他。于是，他觉得学校已经无法再满足他的学习认知了，他就开始玩互联网，做着做着，认识了腾讯微博的大V，就免费做起了无锡的腾讯和微博ZMO。就这样，他一点一滴地积累，一步步地前进，其间也有想过放弃，但他告诫自己：放弃就等于抛弃了自己，世界的残酷便会倒戈相向。他时常跟我说：这个世界永远不会亏欠你的，你付出的越多，你得到的也就越多。多少个夜晚，他忙到凌晨两三点钟，为了做一个项目，连续加班加点地熬夜，好多个早晨被梦想给叫醒。临走的时候，他对我说了一句"想象五年后的你，是不是曾经想要的你，未来一定能活成高贵的样子"。

我们很多时候不是因为不能做到，而是因为在坚持的路上开了小差，在离成功也许只差一步之遥的时候开始了对世界的埋怨，然后选择了放弃。每天早晨醒来的第一件事就是摸手机、刷微博、打游戏。

生而为人，是因为我们比一般动物拥有了思考的能力。我们很多人看似很自信，看似很自恋，其实只不过是为了掩饰自己内心的脆弱而已。

温柔对待自己的人，对世界充满好奇，对生活充满希望，对他人充满感恩，相信自己，并坚持走下去。经常会看到朋友圈好友秀恩爱，会看到很多旅行的照片，美好让人羡慕，殊不知他们的美好背后也掩藏着不为人知的困扰，但他们依然笑看世界。

有这样一句话，当一个人面对镜子微笑时，其实他是在向世界微笑。当你身处绝望困境中，没有任何跳板，唯有热爱自己，拥抱世界，不抛弃，不放弃，勇敢地走下去，你才能看到最好的风景。

我的一个校友，他考上了研究生，但他不愿意对生活将就，想变得更优秀，生怕世界抛弃了他。于是，他下定决心继续考注册会计师，那年暑假里他每天早出晚归去自习室里复习，两个多月，酷暑难耐，我实在觉得精神可嘉。这是对生活该有的热情，对未来最美的期待。

还有一个比我大一届的学姐，大学四年，对自己从来都很挑剔，考了ACCA（特许公认会计师），还考了专硕，后来又考CPA（注册会计师）。那时候，她每天都觉得自己像被掏空了，痛苦、孤独一直如影随形。我当时也觉得何苦呢，有时间不如多去外面看看。后来我发现我错了，她考上了CPA（注册会计师）后，顺利从一个三流大学的普通本科生蜕变为普华永道的会计精英。

再苦的岁月也会流逝，美好只会在痛苦后才弥足珍贵。经历就是一则故事，传达着人生的每一个瞬间。无论世界对你怎样，你终将要过得像样；无论别人对你怎样，你始终要自己有样。没有人能告诉你怎样，只有你自己懂得你要活出自己的模样。

你想让世界温柔以待，请先温柔对待自己。不要以为世界抛弃了你，当你觉得世界抛弃你的时候，其实是你抛弃了自己。因为我们的命运永远是掌握在自己手里的。

# 过于安逸会毁掉一个人

安逸的生活是我们向往的，短暂的安逸生活，能使我们得到休息和宁静。但长期太安逸的生活，也如同地狱一样，它能渐渐地毁灭我们的理想，腐蚀我们的心灵，甚至可以把我们变成一具行尸走肉。

年前裸辞，过了几个月安逸的日子，我出来找工作，丢掉了应届生的身份，只能走社招的路线，而社招的标准异常简单，考查的只是你有没有能力来完成交给你的事情，不像校招还考虑你的潜力和诸多影响。

由于是转行，也碰了不少壁，没有工作经验的硬伤始终避不过，但好歹做了些准备，不致被嫌弃得太过厉害。

后来面试上一家创业公司，带着满心欢喜走回家，心里却越来越没底，我开始怀疑自己的能力能否胜任这个公司的要求，开始怀疑自己的学习能力能否在创业公司这种鱼龙混杂的环境里找到自己的路，开始怀疑自己能否跟得上创业公司工作的强度。

辞职之前我雄心万丈，压根儿就没考虑过这些问题，于是我开始追根溯源，我发现，我所有的恐惧都源于上一份工作的安逸，是那种不用思考只需要执行的安逸。我发现，短短的半年时间已经潜移默化地把我变成了一个习惯安逸、习惯执行的人，脑子里想要变厉害的思想也正被安逸的温床渐渐腐蚀。没有压力的生活让我如同习惯了温水的青蛙，虽然内心保持着想要跳出来的渴望，却也在贪恋着温水里的舒适，果然是"生于忧患，死于安乐"。

两个财主在马路上看见一个乞丐大冬天袒胸睡得正香，于是两个人打赌这乞丐能否活过这个冬天，前提是不能动用任何暴力手段。赌乞丐死的财主二话没说，就把乞丐接到自己家里，好吃好住地招待，锦衣玉食，奉为上宾。一个月后，给乞丐换回他那身衣不蔽体的破衣服，赶出门。第二天，乞丐便冻死了。

当你习惯了十分安逸的生活，再将你放到一个充满挑战，需要不断学习来获取回报的环境，那你肯定活不下来。

就像之前被辞退的那些收费站的工作人员一样，他们已经习惯了工作不用动脑的流程，习惯了每天重复手头的事几千遍，于是他们只能说："我除了收费，什么也不会。"

如果你刚毕业就进入这样一个靠简单重复的体力劳动来获取报酬的企业，每天安逸地重复，那一旦这个企业出现变故，你在社会上是不具备任何竞争力的，只能被淘汰。

比起看得见的挫折，那些让你享受的安逸，更是毁掉一个人最直接有效的办法。由俭入奢易，由奢入俭难。

只有保持好内心对强者的羡慕和渴望，不断地跳出舒适区去挑战自己的极限，不断抛弃自己内心渴望安逸的一面，才能面对所有变故。

# 生活里，需要做一点减法

现代人节奏太快了，很多时候会听到有人说：走慢点，走慢点，等等你的灵魂吧。我们拼了命去追赶前面的东西，不停地给生活做加法，却忘记了，真正会生活的人，应该给生活做减法。

只懂得一味做加法的人是悲哀的，身上负重千斤，往往苦不堪言；而一个生活幸福的人，会懂得给生活做减法，勇于看待成败得失，勇于让自己慢下来；减去多余的物质，减去奢侈的欲望，减去心灵的重担，学会做生活的减法，才能永远轻装上阵，拥抱自己想要的生活。

《庄子·逍遥游》中说："鹪鹩巢于深林，不过一枝；偃鼠饮河，不过满腹。"早在几千年前，古人先贤就已经教会了我们生活的智慧：过多的物质于我们无益。道理明明很简单，可是人始终是欲望的生物。而一些成功人士，早就已经有这个意识，一直在给自己的生活做着减法。

乔布斯一生在信仰"少即是多"，三十岁不到的他，家居物品少得出奇。一张爱因斯坦的照片、一盏蒂芬妮桌灯、一把椅子和一张床。对于添加什么家具，每一件都是一个慎重的选择。

李嘉诚戴的表一戴就是十几年，一块西铁城表，市价一千港元。他的眼镜也戴了十几年，曾因度数增加换过镜片，却从未换过镜框。

扎克伯格，Facebook（脸书）的创始人，全球最年轻的亿万富翁。却是"极简主义"的忠实拥护者。拉开他的衣橱，一排浅灰色T恤和一排深灰色连帽衫。

这些在我们眼中的成功人士，拥有我们所艳羡的一切，在某些方面却一生都在做减法。他们的人生是幸福的，因为他们能对物欲控制自如，而不是被物欲所捆绑。

海明威说：在一个奢华浪费的年代，我希望能向世界表明，人类真正需要的东西是非常之微少的。

我们误以为人生是一个得到的过程，实际上人生应该是一个舍弃的过程，学会舍去不合理的欲望，学会舍去负能量的情绪，学会舍去无关紧要的枷锁。

在日剧《我的家里空无一物》中，女主麻衣号称"扔东西狂魔"。

不常穿的衣服，扔！沙发太占地方，扔！浴巾可以用两条毛巾代替，扔！洗菜盆完全可以用大碗代替，扔！毕业相册，以后想看时再和同学借吧，扔！有结婚戒指，还要订婚戒指干吗，扔！

虽然，生活中所堆积的东西不至于让我们断送性命，却会耗费我们大量的时间和精力去寻找；多余的东西越多，重要的东西越容易被淹没。

有些人花费大量的时间整理衣柜，可是自己平常会穿的衣物就那么几件，有时候因为衣服堆积太多，想找的找不到，不仅浪费自己的时间，还影响心情，特别没必要。

麻衣躺在几乎空无一物的房间里，舍掉生活冗赘的东西，就像去掉身上多余的脂肪一样，让人感到莫名地愉快。

虽然我们不必像她做得那么极致，只是无用之物，该舍就舍，该扔就扔。但更重要的是"断"，买买买时一定要记得hold（控制）住。与"总有一天能用得上"的物品相比，我们的生存空间显得更为重要。

在北上广深奋斗的人，谁都想在这个大城市站稳脚跟，心心念念有朝一日能在这个大城市中有属于自己的安乐窝。然而，面对一直居高不下的房价，奋斗的年轻人必须拼尽全力加快步伐，才能融入更快的生活节奏、追求更多的时间。

我们每天好像总有处理不完的事情：工作、生活、运动、娱乐、社交……各种繁杂，纵有千头万绪也无处下手。

我们总想拥有更多的时间，追求更高的价值，而我们的身心却逐渐进入了一种焦虑的状态。我们像背着沉重的负担，无法自如地前行。

占据我们时间和空间的何止是物品，更多的是我们内心的物欲。在这个信息泛滥的时代，不轻易被同质化才是我们更需要坚守的。

在人们不停追逐物质最大化的时候，如果我们想过简化的生活，可能会被人看成异类。

但在生活中，让欲望做减法，才会活得更快乐；能在工作中做减法，才会更高效；在人际交往中做减法，才能收获真正的友谊；会善于给生活做减法的人，人生才会更富足。

"舍不得"只会让你更加"不得"。有舍有得，越懂得放下的人，得到的越多。处理掉不重要的东西，才能还自己一片清净之地。

假若你一直在为生活做减法，抛弃过多的杂念，另外也是在为精神做加法，精神上的富足往往让人感到前所未有地舒畅。

常给生活做减法，减一些，再减一些，删繁就简，直到拥有你想要的生活。真正懂生活的人，一生都在做减法。

# 听那么多大道理，有用吗

听过那么多大道理，却依然过不好这一生。这究竟是谁的问题？道理是一样的，不一样的是人的经历、理解和体会。就像喝茶，同一款茶，不同的人却有着不同的感受。经历再多，不懂品尝也是枉然。

我们在形形色色的生活境遇中，总能从不同渠道听到或看到很多很多的大小道理，但有个很大的问题是，似乎这对自己并没有什么用处。于是我们开始自嘲了：听了那么多大道理，却依旧过不好这一生！

"吾生也有涯，而知也无涯。"世间的道理和知识，是听不尽也学不完的。所以应该反思的是"听道理的人"，为什么听了那么多大道理，却还是过不好这一生？

道理、知识有老师教，但不是所有人都能学明白的。会有很大一部分人，听到别人讲的经验和道理后，压根儿领会不到更深层次的、对自己有帮助的信息。讲道理的人，讲的是普世价值观，有人说你不奋身一跃，怎么知道自己不会飞；有人又说飞得越高，往往摔得越惨。到底谁说得对呢？该信谁的？听不懂道理的人，他们不会从别人的说教中提炼出对自己有用的信息，而且缺乏自主思考的能力，于是乎，永远都迷迷糊糊、不知所措。

总会有一大股浮世中的清流，他们对于别人说的任何话，都是两个字——不信。道理，无论对错，鸡汤也好，名言也罢，我们都可以带着自己的思考去学习，这是一种文化的传递和精神的提升。但不管什么道理，都是信则有，不信则无的。总之在"清流"们看来，一切都是错的。对于别人说的任何道理，他们压根儿不会去思考如何学习，而是千方百计找理由来反驳，认为别人一定是在挖坑让自己跳，而自己简直太聪明了，绝不上这帮坏人的当。反驳了一切，到头来也没找到对的自己。

"穷则变，变则通，通则久。"可现实是，很多人已经明白了道理，但就是不改。当我们山重水复疑无路的时候，只有求变，才会柳暗花明又一村。

别人讲晚睡对身体不好，你听后觉得实在有道理，但事实上能不能做到才是关键；别人讲要多锻炼，否则长期亚健康，你觉得说得太对了，然后天天都是花天酒地，把锻炼甩到脑后又有何用！

对不愿意改变的人来说，外在的大道理是无法影响他们的内心信念的，这种信念在他们心中根深蒂固，决定了他们的行动，而行动的迟缓又反过来滋生他们原有的信念，于是进入一个死循环而不能自拔。

即便是听到惊天动地的大道理，雄心再起，想要做出改变的时候，那刚刚萌芽出的微弱冲动也是瞬间被固有的习惯扼杀，多年过去还是一成不变的老样子，只是年龄大了不少。

人性天生还是趋利避害的。几乎所有人在做事之前，都会权衡利弊，先去想做这件事会不会有利可图，会不会惹火烧身，甚至于会想利的大小，如果小了，有人就会充耳不闻。道理如此，不怕做不成，就怕不行动，古人所说的"吃亏是福"就很实在地反映了这个道理。

"讷言，敏行"，就是要多听取别人的意见，多在自身实践，日积月累，厚积薄发，总有一天你会收获到别人求之不得的东西。道理就像武功秘籍，并不是你练得多了就身手不凡，有时候你练得多，练得杂了，反而会走火入魔，最简单、最无敌的武功却是"无招胜有招"。道通天地有形外，思入风云变态中。

人生如品茶，独特滋味只有自己才能体会。世间利禄来来往往，唯有淡泊才能宁静，才能对人生做最深入、最细致、最独到、最有价值的品味。这一切又与品茶何其相似！

以茶载道，道在茶中，茶性与人性相通，茶品与人品相合，在一些平常或不平常的日子里，在慢慢品味茶的过程中，默默、静静地回忆与思考、自悟与反省，品味生活中与茶一样的悠长韵味。

就像月光淡淡地照着大地，把世事泡成一杯淡淡的清茶。空杯心态，知行合一，珍惜时光，细品百味。

让往事沉淀，珍惜当下的幸福。千万莫要进入这样的死循环：讲了又不听，听了又不懂，懂了又不做，做又做不好，好又不彻底！

# 勇气胆量，永不褪色的光荣

具有勇敢个性的人，一般都表现出过人的胆识和超强的精力，对束缚和控制深恶痛绝，面对未来，无所畏惧。他们总是怀着战胜一切危险的决心，抱着一往无前的信念，不但能得到别人的钦佩，而且能获得别人的敬仰。因为人们知道，凡是拥有这种态度的人一般都会成为一个胜利者。他如此自信是有理由的，他一定意识到自己有能力完成任务，他知道自己有勇气去迎接困难的挑战，也有毅力去战胜逆境和获取新的成功。所以，一个人要想成功，必须有勇气和胆量。

勇敢的人面对恐惧，会承认它的存在，更会接受它的挑战而继续前进。很多人一旦遇到挫折就胆怯起来，于是选择了不应该的放弃。我们不应该因为跌倒而丧失信心和勇气，我们应该把这种跌倒当作一次经验。

在森林里，狮子和老虎相互闻名久矣，只是从未谋面。关于它俩谁是兽中之王，动物们看法不一。狮子和老虎私下里都憋足了一股劲，准备有朝一日一决高低。

这一天，狮子溜达时，看见前方地上有一块肉。狮子正想去吃，却又停住了脚步，因为在那块肉的另一个方向，一个庞然大物正在靠近。狮子立即意识到，是老虎！老虎看见了狮子，也不往前走了。

狮子想了想，最终转身离开了，因为它没有把握能战胜老虎，只好把那块肉留给对手了。

几天后，狮子再一次路过那个地方，它发现，老虎竟然没有吃那块肉，那块肉还在，只是已经腐烂了，有一只秃鹫吃得正香。

原来，就在狮子转身离开的瞬间，老虎也转身离开了，因为老虎也没有把握战胜狮子。

在现实生活中，很多事情需要勇气做支撑，放弃需要勇气，拒绝需要勇气，尝试需要勇气，冒险需要勇气……甚至连说话都需要勇气。一个人如果缺乏勇气，就失去了承担责任的基础，就只能生存于他人的庇护之下，无法面对人生的任何压力和挑战。

波斯王薛西斯一世率领强大的军队从东边向希腊进军，他们沿着海岸行进，几天之后就会到达希腊。希腊由此而陷入危险的困境之中。希腊人下定决心抵抗入侵者，保卫他们的民众和自由。波斯军队只有一个途径可以从东边进入希腊，那就是经由一个山和海之间的狭窄通道——瑟摩皮雷隘口。守卫这个隘口的是斯巴达人里欧尼达斯，他只有几千名士兵。波斯的军队比他们强大许多，但是里欧尼达斯充满信心。

经过两天的攻击后，里欧尼达斯仍然守住隘口。但是那天晚上，一个希腊人出卖了一个秘密：隘口不是唯一的通路，有一条长而弯曲的猎人步径可以通到山脊上的一条小路。

叛徒的计划得逞了。守卫那条秘密小径的人受到袭击，并且被击败了。几个士兵及时逃出去报告里欧尼达斯。

面对如此严峻的形势，里欧尼达斯以大无畏的勇气制订了作战计划。他命令他大部分的军队，偷偷从山里回到需要他们保护的城市，只留下他的三百名斯巴达皇家卫兵保卫隘口。波斯人攻来了，斯巴达人坚守隘口，但是他们一个接一个倒下去了。当他们的矛断裂时，他们肩并肩站着，以他们的剑、匕首或拳头和敌人作战。

一整天，所有的斯巴达人都被杀死了，在他们原来站立的地方只有一堆尸体，而尸体上竖立着矛和剑。

薛西斯一世攻下了隘口，但是耽搁了数天。这数天让他付出了极为惨重的代价。希腊海军得以聚集起来，而且不久之后，他们便将薛西斯一世赶回了亚洲。

许多年后，希腊人在瑟摩皮雷隘口树起了一座纪念碑，碑上刻着这些斯巴达人勇敢保卫他们家园的纪念文：

"旅行者，先不要赶路，驻足追念斯巴达人，在此如何奋战到最后。"

斯巴达人的勇敢与强悍举世闻名，至今几乎成为勇气的象征。他们是一群真正的勇士，并没有辱没"勇敢"这个高贵的字眼。在人类的一切行动中，如果能让自己的勇气在保家卫国中派上用场，这是多么值得骄傲的荣耀哇！

当人们竭尽全力却依然要面临失败的结局，当面临一切束手无策、宣告绝望之时，勇气便突然来临，帮助人们取得胜利、获得成功。因为凭着无坚不摧的勇气而做成的事业是神奇的。当一切力量都已逃避了、一切已经宣告失败时，勇气却依然坚守阵地。依靠忍耐力，依靠持久心终能克服许多困难，甚至最后做成许多原本已经被认为是不可能完成的事情。

# 从放弃中学会生活

　　凡干大事业者不会计较一时的得失，他们懂得选择适时放弃。放弃不是放弃自己的梦想和上进心，而是选择一种比较适合自己发展的方式。耐心地选择有益的方向，一步步地向前，眼前才会出现新的天地。学会选择与放弃，是学问，是智慧，是需要不断学习与思考的过程。选择决定人生，选择需要放弃，放弃需要勇气，学会选择和懂得放弃的人，才能赢得精彩的生活。

　　搏击高手信心十足地参加一场锦标赛。他自以为稳操胜券，夺得冠军。最后的决赛中，他出乎意料地遇到了一个实力相当的对手。于是，双方都竭尽全力地出招攻击。比赛到了中途，搏击高手突然意识到，自己竟然找不到对方招式中的破绽，而对方的攻击却往往能够突破自己防守中的漏洞，有选择地击中自己。比赛的结果可想而知：这个搏击高手惨败在对方手下。

他找到自己的师父，一招一式地将对方和自己搏击的过程再次演练给师父看，并请求师父帮他找出对方招式中的破绽。他决心根据这些破绽，苦练出足以攻克对方的新招，在下次比赛时打倒对方，夺回冠军的奖杯。

师父笑而不语，在地上画了一道线，要他在不能擦掉这道线的情况下，设法让这条线变短。

搏击高手百思不得其解，怎么会有像师父所说的办法，能使地上的线变短呢？最后，他无可奈何地放弃了思考，转向师父请教。

师父在那道线的旁边，又画了一道更长的线，两者相比较，原先的那道线，看起来变得短了许多。

师父开口道："夺得冠军的关键，不仅仅在于如何攻击对方的弱点，正如地上的长短线一样，如果你不能在要求的情况下使这条线变短，你就要懂得放弃从这条线上做文章，寻找另一条更长的线。只有你自己变得更强，对方就如原先的那道线一样，也就在相比之下变得较短了。如何使自己更强，才是你需要苦练的根本。"

搏击高手恍然大悟。

师父笑道："搏击要用脑，要学会选择，攻击弱点；同时要懂得放弃，不跟对方硬拼。以己之强攻敌之弱，你就能夺取冠军。真正的高手，就是谙熟以己之长克人之短的制胜之道的竞争者。"

在获得成功的过程中，在夺取冠军的道路上，有无数的坎坷与障碍需要我们去跨越、去征服。人们通常走的路有两条：

一条路是学会选择攻击对手的薄弱环节。正如故事中的那位搏击高手，可以找出对方的破绽，给予其致命的一击，用最直接、最锐利的技术或技巧，快速解决问题。

另一条路是懂得放弃，不跟对方硬拼，全面增强自身实力，在人格上、知识上、智慧上、实力上使自己加倍地成长，变得更加成熟、更加强大。以己之强攻敌之弱，使许多问题迎刃而解。

所以，学会选择，懂得放弃，你才能成为自己的冠军。

美国保险巨头法兰克·毕吉尔刚从事保险业的时候，事业曾经一帆风顺。出色的推销能力，让他在这个行业里如鱼得水。

当他充满激情、对未来充满抱负、渴望在保险业里大展身手的时候，他却遭遇了自己从业以来的第一个工作瓶颈，并被它牢牢困住。

他想让自己的业绩得到迅速提升，于是他开始起早贪黑地出去跑业务，并使出浑身解数说服客户购买他推荐的保险。为了争取到每一个可能成交的业务，他经常要几次三番登门拜访。可令他沮丧的是，一切的努力却收效甚微——虽然他付出了比往常多几倍的汗水，可他的业绩并没有比原来有多大的提高。

那段时间，他异常沮丧，整天郁郁寡欢，对前途丧失了希望，甚至想要放弃这个充满挑战的职业。

一个周末的早晨，从噩梦中醒来的他，仍然有些沮丧和不安。不过很快，他就平静下来。

他开始认真思考解决问题的办法。

他在内心里不断诘问自己：为什么最近自己会那么忧郁？问题到底出在什么地方？平日里工作的情景，很快闪现在他的脑海里：许多时候，在他多次登门拜访，百般努力下，客户终于答应下来购买他的保险，但在最后的关头，客户常常反悔，并说："让我再考虑考虑，下次再谈吧。"这样，他最终不得不沮丧地离开，再花时间去寻找新的业务。

怎么办才能很快地把自己从沮丧中拯救出来呢？他在飞快地思考着。

当他没有想到更好办法的时候，他开始随手翻阅自己一年来的工作笔记，并进行细致深入的研究，希望从中能够找到答案。很快，他就发现了问题的症结所在。一个大胆的念头在他脑海里闪现，令他自己都有些震惊。

之后的日子里，他一改往日的工作方法，开始采用新的推销策略进行工作。结果令他大吃一惊，他创造了一个奇迹——在很短的时间内，他把平均每次赚2.7美元的成绩，迅速提高到了4.27美元。当年，他新接手的保险业务，第一次突破百万美元大关，引起业界的轰动。

凭着自己出色的智慧和独特的推销策略，法兰克·毕吉尔迅速成长为保险业内的巨头。

后来，法兰克·毕吉尔向世人公开了自己成功的秘诀。原来，当年他在自己的工作日志中发现了这样一组奇特的数据，从而改变他对工作的认识：在他一年所卖的保险业绩中，有百分之七十是第一次见面成交的，有百分之二十三是第二次见面成交的，只有百分之七是在第三次见面以后才成交的。而他实际上花费在那百分之七的业务上的时间，几乎占用了他所有工作时间的一半以上。

于是，他采取新的推销策略是，果断放弃那百分之七的利益，不再为它的诱惑所动。这样，他就可以腾出大量时间用于新业务的拓展。于是他成功了。

人生在世，有得有失，有盈有亏。有人说得好，你得到了名人的声誉或高贵的权力，同时，你就会失去做普通人的自由；你得到了巨额财产，同时就失去了淡泊清贫的欢愉；你得到了事业成功的满足，同时也失去了眼前奋斗的目标。我们每个人如果认真地思考一下自己的得失就会发现，在得到的过程中也确实不同程度地经历了失去。整个人生就是一个不断地得而复失的过程。一个不懂得什么时候该失去什么的人，就是愚蠢可悲的人。

# 坚强就是最棒的奇迹

1968 年 6 月 1 日下午，海伦·凯勒在睡梦中去世了，享年87岁。凯勒小姐在出生后18个月的时候就失聪失明成了个聋哑人，然而却奇迹般走完了一生。海伦·凯勒 1880 年出生于亚拉巴马州北部一个叫塔斯喀姆比亚的城镇。在她一岁半的时候，一场重病夺去了她的视力和听力，接着，她又丧失了语言表达能力。

然而就在这黑暗而又寂寞的世界里，她竟然学会了读书和说话，并以优异的成绩毕业于美国拉德克利夫学院，成为一个学识渊博，掌握英、法、德、拉丁、希腊五种文字的著名作家和教育家。她走遍美国和世界各地，为盲人学校募集资金，把自己的一生献给了盲人福利和教育事业。她赢得了世界各国人民的赞扬，并得到许多国家政府的嘉奖。一个聋盲人要脱离黑暗走向光明，最重要的是要学会认字读书。而从学会认字到学会阅读，更要付出超乎常人的毅力。海伦是靠手指来观察老师莎莉文小姐的嘴唇，用触觉来领会她喉咙的颤动、嘴的运动和面部表情，而这往往是不准确的。她为了使自己能够发出一个单词或说出一个句子，要反复地练习。海伦从不在失败面前屈服。从海伦7岁受教育，到考入拉德克利夫学院的14年间，她给亲人、朋友和同学写了大量的信。这些书信，或者描绘旅途所见所闻，或者倾诉自己的情怀，有的则是复述刚刚听说的一个故事，内容十分丰富。在大学学习时，许多教材没有盲文本，要靠别人把书的内容拼写在她手上，因此她花费在预习功课上的时间要比别的同学多得多。当别的同学在外面嬉戏、唱歌的时候，她却在花费很多时间努力备课。海伦能够走出黑暗，达到那么高的学术成就，除了靠她自己的顽强毅力之外，同她的老师莎莉文的谆谆教导是分不开的。她说："我的老师安妮·曼斯菲尔德·莎莉文来到我家的这一天，是我一生中最重要的一天"，"她使我的精神获得了解放"。是她的老师教她认字，使她知道每一事物都有个名字，也是老师教她知道什么是"爱"这样抽象的名词。海伦幼年得病致残后，变得愚昧而乖戾，几乎成了无可救药的废物，但后来她却成为一个有文化修养的大学生，这确实是个奇迹。可以说这个奇迹有一半是海伦的老师安妮·曼斯菲尔德·莎莉文创造出来的，是她崇高的献身精神和科学的教育方法结出的硕果。

莎莉文小姐不管教海伦什么，总是用一个很好听的故事，或是一首诗来讲清楚，她的教育经验十分丰富，教育方法也与众不同，她从不把海伦关在房间里进行死板的、注入式的课堂教育。

海伦用顽强的毅力克服生理缺陷所造成的精神痛苦。她热爱生活，会骑马、滑雪、下棋，还喜欢戏剧演出，喜爱参观博物馆和名胜古迹，并从中得到知识。她21岁时，和老师合作发表了她的处女作《我生活的故事》。在以后的60多年中她共写下了14部著作。

坚强地面对，勇敢地欢笑，因此生活也更加多姿多彩。不必强求什么，也不必刻意在乎什么，人生不如意十之八九，何不让幸福细水长流呢？当无情的打击到来时，我们的笑靥就是最好的回击；当命运的不公降落时，我们的坚强就是最棒的奇迹。

生活需要我们以坚强去面对，很多满足感是我们用坚强坚持到最后获得的，所有优秀的学生要学会坚强，坚强地面对学习中的困难。

# 第二章 相信自己

让梦想中的世界通过我们的转变得以实现，我相信，除非从我做起，我们的梦想就不可能实现，不幸的是，我们总是希望别人先开始改变。

——马歇尔·卢森堡

# 抬起希望，迈向成功

失败如同身陷淤泥的荷花，如果没有淤泥的培育，就不会有荷花盛开时的高洁。在成长过程中，如果没有失败的磨砺，就不会闪耀出成功的光芒；如果没有失败，就不会品尝到成功的欢欣。

一个盲人和一个跛者结伴去寻找一种仙果，这种仙果可以治愈他们的残疾。他们一直走啊走，途中他们翻山越岭，历尽千辛万苦，头发开始斑白。

有一天，那跛者对盲人说："这样下去哪有尽头，我不干了，受不了了。""老兄，我相信不远了，会找到的，只要心中存有希望，会找到的。"盲人说。可跛者执意要待在途中的山寨中，盲人便一个人上路了。

由于盲人看不见，不知道该走向何处，他碰到人便问，人们也好心地指引他。他身上遍体鳞伤，可他心中的希望未曾改变。

终于有一天，他到达了那座山，他全力以赴向上爬，快到山顶的时候，他感觉自己浑身充满了力量，好像年轻了几十岁。他向身旁摸索，竟摸到了果子一样的东西，于是放在嘴里咬了一口。

功夫不负有心人，他终于复明了，什么都看见了，绿绿的树木，娇艳的花朵，清澈的小溪，果子长满了山坡……他朝溪水俯身看去，自己竟变成了一个英俊年轻的小伙子！

准备离去的时候，他没有忘记替同行而来的跛者带上两个仙果，到山寨的时候，他看到跛者拄着拐棍，变成了一个头发花白的老头。跛者认不出他了，因为他已是一个年轻的小伙子了。当他们相认后，跛者吃下那果子，却丝毫未起变化，他们终于知道，只有靠自己的行动，才能换来成功和幸福。

盲人就是用左脚踩下艰辛与挫折，用右脚抬起希望，再用左脚迈向成功。虽然每一个人踩出来的结果都是不一样的，有些人先迈的是左脚，有些人先迈的是右脚，但无论先迈出哪一只脚，都不要忘了你的脚应该踩过挫折，抬起希望，迈向成功。

# 能经受住磨难才是强者

勇气会帮助我们战胜困难，假若有机会从一个平凡的人变成一颗璀璨的明珠，我们为什么不去尝试呢？即使前面有艰难险阻在等着我们，我们也不能停下前进的脚步，也许，鼓起勇气向前迈一步，甚至只是小小的一步，我们就会看到一个不同的世界。

又到了毕业的时节，这一天，在哈佛大学法律系的毕业典礼上，一位学生代表在发言中讲了关于自己成长的故事，他说："有一个孩子，每次考试时，他的成绩都无法超过他的同桌，这让他很困惑：一同认认真真地听课，为什么每次同桌都能考第一，而自己每次却只能排在他的后面？"

每次成绩下来后，他总是问妈妈："妈妈，我是不是比别人笨？我觉得我和他一样听老师的话，一样认真地做作业，可是为什么我总比他落后？"妈妈听了儿子的话，感觉到儿子开始有自尊心了，而这种自尊心正在被学校的排名伤害着。她望着儿子，没有回答，因为她不知该怎样回答。又一次考试后，孩子考了第二十名，而他的同桌还是第一名。回家后，儿子又问了同样的问题。妈妈真想说，人的智力确实有高低之分，考第一名的人，脑子就是比一般人聪明。然而这样的回答，难道是孩子真想知道的答案吗？她庆幸自己没说出口。

儿子的这个问题每学期都会被问到无数次，应该怎样回答儿子的问题呢？有几次，她真想重复那几句被上万个父母重复了上万次的话——你太贪玩了；你在学习上还不够勤奋；和别人比起来还不够努力……以此来搪塞儿子。然而，像她儿子这样脑袋不够聪明、在班上成绩不甚突出的孩子，平时活得还不够辛苦吗？所以她没有那么做，她想为儿子的问题找到一个完美的答案。

儿子小学毕业了，虽然他比过去更加刻苦，但依然没赶上他的同桌，不过与过去相比，他的成绩一直在提高。为了对儿子的进步表示赞赏，她带他去看了一次大海。在这次旅行中，母亲回答了儿子的问题。

母亲和儿子坐在沙滩上，她指着海面对儿子说："你看那些在海边争食的鸟，当海浪打来的时候，小灰雀总能迅速地飞起。它们拍打两三下翅膀就飞入了天空；而海鸥总显得非常笨拙，它们从沙滩飞向天空总要很长时间，然而，真正能飞越大海、横过大洋的却是它们。"

人与人先天就存在差异，这是不可回避的事实。人的成长、成熟是一个漫长的过程，能否取得最后的胜利，不在于一时的排名，而在于持续地进步与积累。能够经受住更多风吹雨打的人，他的翅膀才会更有力，也才能飞得更高、更远。

# 积极的个性让人立于不败之地

一个人若想立于不败之地，就需要磨砺出良好的个性，良好的个性总是起着积极的、正面的作用。因此，拥有良好的个性，对于青少年的成长是十分有利的。而积极的个性是在我们一次次努力的过程中培养起来的。

玛格丽特·撒切尔夫人，一个出身平民的女子，成为英国历史上第一位女首相，而且连续三次当选。她在重大国际、国内问题上，思路清晰、观点鲜明、立场强硬、做事果断，在相当长的一段时间里影响了整个英国乃至欧洲，被誉为欧洲政坛上的"铁娘子"。

然而，撒切尔夫人绝非政治天才，她的性格、气质、兴趣等都深受父亲的影响，她的人生之路的成就都源于父亲培养起来的高度自信！

　　玛格丽特的父亲罗伯茨通过自己的努力，开了一个小杂货店以维持生计。罗伯茨爱好广泛，并且热衷于参加政治选举。玛格丽特受父亲的影响，从小就喜欢读一些政治、历史、人物传记等方面的书籍，从小对政治就有相当多的了解。

　　玛格丽特的家教非常严格，从小父亲就要求她帮忙做家务，10岁时就在杂货店站柜台。在父亲看来，他给孩子安排的都是力所能及的事情，所以不允许女儿说"我干不了"或"太难了"之类的话，借此培养孩子独立的能力。玛格丽特很小的时候，罗伯茨先生就谆谆告诫她千万不要盲目迎合他人。等到玛格丽特入学后，随着年龄的增长，她才惊讶地发现：她的同学们有着比自己更为自由和丰富的生活，劳动、学习和礼拜之外的天地竟然如此广阔而多彩。她的同学们可以与他们的朋友一起在街上游玩，可以做游戏、骑自行车。星期天，他们又去春意盎然的山坡上野餐，一切都是那么诱人，那么令人愉快。

　　幼小的玛格丽特心里痒痒的，她幻想能有机会与同学们自由自在地玩耍。有一天，她回家鼓起勇气跟充满威严感的父亲说："爸爸，我也想去玩。"

　　罗伯茨脸色一沉，说："你必须有自己的主见！不能因为你的朋友在做某件事情，你就也得去。你要自己决定你该怎么办，不要随波逐流。"

见孩子不说话，罗伯茨缓和了语气，继续劝导玛格丽特："孩子，不是爸爸限制你的自由，而是你应该要有自己的判断力，有自己的思想。现在是你学习知识的大好时光，如果你想和一般人一样，沉迷于游乐，那样一定会一事无成。我相信你有自己的判断力，你自己做决定吧。"

父亲的一席话让她陷入深思。她想：是啊，为什么我要学别人呢？我有很多自己的事要做，刚买回来的书我还没看完呢。

罗伯茨经常这样教育女儿，要有主见，有自己的理想，特立独行、与众不同最能显示一个人的个性。随波逐流只能使个性的光辉湮没在芸芸众生之中。

这样的家庭教育培养了玛格丽特高度的自信，独立不羁的个性使她常常有一种心理优越感。

玛格丽特所在的学校经常请人来校演讲，每次演讲结束，她总是第一个站起来大胆提问。不管她的问题是比较幼稚，还是比较尖锐，她总是充满好奇地脱口而出，而其他的女孩子则往往怯生生地不敢开口，她们只能面面相觑或抬头望着天花板。

回家后，玛格丽特向父亲汇报学校的情况时，父亲总是鼓励她："孩子，你有这样的信心，我真为你感到骄傲。你一定会成为一个出色的辩论家。"

父亲的不断鼓励使玛格丽特对自己的口才充满了自信。上中学的时候，玛格丽特是学校辩论俱乐部的成员，演讲从不怯场。但老实说，当时玛格丽特的演讲技巧一点也不高超，用她同学的话说是根本不能振奋人心，这自然不受同学欢迎。玛格丽特却毫不顾忌，一有机会就上台滔滔不绝地演讲。有一次，因为她讲的内容大家不感兴趣，而且她又讲了很长时间，那时尽管台下时有嘘声、讽刺嘲笑声，玛格丽特自信好强的个性却使她根本不把这些放在眼里，依然毫不脸红地演讲下去。

甚至到后来，听她演讲的人都跑光了，她却仍坦然地把自己想讲的话讲完才停止。许多同学对她这种突出个性不理解，她对别人的议论也毫不在意，一直维持着独立自信、我行我素的个性。

我们总是把别人对自己的评价当作一面镜子，然后按照这面镜子设计自己的人生轨迹。如果总觉得自己做得不好，那么我们往往会产生自卑心理，甚至情绪低落，斗志不再。反之，如果我们拥有良好的个性，那么这些个性就会赋予我们的人生许多积极的因素，就能促使我们走向成功。

# 平庸和精彩往往就是一步之隔

理想的美好生活需要去拼搏才能拥有，坐等机会得来的往往只是昙花一现，守株待兔式的规则更不符合现实。对待压力和恐惧，拼一把，不要退缩，即使只有最后一丝希望，也要全力抗争，有着风风火火闯九州的豪迈与激情，才是人生的意义。如果人人都把自己的命运维系在别人手中，那人生意义何在？只有在进退维谷的境遇中以全部力量与命运抗争的人才难能可贵，才能真正地活出精彩人生！

有一位家境贫寒的年轻人，年仅20岁就辍学踏入社会。

那时正赶上经济萧条，要想找份工作非常艰难。一家知名医药企业刚刚贴出招聘科员的告示，就引来了许多应聘者，这位青年也是其中一员。

前来应聘的被一一编了号，他排在30多号。求职者相继沮丧地从招聘室走出来，说："条件很苛刻，没有大学文凭，没有两年以上的从业经验，一概不收！"排着队的应聘者一听，呼啦一下走了不少人。这位青年也不符合应聘条件，可他没走。

不久，又有几名应聘者走出办公室："年龄要25周岁以上！"应聘者又散去了不少，但这位青年还是继续耐心地排队等待。后面的应聘者问他："看你不到25岁吧？"他点头。那人又说："不到25岁肯定也会被淘汰的，你为什么还不走呢？"他笑着说："机会难得，即便是不符合条件，我也应该试一试！"

结果，他这种"试一试"的勇气改变了他的人生。各方面都不符合条件的他，虽然未被招聘为科员，但招聘主管因他形象不错，口齿伶俐，破格录用他做了一名药品推销员。参加工作以后，这位没有社会背景和学历的青年，凭借着这份敢于尝试的勇气，一边卖药一边考公务员，短短十年，就从普通的药品推销员，成功地进入公务员行列。

后来，有人问他："你的成功是不是靠运气？"他说："人生不能靠运气，但一旦机遇来临，一定要抓住。凡事不要先断定结果，只要你有心尝试，不管是否如你所愿，生活总会给你惊喜！"

平庸和精彩往往就是一步之隔：在可能的机遇面前，

有人想着可能的风险，想着自己的各种不足，想着可能的失败，因而望而却步，转身走掉；有人却勇敢地推门而入，即使是险象环生，遍布荆棘，也要走出自己的新路来。成功者和失败者的最大区别就在于此。

# 锐意进取，生活总会给你惊喜

伟大的数学家怀特海说："缺乏进取精神的民族意味着堕落。唯有开拓和竞争，才能立于不败之地。"对于每个人也是一样，只有不断进取，敢于向未知领域迈进，才能领略到更美的风景。

人生的征程是遥远的，只要双脚不息地前行，道路就会向远方延伸。信念是人生征途中的一颗明珠，既能在阳光下熠熠发亮，也能在黑夜里闪闪发光。

易卜生是挪威戏剧家，欧洲近代戏剧的创始人。易卜生8岁的时候，父亲突然破产了，家里债台高筑，原来的大房子给人抵了债，易卜生一家只得搬到了乡下去住。小易卜生因为家庭变故再也上不起正规的学校了，只好跟着母亲在家读书。

家里的情况一直没有好转。15岁的时候，易卜生只得到离家70多公里的格利姆斯达镇的一家药店当学徒。学徒的生活枯燥而艰苦，易卜生每天要干很多活，老板还动不动就骂人。

一天，一位牧师来店里抓药，牧师见给自己拿药的易卜生年龄不大干活却很麻利，就和他攀谈了起来。易卜生就将自己的经历和渴望读书的想法跟这位慈祥的牧师说了。牧师被小易卜生的上进心感动了。"那你有空来教堂找我吧。"牧师说，"我那里除了神学书外，还有一些文学著作，你可以都拿去看。"从此，易卜生在做完一天的繁重工作后，便去教堂里借书看。在这里他读了许多以前在家没有读过的书。

1862年，34岁的易卜生创作了《恋爱喜剧》，这是一部讽刺剧，揭露了当时挪威上流社会一些人的丑恶嘴脸。易卜生因此受到了当时社会上顽固势力的大肆攻击。当时奥斯陆的大小剧院也不敢再上演易卜生的剧作。

在罗马，易卜生坚持创作，他坚信自己的作品终有一天会得到社会的承认。易卜生不分昼夜地进行创作，为了写作他常常忘记了吃饭。有时为了完成一个剧情的创作，他经常整夜不休息。在这段时间里他创作了剧本《布朗德》。后来在朋友的帮助下，这本书在挪威出版了。《布朗德》一出版就引起了轰动，以前在挪威被拒绝上演的作品也纷纷登上了舞台。

恶劣的环境最能激发人的斗志，锻炼人的能力，促进人的成长。因此，当你身处逆境的时候，不要怨天尤人，而是要努力去拼搏，把它当作促成自我发展的良机。

一家电话推销公司正在对业务员进行培训。

主管首先在黑板上画了一幅图：在一个圆圈中间站着一个人。接着，他在圆圈的里面加上了一座房子、一辆汽车、一些朋友。

主管说："这是你的舒服区。这个圆圈里面的东西对你至关重要：你的住房、你的家庭、你的朋友，还有你的工作。在这个圆圈里头，人们会觉得自在、安全，远离危险或争端。

"现在，谁能告诉我，当你跨出这个圈子后，会发生什么？"

教室里顿时鸦雀无声，一位积极的学员打破了沉默："会害怕。"

另一位认为："会出错。"

这时，主管微笑着说："当你犯错误了，其结果是什么呢？"

最初回答问题的那名学员大声答道："我会从中学到东西。"

"正是，你会从错误中学到东西。当你离开舒服区以后，你学到了你以前不知道的东西，增加了自己的见识，所以你进步了。"主管再次转向黑板，在原来那个圈子之外画了一个更大的圆圈，还加上了一些新的东西，如更多的朋友、一座更大的房子等。

"如果你老是在自己的舒服区里头打转，你就永远无法扩大你的视野，永远无法学到新的东西。只有当你跨出舒服区以后，你才能使自己人生的圆圈变大，才能把自己塑造成一个更优秀的人。"

世上无难事，只要肯登攀。如果你想创造人生成功的奇迹，就要肯锐意进取，采取积极的行动，付出艰辛的努力，一步步向目标迈进。

# 轻浮急躁是阻碍成功的死结

一个人如果个性轻浮急躁，往往什么事情也干不成。在现实生活中，常常有人犯浮躁的毛病。他们做事情往往既无准备，又无计划，只凭脑子一热、兴头一来就动手去干。他们不是循序渐进地稳步向前，而是恨不得一锹挖成一眼井，一口吃成胖子。结果必然是事与愿违，欲速不达。

百鸟听说凤凰会搭窝，就都到它那里去学习。凤凰说："学知识要有耐心，没有耐心，什么也学不成。"

话刚开个头，猫头鹰就不满意了："废话这么多啊，看来凤凰不过是长得漂亮点，也没有什么本事，啰里啰唆的，我能学到什么呢？还是算了吧，别耽误我的时间了，我还要去捉田鼠呢。"说到这里，猫头鹰飞走了。

凤凰接着说："要搭窝，先要选好根基，比如，大树干上的三个杈……"

老鹰听了，撇撇嘴说："哈哈哈，原来这么容易啊！ 找个树杈还不简单，这还用学吗？"说完，老鹰也飞走了。

凤凰接着说："找好根基，然后把叼来的树枝一层层地垒起来……"

刚说到这里，乌鸦插嘴说："原来就是垒树枝呀，我学会了。"乌鸦得意地飞走了。

凤凰又往下说："这种窝还不算好。要想住得安稳一些，最好是把窝搭在屋檐下，不怕风，不怕雨……"

麻雀听了，高兴地说："没什么高明的嘛！和我想的一样呀，我就是在屋檐下做窝！"说完，麻雀转身飞走了。

最后只剩下小燕子在那里认真地听。凤凰对小燕子说："搭这样的窝要不怕苦，不怕累，要先叼泥，用唾液把泥拌匀了，再一层一层地垒起来，然后叼些毛和草铺在窝里，这样的窝住着才舒服呢！"

小燕子听完后，非常高兴，谢过凤凰，回去后，按凤凰所说的方法搭建了鸟类中最好的窝。

虽然许多鸟向凤凰学过搭窝，但是只有燕子的窝搭得最好，又漂亮，又结实，而且很舒适。其原因就是小燕子能够耐心地听完凤凰讲解搭窝的技术。这个故事说明了一个深刻的道理：成功与失败、平凡与伟大，往往没有多大的距离，就在一步之间，咬紧牙关坚持下去就成功了，性情浮躁，没有耐心，只会前功尽弃。这就是韧劲的较量，是意志力的较量。

古人云："锲而舍之，朽木不折。锲而不舍，金石可镂。"成功人士之所以成功的重要秘诀就在于，他们将全部的精力、心力放在同一目标上。许多人虽然很聪明，但心存浮躁，做事不专一，缺乏意志力和恒心，到头来只会一事无成。

你越是急躁，越是会在错误的思路中陷得深，也越难摆脱痛苦。

古代有一个年轻人想学剑法。于是，他就找到一位当时武术界最有名气的老者拜师学艺。老者把一套剑法传授于他，并叮嘱他要刻苦练习。一天，年轻人问老者："我照这样练习，需要多久才能够成功？"老者答："三个月。"年轻人又问："我晚上不去睡觉来练习，需要多久才能够成功？"老者答："三年。"年轻人吃了一惊，继续问道："如果我白天黑夜都用来练剑，吃饭走路也想着练剑，又需要多久才能成功？"老者微微笑道："三十年。"年轻人愕然……

年轻人练剑如此，我们生活中要做的许多事情同样如此。切勿浮躁，遇事除了要用心用力去做，还应顺其自然，才能够成功。

生活中，无论是名不见经传的普通人，还是声名显赫的成功人士，都容易被暂时的胜利冲昏头脑，在浮躁的心理下步入歧途。所以我们一定要戒除浮躁心理，不要让它葬送了我们美好的人生。

　　轻浮、急躁，对什么事都深入不下去，只知其一，不究其二，往往会给工作、事业带来损失。要踏实、谦虚，遇事要沉着、冷静，多分析多思考，然后再行动，不要这山望着那山高，干什么都干不稳，最后毫无所获。

# 成长比成功更重要

　　如果说成功是一朵光彩夺目的鲜花，那么成长就是一条充满荆棘的道路。很多人为了摘取到成功的鲜花而披荆斩棘，却不知享受自己不断超越阻碍奔向成功的成长之路。在成长的过程中，我们经历风风雨雨，踏过坎坎坷坷，积累弥足珍贵的人生经验。通过这人生经验，我们甚至可以采摘到更为鲜艳的成功之花。因此，成长比成功更重要。

　　莎莉·拉斐尔自小便立志成为一名电台主持人。可遗憾的是，当时所有美国电台都没有聘用女主持人的先例。因此，当她成年之后想涉足这个领域时，被一次又一次地拒绝。

　　后来，一次偶然的机会，她终于被一家电台破格录取了。她大喜过望，如同抓到了救命稻草一般。她暗自下定决心，要把所有热情和精力都奉献于这个职业。然而事与愿违，听众们对电台聘用女播音员非常抵触。很快，这家电台便遵从"上帝"的旨意，辞退了她。她的人生再度陷入了一片黑暗与迷茫。

万般无奈，她只好前往波多黎各，希望在那里找到一条成功之路。可命运再次给她出了一道难题——在美国长大的她，根本不会西班牙语。她不愿放弃最后的希望，潜心苦读，花了整整三年的时间学习西班牙语。后来，在波多黎各，她终于得到了一个外出采访的机会。这个在她看来至关重要的采访，实质上仅仅是一家通讯社委托她前去多米尼加共和国采访正在进行的暴乱，就连途中的差旅费也要自己负担。

有人认为，她一定是想工作想疯了！

鼓足勇气之后，她主动找到了一家广播公司的负责人，并向负责人谈起了自己的节目构想。许久之后，这个负责人终于对她的构想产生了兴趣，微笑着告诉她："公司一定会喜欢你这个构想的！"

她异常兴奋，等待着负责人给她带来好消息，她甚至已经想好了第一个节目该说些什么。但不幸的是，这位广播公司的负责人，在说完这句话之后，便杳无音信。她的美梦再次破灭了。

无奈之下，她又找到了该公司的另两名负责人。经过反复沟通，虽然该公司同意让她试试，却坚决反对她主持娱乐节目。没办法，她只能主持自己根本不擅长的政治节目。

她对政治一窍不通，但又不想放弃这份来之不易的工作，于是，她又和当年初到波多黎各一样，开始恶补政治方面的知识。

1982年的炎炎盛夏，她主持的以美国独立纪念日为内容的政治节目开播了。她轻松坦诚而爽朗的风格如同一阵别样的凉风，征服了所有听众。

有越来越多的挑剔者接受她、喜欢她，乃至在节目时间打进电话，真诚地与她探讨当前的政治问题，甚至总统大选。要知道，这在美国电台的历史上是绝无前例的。

美国"全国广播公司"破格留下了她。她几乎一夜成名，她所主持的节目也成了全美最受欢迎的政治节目。可很少有人知道，在此之前，她曾饱受了足足18次被"炒鱿鱼"的苦痛！

如今，她是美国一家自办电视台的节目主持人。在美国、英国以及加拿大，每天都有800万听众收看她的节目。而她，也凭借独特的风格和娴熟的语言技巧，两度拿下被誉为"艾美金像奖"的全美主持人大奖。

莎莉·拉斐尔成功了，可是，如果没有这18次颠沛失业的成长经历，还会不会有后来享誉全美的莎莉·拉斐尔女士呢？正是这18次失业，让她在进取中获得了知识，增长了才干，最后才成为人生最大的赢家。这是我们用多少成功都无法换来的珍宝。

成长比成功更重要，成功是一种结果，而成长则是一个过程。我们不能一味追求结果，却忘记了享受过程，过程是最重要的，成长比成功更重要！

# 只要自信一切都难不倒你

人生之中，总会有各种不如意，或家境贫困，或身体孱弱，或天赋不佳，或生理缺陷……不管面对哪种情况，只要你克服自卑心理，树立自信心，做自己幸福的缔造者，你将会拥有一个更加灿烂的明天。你只要有了自信心什么困难都能克服，什么事情都难不倒你；你的学业或者事业就会成功，你就是一个最有出息的人。

珍妮生性胆怯，因为她有些口吃。其实她口吃的程度并不严重，但她长期生活在自卑的阴影之中，脑海时时浮现老师轻蔑的眼神和自己在课堂上的尴尬场面，耳畔时时响起同学们的嘲笑声，长此以往，她的缺陷越发明显。其实她的声音很好听，她的理想是当主持人或演讲家，在准备很充分的情况下，在不紧张时她的表现非常好，几乎听不出来她的缺陷。

如果她主动告诉别人，别人会显出很惊讶的表情，说："不会吧，我怎么没听出来呢？你演讲得很不错啊！你在重要场合是太怯场了吧！"事实上，每当她站在讲台上时，面对台下众多的听众就会控制不住自己，结结巴巴。

因此，她错过了很多发展的机会。她感到很痛苦，常常独自舔舐伤口。

后来，在一位朋友的引荐下，她去拜访一位成功的长者。她把内心的苦恼倾诉给那位长者，然后恳求道："您在我认识的人中，是最有才智的一位，您可以给我指条成功的路吗？"

长者微笑地听着，说道："对自己说：'我能行。'"

珍妮犹豫了一下，缓缓开口说："我能行。"

长者说："用心再说一遍。"

珍妮顿了顿，大声说着："我能行。"

长者说："再来一遍。"

突然，珍妮用力大喊了一句："我能行！"

那位长者意味深长地说道："以后，经常对自己说这句话，永远不要对自己说'不'。"

此后，珍妮终于克服了自己的缺陷，屡屡在学校的演讲比赛中获奖，学习成绩扶摇直上，最终如愿以偿地获得了播音学位，实现了自己的理想。

要想让别人肯定你，首先得自己肯定自己，自信一切都难不倒你，对横亘在你面前的所有障碍，你都能轻轻地拂去，如同弹掉一根蛛丝一般。不要轻易否定自己的能力，不要为自己的心灵设限，时常告诉自己：我能行！

# 在自信中释放潜能

无畏，对我们任何一个人都很重要，因为你只有对生活有了信心，对成功有了信心，对未来有了信心，才有奋斗的激情。面对困难，我们不能容忍自己胆怯，我们只有两个字：挑战！无论如何我们都不能放弃自信，无论如何我们都要上前一搏。

自信是一种美妙的生活态度，正如一位成功者说："以前当我一事无成时，我怀疑我的能力，被自卑感所打倒，于是我觉得生活痛苦、黯淡无光；后来我取得了一些成就，恢复了对自己的信心，于是思想上也变得乐观、豁达，从而我的生活也随之变得美好了。"自信与人生的成败关系密切。

威尔逊在开始创业时，全部家产只有一台靠分期付款赊来的爆米花机，是他花50美元买来的。第二次世界大战结束后，威尔逊做生意赚了点钱，便下定决心从事地皮生意。假如说这是威尔逊的奋斗目标，那么，这一目标的明确，就是出于他对自己的市场需求预测拥有自信。

那时在美国做地皮生意的人还不多，因为战后人们大都比较穷，买地皮修房子、建商店、盖厂房的人相对较少，地皮的价格也相当低。当亲朋好友听说威尔逊要做地皮生意时，一致反对。

而威尔逊却固执己见，他觉得反对他的人目光短浅。尽管连年的战争使美国的经济很不景气，可美国是战胜国，它的经济会很快进入大发展时期。到那时买地皮的人肯定会增加，地皮的价格也会上涨。

因此，威尔逊用自己所有的资金再加一部分贷款在郊区买下了很大的一片荒地。这片土地因为地势低洼，不适合耕种，因此很少有人问津。可是威尔逊亲自调查了以后，还是决定买下这片荒地。他预计，美国经济发展很快，城市人口会慢慢增多，市区将会不断扩大，必然向郊区延伸。在不远的将来，这片土地肯定会变成黄金地段。

后来的事情果然如威尔逊所料。不出三年，城市人口激增，市区快速发展，大马路一直修到威尔逊买的土地的旁边。这时，人们才发现，这片土地四周风景宜人，是人们夏日避暑的好地方。因此，这片土地价格上涨，很多商人竞相出高价购买，但威尔逊不为眼前的利益所惑，他还有更长远的打算。后来，威尔逊在自己这片土地上建造了一座汽车旅馆，取名为"假日旅馆"。因为它的地理位置好且舒服方便，开业后，顾客盈门，生意十分红火。从那以后，威尔逊的生意越做越大，他的"假日旅馆"遍及世界各地。

一个活出自我的人会认为自己是独一无二的，会充满自信地生活，珍惜现在所拥有的一切，并努力拼搏。

自信是一种滋补剂，它是世界上最好的精神良药——如果以一种充满希望、充满自信的精神进行学习、工作的话；如果期待着自己的伟业，并且相信能够成就这番伟业的话；如果能让自己尽早展现出自己的勇气，并带着勇气上路的话——任何事物都不能阻挡我们前进。在前行的路上可能会遇到让我们灰心失望的失败，但那只是暂时性的，胜利最终会握在我们手中。

贝蕾是个手有缺陷的人，年轻的时候，她的爸爸说了这样意味深长的话："不要让外界告诉你你能做什么。手缩进袋里，你永远爬不上成功的梯子。"

高中时贝蕾想学打字，但她被拒绝，只为了怕她拖全班的进度。爸爸告诉她："时光易逝，你不能就那样被阻挡，还有好多障碍等着呢。"于是，她借了朋友的打字机开始自学。

贝蕾永远难忘自己的明星梦，但她又发现了更为吸引她的东西：新闻。是校刊和年册启发了她。她要做记者，到电视台工作便成了她的理想。可贝蕾明白，机会于自己微乎其微。瞧电视上那些女士多么"完美"！她只得把目标对准广播电台。

她选了些有关广播电视的课程，然后将录音带寄给全国各地几家电台。她的第一份工作是通过电话在堪萨斯市立电台找到的。但当节目主持人见到她时紧盯着她的手，怀疑她不能操纵演播台上的按钮，而那不过是最简单的手工活。无须多言，贝蕾已觉察他的犹豫。于是她就做了一直努力练习的动作让他看。此后四年，贝蕾便一直从事心爱的电台工作，从堪萨斯到纽约，最后到圣地亚哥。

贝蕾深知，到电视台工作的梦想成真之前她不能完全满足。她决定孤注一掷。先是一次次失败，几乎让人心灰意懒。一些电视台只是轻率回绝，不讲任何缘由。另一些电视编导则摇着头，说："遗憾！你的手分散了观众注意力。"

可贝蕾从未放弃过，她不停地求职于圣地亚哥一个又一个电视台，花了一年半时间转了个大圈，最后一家电视台的新闻主持伦·迈尔恩先生让她成了"消费者"专栏的记者。她知道他们没有先例让有缺陷的人上镜，用自己只是尝试。

三周后，贝蕾开始感到不安。在电视节目中首次亮相，她戴着仿指手套。它看起来几可乱真，但贝蕾却觉得非常虚假。"我岂不成了木偶？"屏幕上她的身体语言既僵硬又呆板。

爸爸及时提醒她："不要抱怨。你必须懂得在电视上报道新闻的机会是介于零和无限之间的。"贝蕾听了后没有抱怨，但她的新闻主持人察觉到她的不安。

"是这手套，"贝蕾告诉他，"它让我觉得好像戴着面具。"

他说："摘下它吧。到镜头前去，让我们看看又会怎样。"

她感到宽慰，更感到惊慌。她想："我的电视生涯就在此一举了。观众否定的信和电话将永远刺破我的梦想。"

那天晚上5点播新闻，贝蕾赤手出现在屏幕上。接下来，便是等待。

电视台电话交换机的指示灯亮了。信，雪片般飞来。每个电话和每封信都肯定了她。许多人赞叹贝蕾显现出真实的自我。事实上，观众根本没留意她的手，对她的表现慷慨地给予了"自然"的评价。

贝蕾很快成了美国CBS（哥伦比亚广播公司）电视台著名的节目主持人之一。

土耳其有句谚语："每个人的心中都隐伏着一头雄狮。"不言而喻，这头雄狮就是你自己，雄狮一旦从沉睡中醒来，你就会势不可当，所以每个人都可以做最棒的自己。人生前途的成败得失和幸福与否，关键在于是否树立了坚强的自信心。一个人心中充满了自信，他的面前必然是一片坦途。

# 坚持永不放弃的信念

小仲马自小热爱写作，他一直梦想着能像自己的父亲一样成为人尽皆知的大作家，可是他从来没有想过靠自己父亲的名声去成就自己"大作家"的梦。就这样，小仲马不断地写作，不断地投稿，不断地在碰壁中艰难地摸索着。

有一天，大仲马无意间得知儿子小仲马寄出的稿子被退回来了，而且已经不止一次碰壁。于是，大仲马意味深长地对儿子小仲马说："你在寄稿子的时候，如果能够随稿给阅稿编辑附上一段简洁的信息，或者只是一句话'我是大仲马的儿子'，我想结果就会截然不同了……""不！"还没等大仲马讲完，小仲马就打断了父亲的话，并用坚定的眼神看着父亲，固执地说："不，父亲，我知道您是为我好，可是我不想站在您的肩膀上看风景，因为那样看到的景色不够美丽。"年轻的小仲马拒绝了父亲的提议，一心要靠自己的努力去成就一番事业，因为小仲马坚信自己的能力。更让大仲马意想不到的是：小仲马不但没有把父亲的盛名作为自己事业的敲门砖，为了避免那些阅稿编辑把自己和赫赫有名的父亲联系在一起，他还不露声色地给自己起了很多其他姓氏的笔名。对于这一切，大仲马没有阻止儿子，也没有在背后帮助小仲马，而是为小仲马的行为感到自豪。从此以后，大仲马再也没有说过要小仲马以"大仲马儿子"的名义去投稿，而是在背后默默地支持着小仲马。

小仲马在自己的创作道路上的确走得很艰难，但他从来没有放弃，面对那些冷酷无情的退稿笺，小仲马没有沮丧，也没有抱怨，他坚持不懈地继续着自己的创作。可谓功夫不负有心人，小仲马的长篇小说《茶花女》终于以其绝妙的构思和高深莫测的文笔震撼并感动了一位资深编辑，而这位资深编辑和大仲马是很要好的笔友，有着好多年的书信来往，当他看到寄稿人的地址时大吃一惊，因为寄稿人的地址和大作家大仲马的完全一样，他甚至怀疑这是大仲马所著。但他发现这些作品的写作风格和大仲马的截然不同。于是，他迫不及待地带着这些好奇和兴奋，前去登门造访大仲马家。然而，所有的一切令他更为吃惊，去了才知道《茶花女》这部构思绝妙、文笔高超的伟大作品居然是大仲马那名不见经传的儿子小仲马所著。

"你的这部作品极具吸引力，同时也得到了各位编辑的赞赏。我唯一不明白的是，为什么你不在稿子上署你的真实姓名，而是用其他的笔名呢？年轻人，你一定有什么远大抱负吧？"这位老编辑疑惑而又诚恳地问道。

"是的，我想像我的父亲一样，成为著名的大作家。"小仲马回答道。

"那还不简单，你的父亲就可以帮你啊！"老编辑接着说。

小仲马若有所思地说："不，我只想要一个真实的高度，我不想为自己的成功找任何依托，我相信自己。"

"嗯，好，好啊！……"

此时老编辑对雄心勃勃的小仲马赞叹不已，并连连称赞道："真不愧是大仲马的儿子啊！"大仲马也一脸喜悦地望着儿子。不久，《茶花女》出版了，而此时的法国文坛也掀起了新潮，许多文坛书评家一致认为小仲马所著的《茶花女》的价值远远超越了大仲马的代表作《基度山恩仇记》。小仲马此时声名鹊起，真正走上了自己的成功之路。

靠山山会倒，靠水水会流，只有靠自己的能力才可能赢得长久的尊重，只有永远抱定自己的信念不放弃，才能走到成功的彼岸。小仲马正是意识到了这一点，才能够一步步坚定自己的梦想，不被遇到的困难所打倒，不断超越自己，并坚持不懈地进行着自己的创作，从而走上了世界文坛，并成为世界文坛上一颗璀璨耀眼的明星。

# 信念是攀登成功顶峰的梯

如果说成功是峰，那么信念就是助我们登上顶峰的梯。信念的力量是伟大的，它能给人带来无穷无尽的动力，给人希望，催人奋进，从而创造一个个奇迹。

在祖国大西南的偏僻处，有一个小村子。这个小村子因为近年来每一年都有几个人考上大学本科、硕士甚至博士而闻名遐迩。方圆几百里以内的人们没有不知道的。人们会说，就是那个出大学生的村子。久而久之，这个村子就被人们誉为"大学村"了。

以前，这个小村子只有一所小学校，每个年级只有一个班，一个班只有十几个孩子。现在不同了，方圆十几个村，只要与村里有亲戚关系的，都千方百计把孩子送到这里来读书。人们说，把孩子送到这里，就等于把孩子送进大学了。

在惊叹这个村子创造奇迹的同时，人们也都在问，都在思索，是这个村子的风水好吗？假如你去问村里的人，他们不会告诉你什么，因为他们对于秘密似乎也一无所知。

在二十多年前，村里的小学调来了一位五十多岁的老教师。听人说这个教师还是一位大学教授，不知什么原因被贬到了这个偏远的小村子。教授教了不长时间以后，就有一个传说在村里流传：说老教授能掐会算，能预测孩子的前程。原因是，有的孩子回家说，老师说了，我将来能成为数学家；有的孩子说，老师说了，我将来能成为作家；有的孩子说，老师说我将来能成为音乐家；有的孩子说，老师说我将来能成为科学家，等等。

不久，家长们又发现，他们的孩子与以前不大一样了。他们变得懂事好学，好像他们真的是数学家、作家、音乐家的料。老师说会成为数学家的孩子，对数学的学习更加刻苦；老师说会成为作家的孩子，语文成绩更加出类拔萃。孩子们不再贪玩，也不用像以前那样严加管教，都变得十分自觉。因为他们都被灌输了这样的信念：他们将来都是杰出的人，而那些有好玩、不刻苦等恶习的孩子都是成不了杰出人才的。

家长们很纳闷，也将信将疑，莫非孩子真的是块材料，被老师道破了天机？

就这样过去了几年，奇迹真的发生了。这些孩子到了参加高考的时候，大部分以优异的成绩考上了大学。

老教授在村里人的眼里变得神乎其神。他们让他看自己的宅基地，测自己的命运。可是老教授却说，他只会给学生预测，不会其他的。

老教授年龄大了，回到了城市，但他把预测的方法教给了接任的老师。接任的老师还在给一级一级的孩子预测着，而且，他们坚守着老教授的嘱托：不把这个秘密告诉给村里的人们。

几个从村里走出来的大学生说，他们从考上大学的那一刻起，对于这个秘密就恍然大悟了，但他们还是自觉地坚守着这个秘密。

"信念，就是深信你自己的意念，很多时候它或许是一种自欺欺人的念头，但只要你确信它，它就不再自欺欺人，而且可以为我们创造奇迹。树立信念是必需的，因为信念只是一种意念，人们之所以会遇到困难就没有信念，大多是因为信念不够坚定导致的。只要时常鼓励、提醒自己，信念就会变得更坚定。"

# 信念是托起人生大厦的支柱

　　美国黑人罗杰·罗尔斯当选纽约州州长就职演讲时说："信念值多少钱？信念不值钱，有时它甚至是一个善意的欺骗，但你一旦坚持下来，它就会迅速升值。"

　　一位学设计专业的22岁的青年人，来到北京创业，由于没有名气，很难从现有的设计市场里分得一杯羹。但他没有气馁，他相信是金子总会发光的，相信自己一定能闯出一片新天地。

　　一天，他到北京的香河家具城去买衣柜，当他向老板要家具的宣传画册看时，没想到对方却说没有。

　　原来，当时整个香河家具市场里没有一家家具店有宣传画册。他灵机一动，觉得这是个不错的机会，于是他便说："那我帮你做一个宣传画册吧，保准会带动你的销售量。"但没想到老板摇摇头说："对不起！我们没有这笔预算。"老板的话，并没有让他放弃，他说："你不用花钱，用家具换就可以，你看怎么样？"老板一想，说："那好吧，我就试试。"

他精心地为这家家具店设计了一份宣传画册，当宣传画册分发给消费者后，这家家具店的销量上升了不少。很快，其他家具店开始主动找他帮着设计画册。不久后，整个香河家具城里70%的家具店的宣传画册是由他做的，他淘到了第一桶金。

让他更没想到的是，不久后，居然之家的老总汪林朋竟然亲自打电话找他。原来，当时居然之家在挑选入驻的家具企业时，好多企业的宣传画册出自同一个人之手，这让汪林朋大为惊讶，便想见见这个厉害的人物。但等他来到居然之家时，没想到汪林朋对他说，听说你设计做得不错，那就给我做一盒名片吧。当时一盒名片只有20元钱，但他却干脆地答应了。第二天当他把名片送过来时，汪林朋看后非常满意。但是他却说，汪总你们的CI（企业标志）设计得不好。汪林朋一愣，说，那你给我们重新设计一个吧。就这样他接到了居然之家这个100万元的设计单子，今天的居然之家CI设计就出自他之手。

此后，他跟居然之家合作了十几年的时间，他也因此被业界称为"家具设计策划第一人"。

2008年10月，他计划策划和组织一届中国品牌节，但是如何选择举办场地却成了一个难题，因为场地既要有档次，又不能太贵。很快，他便想到了北京奥运会三大主场馆之一的国家体育馆。电话一打过去，对方说行呀，一天100万元。挂上电话，他的心凉了半截。但他又一想，收费这么贵，说明国家体育馆肯定是急于收回前期投入。

机会来了，他约到了时任国奥投资的董事长张敬东，聊天中他问，国家体育馆后期如何才能把之前的巨额投资给回收起来呀？张敬东说，这正是自己一直感到头痛的问题，便请他帮着想想主意。他趁机说，如果能让中国10000名企业家、1000个财经记者、100个活动组织策划高手同时走进这里，那无疑是最大的宣传。张敬东说，但是没有那么多钱去请啊，也不认识这么多人呀。听到张敬东这样表示后，他心中暗喜，说，我搞了一个活动，规模很大，联合了100多个活动组织策划高手，上万名企业家，还有近千名媒体记者。张敬东马上表示那太好了，你得到我这搞。他说，你们那100万元一天，搞不起。张敬东立即表示，不用不用，你来，只要能把国家体育馆的商业活动宣传出去，不收你钱。

2008年10月1日，第二届中国品牌节主会场在国家体育馆隆重举行，共1.6万多人参加，创造了国家体育馆赛后上座率的一个新纪录，成为赛后大型体育馆商业利用的典范，他也只象征性地交了些水电费。

他就是品牌中国产业联盟的秘书长王永，被认为是中国品牌事业的新领军人物和未来领袖。做不了第一，就做唯一，涉足同行未涉足的领域，整合自身的资源，王永为自己搭建了一座事业和财富的珠穆朗玛峰。

信念是成功的起点，是托起人生大厦的强力支柱。如果王永初到北京，因为很难在设计市场里分得一杯羹，就选择退缩，那就很难有后来的辉煌。只有坚定信念，才会有好运气，才会创造奇迹。

# 第三章
# 改变心态

耐心和持久胜过激烈和狂热。不管环境变换到何种地步，只有初衷与希望永不改变的人，才能最终克服困难，达到目的。

——儒勒·凡尔纳

# 以快乐的态度对待生活

接连遭遇了失恋、失业以及友情的背叛等诸多情感与心理打击后，小张对人生忽然失去了信念。他常常感叹自己付出了那么多，为什么却收获了如此多的伤心与失望？

为了逃避熟人的眼光与他们无处不在的怜悯，他独自前往陌生的城市寻找一个安身立命的地方。然而，求职十分困难，他心里不由得暗暗打了一个寒战。好在最后一刻，他找到了一份给医院打杂的工作，而这份工作也是因为当时"非典"流行，人们对医院这个地方避而远之才留下来的空缺。

在这样的生活中，小张的心情哪里还有青春的快乐？想想与他同龄的人都已经事业有成或者渐入正途，而他却独自流浪在外，凄凉之感就像冬天的寒风呼啸不止。

一位年轻的护士经常和他一同值班，她看出了他沉闷的心情，就经常开导小张：生活中的不如意不要放在心上，要多想想美好的未来。她经常用她那好听的嗓音给他朗诵普希金的诗：假如生活欺骗了你，不要忧郁也不要心急，相信吧，快乐的日子就要到来。

看到小张有了笑意，她就像哲人似的对他说："在生活中，你笑对生活，就会得到欢乐的心情；你若惆怅地行走，就只能收获惆怅的心情。"

有一天，那个年轻的小护士没有来，以后也一直都没有来。小张问医院其他的人，才知道这个小护士已经离开了这个世界。她患有白血病，一直没有找到合适的骨髓配型。直到生命的最后，她都把微笑带给每一位病人。

小张想到自己所经历的痛苦，和小护士承受的一切相比是多么微不足道。小张一下子释然了。

此后，小张学着忘掉苦难和不幸，在心里装满快乐。即使不能完全丢掉悲苦，他也会把它们压缩到最低的限度，让自己的心情与幸福和快乐接触得多一些。日子果然不断地变得明亮起来，未来也在他不断地寻找中渐渐地明朗、清晰起来。

每个人的生活都会出现大大小小的挫折，无论是什么样的挫折，我们都应该以快乐的态度对待生活。带着快乐行走，你就会被快乐感染；背负不幸攀登，心中承受的就是苦难。英国作家萨克雷有句格言："生活是一面镜子，你对它笑，它就对你笑；你对它哭，它就对你哭。"如果我们豁达、乐观，就能够看到生活中光明的一面，即使在漆黑的夜晚，我们也知道星星仍在闪烁。因此，它属于我们每一个人，而真正拥有这个世界的人，是那些热爱生活、拥有快乐的人。也就是说，那些真正拥有快乐的人才会真正拥有这个世界。

# 快乐的钥匙

著名专栏作家哈理斯和朋友在报摊上买报纸，朋友礼貌地对报贩说了声"谢谢"，但那报贩却冷口冷脸，没发一言。

"这家伙态度很差，是不是？"他们继续前行时，哈理斯问道。

"他每天晚上都是这样的。"朋友说。

"那你为什么还是对他那么客气？"哈理斯问他。

朋友答道："为什么我要让他决定我的行为？"

每个人心中都有一把"快乐的钥匙"，但我们却常在不知不觉中把它交给别人掌管。

一位女士抱怨道："我活得很不快乐，因为先生常出差不在家。"她把快乐的钥匙放在先生手里。

一位妈妈说:"我的孩子不听话,这让我很生气!"她把快乐的钥匙交在孩子手中。

男人可能说:"上司不赏识我,所以我情绪低落。"这把快乐的钥匙又被塞在老板手里。

婆婆说:"我的媳妇不孝顺,我真命苦!"

年轻人从文具店走出来说:"那个老板服务态度恶劣,把我气炸了!"

这些人都做了相同的决定,就是让别人来控制他的心情。当我们容许别人掌控我们的情绪时,我们便觉得自己是受害者,对现状无能为力,抱怨与愤怒成为我们唯一的选择。我们开始怪罪他人,并且传达一个信息:"我这样痛苦,都是你造成的,你要为我的痛苦负责!"

此时我们就把一项重大的责任托付给周围的人,即要求他们使我们快乐。我们似乎承认自己无法掌控自己,只能可怜地任人摆布。这样的人让别人不喜欢接近,甚至望而生畏。

但一个成熟的人会自己握住快乐的钥匙,他不期待别人使他快乐,反而能将快乐与幸福带给别人。他的情绪稳定,为自己负责,和他在一起是种享受,而不是压力。

你快乐的钥匙在哪里?在别人手中吗?快去把它拿回来

吧！也许有人会问，你说全世界充满欢乐，难道人生之中就没有痛苦的荆棘和不幸的泥淖吗？有。快乐是一种角度，遇到不幸时，换一个角度看，痛苦的酒糟可能酿制出快乐的甘甜。用欣喜的心情看，世界风和日丽；若用悲凉的眼睛看待世界，可能只剩下愁云惨雾。悲观的人心情一直潮湿，乐观的人心情永远明媚。"乐观"一词，说出一种很质朴的快乐方式——从"快乐"的角度去看待世界。用乐观的态度去面对一切，苦中也有乐。况且，快乐的种子很多是从痛苦的土壤中孕育出的。

同样给一座荒山，悲观者回答：修一座坟茔；乐观者反驳：种满山绿树。

面对痛苦，一般人会深陷其中，只有少部分人"强作欢颜"，极少有人能够达到"苦中作乐"乃至"以苦为乐"的人生境界。

人的欲望越多越强烈，若得不到满足，痛苦就越深。可以说，欲望是痛苦的根源。古人说"知足常乐"，做一个善于满足的人，也许不知不觉中，总把事情往好处想吧。

如果虚度了今天，那么就暗自庆幸，还有明天，可以重新开始。如果错过了太阳，不要流泪，不然就要错过群星。如果刮风下雨的时候，我们正在街上，把雨伞打开就够了，犯不着去说："该死的天，又下雨了！"这样说对于雨滴、云和风都不起作用。我们不如说：多好的一场雨啊！说这句话时对雨滴同样不起作用，但是它却对我们自己有好处，同时也可以把快乐传递给别人。

# 快乐的参照物

追求快乐，逃避痛苦是人的本性。随着物质条件的丰富，人们更看重生活的幸福指数。然而据调查显示，生活在物质条件优越的大城市的人，没有生活在中小城市的人幸福感强。

有人说财富在某种程度上决定人是否快乐。英国一项调查显示，对心情影响更大的因素是财富是否比周围的人多。研究者之一、沃里克大学教授克里斯·博伊斯说："过去40年里，每一个人的生活水平都提高了，所有人都是这样，我们的车变快，邻居的车也变快，与那些跟我们关系密切的人相比，我们没有优势。如果他朋友的年薪是他的双倍，那他年薪100万英镑都不会觉得快乐。"可见，财富不能决定人是否快乐，决定快乐的因素是比较的结果。从根本上讲，努力工作是为了快乐生活。但如果这样比下去，一个人无论如何努力，身边总有比他富有的人，那他就永远也不可能获得快乐。

俄国文学家契诃夫在《生活是美好的》一文中这样写道："要是火柴在你的衣袋里燃起来了，那你应当高兴，多亏你的衣袋不是火药库；要是有穷亲戚到别墅来找你，那你不要脸色发白，而要喜洋洋地叫道：挺好，幸亏来的不是警察；要是你的手指头扎了一根刺，那你应当高兴，幸亏这根刺不是扎在眼睛里。"因为会比较，所以契诃夫是快乐的。

作家史铁生饱受病痛折磨，但他拥有一颗乐观的心："刚坐上轮椅时，我老想，不能直立行走，岂非把人的特点搞丢了？便觉天昏地暗。等到又生出褥疮，一连数日只能歪七扭八地躺着，才看见其实端坐的日子是多么晴朗。后来又患尿毒症，经常昏昏然不能思想，就更加怀恋起往日的时光。终于醒悟，其实每时每刻，我们都是幸运的，因为任何灾难的前面都可以再加一个'更'字。"史铁生二十多岁便下肢瘫痪，一生都在与病痛做斗争，但他却始终面带微笑给人春风拂面之感。他的言语中时常迸射出幽默与智慧的火花。因为他深谙快乐之道，洞彻了人生。

一位退休的老人，还在租房子住，儿女都没有固定工作，生活艰难。每隔一段时间，老人就要到敬老院去看看，家人都不知为何。虽然生活困顿，但也不至于把他赶到敬老院去住吧？只有老人自己知道，那个敬老院条件不好，老人们总吵架。这个老人去看看，对不幸的孤寡者心生怜悯，唏嘘嗟叹。回家后面对儿孙满堂，就备感满足，生活就有了滋味。

　　生活中，人们总会相互比较。无论多么富足的人，总有比他更富足的；无论多么悲惨的人，也总有比他更悲惨的。选对了参照物，比较的结果就是快乐的；选错了，越比越痛苦。

# 拥有积极心态才能成功

一场大雨后，一只蜘蛛艰难地向墙上那张已经支离破碎的网爬去。由于墙壁潮湿，每当它爬到一定的高度就又掉下来了。它一次次地向上爬，一次次地又掉下来……

第一个人看到了，他叹了一口气，自言自语："我的一生不正如这只蜘蛛吗？忙忙碌碌却无所得。"说明这个人没有自信。遇到挫折，会一蹶不振，成为让挫折一次性打垮的懦夫。

第二个人看到了，他说："这只蜘蛛真愚蠢，为什么不从旁边干燥的地方绕一下爬上去？我以后可不能像它那样愚蠢。"说明他有自信，但没有方法。所以他遭受了挫折，不知道反省自己，不会总结经验教训，只凭着一腔热血硬拼，往往屡遭失败。

第三个人看到了，他说："真想不到这只小小的动物，居然有如此顽强的斗志，我以后要学习它屡败屡战的精神。"说明他善于思考，能找到战胜挫折的方法。如果遭受了挫折，能够审时度势，吸取教训，调整自己的行动，这种人往往能够转败为胜。

同一个场景，不同的人看，却有不同的结果，所以，一个人的心态很重要。

你的心态是只有你自己能完全掌握的东西。我们一定要非常清楚地认识到：打倒你的，不是困难，不是挫折，不是拒绝，不是没有人相助，不是不会说，也不是不会做，而是面对这一切问题时的心态。

一个拥有积极心态者常能心存光明愿景，即使身陷困境，也能以愉悦和创造性的态度走出困境，迎向光明。积极的心态能使一个懦夫成为英雄，从心志柔弱变为意志坚强。一个拥有积极心态的人并不否认消极因素的存在，他只不过是学会了不让自己沉溺其中。

积极心态还具有改变人生的力量。当你面对难题时，如果你期待能拨云见日，并能乐观以待，事情最后终将如你所愿，因为好运总站在积极思想者的一边。具有积极心态的人，心中常能存有光明的愿景，即使身陷困境，也能以愉悦、创造性的态度走出困境，迎向光明。积极心态人人皆可拥有，但有些人在实行时会发生困难。这是因为某些奇怪的心理障碍会导致积极心态的出现。一个人如果不断地怀疑、质问，那是因为他自己不想让积极思想发生作用。他们不想成功，事实上他们害怕成功，因为活在自怜的情绪中安慰自己——总是比较容易的。我们的大脑必须被训练成自动积极思考的模式。

积极心态只有在相信它的情况下才会发生作用，并且产生奇迹，而且你必须将信心与思考过程结合起来。有些人怀疑积极心态无效，可他们不知道，原因之一便是他们的信心不够，所以才会出现怀疑和犹豫、不停地给它泼冷水的结果。一旦你对它有信心，便会产生惊人的效果。

在不如意的时候，在遇到困难和挫折的时候，一定要能发现你自身拥有的积极的一面，那么你就一定能培养出积极的心态。我们要随时随地培养积极心态，因为成功永远属于心态积极的人！

# 选择快乐，悲伤就会自动远离

有一则寓言：有个农夫，他有两个女儿，大女儿嫁给了一个菜农，小女儿则嫁了一个陶器工人。

有一天，农夫闲着没事，便对妻子说："我想两个女儿了，我要去看看她们同自己的丈夫究竟过得怎么样。"

农夫先去看望大女儿。

"你过得怎么样，我的女儿？"他问道。

"很好，我的父亲。我只盼天气变化，能下场大雨，把我们的菜园子浇个透，那样我们的收成将会更好。"大女儿回答说。

当天下午，他又去看望嫁给陶器工人的小女儿。

"亲爱的，你好吗？"他问道。

"很好，我的父亲。"小女儿回答说，"我只希望天气可以一直这样，阳光灿烂，别下雨，不然，我们晾晒的陶坯就会被雨淋坏了。"

农夫回到家后，下雨天为小女儿一家的陶坯苦恼，天晴时为大女儿一家的菜园子忧愁，他的妻子见他整天唉声叹气，就对他说："下雨天你为什么不为大女儿高兴，天晴时你为什么不为小女儿欢呼呢？"

农夫听了妻子的话，豁然开朗，从此脸上天天都是笑容。

快乐是我们自己心境的选择，当我们选择快乐时，悲伤就会自动远离我们。但令人困惑的是，很多人选择了不幸、沮丧和愤怒。

有一对双胞胎，外表酷似，禀性却迥然不同。若一个觉得太热，另一个会觉得太冷。若一个说音乐很好听，另一个则会说像鬼哭狼嚎。一个是极端的乐观主义者，而另一个则是不可救药的悲观主义者。

为了试探双胞胎儿子们的反应，父亲在他们生日那天，在悲观儿子的房间里堆满了各种新奇的玩具及电子游戏机，而在乐观儿子的房间里堆满了马粪。

晚上，父亲走过悲观儿子的房间，发现他坐在一大堆新玩具中间伤心地哭泣。"儿子啊，你为什么哭呢？"父亲问道。"因为我的朋友们都会妒忌我，我还要读那么多的使用说明书才能够玩。另外，这些玩具总是要不停地换电池，而且最后全都会坏掉的！"

走过乐观儿子的房间，父亲发现他正在马粪堆里快活得手舞足蹈。"咦，你高兴什么呢？"父亲问道。这位乐观的儿子答道："我能不高兴吗？看到这堆马粪，我可以肯定附近有一匹小马！"

由此可知，快乐不是因为来自外界的侵扰，而是自己的一种主观感受，是一种心理感觉。快乐的过程，往往与我们的心境有关，我们每个人都有自己的情绪波动，但只要遇事学会摆正自己的心态，总往乐观的一面去想去做，就会带给我们积极而有成效的结果。无惧地面对生命给我们的考验，在我们灵魂中保持宁静和信心。

著名足球教练米卢说："态度决定一切。"要想活得快乐，就要有好的心态。我们永远无法改变世界的客观存在，但决定我们心态的钥匙，却时刻掌握在我们自己的手中。

有一个国王想从两个儿子中选择一个作为王位继承人，就给了他们每人一枚金币，让他们骑马到远处的一个小镇上，随便购买一件东西。而在这之前，国王命人偷偷地把他们的衣兜剪了一个洞。中午，兄弟两个回来了，大儿子闷闷不乐，小儿子却兴高采烈。国王先问大儿子发生了什么事，大儿子沮丧地说："金币丢了。"国王又问小儿子为什么兴高采烈，小儿子说他用那枚金币买到了一笔无形的财富，足以让他受益一辈子，这个财富就是一个很好的教训：在把贵重的东西放进衣袋之前，要先检查一下衣兜有没有洞。

同样是丢失了金币，悲观者用它换来了烦恼，乐观者却用它买来了教训。乐观者在每次危难中都会看到机会，而悲观者在每个机会中都会看到危难。

悲观者的眼光总是专注在不可能做到的事情上，到最后他们只看到了什么是不可能的。乐观者所想的都是可能做到的事情，由于把注意力集中在可能做到的事情上，所以往往能够心想事成。

# 每一种职业都值得尊重

每个家庭的情况不同，有些家庭是男主外，女主内；有些家庭可能就是女主外，男主内。这本来就是一件很正常的事情，那些认为家庭主妇就是"蛀虫"，家庭煮夫就是"吃软饭"的，只不过是一些无知的傲慢和偏见而已。

婚姻说到底，除了基础的爱情以及升华的亲情之外，也就是俩人在搭伙过日子，为了让日子能良好运转，大家各司其职，所以家庭主妇和职场精英的区别，只不过是分工不同罢了。

但是，当一个妈妈去办事填表时，在"职业"一栏怎么填呢？职业，就是你的工作是什么，或者你是一名……她是一位妈妈，填"妈妈"吗？办事人员会这样说："我们不把妈妈列为职业，你就填'家庭主妇'吧。"但是，妈妈们一般都不愿意被称为家庭主妇。

有一个妈妈很聪明，当她被问道："你的职业是什么？"

她说："我是一名研究人员，研究方向是儿童发展与人际关系。"

办事人员停了一下，然后在登记表的"职业"一栏写下了"研究人员"。

她是这样描述她的工作领域的："我一直在实验室或野外（就是室内或室外），潜心于自己的研究（妻子要做的事情），通过导师（孩子他爸）的指导，我获得了4个学分（4个儿女）。当然，这份工作很有挑战性（母亲们不会反对我的观点吧）。我每天需要工作14个小时（有时会更长）。这份工作带给我的满足感（家庭的温馨）胜于金钱（没人给我发工资）。"

现在，很多优秀的女性因为怀孕育儿会选择辞职在家里带孩子，过着操持琐碎家务的平凡生活，不能实现自身的价值，随着时间的推移，可能会逐渐失去就业时的风采并慢慢与社会脱节，有的还会变得很抑郁，有的还会发现老公似乎移情别恋、孩子更加尊敬他的父亲……

作为一个在家里带孩子的母亲，不能单纯守在家里过完整个人生，这对于个人或者是社会来说都不是一件好事。而且当整个社会都在发展的时候，如果思想停滞不前，接触不到外面的新鲜事物，就会逐渐被社会忽略乃至淘汰。很多妈妈就是因为思想单纯或者守旧而被丈夫厌倦甚至抛弃。

所以，如果选择在家里带孩子的妈妈，应该多留意女性的时尚知识，多关注时事新闻、社会动态。多读一些心理学、健康等方面的书籍，既能为以后的生活打下良好的基础，也能疏导自己的心理。一定要跟上时代的步伐，在顾好家的同时保持好自己的新鲜度。多参加社团活动，结交好友丰富自己的生活，充实自我。

在孩子上学之前在家里带孩子的妈妈，要少一些焦虑，多一些淡定，享受和孩子在一起的每一天，全身心地投入家庭生活的同时，也要让自己每天都在进步，为以后回归职场培养一个好的心态。

# 自强不息，活出自己的精彩

在自然界中，无论是哪一个种群，都是强者至上，而现代文明中的人类社会更是将这条生存法则体现得淋漓尽致，因为只有强者才能赢得尊重，只有强者才能更好地生存下去，也只有强者才能从社会中获得更多财富。而如何成为强者？理所当然地成为我们共同探讨的话题，更是所有人不断追求的方向。

悲观主义者说，人活在世上，本就是一种不幸，所以没必要努力追求什么，生老病死是无法改变的事实，苟活一生有口饭吃，他们就已经满足。

有的人或许是天生肢体残疾，那么摆在他面前的只有两条路：一是自暴自弃，二是自强不息。很多人选择了自暴自弃，他们是悲观主义者，认为天生的残疾只能让他们终身不幸，因为他们觉得他们有个不幸的开始，就会有不幸的生活，也就会有不幸的结局；甚至更有人利用自己的不幸来博得大家的同情，而最终只是为了讨口饭吃；而这样的人，活得根本不像人。

可是，还有一些人，他们做出了不一样的选择，他们选择了自强不息，那么，他们就一定会有不一样的人生，而这类人或许可以称为乐观主义者。

同样是天生肢体残疾，但是这些人却选择了乐观对待世俗异样的眼光，不畏肢体的残疾给生活造成的种种困扰，努力且认真地活着，甚至他们很多人的生活比肢体健全的人更加精彩，因为他们知道，既然命运让他们失去了健全的身体，那么他们就要努力给自己创造一个完美的人生，所以，他们更加认真地活着，活出了属于他们自己的精彩。这些人就是人生真正的强者，所有人都会为之动容，他们更赢得了世人的尊重。尼克·胡哲就是这些人的代表，天生残疾却乐观积极，赢得所有人的好评。

我们无法选择出身，但是，我们有能力选择自己的未来。每个人的命运都掌握在自己的手中，如果因为自己的出身卑微低贱，就不思进取，那么这些人即使生活在社会的最底层，也没有人会同情他们。只有自强不息的人，才会成为社会的中流砥柱，也会改变他们自己的生活状态，而这种改变一定是向好的方向发展的。

天生的身体残疾不可怕，出身的卑微低贱也不可怕，真正可怕的是没有一颗健全的心，或是失去了为改变命运自强不息、顽强拼搏的信念，这样的人才是真正的残疾或卑微。

在生活中不思进取的人有很多，他们总是在抱怨命运的不公，在诉说生活的不幸，在宣泄心中的不满，可是他们从不调整自己的心态，只知道怨天尤人的人，才是真正可悲的。

所以，如果你想要成为强者，必须要做到自强，只有积极地对待生活，乐观地面对困难，为了自己的未来努力奋斗，不向任何人低头，不向命运妥协，不向生活抱怨，那么你的生活一定会越来越好，你就能赢得大家的尊重，让自己真正活出个人样！

# 永不放弃

1982年12月4日，尼克·胡哲出生在澳大利亚墨尔本。然而，这个新生命的降生，给父母带来的并不是惊喜，而是惊恐。小尼克·胡哲一生下来就患有"海豹肢症"，没有双臂和双腿，只在左侧臀部以下的位置有一个带着两个脚指头的"小脚"。看到儿子这个样子，尼克的父亲吓了一大跳，甚至忍不住跑到医院产房外呕吐。他的母亲也不敢靠近他，直到尼克4个月大时，才敢抱他。父母对这一病症发生在尼克身上感到无法理解，到处咨询医生也始终得不到医学上的合理解释。天生没有四肢的尼克是不幸的，然而，生在一个充满爱的家庭里的尼克又是幸运的。

父母在经历了最初的惊愕和痛苦后，冷静地接受了现实。他们从没想过要放弃这个孩子，而是希望尼克能像普通人一样生活和学习。父母像对待正常孩子一样，教尼克做能做的一切。18个月大的时候，父亲就把他放到了水里，让他学习游泳。他6岁那年，身为电脑程序员和会计师的父亲就开始教儿子用两个脚指头打字。"父母和所有亲人都很疼爱我。我天生与别人不同，但他们却从没提起过我的身体异于常人。在五六岁时，我知道自己没有手脚，然而我真的认为没什么大不了。"尼克后来如是说。

到了该上学的年龄时，父母做出了一个艰难但可能也是最正确的决定：把儿子送进当地一所普通小学就读，而不是去为残障儿童设立的特殊学校。在去学校之前，一切都很好。而一旦失去父母的庇护，无助的尼克必须独自承受风雨了。

他需靠电动轮椅才能行动，要靠护理人员的照顾。母亲发明了一个特殊塑料装置，帮助尼克拿起笔。生活上的困难没有吓倒尼克，他勇敢地面对一切困难，努力学习照顾自己。但同学们的嘲笑和尖叫让7岁的尼克感到深深的自卑和孤独，内心充满无奈和绝望。

在学校里受到同学欺负，尼克毫无还手之力。8岁的时候，尼克非常消沉，甚至冲母亲大喊他想死。10岁时的一天，他试图把自己溺死在浴缸里，但是没能成功。在绝望之时，父母的爱让尼克渡过了最艰难的一段时期，他们一直鼓励尼克学会面对困难，尼克也逐渐交到了朋友，变得乐观而又勇敢。

　　真正让尼克发生改变的事情发生在13岁那一年。母亲剪下报纸上的一篇文章给他看，上面刊登了一个残疾人走出困境找到人生意义的故事。主人公没有被残疾压垮，而是为自己设立了一个个人生目标，并且逐一去实现，在实现理想的路上他还不断帮助别人。主人公的一句话更是深深打动了他："上帝把我们生成这样，就是为了给别人希望。"尼克振作起来，他终于明白了，自己不是这个世界上唯一不幸的人，自己也不是一个没有"明天"的人……

　　从那时开始，尼克尝试凡事感恩，抱着积极和乐观的态度生活。他渐渐学会了应付自己的不自如，开始做越来越多的事情，做那些其他人必须要手脚并用才可以完成的事情，比如刷牙、洗头、用电脑、运动……7年级时，尼克去竞争学生会主席，成功当选。他与学生会同伴一起参与地方慈善机构和残疾组织的各种事务。无论做什么，他都要付出比别人多几倍甚至几十倍的艰辛，但尼克从未放弃。回想起当初在普通学校艰难的求学经历，尼克说这是父母做出的最佳抉择。因为那段经历让他融入社会，变得更加独立。

　　在长期的训练中，残缺的左"脚"成了尼克的好帮手，不仅帮助他保持身体平衡、踢球、打字，当他要写字或取物时，也是用两个脚指头夹着笔或其他物体。"我管它叫'小鸡腿'，"尼克开玩笑说，"我待在水里时可以漂起来，因为我身体的80%是肺，'小鸡腿'则像是推进器。"

游泳并不是尼克唯一的体育运动，他对滑板、足球也很在行，"最喜欢英超比赛"。尼克还能打高尔夫球，击球时，他用下巴和左肩夹紧特制球杆，然后击打。身体的缺陷没有阻挡尼克对运动的热爱和新鲜事物的热情，2008年，尼克在夏威夷学会了冲浪，甚至掌握了在冲浪板上做360°旋转的高难度动作，并因此登上了美国权威的水上运动杂志《冲浪》封面。对此，他显得很平静："我的重心非常低，所以可以很好地掌握平衡。"

除了精通于多种运动，尼克对待学业也非常认真。在父亲的帮助下，尼克取得了会计和金融企划的双学士学位。

19岁的时候，尼克开始追逐自己的梦想，那就是通过自己充满激情的演讲和亲身经历去鼓励其他人，给人们带去希望。"我找到了我活下去的意义。"尼克这样说。尼克的足迹遍及全球二十多个国家，演讲对象包括政府官员、总统、名人等，与超过300万人交流心得，并通过电视、报纸、杂志与超过6亿人沟通。他不再向上帝求手求脚，他明白了：上帝要借他来激励别人，为万人带来福祉。

尼克向人们介绍自己不屈服于命运的经历，他人生的点点滴滴、他的自信、他的幽默、他的沟通能力，让他深受听众们的喜欢。尼克与听众们分享远见与梦想，鼓励他们乐观坚强，跳出现有的人生，去思索未来。他用自己顽强不屈的人生经历告诉听众，完成梦想的关键就是坚持不懈与勇敢地面对失败，把失败看作是学习的机会，而不是被它所打倒。讲台上的尼克总是神采奕奕的，他在世界上不同的国家做过大大小小的演讲上千次，但每次他都一如既往地充满激情。他说："人生最好的导师是自己的经验，要向自己学习，总结失败的经验，为每天发生的事情感恩。"

聆听过尼克演讲或看到过他演讲视频的人，也无不为他的顽强、坦率、乐观、坚韧和永不放弃的精神所感染。身高不足一米、没有手没有脚的尼克，赋予了这个世界一笔巨大的财富。演讲时，一张小小的书桌便是他的讲台，确切地说，是舞台。

残缺的身体在上面移动、跳跃，而脸上始终带着自信的笑容。在向孩子演讲时，他总能找到孩子们喜欢的语言和方式，他的幽默风趣让会场上孩子们的笑声、掌声始终不断。尼克从不掩饰自己的残疾，经常拿自己的"小鸡腿"开玩笑，逗得孩子们哄堂大笑。

在演讲中，他无数次当众倒在桌子上，向台下的孩子和成人演示一个无手无脚的人如何重新站起来。一次不行，就第二次、第三次……直到身体艰难地站立。他用自己的生命体验让孩子们明白，实现梦想最重要的就是坚持不懈和拥抱失败，把失败看作是一次学习的机会，而不是被失败的恐惧打倒。孩子们流泪了。这是一种撼动灵魂的感动，经历一次，便终生难忘。

有一次演说结束时，尼克发现人群中有一个和他一样没有手脚的小男孩。"我邀请他的爸爸把他抱上台。只有19个月大的他，跟我一样没有四肢，只有一只小脚板。我望着他，心里不禁啧啧称奇。在上帝这个没有手脚的生命计划里，安排了这一次的'偶遇'。"一年之后，尼克再次遇上这个孩子的妈妈。孩子的妈妈跟尼克说："当我拥抱你的时候，就好像拥抱着我自己24年后的儿子！我一直祈求着上帝，求他派一个人来，让我知道他并没有忘掉我的孩子。"

# 平和地做自己该做的事

米莎太太第一次走出乡村，她拖着两个很大的行李箱，走进了候机大厅。环顾四周，寻觅了半天，也没有找到说好要来接她的侄子。她轻叹了一口气，只好坐下来等候。因为刚刚做过肾脏手术，米莎太太一直要频繁地上厕所，可是她又不想丢下行李箱不管。她带的许多东西虽然不很值钱，但却很珍贵，因为那是她给远在都市里的亲友们积攒了多年的礼物。她只得一边忍耐着，一边焦急地东张西望，盼着侄子早点出现。

"太太，需要帮忙吗？"一个坐在旁边候机的年轻人，面带微笑地问她。

"哦，不，暂时不需要。"米莎打量了年轻人一眼。身着休闲服的年轻人掏出一本书，专心致志地阅读起来。

"这个不守时的家伙，等会儿非得训斥他不可。"米莎太太开始埋怨起来。又过了一会儿，米莎太太实在忍不住了，她向身旁的年轻人恳求道："请帮我照看一下行李，我去一趟洗手间。"年轻人非常愉快地点了点头。

米莎太太很快回来了，她感激地掏出1美元，递给年轻人："谢谢你帮我照看东西，这是你应得的报酬。"望着老人一脸的认真，年轻人回一声"谢谢"，接过钱放进了衣兜。这时，米莎太太的侄子快步从门口走了进来，他刚要解释迟到的原因，忽然惊喜地冲着老人身旁的年轻人叫道："你好，盖茨先生。没想到你会在这里候机！""哦，是的。我的工作需要我经常到处跑。"年轻人收起书，准备去检票口检票。

"哪个盖茨？"米莎太太不解地追问道。"就是我常常跟您说起的世界首富，微软公司总裁比尔·盖茨先生啊！""啊，我刚才还给过他1美元的小费呢！"米莎太太满脸自豪地说。

"他真的接受了你1美元的小费吗？"侄子惊讶得张大了嘴巴。"没错，我很高兴今天在候机的时候还有1美元的收入，因为我帮助这位太太做了一件很小的事。"盖茨回头坦然地答道。

1美元是微不足道的，但在这里，它却表现出了金钱最纯正的品质，在清贫的乡村老妇米莎太太眼里，那是对一种劳动必须支付的报酬；而对于身家数百亿美元的世界首富盖茨来说，接受这1美元，是对一份真诚谢意的礼貌回应和尊重。

一个满怀失望情绪的年轻人千里迢迢来到了法华寺，对住持说："我一心一意要学丹青，但至今没有找到一个能令我佩服的老师。"

住持笑笑，问："你走南闯北十几年，真的没有遇到一位好老师？"年轻人深深叹了口气说："许多人都是徒有虚名，我见过他们的画，有的画技还不如我呢！"住持听了，淡淡一笑说："老僧虽然不擅长丹青，但也颇爱收集一些名家精品。既然施主的画技不比那些名家逊色，就烦请施主为老僧留下一幅墨宝吧。"说着，便吩咐一个小和尚拿来笔墨纸砚。

住持说："老僧最大的嗜好，就是品茗。施主可否为我画一个茶杯和一个茶壶？"年轻人听了，说："这还不容易。"于是调了一砚浓墨，铺开宣纸，寥寥数笔，就画出一个倾斜的水壶和一个造型典雅的茶杯。那水壶的壶嘴正徐徐吐出一脉茶水来，注入那茶杯中去。年轻人问住持："这幅画您满意吗？"

住持微微一笑，摇了摇头，说："你画得确实不错，只是把茶壶和茶杯放错了位置。应该是茶杯在上，茶壶在下呀。年轻人听了，笑道："大师，为何如此糊涂，哪有茶杯反在茶壶之上的道理？

住持听了，又微微一笑："原来你懂得这个道理啊！你渴望自己的杯子里能注入那些丹青高手的茶，但你却总把自己的杯子放得比那些茶壶还要高，茶怎么能注入你的杯子里呢？只有把自己放低，才能吸纳别人的智慧和经验。"

自以为是的人头脑容易发热，他们往往充满梦想，只相信自己的智慧和能力，因此就难免会将别人看得渺小，将自己看得伟大，仿佛一颗熠熠生辉的珍珠，有着别人无法比拟的骄傲。

其实，我们每个人在宇宙中都很渺小，就像一粒尘埃一样毫不起眼。这个世界并不会因为少了你而有什么变化，地球也不会因为没了你而不再转动。那些深谙做人之道的人，大都是在社会群体中能够摆正自己的位置，拥有低调品行的人，而把自己看成比别人高一等的人，一定是世界上最愚蠢的人。

低调的品行不是卑微、怯懦和无能，而是力量的委婉展示，是世事精通的智慧表现。坦诚而平淡地看待自己，没有人会因此而将你看低，反倒会从你的低调中看到闪光的品格。很多伟大的人也很会谦卑待人，人们也因此会越发敬重他。

真正的大人物是那种成就了不平凡的事业却仍然像平凡人一样生活着的人。他们从来都是虚怀若谷的，不会因为自己的成功而盛气凌人，不会见人就喋喋不休地诉说自己是如何成功和发迹的，也从不痛恨自己的同事是"居心叵测之人"，他们只是"不以物喜，不以己悲"，平和地做着自己该做的事情。

　　大人物尚且如此，而我们普通人呢？一个人如果妄自尊大，把谁都不放在眼里，一切皆以自我为中心，那么他一定会一天到晚被烦恼重重包围着。

　　若一个人太自负了，就很容易陷入一种莫名其妙的自我陶醉之中，变得自高自大起来。他会无视所有人对他的不满和提醒，终日沉浸在自我满足之中，对一切功名利禄都要捷足先登。这样的人永远也得不到人们对他的理解和尊重。

# 一切皆有可能

　　德国数学家高斯在上中学的时候，有一次，他在数学课上打瞌睡，下课铃响了，他醒了过来，抬头看见黑板上的一道题目，以为是当天的家庭作业。回家后，他埋头演算，却一直算不出来。但他还是锲而不舍。终于，他算出来了，并把答案带到课堂上。老师见了，不禁瞠目结舌，原来那是一道原本被认为是无解的题。高斯为什么能算出这道题目呢？因为高斯不知道这道题目是没有答案的。

　　数千年来，人们一直认为要在4分钟内跑完1英里是件不可能的事。不过，在1954年5月6日，美国运动员班尼斯特打破了这个世界纪录。他是怎么做的呢？每天早上起床后，他便大声对自己说：我一定能在4分钟内跑完1英里！我一定能实现我的梦想！我一定能成功！这样大喊一百遍，然后他在教练库里顿博士的指导下, 进行艰苦的体能训练。终于, 他用3分56秒6 的成绩打破了1英里长跑的世界纪录。有趣的是在随后的一年 里, 竟有37人进榜, 而再后面的一年里更高达200多人。班尼 斯特为什么能打破世界纪录? 因为班尼斯特相信自己能打破世 界纪录。

在飞机发明之前, 科学家认为飞行是不可能的; 在麻醉 药发明之前, 医生坚信无痛手术是不可能的; 在原子弹发明之 前, 科学家也都相信原子是不可能分裂的, 原子弹的构想根本 是无稽之谈。

你能够想象在飞机发明之前, 有多少人告诉过莱特兄弟 他们的行为既幼稚又愚蠢——因为那看起来很笨拙的装置, 肯 定是飞不起来的。就连他们的父亲也断言人类永远不可能翱翔 天际, 他说: 如果上帝肯让我们飞上青天, 早就赐予我们一双 翅膀啦! 没想到, 这两个 "不肖子" 以具体行动推翻了老爸的 这句名言。而今我们不但可以飞到肉眼看不到的天空, 甚至还 可以飞得比声音的速度还要快。

如果你在思想上认为一件事是不可能的, 你在行动上自 然就不会去做, 自然就不会有什么好结果。在现实生活中, 当一件事被认为是不可能时, 我们就会为不可能找到许多理 由, 我的智商没有别人高, 我吃不了苦, 我没有经商天赋和管 理经验, 我不是那块料……从而使这一个个自以为是的不可能显得理所当然，我们也就当然不会再采取积极有效的行动，最终的结果肯定是这件事真的成了不可能了。

其实，"能"还是"不能"完全取决于你的信念，你认为"能"，你就"能"。在我们一生当中，经常会听到有人告诉我们"你是做不到的"，而我们往往信以为真。这些声音可能源于你的父母、师长的谆谆告诫，也可能是你比较接近的同事、朋友，甚至你自己。当他们告诉我们要"实际一点"的时候，他们也许没有恶意，有的甚至有可能是发自内心的善意，但是他们的话常常会引发我们内心的恐惧与不安，使我们害怕尝试冒险，自我设限，生活也变得千篇一律、原地踏步。

事实上，"你做不到"并不是真理。除非你确实试过，否则没有人能肯定地说"不可能"——因为没有任何人知道。几乎每一个伟大的构想在开始的时候，没有几个人能想到它真的可行。但只要我们抱着"一切皆有可能、成功来自拼搏"的信念，相信一切都可以美梦成真。

生命中，一大乐事就是完成别人认为你做不到的事。去看看教你放弃的这些人，他们是否有伟大的成就？是否勇于突破障碍，活出自己的梦想？这些人连自己都做不好，又怎么能教你怎么做？

记住，你要在没有人相信的时候，依然对自己深信不疑。一旦你退缩，就永远踏不出成功的脚步！因此你要慎下结论，去掉"不可能"的思想观念，相信凡事都有可能，千万不要自我设限。

"一切皆有可能"的含义至少有三点：一是要相信你自己，不要自卑，没有你做不了的，只有你不敢做的；二是不要藐视他人，可能有一天他也会站在高处这样看你；三是不要不相信不可能发生的事，这世界既有必然也会有偶然的情况。

我们相信了自己，相信了一切皆有可能的意义，而要实践这个真理，实现我们的梦想，更重要的一点是需要自己去拼搏、实践，去坚持到底，直到成功！如果没有执行，任何伟大的想法和计划都将是空谈，终将被历史遗忘。只有卓有成效地执行，将想法和计划付诸实践，顽强无畏地拼搏，克服一切困难，并最终实现才能称之为"成功"，才能名留青史。成功属于有准备的人！属于有行动有拼搏的人！有目标有行动，是成功的关键！成功属于敢于拼搏的你！

# 学会做人，踏实做事

马卡姆很小的时候就失去了父亲。面对生活的艰辛，他并没有沮丧。

他的第一份工作是送信。三年中，年纪还很小的他，竟然没有发生过一次失误。他一直有一个理想，就是自己能有机会在铁路上工作。为此，他开始学习和铁路有关的知识。后来，他被派去专门打扫站台。每天，他都穿一身蓝色的铁路制服，专注地做这件对他来说似乎过于简单的工作。

有一天，马卡姆像往常一样打扫着站台。他不知道，在他对面停着的一节车厢里，有一个人被他的工作态度吸引了。这个人是铁路巡回主任杰拉尔德先生。在以后的日子里，马卡姆更换了多份工作，每换一次工作，马卡姆都拿出十足的劲头——像打扫站台那样彻底，那样让人无可挑剔。最后，他当上了伊里诺斯中央铁路局局长。

杰拉尔德先生在谈到马卡姆时说，他没有见到过一个如此精心对待一件平凡工作的人，他使自己的工作焕发出不同寻常的光彩。

认真做人，用心做事，既是对工作的要求，也是做人的标准。做人贵在清白，做事贵在认真。用心做事，就是动脑筋做事情，用心处理问题，反映的是一个人做事认真负责和一丝不苟的态度，体现的是一个人的思想境界和精神状态。

如今，大学生感慨找工作难，但是却看不到自身的缺点。大多数大学生待人接物有欠缺和不安于本职工作。一般用人单位不愿招大学生，尤其是"好"学生。因为他们自恃好女不愁嫁，频繁跳槽。招的大学生好多都是一两年后就跳槽，能安安心心做上三五年的很少。另外，还有不少大学生喜欢和别人攀比，看见同学的工资比自己多几百元就受不了，开始另谋出路。其实，在一个单位待上一年是学不到什么东西的，只有踏踏实实地做上至少三年，才可能逐步积累经验，有所提升。

有一个刚毕业的大学生，因为单位考虑新人马上接触商业机密不太好，就安排他做一些基础工作。三个月后，这名学生提出要做"更大的事"，公司没有答应，于是他扭头就走人了。还有一名"什么证书都考出来"的优秀大学生，在公司里担任法律顾问，但他从不和同事打招呼，不和他人沟通，"没人知道他在做什么"，最后公司只好请他离开。

一些大学生进了单位，常常抱怨"怎么吃饭没人找我?"而不是主动融入同事中。求学期间，有家长、老师帮着他们，到了单位，什么都要靠自己。人好比是树，工作环境是土，树根应该去适应土壤，而不是让土壤来适应树根。所以，刚毕业的大学生要学会做人，学会沟通。

刚毕业的大学生，人生定位要准确，要切合实际地考虑自己到底想要什么。与其不断跳槽，不如一步一个脚印地从最底层做起。大公司一般都有一整套的培养计划，公司垂青于那些有潜能、愿意和公司一起发展的员工。谁会喜欢第一年求着要进来，一年后和人力资源经理谈条件要这要那，公司不同意就要走人的员工呢?

如果刚毕业的大学生以自我为中心，不尊重他人，特立独行，缺乏团队精神和主动精神，把这些不良习惯带到社会上、工作中，必然会遇到挫折。因为，学校和社会有着不同的文化，走出校园，走向社会，就要一切从头开始。只有学会做人，学会主动去适应社会，才可立足和发展。

认真做事，只能把事做对；而用心做事，才能把事做好。不可否认，人的能力大小是有区别的，但人在做事时的态度是最重要的，不认真的人就是再有能力，也会一事无成。任何事情，只要是分内之事，就应该认真去做，这是保证结果正确的基本态度。比如，现在让你去发一份传真，如果你心不在焉，就很容易导致号码错误、收件人错误，甚至造成工作的延误。再如，我们接收一个会议通知，如果简单地当一个传话筒，不去跟踪衔接，就有可能造成工作脱节、误事。像发传真、接电话这样简单的工作，如果不以认真的态度去对待，就会出问题。

用心做事和不用心做事的人所创造的个人财富、社会价值和受人尊敬的程度也截然不同。努力做事却不用心去做等于没做，最终不会赢得领导的欣赏和同事的尊重。只有用心去对待事情，对待工作，才能离成功更近一步。

古人讲："业精于勤荒于嬉，行成于思毁于随""成大业若烹小鲜，做大事必重细节""古今事业必作于细，天下大事须成于实""智者之虑，虑于未形；达者所窥，窥于未兆"等，讲的都是用心做事、成就大事的道理。

"用心做事"是一种态度，它能使我们做好本职工作。也是一种思想境界，能使我们用思考的眼光来谋划未来。

"用心做事"是一种品质，一种人生原则，它能使人在工作、生活中学到更多的知识，把工作做得更加出色。

因此，从学校走向社会后，首先要学会认真做人，然后努力做事，做好本职工作，用心思考未来，这样才能把工作做得更好、更出色。

# 对工作永远热忱

所谓热忱，是指人在参与活动或对待别人时所表现出来的热烈、积极、主动、友好的情感或态度。不难发现，如果我们对某件事情怀抱着极大的热情，那我们就能全身心地投入这件事情当中，最后就很容易做出一番成绩。

著名音乐家亨德尔年幼时，家人不准他去碰乐器，不让他去上学，哪怕是学习一个音符。但因为热情，他在半夜里悄悄地跑到秘密的阁楼里去弹钢琴。

莫扎特年幼时，整天要做大量的苦工，但因为热情，一到了晚上他就会偷偷地去教堂聆听风琴演奏，将他全部身心融化在音乐之中。

巴赫年幼时，只能在月光底下抄写学习的东西，连点一支蜡烛的要求也被蛮横地拒绝了。当那些手抄的资料被没收后，他依然没有灰心丧气，还是对音乐充满热情。

迪斯尼还是个年轻小伙子的时候，就梦想着制作出能够吸引人的动画电影来。于是，他以极大的热情投入工作当中。为了了解动物的习性，他每周都亲自到动物园去研究动物的动作及叫声。值得一提的是，在他后来所制作的动画片中，很多动物的叫声是他亲自配的音，包括那位可爱的米老鼠。

有一天，他提出了一个构想，欲将儿童时期母亲所念过的童话故事，改编成彩色电影，那就是"三只小猪与野狼"的故事。但助手们都摇头表示不赞成，没有办法，迪斯尼只好打消这个念头。但是在迪斯尼心中却一直无法忘怀，后来，他屡次提出这个构想，都一再地被否决掉。

终于，因为他有着一种无与伦比的工作热情，并且不断地提出，大家才答应姑且一试，但是对它不抱有任何的希望。然而，剧场的工作人员谁都没有料到，该片竟受到全美国人民的喜爱。

这实在是空前的成功。从佐治亚州的棉花田到俄勒冈州的苹果园，它的主题曲立刻风靡全美国——"大野狼呀，谁怕它，谁怕它。"

通过迪斯尼的经历，我们可以得出一个结论：一个人工作时，如果能以火焰般的热情，充分发挥自己的特长，那么无论他所做的工作有多么艰难，他都不会觉得辛苦，并且迟早有一天他会成为该行业的巨匠。

行走职场，激情可能带我们走一千米、十千米，但热情会让我们一直走下去。所以，热情对于每一个职场人士来说就如同生命一样重要。如果我们失去了热情，那么我们永远也不可能在职场中立足和成长；反之，如果我们一直拥有热情，那我们就可以释放出巨大的潜能，激活全身的每一个细胞，从而将工作做到最好，最后提高自己的职业素质，成为一名当之无愧的敬业员工。

# 抛弃消极的心态

能力再强，也要对工作有足够的激情与热忱，这是一种积极进取的人生态度。只要你够勤奋，不管朝哪个方向发展，都会取得成功。与领导相处更是如此，领导都喜欢工作热情的员工。

著名的管理学家彼得·德鲁克曾指出："未来的历史学家会说，这个世纪最重要的事情不是技术或网络的革新，而是人类生存状况的重大改变。在这个世纪里，人将拥有更多的选择，他们必须积极地管理自己。"

所以，今天大多数出色的企业对人才的期望是：积极主动、充满热情、灵活自信。的确，热情是工作的原动力，激情是成就事业的根本。要想摆脱职场困境，我们就必须想办法保持工作激情。

张京在一家电器公司上班，他工作能力很强，但总是对什么都抱着无所谓的态度。如此一来，他不但在竞争主任的位置时失利，而且在领导推荐出色人员参加业务培训的时候，依然没有他的名字。

对于这样不公平的待遇，张京非常不解，于是他去找领导谈话，想问个究竟，没想到领导吃惊地看着他说："你不是不喜欢销售工作吗？还一直想转行？"张京当时生气地说："可是我取得了很多成绩呀！"领导笑着说："我觉得，一个人只有安心在自己的岗位上工作，并忠于自己的工作，才能取得更大的成绩，才会给单位带来效益。所以，我们以长远的目光来看，挑选的都是有恒心、有毅力的同志。也许你现在的成绩很出色，但是能否长期坚守在岗位上，也是我们需要考虑的问题。"

张京一听，有点儿急了："谁说我坚持不下来？我一直很忠于自己的工作。"上司满脸惊讶地说："是吗？记得你第一次拿下单子的时候，我问你感觉怎样，你说'没劲'。"张京想起来了，自己确实是这么说的，但那只是个口头禅而已。

领导接着说："我也一直很看好你，可是每次你都说'没劲'，时间长了，我就对你失去信心了。一个整天觉得自己工作没劲的人，怎么能坚持下来做销售工作呢？毕竟这是一份枯燥辛苦的工作！我们需要的是对工作充满激情和热忱的人，你看和你一起进公司的陆霖吧，他每次拿下一个单子的时候，都会主动找我讨论，并且总是说：'谢谢您的栽培，您放心，我一定会继续努力，不辜负您的期望！'知道为什么人家比你进步得快了吧？"张京如梦初醒。

相信不少职场人士都有过张京这样的经历。当工作的新鲜感过去后，心情也会平淡如水，再也激不起一点波澜。面对日复一日的工作，总是提不起干劲，于是"没劲、无聊、烦死了"这些词成了口头禅。但是，说者无心，听者有意，如果你把这种消极的情绪通过这些词语传达给你的领导，无疑是自毁前程。

# 热忱的态度

1907年，后来成为美国著名的人寿保险推销员的法兰克·派特刚转入职业棒球界不久，就遭到有生以来最大的打击，因为他被开除了。他的动作无力，因此球队的经理有意要他走人。球队的经理对他说："你这样慢吞吞的，哪儿像是在球场混了20年？法兰克，离开这里之后，无论你到哪里做任何事，若不提起精神来，你将永远不会有出路。"

本来法兰克的月薪是175美元，离开原来的球队之后，他参加了亚特兰斯克球队，月薪减为25美元。薪水这么少，法兰克做事当然没有热情，但他决心努力试一试。待了大约10天，一位名叫丁尼·密亨的老队员把法兰克介绍到新凡去。

在新凡的第一天，法兰克的一生有了一个重要的转变。因为在那个地方没有人知道他的过去，法兰克就决心变成新英格兰最具热忱的球员。为了实现这一点，当然必须采取行动才行。

法兰克一上场，就好像全身带电。他强力地投出高速球，使接球的人双手都麻木了。有一次，法兰克以强烈的气势冲入三垒。那位三垒手吓呆了，球漏接，法兰克就盗垒成功了。当时气温高达39℃，法兰克在球场奔来跑去，极可能中暑而倒下去，在过人的热忱支持下，他挺住了。这种热忱所带来的结果真令人吃惊。

第二天早晨，法兰克读报的时候，兴奋得无以复加。报上说：那位新加进来的派特，无疑是一个霹雳球，全队的人受到他的影响，都充满了活力。他们不但赢了，而且是本季最精彩的一场比赛。

由于热忱的态度，法兰克的月薪由25美元提高为185美元，多了约7倍。在往后的两年里，法兰克一直担任三垒手，薪水加到30倍之多。为什么呢？

法兰克自己说："这是因为一股热忱，没有别的原因。"

后来，法兰克的手臂受了伤，不得不放弃打棒球。接着，他到菲特列人寿保险公司当保险员，整整一年多都没有什么成绩，因此很苦闷。但后来他又变得热忱起来，就像当年打棒球那样。

再后来，他是人寿保险界的大红人。不但有人请他撰稿，还有人请他演讲自己的经验。他说："我从事保险业已经15年了。我见到许多人，由于对工作抱着热忱的态度，使他们的收入成倍数地增加起来。我也见到另一些人，由于缺乏热忱而走投无路。我深信唯有热忱的态度，才是成功推销的最重要因素。"

如果热忱对任何人都能产生这么惊人的效果，对你我也应该有同样的功效。热忱的态度，是做任何事必需的条件。我们都应该深信这一点。任何人，只要具备这个条件，都能获得成功，他的事业必会飞黄腾达。

# 因为热忱而成功

成功与其说是取决于人的才能，不如说取决于人对某种事物的热忱程度。这个世界是非常公平的，为那些永远具有热情的人大开绿灯，到生命终结的时候，他们依然热情不减当年。无论出现什么困难，无论前途看起来是多么的暗淡，他们总是用热忱弥补一切，相信自己的热忱能够把心目中的理想图景变成现实。

爱斯里是某家公司的采购员，工作十分勤奋，有一种近乎狂热的热忱。他所在的部门并不需要特别的专业技术，只要能满足其他部门的需要就可以了。但爱斯里千方百计找到供货最便宜的供应商，买进百余种公司急需的货物。

爱斯里为公司兢兢业业地工作，节省了许多资金，这些成绩是大家有目共睹的。在他29岁那年，也就是他被指定采购公司定期使用的约1/3的产品的第一年，他为公司节省的资金已超过80万美元。

公司总经理知道这件事后，立即就增加了爱斯里的薪水。爱斯里在工作上的刻苦努力博得了高级主管的赏识，使他在30岁时就成为这家公司的副总裁，年薪近60万美元。

一个对工作、生活缺乏热忱的人，即使幸运女神把所有的好运都降临到他的身边，他也不会发现那是助他成功的"好运"，也不会发现那是助他达到目的的垫脚石。因此，事业成功离不开热忱的支持，如果你用全部的热忱去开始自己的工作，不论你从事什么工作，都会得到一种神奇的力量，当这股力量被释放出来，足以克服一切困难。所以说，热忱的精神是希望成功的人所必备的条件之一，也是你达到目的的一个途径。

一个热忱的人，不管是在挖土，还是经营大公司，他都会认为自己的工作是一项神圣的天职，并怀着深切的兴趣。对工作热忱的人，不管工作有多少困难，或需要多少的努力，他始终都会用不急不躁的态度去面对。只要抱着这种态度，就一定会获得成功，一定会达到目标。爱默生说过："有史以来，没有任何一件伟大的事业不是因为热忱而成功的。"事实上，这不是一段单纯而美丽的话语，而是迈向成功之路的路标。博伊尔说："伟大的创造，离开了热忱是无法做出的。这也正是一切伟大事物激励人心之处。离开了热忱，任何人都算不了什么；而有了热忱，任何人都不可小觑。"

热忱可以借由分享来复制，而不影响原有的程度，它是一项分给别人之后反而会增加的资产。你付出的越多，得到的也会越多。生命中最大的奖励并不是来自财富的积累，而是由热忱带来的精神上的满足。

当你努力地工作，使自己的老板和顾客满意时，你所想要的利益就会增加。在你的言行中加入热忱，热忱是一种神奇的要素，吸引具有影响力的人，同时也是成功的基石。诚信、能干、友善、忠诚、朴实——所有这些特征，对准备在事业上有所作为的年轻人来说，都是不可缺少的，但更不可或缺的是热忱——将奋斗、拼搏看作人生的快乐和享受，甚至是幸福。艺术家、发明家、音乐家、作家、诗人、人类文明的先行者……所有的成功者——无论他们来自什么种族、什么地区，无论在什么年代，无不是充满热忱的人。

热忱，是所有伟大成就取得过程中最具有活力的因素。它融入了每一项发明、每一幅书画、每一尊雕塑、每一首伟大的诗、每一部让世人惊叹的小说或文章当中。它是一种精神的力量，只有在更高级的力量中才会生发出来。

拿破仑·希尔告诉我们，热忱是一种意识状态，能够鼓舞及激励一个人对手中的工作采取行动。不仅如此，它还具有感染性，不只对其他热心人士产生重大影响，所有和它有过接触的人也将受到影响。

没有热忱，军队就不能打胜仗，舞者就不能舞出灵魂，画界就不会出现画龙点睛之说，人类就没有驾驭自然的力量；给人们留下深刻印象的雄伟建筑就不会拔地而起，诗歌就不能打动人的心灵，这个世界上的一切将会失去它存在的意义和价值。

热忱使人们拔剑而出，为自由而战；热忱使大胆的樵夫举起斧头，开拓出人类文明的道路；热忱使弥尔顿和莎士比亚拿起了笔，在树叶上记下他们燃烧着的思想。

热忱，使我们的决心更坚定；热忱，使我们的意志更坚强！它给思想以力量，促使我们立刻行动，直到把可能变成现实。

耶鲁大学最著名、最受欢迎的教授之一——威廉·费尔波，他在极富启示性的《工作的兴奋》中如此写道："对我来说，教书凌驾于一切技术或职业之上。我爱好教书，正如画家爱好绘画，歌手爱好歌唱，诗人爱好写诗一样。每天起床之前，我就兴奋地想着有关学生的事……工作之所以能够高效地完成，最重要的因素就是对自己每天的工作抱着热忱的态度，热忱是我们重要的财富之一。"

曾任纽约中央铁路公司总裁的佛里德利·威尔森，在一次接受采访时被问及如何才能高效工作促进事业成功，他回答："我深切地认为，一个人的经验愈多，对事业就愈认真，这是一般人容易忽略的成功秘诀。成功者和失败者的聪明才智，相差并不大。如果两者实力接近的话，对工作较富热忱的人，一定比较容易获得更多的业绩。一个不具实力而富热忱的人和一个虽具实力但不热忱的人相比，前者的成功也多半会胜过后者。"

热忱是一个人保持高度的自觉，把全身的每一个细胞都激活起来，完成他心中渴望的事情；是一种强劲的情绪，一种对人、事物和信仰的强烈情感。工作中需要注入巨大的热忱，只有热忱才能取得工作的最大价值，取得最大的成功。

如果一个人不具备热忱的心，那么他是很难取得成功的。任何伟大的人，无论是音乐家、艺术家还是领袖，对他的事业，他所从事的工作，都是满腔热忱、兴致勃勃的、全力以赴地投入的。这个世界为那些具有热忱之心的人大开绿灯，到生命尽头的时候，他们依然热情不减当年。无论遇到什么困难，无论前途看起来是多么暗淡，他们总能让心中的蓝图成为现实。

的确，一个在生活、工作上内心充满热忱的人，别人想不到的，他能想到；别人看不到的，他能看到；别人办不到的，他能办到；别人承受不了的任何挫折，他能承受。所以，他能把坏变好，把无变有，把落后变为先进，把不可能变为可能。一句话，他能战胜忧虑、疲劳和一切挫折，达到成功的人生，达到他想要的目的。

谨以此书，献给那些在迷茫中勇敢前行的
追梦人。

　　愿梦想的尽头，始终有星光等候。

激扬青春之人格魅力塑造丛书

# 自 省：
# 定期给心灵做个 SPA

谢普 主编

红旗出版社

**红旗出版社**
HONGQI PRESS
推动进步的力量

## 图书在版编目（CIP）数据

自省：定期给心灵做个SPA / 谢普主编. —北京：
红旗出版社，2019. 11
（激扬青春之人格魅力塑造丛书）
ISBN 978-7-5051-4999-1

Ⅰ. ①自… Ⅱ. ①谢… Ⅲ. ①故事—作品集—中国—
当代 Ⅳ. ①I247.81

中国版本图书馆CIP数据核字（2019）第252334号

书　名　自省：定期给心灵做个SPA
主　编　谢普

| | | | | |
|---|---|---|---|---|
| 出 品 人 | 唐中祥 | | 总 监 制 | 褚定华 |
| 选题策划 | 华语蓝图 | | 责任编辑 | 王馥嘉　朱小玲 |

| | | | |
|---|---|---|---|
| 出版发行 | 红旗出版社 | 地　　址 | 北京市丰台区中核路1号 |
| 编 辑 部 | 010-57274497 | 邮政编码 | 100727 |
| 发 行 部 | 010-57270296 | | |
| 印　　刷 | 永清县晔盛亚胶印有限公司 | | |
| 开　　本 | 880毫米×1168毫米 1/32 | | |
| 印　　张 | 40 | | |
| 字　　数 | 970千字 | | |
| 版　　次 | 2019年11月北京第1版 | | |
| 印　　次 | 2020年7月北京第1次印刷 | | |

ISBN 978-7-5051-4999-1　　　定　价　256.00元（全8册）

# 前／言

　　一段路走了很久，依然看不到方向；一些事想了很久，还是觉得纠结困惑。人生有千万种可能，其实无论选择哪一种，都是最好的安排。最重要的是，你得敢于做出选择，并向着更好的自己努力靠近。每一个从容淡定的今天，都是昨天苦苦担忧的未来。大胆去改变吧！

　　你能够感觉到你的成长，你内心知道你会成长为什么样子，就好像一颗橡树籽，无须指导，也会成长为一棵挺拔的橡树。世界上每一个人都可以成长为自己最好的样子。

　　人生的每一次抉择，都掌握在你自己手里。

　　不管全世界所有人怎么说，我都认为自己的感受才是正确的。无论别人怎么看，我决不打乱自己的节奏。喜欢的事自然可以坚持，不喜欢怎么也长久不了。

　　别让今天的懒，成为未来的难。每天起床都特别难，总想再睡一会儿，可眼看上课、上班就要迟到，一边说自己忙，没时间锻炼，一边沉溺于打游戏、刷朋友圈，美好的东西永远不会轻易获得。

奇迹和痛苦来自另一个地方，并非一切都像人们以为的那样：人们没有把自己哭进痛苦中，也没有把自己笑进欢乐中。你所看见和感受到的，你所喜爱和理解的，全是你正穿越的风景。

找到人生的方向，通常要经历漫长的过程，仅仅依靠投机取巧或头脑中的灵光闪现，很难达到目标。

真正的自制自觉，总是缓慢而渐进的过程。

我们踏出任何一步，都须有足够的耐心，进行细致的观察和深刻的自省。

我们更应态度谦虚，脚踏实地。

自省是一切成长的开始，希望大家都能唤醒沉睡的真我，踏上喜悦的心灵旅程。

# 目／录

## 第三章　自省自励

# 第一章
## 学会自省

用心自省、找出自己本心，这是不寻常的天赋。大多数人一生要用一半的精力来保护从未存在过的尊严。

——钱德勒

# 自立的人才能为自己的人生负责

有的人缺少自理能力，遇事总有依赖心理。依赖心理源于人类发展的早期。幼年时期儿童离开父母就不能生存，在儿童印象中，保护他、养育他、满足他一切需要的父母是万能的，他必须依赖他们，总怕失去这个保护神。这时如果父母过分溺爱，不让他们有长大和自立的机会，久而久之，在子女的心目中就会逐渐产生对父母或权威的依赖心理，成年以后依然不能自主。缺乏自信心，总是依靠他人来做决定，终身不能负担起选择采纳各项任务、工作的责任，形成依赖型人格。

生活中这样的例子屡见不鲜，有一个家喻户晓的民间故事极具代表性。

有一对夫妇晚年得子，十分高兴，把儿子视为掌上明珠，捧在手上怕摔了，含在口里怕化了，什么事都不让他干，儿子长大以后连基本的生活也不能自理。一天，夫妇要出远门，怕儿子饿死，于是想了一个办法，烙了一张大饼，套在儿子的颈上，告诉他饿了时就咬一口。等他们回到家里时，儿子已经饿死了。原来他只知道吃颈前的饼，不知道把后面的饼转过来吃。

这个故事讥讽得未免有些刻薄，但现实生活中类似的现象也不能说没有。有些家庭的独生子女，父母、爷爷奶奶、外公外婆都视其为宝贝，孩子日常生活严重依赖亲人，造成长大以后生活自理能力极差。

有这样一个青年，出来闯世界，在别人眼中，他似乎是很独立、很有主见的人；可实际上，他之所以出来，是因为别人叫他出来。出来之后，当然得找工作，可他根本不会自己去找，而总希望由别人带着去。别人带着去当然可以，可是别人总不能一直带着他，一旦没有人管他，他就不知所措，一筹莫展。

后来他总算找到了工作，是给一个摆服装摊的老板做跟班。带他出来的人很奇怪，怎么做起了人家的跟班，不是有很多合适的工作可以挑选吗？他说，什么工作都要他去动脑筋、去主动地做，他最怕这个。他宁愿做人家的跟班，人家叫他做什么，他就做什么。

试想，要是那个摆服装摊的老板不用他了呢？

要是摆服装摊的老板不要他，他肯定会找到另一个可以追随的人。今天他是摆服装摊的老板的随从，明天他可能是某个小官僚的秘书；今天他可能是人家的秘书，明天他可能是人家的用人。

有着这样的依赖心理，他怎么能够独立成事呢？他怎么能够成为一个事业成功的人呢？说到底，他出来闯荡世界，又有什么意义呢？

他出来闯荡世界之前，是想跟着人家的。他以为人家成功了，他这个跟在后面的人，也会跟着成功。这个青年就这样带着依赖心理闯荡。结果呢？可想而知，他不可能闯出什么名堂来。

对于这样的人，对于依赖心理如此严重的人，应该及早掉头，要相信自己，甩开依赖的拐杖。只有这样，才能真正地跑起来，找到自己的人生位置。

康熙年间，贵州巡抚刘荫枢告老还乡后，想用一生的积蓄为家乡建一座桥，但是子女却非常反对。他的子女们都说："您当了一辈子高官，我们没沾到一点光，好不容易盼到您回家，您却如此不顾我们。"

刘荫枢很伤心，他觉得自己虽然一身清白，但忽视了对子女的教育。于是，他用尽积蓄，历时五年，修成一座大桥，取名"毓秀桥"。

桥修好后，他对子女们说："我之所以用全部积蓄修桥，就是想用事实告诉你们，自己的路自己走，自己的生活自己创，靠天、靠地、靠父母，不如靠自己。"

为了彻底消除孩子们依赖父母的心理，他以十五两白银的价钱把桥卖给了官府。

刘荫枢的所作所为深深地打动了他的子女。

他的孩子也彻底打消了依赖思想，从此发愤图强，日后都成了国家的栋梁之材。

只要放弃过分依赖的心理，勇于相信自己的能力，充分发挥自己的潜力，就能依靠自己的力量使问题得到圆满解决。

自立的人才能为自己的人生负责。只有我们自己去经历成功与失败，用自己的努力去创造真正的幸福，才能做自己命运的主人，坐享其成的人生是毫无价值的。青少年正逐渐形成人生观和价值观，我们要对自己负责，努力锻造独立的个性，形成自立、自律、自尊的能力与品德，为自己以后的人生铺平道路。

# 遇事要有担当

担当是不逃避责任，勇敢坚强地面对。一个勇于承担、拥有责任感的人，才会为实现目标而不懈努力，才会采摘到成功的花朵。

班超是东汉名将。他父亲班彪、哥哥班固、妹妹班昭都是当时著名的历史学家。对于张骞、傅介子等历史人物，班超非常敬仰。西汉武帝时的张骞、昭帝时的傅介子都曾出使西域，为促进汉朝同西域各国的政治经济文化的交流、巩固边防做出很大贡献，班超立志要像他们那样为国立功。

公元62年，班超来到京都洛阳。那时候，他们家里生活比较清贫。班超就接受官府雇用，做抄书工作。但他很不满意这种庸庸碌碌的生活。有一次，他投笔长叹道："男子汉应该像傅介子、张骞那样，立功异域，才有出息！怎能够长年累月在笔砚间混日子呢！"

周围的人听到班超这一番决心投笔从戎的感慨，都讥笑他。

班超激动地说："鼠目寸光的人怎能理解壮士的志向呢！"

后来，班超参了军。公元73年，窦固出击匈奴时，班超被任命为假司马（代理司马），随同一起出征。

窦固让班超带领一支部队出征。在蒲类海附近，班超和匈奴呼衍王的部队相遇。他带领将士们英勇奋战，消灭了许多敌人，为重开西域的通道建立了功勋。

班超投笔从戎使自己的人生辉煌多彩，最后名垂青史，应该说，这与他的责任感不无关系。

每个人都喜欢与敢于承担责任的人相处、共事和生活，然而生活中却常常有推卸责任的事情发生。

刘洁和王浩是同事，他俩工作一直都很认真，也很努力。老板也对他俩很满意，可是一件事却改变了两个人的命运。

一次，刘洁和王浩一同去把一件很贵重的古董送到码头。没想到送货车开到半路却坏了。因为公司有规定：如果不按规定时间送到，他们要被扣掉一部分奖金。于是，力气大的刘洁背起古董，一路小跑，他们终于在规定的时间赶到码头。这时，心存小算盘的王浩想，如果客户看到我背着古董，把这件事告诉老板，说不定会给我加薪呢。于是他对刘洁说："先把古董交给我，你去叫货主吧。"

当刘洁把古董递给他的时候，他一下没接住，古董掉在了地上，成为碎片。他们都知道古董打碎了意味着什么，没了工作不说，可能还要背负沉重的债务。果然，老板对他俩进行了十分严厉的批评。

在他们等待处罚的过程中，王浩避开刘洁，一个人走到老板的办公室，对老板说："老板，不是我的错，是刘洁不小心弄坏的。"

老板把刘洁叫到了办公室，刘洁把事情的原委告诉了老板。最后他说："这件事是我们的失职，我愿意承担责任。另外，王浩的家境不好，请求老板酌情考虑对他的惩罚。我会尽全力弥补我们所造成的损失。"

接下来的几天，他们就等待处理的结果。终于有一天，老板把他们叫到了办公室，对他们说："公司一直对你俩很器重，想从你们两个当中选择一个人担任客户部经理，没想到出了这样一件事，不过也好，这会让我们更清楚哪一个人是合适的人选。我们决定请刘洁担任公司的客户部经理。因为，一个勇于承担责任的人是值得信任的。王浩，从明天开始你就不用来上班了。"

"其实，古董的主人已经看见了你们俩在递接古董时的动作，他跟我说了他看到的事实。还有，我更看重的是问题出现后你们两个人的反应。"老板最后说。

王浩推卸责任最终落得个失业的下场。你也会像他一样不敢承担责任、害怕灾难降临吗？但是你的不负责任决定了你被淘汰的结果。灾难就是喜欢不敢承担责任的人，老板就是喜欢敢于承担责任的人。

现实生活中，有人为了躲避痛苦，而选择逃避问题、逃避责任。其实，成长就是要经历无数挫折与失败，能够忍受痛苦、承担责任的人，他的生活才能平平安安、顺顺利利。如果一个人不能在重大的事情上接受生命的挑战，他就不可能有平和，不可能有快乐的感觉，同样，也不可能摆脱这些困扰。

面对竞争，面对压力，面对坎坷，面对困厄，越是逃避越是躲不开失败的命运，只有敢于迎难而上，才能够品尝到成功的甘甜。

# 优柔寡断是致命的弱点

不论我们干什么，只要看准了，就要竭尽全力；千万不可三心二意，迟疑不决，否则，会错失最好的机会。有句话是这样说的：鲁莽是悲剧的开端，但是比鲁莽更加速悲剧的是优柔寡断。优柔寡断的人很难成功地做好一件事，因为他们总是前思后想，担心这担心那的，今天做一个决定，明天又做一个决定；今天这样想，明天却那样想。他们总是在不断地改变着自己的决定，却幻想着明天会发生更好的可能性，总是不敢做一个决定。殊不知，就是因为他们的优柔寡断已经错失了很多好机会，埋葬了很多好念头。

机遇是不等人的，稍纵即逝，优柔寡断的人很难抓住。

乌力吉小时候和小朋友去树林中捕山鸡。他们这一次采用了新方法：把木箱子用木棍支起，在木棍上系上绳子一直接到他们隐藏的草丛之中。只要山鸡飞下来去啄食撒在箱子下面的谷粒, 乌力吉他们一拉绳子就可以把山鸡罩起来而抓到山鸡了。

他们隐藏起来, 观察动静。一会儿, 飞来了一群山鸡, 共有11只。大概是山鸡太饿了, 不一会儿就有8只山鸡走到了箱子下面。一个朋友让乌力吉拉绳, 可他犹豫地说:"再等一会儿, 这样更稳妥一些。"

他们等了一会儿, 非但那3只没有进去, 反而又走出了4只。朋友劝他拉绳子, 乌力吉说再有1只走进去才拉绳子。但是接着又走出来2只。如果这时候拉绳子, 还能套住1只, 但是乌力吉担心剩下了1只, 拉绳子也未必能罩住它。不幸的是, 最后1只山鸡好像感到不妙, 也走出来了。

结果乌力吉1只山鸡也没捕到。他应该从这次教训中得出一个道理:优柔寡断, 只能使机会稍纵即逝。犹豫不决的人在机遇面前, 没有决断力、没有信心, 他们的一生也就注定要平庸。

优柔寡断对于一个人来说, 实在是一种致命的弱点。有这种弱点的人, 从来不会是有毅力的人。这种个性上的弱点, 足以破坏一个人的自信心, 甚至破坏他的判断力, 这些对一个人的发展来说是极为不利的。

优柔寡断的人总是顾虑重重, 经常处在内心严重冲突之中。在做决定时, 迟疑不定, 议而不决, 往往在无可奈何的情况下, 仓促地做出决定。做出决定后又反悔, 决而不行, 甚至取消决定。毫无疑问，这样的人将一事无成。

有一个6岁的小男孩，一天在外面玩耍时，看到一个鸟窝被风从树上吹落在地，从里面滚出了一只嗷嗷待哺的小麻雀。小男孩想把它带回家喂养。当他捧着鸟窝走到家门口的时候，他突然想起妈妈不准许他在家里饲养小动物。于是，他轻轻地把小麻雀放在门口，赶忙走进屋去恳求妈妈。在他的哀求下妈妈最终破例答应了。小男孩高兴地跑到门口，却发现小麻雀已经不见了，他看见一只黑猫正在意犹未尽地舔着嘴巴。小男孩为此伤心了很长时间。但从此他也牢记了一个教训：凡是自己决定做的事情，绝不可犹豫不决。这个小男孩长大后成就了一番事业，他就是华裔电脑名人——王安博士。

过度谨慎和粗心大意一样悲剧。假如你希望别人对你有信心，你就必须用令人信赖的方式表达自己。过分谨慎而不敢尝试任何新的事物给你的成就所带来的伤害，就像不经任何考虑就执行突发的想法一样危险。

所以，一个人试图面面俱到是抓不住事物的根本的。决策是决定性的、不轻易改变的，一旦做出就要尽力执行，就算有时候会犯错误，也比那种凡事求平衡，总是瞻前顾后、拖延不决的习惯要好。当我们努力于养成一种快速决策的习惯时，即使在最初这种做法显得有些机械，它也会让我们对自己的判断力拥有信心。因此，一个人将会得到一种全新的独立精神。

不会游泳的人站在水边，不会跳伞的人站在机舱门口，都会越想越害怕，人处于不利环境时也是这样。克服恐惧的方法就是行动，即毫不犹豫地去做。

当人的判断力扎根于个性当中，如静水深流。判断力不应受情感、意见、指责以及表面现象的干扰。判断力是处理任何重要事情所必备的。除了事实本身的客观状况外，它不应受任何影响。有的人尽管能力出众，却毁于犹豫不决这样一个小小的个性缺点，特别是当他在其他方面的能力都很强的时候。这真是人生的悲哀。今天，也有很多人虽然在能力上出类拔萃，却因为没有果断的个性而沦为平庸之辈。要知道，无论在什么情况下，不能自信地做出自己的决定都是一个悲剧，许多人正是因此惨遭失败。

在生活中现实和理想就是隔河相望的河岸，现实在这边，理想在那边，中间隔着汹涌的河流，要想让理想成为现实，那就需要行动来作为过河的桥梁。

# 爱慕虚荣往往要付出代价

　　没有人不喜欢过上富足而荣耀的生活，这不仅仅让自己觉得享受，也是让别人羡慕的资本。是对生活的一种美好的渴望，也正是有了这种渴望才令人们有了不断奋斗的动力，但是高情商的人绝对不会将这种渴望与虚荣混为一谈。

　　如果你有足够的经济实力，那么没关系，你可以尽情展示你的富有，如果你没有，那么你就量力而行吧！不必非得做出个样子来给谁看，打肿脸充胖子，最后只会自讨苦吃。

　　有一对恋人结婚时非要摆一摆阔气，发誓要把本单位同事们的婚礼都比下去。可是他们俩人都是工薪阶层，没有多少存款，双方的父母身体都不太好，他们那点退休工资是指望不上了。怎么办？借吧。

　　于是，他们借钱置办了高档家具，将新房装饰得像宫殿一样华丽，但是他们还不满足，还想把婚礼搞得气派一些、隆重一些。可是能借的钱已经都借了，于是新郎决定为了自己的婚礼铤而走险。他在结婚前几天偷出工厂的一些器材，私下里换成了一沓人民币。

婚礼那天，新郎西装革履，新娘婚纱拖地。用金色的硬币拼成的喜字让来宾惊诧不已，租用的轿车排着长长的队，真是气派极了。

可是到了晚上，贺喜的人群还没散，新郎、新娘还没等到入洞房，呼啸的警车就将新郎带走了。接着，没收了他用赃款买的全部家用电器。

事发之后，债主们也纷纷上门讨债，新娘只好变卖了新买的家具用来还债。面对空空的四壁，新娘坚决离婚，一个刚刚组建的家庭就这样被虚荣和面子给拆散了。

在今天，有些地方奢侈几乎成风，有钱的摆阔气，没有钱的也不能输面子，大家互相攀比，谁也不让谁。这种攀比更加激化了一个人的虚荣心，人人都想成为那个最有面子的人，难免会让自己活得越来越累。

虽然贫穷容易让人看不起，但是打肿脸充胖子也不见得能强多少。也许，没有钱做什么都难，但千万不能因为钱而迷失自己的本性，更不能为了争面子而去做傻事。等到真正陷入泥潭之中，你就会顿悟，虚荣是多么没有意义的东西。

还记得富兰克林写的一篇《哨子》：

"我七岁的时候，有一次过节，大人们给我的衣袋里塞满了铜币。我立刻向一家卖儿童玩具的店铺跑去。

"半路上，我却被一个男孩吹哨子的声音吸引住了，于是我用所有的铜币换了他这个哨子。回到家里，我非常得意，吹着哨子满屋子转，却打扰了全家人。

"我的哥哥、姐姐和表姐们知道我这个交易后，便告诉我，我为这个哨子付出了比它原价高四倍的钱。他们还告诉我，用那些多付的钱，我不知道可以买到多少好东西。大伙儿都取笑我傻，竟使我懊恼得哭了。

"回想起来，那只哨子给我带来的悔恨远远超过了给我的快乐。不过，这件事情后来却对我很有用处，它一直保留在我的记忆中。因此，当我打算买一些不必要的东西时，我便常常对自己说，不要为哨子花费太多，于是便节省了钱。"

其实，很多时候，面子就像富兰克林买的那把哨子，我们不能为它付出过高的代价！就像莫泊桑笔下那位年轻美丽的女子玛蒂尔德，为了一次贪欢的虚荣，而付出了十年的青春代价。

想要做个一生都幸福、自在的人，就要懂得权衡利弊。如果你的工资不高，就不要贪慕虚荣四处借钱买名牌，普通的衣服一样可以穿出品位；如果你没有钱买高档轿车，就不要欠债贷款换潇洒，买辆便宜实用的车开着照样舒服。能时刻放平自己心态的人，绝不会为了贪图享受人们一时的羡慕和称赞而把自己弄得疲惫不堪，因为那样做实在不值得。

# 不要太在意别人的眼光

人都是要面子的，在人际交往中，都比较注意自己的形象，这很正常，但不能死要面子而失去自我。

别人对你的评价总是有水分的。有的人总是挑好的说，这样你可能高估自己，自我感觉良好。有的人可能专挑坏的说，故意贬低你，这样你可能低估自己，自卑消极。所以在听取别人意见之前，首先要有一个正确的自我评价，并以此为基准。

太在乎别人的眼光还有一个缺点，就是会使你做事放不开手脚，养成犹豫不决的性格。

刚大学毕业的小林，是家里的独生子，喜欢周杰伦那种桀骜不驯的格调。工作一年后，小林发现事情并不是他想的那样。他的运气不错，在一家外企人力资源部做助理。上班第二天就遇到了一个尴尬的问题。那天，急忙冲进电梯的小林，发现后面站着的正是昨天刚见过的对方公司副总，即人力资源部的主管。

小林开始犹豫要不要回过头打招呼，但是他怕自己显得太巴结，又担心人家不一定能记住他，还要当着电梯里所有人做自我介绍。于是他下定决心，就当没看见。没想到后来给副总的秘书送报告，刚巧副总从办公室里出来，却像没看见他一样，目光飘得很远。他开始后悔电梯里的行为，心想副总一定在电梯里看见他了。

没过多久，更倒霉的事情来了。上司带着小林一起陪着副总和客户吃饭。因为上次的事情，小林很想借这个机会与副总搞好关系。可是整个过程中，他几乎没有任何表现，仅仅是在内心进行了无数次的挣扎。

在去酒店的途中，刚开始上司和副总说公司的事情。他想：公司的事情，我这个新人不好插嘴，就一直保持沉默。中间副总咳嗽了一阵，他很想趁机问问，副总你生病了吗？但是这个念头一出，他自己都觉得害臊，"谄媚"这个词一下子就冒出来了。倒是他的上司开口了："最近身体不好？"副总叹了口气说："老毛病，一到秋天就犯。"于是，他们又聊到生活。中间小林几次想参与到话题中，又想，人家相互熟悉才谈这么亲近的话题，你有什么资格参与？不要搞得像隔着我的上司巴结副总一样。所以，整个途中，他都是沉默的。

下了车，小林发现副总手上提着一个大大的电脑包，臂弯上还有一件风衣，就想，我是不是应该把他的包和风衣拿过来拎在手上？可是，如果我那样做了，我不就成了跟班的啦？"小丑"的形象又开始在他的脑子里徘徊了。就在他犹豫的时候，副总已经走到了酒店里边，对方公司的人也刚好迎了出来。双方握手时，小林明显看到副总很别扭，似乎还横了他一眼。他越发紧张起来。

吃饭的时候，他简直不知所措了。因为觉得自己地位低下，所以敬酒这种场面上的事情自然应该沉默。与对方公司交流、聊天这种事情，他似乎也不知道从何说起，他的主管事先完全没有对他交代过。小林觉得自己就像空气一样，干坐在一边。主管后来要他表现一下新人的风范，去给对方的副总敬杯酒。他立刻说：自己不会喝酒，敬果汁可以吗？轻松的气氛一下子又没了……

这个故事看上去好像是因为主人公不会圆滑处事，内心有太多的个人想法。实际上，任何人不会天生就有自己的想法，而是在后天成长的过程中养成的。一个人的看法，有时候往往并不是他的真实想法。

小林的犹豫不决其实就是因为被有形的、无形的许多看法所左右了，比如同事们的看法、主管副总的看法以及社会道德的身份观念等深深影响着他，于是他最后做的反倒不是自己真正想做的事。其实这些都是很细节的东西，如果觉得可以做，没有必要犹豫那么多。

人最大的弱点，就是太看重别人的看法和反应，顾虑重重，将本来挺简单的事情变得复杂化了。

"一个人应当勇于活出自我，不要因为太在意别人的眼光而使自己生活在痛苦和压抑之中。"这是哈佛教授最喜欢的名言。其实，一个人活着完全是为自己而活，完全没有必要太在意他人的目光，更没有必要因为顾虑重重而把自己弄得疲惫不堪。

# 让失败成为你的亮点

在漫漫的人生旅途中，经历一些挫折和失败是难免的。从某种意义上说，认真反思失败，吸取失败的教训，才具备继续往前走的底气。人们常说："失败是成功之母。"聪明的人不会在同一个地方跌倒两次，失败的教训在你未来的工作或生活中足资借鉴，让你少走弯路。从这个角度看，在职场上，不必极力掩饰自己的失败，更不要给自己的失败找借口，有时候，失败也许会成为你的亮点。

小李毕业于北京一所大学，学的是对外贸易专业，毕业后在一家外贸公司做业务员，因为小李业务精熟，工作勤奋，所以业绩非常突出。不久，公司就破格提拔他为业务部的副主管。一年后，又晋升为业务部的主管，负责全公司的业务工作。

他在这个岗位上干了一年多，业务部在他的带领下连创佳绩，给公司带来了巨大的经济效益，他也因此再次被提拔，兼任公司主管业务的副总经理。然而，就在他就任副总经理半年以后，因为在一次业务谈判中判断失误，未对对方提供的财产进行验证就擅自做主将货物发给了那家公司，结果那家公司老板拿到货物以后，转卖给第三方，然后携款出国，给公司造成了难以弥补的损失，他也因此被公司免职。

小李离职后，恰好遇到一家外资企业招聘一名中国西北区域经理，任务是为公司开拓大陆的西北部市场，并给出年薪80万元的优厚待遇。求职者纷至沓来，经过层层选拔，小李和另一位求职者进入最后的角逐。

小李这次来应聘区域经理，也是抱着试试看的想法来的，他没料到自己能进入最后环节。当他了解了另一位竞争对手的情况后，对自己就不抱什么希望了。另一位竞争对手毕业于北京一所名牌大学，并取得了管理学硕士学位，毕业后曾在国家某部委下属的国企工作，因业务能力强，很快被提拔为中层管理干部，此后又跳槽到了一家大型私企做业务主管，为那家私企做出了很大贡献，因为喜欢外资企业的工作环境，所以才来这家外资企业应聘。与之相比，小李感到自己的失败经历和对手的成功经历反差太大，所以觉得自己胜出的可能性几乎没有。

面试的时候，竞争对手先被叫进去，半个小时之后，满面春风地走了出来。小李随后被叫了进去，坐下来后，他按要求陈述了自己的工作经历，他如实地讲述，连自己那次失败的经历也没有任何隐瞒。面试官又问了一些其他问题，诸如今后打算如何开展工作等，他就按照自己的想法说了。半个小时以后，面试结束，他回家等待消息。

两天以后，他接到了这家公司的通知，告知他被聘用为西北区域经理！这消息有些出乎他的意料，他有些不敢相信自己。

入职以后，他才知道，自己之所以能够胜出，正是由于自己曾有过一段失败的经历。主管领导说："我们看中的正是你曾经的失败，因为有过失败的经历，所以你在日后的工作中才能更加认真，失败是一种教训，但也同样是一笔财富……"

有过失败的经历并不可怕，可怕的是在失败中一蹶不振。如果能让失败成为你的亮点，那么完全有可能因为曾经的失败而胜出，因为失败也是一笔财富。

# 苦难是成功的垫脚石

　　生活，并不都是鲜花和幸福，也有荆棘和苦难。对有抱负的人来说，苦难是一份阅历、一种磨砺，更是一笔宝贵的精神财富。它不仅能锤炼意志，更能激发昂扬的斗志，助人抵达成功的彼岸。这世界上本就没什么东西是永恒的，幸福不是永恒的，苦难也不会是永恒的，只要你用心生活，终有一天你能靠自己闯下一片天地来。《南极之恋》里有一句话：无论极夜还有多久，太阳总会出来的，太阳出来了，就一定会洒下光和热……尽管苦难有时让人看不到希望，但只要跨过去，新的生活会带给你各种奇迹，让你的人生变得更加精彩。

　　巴雷尼出生于奥地利维也纳，父亲是一名小职员，终日为生活奔忙。从幼年起，巴雷尼就饱尝了贫困的折磨。尤其不幸的是，他还患上了骨结核，小小年纪便成了残疾。幸运的是，他有一位伟大的母亲。面对残疾的巴雷尼，母亲心如刀绞，但她还是强忍悲痛，给儿子最需要的鼓励和帮助。有一天，妈妈拉着小巴雷尼的手对他说："儿子，妈妈相信你是个有志气的人，希望你能用自己的双腿，在人生的道路上勇敢地走下去！好孩子，你能够答应妈妈吗？"

母亲的话就像铁锤一样敲打着巴雷尼，震撼着他的心灵，他扑在妈妈的怀里哭了。

从那天起，巴雷尼开始了形体恢复训练。妈妈只要一有空，就陪着儿子一起锻炼。因为残疾人最害怕的就是肌肉萎缩，而对抗肌肉萎缩没有别的方法，只有坚持肌肉训练。每天，小巴雷尼都要在妈妈的帮助下练习走路、做体操，他常常累得满头大汗，但是仍然艰难地坚持着。看到妈妈那么耐心，小巴雷尼不敢懈怠，不想辜负母亲的期望。严寒酷暑，几十年从未间断。

有一次，妈妈得了重感冒，她头昏脑涨，浑身酸痛，本来想停止对小巴雷尼的肌肉训练，但是她转念一想，做母亲的不仅要言传，更要身教。尽管发着高烧，她还是下床按计划帮助巴雷尼练习走路。汗水从妈妈脸上淌下来，她咬紧牙，坚持着帮助巴雷尼完成了当天的锻炼计划。

小巴雷尼深受母亲的感染，用超常的毅力坚持体育锻炼，弥补了残疾带给巴雷尼的不便，而更重要的是，母亲的榜样作用深深地影响了巴雷尼，他终于经受住了命运给他的严酷打击，成为一个坚强的孩子。

　　巴雷尼不仅每天坚持锻炼身体，而且学习起来也非常刻苦，学习成绩一直出类拔萃。后来，他以优异的成绩考进了维也纳大学医学院。他决心成为一代名医，用高超的医术去解除千千万万个像他这样的残疾孩子的痛苦。大学毕业后，巴雷尼以全部精力致力于耳科神经学的研究，最终登上了诺贝尔生理学或医学奖的领奖台。

　　生命这条长河，有些暗礁和险滩，是绕不过去的，人总要遇到困难和坎坷。但无论发生什么，都要记住善待自己。苦难是一位蹩脚的老师，这位老师没有经过教育学、心理学的专门培训，他的教学方法只是让学生受苦，在苦难中挣扎。这种教学，学生会非常痛苦，许多人往往在苦难中磨灭了斗志，变得平庸，变得安于现状。但像巴雷尼那样，真正通过自己努力，最后将苦难踩在脚下的人，往往在战胜苦难的过程中，能够形成坚强的意志，锻炼出远超普通人的能力。直面苦难吧，总有一天，它会成为你成功的一块垫脚石。

# 站起来比倒下只需多一次

　　世界上没有一帆风顺的事情，每个人在人生旅途中都会遭遇不同的困难和挫折，坚强的人会勇敢地面对它、克服它；懦弱的人会胆小地忍让它、躲避它。如果缺乏面对困难的平和心态，我们将会在困难面前倒下；如果没有迎难而上的习惯，我们将会停步不前。所以，当我们遭遇困难和失败时，一定不要轻言放弃，只要站起来比倒下去多一次，就能成功；只要鼓足勇气，坚定信念，朝着目标不懈努力，就一定会柳暗花明，梦想成真。很多人不明白生活的真正含义，不知道该怎样面对困难。

　　简森是美国速滑运动员，1988年他首次参加冬奥会，在报名参加的500米、1000米速滑比赛上都具有夺冠的实力。

　　比赛前几天，简森突然得到了一个不幸的消息，他的妹妹因为身患白血病去世了。他强忍悲痛参加了500米的速滑比赛，但刚一出发，他就重重地滑倒在地，无奈只能退出比赛。带着遗憾的他向1000米速滑冠军发起了冲击，两圈过后，他把对手远远甩在后面，此时计时器显示，他是所有参加这项赛事运动员中速度最快的选手，他将有机会弥补500米速滑赛事的遗憾，夺得该项比赛的冠军。但令人难以置信的是，他再次摔倒在赛场上，他自己都无法相信，第一次参加奥运会就以两次摔倒收场。

四年以后的冬奥会，简森再次在赛场上滑倒，与奖牌擦肩而过。很多人认为倒霉的简森会就此黯然离开赛场。但出人意料的是，简森选择了继续战斗。

1992年，奥委会决定，冬奥会和夏季奥运会不再在同一年举行，这使得简森只等待了两年就得到了再次参加奥运会的机会。但命运再次与他开起了玩笑，他再次因滑倒而与奖牌无缘。

当简森第四次站在冬奥会的赛场上时，在挪威举行的1000米速滑比赛将是他奥运生涯的最后一站。许多见证过简森失败、认为他运气糟糕透顶的人，都难以相信他会再次参加比赛。观众的眼神充满了崇敬，所有人都在心中默默祈祷，祝愿顽强的简森能够夺得1000米速滑比赛的冠军。

在比赛中，简森遥遥领先于其他选手，但也出现了两次可怕的手扶地的险情，许多观众都吓得闭上了眼睛，担心噩梦再次降临到简森的头上。但他并没有滑倒，有惊无险地抓住了这个最后的夺冠机会，以打破世界纪录的成绩获得了自己第一枚也是唯一一枚奥运会金牌。他赢得了全场最热烈的掌声。

没有经历过失败的人生是不完整的人生，失败了并不可怕，永远呆立在失败的原地裹足不前，那才可怕。忘记伤痛，坚强地站起来，才是真正意义上的成功者。当你遇到挫折和困难时，不妨这样对自己说："失败了不要紧，再试一次，就能成功！"

# 命运压不垮一个人

　　贝多芬在困境中曾大声疾呼："我要扼住命运的咽喉，它不能使我完全屈服！"为了艺术，他牺牲了平庸的私欲，战胜了一切不幸。真正的强者不会被命运压垮，而是要让命运向自己屈服。在人生的舞台上，自己做命运的主导者。

　　1985年春天，英国科学家史蒂芬·霍金访问中国。他操纵着轮椅，在众人的陪同下，游览中国长城。

　　"霍金先生，你还是在下面浏览一下吧。"一位中国朋友劝他说，"要是爬上去，那要消耗很多体力。"

　　"不，你们中国的伟大领袖说过'不到长城非好汉'，我一定要爬上去，绝不会带着遗憾回到剑桥。"

　　史蒂芬·霍金出生在英国牛津一个医生家庭，少年时代并不很聪明，说话比他的妹妹都晚，但是他却有着强烈的好奇心，什么事情都要刨根问底，他做作业时最反对别人提示。他的这些特点与爱因斯坦有些相似，所以同学们都称他"我们的小爱因斯坦"。

史蒂芬·霍金以优异的成绩考入英国牛津大学，那年他才17岁。他非常喜欢宇宙学，4年后，他考入剑桥大学研究生，拜著名天文学家邓尼斯·西阿玛为师。

然而，就在他的学业步步上升的时候，他得了一种不治之症——卢伽雷病。这种病会导致全身瘫痪，甚至死亡。医生说他最多可以活两年半。

要知道，那时史蒂芬·霍金只有21岁。

但是，他毫不屈服，以坚强的毅力完成了学业，获得博士学位并留校工作。

1970年，病魔把他安排在轮椅上了。到1985年，他不仅自己不能吃饭了，连声音都发不出来了。就是这样，他的研究成果还是不断地让世界科学界吃惊。

"绝不能让这样的科学家销声匿迹。"许多专家这样认为。他们为他设计了一台专用的微型电脑和一台语言合成器，装在轮椅前面，让他用仅能活动的几根手指通过键盘与人们对话。

几十年来，霍金一方面与死神做顽强的搏斗，另一方面肩负着探索宇宙终极奥秘的重担。他对人类的贡献至少有三项：一是把相对论研究提高到一个新高度，二是在黑洞物理学方面的开创性，三是演化创新了量子力学。这三大成就中的任何一项都足以让一个人名垂千古。

霍金虽然被禁锢在轮椅上，但是他的思维却没有停止过，他撰写的科学著作《时间简史》风靡全世界。

霍金坚信：顽强的毅力能创造一切！

霍金，一位坐在轮椅上的伟大科学家！命运对他如此的不公，如此的残酷，但他没有低头，没有抱怨，而是积极乐观，不断追求，孜孜不倦地探索宇宙的未知世界。他以惊人的意志和毅力，创造了人类生命最辉煌的奇迹，谱写了一曲亮丽的人生乐章。有一句名言说得好："命运压不垮一个人，只会使人更加坚强。"霍金就是这样的一位典型人物。我们要像霍金那样，学会感恩，学会宽容，不仅要珍惜现在，更要珍惜未来，努力学习，不怕困难，辛勤地付出，努力实现自己人生的最大价值，打造出一片属于自己的富有魅力的天地！

# 逆境终有逆转时

人的一生中充满了各种艰难险阻，所以人们常说：人生不如意事常八九，可与人言无二三。所以，能够在逆境中成长的人，必定是生活的强者。

生活不会事事如意的，无论想实现什么愿望，都要勇敢地、努力地去拼搏去争取。利用逆境，培养勇敢的性格，无论遇到多么不顺利的事情，都要坚定地告诉自己要继续努力，学会在逆境中成长。

有个残疾人，他凭借自己的努力获得了巨大的成功，谱写了一曲辉煌的生命乐章。虽然他的名字叫杨光，可是他的命运却很坎坷，并不像他的名字那样阳光灿烂。他出生九个月的时候，被查出患有先天性视网膜母细胞癌，所以他的双目只能被割除。从此，他生活在一片黑暗的世界，无法与健康的孩子一样无忧无虑地玩耍、上学。虽然命运对他非常不公，但由于父母的爱，他逐渐变得坚强起来。眼睛不能看到，他就选择音乐作为自己的梦想。为了支持孩子的梦想，父母送他去盲人学校念书，他们为杨光付出了很多。他经过不懈的努力，考进了北京某残疾人艺术团，成了一名独唱演员。但老天爷偏偏继续和他过不去，先是奶奶去世了，不久，父亲意外遭遇车祸也离开了他。这一连串的沉重打击，没有将他彻底击垮，而是让他更加坚强了，他更加努力地为实现自己的梦想奋斗着。后来，他参加了中央电视台的《星光大道》节目，并且获得了冠军。

英国哲学家伯克说："逆境是一位严厉的老师，它指派一个比我们更了解自己的人来管理我们，就像它也更爱我们一样。它与我们进行角力，来加强我们的勇气，增强我们的灵活性。因此是我们的对手也是我们的助手。在这种矛盾的抵触中，我们对目标有了更深的了解，并促使我们从各方面去考虑它。它使我们不再肤浅。"

经历逆境的伤痛和苦难之后，能磨砺出坚强的个性。立志成才的青年如果有一段逆境的磨难为自己的人生"奠基"，那么以后不管遇到什么意外和困苦，都应当能够应对和承受。

英国某小镇上，有一对贫困的夫妇，他们生了一对双胞胎，但贫困的家庭条件使他们没有能力一下抚养两个孩子。于是他们把一个儿子送给别人抚养。

一对年迈的百万富翁夫妇，收养了双胞胎中的哥哥，而弟弟留在贫困的父母身边。20年后，哥哥沦落为街头的流浪汉，而弟弟却进了英国著名的牛津大学学习深造。在这20年中，这对双胞胎兄弟过着完全不同的生活。哥哥进入富裕的家庭后，过着所谓上流社会的生活，被花花世界冲昏了头脑，不思上进。最终，他的养父母没有把遗产留给他，而他又没有谋生的技能，所以只能流落街头。弟弟虽然过着贫困的生活，有时甚至连最基本的生活都不能得到保障，但他在困境中，一直没有放弃努力，后来终于成功通过了牛津大学的考试。

不需要赞美逆境，也不需要企盼逆境，正视逆境的态度才是正确的，一旦身处逆境，要拿出信心、勇气和实干的精神。自古以来，能成就大事的人，都是通过脚踏实地、努力奋斗得来的。临渊羡鱼，不如退而结网。在人生的困境里，任何幻想和憧憬都是行不通的。只有信心十足地踏实去干，才能走出困境，收获胜利。

爱迪生花了整整十个年头，经过5万次的实验，才发明蓄电池；著名科学家竺可桢70多岁，还要亲自到野外考察，以求获得第一手资料，直到临终的一天还不忘做科研记录。他们战胜了多少艰难困苦呀！人生的价值，生命的意义，应该怎样来实现，许多杰出的人物为我们做出了很好的榜样。不经一番风霜苦，哪得梅花扑鼻香？在逆境里，应当学会坚强，学会抗争，用奋斗迎接逆境。奥斯特洛夫斯基曾说过："人的生命，似洪水在奔流，不遇着岛屿、暗礁，难以激起美丽的浪花。"

在逆境里，最需要的是忍耐，这种情况下一定要沉得住气，受得起委屈，坐得住冷板凳。没有机会的时候，要冷静观察，并提高自己的能力。如果在逆境中错判情势，或者急于求成，都会造成得不偿失的后果。在逆境中，只要能够坦然面对，不急不躁，奋发图强，就可以在时机成熟时，抓住有利时机，以获得事业发展的重要突破。

# 坚强的心永不绝望

一个人被困在黑暗里，伸手不见五指，看不到方向，听不到声音，没有任何人、任何力量可以拉你一把，在这种恶劣的情况下，懦弱的人只能屈服于命运的安排，而坚强的心却永不绝望。

有一位青年，在高三读书时，有一天，小叔叔来找他，对他说："家里出了点事，你跟我回去一趟吧。"

他收拾了两本书，跟着小叔叔出了校门。路上，小叔叔叮嘱他："你妈生病了，你要有心理准备。"

"什么病啊？啥时候的事？"小叔叔的话让他慌了神。

"前段时间突然晕倒了，这几天越来越严重，转到了ICU重症监护室，今天下了病危通知书，要动手术。你爸精神状况不太好，我只好把你叫回来。"小叔叔尽可能放缓了语调。

"这么大的事，怎么不早告诉我？"

"你妈不让我们说，怕影响你学习。"

如果不是已经很严重，他们大概会等到高考结束才告诉他。

到了医院，他透过观察室窗口望去，妈妈躺在病床上，脸色蜡黄，颧骨高高凸起，颓败虚弱。爸爸蹲在墙脚，一脸麻木。他喊了一声"爸"，可是，他爸爸连眼皮都没抬一下，像一尊雕塑，动也不动。

小叔叔告诉他，从他妈妈住院开始，他爸的精神状态就越来越差。今天听说病危，他不签字，也不说话。医生说是重压之下，激发了抑郁症。

那一瞬间，这位青年简直崩溃了，连眼泪什么时候流出来都没有察觉。他上一次看到爸爸妈妈时，他们还微笑着冲他挥手道别，让他到学校好好学习，现在一下子就全都变了……

浑浑噩噩地见了主治医师，那是他第一次见到病危通知书，第一次在上面签名，拿起笔的手直抖。不手术，只能等待生命耗尽；做手术，也许生命马上结束，也可能换来重生。要怎么选？他拿着病危通知书，内心无比纠结。

换上隔离服，进了重症监护室。也许，这一面后，就是阴阳相隔。

他握着妈妈的手，眼泪止不住地往下掉。妈妈努力挤出一丝微笑："孩子，别哭，要坚强。你自己要好好用功，也要把弟弟管好。咱家有三张存折，密码是家里电话号码后六位倒过来，就在床头柜最底下那个抽屉里。一个留着给你上学用，一个给你弟弟上学用，剩下的一个备用……"

"妈，别说了，你不能有事，你有事了我和弟弟怎么办？"

"孩子，妈妈会努力，妈妈会努力的。"

这是手术前他听到妈妈说的最后一句话。他多想妈妈能像平常一样，在他恐惧、害怕、掉眼泪的时刻，拍拍他、抱抱他，告诉他："孩子，没关系，妈妈在，不要怕。"

可是没有，妈妈生病了。顷刻之间，他的家就要支离破碎了。

妈妈被推进手术室的时候，他等在外面，脑子里设想了无数种可能。最糟糕的情况是，妈妈不在了，爸爸抑郁，弟弟才8岁。

而他才18岁，也还是个孩子，一直被爸妈当作掌上明珠百般呵护，从未经历过风吹雨打。他慌乱无助，觉得天沉沉地压下来了，前路茫茫，一片黑暗。他绝望，想逃避。

他甚至深深埋怨爸爸。爸爸太爱妈妈、太怕失去妈妈了，可是，现在他整个人沉浸在恐惧和悲伤里，抛下自己和弟弟怎么办？作为父亲，这不是不负责任吗？

爸爸就那么蹲在那里，似乎连站起来的力气都没有。他望着父亲，眼泪又掉下来。曾经他眼里顶天立地、视他若珍宝的父亲啊，现在毫无生机，实在让他心疼。

他心里五味杂陈，不知道是埋怨，是理解，是心疼，还是生气。

医院真是个考验人意志的地方，他在绝望中徘徊，瞬间长大。

幸运的是，妈妈挺过来了。

但妈妈依然昏迷，爸爸精神抑郁，弟弟需要照顾。

距离高考还有不到3个月的时间，实在不行就复读一年，只要爸妈能好起来，什么都值得。他打定主意，向学校请了假，班主任让他安心待在家，他会定期让同学捎复习资料给他。

面对家里突然的变故，8岁的弟弟怕得发抖。他仰着脸问："妈妈会不会死？爸爸会不会疯？"他故作坚定地告诉他："不，他们一定会好起来的。"说给弟弟听，更是说给自己听。

上午，带着爸爸在医院照顾妈妈，他一秒钟都不敢让爸爸离开自己的视线；下午，带着爸爸去康复中心做治疗。

3月的阳光已经带着暖意，可他时常感觉到刺骨的寒冷。那是他最黑暗绝望的日子，也是他最坚强勇敢的日子。他很累、很怕，可他挺过来了。

妈妈的病渐渐好转，爸爸也奇迹般地好了起来。

回到学校的时候，距离高考只剩40天。这样的变故和缺席，对成绩肯定有影响。幸运的是，他虽然没有考上自己最心仪的大学，但也考上了一所还算不错的学校。

而这段经历带给他的成长和收获，远比上个更好的大学要多。

生活中，我们总会经历这样或那样的绝望，这时，再挺一挺，再坚持一下，再勇敢一点，那些击不垮你的绝望，最终会变成光，把未来的路照亮。

# 不经历风雨怎能见彩虹

人生的道路是曲折而坎坷的，谁也不能保证自己的人生之路始终一帆风顺。在我们前进的道路上总会不可避免地遇到一些挫折、失败、逆境和打击。其实，这所有的一切只不过是人们生命之海中的一朵朵小浪花，只要不怕它溅湿我们的衣衫，冲过去，前方就是更为宽阔的海洋。

1807年，法军入侵西班牙，半岛战争由此展开。英国为了保护半岛上的西班牙、葡萄牙两国，派韦尔斯利将军率军出战。韦尔斯利将军率部下刚到西班牙时，由于兵力与装备都处于劣势而败给了法军，慌乱中韦尔斯利只身逃出了战场。

当时天上下着大雨，韦尔斯利躲到草堆里避雨，他感觉到眼前的一切糟糕透顶。然而，就在他又懊悔又绝望，几乎万念俱灰时，他看见了一只小小的蜘蛛，在这风雨如注的时刻，这只小蜘蛛却在努力地甚至拼命地结网。因风雨太大，蜘蛛一次次努力结的网都被风雨无情地破坏了。但是，小小的蜘蛛并没有放弃，它一如既往地精心地编织自己的网，直到第七次的时候才终于把蜘蛛网结成了。韦尔斯利被这只小小蜘蛛那不畏挫折和打击、屡败屡战的精神深深地感动了。这使他重新振作起来，毅然冒着风雨去寻找他自己的部队。

虽然随后的战争依然进行得异常艰苦，但韦尔斯利将军再也没有退缩过。他指挥着英国、西班牙、葡萄牙联军与强势的法军苦战，终于在1814年将法军全部赶出了西班牙，取得了半岛战争的伟大胜利。为了奖赏韦尔斯利的伟大功绩，英王加封他为威灵顿公爵，晋升为陆军元帅。从此，韦尔斯利就以威灵顿公爵的名号载入欧洲乃至世界的史册中。

正是这只蜘蛛改变了韦尔斯利的命运，进而改变了整个西班牙、整个欧洲的命运！

生活中的很多人缺少挫折的磨炼和面对挫折的坦然及勇气。然而，不经历风雨怎能见彩虹！无数事实证明，没有挫折的人生是经不起考验的。假如没有受过风浪的打击，意志就得不到磨炼，心灵就得不到艰苦的洗礼。

挫折是我们生命之海中的小浪花，是我们人生之路的宝贵经历，也是上天给我们的一种恩赐。世界上绝大多数人的成功，是经过挫折磨炼之后的结果。美丽的彩虹总在风雨之后，秀丽的风景总在险峰之上，成功的光华总在挫折身后。勇敢地面对自己在人生旅途中遇到的挫折，并且把每一次挫折都当成对自己意志、情绪的一种考验，我们就能够正视它，进而战胜它，为自己的人生增添绚丽的色彩。

# 挫折也是你人生中的美丽片刻

人生难免遇到挫折，这本身就是一个不可避免的过程。也正是因为挫折的存在，才有了勇士与懦夫之分。在面对挫折时，不妨给自己的伤痛加一个期限：在这个期限之内，你可以尽情低落与消沉，一旦期限到达，你便需要坚强起来，即使伤口依然存在，它也不应再妨碍到你的前行。时间是治愈伤口的最佳良药，当你随着生活阅历的不断累积而变得坚强时，你便会发现，曾经让你痛苦不已的挫折与失败早已成了回忆中的美丽片刻。

身为哈佛教授的雷切尔·卡森如此评说自信的重要性：许多人之所以会失败，完全源于他们犯下了这样的错误，他们总是对自身所具备的宝藏视而不见，反而去拼命地羡慕别人，对他人进行模仿，殊不知，成功其实就是永远自信地走自己的路。这便是渴望成功者的第一成功要素：永远不要说自己做不到，相信自己，坚持以胜利者的心态去生活，依靠自我力量，执着地冲向人生目标，你便一定能有所斩获。

初到人世时，每个人都是一张白纸。这张白纸上，有些人尽力描绘幸福，有些人书写着痛苦，有些人则快乐得畅快淋漓，有些人表面看似随意，却能在笔到之处画龙点睛，有些人看似自信满满，却在落笔之后发现结果不尽如人意。

这就是人生的残酷之处：人生不是写作业，写错了可以画掉重写；人生不是旅行，前往某地的路走错了，可以掉头重新来过。人生的每一个片段都是直播，在没有彩排的现场，你面对命运赋予的种种，唯有接受，不管它赐予你的是苦难还是幸福，你都只能承受。

你唯一可以做的，是让这场秀演得更好。

2010年，一位名为丽兹·默里的哈佛女博士以其真实的人生经历感动了许许多多的人。她所遭遇的一切令世人明白：当你的生命在最开始就被标上了不幸时，你唯一能做的就是奋力去改变。

1980年，丽兹出生于美国纽约一个贫民窟中，她的父母都曾经是嬉皮士，后来由于染上毒瘾而陷入了贫穷中。因为没有钱缴纳学费，丽兹早早便辍学了。8岁那年，由于无法抵挡饥饿，她与姐姐不得不上街乞讨。姐妹两人曾在寒冷的大街上捡冰块充饥，只因为那可以让她们体会到吃东西的感觉。

丽兹15岁那年，父亲与母亲由于患了艾滋病而撒手人寰，可怜的丽兹与姐姐从此真的变成了无家可归的孩子。姐姐莉莎幸运地得到了朋友的帮助，得以每晚在朋友家的沙发上过夜，而小丽兹却不得不流落街头，地铁、隧道与街头长椅都曾经是她入睡的地点。

父母的去世令丽兹受到了极大的刺激，当时，她发誓：一定要改变自己的命运，不能同自己的父母一样，放弃对人生目标的追求。丽兹很清楚，回到学校受教育是改变自我命运的唯一方式。

当时，她穿着一身散发着臭味的脏衣服到一所所的学校不断地尝试申请入学，并不断地受到校方的拒绝，直到她的顽强将当地一所中学的校长打动。在两年毕业的高中速成班中，她一直坚持着自己的学习计划，并选修了各类独立研究课程，同时，她还抽出时间去打工以养活自己。

虽然依然缺衣少食，但是丽兹在读书中找回了人生的意义与知识的力量。两年后，她以每门学科都为A的优异成绩毕业了，并以全校第一的成绩考入了哈佛大学，与此同时，《纽约时报》为她资助了1.2万美元的特殊奖学金。在媒体报道了她的故事之后，整个纽约都被感动了，各界人士捐款20万美元，以帮助丽兹支付哈佛大学的学费。

在接受媒体的采访时，丽兹说："我相信我总有一天可以搞定生活。当我看到母亲在遗憾中离开人世时，我就下定决心，不能让任何事情阻碍我的梦想！"

2009年，丽兹获得了哈佛硕士学位，并继续留在哈佛大学攻读临床心理学博士。

从17岁那年开始，丽兹便明白了这样一个道理：人生没有草稿，但你可以改写结局。不管任何时候，人都不能向命运屈服，只有顽强地进行拼搏，你才拥有改变命运的机会。

英国哲学家培根曾经说过："那些超越自然的奇迹多半是在抗击逆境、征服挫折的过程中出现的。"

没有经过风雨折磨的禾苗永远不能结出饱满的果实，没有经过锻炼的雄鹰永远不能高飞，没有经过磨炼的士兵永远不会当上元帅。哈佛告诉我们一个很简单的道理：如果想要变得更强，必须经过磨砺。

苦难如霜雪，它既可以凋叶摧草，也可使菊香梅艳；苦难似激流，它既可以溺人殒命，也能够济舟远航。苦难既是人生的良师，又是前进的阶梯。

# 困难和挫折不能把人吓倒

只有失败的事情，没有失败的人生。人生也是一个不断失败，且又不断前进的过程。人生需要一种百折不挠的精神，有时就像爬山，跌倒的时候，即使滚落到山脚下也要爬起来，不能放弃。失败，增长的是智慧；挫折，磨炼的是意志。无论任何事情，只要坚持到最后，最终会赢得胜利。

有一个悲观的人，因为生活中的不如意，天天抱怨自己的生活，在他眼里，事事都那么艰难，他不知该如何应付生活，已经厌倦抗争和奋斗，想要自暴自弃了。这时他的一位厨师朋友出于好意就想办法开导他，帮助他振奋起来，于是把他带进厨房。

这位厨师朋友先在三个锅里倒入一些水，然后把它们放在火上烧。不久，锅里的水沸腾了。厨师就在第一个锅里放些胡萝卜，第二个锅里放入鸡蛋，最后一个锅里放入碾成粉末状的咖啡豆。整个过程，厨师一句话也没有多说。

这位悲观的人不耐烦地等待着，他很纳闷，不知朋友想做什么。大约20分钟后，厨师把火熄了，把胡萝卜从锅中捞出来放入一个碗内，把鸡蛋也捞出来放入另一个碗内，然后又把咖啡豆舀到一个杯子里。做完这些之后，厨师才转过身问这位悲观的人："你看见什么了？能说一说吗？"

"就是胡萝卜、鸡蛋、咖啡豆，你让我说什么？"悲观的人回答。

厨师让他靠近些并让他用手摸摸胡萝卜。他摸了摸，注意到它们变软了；厨师又让他拿那枚鸡蛋，并打破它，将蛋壳剥掉后，他注意到了这枚煮熟的鸡蛋很有弹性；最后厨师让他品尝了咖啡。之后，悲观的人疑惑地问道："你这是干什么？有什么含义吗？"

厨师慢条斯理地给他娓娓道来："这三样东西面临同样的逆境，那就是煮沸的开水，但它们反应却各不相同。胡萝卜入锅之前是坚硬的、结实的，毫不示弱，但进入开水之后，它变软了、变弱了；鸡蛋原来是易碎的，它薄薄的外壳保护着它液态的内脏，但是经开水一煮，它的内脏变硬了；而粉状咖啡豆则很独特，进入沸水之后，它们很快适应沸水的环境，从而以自身的性质改变了水的性质。"

"你知道这其中哪个像你吗？"厨师问他，"当逆境找上门时，你该如何反应？你是胡萝卜，是鸡蛋，还是咖啡豆？"

　　这个悲观的人恍然大悟，他了解到朋友的良苦用心，也领悟了逆境对于人生的意义。从此，这位悲观的人不再自暴自弃，而是微笑着面对生活。

　　这个实验启示人们：如果人的生活顺应了自己的意愿，一帆风顺毫无波澜，那么人生就没有从低谷到顶峰的跌宕起伏，就没有"会当凌绝顶，一览众山小"的战胜自然的喜悦。只有历尽千辛万苦的成功才富有传奇色彩，也只有历经百转千回的努力才会到达理想的顶峰。

　　困难和挫折不能把人吓倒。只要有勇敢的精神，人们就可以再度爬起来，振奋精神，在磨炼中增长才干，增强意志。因而能否取得成功，取决于我们如何对待困难与挫折，如何把握它们。只有那些面对困难和挫折毫无惧色的人，才能驶向成功的彼岸。无论如何，我们都要坚强勇敢，因为未来还有很长的路需要我们去开拓。

# 学会克制

对于年轻人来说，如果想让自己更快成功，就更加要对自己严格控制，例如，处理什么事都要使自己做到诚实、冷静、耐心、不急躁。

多想解决的办法，用心做好每一件事。只有这样对自己严格要求，才能对自己的人生负起责任。

一位非常富有的老绅士想请一个年轻人照顾他的日常生活，帮他做些事情，因为他很喜欢年轻人。他的要求是，这个年轻人必须是个有教养的人。

但老绅士对年轻人最大的担心就是，年轻人不够自制，常常做出非常不绅士的行为。于是，他想了一个方法，那就是考验年轻人，让能够自制的人来到他的家里，和他一起生活。

周一早上，大厅里来了三个穿着盛装、打扮漂亮的小伙子，每个人都暗下决心一定要得到这个工作。老绅士给大家准备好了一间房子，这样，他就能很容易发现哪些人不能控制自己，哪些人可以信任。他先做好安排，然后让大厅里的这些年轻人依次进入房间。

加百利第一个被叫进房间，老绅士请他在里边等一会儿。加百利在门边的一把椅子上坐下。刚开始他很安静，坐在椅子上朝周围看。当他发现老绅士走了之后，他的眼睛就开始四处游移，终于他看到了桌子上有一个罩子，他很想知道下面是什么，但他不敢掀开罩子。

坏习惯对人有很大的影响，加百利又是毫不制约自己的人，他终于忍不住掀开罩子想看个明白。结果很使人扫兴，罩子下边是一堆轻飘飘的羽毛。羽毛被流动的空气卷起来，在房间里飞来飞去。他十分害怕，赶忙把罩子放下，但桌上剩下的那些羽毛又被吹到了地上。

老绅士一直就在隔壁，当他走进来时，正好碰见加百利慌成一团的样子。他很快就把加百利打发走了，因为他认为加百利连最小的诱惑都无法抵制。

老绅士又重新弄好房间，叫来艾萨克。老绅士刚离开房间，艾萨克就被一盘诱人的樱桃吸引住了。他特别爱吃樱桃，他想，这么多樱桃，即使吃掉一个，老绅士也不会发现，他想了又想，看了又看，终于拿了一个很好的樱桃放进嘴里。他想，再来一个也没什么，于是又拿了一个匆匆地塞进嘴里。

可是他没有想到的是，在这堆樱桃里，老绅士有意放了几个假樱桃，假樱桃里边全是辣椒。很不幸的是，艾萨克碰巧就拿到了一个假的，他嘴里立即像着了火一样刺痛起来。老绅士听到咳嗽声，明白是怎么回事了。这个孩子既然会拿樱桃，那么肯定也会拿别的东西。老绅士不喜欢他，于是他也被打发走了。

两个男孩都被打发走了，没人知道他们在房中的经历。现在轮到最后一个男孩汉克了。他一个人在屋里待了20多分钟，在椅子上一动不动。他的脸上也有眼睛，但他的心灵却很正直。罩子、樱桃、抽屉、把手、盒子、壁橱门和钥匙都没能使他离开座位。半小时后，老绅士留他在大厅服务。他一直服侍老绅士直到他去世，他们像父子一样生活了好多年。由于他的正直，他从老绅士那儿继承了一大笔遗产。从此以后，汉克过上了富裕幸福的生活。

克制自己是成功的基本要素之一。每个人在前进的道路上，都会遇到各种各样的诱惑，从而显露出内心的贪欲。如果想消除贪欲的心，避免贪欲带来危害，那就必须做到克制、忍耐。没有顽强的意志和毅力，不会克制自己，不能以思绪控制自己行动的人大多是生活的失败者；反之，能用行动来控制自己思绪的人，则往往会成为生活的强者。

# 第二章
## 自省谦逊

在自省过程中，我发现自己被外在因素左右得太多太多，欲望太多又不够诚实。这是障碍，是落在心灵上的尘埃。同时我又发现自己是这样一个人：我一定要想明白自己在做的事情，一定要走自己选择的道路，才会真的快乐。我无法盲目地接受安排。这是支持我一直在思索的根源和动力。

——梁漱溟

# 拒绝贪欲

幸福是与贪婪、凶恶、仇恨并存的，它们是不可调和的天敌，一个人要想获得幸福，就必须摒弃贪婪、凶恶和仇恨，尤其是贪欲。所以千万不要生贪念，一有贪念，终究会受到惩罚，也许自己只是贪取了一些蝇头小利，然而却要受到远远高于那些蝇头小利的惩罚。

欧洲某些国家公共交通系统的售票处大部分是自助的，也就是说你想到哪个地方可根据目的地自行买票。没有检票员，甚至连随机性的抽查都极少。据说逃票被抽检抓到的概率大约只有万分之三。

有一位亚洲某国的留学生发现了这个管理上的"漏洞"。他很乐意不用买票而坐车到处游玩，但在他4年的留学期间，因逃票被抓了两次。

4年后，他大学毕业，试图在当地寻找工作。他知道许多跨国大公司在积极地开发亚太市场，就向这些公司投了自己的求职资料，可都被拒绝了。一次次的失败，使他愤怒地认为这些公司有种族歧视倾向。终于有一天，他冲进了一家公司人力资源部经理的办公室："先生，我想问一下贵公司为何不录用我。据我所知，有一位各方面能力都不如我的应聘者已被你们录用。你们是不是歧视我？"

"先生，我们并没有歧视你，相反地，我们很重视你，因为我们公司一直在亚太地区进行市场开发，我们需要一些优秀的本土人才来协助我们完成这项工作，所以你刚来求职的时候，我们对你的教育背景和能力很感兴趣。老实说，你就是我们所要找的人。"经理回答。

"那为什么不录用我呢？"

"因为我们查了你的信用记录，发现你有两次乘公车逃票的记录。"

"我承认。但为了这点小事，你们就放弃了一个能为你们带来更大利益的人才？"

"小事？不，不！这位先生，我们并不认为这是小事。我们注意到了，第一次逃票你说自己还不熟悉自动售票系统，这有可能。但在之后，你又逃了票。这如何解释呢？"

"那时刚好我口袋中没零钱。"

"不，不！这位先生，我不同意这种解释。我相信你可能有数百次的逃票。对不起，我只是说可能。此事证明了几点：第一，你不仅不尊重规则，而且善于发现规则中的漏洞并恶意使用；第二，你不值得信任，而我们公司许多工作的进行是必须依靠诚信来完成的，如果你负责了某个地区的市场开发，公司将赋予你许多职权，但为了节约成本，我们不会设置复杂的监督机构，正如我们的公共交通系统一样。因此我们没办法雇用你，而且我可以断定：在这个国家甚至在整个欧盟，可能没有公司会冒险来雇用你。"

做人不要自作聪明，把别人当傻瓜。贪图利益，终有一天会自食恶果。

贪欲是魔鬼免费赠送的一剂穿肠毒药，"贪"正是产生人生痛苦的最大根源，久贪就必生灾难，只有祛除贪欲，才能减轻心灵的重负。所以，对待金钱必须要拿得起、放得下，赚钱是为了活着，但活着绝不仅仅是为了赚钱。假如人活着只把追逐金钱作为人生唯一的目标和宗旨，那人就成了一种可怜的动物，人将会被自己所制造出来的这种工具捆绑起来，被生活所遗弃。

贪欲旺盛的人，往往爱追求小利，从而看不到人生的真正大事，往往难以成功，更与幸福无缘。

# 抵制诱惑

诱惑无处不在，无时不有，一个人要有能力拒绝诱惑的吸引，时刻提防它的存在、它的"偷袭"。同时，诱惑也不是无懈可击、不可战胜的。诱惑可恶但不可怕，战胜它的法宝是诚实和善良，还有正气。拥有了它们，诱惑只能望而却步，而不会对你的生活造成困扰。

苏珊向来为人诚实正直。

一天，一个考验苏珊的机会出现了。农场主埃尔维斯是她妈妈的老板，苏珊的妈妈每周都给他们代洗衣物，但是埃尔维斯是一个非常吝啬的人，他给苏珊妈妈的报酬仅5美元。一个周六的晚上，苏珊像往常一样去那儿替妈妈领钱。苏珊到那里的时候，农场主正在气头上，他正在和另一群人吵架，于是当苏珊说要给妈妈领工资的时候，埃尔维斯就没有仔细地把钱数好，而是马上将一张钞票递给了她。

苏珊高兴地往回走，突然，她发现埃尔维斯给了她两张钞票，而不是一张。她往四周望望，发现附近没有人看到她。她的第一反应是为得到这笔飞来横财而兴奋不已。苏珊想："多余的钱就这样属于我了！"她心想："我要买那件在商店橱窗里挂的最漂亮的衣服，要知道为了那件衣服，我每天都要在橱窗外站着看好几分钟。然后多余的钱，我还能给妈妈买点好吃的，她平时那么辛苦。是的，还可以买礼物给我亲爱的莉莉姐姐……"

想了好长一会儿，苏珊猛然意识到，拿这笔钱是不道德的，因为无论埃尔维斯是多么苛刻的人，她拿走他的钱总归是不对的，手中的钱，其实并不属于自己，她没有权利使用它。正当她这样想时，她的内心又挣扎起来："这是他给你的，你又怎么知道他不是想要把它作为礼物送给你呢？拿去吧，他绝对不会知道的。就算是他弄错了，他那个大钱包里有那么多张钞票，他也绝不会注意到的。"

她一边往家走，一边进行着激烈的思想斗争。她一路上都在思考着是拿这笔钱呢，还是克制自己的欲望，把钱送回去。

突然，苏珊猛地转过身，往回跑去。她跑得很快，快得让她差点连气都喘不过来了，仿佛是在逃离什么无形的危险。就这样，她径直跑回了农场主埃尔维斯的店门口。那个粗鲁的老人见她又一次出现在他面前，忍不住惊讶地问："我已经给你钱了，你还跑回来干什么？"

"先生，你给我的钞票不是一张，而是两张。"苏珊一边颤抖，一边回答。

"就是说我多给了你一张钱？我看看，的确是两张。难道你刚刚发现吗？为何不早点把它送回来？"埃尔维斯质问苏珊。苏珊脸红了，她低下头，没有回答。

"我猜，你是想留下它自己用吧。"埃尔维斯说，"唉，你这个孩子太不老实了。"

"我是有过占有的想法。"苏珊说，"但是，我已经改变主意了。您不要把我看成一个不诚实的人，虽然那对我来说的确是个巨大的诱惑。先生，如果您曾看到自己最爱的人连寻常的生活用品都买不起的话，那么您就能知道，要时刻做到对待别人就像希望别人如何对待自己一样，对我们来说是多么地困难。"

老人注视着眼前这个小女孩，当他看到一颗颗泪珠顺着孩子的脸颊滚落下来时，仿佛被她的精神触动了。他对苏珊道了晚安，接着回到了屋子里。

他喃喃自语道："这世上有些人虽然年纪小，但却非常明白事理。"老人也为自己的行为感到羞愧，他想到的唯一的一件事就是以后要控制自己的苛刻，好好地对待别人。

在生活中要摒弃任何私心。一个爱他人胜过自己的人，是不会将不愿发生在自己身上的事强加给别人的。我们不仅不能去做那些事，而且我们对待别人的态度，也要和我们希望别人如何对待我们的态度一致。抵制住折磨我们的诱惑，要比指责别人的过错困难得多。

# 适当地控制自己的欲望

作为孩子，我们希望父母给我们买一双好看的运动鞋，可是当我们的这种愿望被满足后，忽然发现上衣也该换了，结果又要求父母给买了上衣，后来又发现裤子最好也要换条名牌的……如此一来，便陷入了一种欲望的旋涡。更重要的是，这会让我们养成一种"得寸进尺"的不良习惯，从而影响我们的成长。因此，无论是生活还是学习过程中，我们必须学会适当地控制自己的欲望。

有一位决心禁欲苦行的修道者，离开了他所在的村庄，到无人居住的山中去隐居修行。离开之前，他只带了一块布当作衣服。

后来他想到当他要洗衣服的时候，他需要另一块布来替换，于是他就下山到村庄中，向村民们乞讨另一块布当作衣服。村民们都知道他是虔诚的修道者，于是毫不犹豫地就给了他一块布，让他当作换洗用的衣服。

这位修道者回到山中之后，发觉在他居住的茅屋里面有一只可恶的老鼠，常常会在他静心打坐的时候来咬他那件准备换洗的衣服。可是他早就发誓一生遵守不杀生的戒律，因此他不愿意去伤害那只老鼠。但是他用了很多办法都没有赶走那只令他讨厌的老鼠，所以他只好又回到村庄中，向村民们要一只猫来饲养。

得到了一只猫之后，他又想到了——"我养这只猫来吓住这只老鼠，不让它咬坏我的衣服，并不想让猫去吃老鼠，可是给猫吃些什么东西呢？总不能跟我一样只吃一些水果与野菜吧！"于是他又向村民们要了一头奶牛，这样那只猫就可以靠喝牛奶来维生。

又过了一段时间以后，他发觉自己每天都要花费很多时间来照顾那头奶牛，耽误了他潜心修道。于是他又回到村庄中，找到了一个无家可归的流浪汉，就带着这个可怜的流浪汉到山中居住，替他照顾奶牛。

但那个流浪汉在山中居住了一段时间之后，对修道者抱怨说："我跟你不一样，我需要一个太太，我要正常的家庭生活。"

修道者仔细想了想，觉得流浪汉的话也有道理，他不能强迫所有人和他一样，过着禁欲苦修的生活……

这个故事就这样继续演变下去，没过多久，整个村庄都搬到山上去了。

这个小故事虽有些荒诞，却不无道理。当一个人欲望的锁链无限延长的时候，那么他最终会被这条锁链束缚住。修行者的初衷仅仅是为了得到一块遮风避雨的布，由于他任由自己的欲望延伸，最终整个村庄都被他搬上了山。

要正确面对和处理个人的欲望，因为欲望一方面是个人不懈追求的原动力，另一方面也是个人烦恼和痛苦的根源，它能催人上进，也能使人的内心处于烦恼不安的状态。

哈佛大学心理学教授塞得兹说："一个忘掉自己身份的人是可耻的。"而过度的欲望就常常令人忘掉自己的身份，使个人为满足欲望而绞尽脑汁，烦忧不已。想要避免成为不能准确认识自己的人，我们就应该时刻警惕过度欲望的烦扰和侵袭。

# 人活着要有尊严

1914年一个寒冷的冬天，美国加州沃尔逊小镇来了一群逃难的流亡者。长时间的辗转流离，使他们每个人都面呈菜色，疲惫不堪，善良而朴实的沃尔逊人，家家都燃炊煮饭，友善地款待这群流亡者。镇长杰克逊大叔给一批又一批的流亡者送去粥食，这些流亡者显然已好多天没有吃到这么好的食物了，他们接到东西，个个狼吞虎咽，连一句感谢的话也来不及说。

只有一个年轻人例外，当杰克逊大叔把食物送到他面前时，这个骨瘦如柴、饥肠辘辘的年轻人问："先生，吃您这么多东西，您有什么活儿需要我做吗？"杰克逊大叔想，给一个流亡者一顿果腹的饭食，每一个善良的人都会这么做。于是，他说："不，我没有什么活儿需要你来做。"

这个年轻人的目光顿时黯淡下来，他硕大的喉结剧烈地上下动了动说:"先生,那我便不能随便吃您的东西,我不能没有经过劳动,便平白得到这些东西!"杰克逊想了想又说:"我想起来了,我家确实有一些活儿需要你帮忙。不过,等你吃过饭后,我就给你派活儿。"

"不,我现在就做活儿,等做完您的活儿,我再吃这些东西!"那个青年站了起来。杰克逊大叔十分赞赏地望着这个年轻人,但他知道这个年轻人已经两天没有吃东西了,又走了这么远的路,可是不给他做些活儿,他是不会吃下这些东西的。杰克逊大叔思忖片刻说:"小伙子,你愿意为我捶背吗?"那个年轻人便十分认真地给他捶背。捶了几分钟后,杰克逊便站起来说:"好了,小伙子,你捶得棒极了。"说完遂将食物递给年轻人,他这才狼吞虎咽地吃起来。杰克逊大叔微笑着注视着那个青年说:"小伙子,我的庄园太需要人手了,如果你愿意留下来的话,那我就太高兴了。"

那个年轻人留了下来,并很快成为杰克逊大叔庄园的一把好手。两年后,杰克逊把自己的女儿玛格珍妮许配给了他,并对女儿说:"别看他现在一无所有,可他百分之百是个富翁,因为他有尊严!"

果然不出所料,20多年后,那个年轻人真的成为亿万富翁,他就是赫赫有名的美国石油大王哈默。哈默穷困潦倒之际仍然有自尊、自立的精神,赢得了别人的尊敬和欣赏,也为自己带来了好运。

尊严，是一个人的脊梁。人没有了脊梁，他就只能永远佝偻着腰。尊严，是一笔无价之宝。有了尊严，就会拥有更多的财富。为了人生之帆能够远航万里，为了公德之门能够牢不可破，愿人人都能恪守做人的尊严，矢志不渝。

人要有尊严！但尊严不是别人给的！是自己给的！古人云："行有不当，反求诸己。"就是遇到不顺的事情后，先从自身检讨，看看自己做的是不是让人家满意，还要注意说话的方式，话有三说，巧说为妙。这样别人就能听你说话了。要想得到别人尊重，首先得尊重别人！世界是公平的，也是平衡的，当你主动地尊重别人时，无形中别人就能感受到，下次就会得到他的尊重。

# 学会限制你的贪念

一个人贪心很重的话，对名气、地位、金钱的欲望沟壑将永远也填不满。得到会有不餍足的痛苦，得不到也会有挫败的痛苦，怎么都是痛苦。那怎样才能幸福呢？要挣脱痛苦之根源——贪心的桎梏。

有这样一则寓言故事，颇值得我们深思。

一只死去的大象静静地躺在幽僻的恒河边，正巧被一只出来寻觅食物的豺看见了。豺高兴地想："哇，我今天运气真好！"

它快步来到大象身边，并用力朝着象鼻咬了一口，但是象鼻硬得就像根木头，豺生气地破口大骂："这是什么鬼玩意儿，居然咬不动！"

于是，它回头去咬象耳，没想到还是咬不动，转到象的腹部仍然咬不动。它东咬一口，西咬一口，大象的全身几乎都咬遍了，仍然没有一个可以被咬下一口的部位。

它哀怨地说："怎么办，我快饿死了，怎么没有一个地方咬得动呢？"

最后，它找到了大象的屁股，再次用力一咬，这回居然咬动了，而且咀嚼起来就像刚刚活捉的小羊的肉，既松软又可口。

这会儿豺开心地自言自语："这才像样，看来大象身上最柔软可口的地方，只有这里了！"

只见贪吃的豺，从大象的屁股开始，不断地往里头钻食。

它从屁股吃到了象肚，当它吃完象的内脏，喝了几口象血之后，便舒服地躺在象肚里睡觉。

它醒来时，想了想："照理说，该出去了。可是这么大的一头象我怎么能放弃呀！不如就待在里面吧！这样整头大象就都是我的了！"

就这样，豺在象肚里舒舒服服地住了下来。

只是它没料到，在烈日的照射下，大象的尸体开始紧缩，特别是送入空气的肛门处，已经越缩越小。

终于有一天，豺醒来时，象肚里居然一片漆黑。其实在这之前象肚里的肉质早就变硬，象血也早已枯竭了，但是已经安逸于象肚里的豺，一点也不介意，直到伸手不见五指时，它才警觉到大事不妙了。

豺发现出口不见了，感到万分惊恐，不住地在象肚里东突西窜，又撞又踢，只是不管它怎么撞，就是撞不出一个逃生的出口。

直到有一天，天空下了一场大雨，象尸因为浸泡在雨水中，全身开始发胀，不久肛门口也松开了，透进了一点微光。

豺看见这点微光，开心地来到肛门口："得救了！"

只见它用力地冲向出口，终于拼了命地钻了出来。只不过，因为用力过猛，它身上的毛，居然全被象皮给磨光了。

它逃出象肚，立即奔到河边喝水解渴，这才从河水的倒影中，发现自己居然全身光秃秃的。豺叹了口气："唉，都怪我太贪心了，现在弄成这副德行，怎能见人呢？"

生活中，很多人因为贪得无厌的习惯而堕落，他们为了满足贪欲铤而走险，最终做出了让自己后悔不已的事。这实在是一件很可悲的事。当贪婪成为一种习惯时，人们的脚步就会走偏，直到酿成大错。不要让这种错误的习惯扭曲了我们的生活方向，我们可以享受生活，但不能沉溺于对物质无休止的追求中。唯有知足，我们才能开心地享受人生。

# 量力而行，不要盲目承诺

每个人的能力都有一定的限度，超过自己能力范围的事，就很难做好，所以，遇到别人要求自己完成超过自己能力的事，千万不要轻易承诺。否则，你不仅不能完成任务，还会将事情弄得更糟糕。

吴昕在一家轧钢厂工作，平时工作尽职尽责，工作成绩还不错。有一天，吴昕被主管叫到办公室，主管对他说："现在有一项特别重要的任务，我们要在东北打开市场，我觉得你是完成这项任务的最好人选，所以，我打算把这项任务交给你。"

当时，钢铁市场已经萎缩，想打开市场谈何容易。但吴昕听主管说自己是最好的人选，立刻来了精神，自信地拍了拍胸脯说："好的，我一定会完成这项任务的！主管，我做事，您放心！"

听到吴昕的回答，主管满意地说："好样的，小吴，这样的任务我就知道只有你敢接，你好好工作，将来一定能够大展宏图。"说完，主管拍了拍吴昕的肩膀走出门去。

等到办公室只剩下自己一个人的时候，吴昕不由得苦笑了下，刚才那番豪言壮语背后的苦楚和无奈，恐怕只有自己知道了。

爱面子是吴昕的一个特点，因为自己到这个公司时间还不算太长，吴昕觉得自己是新人，所以每当领导分派工作的时候，他总是抢着解决最棘手的问题。他想，要在大城市生存，做出一些别人做不到的事情，才能够有大展宏图的机会。

吴昕不知道花费了多大的力气，才为公司解决掉许多棘手的问题，也在公司站稳了脚跟。主管觉得吴昕特别能干，所以很赏识他。自然而然地，主管在之后的工作中一旦遇到了别人不能够解决的问题，便会立刻想到吴昕，但是谁又知道吴昕在解决这些棘手问题的时候所付出的努力和承受的压力呢？

接下任务，吴昕开始不辞辛劳地跑市场。辗转奔波，大部分时间在车上度过，他渐渐地感到自己体力不支了。尤其是在结婚生子后，他甚至挤不出一点时间来陪家人。同时，东北钢铁企业本来就很多，而市场大环境又不利，想打开市场谈何容易！吴昕经常自嘲地对众人说："人人都以为我是超人，但是他们哪里知道，我这个超人根本没有超能力啊！"

吴昕跑了一年多，但却没有多大收效，结果主管对他很不满意，觉得他只会吹牛，并没有多大能力，吴昕落得个费力不讨好。

俗话说："死要面子活受罪！"这句话很有道理。为了面子，回话时不懂得合理拒绝，将自己的实际能力抛开，无条件地接受别人派给的工作，到了最后，受罪的只能是自己。与其这样，还不如从最开始的时候就拒绝对方的要求，承认自己的能力有限，其实并不是什么丢脸的事情，谁都有办不了的事情，公司的上司也应该能够在这一点上表示理解。而不面对自己的实际能力，轻易承诺，最后无法实现承诺才丢脸。尤其值得注意的是，往往由于你的轻易承诺误事，因而造成损失。

上司和领导交给你任务无非是想让你将这个难题解决掉，如果在你的能力范围之内，你可以毫不犹豫地将这项任务接下来，并且很好地完成这项任务；如果在你能力范围之外，就要选择明智地拒绝。当然，不要一味拒绝，一味拒绝在工作中必然是不可取的，当上司认为这项工作非你莫属时，你要是还拿出一些冠冕堂皇的理由来搪塞，那就是你不知好歹了。这个时候，越多的推托之词越会让你的上司觉得你不可信任，认为你是在敷衍甚至会觉得你根本没有能力，在今后的工作中，可能很多好的机会就会与你失之交臂。

# 说实话比说谎话更好

诚实是力量的一种象征，它显示着一个人的高度自重和内心的安全感与尊严感。

说实话可以让人活得问心无愧，心安理得；说实话能让人胸怀坦荡，心情舒畅；说实话能让人每天过得轻松愉快。而说谎话则会让人整日里诚惶诚恐，担心自己的谎言什么时候被揭穿；或者时时防备着别人揭穿自己的谎言；时刻想着用什么谎话来圆上一个谎言。如果我们就这样整日生活在谎言和忧虑中，那么生活还有什么乐趣可言？所以，我们一定要做个诚实的人。从生活中的一点一滴做起，远离谎言。

圣诞节期间，吉姆过得可开心了！他还得到了一大盒蜡笔，有64种颜色呢！其中有一支居然还是白色的！

他有些好奇——白色的纸上怎么用白色的蜡笔呢？怎么涂也显现不出来呀！

终于，他有了主意——白蜡笔应该涂在深色的画板上啊！他站起身，从客厅拐进妈妈的卧室，一眼就看见了那个红木衣柜。就在那儿，他想都没想，就开始画起道道来。上上下下，左左右右……终于，他停了下来，猛地意识到妈妈的红木衣橱上爬满了蜡笔的白色道道。还没来得及欣赏白蜡笔的效果，他就知道自己已经闯祸了，这可是妈妈最喜欢的红木家具。一时，吉姆害怕了，他想，一顿打是逃不掉了。此时，他还没有足够的勇气去承认错误，虽然他已经打算说实话。

没过多久，只听见妈妈一声怒吼："吉姆，你给我过来！"他吓得哆哆嗦嗦，一步一步地挪到妈妈跟前。妈妈问他："是谁把我的衣橱涂成这样的？"

"是我，妈妈。对不起！"吉姆说，声音小得几乎听不见，他压根儿就不敢抬头看妈妈。

他已经准备好了挨打，可是接下来的事却是他没想到的。妈妈停顿半天，突然弯下腰，一把搂住他，语气温和地说："亲爱的，你对妈妈说了实话，妈妈真为你感到骄傲！爸爸和我都告诉过你，只要你说实话，就不会有太大的麻烦。我要你明白说实话有多重要，所以就不惩罚你了。我会想办法把衣橱弄干净，可你得答应我，以后再也不要这样乱涂乱画了！"

他一下子如释重负，忍不住开心地笑了起来。他由衷地答应："我再也不会这么做了，妈妈！"

走出妈妈的卧室，吉姆知道自己永远也不会选择用谎话来解决问题了。这件事让他相信——说实话比说谎话更好。从那以后，他深信只有说实话才真的是最聪明的做法。

是的，说实话的感觉很棒，而说谎话的感觉则是令人讨厌的。

只有说实话才能让人心安理得、心情舒畅。即使犯了天大的错误，说实话也远比说谎话要好。因为只有实话实说，才有可能让你弥补错误，得到别人的原谅。而谎言不仅不能从根本上解决问题，还有可能给别人造成很大的伤害。所以，我们要杜绝说谎。

# 不给自己消极的心理暗示

古罗马哲学家塞内加说过："缺乏信心并不是因为出现了困难，而出现困难倒是因为缺乏信心。"如果在做一件事之前，你就没有信心，总在对自己说：可能不行吧，万一怎么样，结果可能……还没去做，你就先退缩了。即使硬着头皮去做，因为提前给自己一个失败的心理暗示，所以做事的过程中，也会消极被动，十有八九会导致失败的结局。

一天晚上，在一条漆黑偏僻的公路上，一个年轻人的汽车轮胎爆了，他只得将这辆不争气的车停在路边。

他无奈地下车，可是翻遍了工具箱，也没有找到千斤顶。怎么办？这条路上很少有车子经过，他远远地望见了一个亮着灯的房子，决定去那里借千斤顶。在路上，年轻人不停地在想：万一没有人给我开门怎么办？要是主人没有千斤顶，那怎么办？要是那家伙有千斤顶，却不肯借给我，又该怎么办？

顺着这个思路想下去，他越想越生气，越想越感觉自己倒霉。当走到那间房子前时，他的情绪已经坏到了极点。他使劲地敲了敲门，主人刚把门打开，他冲着人家劈头就是一句："你那千斤顶有什么稀罕的！"主人像丈二和尚——摸不着头脑，认为来者肯定是个流浪的神经病，"砰"的一声就把门关上了。

就这样，年轻人一直在这个"思维怪圈"内徘徊，他走进了"自我失败"的思维模式中。他主观想象，这家主人肯定不借给他千斤顶。不管自己怎样说，他就是不肯借。经过不停的自我否定，他实际上已经对借到千斤顶失去了信心，认为肯定借不到了，情绪糟糕至极。乃至到了人家门口，他就情不自禁地破口大骂。

由于恼怒，态度不好，敲门时就比较用力，与其说敲门不如说是砸门。主人听见急促的砸门声，慌张地出来，门一打开，接着又听见蛮横的口气，自然莫名其妙，将年轻人当成不正常的人。年轻人遇到这样的情景，马上归因分析，"我想的没有错吧，果然他不肯借给我千斤顶"。实际上，年轻人犯了一个错误，就是把设想的情景当成真实的场面，反复强化，最后事情真的朝着他设想的方向发展。

心理学上有一个理论，就好似每个人心灵深处都藏着一个"自我画像"。这个画像就如同一个神秘的支配者，决定着一个人的心态和行为方式。换句话说，一个人认为自己是什么样子，就会成为这个样子的人。上例中的年轻人就是在自己的心里无意识地建立起了一个消极的"自我画像"，在这种消极的"自我画像"作用下，他总是站在失败的立场上看问题，以悲观、失望的情绪处理问题。

所以，在一个人成长的道路上，自己认为自己是什么样子很重要，在自己的心里为自己加油，相信自己一定能做到。

# 放下仇恨的石头

当别人伤害了你，你不能原谅，而是反过来怨恨他，使得自己精疲力竭，这难道不是在别人伤害了你的基础上又加大了对自己的惩罚吗？高情商的人通常都是能够原谅别人的人，他们是聪明的，因为懂得给自己的心灵松绑。

苏珊曾经有一个儿子叫约翰，可是在他17岁那年，由于一次意外，他被一群游荡社会的坏孩子乱刀砍死了。那段时间，她很悲伤，心中也充满了仇恨，每次看到那些衣着不整、叼着烟卷穿街走巷的坏孩子，她都恨不得冲过去撕烂他们，这让她陷入了更深的痛苦旋涡中。

后来，在一次"拯救灵魂"的公益活动中，一个老得几乎走不动道的老牧师保罗对苏珊说："你的事情我都听说了，仅凭怨恨是解决不了问题的。你知道吗？这些孩子也非常可怜，因为父母过早地抛弃了他们，社会对他们也非常冷漠，他们多数人自从出生的那天起便没有尝到过什么是温情，更不知道什么是爱！"

苏珊想那怎么可能，他们是杀害自己儿子的凶手，她怎么会去爱他们？如果可以，她想让他们为自己的儿子偿命。于是，她愤愤地说："可是，他们夺走了我的约翰！"

"那也许是个意外，放下这些怨恨吧，如果你愿意，也许他们都会成为您的约翰的！"

在保罗的一再建议下，苏珊参加了"拯救灵魂"的团体。她每个月都要抽出两天时间去附近的一家少年犯罪中心，试着接近这些曾经让她深恶痛绝的孩子。开始时固然有些不自在，可通过一段时间的交流后，她发现，这些孩子确实不像他们所表现的那样坏，他们渴望爱，渴望温情，有的甚至渴望叫谁一声"妈妈"。

于是苏珊像这个组织的其他成员一样，认了其中的两个黑人孩子作为自己的孩子。每个月她都要带上自己最拿手的食物去看他们两次。就这样，直到现在，她已经认下了二十几个孩子。他们每个人都从她那里得到了一种不是母爱却胜似母爱的情感，而她也从他们身上找到了儿子约翰的影子。即使他们重新回到社会后，也从没有间断过与苏珊的联系，他们会定期地到家里来看望她，帮她做家务，然后与她一起共进午餐，看电视……

苏珊说，她从没有像现在这样幸福过，她不但用她的爱心挽救了这些孩子，而且还找到了天伦之乐。

曾经有人将憎恨的行为比喻为"将一条毒蛇拥抱在胸前"。恶意的感觉终将化脓溃烂，而且会让人生病。为了保持一个健康的心灵和体魄，为了不让过去的伤痛伤害到今天和未来的你，学着去原谅吧！

"不能生气的人是傻瓜，而不去生气的人是智者。"如果放不下仇恨的石头，人就不会快乐，只会被湮没在对过去的懊悔、痛苦和对未来的恐惧、忧虑与烦恼之中，人的大脑与神经会因不堪重荷而错乱，心也会被人生必经的一切坎坷咬噬着，永远没有喘息的机会。如果不能放下仇恨的石头，人们可能会因为人与人之间的小摩擦而终身没有朋友、没有伴侣。

# 不妒忌才能正面思考问题

骄傲的人必然嫉妒，他对于那最以德行受人称赞的人心怀忌恨。

嫉妒是心灵的地狱。嫉妒的人总是拿别人的优点来折磨自己。因为出于嫉妒，往往把自己置于一种心灵的地狱之中，折磨自己。但折磨来折磨去，不但一无所得，反而可能让自己心灵扭曲，痛苦万状。

其实，嫉妒之心，人皆有之，只是程度轻重之分而已。轻度的嫉妒是过度的羡慕，如果嫉妒仅仅停留在这种程度上一般不会有什么坏处，而且还可能有好处，因为一个人在羡慕别人成绩的同时也希望自己能获得这样的成绩，这样的话他就可能会努力进取，这样的嫉妒非但不会害了人，还可能促使人进步。但是嫉妒之心一不小心可能就过了火，过度的嫉妒只会给我们带来悲剧。

从前有个农夫，他的忌妒心特重。

看到邻居地里小麦长得好，他心里就难受；看到邻居家小鸡小鸭长得肥，他心里更难受。

尽管农夫自己家地里的小麦长得很好，自己家里的小鸡小鸭也长得很肥，但他心里老是觉得邻居家里的更好。

为此，他常常深夜一个人跑到很远的野地里去向上帝祈祷，希望灾祸降临到邻居家。可是他没有见到天神上帝，却引来了女妖。

一个雷电交加的夜里，农夫正在祷告，一个女妖拿着一个贝壳出现在他的面前："你不是特别希望你的邻居倒霉吗？我送你一个贝壳，它可以实现你的心愿。但是，有一个后果，你的邻居会损失什么，那你也会损失同样的东西。记住，千万不要摔碎了贝壳，否则，你邻居过去损失的东西会全部回来，但是你的损失是不会回来的。"

女妖离去了，农夫还没有忘记她刚才的话："我送你一个贝壳，它可以实现你的心愿。"

他恶狠狠地说："我希望邻居家的小麦全完蛋。"

第二天一早，他迫不及待地来到地里，邻居家地里的小麦枯死了，当然，他自己家的小麦也全枯死了。农夫觉得心里很满意，高高兴兴地回家了。

让他生气的是，他的邻居赶着小鸡小鸭外出做买卖，并建议农夫也去卖小鸡小鸭："小麦颗粒未收，大家的日子都不好过，我们一起去卖小鸡小鸭，一起度过这个艰难的日子吧！"

农夫可不是这么想的，他想，邻居家的小鸡小鸭怎么这么肥实？他越想越生气，就拿出贝壳说："小鸡小鸭全完蛋！"

就在那一刹那间，邻居家的小鸡小鸭全死掉了，当然，农夫家的小鸡小鸭也全死光了。

接着，农夫又让邻居和自己家的家具全飞走，让两家的牛羊都死光，让两家的老婆孩子都得疯病……

最后，邻居和他一样一贫如洗，只好去下海打鱼。临走时，邻居对农夫说："大哥，我们不会被灾难吓倒的，现在我去海里打鱼去，你也知道我打鱼的本领很大，我多打点鱼回来，分给你一半！"

农夫一听，这个贝壳怎么就不能置邻居于死地呢？他心里特别忌妒和恼怒，大叫一声："什么实现愿望的小贝壳，简直就是个废物！"随即他怒不可遏地摔碎了攥在手里的小贝壳。

小贝壳碎了，邻居家失去的东西一瞬间全都回来了，可是农夫家失去的却永远地失去了。

妒忌不但伤人，也伤己，它让人冲动，不清醒，做出无法挽回的错事。所以，什么时候都不要妒忌，要正确地思考问题。

人怎么可能没有妒忌的心理呢？但是妒忌心理往往表明自己是一个不自信、不优秀的人。让我们变得自信、优秀，拥有能力，这样我们就会在不知不觉中发现自己强大了，又怎么会去妒忌呢？

妒忌心理源于看问题只看表面，没有看到事情的本质。家家有本难念的经，每个人都有自己的不容易之处，他人的成绩也是通过辛苦勤奋的拼搏才赢来的，所以，不要把事情想得过于简单。

# 别让焦虑滤掉你的快乐

我们处于一个经济快速发展的时代里，在这个时代里，人们的生活节奏日益加快，自身的压力也在不断增加，就业、买房、生活等方面的压力令许多人产生了焦虑情绪。焦虑不是口渴，喝点水便可以马上解决问题，它说不定哪天便会突然降临到我们的头上，让你不知不觉间落入它设下的陷阱而无法自拔。它会如同空气一样，不断地包围你，在无从觉察间，不断地吞噬着你的健康与快乐，使用沉重、悲观与犹豫来侵蚀着你的生活，将你生活中所有的温馨——过滤掉，将一切快乐从你身边剥离。

塞缪尔陪丈夫驻扎在非洲沙漠中的一个陆军基地中，由于公务繁忙，丈夫总是将她一个人留在基地的小铁房中。

炎热的天气，无法与当地居民交流的痛苦，见不到家人的思念，令塞缪尔感到非常难过。她变得越来越反感这个地方，并不断地写信给自己的父母，信中无一不是在抱怨命运的不公：在其他女人正享受大好青春年华时，自己却要一直待在这个无聊的鬼地方。在一大通的抱怨之后，她坚决地告诉父母，自己准备抛弃一切回到本土。

很快，她便收到了父亲的回信，信中只有两行字：两个不同的人从牢房的铁窗中望去，一个看到了泥土，另一个却看到了星星；于是一个人抱怨命运的不公，另一个人却在感谢命运的眷顾。

塞缪尔反复地读着这封信，她为自己的抱怨感到愧疚，并决定让自己平静心情，在沙漠中寻找属于自己的星星。

随后的半年时间里，她开始尝试着与当地人交流。当地人为塞缪尔的热情所感动，当他们发现塞缪尔对他们的陶器、纺织品感兴趣时，便将自己不舍得卖给观光客的陶器与纺织品送给了塞缪尔。

在沙漠中，塞缪尔再也感受不到烦躁了。如今，她开始沉迷于那些顽强的仙人掌与各类沙漠植物，坐在沙丘上欣赏沙漠的日出，并对研究沙漠中的历史古迹产生了浓厚的兴趣。

丈夫的驻军任务完成以后，塞缪尔回到了美国。她将自己在沙漠中的发现与经历写成了书，并以《快乐的城堡》为书名出版。在书中，她郑重地告诫那些正处于焦虑状态的人：放下焦虑、停止抱怨，你便能看到璀璨的星空。

焦虑是由于人们对于某些威胁性事件或者对某种情况进

行过度预期而产生的高度忧虑不安的状态。这种情绪往往会导致高度的紧张，使个人精神过度敏感，严重者甚至会引发生理与心理出现不同的功能性障碍。焦虑程度过高的人会出现头晕、胸闷、睡眠障碍等疾病，在行为上也会出现暴饮暴食、反常等症状。可以说，我们处在一个焦虑的时代里，人人都患有不同程度的焦虑症。

那么，如何应对焦虑情绪呢？最好的办法就是保持乐观态度。即使事情在最坏的情况下，拥有一个乐观的态度也不是没有可能的。对自己说"事情没有那么糟糕"，可以让你变得积极一些，就像饥渴的人面对半杯水，有的人可能为"只有半杯水"而焦虑，有的人却可以为"还有半杯水"而高兴。当你能乐观地看待事情的时候，就会发现感觉好得多了。

# 乐观的思考方式

　　对于人生中遇到的各种不幸，高情商的智者的做法是：把苦恼、不幸、痛苦等看作人生不可避免的一部分。当他们遇到不幸时，会不断地对自己说："这一切都会过去。"这样乐观的心态会帮助人们将不幸赶走。

　　乐观的人都具备相同的特质，即善于自我激励，能够寻找各种方法去实现自己的目标，在困境中能够通过自我安慰拯救自己。

　　在印第安纳州，有一个名叫英格莱特的人，10年前他生了一场大病，终于康复了之后，又发现自己得了肾脏病。于是他四处寻医，想要治好自己的病，没料到，却没有任何一个医生能治好他的病。

　　肾脏病的治疗还没有头绪时，他又患上另一种病，这种病令他的血压也高了起来。随后，他去看医生，就被那个医生宣布已经没救了。据说，患这种病的人距离死亡不远了，这个医生还建议英格莱特先生最好马上回去料理后事。

英格莱特只好回到家里，静静地坐下来沉思，默默无语。

他的亲人们看到他痛苦的样子，内心里都感到非常难过，但是大家也都毫无办法。英格莱特自己更是陷入深深的失望和颓废的情绪里。

英格莱特这样默默沉思了一周，突然间醒悟了。他对自己说："你现在这个样子简直像个傻瓜。你在一年之内恐怕还不会死，那么你为什么不趁现在还活着，快乐一点呢？"于是他眉头舒展开了，挺起了胸膛，笑容开始在脸上绽开。他努力使自己变得乐观起来、轻松起来。一开始并不习惯，但是他强迫自己这样去面对生活。

奇迹发生了，英格莱特感到自己正在逐渐变好，几乎同他装出来的一样好，疾病的疼痛慢慢消失了，血压也逐渐下降，身体正在慢慢变得健康，情绪也慢慢变得高涨。他原以为自己早已躺在坟墓里了，但现在，他不仅很快乐而且很健康。

对此，英格莱特自豪地说："有一件事我可以肯定：如果我一直想关于死的事，内心会垮掉的话，我的身体也会垮掉，那位医生的预言就会实现。可是，我给自己的身体一个自行恢复的机会，别的什么都没有，除非我乐观起来。"

英格莱特的生命之秘诀便是——他发现了乐观的秘密。遭遇不幸时，萎靡不振终归是于事无补的，以积极的心态来应对不幸的事才能收到良好的效果。

"越艰难的事情，就越需要对事物保持乐观的思考方式，乐观是一种最有效的思考策略。"通常来说，我们是无法控制不幸之事在我们头上发生的。不过，我们对于发生不幸之事的反应是可以加以控制的。正如上面故事里那个被宣判死亡的人一样，用乐观的方式来拯救自己。

# 知足是幸福的源泉

　　人们不幸的由来，是因为看不见自己的幸运；不满的由来，则是不知道自己早该满足了。有许多时候，我们之所以感觉不幸福、不快乐，多半是由于自己的心里不知足。

　　假如把不知足归结为人类后天的变异，这不免有失公允。其实，不知足是一种最原始的心理需求，而知足则是一种理性思维后的达观与洒脱。时常知足，是一切幸福和快乐的源泉！

　　一个人只有满足于自己所有的一切，才可能保持自己与世无争的宁静生活，才可以活得坦然，没有干扰，没有麻烦，也没有外来的祸害。只有"知足"和"知止"的人，才能立身长久，而且可以免去生活中的许多忧愁和悲伤，让快乐的心情永远占据自己思维的空间，从而尽享生活的乐趣。

　　知足常乐似乎已经成了一个老生常谈的话题，然而，就是这么一句简单的众所周知的话却没有多少人能够真正做到。

南朝梁代人鱼弘，也是个追求官爵、贪图钱财的人。他虽然担任郡守（即太守），却仍不满足，嫌官小。他财产不菲，竟还仗着梁武帝的信任，公开勒索钱财，并让民工到深山里砍来高贵的树木，为自己建造奢侈的郡守府。他生活十分奢侈，又荒淫无度。由于他常年生活糜烂、纵欲过度，没几个春秋，便一命呜呼了。

看来贪婪的人确实难有好的结果，不是伤人便是害己。而相比之下，有许多知足常乐的人结局要比他们的下场好得多。这些人安于本分，轻利寡欲，因而一生轻松，无拘无束，活得洒脱自在。

梁从诫先生1949年考入清华大学历史系，1952年院系调整后转入北京大学历史系。1958年研究生毕业分配到云南大学历史系任教。后来，他先后担任中国大百科出版社编辑、知识分子杂志社主编、自然之友协会会长、全国政协委员等职。他的经济条件甚好，收入不菲，但是他不追求物欲，不企望享乐，更不去过一种奢靡的生活，在他心中，自足是一切快乐的中心。所以他一生过着洒洒脱脱、轻松愉快的生活，丝毫不受名利所拖累。

生活中的每一个人或许都希望活得潇潇洒洒、快快乐乐的，谁也不想自己做悲悲戚戚的人。然而，当今社会，物欲横流，又有多少人在物质和金钱的诱惑之下不为所动呢？当然社会要发展还是需要我们创造条件去追求物质上的满足的，人要建功立业也是需要不断地追求名誉的。但是，我们的追求不能永无止境。

人生最大的苦恼，不在于自己拥有得太少，而在于自己向往得太多。凡事适可而止，才能把握好自己的人生方向。懂得知足，才是高情商的表现，否则你就会离快乐越来越远。

# 与其抱怨不如积极面对

生活中总是会有一些不如意的事，如爱情的烦恼、工作的繁忙，让人们的情绪越来越差，面对这些负面情绪，低情商的人不知如何解决，唯有抱怨。而事实上，生活就像一面镜子，你对它哭，它也会对你哭；你对它笑，它也会对你笑；你对它抱怨，它也会对你抱怨。你的境况不会因抱怨发生好转，只会变得越来越糟，就像当你恼怒时把镜子摔成碎片，它会回报给你无数怒气冲冲的脸。

马克·吐温晚年时曾经感叹道："我的一生有太多的忧虑是一些从未发生过的，没有任何行为，这比无中生有的忧虑更愚蠢。"如果不幸降落在你的身上，你是选择积极地面对，还是不断地抱怨？如果你从此踯躅不前，不思进取，那么你的心情也会因此变得糟糕透顶，不幸将会变本加厉。

20年前那场大火把尼尔的一切都毁了，他从光明的世界里一下子跌入无边的黑暗。他失去了工作，妻子也离开了他，他只好靠乞讨为生。一天中午，他蹲在路边，忽然听到有脚步声，还有手杖敲地的声音，他猜测对方也是个残疾人。虽然心里没抱什么希望，但他还是向前凑了凑，说："行行好吧，可怜可怜我这个盲人吧。"

脚步声停止了，手杖声也停止了，只听对方说："我很愿意帮助你，这个，你拿着。"尼尔摸索着接了过来，他惊奇地发现那竟然是一张百元大钞。这是他第一次收到这么大额的钞票，他想对方一定是个有钱人。

于是，他一边道谢，一边说："先生，您是个大好人。您不知道啊！其实我并不是生来就失明的，20年前，这条街上有一家餐厅发生了火灾……"他想博取更多的同情。

"你也是那场火灾的受害者吗？"对方问。

尼尔一听对方也知道那场大火，更来了精神，他又向前凑了凑，说："哦，您也知道那场大火吧，那火整整烧了两天两夜啊。天哪！当时烟那么大，我找不到出口，等我醒来的时候，什么都看不见了。"

见对方没有吱声，尼尔又接着说："都怪那场大火，害得我变成了现在这个样子，到处流浪，孤苦伶仃，当年的肇事者也没赔偿，我真命苦啊！……"

没想到对方拍拍他的肩膀大声说："其实，我也是在那场大火中受伤的，我也失明，并且被毁容了……"

尼尔这才想起刚才的手杖声，又想起刚才他给自己的百元大钞，他马上愤愤不平地说："上帝对我不公平啊！你我同样都受伤了，为什么你可以成为有钱人，而我却落魄潦倒呢？"

对方却笑了笑，说："不！我从来不觉得我的命运是悲惨的，也从来不觉得上帝对我不公平！因为我失去了视力，所以我才有更敏锐的听力，才能分辨音响的好坏，创造出销售的佳绩。我相信，任何表面的不幸，都是上帝要给我更大的祝福！"

尼尔听着手杖敲地的声音有节奏地远去，深深叹了口气……

抱怨，是最简单的一件事，尤其是在面对不幸的时候，任何人都有抱怨的无数理由。但是抱怨并不能解决问题，也不能把你从不幸中解救出来，它只会不断地加重你的不幸。要知道，我们的情绪是具有吸引力的，当你越抱怨不好的事情时，就越会有更多不好的事情过来找你，如果你能够转到积极的那面去看待事情，就会接连遇见令你惊喜的事物。

# 遇事多往好处想

　　有个年轻人整天闷闷不乐。有一天，他决心让自己变得快乐起来，于是便去拜访乐观者。

　　"假如你一个朋友也没有，你还会快乐吗？"他问。

　　"当然，我会高兴地想，幸亏我没有的是朋友，而不是我自己。"乐观者回答说。

　　"假如你正在走路，突然掉进一个泥坑，出来后你成了一个脏兮兮的泥人，你还会快乐吗？"

　　"当然，我会高兴地想，幸亏我掉进的只是一个泥坑，而不是无底洞。"

　　"假如你被人莫名其妙地打了一顿，你还会快乐吗？"

　　"当然，我会高兴地想，幸亏我只是被打了一顿，而没有被他们杀害。"

　　"假如你在拔牙的时候，医生不小心拔了你的好牙，而把你的虫牙还留着，你还会快乐吗？"

"当然，我会高兴地想，幸亏他只是拔错了一颗牙，而不是搞乱我的内脏。"

"假如你正在睡觉，忽然来了一个人，在你面前用特别难听的声音唱歌，你还会高兴吗？"

"当然，我会高兴地想，幸亏在这里号叫着的，是一个人，而不是一只狼。"

"假如你马上就要失去生命，你还会高兴吗？"

"当然，我会高兴地想，我终于走完了人生之路，就让我跟随着死神，快快乐乐地去参加另一个宴会吧。"

"这么说来，生活中到处都充满了快乐，没有什么能够令你痛苦的了？"

"是的，在我们的生活之中，快乐是无处不在的，只要你愿意，你就一定可以找到。痛苦和快乐并没有明显的界限，唯一的区别是，你用什么样的心态去看待眼前发生的一切。"乐观者最后说。

有一个人辛苦存了好几年钱，买了辆他想了半辈子的奔驰轿车。

拿到新车的那天，他特别高兴地开到了郊区，想要好好感受一下好车的马力。不知是因为太兴奋，还是对新车的性能不够熟悉，居然撞到了路边的大树上，车头直接被撞碎了。

大家知道这件事情后，都觉得他特别倒霉，近两百万元的全新奔驰轿车，才开了不到一天就报废了。而他却似乎并不怎么在意，反而安慰朋友说："幸亏是好车，所以车虽然坏了，人没事就好。"

有一次，他去餐厅用餐，一位服务生在上菜的时候，不小心碰翻了他面前的汤，洒了他一身。可是他却一点都没生气，只是站起来用餐巾纸擦拭衣服上的汤汁，笑着说："幸亏汤已经凉了，不然非烫伤不可。"

还有一回，他家的几个孩子在房间里跑来跑去，不小心把一个玻璃花瓶给打翻了。他马上就冲了过去，但不是去责骂孩子，而是检查孩子有没有受伤，直到确定所有孩子都没有受伤，他才安心地说："谢天谢地，没事就好。"然后，他去给孩子们换上干净的衣服，再一点一点地收拾散落一地的花瓶碎片。

生命中总是充满了乱七八糟的事情，有些是我们无法抉择却又不得不去面对的。也许我们的力量太过渺小，无法改变一些事，但至少我们可以把握自己的心情，用乐观的心态去看待眼下的事情。你对待生命的态度，决定了你的生命是快乐还是悲伤。

即使是同样的遭遇，用不同的眼光去看，总可以得到不一样的结论。生活中的苦难已经够多了，为什么我们不多往好的方面去想，让自己更快乐一些呢？

# 选择快乐的人生

普希金有一首小诗: "假如生活欺骗了你, 不要悲伤, 不要心急! 忧郁的日子里要镇静: 相信吧, 快乐的日子将会来临!"

人生是丰富多彩的, 但是, 每个人的人生旅程里或多或少都会有一些坎坷困难。人生的天空不总是明朗, 没有人能承诺我们的一生永远是晴天。生活中, 我们会面临各种各样的境遇, 你需要选择如何去面对。是要一种好心情, 还是要一种坏心情? 如果我们一直拥有积极、快乐的心态, 面对坎坷, 面对困难, 还会有失败可言吗? 所以, 我们要鼓起勇气, 保持良好的心态, 选择快乐的人生!

一个小女孩病了, 医生告诉她, 她的生命只有最后100多天。女孩睁着亮晶晶的眼睛在想: 既然我必须死去, 我该怎样度过我生命中的最后这100多天呢? 小女孩的妈妈很难过。她对女儿说: "你还从来没有见过大海, 我带你到最美丽的海滨城市去，在那里，你可以天天看到湛蓝的海水。要知道，这可是你很久很久以来的一个心愿。"

女孩摇摇头，说："妈妈，我的心愿很多。大海，只是我向往的一种事物。我还想穿上最美丽的裙子跳芭蕾舞，还想坐在维也纳的金色大厅听世界上最美的音乐，还想……你能满足我其中一个心愿，但满足不了我全部的心愿。"

母亲叹了口气。不错，要想满足女儿全部的愿望，就得给女儿一个完整的生命。可是，100多天，似乎什么都来不及了！

电视里正在播放节目，是一个养老院，那里有许多孤独的老人……

几天后，小女孩住进了养老院。每天，她都把欢乐的笑声洒满这些老人的房间；每天，她都听没牙的老奶奶给她讲故事；每天，她趴在老态龙钟的老爷爷膝下用银铃般的嗓音唱一首首美丽的童谣。

养老院的每个老爷爷、老奶奶都因小女孩的到来而感到幸福，她是他们共同宠爱的小孙女。他们说，在他们即将离开人世的时候，他们享受到的这种天伦之乐，将让他们在走向天国的时候不再凄凉和孤独。因为，他们有了小女孩的笑声和歌声。

谁也不知道小女孩身患绝症。但在一天早晨，小女孩静静地死了。

小女孩在最后时刻对妈妈说："妈妈，我很快乐，也很幸福。既然我必须死去，这么短的时间里，我想我只能寻找到一个快乐地和幸福地结束生命的办法。我找到了，所以我是一个很幸福的女孩子。"

女孩的故事令人感动，而且她也是幸福的。同样的不幸也发生在了另一个男孩的身上，但是男孩的故事却令人唏嘘不已。

这个男孩也患了绝症，医生告诉他，他的生命也只有100多天。

小男孩从医生说完这句话的时候就开始哇哇大哭。他觉得他是世界上最不幸的男孩，别人都在享受生命、享受阳光、享受快乐和幸福，为什么偏偏是他，而不是其他男孩子得了这么可怕的一种疾病？为什么非要他死，而别人却还好好地活着？……

小男孩就是想不通，终日啼哭。

在他生命的最后日子里，人们听到的都是他的抱怨。他抱怨爸爸妈妈为什么给了他生命却没有给他健康；他抱怨老师同学给予他的温暖和照顾太少；他抱怨小朋友在他快要离开这个世界时怎么不知道多来陪陪他；他抱怨所有的人自私、冷酷和无情无义。除了抱怨，小男孩还诅咒。

他诅咒他曾经生活过的这个世界，诅咒庭院里开放得太艳丽的花朵，诅咒他家门廊里太悦耳的风铃，诅咒飞到他窗前枝头上啾啾啼叫的小鸟……

在小男孩眼里，所有这些美好都是对他即将逝去的生命的嘲笑；他的生命快要结束了，整个世界都应该变得沮丧和愁容满面。

于是，妈妈叫人拔掉了庭院里所有的花，摘下风铃扔进垃圾箱里；至于小鸟，没有了绿荫就不会唱歌，因此，窗前的那棵树，有一天也让人砍掉了……

但在一天早晨，小男孩还是死了。

小男孩死的时候眼睛呆呆地望着空空的庭院。

妈妈知道他不快乐，早在他生命结束之前快乐就离开了他。他周围的人也不快乐。

小男孩静静地躺在那里的时候，人们心里只有一声叹息：可怜的孩子，阴郁的小男孩是世界上最不幸的男孩。

面对病痛的折磨，小女孩选择了快乐，不仅让自己快乐，也为别人带去了快乐；而小男孩却在抱怨和诅咒中离开了人世。快乐的人生之路离我们并不远，它就在我们脚下。即使生命剩下的时日不多，我们也应该有信心和勇气去让自己快乐地度过那珍贵的每一天。

# 第三章
# 自省自励

任何一个工作，都是有它的艰辛之处的。你现在是最快乐的日子，没有压力，没有负担，自然觉得自由就是没有束缚。可是真正的自由，来自于强有力的自律和自省。

——沈奇岚

# 失败是成功的必经之路

有人说：失败之后就是成功，成功之前就是失败；也有人说：失败之后是去更换一个目标、一个方向，成功之前则是不断地努力。没有人愿意面对失败，可失败是不可避免的。这不是上天故意捉弄人，而是因为，如果没有经过失败的考验，人们就不会获得实现成功所必须具备的智慧、勇气，还有经验和教训。如果我们因为害怕失败而逃避现实，那成功将永远与我们无缘。

沃尔特·惠特曼出生在美国的一个海滨小村，由于生活穷困，只读了5年小学。十来岁时，他就辍学到了一家印刷厂做学徒。辛苦的工作，并没有消磨掉他对生活的感悟与美好的畅想，他疯狂地迷恋上了诗歌，并不知疲倦地没日没夜地写着。

惠特曼省吃俭用，用积攒下的钱，自费出版了一本自己的诗集。那诗集的封面是绿色的，封底上还画了几株嫩草和几朵小花。虽然全书只有薄薄的95页，仅收录了12首诗和1篇序，但那足以让他兴奋。他将几本样书捧回家，欣喜地交给家人看，可家里人并不看好，觉得他的诗没有任何意义，甚至不值得一读。不久，他的父亲就因风瘫病去世了，当然他的作品也无缘与父亲谋面。

惠特曼想拿这些书出去卖，却难逢知音，一本都没卖掉。于是，他将自己辛苦所出的诗集全都拿出去送了人，但是却没有人愿意领情，甚至有几个著名的诗人或对其不予理睬或干脆将其投入火炉。

社会舆论更是风声四起，对他的批评铺天盖地，有的报纸甚至臭骂他"不懂艺术，正像畜生不懂数学一样"，有的把他的这本诗集称为"浮夸、自大、庸俗和无种的杂凑"，说他是个疯子。为了表达对他及其诗集的痛恶，还有人称"除了给他一顿鞭子，我们想不出更好的办法"。更糟糕的是，人们将他的服装和相貌也作为嘲笑的对象，轻蔑地说，"看他那副模样，就能断定他写不出好诗来"。

在一波波冷水朝惠特曼泼过来时，他迷茫了，嘲笑和谩骂声几乎将他淹没，他开始怀疑自己根本就不是写诗的料。残酷的现实重重地将他击倒，几乎将他推到了绝望的边缘。然而，这时远方的一封来信给了他重新站起来的勇气，来信者就是当代最有名气的大诗人爱默生。爱默生在信中高度评价了他的诗作，称他的诗作有着创新的写法、不押韵的格式和新颖的思想内容。

爱默生真诚的夸奖和赞誉使惠特曼心中重新燃起创作的激情,从此他坚定了自己写诗的信念,并一直不停息地写下去。不久,他增订后的第二版诗集问世,诗集全文共有384页。之后,诗集不断增订,直到他去世时,诗集已经出到第9版,诗歌的总数也由最初的12首发展到近400首。

惠特曼的名字已震撼了世界,他成为具有世界声誉和世界意义的伟大诗人。他唯一的诗集《草叶集》也成了美国乃至人类诗歌史上的经典,甚至他被称为"现代美国诗歌之父"。

是爱默生的鼓励让瓦尔特·惠特曼冲破了重重阻力,恢复了信心,战胜了自我。在谈及欣赏的作用时,爱默生说:"在我的眼里,没有野草,野草只是还没有被发现用处的植物。"

只要付出努力和辛苦,就有可能得到收获,但是这期间如果遇到暂时的冷遇或不公平、挫折或失败,我们一定要学会保持一个平常的心态,切莫怨天尤人,也不要妄自菲薄,更不要愤世嫉俗。要记住,失败是成功的必由之路。

# 成功的不一定是聪明人

不要为自己没有超人的智力和才华而烦恼，因为，你只要执着于一个目标，并为之坚持不懈地努力，成功也一定会如期与你相遇。

1862年，德国哥廷根大学医学院的亨尔教授迎来了他的新学生。在对新生进行面试和笔试后，亨尔教授脸上露出了笑容，但他马上又神色凝重起来。因为他隐约感觉到这届学生中的很大一部分是他教学生涯中碰到的最聪明的苗子。

开学不久的一天，亨尔教授突然把自己多年积下的论文手稿全部搬到教室里，分给学生们，让他们重新仔细工整地誊写一遍。

但是，当学生们翻开亨尔教授的论文手稿时，发现这些手稿已经非常工整了。所以大部分的学生认为根本没有重抄一遍的必要，做这种没有价值而又烦冗枯燥的工作实在是浪费自己的青春和生命。有这些时间，还不如发挥自己的聪明才智去搞研究。他们的结论是，除非傻子才会坐在那里当抄写员。最后，他们都去实验室里搞研究去了。让人想不到的是，竟然真有一个"傻子"坐在教室里抄写教授的论文手稿，他叫科赫。其实，科赫也不知道教授为什么要他抄写这些手稿，但他认为教授这样做应该有他的道理。但是，同学们都开始取笑科赫，他们叫他"最傻的人"。

一个学期以后，科赫把抄好的手稿送到了亨尔教授的办公室。看着科赫满脸疑问，一向和蔼的教授突然严肃地对他说："我向你表示崇高的敬意，孩子！因为只有你完成了这项工作。而那些我认为很聪明的学生，竟然都不愿做这种繁重、乏味的抄写工作。"

"我们从事医学研究的人，不光需要聪明的头脑和勤奋的精神，更为重要的是一定要具备一丝不苟的精神。特别是年轻人，往往急于求成，容易忽略细节。要知道，医理上走错一步，就是人命关天的大事啊！而抄那些手稿的工作，既是学习医学知识的机会，也是一种修炼心性的过程。"教授最后说。

这番话深深触动了科赫年轻的心灵，他意识到身为一名医学工作者的重大责任。在此后的学习和工作中，科赫一直牢记导师的话，他老老实实做最傻的人，有严谨的学习心态和研究作风。这种做事态度让他在人类历史上首次发现了结核菌、霍乱菌。1905年，鉴于在细菌研究方面的卓越成就，瑞典皇家学会将诺贝尔生理学与医学奖授予了科赫。

如果把科赫的经历和你周围的人相印证，你就会发现一个令人深思的问题：那些成功者，并不一定是很聪明的人，但他们必定是傻傻地专注于同一事物从不动摇的人。

# 宽容是一种风度

从社会生活的角度看，宽容大度是人在生活中不可或缺的风度。一个人以敌视的眼光看人，对周围的人戒备森严，心胸狭小，处处设防，不能以宽大释怀，必然会因孤独而陷于忧郁和痛苦之中。

毕加索可能是有史以来最富有的画家。他的画不像传统的风景画那么直观，而是充满了神奇的力量，人们逐渐地发现了这种价值。在1967年的时候，毕加索的一幅画竟卖出50多万美元的高价，还从未有一位画家生前的画卖这么高的价钱。

直到1973年，毕加索去世时，他的1000幅画至少值2500万美元，真可谓"富有"。他数十年来一直是欧洲画坛的领袖人物，他打破了传统的绘画法则，首创立体派，用自己的想象来绘画，他所画出的并不是看到的表象，而是灵魂。

而且毕加索更让人佩服的是他的气度，一般的画家都非常介意别人对自己画作的评价，但是毕加索就不会如此，他认为，立体派能表现最完整的意念。

他的画能够重新建构物质世界，他将变天下所有为天下所无，构造人们所没有见过的新事物，于是画作出来后，有人批评他的画看不懂。大家都以为毕加索一定会非常愤怒，但他不无幽默地说："我不懂英文，英文对我就像白纸，但这并不表示世界上没有英文。因此对自己不懂的事，只好怪自己了。"

还有人不理解他，说他画出了一些别人根本看不懂的东西，根本就没有传统画作那么优美有意境，还嘲笑他的作品像小孩涂鸦。面对这样严重的指责，毕加索依然没有任何怒气，他只是诙谐地说："我15岁时，已经能画出拉斐尔那样的画。然而学了一辈子，才能画得像小孩子一样。"

还有一次，毕加索给一位著名女作家画了一幅画像，一位朋友看了说："画像画得很美，可是一点也不像本人。"

毕加索幽默地回答："没关系，她会慢慢地像这幅画像的。"

还没有一个画家像毕加索那样，对待那些仿照他画作的人，几乎从不追究，顶多把签名涂掉就算了。朋友为此愤愤不平的时候，毕加索说："那些画假画的人，不是穷画家就是老朋友，我怎能为难老朋友呢？再说那些鉴定真迹的专家也要吃饭呀！假画如果绝迹，他们的饭碗不也就不保了吗？"

　　毕加索是世界上伟大的画家之一，他的伟大之处不仅仅在于他的画作，还在于他伟大的人格魅力和博大的胸怀。毕加索对于别人对自己画作的指责，总能以幽默的方式化解，而且巧妙地维护了自己的尊严。

　　一颗博大的心，远比一技之长更重要。一颗博大的心可以让你赢得更多人的尊重，可以让你拥有更广泛的人际关系，而这才能让你真正地成功。

# 珍惜此刻拥有的

在这个世界上，人们对于容易到手的东西往往很少珍惜，因为得来太容易了。但是，对于那些来之不易或者不再会拥有的东西，人们往往会倍加珍惜。

在生活中，有些人常常会为失去的机会或成就而嗟叹，却往往忘记了为现在所拥有的感恩，不明白已经发生的其实是一种恩典。其实，人在向往别人的美好生活时，更应该懂得珍惜自己所拥有的。

爱默生在散文《自恃》中写道："每个人在受教育的过程当中，都会有段时间确信：物欲是愚昧的根苗，模仿只会毁了自己；每个人的好坏，都是自身的一部分；纵使宇宙充满了好东西，不努力你什么也得不到；你内在的力量是独一无二的，只有你知道自己能做什么，但是除非你真的去做，否则你也不知道自己真的有这种勇气。"

有一天，卢梭带着儿子在街上游玩。儿子被街上各种各样稀奇古怪的东西吸引了。他总是要在一些商店或者摊位前驻足，向父亲问东问西。卢梭并没有觉得儿子麻烦，他很乐意接受儿子的各种提问，并且还鼓励他多向未知的事物提出疑问。

在经过一家玩具商店时，儿子被售货员手中摆弄的积木深深吸引了。他觉得这个玩具就像魔术一样神奇，便要求父亲给他买一套。看到儿子非常喜欢，卢梭当即将积木买了下来，不过，他对儿子说："玩具买回去之后你要好好珍惜它，再不能像其他玩具一样，玩两下扔一边了。如果你再不爱惜或者玩两下就不玩了，以后任何玩具我都不会再给你买了。"

儿子也没多想，立刻答应了父亲的要求。

玩具买回去后，只要有空，卢梭就会陪儿子一起搭积木，当然，他只是儿子的助手，他希望儿子能发挥自己的能力。

卢梭看到儿子在搭积木时耐心不够，刚搭两下见错了就不愿再继续玩下去了，便非常温和地对儿子说："仔细想想刚才你为什么错了，多试几种方法，将不同方法的不同步骤记在脑子里，或者记在一个本子上，这样你就可以知道自己上一次错在哪个地方了，下一次不就可以改正了吗？你这么聪明，一定能很快搭好的。"卢梭也不忘夸奖鼓励一下儿子，以加强他的自信心。

果然，经过不断的尝试，积木终于搭成了。儿子非常高兴，唯一遗憾的是在多次的失败中，耐心不够的儿子将几个积木块弄坏了，这样，整套积木就有点儿残缺了。

儿子要求父亲再给他买一套新的，他会搭建得更好的。卢梭笑着对儿子说："你在搭积木的过程中不断地吸取失败的教训，最后取得了成功，这一点我非常赞赏。但是你忘了我们在买积木时的约定了吗？如果你不爱惜你所买的东西，我以后就不会再给你买了。"

儿子想起了父亲之前说的话，只得低下头，再也不嚷着要买新积木了。也是从那时开始，他学会珍惜他拥有的东西了，因为他知道，如果自己不珍惜，可能将永远不会再有了。

其实，向往别人的美好时，更要珍惜你拥有的。人世间最重要的，是你正在拥有的。生命是一个"惜福"的历程。每个人的生命都不可能完整无缺，每个人的生命都少了一些东西。但是，当我们能够坦然地接受自身的不足，珍惜自己所拥有的东西时，人生也就拥有了幸福与快乐。

太容易得到的东西就不知道珍惜，这本身就是一种不正确的人生态度。珍惜现在你拥有的一切，你就会感觉到幸福，你就会发现生活如此美好，可以很自豪地说："我很幸福！"

如果一个人可以很自豪地说"我很幸福"，才是一个真正富有的人。

# 走过苦难，下一站就是天堂

人生于纷繁的尘世，总是要与苦难握手的，很少有着所谓的一帆风顺。其实，苦难也是人生旅途中美丽的风景，因为它能够激励着人走向成功。印度诗人泰戈尔说："只有经历地狱般的磨炼才能炼出创造天堂的力量，只有流过血的手指才能弹出世间的绝唱，让人生在苦难中起舞吧！"

人在苦难中所体现出来的情商会使他生命的火焰熊熊燃烧。就如同火石不经摩擦，就不会有火花迸发。正是在苦难中，在困境的刺激下，勇敢的人会发挥出他最大的潜力，从而取得成功。

富兰克林·罗斯福于哈佛大学毕业后不久，便正式开始了政治生涯。但是在1921年8月10日，一场大灾难便降临到了他的头上，他不幸患上了脊髓灰质炎。一场严峻的考验摆在了39岁的罗斯福面前，这比生死的考验更为残酷，也更叫人难以忍受。

情况在不断恶化，他的两条腿开始完全不顶用了，瘫痪的症状在向上身蔓延。他的脖子僵直，双臂也失去了知觉，最后膀胱也暂时失去了控制，每天导尿数次，每次都痛苦异常。他的背和腿疼痛难忍，但最让人受不了的还是精神上的折磨。罗斯福从一个有着"光辉前程"的年轻力壮的硬汉子，一下子成了一个卧床不起、事事都需别人照料的残疾人。

为了不想自己的病情，他拼命地思考问题，回想自己走过的路，回想自己接触过的各种各样的政治家。他也想到人民，想到那些饥寒交迫、朝不保夕的社会下层的人。到底今后应当怎样生活？怎样做人？他不断地思索、探求。为了总结经验，他不停地看书。

苦难可以压垮一个人，同时也可以造就一个人。他按照医生的嘱咐进行了艰苦的锻炼，最后终于能坐起来了。为了重新走路，罗斯福让人在草坪上架起了两根横杠，一根高些，一根低些。每天，他接连几个小时不停地在这两根杠子中间挪动身体。他还让人在床正上方的天花板上安装了两个吊环，靠这两个吊环坚持锻炼。到了第二年开春，他已经日见好转，甚至能够在图书馆的沙发上接见客人了。

1922年2月，医生第一次给罗斯福安上了用皮革和钢制成的架子，架子每个重7磅（约相当于3.2千克），使他的两腿固定得就像两根木棍一样。借助于架子和拐棍，罗斯福不仅可以凭身体和手臂的运动来"走路",而且还能站立起来讲话了。

经过艰苦的锻炼,罗斯福的体力增强了。1922年秋天,他重新回到病前任职的信托储蓄公司工作。由于重新回到了社会,罗斯福的名字又响起来了。

病痛并没能吓倒罗斯福,甚至没有成为罗斯福的负担,他给人的印象是一个完完全全的健康人。他面对病痛所表现出来的超人的勇气和乐观向上的态度,那蓬勃的生命之光不仅增添了他个人的自信,也赢得了别人的尊敬和信任。

1932年又是总统选举年,民主党由于上届总统选举失败,所以迫切需要罗斯福出来竞选,重振士气。在儿子的协助下,他拄着拐杖走上讲台,这时全场响起雷鸣般的掌声。他的讲话受到了全场的热烈欢迎。这是人们对他表示的一种少有的敬意。他的心好像又长上了翅膀,他的腿被架子夹得麻木了,他的手由于把全身的重量都撑在桌上而不停地痉挛,但他全然顾不上这些,他那浑厚有力的声音在大厅里回荡着。

罗斯福最终赢得了这次选举,他的胜利在于他那非凡的毅力和超人的意志。

罗斯福并没有因为苦难而绝望,相反,他坚强地"站"了起来、"走"了出来,并最终得到了民众的一致认可,战胜了苦难。苦难本身是一次洗礼,是一种考验。苦难使罗斯福变得更加坚强,无论是精神上还是肉体上,都显示了杰出人物那种固有的特点。

当你不幸经历了苦难，其实也不必悲哀，因为你遭逢了成功的契机。有多少人具有成功的天资，却因为一生中没有与"苦难"搏斗的机会，于是一生默默无闻，甚是可惜。

苦难对于天才是一块垫脚石，对于能干的人是一笔财富，而对于懦弱者则是一个万丈深渊。不论是谁，他们许多最为辉煌、最有意义的事业都是在苦难中完成的——有时是为了从苦难中解脱出来，有时是一种责任感。

"品格通过苦难变得完美。"一个富有耐心而又善于思考的心灵，从哪怕是极度的悲伤中所获取的智慧也比从欢乐中产生的智慧要丰富得多。

走过苦难，下一站就是天堂。

# 放得下就是快乐

马克·吐温说过："打消了一切忧虑，卸下了一切担子，真好比心里搬开一块大石头。"

生活之所以快乐，不是因为得到得多，而是因为计较得少。无论名与利、得与失，都可能会在顷刻间化为乌有。你要惋惜吗？不。你要学会放下，放下你心中的留恋，放下你心中的悔恨，放下你心中的贪欲，放下你心中的名和利。在心中装一些平淡，装一些坦然，装一些潇洒，装一些淡定。只有学会放下昨天，才能以更好的姿态面对明天；只有放下心中的不舍，才能在其中装入更多的幸福和快乐。

一个青年背着一个大包裹千里迢迢跑来找大师，他说："大师，我是那样孤独、痛苦和寂寞，长期的跋涉使我疲倦到极点。我的鞋子破了，荆棘割破双脚；手也受伤了，流血不止；嗓子因为长久地呼喊而嘶哑……为什么我还不能找到心中的阳光？"

大师问："你的大包裹里装的是什么？"

青年说："它对我太重要了，里面是我每一次跌倒时的痛苦，每一次受伤后的哭泣，每一次孤寂时的烦恼，每一次悲伤时的执着……正是因为有了它们，我才有勇气走到您这里来。"

听了青年的话，大师带着他来到河边。他们一起坐上船，过了河。上岸后，大师说："你扛着船赶路吧！"

青年很惊讶："它那么沉，我扛得动吗？"

"是的，你扛不动它。"大师微微一笑，"过河时，船是有用的，但过了河，我们就要放下船赶路。否则，它会变成我们的包袱。痛苦、孤独、寂寞、灾难、眼泪，这些对人生都是有用的，它们使生命得到升华，但须臾不忘，就成了人生的包袱。放下吧，生命不能负重太多。"

青年听了大师的话，立即顿悟。于是他放下包袱，继续赶路，他发觉自己的步子轻松而愉悦，比以前快得多。

放下没有必要的东西，简化自己身边的事物，减少心中的贪欲，我们就会过得轻松一些、愉快一些。

有一个富翁，称得上富甲一方，但是他过得并不开心。富翁冥思苦想，找人求教，却难以获得答案。

于是，越来越不快活的富翁把家里的钱财都折换成金银财宝，存进了钱庄，然后只带了少量金银出去旅行，想弄明白自己不开心的原因。

走了很多地方，富翁还是没有找到他想要的答案。

一天晚上，沮丧而绝望的富翁走到了一个小山村里，他坐在一块石头上长吁短叹。这时候一个打柴的老头从山上下来，他背着一大捆木柴，虽然累得满头大汗，嘴里却依然哼着山歌，显得很开心。

富翁看见这种情景，觉得很不可思议。老头穿得破破烂烂，背上的木柴沉甸甸的，满脸都是汗水，这样的生活有什么快乐可言呢？而他却看起来那么高兴，富翁决定问个清楚。

于是他走上前，请求老头让他借宿一晚，老头很爽快地答应了。老头的家里很穷，几间茅草房，一件像样的家具都没有，吃穿的东西基本上都是自己生产，可是这一家人显得都很快乐。

富翁百思不得其解，就问老头快乐的原因。

老头瞅了富翁一眼，说道："快乐是很简单的事情，能放得下就行了。"

富翁仍然难以理解，第二天起身告辞时，他把自己身上的银子拿出来表示酬谢。富翁心想：这老头家里这么穷，他们有了银子一定会很高兴。不料老头坚持不要，后来见富翁非常真诚，就拿了银子，并邀请富翁再住一天。第二天，附近所有人都来到这个老头家里，给富翁送行，还给他带来了好多小礼品。原来老头把富翁给的银子全部拿来给村里的人们买了一些必需的用品，供大家共同使用，并告诉大家是富翁资助的。村里人非常感谢这个富翁，听说他要走了，特意来为他送行。

富翁从来没有遇到过这样的事情，他感动极了，心中充满了前所未有的感觉，他知道这就是快乐。他没有想到给老头的一点银子，会换来这么多真诚的感谢。这个时候，他终于明白什么叫"放得下就是快乐"了。自己以前有着巨额财富，但是只知道赚钱，从来没有做过有意义的事情。自己每天担心别人觊觎自己的财产，担心自己的财产减少，还担心有人会谋害自己，弄得整日忧心忡忡，这样的生活怎么可能让人快乐呢？

富翁找到了快乐的秘诀，他回到家后，把钱全都从钱庄里提取出来，用来帮助那些贫穷的人。就这样，富翁变得越来越快乐，而他的财富一点也没减少，反而变得比原先更多了。

人生匆匆忙忙，一直都在追求。所以，每个人肩上都少不了有几个包袱。有些包袱会影响我们的情绪，让我们为之劳心费神，这时，我们就要学会放下。放下，是为了更好地拾起明天；放下，是为了真正地得到幸福。背着沉重包袱的人，又怎么能全力奔跑呢？

# 困难挡不住前进的脚步

失败并不可怕，可怕的是认输，困难挡不住前进的脚步，敢于面对失败的人，才是生活的强者。太阳每天从一个地方升起，但人生不能总在一个地方徘徊。拥有逆境，便拥有一次创造奇迹的机会，百分之百的信心，加上百分之百的努力，就等于百分之百的成功。命运就像自己的掌纹，虽然弯弯曲曲，却永远掌握在自己手中。相信自己，挑战自我，是成功的金钥匙。

日本有个叫福井谦一的孩子，是家里的独子，因为家境殷实，父母都受过良好的教育，所以对他寄予了厚望，希望他能有一番作为。可是，福井谦一上学后学习成绩很一般，特别是化学成绩不尽如人意。一次，福井谦一的化学测验又不及格，为此他实在不知道该怎样去面对父亲，他连家都不想回，在马路上转了好几圈，左思右想，还是觉得自己不是读书的料。于是，他决定干脆向父亲摊牌，提出自己不想读书的想法。

父亲听了他的话，先是一愣，而后深思了良久，然后告诉儿子："无论你将来做什么，都必须读书。不读书，没有文化，那就什么事也干不成。"见福井谦一不说话，父亲继续耐心地开导他，"一个人无论做什么事，都会遇到挫折。如果遇到一点困难就退缩，那就永远也不能进步。要想成功，你就必须勇敢地去面对困难、克服困难，只有这样你才能真正地超越困难，成就自我。"

最后，父亲叮嘱福井谦一："孩子，你要记住——没有比人更高的山，没有比脚更长的路，只要向前走，我们就能成功。"

父亲的一番话深深地打动了福井谦一，他忽然意识到自己确实不该就此放弃。福井谦一收回了不去读书的想法，从此，更加努力地学习。

觉醒了的福井谦一开始重新规划自己的学习，他制订了学习计划，安排好了自己的时间，决心从头开始补起。他把自己最弱的化学科目的课本都找了出来，从头学起，经过了半个学期的努力，初见成效，他的成绩有所上升。慢慢地，曾经经常不及格的化学，竟然成为他的优势学科，他不仅当上了化学课代表，还获得了参加化学竞赛的机会。经过不懈的努力，福井谦一终于成为著名的化学家，并于1981年获得诺贝尔化学奖。

没有什么比坚持更重要。牛津大学曾举办了一个"成功秘诀"讲座，丘吉尔应邀发言。他说："我的成功秘诀有三：

第一，绝不放弃；第二，绝不、绝不放弃；第三，绝不、绝不、绝不放弃！"许多人的成功都是这样，挫折和磨难总是与人相伴的，它们最终都会被自信和执着所战胜。

人生路漫漫，多有崎岖坎坷。山高路远，但山的高低，路的长短，完全取决于人的双脚。只要执着地、永不放弃地走下去，我们就会踏平坎坷，在成功的路上走得很远、很远。

# 希望往往隐藏于谷底

一位穷困潦倒的年轻画家为了实现心中的理想，只身来到了堪萨斯城谋生。起初他来到了一家报社，想在那里谋个差事，编辑部周围有较好的艺术氛围，这也正是他所需要的。但是主编阅读了他的作品后连连摇头，认为作品缺乏新意，不予录用，这使他感到万分失望和颓丧。和所有出门闯荡的年轻人一样，被拒绝的他第一次尝到了失败的滋味。几番尝试之后，他终于找到了一份替教堂作画的工作。可是报酬极低，身无分文的他没有钱租画室，只好借用一家废弃的车库作为临时的办公室，每天就在这充满汽油味的车库里辛勤工作直至深夜。不会有比现在更艰难的日子了，年轻的画家想。

车库里除了弥漫着令人窒息的汽油味以外，每天熄灯后，还时常能够听到老鼠吱吱的叫声和在地板上的跳跃声。

为了第二天有更充足的精力投入工作，年轻的画家总是早早睡去，从不理会这些小东西。有一天，当疲倦的画家抬起头，他看见昏黄的灯光下一对亮晶晶的小眼睛，是一只小老鼠！如果是在几年前，他会想出种种办法去捕杀这只老鼠，但磨难已经使现在的他具备大艺术家所具有的悲天悯人的情怀。他微笑着注视着这只可爱的小精灵，可是它却像影子一样溜了。窗外风声呼啸，他倾听着天籁，感到自己并不孤单，好歹有一只老鼠与他为邻。

那只小老鼠果然一次次出现，画家从来没有伤害过它。小老鼠在地板上表演着各种精彩的杂技。而他作为唯一的观众，则奖给它一点点面包屑。如此温馨的场面让原本黯淡的夜晚多了一些光亮。小老鼠虽然淘气，却也很温驯，更会撒娇，有时甚至蜷伏在画家的手掌心里睡大觉。画家很喜欢看着它，研究它的每一个动作，甚至还会对着镜子又皱鼻子又努嘴巴，学着小老鼠一大堆可爱的小动作。

不久，年轻的画家离开堪萨斯城，被介绍到好莱坞去制作一部以动物为主的卡通片。这是他好不容易得到的一次机会，他似乎看到理想的大门开了一道缝。但不久后，他再次失败了。

许多个不眠之夜，画家在黑暗中苦苦思索着，他质疑过自己的天赋，感慨过自己的命运，但他没有陷入消沉、沮丧之中，更不允许自己向生活投降。终于，在某天夜里，他突然想起了堪萨斯城车库里那只爬到他画板上跳跃的老鼠，灵感就在那个暗夜里闪了一道耀眼的光芒。他迅速爬起来拉亮灯，支起画板架，立刻画出了小老鼠的大致轮廓。

有史以来最伟大的动物卡通形象——米老鼠就这样诞生了。这位年轻的画家就是后来美国最负盛名的人物之一——才华横溢的沃特·迪斯尼先生。他创造了风靡全球的米老鼠。这只可爱的老鼠足迹所至，所受到的欢迎让许多明星都望尘莫及，也让沃特·迪斯尼名扬天下。

如今，米老鼠已经有八十多岁了。虽然它的年纪已经不小了，但是其魅力却始终未曾稍减，不知陪伴过多少小朋友的童年，带给多少小朋友无尽的欢乐。米老鼠，这只全球最知名的"老鼠"，早已成为沃特·迪斯尼卡通王国的招牌和重要标志。可是，谁能想到，曾经生活在那间充满汽油味的车库里的一只小老鼠竟然是世界上最著名的卡通形象的原型呢！

沃特·迪斯尼的经历向我们表明，当最坏的已经来过，最好的就会适时出现。这意味着，哪怕一个人已经跌到了谷底，只要心灵不被黑暗所包裹，就有希望迎来转机。人生，必然不会一帆风顺，会遇到许多坎坷。我们应该用平和、积极的心态来看待生活，我们可能暂时看不到希望，那是因为希望往往隐藏于谷底。山重水复疑无路的后面，往往就是柳暗花明又一村。只要以积极的态度面对，并全力以赴去努力，就有希望走出阴霾。

# 让生命潜能爆发

在每个人的身体里面，都有巨大的潜能，只要把潜能激发出来，就能创造出奇迹。

有一位名叫哈里的英国人，在一次战争中背部中了枪弹。经过紧急抢救，他虽然保住了性命，却失去了行走能力。

他在轮椅上坐了二十几年，因此变得悲观、失望，整天借酒消愁。有一天，他喝完酒回家时，突然遇上几个劫匪，劫匪动手抢他的钱，他拼命反抗并大声叫喊，结果触怒了劫匪，劫匪就点燃了他的轮椅。看到轮椅失火，哈里竟然忘记了自己不能走路，他猛地跳起来，撒腿拼命地跑，求生的欲望竟然让他一口气跑到了警察局。

事后，哈里回忆说："如果当时我不逃走，就一定会被大火烧伤，甚至被烧死。那一刻，我什么都不顾，站起来拼命逃走，直到自己停下来时，才发现自己竟然还可以行走。"

每个人身上都蕴藏着无限的潜能，问题是看你如何认识。潜能的开发受后天的诱导，特别会因自身努力的程度和方式不同而出现很大的差异，只要认真培养与开发自己的潜能，就有可能收到意外的效果。

哈佛大学音乐系曾有一名叫约翰的学生。一天，他同往常一样走进了练习室，钢琴上摆着一份全新的乐谱。"超高难度……"约翰一边翻着乐谱，一边喃喃自语，他对自己顺利地弹奏完成这个乐谱没有信心。

整整5个月过去了，约翰还是没能够征服这份乐谱，但是他依然振作精神，用心地练习……琴音盖住了教室外面的脚步声，教授进来了。

约翰的这位指导教授，是一位非常有名的音乐大师。在授课的第一天，他递给约翰一份乐谱，说："试试看吧！"乐谱的难度颇高，约翰弹得错误百出。在下课时，教授叮嘱约翰："回去好好练习吧！"

勤奋的约翰练习了一个星期，第二周上课时他正准备弹给教授验收，没想到教授又递给他一份难度更高的乐谱："试试看吧！"约翰只得再次迎接更高难度的挑战。第三周，比上次更难的乐谱又出现在约翰的面前。

这样的情形持续着，每次在课堂上约翰都会被一份新的更难的乐谱所困扰，然后把它带回去拼命练习。约翰越来越感到不安、沮丧，甚至气馁。

这天和往常一样，教授走进了练习室。这回约翰再也忍不住了，他必须问问这位钢琴大师这几个月来为何要这样不断地折磨自己。教授没有开口解释，他拿出最早的那一份乐谱，递给了约翰，说："你来弹弹这首曲子吧！"

约翰依言而行。这时，约翰惊奇地发现，他居然能将这首高难度的曲子弹得如此美妙，如此精湛。教授又让约翰弹了第二堂课的曲子，约翰依然有超高水平的表现……在弹奏结束后，约翰怔怔地看着教授，一时间说不出话来。

教授缓缓地说："如果我不这样训练你，可能现在你还在练习最早的那首曲子，也就不会有现在这样高的水平了……"

每个人都是一座宝藏，每个人都蕴藏着巨大的潜在力量，只等待着你去发现、去认识、去开发。这种蕴藏的力量一旦爆发出来，将带给你无穷的信心与力量。

哈佛心理学教授赛德兹说过："每个人都应当庆幸自己是世界上独一无二的，并将自己的禀赋充分发挥出来。"

詹姆斯曾说："普通人只开发了他们蕴藏能力的十分之一。与应当取得的成就相比，更多的潜能都处在沉睡状态。因为我们只利用了我们身心资源中很小的一部分，甚至可以说一直在荒废这些资源。"

没有人知道自己到底有多大的潜能，因此也没有人知道自己能成就多大的事业，所以我们应该寻找内心最真实的自我，激发自己无穷的潜能。只要我们能够发现并利用这种潜能，就可以如愿地实现自己的人生梦想。

　　人的潜能是永远都挖掘不尽的，这个世界上没有什么"不可能"的事，只要你敢想、敢干，只要你有智慧、有毅力，那些让人望而生畏的"不可能"就会被你彻底征服。努力去开发自己的潜能吧，它会让你一生都受用不尽。

# 不走寻常路

不寻常的人走的一定是不寻常的路，在寻常路上走着的基本是寻常人。经验告诉我们：想众人都能想的问题，做众人都能做的事情是很难获得成功的。成功必然要求你具有独到之处。只要你走的路子与众不同，你就成功了一半。

卡塞尔是苏富比拍卖行的拍卖师。越战期间，他在一次募捐晚会上以自己的智慧募集到1美元。当时，他让大家在晚会上选一位最漂亮的姑娘，然后由他来拍卖这位姑娘的一个吻，最后他募集到了难得的1美元。当好莱坞把这1美元寄往越南前线的时候，美国的各大报纸都对此进行了报道，卡塞尔也因此一举成名。

德国的一个猎头公司由此认为卡塞尔是棵摇钱树，若能运用他的头脑，必将财源滚滚。于是，这家公司建议日渐衰落的奥格斯堡啤酒厂重金聘卡塞尔为顾问。后来，卡塞尔移居德国，受聘于奥格斯堡啤酒厂。他果然不负众望，开发了美容啤酒和浴用啤酒，从而使奥格斯堡啤酒厂一夜之间成为全世界销量最大的啤酒厂。

1990年，卡塞尔以德国政府顾问的身份主持拆除柏林墙。这一次，他使柏林墙的每一块砖都以收藏品的形式进入了世界200多万个公司和家庭，创造了城墙砖售价的世界之最。

到了1998年的时候，卡塞尔返回美国。他下飞机的时候，美国赌城拉斯韦加斯正上演一出拳击闹剧：泰森咬掉了霍利菲尔德的半只耳朵。出人意料的是，第二天，欧洲和美国的超市里竟然出现了"霍氏耳朵"巧克力，其生产厂家正是卡塞尔所属的特尔尼公司。这一次，卡塞尔虽因霍利菲尔德的起诉输掉了赢利额的80%，然而，他天才的商业洞察力却为他赢得了年薪3000万美元的身价。

21世纪到来的那一天，卡塞尔应休斯敦大学校长曼海姆的邀请，回母校做创业方面的演讲。

演讲会上，一个学生当众向他提出这么一个问题："卡塞尔先生，您能在我单腿站立的时间里，把您创业的精髓告诉我吗？"那位学生正准备抬起一只脚，卡塞尔就已答复完毕："生活教会我们只有不走寻常路，才有路可走。有勇气、有智慧的人通常会选择走一条人迹罕至的道路，因为独辟蹊径才有可能留下深深的足印。"

"这个世界上没有什么不可能。"受这一理念的鼓舞，很多青少年不断挑战常规、挑战自我。我们平时也经常听到"不走寻常路"这句话。走自己的路，就意味着走与众不同的路，步人后尘不会拥有光辉的前景，独辟蹊径才可能开拓出一个崭新的未来。因为没有哪一个人的成功之路是别人给开辟的，也没有哪一个人的成功之路是上天打造的现成的风光之旅。

生活中，我们常常彷徨在人生的路口，看不见前进的方向，这时我们会急着寻求成功者的帮助。一旦他们开口，便被人们奉为至理名言；一旦他们指路，就被人们视为成功的捷径。于是，不论男女老幼，人们一窝蜂地踏上所谓的"成功之路"。每个人的成长就像一个模子刻出来的，毫无特色，更不用说成功。然而，即便成功也仅仅是少数人的成功，他们也仅仅成了更多人的影子。殊不知，在通往成功的路上，每个人都有一条自己独有的路，一条不寻常的路。

不走寻常路是内心的觉醒，是思维的革新。人生在世会遇到很多的十字路口，抉择是一件很困难的事，不走寻常路往往会走出不同寻常的人生。

# 过自己喜欢的生活

如果有人问人的一生究竟在追求什么，一千个人可能会有一千个不同的回答。有的人追求高官厚禄，有的人希望腰缠万贯，有的人乐于宁静淡泊，有的人甘愿无私奉献……其实，幸福是一种感觉，在法律允许的框架内，过自己喜欢的生活才是最佳的选择。

有一位非常富有的商人出外旅行，在海边，他看到一个渔夫划着一艘小船靠岸。小船上有好几条大鱼，这个商人对渔夫能抓到这么稀有的鱼恭维了一番，然后又问渔夫："你需要多长时间才能抓这么多鱼啊？"渔夫说："只要一会儿工夫就抓到了。"

商人很奇怪，就问："你为什么不多花些时间捕捞更多的鱼呢？"

渔夫却不以为然："这些鱼已经足够我一家人的生活所需

啦！"

商人又问："那么你一天剩下那么多时间都在干什么？"

渔夫解释说："我打完鱼回家后和孩子们玩一玩，再跟老婆睡个午觉，黄昏时，和老哥们喝喝酒、聊聊天、玩玩吉他，我的日子过得充实又忙碌呢！"

商人认为他在浪费宝贵的时间，他说："我是一所大学的企业管理硕士，我倒是可以帮你！你应该每天多花一些时间去抓鱼，这样你就有钱去买一条大船。自然你就可以抓更多的鱼，再买更多的渔船，然后你就可以拥有一个渔船队。以后你就不必把鱼卖给鱼贩子，而是直接卖给加工厂。你还可以自己开一家罐头工厂。如此你就可以控制整个生产、加工处理和行销。然后你可以离开这个小渔村，搬到墨西哥城，再搬到洛杉矶，最后到纽约，在那经营你不断扩大的企业。"

渔夫问："这要花多少时间呢？"

商人回答说："15~20年。"

渔夫问："然后呢？"

商人大笑着说："然后你就可以在家当皇帝啦！时机一到，你就可以宣布股票上市，把你的公司股份卖给投资大众，到时候你就发大财啦！你可以赚上亿的钱，成为世界有名的富豪。"

"然后呢？"渔夫接着问。

商人说："到那个时候你就可以退休啦！你可以搬到海边

的小渔村去住，每天睡到自然醒，出海随便抓几条鱼，黄昏时，到村子里喝点小酒，闲下来可以弹弹吉他。"

渔夫疑惑地问："我现在不就已经在过这样的生活了吗？为什么还要像你所说的那样去瞎折腾呢？"

幸福是每个人追求的人生目标，不同时代的人有着不同的幸福感受。"看庭前花开花落，望天上云卷云舒"是一种处世的态度，更是一种人生哲学。或许，我们努力奋斗的目的就是为了有更多的自由时间和空间，按照自己喜欢的方式，过自己喜欢的生活。

# 知道自己的优势所在

　　人不可能完美无缺，任何人都可能有这样那样的缺陷。有些缺陷是可以修复或弥补的，有些却是无法改变的。人不能把眼光老盯在自己的缺陷上，要善于扬长避短。

　　有一个小男孩，在一次车祸中失去了左臂，为此，他非常自卑，甚至再也不愿出去找小朋友玩了。

　　他的父亲看到儿子痛苦的样子，就想办法让他走出阴影。最后，父亲把他送到一家武馆，于是，小男孩拜了一位武学大师为师，开始学习武术。

　　师傅很同情这个失去左臂的孩子，也很喜欢他，于是，根据这个小男孩的身体状况特意为他设计了一招。但小男孩不理解，因为3个月里，师傅只教了他一招。小男孩很羡慕他的师兄弟可以练出许多漂亮的招式，心想：学生这么多，师傅肯定记糊涂了，忘记了他只教过我一招，而且我已经把这一招练得炉火纯青了。

有一次，他终于忍不住问师傅："我是不是可以再学学其他招式了？"

师傅回答说："不急，你只需要会这一招就够了。"

小男孩不大明白，但他很相信师傅，于是，他继续不厌其烦地练这一招。

几个月后，师傅第一次带小男孩去参加比赛。那是一次规模很大的比赛。小男孩没有想到自己居然轻轻松松地赢了前两轮。第三轮虽然稍稍有点艰难，但对手还是很快就变得有些急躁，连连进攻，小男孩敏捷地施展出自己的那一招，赢得了决赛权。

决赛的时候，对手比小男孩强壮许多，也更有经验。开始，小男孩显得有点招架不住，裁判担心小男孩会受伤，就叫了暂停，还打算就此终止比赛，然而师傅不答应，坚持说："继续比赛！"比赛重新开始后，对手显然放松了戒备，小男孩立刻抓住时机，使出自己的那一招，制服了对手，从而赢得了比赛，获得了冠军。

回家的路上，小男孩和师傅一起回顾比赛的每一个细节，小男孩鼓起勇气说出了心里的疑问："师傅，我怎能就凭一招而赢得了冠军呢？"

师傅微笑着对他说："孩子，你没有因为自己的劣势而自卑，而是艰苦训练，于是，我把自己毕生研究的一个绝招传给了你，这一招很难，而且，要对付这一招，唯一的办法是攻击你的左臂，这样一来，失去左臂反而成了你的优势，等对方想到这一问题时，你已经抢占了先机。"

老虎牙尖爪利，小鹿行走如飞，黑熊力大无穷，猴子行动敏捷……各自有各自的优势，人亦如此。所以，我们不要盲目地羡慕别人，要真正地了解自己，知道自己的优势所在，这样才能在激烈的市场竞争中充分发挥自己的优势，取得可喜的成绩。

# 不要看轻自己

　　任何时候，我们都没有必要自卑，更不要看轻自己，哪怕别人都不认可你，也不要气馁，或许你就是一个还未被发现的天才。

　　曾经有一个很不讨人喜欢的孩子，甚至他的父母都厌烦他，因为他整天整天地哭闹，不停地扭动着整个身体，没有人能够让他停下来。为了照顾这个孩子，父母吃尽了苦头。一旦离开父母的视线，他会是一个恶劣的破坏者，家里的很多东西被他弄坏了。他每天的睡眠时间只有3个小时，并且在这3个小时里，还会突然醒来。有几次，他的父亲都想狠狠心把他送到社会福利院，可最终还是没舍得。

　　这个孩子到6岁的时候，还不能说一句完整的话，甚至连背诵一个单词都十分困难。他逐渐开始不愿意见到任何陌生人。医生诊断后告诉他的父母，这个孩子得了自闭症，并感叹说："多么可怜的孩子！"没有人能教育他，无奈之下，他的父母只得求助于康复中心。

父亲把他带到一家儿童教养中心。那里的老师也无法管教他，课堂上，他时不时地发出尖叫声，以致让其他儿童惊吓不已。他的手在不断玩东西，一刻也不休息，即使睡觉的时候也在运动。老师也认为这样的孩子没救了，建议他的父亲让他自生自灭。但是有一天，这个孩子发现了地上有一支水笔，就用它在地上画了一道线，他感觉很有意思，然后他就不停地玩着这支水笔，不断在地上画着线条，没有人阻止他这么干。

第二天一大早起来，他继续画。细心的老师发现了他画的这些线条，不由得惊呼："天哪，他竟然会画画！"

其实，所谓的画只不过是一些简单的线条，并不是什么真正意义上的画，只不过一个患自闭症的儿童能画出这样的"画"来，实在令人惊讶。

老师再也没有像往常一样夺走他手中的东西，而是在地上铺上白纸，让他在纸上画；又给他不同颜色的水笔，让他尝试着画出不同的景色。这个孩子就这样一直抓着他的水笔，即使在吃饭的时候也紧紧地握着它，除了睡觉他都在专心地画他的画。在他的世界里，似乎只有他的水笔和画。

十年后，他的画被人拿到了拍卖会上，结果意外地卖出去了，而且被许多资深的画家看好。就这样，他一举成名。这个孩子的名字叫理查·范辅乐。他的作品在欧洲和北美展出100多次，已卖出1000多幅，每幅的售价是2000美元。

这个孩子在众人眼里几乎是废人。同学们不喜欢他，父亲认为他没有前途，老师也认为应该放弃他。可是一次偶然的机会，老师发现他竟然会"画画"，因此改变了原来的教育方法，结果把这个孩子培养成了画家。

天才和白痴往往只有一步之遥，这在《最强大脑》上便得到了很好的验证。

在《最强大脑》栏目中，有一位叫周炜的嘉宾。他小时候生过一场大病，导致智力低下，智商只有56分，和常人比起来就是所谓"白痴"，由于同学们嘲笑他，学校也考虑到他的特殊情况于是将他劝退，就这样，周炜只上过几天小学。失学后，周炜每天就待在一间封闭的房间里，不停地算术，周炜的亲姐姐说，周炜平常除了算术就是看太阳。结果，在《最强大脑》栏目中，周炜的计算速度远远超过了一位数学教授。

可见，一个人在某些方面是低能的，那么他在其他方面有可能就是天才。

# 珍视自己的价值

　　一个人要能正确地审视自己，善于发现自己的优点，尤其是在困难的时候，你的每一个优点，都是黎明前黑暗中的一丝曙光，因为一个人只能从自己的优势而不是自己的缺点上获得成功。每一个人都有自己的优点，哪怕是很"小"的优点，关键是怎样认识自己，创造性地发挥自己的优点。

　　有的人天生一副好嗓子，能唱出优美的歌曲，有的人天生有语言天赋，年纪轻轻便能学会多种语言。客观地讲，这些先天的优势是明显的优势。可是在现实生活中，多数青少年不知道自己擅长什么，也不知道自己有什么优点；相反，他们只知道自己不擅长什么，并且将自己的弱点无限放大。一个人要有所作为，只能靠发挥自己的长处，如果从事自己不太擅长的工作，那么想要取得成就将是很困难的事情。

　　19世纪时，一个年轻人中学辍学后来到了巴黎，一度混到贫困潦倒的地步。他找到父亲的一位朋友，希望他能够帮自己找一份工作，使自己能在这个大城市中站得住脚。

他们在父亲朋友的家里见了面。寒暄之后，父亲的朋友问他："你有学历吗？"他说没有。父亲的朋友问："你有什么技术？"他回答没有。父亲的朋友又问："你能干装卸工作吗？"年轻人还是不好意思地摇头，说体力不行。父亲的朋友接连发问，年轻人都只能以摇头作答，无声地告诉对方——自己一无所长，连一点儿优点也找不出来。

父亲的朋友似乎显得很有耐心，他对年轻人说："那你先把自己的地址写下来吧，你是我老朋友的孩子，我总得帮你找一份差事做呀。"

年轻人的脸涨得通红，羞愧地写下了自己的住址，就急忙想转身逃走，离开这个令自己深感耻辱的地方。可是他却被父亲的朋友一把拉住了手臂，父亲的朋友对他说："年轻人，你的字写得很漂亮嘛，这就是你的优点啊，你不该只满足于找一份糊口的工作。"

字写得好也算一个优点？年轻人疑惑地看着父亲的朋友，他很快在老人的眼里看到了肯定的答案。

告辞之后，年轻人走在路上就想：既然父亲的朋友说我的字写得很漂亮，可见我的字真是很漂亮；我的字漂亮，写文章也是我曾经努力的方向，中学时我的作文还被老师赞赏过，那么我肯定也能把文章写得漂亮……受到初步肯定和鼓励的年轻人，开始把自己的优点一一罗列出来，并放大开来。他一边走一边想，兴奋得脚步都轻松起来了。

从此，这个年轻人开始奋发向上，刻苦学习。数年后，他就写出了一部享誉世界的经典作品。他就是家喻户晓的法国著名作家大仲马。他的小说《三个火枪手》和《基度山伯爵》流传至今，并被誉为世界文学史上的经典之作。

中国有句老话叫"取人之长，补己之短"，意思是学习别人的长处，弥补自己的不足，这句话说得很正确，我们也应该这样去做。但是，在发现别人长处的同时我们也应该学会发现自己的优点。

"人，最大的弱点是不能认识自己。"每个人来到世间都有自己的优点，只是有些人一直没有发现，那么怎样才能发现自己的优点呢？首先要注意观察自己，每一个动作、每一句话、每一个微小的细节，也许在不经意间你会发现身上巨大的闪光点；其次可以问问父母、老师、同学、朋友，他们能从侧面客观地观察你；最后就是要在教训和失败中总结自己的不足，认识到自己的不足也就间接地促进了优点的发挥。

当我们发现了自己的优点后就要好好地利用它，将其发挥得淋漓尽致，有了自信，才会对学习更有兴趣，对工作充满信心，对生活充满希望。

# 别放过展示自己的机会

　　人的才能，具备完成某种工作的能力，只是人才的一种潜在能力，而能把握住时机，不失时机，就要对社会生活有深刻的洞察，掌握并能解决人际间的关系，因此，就人才的才能来看，它是才能的一种表现形式，而一旦这种才能产生效应，那种潜在的、具备完成某项事业能力的发挥，才能得到"天时、地利、人和"的支撑，从而走向成功之路。

　　战国时，秦军在长平一线，大胜赵军。秦军主将白起，领兵乘胜追击，包围了赵国都城邯郸。

　　赵国派遣平原君请求救兵，到楚国签订"合纵"的盟约。平原君约定与门下既有勇力又文武兼备的食客二十人一同前往。临行平原君说："如果能用和平方法取得成功最好；如果和平方法不行，那我就在华屋之下用'歃血'的方式，签订'合纵'盟约再返回。"平原君在门下的食客中只找到十九个文武兼备的，还差一个。这时门下有个叫毛遂的食客，走上前来，向平原君自我推荐说："我听说先生将要到楚国去签订'合纵'盟约，约定与门下食客二十人同去，现在还少一个人，希望先生让我凑个人数吧！"平原君问他到门下有几年了，毛遂告诉他有三年了。平原君说："贤能的士人处在世界上，好比锥子处在囊中，它的尖梢立即就要显现出来。而你在我的门下待了三年，我怎么一点也不了解你呢？一定是你没什么过人之处。"他不同意毛遂跟去。毛遂回话说："我不过今天才请求进到囊中罢了。如果我早就处在囊中的话，我就会像禾穗的尖芒那样，整个锋芒都会挺露出来，不单单是尖梢露出来而已。"平原君终于同意毛遂一道前往楚国。那十九个门客根本就看不起他，一路上对他嘲讽挤对。

在楚国，平原君与楚国谈判"合纵"的盟约，反复说明"合纵"的利害关系，从早晨说到晚上，谈判进行得很艰苦，但仍然没有眉目。毛遂手握剑柄登阶而上，楚王怒斥：你算是干什么的？我正在与你的国君谈判。

毛遂手握剑柄上前说道："大王你敢斥责我，是仗着楚国人多。现在，十步之内，我即可取你的性命，你人多又何妨？大王，我听说汤以七十里的地方统一天下，文王以百里的土地使诸侯称臣，难道是由于他们的士卒众多吗？实在是由于他们能够凭据他们的条件而奋发他们的威势。今天，楚国土地方圆五千里，持戟的士卒上百万，这是霸王的资业呀！以楚国的强大，天下不能抵挡。区区一个白起，率领几万部众，发兵来和楚国交战，一战而拿下鄢、郢，二战而烧掉夷陵，三战而侮辱大王的祖先。这是百代的仇恨，而且是赵国都感到羞辱的事，而大王却不知道羞耻。'合纵'这件事是为了楚国，并不是为了赵国呀。我的君主在眼前，你斥责我也是不应该的！"楚王一听，无言以对，很快同意了联合。

毛遂凭借三寸不烂之舌不仅说服楚王签了"合纵"盟约，也保全了平原君的脸面。

一个有才干的人，不要总是等着别人去推荐，只要机会来了，自己主动站出来，以便更好地实现自己的价值。人们赞颂毛遂遇事机敏应变的才智，也敬佩他自告奋勇的精神。毛遂有把握机遇的本领，让机遇之神垂青自己的才能，从而使自己的大智大勇不失时机地得到充分发挥。如果他不能主动出击，及时把握机遇，那么，即便怀有旷世之才也只好永处"囊中"了。

谨以此书，献给迷茫中的你。

　　愿你成为一个简单、清澈、温暖且有力
量、像星星一样努力发光的人。

激扬青春之人格魅力塑造丛书

# 成 就：
# 放飞自己，带着梦想去远航

谢普 主编

红旗出版社

图书在版编目（CIP）数据

成就：放飞自己，带着梦想去远航 / 谢普主编. —
北京：红旗出版社，2019. 11
（激扬青春之人格魅力塑造丛书）
ISBN 978-7-5051-4999-1

Ⅰ.①成… Ⅱ.①谢… Ⅲ.①故事—作品集—中国—
当代 Ⅳ.①I247.81

中国版本图书馆CIP数据核字（2019）第242275号


书　名　成就：放飞自己，带着梦想去远航
主　编　谢普

出 品 人　唐中祥　　　　　　总 监 制　褚定华
选题策划　华语蓝图　　　　　责任编辑　王馥嘉　朱小玲

出版发行　红旗出版社　　　　地　　址　北京市丰台区中核路1号
编 辑 部　010-57274497　　　邮政编码　100727
发 行 部　010-57270296
印　　刷　永清县晔盛亚胶印有限公司
开　　本　880毫米×1168毫米 1/32
印　　张　40
字　　数　970千字
版　　次　2019年11月北京第1版
印　　次　2020年7月北京第1次印刷

ISBN 978-7-5051-4999-1　　　　定　价　256.00元（全8册）

少年时期，我们总爱说"我要按自己的意愿过一生"，仿佛说出这句话之后，身上就会多出一些光芒万丈的英雄气。

后来才发现，要做到这一点真的很难。首先你要有无视别人眼光的勇气，其次你要有甄别正确意愿的敏锐，最后你要有实现自身意愿的能力，这都需要长久的历练。

长大之后的我们，都是与生活作战的人。单枪匹马，跌跌撞撞，再苦再累也要咬紧牙关。这个世界上，有多少人，从来没有被生活善待过，却依然温柔地对待生活。

别说人海茫茫，相遇遥遥，我们终会遇见，热泪盈眶，或者沉默无语。

从青涩稚嫩到成熟稳重，我们每个人都有着旁人无法感同身受的经历，每个人都有自己必须熬过的苦、必须承受的难。

远方在哪里？未来有多远？我想在你心中，你想要抵达的远方，是你坚定目标的眼光如炬，是你仰望梦想的坚定信念啊。

其实，每个人都有自己要走的路，谁都不比谁容易多少。欲戴王冠，必承其重。人前的光鲜亮丽背后，谁不是在咬紧牙关拼搏和努力！

曾听过这样一句台词："等你们长大成人了就会明白，人生还有眼泪也冲刷不干净的巨大悲伤，还有难忘的痛苦让你们即使想哭也不能流泪，所以真正坚强的人，都是越想哭反而笑得越大声，怀揣着痛苦和悲伤，即使如此也要带上它们笑着前行。"

我们知道人生实苦、生活不易，但我们也知道这世间并不是只有苦难，所以不该轻易认输。

生命需要保持一种激情，激情能让别人感到你是不可阻挡的时候，就会为你的成功让路。一个人内心不可屈服的气质是可以感动人的，并能够改变很多东西。

生活的冒险是学习，生活的目的是成长，生活的本质是变化，生活的挑战是征服。

我们都是与众不同的。无论生活多么艰辛，你总会以自己的方式发光。生命不息，希望不止。放飞自己，带着梦想去远航吧！

# 目／录

# 第一章 梦想启程，未来可期

恰恰是实现梦想的可能性，才使生活变得有趣。

——保罗·柯艾略

# 要有相信梦想的勇气

在一个偏僻遥远的山谷里，有一个高达数千尺的断崖，不知道从什么时候开始，断崖边上长出了一株小小的百合。百合刚刚诞生的时候，长得和杂草很像，但是，它心里知道自己并不是一株野草。它总是不断地告诉自己："我是一株百合，不是一株野草。唯一能证明我是百合的方法，就是开出美丽的花朵。"

在这个念头的鼓舞下，百合努力地吸收水分和阳光，深深地扎根，用力地挺着胸膛。终于在一个春天的清晨，百合的顶部结出了第一个花苞。

百合心里很高兴，附近的杂草却感到十分不屑。它们在私底下嘲笑百合说："这家伙明明和我们一样只是一株杂草，却非要说自己是一株花。它难道真的以为自己是一株花吗？实在是笑死人了。依我看哪，它顶上结的不是花苞，而是头脑长瘤了。"

它们一起告诉百合说："你只不过是一株杂草而已，就不要再做那些不切实际的梦了。就算你真的是会开花的百合，在这荒郊野外的，你存在的价值跟我们又有什么区别呢？"

偶尔有蜜蜂和蝴蝶飞过来，它们也都会好心地劝告百合："其实你根本不需要那么努力呀，即使你能够开出全世界最美丽的花朵，也根本不可能有任何人注意到你，何必呢？"

面对这些嘲笑和不解，百合说："如果我不知道自己是百合，也许我可以就这样安稳地度过一生，就像每一株平凡的杂草一样。

"可是现在，我知道自己是百合，那就一定要用尽全力开花。我要开花，是因为我知道自己的美丽；我要开花，是为了完成作为一株花的使命；我要开花，是因为我喜欢以花来证明自己的存在。

"不管你们怎么看我，也不管有没有人欣赏，我都要开花。"

面对杂草的鄙夷和蜂蝶的不解，野百合努力地释放内心的能量，直到有一天，它终于开出了美丽的花朵。它那充满灵性的纯白和秀丽洒脱的姿态，很快便成为断崖上独一无二的风景。这时候，原本对它充满鄙夷的杂草和蜂蝶，再也不敢嘲笑它了。

就这样，百合一朵接一朵地盛开着。每一天，花朵上都承载着晶莹的水珠，杂草们以为那是昨夜的露水，只有百合自己知道，那是极深沉的欢喜所凝结成的眼泪。

从那以后，每一年的春天，百合都用尽全身力气开花、结籽，它的种子随风舞蹈，落在山谷、草原和悬崖边上。最初的百合枯萎了，却有越来越多的百合盛开起来，很多年以后，百合纯白美丽的身影遍布了整个山谷。

远在百里之外的人们，从城市、从乡村、从地球上任何一个可能的角落，千里迢迢地来到这座山谷，只为了欣赏百合的美丽。孩子们跪下来，用鼻子感受百合的芬芳；情侣们互相拥抱，在它们面前许下"百年好合"的誓言。每一个来到这里的人，看到这从未见过的美，深藏在他们内心那纯净温柔的一角，似乎也在不经意间被触动了。他们默默地流着感动的眼泪，不知道是因为百合太美好，还是因为想到了自己的人生。

就这样，那个原本没有任何人注意到的山谷，被人们称为"百合谷地"，成为了众所周知的旅游胜地，每年都有数以百万计的游客慕名前来。

但无论人们怎么欣赏，满山的百合花却始终谨记着第一株百合的教导："我们要全心全意地默默开花，用美丽的花朵来证明自己的存在。"

　　面对周遭的不解，百合没有放弃自己的信念，它一直坚信自己是漂亮的百合，总有一天一定会开出美丽的花朵。它相信自己，并且一直为了这个信念而努力，然后它做到了。

　　每一个人都会有许多美丽的梦想，有许多一直想做却始终未能做到的事情。遗憾的是，在实现梦想的过程中，我们常常会听到许多反对的声音。这些反对的声音，有时候太过于巨大，以致我们真的对自己的能力产生了怀疑，不相信自己可以走到理想的将来。

　　可是，没有人相信你可以做到的事情，不代表你就真的做不到，即使全世界都站在你的对立面给你打击，只要你自己依然相信自己，就没有人可以夺走你的梦想。总有一天，那些看似卑微的梦想，会在原本贫瘠的土壤中开出美丽的花。

# 执着是实现梦想的保证

有了梦想，就要为之奋斗，只有坚持不懈地去努力，用执着的信念，加上顽强的毅力，一直坚持到最后，才能实现自己的梦想。

不论生存条件如何，都不要磨灭自身潜藏的智能。不要自卑，不要被自己打倒，更不要轻易放过自己，永不言败，志存高远，一心争气，这样才能有到达成功彼岸的机会。

有一个小男孩从小就对文学充满浓厚的兴趣。成为一名文学家，是他梦寐以求的理想。但是他家境贫困，小男孩的父亲是一名清洁工。父亲微薄的收入只能勉强维持一家人的温饱，不但没有培养他对文学兴趣的条件，甚至连为他买一本课外书的愿望都无法满足。

然而，这一切并不能改变小男孩成为一名文学家的梦想。镇上有一家书店，他是那里的常客，每天一放学，他便匆忙地往书店里跑；放假的时候，他抓紧时间把家中的活儿做完，然后就挤时间跑到书店去读一会儿书。为了能早点看上书，书店往往还没有开门，他就已经迫不及待地等在书店门口了。因为衣着单薄，加上营养不良，长得瘦弱的他有时候在寒风中冻得瑟瑟发抖。他便在书店门前的台阶上一级一级跳下去又跳上来，这样能暖和一些。时间久了，书店里的店员们都认识他了，都知道他家里困难，买不起书，但是他们从来不阻止他在书店看书，而且一有新书来了，还会向他介绍。

小男孩读书的时候非常入神，常常会不知不觉地忘记了时间，有时候到了该吃饭的时间，肚子"咕咕"地叫起来，他才想起父亲交代给他的任务还没有完成。于是，他放下书，拔腿往家里跑。有时候，父亲给他一点零钱，让他上学时买点吃的。他却总是舍不得花，把这些零钱存放到一个小铁罐里。小男孩最大的愿望就是存够钱买一本他最喜爱的书。

有一次，学校的老师为了让同学们开阔视野组织了一次活动：班级的每个同学都要拿出几本课外书，让大家交换阅读。

这下可急坏了小男孩，他很听老师的话，但他连一本课外书都没有，他铁罐里存的那点钱也不够买一本书。小男孩知道家里没有钱，爸爸也不可能有多余的钱给他买书。小男孩自己琢磨，怎样才能每天多存一点钱，尽快买到一本书呢？思来想去，他决定把自己午餐的钱都省下来，这样只需要几天就可以买到一本新书了。

在以后的几天里，小男孩将爸爸给他买面包的那点零钱都放到小铁罐里。每当上学经过面包店，闻到奶油面包的香味，他就使劲地咽口水，快步跑过去。面包坊的师傅招呼他进来吃面包时，他说自己已经吃过了。

小男孩饿了三天肚子，终于攒够了买一本新书的钱。这天，小男孩来到书店，激动地对店员说："我要买一本新书。"店员奇怪地问他哪儿来的钱，小男孩告诉店员说是自己省下来的面包钱，就这样，小男孩终于买到了一本自己最喜爱的《安徒生童话》。对于这本得来不易的书，小男孩格外爱护，他用牛皮纸把书包起来，并把书放在鼻子底下闻，那书页中所散发的阵阵油墨芳香令他深深陶醉："这本书是我的啦！我有一本新书了！"

就是凭借这种对书的热爱和执着，长大后，爱书的小男孩终于成为一位著名的作家。

我们每个人在小时候，都有五彩缤纷的梦想，但是长大后，有的人把梦想抛到了一边，有的人在追求梦想的途中遇到困难而退缩，结果梦想成了空想。人生旅途中，往往布满坎坷，但"绳锯木断，水滴石穿""只要功夫深，铁杵磨成针"，只要我们坚持，梦想总会变成现实。记得一位名人说过，"伟大的作品不是靠力量，而是靠坚持来完成的"。要想实现梦想，必须有坚韧不拔之志。

# 陪我一起努力的你

十五岁那年夏天的傍晚，在你家我们一起在网上看一个综艺节目的视频，笑得东倒西歪。那段时间芒果台的一个偶像剧特别火，剧情我记得不是很清楚，只记得我们同样喜欢的那个男主角，有很好看的侧脸和短直爽利的黑发，每次他在荧幕上笑起来的时候，你总是故意用戳心戳肺的表情对应我低笑点的嘴角，表达对节目里两个情侣组合的既羡慕又嫉妒的复杂心情。那天我特别开心，你哥哥切了冰冻的西瓜，你怕我吃着不方便，把剩下那半个西瓜附带着一把勺子递给我，笑着说，这样吃才过瘾。

快10点的时候，我跟你告别，你送我到楼下的停车室，楼道很黑，你走路不是很方便，吃力地用一只手拿着手电筒，想单手把我的车子推出来，我很心疼，在黑暗里摸索着把车子接过来，让你快点回家。

我们在小区大门口说了再见。从胡同里出来后，天上渐渐开始下雨，在学校的那个大路口，没有车辆，四个方向的红绿灯有规律地变换闪动着，灯光倒映在湿漉漉的地面上，非常美丽。我静静地在路口等了三十秒钟，然后回家。

我十五年来唯一一次离家出走，连自己都觉得幼稚和不可思议，我打车走到东城已经没有路灯的地方，在我们放学时常常相遇的路口边，背对着那家我偶尔去买牛奶的杂货铺，坐下来，难以抑制地放声大哭。店铺老板正在准备打烊，大概是被我吓了一跳，很善良地拿了纸巾走到我身边轻声询问，还好心地劝我早点回家。过了一会儿，我打开手机，第一个给你打了电话。

听见你有点焦急地接起来"嗯"了一声，还没等我开口，就说："你先不要给爸爸妈妈打电话，告诉我你在哪里，我去接你，我来给他们打电话。"

我握着电话在最后一盏路灯下，望着你要来的方向，突然平静下来。

你走之前，我去送书和海湾竹给你，后来一起在电脑上查上海的地图，然后我们发现它原来和复旦大学是在同一条路上，于是很兴奋地和你讨论说以后可以经常去蹭课，甚至聊到了是否有机会结识那里的理科师哥，哈哈！

你走的前一天，我们最后一次一起去喝奶茶，时间很短，我点了蓝莓双皮奶，可是不知道为什么却觉得那天的奶茶格外没有味道。二十分钟后，我要赶着回去上晚自习，于是我们匆匆告别，下班和放学的人潮非常拥挤，我逆着人流艰难地往外走，哭得一塌糊涂。

之后的一整年，我是在沉寂中过来的，偶尔会在吃过晚饭的时候，接到你的电话，我站在深秋的走廊上，听着自己空旷的足音，和你聊很久，挂上电话后，我继续回到教室做题或者背单词。

冬天的时候，我去上海待了五天，住在你的寝室里，没有暖气，我们一起去洗澡回来，你很冷，我把自己带帽子的外套脱下来给你。一起去吃烧烤，我们很白痴，付了一百元竟然忘记要求找钱，之后又去找到好心的老板要了回来。后来的时候，你吃不下，说不想让我走，能不能再留下来多陪你几天，我握着静静躺在钱包里的第二天的火车票，难过得一言不发。

你去帮我买车票的前一天晚上，我们一起坐公交车去超市，车里没有开灯，车窗外缤纷的广告灯光打在你的脸上，我小声对你说，你吃过的苦，我都懂得，我都记得，你要好好的。你没有说话，一直在微笑。

其实那天我因为一件事情的失败，心情非常不好，下了车你陪我去买了一本喜欢看的杂志，后来我们去了利连蛋挞，用一分钟的时间消灭掉了一整盒刚出炉的蛋挞，我指着包装上那句"可能是上海最好吃的蛋挞"，很不认同地说，好像也不如肯德基的好吃啊！

回去的路上，我兴致很好地给你唱歌，还跟那盏很像日本灯笼的路灯合了影。

关灯以后，你慢慢睡着了，我忍着疲倦拿出手机上网，在记事本里写下一句话，我们一起走过了很多路，以后还将走下去，所有的一切我都会记得。

高考完的那个夏天，我去青岛，和一位当医生的长辈聊天，聊到你的病，他很郑重地告诉我一些详细资料之后，我才知道，原来你受了那么多苦。

于是我发了短信给你，如果今年夏天回来的话，我带你去旅行吧。

你很快回复，像带着一点感动和歉意告诉我说，今年不回来了，身体受不了奔波。

最后一次见你，是你哥哥结婚的时候，我和妈妈都去了，你穿得非常漂亮，我们一起坐在亲友席上。去之前我告诉你，今日喜宴，不醉不归，却忘了我们喝没喝酒。

我和妈妈一起跟你说了再见。

你发短信说，我走了。

我说，嗯，注意安全。

我零零散散地想起来落在你那里一本《莲花》，你的《莎士比亚作品集》也还在我这里，我依然只看了《哈姆雷特》和《李尔王》，我听你的，很认真地做了读书笔记。

只是不知道，你什么时候才能看见呢。

我第一次在你家见到你自己做的漂亮书签，你说是用香皂的包装盒做成的，很香，后来那个韩国的香皂我一直到现在还在用。

你喜欢我房间里的装饰，我于是也买了同样的东西送给你。

你喜欢我的文字，我却发自心底地喜欢你的隶书。虽然你每次都很不好意思地给我看。

你从外地给我买的生日礼物笔记本，我到现在还没舍得用。

你推荐我看的《美丽心灵》，印象最深的是男主角看着鸽子研究博弈论。

记得你曾说，我让你改变了很多，对生活的热爱和信心，还有一些坚持，你说，我是一个爱讲笑话的天使。你说，遇见我是最开心的事。

可我觉得自己很失败。

我们一起看岩井俊二的《四月物语》的时候，我曾答应你，以后要带你去北海道看樱花。我曾很虔诚地写了祷告文默默地念给你听。你的隶书和诗我看了无数遍。我曾给你买王子的面包和你一起站在路边没有形象地大吃。我们曾经一起幻想过无数个未来。

今天不是你的生日，也不是其他什么特殊的日子，我只是和平时一样，会在想起你的时候，默念一遍我的心愿，只希望你健康快乐，好起来，一定要努力好起来。因为我们还有那么多没来得及实现的梦想。陪我一起做梦一起努力的你，是我生命里很重要的一部分的你。

# 用心坚持

有一年，美国一家报纸上刊登了一则惊人的启事，一家园艺所寻找纯白色金盏花，并为提供者准备了丰厚的奖金。这则启事在当地引起很大轰动，高额的酬金使很多人动了心，但人们想到在缤纷多彩的自然界，金盏花不是金色就是棕色的，要想培植出白色的，几乎是不可能的事，所以许多人在一阵激情燃烧后，就把那则启事忘得一干二净了。

不知不觉二十年过去了，那家发布启事的园艺所忽然收到一封意外的来信，信中还附带了一粒种子，信中说自己培育出了纯白色的金盏花，那颗种子就是成果。当天，这个消息就不胫而走，人们纷纷惊叹不已。

原来信件来自一位老人，他是一个地地道道的爱花人。二十年前，当他不经意间看到那份报纸上的信息后，心中怦然一动，他决定凭借自己的爱好和多年的养花经验，试一试。于是他不顾孩子们的一致反对，毅然决然地开始培植看似荒谬的纯白色金盏花，并数年如一日，一养就是二十年。

最开始他只是种下一些最普通的金盏花种子，精心培育。一年之后，他从开放的金色、棕色金盏花里将颜色最淡的一朵挑选出来，然后任其自然凋谢，结出最好的种子。第二年春天，他再把这颗种子同其他金盏花种子一起撒播，同样挑选出颜色浅淡的花，以结种培植。就这样日复一日，年复一年，终于，他的金盏花培育专区开放了一朵不是米白色，也不是粮食白色的金盏花，那是一朵从近乎白色已经变成如雪一样纯白的金盏花。

他不懂什么遗传学，只是用坚持，把一个连专家都感到困扰的问题，奇迹般解决了。

当希望的种子经过我们每个人面前时，我们也许会因为它普通的外表，把它随手丢弃了，没有用心地坚持，没有努力地浇灌，这样一来，我们也就错过那生命中美丽的花期。

# 人生如旅行

人生如旅行，路途艰辛且遥远，不免遭受人生起落。面对人生起起落落，我们或者面露悲伤；或者开怀大笑，甚至得意忘形；或者心生不满，甚至怒火满腔；或者淡然一笑，坦然待之。然千百年来，我们一直所推崇的是"不以物喜，不以己悲"之胸怀，强调无论是"淫雨霏霏"，还是"春和景明"，皆应含笑待之。对众人来说，此境界无异于是天上星，只可仰视，却无法触及。但这不妨碍其成为许多人的座右铭，引导着许多人走上正确的人生道路。

人类五千年的文明里，处世哲学一抓一大把。自古以来，从来不乏深谙道理的人，但能做到的人都成了圣人，而圣人向来不多。关于淡然处世的道理也一样。千年以前的范仲淹如此淡泊名利，如今社会文明愈加进步，名与利仍然扰了众多凡夫的人生。他们向着名利前赴后继，即便头破血流、家破人亡也在所不惜。从某种意义上来说，他们坚定不移值得钦佩；但在大众的眼里，他们不过是社会浮嚣的牺牲品，不值得同情。至于孰对孰错，我并不敢妄下结论，但对于淡然处世一理，却有些话说。

人生在世，都是有所追求的。文人爱清高，不喜随大流，容易愤世嫉俗；科学家爱研究，喜欢遨游知识海洋，容易脱离现实；音乐家、画家、雕塑家有个性，常被世人误解；政治家好玩权术，心机深；商人精于买卖，却又困于金钱，少了生活愉悦；而普通人，计算柴米油盐，纠结生活小事，活得真实而又快乐。因而，按这种逻辑来说，没有多大的追求，没有过高的智慧，没有高人的能力，便易处世自然淡然，快乐也随之而来。不是有句话这么说吗——平凡就是一种福。或许，正是因为平凡即是淡然，淡然即是福分。

所幸，许多人不过是普通人。但事实却是，许多的人淡然不了，仍然活得不开心。

贫穷的人羡慕有钱的老板，希望也能开上一辆"别摸我"（宝马）；没有学识的人渴望弄个博士出来，让人羡慕羡慕；没有艺术细胞的人喜欢拿着吉他舞弄噪音，强调他的浪漫。但事实上，生命其实经常不如意，所以贫穷的人还是只能骑自行车，没文化的人依然不知道庞加莱猜想这个东西，那个玩弄吉他的人最后改吹口琴了。当然，这些事例不过是拙劣的比喻，无非就是想说明活着的人容易在梦想和现实里挣扎，而一挣扎就容易浮躁，既然浮躁，开心就不存在了。

当然，大家完全可以将自己内心的浮躁归咎于这个社会。目前的社会，没有钱，别说在城市里买房，就是死也死不起。没有文化，拼死累活也就只能挣别人的零头。所以，我们似乎可以这么以为，各种各样的"不和谐"使得人的内心愈加浮躁。这是客观存在的。但话又说回来，归咎于社会并不能使人快活起来，这仅仅只是为可悲的浮躁披了件心安理得的大衣。归根结底，一切还是得看心态。心态如何，才是是否快乐的试金石。

告诉自己，淡泊一切吧。名利虽然诱人，但真正能拥有者，又有几何呢？现实虽然不尽如人意，但其实自己不是仍然拥有许多吗？淡然面对一切，无论失去还是获得。你会因此有情绪波动，但请尽快平静下来，告诉自己，珍惜现在，展望未来，不活在过去。我们不是圣人，不求"不以物喜，不以己悲"之境界，但我们是追求快乐的人，就应该摒弃一切的羁绊。所以，面对人生起落时，请淡然一笑，坦然面对。

金无足赤，人无完人。行走在人间的每一个人，都是独一无二的存在。面对自己的优缺点，我们仍然需要淡然，正确待之。不以己之缺点而羞愧，不以己之优点而扬扬得意。扬长避短，取长补短，才是让人生艳丽的法宝。所以，历史上会有曾经口吃的辩论家，会有落榜的爱因斯坦……请笑对自己的一切，包括自身缺陷，快乐、潇洒地行走世间吧！

淡然处世，是快乐的法宝。好好品味，定能获益良多。

# 没人会带你去钓鱼

每个人都是靠自己的本事而受人尊重的。

你是否曾因为别人对你许下美丽的诺言但没有兑现而伤心失望、生气懊恼吗？不要把自己的愿望寄托在别人的身上，没有人理所应当地帮你去实现它。也许别人曾经对你许下承诺，也许别人是诚心实意想给你帮助，但最后却因为不得已的原因而没有兑现诺言。难道你能把责任都怪在别人身上吗？梦想是自己的，就必须依靠自己去实现，除此之外，别无捷径。

潜能激励专家魏特利曾经说过这样一句话："在开发潜能时，没有人会带你去钓鱼。"

魏特利在年少时便学会了自立自强。那时，魏特利九岁，他父亲身在国外，在他家附近有一个陆军炮兵团，驻扎的士兵和他成了好友，以消磨无聊的闲暇时间。他们常常送魏特利一些军中纪念品，像陆军伪装钢盔、枪带及军用水壶等，魏特利则以糖果、杂志，或邀请他们来家中吃便饭作为回赠。

魏特利永难忘怀那一天，他回忆道："那天我的一位士兵朋友说：'星期天早上5点，我带你到船上钓鱼。'我雀跃不已，高兴地回答：'哇哈！我好想去。我甚至从未靠近过一艘船，我总是梦想有一天我能在船上钓鱼。噢，太感谢你了！我要告诉我妈妈，下星期六请你过来吃晚饭。'

"周六晚上我兴奋地和衣上床，为了确保不会迟到，还穿着网球鞋。我在床上无法入眠，幻想着海中的石斑鱼和梭鱼在天花板上游来游去。凌晨3点，我爬出卧房窗口，备好渔具箱，另外带着备用的鱼钩及鱼线，将钓竿上的轴上好油，还带了两份花生酱和果酱三明治。4点整，我就准备出发了。钓竿、渔具箱、午餐及满腔热情，一切就绪——坐在我家门外的路边，摸黑等待着我的士兵朋友出现。

"但他失约了。

"那可能就是我一生中学会要自立自强的关键时刻。

"我没有因此对人的真诚产生怀疑或自怜自艾，也没有爬回床上生闷气或懊恼不已，然后向母亲、兄弟姐妹及朋友诉苦，说那家伙没来，失约了。相反地，我跑到附近汽车戏院空地上的售货摊，花光我帮人除草所赚的钱，买了那艘上星期在那儿看过的单人橡胶救生艇。中午时分，我才将橡皮艇吹满气，我把它顶在头上，里面放着钓鱼的用具，活像个原始狩猎人。我摇着桨，滑入水中，假装我将启动一艘豪华大游轮，航向海洋。我钓到了一些鱼，享受了三明治，用军用水壶喝了些果汁，这是我一生中最美妙的日子之一。那真是生命中一大高潮。"

魏特利经常回忆那天的光景，沉思所学到的经验，即使是在九岁那样稚嫩的年纪，他也学到了最宝贵的东西，他说："只要鱼儿上钩，世上便没有任何值得烦心的事了。而那天下午，鱼儿的确上钩了！其次，士兵朋友教给我，仅有好的意图并不够。士兵朋友要带我去，也想着要带我去，但他并未赴约。对我而言，那天去钓鱼是最大的希望，于是我立即着手改变计划，并使愿望成真。"

靠自己的力量，实现自己大大小小的梦想，别人——任何人都可能会对你失约，只有你自己才能挽救一切。

与其在不安和焦躁中等待别人帮你来实现梦想，不如自己马上出发，去追寻自己的梦想。这样，即便别人没有兑现承诺，自己也不会因此而感到懊恼，对诚信失望。只有靠自己的双手去努力拼搏实现的梦想才最美，才是你一生都值得记住的美好回忆。

# 积极创造奇迹

当我们拥有积极心态时，就算是身处逆境，也能坦然面对困难与挑战，并且积极寻找解决问题的方法，进而在黑暗中也能找出一条路，因为我们从未绝望、从未放弃。

英国作家萨克雷曾说："生活是一面镜子，你对它笑，它就会对你笑；你对它哭，它也会对你哭。"在积极与消极的不同心态指引下，人们面对同一件事会采取迥然不同的处理方法，导致的结果也大相径庭。

有一家鞋厂派两名推销员到非洲的一个小岛考察，过了几天后，一名推销员回来报告说这个小岛的居民都光脚不穿鞋，因此那里没有市场；而另一名推销员却说居民无鞋可穿，可见其市场前景十分看好。

小杰和小肯是两名采矿工人，某一天，矿井下发生了瓦斯爆炸，他们两人都被埋在井中，幸运的是他们只受了点擦伤。不过由于矿井所处的位置偏僻，所以救护人员短时间内无法抵达。而待在地底的时间越长，空气越稀薄，他们的呼吸也越来越困难，他们只能虚弱地坐着，刚开始受困时的激动喊叫声也因此逐渐变小了。

小肯沮丧地说："小杰，我们完了，没有人来救我们，我们死定了。"小杰问他："你害怕吗？"小肯轻轻点头。小杰却无比平静地说："可是害怕有什么用呢？我们总不能坐以待毙吧！让我们来想想办法，也许事情没有那么糟。"于是在小杰的鼓励与带动下，他们开始持续不停地挖掘前进的道路。

当他们感到疲累时，他们就会哼着歌曲，或是说起各自幸福、美满的家庭，以及对未来的美好憧憬。每每想到这些，他们就感到浑身充满了无穷的力量，他们会彼此鼓励："我们一定要活着出去！"漆黑的矿洞里，没有白天与黑夜之分，他们一步步地向外前进，一刻也不敢闭上眼睛，因为他们知道，一旦闭上眼睛，恐怕就再也睁不开了。六天后，小杰和小肯终于获救，虽然他们的体重只剩下四十多公斤，但是他们已经创造了奇迹，因为受困于井内的矿工当中，只有他们两人生还。

当我们遭遇挫折或陷入困境时，往往都会感叹或抱怨世事不公。然而，总有一些人不被逆境所打垮，即使在最艰难的时刻，仍会自我鼓励，甚至还会尽量用自己的积极去感染他人。由于他们始终能保持积极乐观的态度，以及积极寻求解决问题的方法，因此他们总能让希望之火重新点燃。还有，更重要的是，他们从不自我设限，所以能激发自己无限的潜能，进而每天都生活在正面的情绪当中，时时享有人生的乐趣。

# 困难是追求梦想的基石

贝多芬说："涓滴之水可磨损大石，不是由于它力量强大，而是由于昼夜不舍地滴坠。只有勤奋不懈地努力，才能够获得那些技巧。"

金·坎普·吉列，1855 年出生，有"吉列刀片之父"的美誉。在当时那个年代，因为念不起书而退学的大有人在，这是一件很平常的事，大部分人在贫穷中虚度此生，然而少数人因为不断奋斗，从而改变了贫穷的命运，坎普·吉列就是其中之一。

年纪轻轻的坎普·吉列为了生存，只好辍学自力更生，坚强的性格和奋斗改变命运的信念让他一步一步接近梦想。吉列的父亲以做小生意为生，而一场突如其来的大火，让这个家庭几乎失去了一切。但灾难并没有影响坎普的性格，在吉列家，男孩从小就被鼓励自己动手，弄清楚事物的运行原理，并将它们加以改进。

十六岁时，为了维持生计，吉列成了一名推销员。但对于性格木讷的坎普·吉列而言，推销产品可是个巨大的考验，他常常还未开口说话就面色通红，紧张得不知如何是好。幸好，他有着不服输的性格，这让他勇敢地直面自己的缺点，并想尽办法改正。

从上班第一天起，他便强迫自己与陌生人大声地打招呼。在公司接受培训时，他总是第一个抢先回答问题，尽管有时他的答案引发了整个课堂的哄笑，但吉列毫不在意，他知道，想要实现成为一名金牌推销员的目标，首先就要做到能与形形色色的人自如交谈。

两周的培训结束了，吉列觉得自己已经具备了向陌生人推销产品的胆量，但想要真正卖出产品，还需要付出更多的努力。他曾在推销时屡吃闭门羹，但他从未气馁，而是连续几天都上门拜访，终于打动了顾客，赢得了订单。他在工作时总有一种不怕碰钉子的精神，凡事都需要恒心和努力，每经历一次失败的打击，就离成功近了一步。推销员的工作一干就是二十四年，这段经历让吉列发现了自己的经商潜力，之后，吉列创办了自己的公司。

1901 年的某天早上，吉列在对着镜子刮胡子的时候突然有了一个想法，有没有可能设计出一种既方便、便宜、可重复使用又可替换的刀片呢？当时，人们普遍选择去理发店刮脸，因为这样刮脸一次只需要十美分，而一把剃须刀却需要五美元，这在当时是相当高的价格。吉列买来锉刀、钢片等制作起来，终于发明了一种可以安全使用又可以替换的刀片。他把这种刀片定价在五美分，并承诺每个刀片能够使用六七次。这样一来，消费者每次刮胡子的成本从十美分降到了一美分，而使用几次之后，顾客又会前来购买刀片。吉列对自己这个双赢的主意感到非常满意。

但出乎他意料的是，产品一上市就遭到了冷遇，吉列刀片上市的第一年，只卖出了五十一个刀柄，一百六十八片刀片。

在刀片销售遇冷之后，吉列遭到了不少朋友的嘲笑，人们认为他的产品毫无市场。但是吉列不服输的性格在这个时候又帮了他一把，他认真思考，终于找到了原因。原来，人们并不容易改变多年形成的习惯。最重要的是，吉列生产的刀柄成本较高，并不是一种廉价的产品，把很多消费者拒之门外。接下来，吉列决定大幅度削减刀柄的成本和价格，甚至免费赠送刀柄，只从刀片上获利。同时，他还大大增加了广告投放的力度，以介绍新旧刀片的不同之处。认真思考之后的营销策略，给吉列带来了销售量的大幅度增长，第二年，他卖出了九万一千把刀柄，十二万四千片刀片。

接下来的第一次世界大战，则进一步成为吉列普及产品的机会。他以非常低的价格把刀片卖给政府，通过政府发放到每个士兵手中。战争结束后，大批盟军养成了使用安全剃须刀的习惯，并把方便好用的吉列产品带到了世界各地。

随着吉列产品的成功，这个曾经一见到陌生人就脸红羞涩的男孩成了一名出色的企业家。吉列经常将自己的梦想总结为一句话："先让世界变得更好，再发明一个好刀片。"凭借勤奋、刻苦和坚持，他做到了。

伟大的人有很多种，但他们有一个共同的特点，就是懂得勤奋和坚持。人们想要做成一件事，往往会遇到各种各样的困难，这促使人们想出解决办法，完成一个个困难的任务。如果没有前进道路上的阻碍，那么，我们也许就不能掌握让我们进步的知识、技术和经验。因此，困难不是我们追求梦想的绊脚石，而是一块块稳固的基石，只要将它们踩在脚下，就离成功更近了一步。

# 推销自己的梦想

　　洛丽塔十三岁的时候就卖出了一万美元的蛋挞，帮妈妈实现了环球旅行的梦想，如果说她是最伟大的推销员，不如说她是最伟大的女孩，因为她更会推销自己的梦想。

　　洛丽塔七岁时，也有着小姑娘的害羞腼腆，可她后来竟变成卖饼干的高手。这一切都起始于梦想——丰盈饱满的梦想。对于洛丽塔和她的母亲来说，环游世界是她们共同的梦想。洛丽塔的父亲在她三岁的时候就抛弃了她们母女，之后，洛丽塔的母亲便努力工作养家糊口。有一天母亲对她说："虽然做服务生挣钱不多，但等你大学毕业后可以赚钱时，我们一定能够攒到足够多的钱去环游世界。"

　　后来将梦想牢记于心的洛丽塔，在十三岁时从一本杂志上看到：出售蛋挞最多的孩子可以带另一人免费环游世界。她决定尽全力卖出活动提供的蛋挞，她要赢得比赛，实现自己和妈妈的梦想！

但仅有想法是不够的，为了实现愿望，洛丽塔知道她必须有个计划。

洛丽塔的老师向她建议："首先衣着打扮要合宜，穿上带有活动标志的制服，显示出生意人的专业精神。然后在合适的时间去推销，一般可以定为晚上人们下班后。最后要有足够的热情，尤其是在去公寓的住户家里推销时，一定要面带微笑，不管他们买不买，你都要很有礼貌。请他们为你的梦想投资，而不是仅仅只让他们买你的蛋挞。"

参加活动的孩子都想环游世界，或许他们也都有自己的计划，但只有洛丽塔每天放学后都会穿着专门的衣服，随时随地且坚持不懈地推销蛋挞，请人投资她的梦想。她会笑着对开门的人说："你好！我有一个梦想，你愿意投资我和妈妈环球旅行的梦想吗？订购一些蛋挞吧！"

那一年洛丽塔卖出了最多的蛋挞，并赢得了免费的环球之旅。从那时候开始，她又卖掉了三万多盒的蛋挞，并被邀请到全国各地的销售大会上演说，分享自己不平凡的经验。此外，她的经历还被制成电影放映，她还跟人合作出版了与销售相关的畅销书。

世界上有不计其数的人心怀梦想，跟他们比起来，洛丽塔并不很聪明，也不见得更优秀。差别在于洛丽塔发现了梦想的秘诀，那就是需要、需要、再需要。许多人还没开始就失败了，因为他们没有足够强烈的实现梦想的欲望。

在实现梦想时，我们少不了别人的给予，但在向别人提出需求之前，我们需要勇气，勇气不是不恐惧，而是尽管内心害怕，但仍然相信这是对的事，并坚持去完成。

# 带着希望开始你的旅行

伏尔泰说:"人类最可贵的财富是希望,希望减轻了我们的苦恼。"希望在人类的生活中具有重要的价值。我们的人生可以没有很多东西,却不能没有希望。只要是充满希望的地方,生命就会生生不息。

我们生活在这个形形色色的世界上,许多事情是我们难以预料的。我们虽然不能控制机遇,却可以把握自己;我们不知道自己的生命到底有多长,但我们却可以安排当下的生活;我们无法预知未来,却可以把握现在;我们左右不了变化无常的天气,却可以调整自己的心情。所以我们每天早晨起来,就应该迎着朝霞想一想自己今天应该做些什么。每天给自己一个希望,我们每天就会生活得很充实。

有人总是说看不到希望,有人则恰恰相反。其实每个人每天都可以给自己一个希望，领略到生活的真谛，给人以启迪和感悟，给人以信心和力量。

有位医生素以医术高明而享誉医学界，事业蒸蒸日上。不幸的是，他自己被诊断患有癌症。这对他来说不啻是当头一棒，使得他曾一度情绪低落。可是，最终医生不但接受了这个事实，而且他的心态也为之变得更宽容、更谦和、更懂得珍惜所拥有的一切。在勤奋工作之余，他从没有放弃与病魔搏斗。就这样，他已平安度过了好几个年头。有人惊讶于他的事迹，问他是什么神奇的力量在支撑着他。

医生笑盈盈地答道："是希望，几乎每天早晨，我都给自己一个希望，希望我能多救治一个病人，希望我的笑容能温暖每个人。"

当初，亚历山大倾注了自己的全部热情与活力，出发远征波斯之际，将自己所有的财产分给了他的大臣们。

为了登上征伐波斯的漫长征途，他必须买进种种军需品和粮食等，为此他需要巨额的资金。但他却把全部财产都给臣下分配光了。

群臣之一的庇尔狄迩斯深以为怪，便问亚历山大大帝："陛下带什么启程呢？"

对此，亚历山大回答说："我只有一件宝，那就是'希望'。"

庇尔狄迩斯听了这个回答后说："那么请允许我们也来分享它吧。"

于是他谢绝了分配给他的财产，大臣中的许多人也仿效了他的做法。

希望是引爆生命潜能的导火线，是激发生命激情的催化剂。只要心存信念，总有奇迹发生，希望虽然渺茫，但它永存人世。

美国作家欧·亨利在他的小说《最后一片叶子》里讲了一个故事：

病房里，一个生命垂危的病人从房间里看见窗外的一棵树的叶子，在秋风中一片片地掉落下来。病人望着眼前的萧萧落叶，身体也随之每况愈下，一天不如一天。她说："当树叶全部掉光时，我也就要死了。"一位老画家得知后，用彩笔画了一片叶脉青翠的树叶挂在树枝上。

最后一片叶子始终没掉下来。只因为生命中的这片绿，病人竟奇迹般活了下来。

鲁迅先生说："希望是附丽于存在的，有存在，便有希望，有希望，便是光明。"无论生活中遇到了怎样的坎坷，都不要轻言放弃，因为只要生命存在，希望就存在。所以要想让自己拥有光明的人生，我们就不能放弃希望。生命是有限的，但希望是无限的。每天给自己一个希望，就是给自己一个目标，给自己一点信心。每天给自己一个希望，我们将活得生机勃勃、激昂澎湃，就没有时间将自己的生命浪费在无谓的叹息和悲哀上了。

富兰克林曾经说过："我们只要把握现在，就等于拥有两倍未来。"当我们把握了现在，并且把微笑留给现在时，生活将会更加快乐舒畅。

每天给自己一个希望，带着希望上路，带着目标上路，带着信心上路，你将会在成功的路上走得更远。

# 第二章
## 心之所向，素履以往

只有用水将心上的雾气淘洗干净，荣光才会照亮最初的梦想。

——加西亚·马尔克斯

# 为梦想而努力，永远都不会晚

开学第一天，教授做了自我介绍之后，出了一个难题，让我们去认识一个还不认识的人。

我站起来，环顾四周，这时，一只手轻轻碰了碰我的肩膀。我转过身去，看到一个满脸皱纹、身材矮小的老妇人正在向我微笑，那笑容使她整个人显得熠熠生辉。

她说："帅哥，你好！我叫罗斯，今年八十七岁。可以拥抱你一下吗？"

我笑了，并热情地回答道："当然可以！"她用力地抱了我一下。

"你为什么在这么幼小、天真的年龄就来上大学呢？"我开玩笑地问她。她诙谐地回答道："我来这里，是想找一个有钱的丈夫，和他结婚，生几个孩子，然后退休，去旅行。"

"别开玩笑了。"我说。我很好奇,究竟是什么动机促使她在如此高龄接受这样的挑战。

"我一直梦想着能受到大学教育,现在我实现梦想了!"她对我说。

下课后,我们一起去了学生活动大楼,要了一份巧克力奶茶。我们很快成了好朋友,接下来的三个月里,我们每天都一起离开教室,并且聊个不停。

当她与我分享她的知识和经历时,我总会深深地陶醉。

在这一年上课期间,罗斯已经成了校园里的偶像,她在哪里都能很容易地交到朋友。她爱打扮,也享受着其他同学向她投来的赞赏的目光。她活得非常精彩。

学期末的时候,我们邀请罗斯在我们的足球队宴会上讲话。我永远不会忘记她教给我们的那些东西。被介绍之后,她走上了讲台。在她开始发表准备好的演讲时,不小心把事先准备好的卡片掉在了地板上。

有一点失望和尴尬,她俯身对着麦克风简单地说道:"很抱歉,我有点发抖。我为了吃斋而放弃了啤酒,今天的威士忌差点要了我的命!我不想按顺序重新开始我的演讲,因此还是让我把我所知的告诉你们吧。"在我们的笑声中,她清了清喉咙,开始了她的演讲:

"我们并不是因为年老而停止活动,而是因为停止活动而变得衰老。要想保持年轻、快乐，并获得成功，有四个秘诀：第一，每天都要笑；第二，每天都要发现幽默的东西；第三，要有梦想。一个人如果没有梦想，他就等于已经死了。我们身边就有许多这样的人，而他们自己还浑然不觉！"

"衰老与成长之间有很大的差别。假设你十九岁，躺在床上整整一年，什么事也不做，你会变成二十岁；假设八十七岁的我也在床上躺一年，什么事也不做，我会变成八十八岁。任何人都会变老，这不需要天分和能力，"她补充说，"而成长却需要在变化中发现机会才能实现。"

"第四个秘诀是，要没有遗憾。老年人通常不会为自己所做过的事感到遗憾，而是为自己没能去做的事而感到遗憾。只有那些没有遗憾的人才不会畏惧死亡。"

她以一首鼓舞人心的歌曲《玫瑰》结束了演讲。她鼓励我们大家都去研究一下歌词，并像歌中所唱的那样去生活。

年底，罗斯获得了她多年前就开始为之努力的大学学位。毕业一星期之后，正好是罗斯的生日。两千多名大学生参加了她的生日晚宴，向这个神奇的女人致敬，她用亲身经历让我们懂得了：为实现自己的梦想而努力，永远都不会晚。

"我们并不是因为年老而停止活动，而是因为停止活动而变得衰老。""成长"与"衰老"是两个完全不同的概念。衰老是自然的过程，而成长则需要我们自身的努力。"谁道人生无再少？门前流水尚能西，休将白发唱黄鸡。"只要心存梦想，并矢志不渝地追求，心灵就不会老，只要思想年轻，青春就不会离你远去。曹操"老骥伏枥，志在千里"；王选年过六旬，仍是计算机领域不老松。可见，为实现自己的梦想而努力，永远都不会晚。

# 拼尽所有，实现梦想

几年前，在一所名校的门前，女友痛斥考研的正哥：所有人都误以为这里是梦开始的地方，我想告诉你，这里也是梦破碎的地方。正哥说她太悲观，女友怪他不现实。于是，她转身离开，甚至没有正式对他说再见。

有很长一段时间，正哥每天醒来和睡时都会抱着她的照片。最难受的时候，他曾跑到雪地中，吞几口冰凉的雪，在雪地上写：I'm coming, coming, coming...（我来了，来了，来了……）直至手指冻得没有知觉。从此，正哥惜时惜命，把平日里所有的时间安排妥当，再挤出来一些时间去充电。

记得那年夏天我们一起出差去培训，坐飞机时，正哥在看书；见完客户，他去陪朋友打球；夜晚的街头，大家疲惫不堪，他依然兴致勃勃地逛书店；回到宾馆，我们都睡着了，唯有他床头灯还亮着，在啃那一串串千奇百怪的意大利语，在这之前，好学的他已学会了日语和法语。

最终，正哥考上了那所名校的硕博连读，在庆祝派对上，正哥依然低调，也依然对前女友念念不忘，误以为她在外面受伤了还会回来。我们对他的这段感情早已没了兴致，倒是觉得几年来，正哥逐渐变成了一个充满魅力的男人，就像超人。

这几年来，他会每天凌晨4点半起床读书，坚持夜跑，在时光的流逝中，恍然从一个二百多斤的胖子瘦到了颜值爆表，从一个格子间的眼镜男一跃读到了男博。

正哥早已不像最初那么自卑，他可以赫然而立在一群姑娘中侃侃而谈；悲伤的时候，看看浩瀚而遥远的银河系，想象自己不过是一粒尘埃，那点伤心事就会瞬间化为乌有；被困惑缠身，听听量子力学，原来身上的每个细胞都蕴含力量，可以听从意念的指挥，没有做成的事情，多半是因为没有持续用力。总之，每一件乱如麻的事，他都能很快理顺，我一直觉得这位罕见的超人就站在我们的未来，思维理性，言辞感性，可以为任何人指点迷津，让周围的人五体投地。

如此智商超群、博学多识的正哥，最思念的却是雪地里挣扎的时光，毕竟，有些黑夜只能独自穿过，有些寒冷只能一个人懂得。正哥常常说，其实人和人的时间是不等值的。比如凌晨4点半，大多数人还在梦中，哈佛大学却早已灯火通明。还有那位灌篮高手科比回答记者，每天都会在此时醒来去打球，不投进一千个球决不结束。这种不等值会随着时间的流逝，把我们之间的距离拉得越来越远。我想，大概正是这种不等值，把正哥一推再推，推向了另一个我们可望而不可即的高处吧！

也曾看过一篇文章说，最好的休息不是睡觉，而是换着去做其他的事情，其实这就是努力的一种真实写照。如果没有精神支撑，没有向上的心，怎么可能走得那么坚决、那么远？

我们在崇拜超人、对传奇的正哥充满敬意时，若回头看看从前，不难发觉，他们曾经也不过是个普通人，一步步走过来成就了现在的自己。正是那些不等值的时间，让那些格外努力的人，在多年后看起来清晰盎然，世界更大，视野更广，因为努力就是最好的天赋。所以，别太在意结果，学习的本身就是意义，在这个过程中你已得到最好的馈赠。

我一直在思考，除了时间的不等值，还有什么不等值会让我们变得如此不同。

记得那次培训归来，所有人都大喊解放，像是完成了一项艰难的考试，考过的都表示太幸运，没有考过的全抱怨题目太难。正哥却在朋友圈感慨：课程结束了，学习才刚刚开始，一段时光过去了，人生还要继续努力。

正哥的这几句话，让我突然觉得人与人的不同：起跑的优劣早已变得无关紧要，重点在于你是不是那位终生都在努力奔跑的人，你是否已经意识到并认同"越努力越幸运"这句真理。

而后，直到正哥被公司公派到美国游学时，我们才恍然大悟到自己和一个默默努力的人之间的差距。原来，岁月无声无息地溜走，除了可以带走一些人的无聊时光，还可以沉淀一个努力者的人生。

听到众人的祝贺，正哥谦虚地说："运气好而已。"旁人也许会认为他只是幸运地砸中了一颗金蛋，而一直待在他身边的我们却明白，正哥曾拼尽了所有，才在看起来毫不费力的笑声中赢得了这个幸运。

送别的机场，一位男同事表示很想大哭一场，并非离别的场景让人感伤，而是多年前我们曾拥有一样的梦想和目标，当我们无法去实现它，继而嘲笑执着的自己时，却有人真的做到了，而且是在不动声色中夺了冠。

突然想起，我们刚刚入职时都格外热衷于看各种演说家的演讲舞台，每次被演讲者的激情鼓励或温暖后，我们大多还是会回到最初的懒散，如此反复，没有终点。而那些比我们走得远、走得稳的人在拥抱了那三秒钟的热情后，却依然可以靠着余温继续前行。如今我才明白，那余温来自不断前行者的内心。他们比任何人都明白，做好任何一件小事都需要努力和耐心，更需要慢慢来；他们比任何人都惜时惜命，所以才有资格享受拼命尽兴后的人生礼遇。

余下的时光，趁着岁月正好，带着内心热忱，朝心之所向，往前走吧！相信世界不会亏欠每一个努力的人，也会记得每个人的梦想。

# 只要努力了，就不会被轻视

那位老师叫什么，我已经不记得了。

在我上初二时，他教了我们一学期的手工课。手工课不是主课，所以班里很多同学并不重视。难得的是，他上课很认真，经常鼓励我们发挥想象力搞一些小发明，或布置一些手工作业。

记得有一次，他要求我们"变废为宝"自制一把小刀，说每个人都必须完成，因为得分会计入期末的总评成绩。那时我特别希望自己能够得90分以上，因为每次上课，他都会把得90分以上的作品放在讲台上的一个"专区"里，让大家排着队上去参观。这是一种极大的荣誉！

为了这个梦寐以求的90分，我一回家就四处找材料，从我家附近的一个建筑工地上找到一根光亮干净没有锈痕的废锯条。但是接下来的工作可让我犯了难：我家没有磨刀石，这可怎么办？突然，我的脑海里灵光一闪——我家门口的楼梯不太光滑，表面上布满芝麻大小的凹坑，在上面磨锯条一定行！于是，那几天一放学，我就端一碗水坐在楼梯口，把地和锯条都洒湿，然后就撅着屁股呼哧呼哧地磨起来，一直磨到母亲叫我吃饭时，才长出一口气收工回去。就这样卖力地干了两天，我的小刀终于"完工"了！

上手工课那天，一看到别人做好的小刀，我心里立马凉了半截。别人的刀刃磨得又光又亮，刀锋也长；而我的刀刃在楼梯上磨得黑不溜秋的，刀锋也是短短的，只能算是"小匕首"。老师开始一件件地"鉴赏"了，他很认真地给每一把小刀打分，每逢有做得精致的，他都要夸奖几句，并把这件作品放到讲台最前面的"精品区"里。突然，周围一阵大笑，只见他从一堆精致的小刀里抽出我的"小匕首"，脸上一副诧异的神情。我的心猛地收紧了，泪水也涌上了眼眶。

"这是哪位同学做的？"他的嗓门儿平日就很大，今天更是让胆小的我打了个寒战。我犹豫着站了起来，周围的笑声更大了。"告诉老师，怎么回事？"我强忍住泪水哽咽地解释道："我家没有磨刀石，这是我在楼道里磨了两天才做出来的。"

"哦！"他微笑着轻轻地把我的小刀放到"精品区"里，和那些制作精致的小刀搁在一起。

从那以后，我明白了一个道理：只要尽了最大的努力，别人就不会轻视我。直到现在，但凡我做一件事情，纵然身边高手如云，我也决对不会为自己的弱势而自卑。因为我知道，只要自己努力了，就对得起天地良心。

# 向"不为钱"努力

为了约见一位投资商，她从美国纽约乘航班赶赴新加坡，花在路上的时间是十几个小时，而她知道约定的见面时间只有十五分钟。

投资商只有早上有空，约谈安排在早餐时间。他来了，一个中年男人，他目不斜视地坐在新加坡万豪酒店的西餐厅，端着咖啡杯，咖啡的幽香溢漫开来。

她心情有些忐忑不安，不知道自己应该说些什么、应该怎样说。她把计划书递给投资商，但他只看了一下封面，就顺手把计划书放在了餐桌边，继续享用早餐。她的脸上滑过一丝失望的表情，她想投资商或许对她的计划没有任何兴趣。

投资商却抬起头，问起她的经历。她说自己毕业于中国的清华大学，后来在美国芝加哥大学攻读了MBA。投资商似乎很感兴趣，问她有什么优秀的业绩。

她却说："现在我的年薪是五十万美元。"

投资商放下咖啡杯，早餐用完了。时间刚好十五分钟。她知道投资商准备走了。所有的努力到此终结，有一种失败感从她的心底泛起。

但投资商突然说："你的项目基本没有问题，我会很快答复你的。"

后来，她得到了三千万美元的投资。她的名字叫张毅，北京800buy时尚礼品网的总裁。

原来，投资商之所以不看她的计划书，却投资给她，是因为投资商认为处在生存阶段的人，只以赚钱为目的，而处在荣誉阶段的人，并非只为了钱。投资商把人分成"为了钱而努力"和"为了荣誉而努力"两类。也许，正是那句"我的年薪是五十万美元"，让投资商觉察出她其实并不需要太多钱，她需要的是创业成功的快乐。

这个故事告诉我们，人都要努力地让自己成长到可以和投资商共进早餐的高度，然后不谈钱，只谈项目的成功。

# 静静地努力，慢慢地坚强

人生路上，岁月何曾饶过谁？我们这辈子，长长的一生，不可能全被幸福所占领，也不可能全部被苦难所包围。哪怕是为了百分之一的幸福，你也要拼上百分之九十九的努力；哪怕是遇到百分之一的苦难，你也要鼓起百分之九十九的勇气。

无论怎样，心中要有阳光。没有人会成为你以为的今生今世的避风港，只有你自己才是自己最后的庇护所。再破败、再简陋也好过寄人篱下。

现在遭遇挫折，没关系，二十多岁的年纪，正是人生最美好的年纪，一切都还来得及。最美的风景一定是在未知的前方，最好的生活就在你前行的脚下。

每天坚持努力付出，也许真的很累。看着别人热闹，自己默默一个人在办公室；看着别人成群结队，自己一个人默默回家。基本不参加那些无聊的聚会，有时候看着别人开开心心的，内心陡然失落，好想放下内心的执着也加入其中，享受一下生活。可是，肩上的责任却不允许你任性，上有老下有小。生活的负担还告诉自己，你只有不断地拼命才能缓解生活的压力。当下，不管是生活还是事业，都处于奋斗期，所有的艰辛显而易见。我们不是"富二代"，还需要养家；我们不是"官二代"，还需要为自己的前程铺路。我们不再是二十岁的少年，还能随心所欲地玩耍；我们是即将奔三的负重前行的青年，尚有活力却肩负重任，不可停止脚步。当然，也有很多快乐的时候，当领导肯定你的时候，当同事赞赏你的时候，当你偷偷努力收获一定成绩的时候，内心充满喜悦，觉得功夫不负有心人。

当然，目前自己的处境，大多数人都在看笑话吧。那又有什么关系，我们只管努力，其他的交给天意吧。努力让自己变得更优秀，为了有尊严地让曾经耻笑我们的人闭嘴。

也许，每一个想拼命变优秀的人都有一颗不安分的心，而正是那颗不安分的心才促使他不断地奔跑。

你现在的样子完全可以决定你以后是什么样子。若想自己的未来和现在不一样，就必须从现在开始跑起来。年轻的时候不多跑跑，年纪大了想跑也有心无力。

还记得第三季《中国诗词大会》的总冠军雷海为吗？他一个外卖小哥击败了北大文学硕士。他一个送外卖的都能满腹诗词浸染芳华，大家都知道他取得的成就，谁又知道他是怎么走过来的？他用十三年的时间，把自己历练成了一个生活的强者，用微弱的光芒照亮了整个世界。十三年里，他搬过砖，当过服务员，送过外卖，做着没有"营养"的体力劳动。但是他没有忘记给脑袋补充营养，那就是背诗词。只要一有闲暇，他就会背上几首，送外卖的时间，一个来回就可以背两首。午休时分，晚上入睡前，把能用得上的时间全部用在背诗上，把一首首诗词小心翼翼地放在记忆里，为的就是有朝一日能一鸣惊人。

生活不曾优待谁，也更不会亏欠谁。不要着急生活什么时候给你回馈，你只管去做、去努力，你的用心生活自然看得到。不是生活给予你烛焰，你才能看见这个世界，而是你要争取那几分光亮，去征服这个世界。

你每天游泳一百米，和人家每天游一千米的效果是不一样的；你每天记十个单词，和人家每天背一百个单词的感受是不一样的；你每个月读一本书，和人家每天读一本书的收获是不一样的；你每天工作八个小时，和人家每天工作十四个小时的成绩是不一样的。

你的时间花在哪里，你的收获就会在哪里；你想成为怎样的人，你就会成为怎样的人。迷茫源于落差，当理想遭遇现实，并没有多少准备的我们往往因现实来得太突然而不知所措，我们只能静下心来。世间除了生死，没有什么难事，活着就是希望。不服输，不止步，静静地努力，慢慢地坚强，你的努力终将成就更好的自己。

# 不喧哗，自有声

你是否也曾有过这种困扰：明明我没有恶意伤害别人，为什么总有被人讨厌、被人排挤的时候？明明我只是在跟大家分享心里的真实想法，为什么别人眼中的我总会变成另一个样子？说我是在显摆也好，说我是在肆意地炫耀也罢，冷言冷语，什么话都有。

其实，很可能是你与人相处的方式违背了"低调做人，高调做事"这一原则。与人相处，低调做人有多重要？为什么很多成功人士一直将"低调做人，高调做事"视为自己的处世原则？

一

小琪是一位性格直爽的姑娘，家境中上水平，平时最喜欢到世界各地购物和旅游，接触的新鲜事确实比身边人多了些。小琪尤其喜欢八卦聊天，平时就很喜欢跟大家分享自己的新见闻。可慢慢地，她发现身边的人对她越来越不待见。甚至有一次，她和大家分享自己前阵子去法国旅游的见闻时，竟然被一个同事冷言冷语地讽刺了好久。最令她感到难过的是，好像大家都开始有意无意地排挤自己。有好几次，明明他们一群人聊得很欢乐，可是看到她走过来就都散了。

在分享自己的所见所闻时，要观察一下别人的反应。总想用力证明自己的价值，证明自己的与众不同，这其实是人之常情。只是，如果这个"自我证明"的度没有拿捏好，就很容易从"好心分享"变成"高调炫耀"。长期如此下去，怎么可能不招人厌恶？

我们每个人身边或多或少都有这种人，不管在什么场合都会有意无意地显露自己的优越感，总想用力展示些什么，不承想越想展示越凌乱。奥地利精神病学家阿德勒认为，人的总目标是追求"优越性"，是要摆脱自卑感以求得到优越感。他把人的整个生命动机作用完全归结为摆脱自卑感的补偿作用。他认为优越感就是想尽办法追求权力，企图凌驾于他人之上的愿望。

换句话说，行为过于高调的人的实际企图，本质在于通过贬低别人来确认自己的存在，以摆脱自卑。

即便他们借着"直爽"的借口，但在满足自己的炫耀心态时却自私到忽略了别人的感受，这样的他们怎么可能让别人喜欢？

## 二

其实只要你用心观察就会发现，身边有很多在人群中很受信任、人气较高的人，这些富有人格魅力的人身上无一不具备了谦逊做人、为人低调的个性。

比如国学大师季羡林老先生。20世纪70年代，一位刚刚考取北大的年轻人兴高采烈地到北大报到。由于初进京城，人地生疏，战战惶惶。一个人肩扛手荷，好不容易找到设在大饭厅的新生报到处，注册、分宿舍、领钥匙、买饭票……手忙脚乱中把行李托付给一位手提塑料网兜路过的老者。东奔西走，待忙过一切，已时过正午，这才想起扔在路边托人照看的行李，当即一路狂奔着找回去，只见烈日下那位光头老者仍站立路旁，手捧书本，悉心照看地上懒洋洋的行李。年轻人对老者千恩万谢，庆幸自己碰上好人。次日开学典礼，只见昨天帮他看管行李的那位慈祥老者，竟也端坐主席台上。年轻人找人一问，原来就是大名鼎鼎的北大副校长季羡林。

真正的优越感，便是如此这般，不露锋芒，却声震寰宇。

浅水喧哗，深水沉稳。你若真有实力，别人早晚会知晓，何苦你急着昭告天下！

# 三

优越感本身可以是一种进步的动力，但到处高调地秀很容易刺痛别人敏感的神经，也会显得自己很肤浅和自满。

生活中这种人不在少数，他们张口闭口喜欢炫耀自己的优越的物质条件或者强行科普自己掌握的小知识，急于去证明自己富有、有内涵，却完全忽略了旁边的人早已对你失去了耐心，虽然一脸的尴尬又碍于颜面不好意思与你发作，但自此他们都会刻意避开你，避开你借他们来寻找存在感，也给自己留个台阶避免给自己徒增不痛快。

这种只图嘴上快活而不顾别人感受的人，反而暴露了自己没什么沉淀，往往在生活中也没什么知心朋友。

你如此高调，追根究底是因为你见识太少、敬畏太少。

就像沈复在《浮生六记》里写的那样：人生碌碌，竞短论长，却不道荣枯有数，得失难量。

朗朗乾坤，岁月如流，你我都只是天地一渺，时光一刹。

真正优越的人，会始终对这个世界怀有一份畏惧与热情，永远对相遇一场心存善意。他们清楚知道自己内心所在意的人事物，谦卑前行。

要记住：不喧哗，自有声。是金子，总会有金光闪闪的一天，别急于人前人后证明自己，你的努力别人都看得见。

# 学习需要持之以恒

学习是一个漫长的过程，唯有坚持才能到达理想的彼岸。

怀素是唐代书法家，以"狂草"名世，史称"草圣"，与张旭齐名，合称"颠张狂素"，形成唐代书法双峰并峙的局面，也是中国草书史上两座高峰。怀素草书，笔法瘦劲，飞动自然，如骤雨旋风，随手万变。书法率意颠逸，千变万化，法度具备。北京大学教授、引碑入草的开创者李志敏评价："怀素的草书奔逸中有清秀之神，狂放中有淳穆之气。"

怀素勤学苦练的精神是十分惊人的。因为买不起纸张，怀素就找来一块木板和圆盘，涂上白漆书写。后来，怀素觉得漆板光滑，不易着墨，就又在寺院附近的一块荒地，种植了一万多株芭蕉树。芭蕉长大后，他摘下芭蕉叶，铺在桌上，临帖挥毫。由于怀素没日没夜地练字，老芭蕉叶剥光了，小叶又舍不得摘，于是他想了个办法，干脆带了笔墨站在芭蕉树前，对着鲜叶书写，他写完一处，再写另一处，从未间断。

大文学家雨果从小就喜欢读书，对文学有着强烈的爱好。十二三岁时，他就尝试着进行文学创作，那时他就写下了成千上万行诗，一部喜剧歌剧、一部散文剧和一部史诗。尽管雨果在之后的岁月中历经磨难，但是他总是以惊人的毅力知难而进，逆境逢生，在不懈的努力和坚持下，他终于成为一代文学大师。他笔耕不辍，一生有六十多年的时间都在创作，很多优秀的文学作品在他的笔下诞生，这些作品成为人类文化宝库中一份十分辉煌的文化遗产。

"锲而舍之，朽木不折；锲而不舍，金石可镂。"做事的关键在于要有恒心，目标专一，持之以恒，不能半途而废。学习也是一样，需要一个坚持不懈的过程。任何人成功之前，都会遇到许多失意，甚至是多次失败，如果放弃了，就错过了一个成功的机会，因为轰轰烈烈的成功之前的失败，往往离成功只有一步之遥。自古以来，那些所谓的英雄，并不比普通人更有运气，只是他们比普通人更有坚持到最后的勇气罢了。

# 努力奋斗

周末，我和一个室友从市区购物回来。快走到学校北门口时，我隐隐听到一阵阵蹩脚的二胡声，凭着不是很好的乐感，我听出来，拉的是《世上只有妈妈好》的曲子。

循声望去，在学校门口站着一个老人。那是一个再普通不过的老人，双目无光，面部蜡黄，身子略显佝偻。他的两肩上都满满地挂着笛子、箫、葫芦丝、二胡之类做工粗糙廉价的乐器，那些乐器随着老人拉琴的动作而有节奏地晃动着，发出"嘣嘣""叭叭"的撞击声。乐器几乎是严丝合缝地覆盖在身体的前后两边，以致根本看不见他的穿着。

很显然，他是在推销他的乐器。

进进出出的学生都会将目光投向他那边一会儿，然后面无表情地走开。他依然很投入，略显吃力地拉着，有些音符还在摸索尝试着，甚至是干脆跳过，好像只是向路人展示着他的乐器是可以用的、可以拉出声音的，仅此而已。

他不会想到，也可能不会去想，在一所大学里，他那些所谓的乐器几乎是不会有人去买的。

他好像发现了我在看着他，暗淡的眼神似乎有了一丝亮光。为了怕他以为我会买而勾起他的希望，我加快了步伐，"残忍地"走开了……

很多天都过去了，我依然清晰地记得那个老人。由于"愧疚"，我在某个夜晚敲下了这段文字，当然那个老人是不会知道有某个人会为了他写下了一段文字。

在我的脑海中还有一个老人，他是一个拾荒者。那是在去年"五一"，我和两个同学在省博物馆前排队等待领票进馆参观，当时人很多，队伍排了将近三百米。队伍慢慢地向前蠕动，我们无聊地看着附近来来往往的人群。

无意中，一位衣衫很旧但还算整洁的拾荒者闯入了我们的视野。他左手提着一个大塑料袋，里面装得满满的都是空饮料瓶子，右手上还拿着几个，显然那几个是实在装不下袋的。只见他快步走到一个墙角的花坛边，动作娴熟地将一个个的瓶子藏在了茂密的绿化带下，时不时还用余光瞥向周围，好像在藏什么宝贝怕被别人发现了似的。我想，他是怕被同行发现了吧，因为不远处就有另外两个拾荒者。而后，他又提着他那个空塑料袋在不远处的人群中寻觅着。满载而归后，又将"货"藏在那墙角的绿化带下。如此反复了好几次。在我们快进馆之前，我看到他不知从哪里弄来一个小斗车，将他藏匿的瓶子装车运走，慢慢消失在远方的人流中。

当时，一个同学悲观地对我说："真没想到，捡垃圾也要讲策略，还会有竞争！我们将来毕业了出去怎么混哪？！"我笑而不答，只是在内心里敬佩这些游离在城市边缘的最普通的人。

生活中不乏一些很普通的人，我们走在大街上随处可见。天还没大亮就满城跑的送报工、送奶工、送煤气的师傅、扫大街弄得满面尘土的清洁工、跟城管"躲猫猫"被城管撵得到处跑的小吃摊商贩和水果小贩……

他们为了一份微薄的收入，用不同的方式而努力着。他们每个人的背后都有一个家庭，他们都在为自己和整个家庭的生存而奋斗着。每个人的生活就是他的世界，那个世界可能微不足道，但为了生存而奋斗是值得我们理解和尊敬的。

或许未来的某一天，我也会成为某个城市里的一个最普通的人，在城市的一隅为了生存而奔波劳累着。但是那也没什么可担心惧怕的，因为跟大多数普通人一样，毕竟我也可以为了生活而努力奋斗，为了我的世界而奋斗。

# 我的人生，我说了算

不知从何时起，这个世界开始喜欢给人贴标签了。比如，一个二十八岁还没结婚的女青年，大家都会叫她"大龄剩女"；一个家境一般，从乡下进城打工的男青年，大家都会叫他"凤凰男"；而一个平日里喜好阅读、音乐、电影的人，大家则喜欢把他们叫作"文艺青年"。更要命的是，很多提及以上"种类"的文章，大多对其持有贬义——"剩女"很可悲，"凤凰男"走哪儿都被人看不起，至于"文艺青年"，哼哼，你就作吧。这个世界是怎么了？似乎每个人都很享受给别人贴标签的感觉，而对于其他人来说，自己也成为某个标签的一分子，被妥妥地放进一个固定的人生模块里。

记得前阵子跟朋友一起去电影院看《黄金时代》，散场之后朋友迫不及待地跟我说："像萧红那么有才华，长得也不差的一个女人，明明可以过相对来说不错的生活，却落得个无依无靠一世飘零，最可恨的是居然几次三番被男人抛弃，这真是……"另外一位女性朋友立马高声附和："文艺女青年果然作得一手好死（诗）！"听见这样的话，我暗自笑笑，不再多言。当晚，夜入三更，我却躺在床上辗转难眠。

自1932年，萧红结识萧军——她人生中的第一笔感情孽债起，慢慢梳理她的辛酸历程，直到1942年她因肺结核病逝于中国香港。这短短的十年，萧红在感情上经历了几场大的波折，因战事不稳四处漂泊，身心俱疲，她却写出了享誉文坛的《呼兰河传》。但遗憾的是，多数现代人对她的感情经历侃侃相谈、乐此不疲，却鲜有人去关注她同样倾注心血的文学巨著，甚至对此嗤之以鼻。乃至我身边的一些自称文学爱好者的人，在谈起萧红时，也总说她实在太文艺了，甚至把自己的人生都以这种方式断送掉了。我真想知道，如果萧红知道后辈人习惯更多地以感情经历来评价她这个人，那么她又会怎样看待自己的人生？之所以这么想，是因为我也很在意别人对自己的看法。仔细回想，学童时也曾为了得到老师手里的"小红花"，不惜课下主动打扫卫生、帮助同学；升入大学，为了取得一个令人称赞的成绩，不惜投入更多时间学习；进入社会，为了打扮得体受人尊敬，开始学着化妆，看时尚杂志。

似乎要有别人的注视，我们才能更愉快地奔向前程，同样，不知从什么时候开始，人们很怕在艰苦奋斗的路途中永远少了所谓观众支持的身影。很长一段时间里，甚至会因为坚持一件事却总得不到回应而怀疑人生，甚至焦虑到失眠，整夜整夜地逼问自己这一切有何意义。也有太多太多的时候，因为身边人反对的声音，而终于默默地放弃了自己一直想要去做的事情。比如旅行，比如一个真正感兴趣的工作。直到后来，我遇见一个人，姑且把他称为"虚"吧，因为他给自己起的笔名里，有一个"虚"字。今天，我仍清楚地记得他跟我讲这个名字的由来时，眼神里充满的那种深邃。虚说："真真假假，人生皆在虚实之间，去做，可能终有一天会实现；不做，梦想也永远只是一个梦——人要先把自己看成一个独立个体，世界才不会将你'归类'。"

虚像谜一样出现在我的生活里。生活在这座节奏紧张的城市，大多数时间我们各自忙各自的生活，极少能有机会聚到一起聊天。我一直很想多了解虚一点，因为我笃定他是个有故事的人。直到我在他的博客上翻到一篇文章，写的是他来北京之前，在广东东莞的一段流浪生活。虚像大部分出生于大西南的人一样，家境贫寒，父母为了维持生计常年在外打工，他从小就成了不被生活温暖的"留守儿童"。他随爷爷奶奶生活到十六岁，终于因为家中没钱供他读书而辍学。虚像他的父母一样，背起行囊远走他乡，开始独自谋生。虚把广东东莞选为人生第一站。这也是他第一次走出大山，他不知道东莞是什么样子、在哪里，只是从爷爷口中打听到了父母在这座城市打工。只可惜爷爷奶奶上了年纪，怎么也记不起父母工作的具体地址。东莞太繁华了，街道太宽阔了，各种店面里商品琳琅满目。

虚第一次看到如此与众不同的世界，他不知道自己该去哪里、能去哪里。然而坐了三十多个小时的火车，他早已饥肠辘辘、疲惫不堪，只想着能快点找到个愿意收留他的地方，好好地吃上一顿饭。走了几条街道，终于有家电子厂因最近急招工收留了他。这是他的第一份工作，全年无休，不加班的情况下一天工作十二个小时，月薪一千三百块。为了填饱肚子，他坚持了下来。虚从小热爱文学创作，下班一有时间就写写文字，买不起纸笔，就用捡来的断粉笔头在周边废弃的墙壁上写。数额不多的工资，除了按月拿出一部分寄回老家，剩下的几乎全部买了书籍。涂涂抹抹中，虚在工厂里一待就是两年。那时候，一些年纪比他大的流水线工人，总是拿他业余创作的这件事嘲笑他："哎！我说你可别写啦，每天上完工累得够呛，你还有闲情写这玩意儿，要能写出名，你也不至于在这儿待着啦！"还有一些人说他是"装有文化"，笑他明明大学都没上过，还愣去搞这些个知识分子干的活儿，但虚从不为所动，尽管那时候他也不确定自己将来一定就能做一份相对高级的工作，但他还是坚持了下来。两年后的一天上午，虚走进老板的办公室，把一张字迹工整的"辞职报告"放在老板面前。老板拿起辞职报告扫了一眼，整个房间的气氛开始变得严峻。由于当时并不是"招工季"，老板为了挽留他，同意年底多给他一个月的工钱，但虚执意要走。在他两脚踏出办公室的门槛时，他听到老板在里面歇斯底里的叫喊声："你小子要能找到比这更好的工作，我名字倒过来写！"

之后，虚去了湖南，那儿有一家杂志社正在招聘编辑，他是从网上得到的消息。像往常一样，他不知道自己能否成功，但还是决定试一试。没想到，两轮面试过后，虚从一大堆有学历的应聘者中脱颖而出。人事经理拿来合同让他签字的那一刻，虚还好似在梦中。只是那一刻，他确定相信了，自己的看法比世界对你的看法更为重要。

今天的虚，已经是北京某家大型文化公司的策划经理了。虚有篇文章这样写道："很多人需要获得别人的肯定、鼓励以及支持，才有勇气开辟自己的新天地，于是在这条寻找自我、成就自我的道路上，一多半人死在了别人对自己的冷漠、孤立和嘲笑上。但他们却无一例外地忽略了，每个人都是一个独立的个体，有完全独立的思想、观点和对这个世界的理解，只有那些真正相信自己、肯定自己的人，才能顺利绕过世界布下的'分类陷阱'，成为真正想做的人。在这个世界上，除了你自己，没人能知道你到底行不行。"

虚的故事使我惭愧，他后来问我："你能想象到吗？按照世俗的看法，我这样一个出生在落后地区、贫困家庭的小孩，命运给我的安排似乎就是早早辍学，老老实实地在底层打工，靠着微薄的薪水艰难地养家糊口，直到耗尽余生。可今天的我通过自己的努力，在这座繁华的一线城市有了自己的房子、车子，甚至可以把爸妈从社会的底层解救出来，接他们到大城市生活。因为我始终都相信，我的人生只有我说了才算，世界怎么看，跟我一点关系都没有。"

是的，人生原本就存在很多的可能性。虽然上天并没给予大多数人优良、富裕的生活条件，但只要努力，你终可以通过扎实的奋斗，一步步获得自己想要的生活。学着不去在意世界的看法，你将活得更自在，也将在成就自我的道路上少一些障碍。

# 白昼总会到来

以前的你，哭着哭着就笑了；现在的你，笑着笑着就哭了。到了一定的年纪，眼泪越来越少，因为身边再也没有一个能帮你擦眼泪的人。在成年人的世界里，最让人想哭的三个字是：不要哭。

## 一

有一个短片：一个小姑娘一把鼻涕一把泪地跟妈妈说着："我的天哪，我想让弟弟永远这么小！他太可爱了，我不想让他长大！"不懂事的弟弟看到姐姐哭花了脸，并不知道发生了什么，只是抬起头对着她甜甜地笑，融化人心。

小女孩哭的时候，我们隔着屏幕感受到了她的天真烂漫。可你知道吗？在她的泪水里，有我们读不懂的苦涩。

她的世界很小，没有经历过风雨，但她爱护家里这个弟弟，不舍得他一天天长大。她一想到有一天弟弟学会走路、学会跑跳，就会离开姐姐的怀抱，她难过极了，所以她哭，小孩子嘛！

## 二

人越长大，越懂得要不动声色。

作家陈阿咪讲过一个故事：

去年我有个朋友和相爱七年的男朋友分手。有一天见面吃饭，她才慢悠悠地提起。

"难过吗？"

"难过得快要死去。"

"你看起来不像啊！"

"非要撕心裂肺地在这里痛哭吗？"

她突然哈哈笑了，但眼里分明有泪花，一闪而过的光亮恰巧被我捕捉到。于是她迅速埋下头，调整好情绪，迅速换个话题，谈话重新开始。

成年的代价就是失去天性。人生下来的天性就是高兴就笑、难过就哭。但是哭了又有什么用，说了又能改变什么？然后就是沉默，熬过去就好了。即使心中思绪万千，到嘴边也是云淡风轻。

《银魂》里面有一句台词我非常喜欢：等你们长大成人了就会明白，人生还有眼泪也冲刷不干净的巨大悲伤，还有难忘的痛苦让你们即使想哭也不能流泪。

所以，真正坚强的人，都是越想哭反而笑得越大声，怀揣着痛苦和悲伤，即使如此也要带上它们笑着前行。

明早起来，你便假装你已将昨夜的一切忘记了。

## 三

一个节目现场，朴树正在台上安静唱着《送别》。灯光打在他的脸上，这个曾经的少年，脸上竟也开始长出皱纹。当他唱到那句"情千缕，酒一杯，声声离笛催"时，情绪突然失控。转过身去想舒缓自己的情绪，发现早已徒然。双手紧紧抱住话筒，哭到颤抖，像个无助的孩子，让人心疼。

当年，他在《生如夏花》里亲手写下那句美到极致的歌词："我在这里呀，就在这里呀，惊鸿一样短暂，像夏花一样绚烂。"今天，他在《送别》这首歌里送别往事，歌没唱完，但是看到这一幕的人都懂了。

出走半生，归来依然是少年，很难很难。但他没有妥协，因为向生活低头的人只会假笑，不会真哭。

# 四

深夜的街头，一位三十二岁的民工蹲在路边号啕大哭。路人问他出了什么事，他说，父亲得了癌症，不敢在家里哭，所以出来发泄一下。

也许他是家里唯一的顶梁柱，他得安慰一家老小，得扛住所有的沉重和悲伤；他也知道，自己不能倒、不能哭，不然母亲、妻子、孩子该怎么办呢？

成年人不是不能流泪，只不过得躲起来心碎。

最后，这个悲恸欲绝的男人，擦干眼泪说，我哭一下就好了，我该回家了。

是的，无论你如何悲伤、心碎，最后还是得继续前行，像什么都没发生过一样继续前行。

# 五

美国巴尔的摩市，一所房子突然起火。屋里只有一个不会走路的孩子和一只狗。

妈妈当时正在院子里，看到起火之后立马往里冲。但是火势太大，她被生生挡在门外，好在消防队很快就赶来了。

进去之后发现这只狗用身体护住孩子，自己被烟熏死了。看到这一幕的女主人，抱着孩子号啕大哭。眼泪里有孩子没事的谢天谢地，但更多的是对狗狗去世的痛心。

# 六

《林徽因传》里有一段话：人的一生要经历太多的生离死别，那些突如其来的离别往往将人伤得措手不及。

人生何处不相逢，但有些转身，真的就是一生，从此后会无期，永不相见。

人生的出场顺序真的很重要，如果换个时间出场，结局可能完全不一样。

电影《前任3》里林佳陪孟云长大，最后娶林佳的却不是孟云；《爱乐之城》里，小塞陪米娅度过实现梦想前最艰难的时光，最后和米娅一起分享成功喜悦的却不是小塞；用力爱过的人，讲再见那一刻格外艰难。

世界上最遥远的距离不是生离死别，而是对方已经云淡风轻，你却念念不忘。

你是否也曾怀念一个人的名字，直到眼泪模糊了视线。到头来，也不过自我安慰一句：相濡以沫，不如相忘于江湖。

# 七

你的那双眼睛，应该用来看星星，凝视爱人的脸，遇见惊喜，而不是用来装眼泪，所以当你想哭的时候就哭吧。成长是把哭声调成静音的过程，等到成熟之后又发现，多少次泪水在眼睛里打转，却还保持微笑。

七十三岁的她躺在病床上，看到自己九十六岁的老母亲前来探望那一刻，立马张开双手求拥抱，在妈妈怀里哭得像个孩子。这对年迈的母女相拥而泣，嘴里说着"我爱你"。

我也爱你，妈妈。妈妈，我好爱你。

七十多岁，早已为人妻为人母为人外祖母，燃尽了自己的生命，躺在病床上平静接受死亡的讯息。可看到妈妈的那一刻，还是会无助、会彷徨。因为她知道，她哭的时候，一定有妈妈抱。

# 八

人这一生中，脸上流过三种泪水，才算完整：第一种，叫作绝望。第二种，叫作谢谢你爱我。第三种，叫作谢谢自己。

电影《幸福来敲门》里，克里斯在短短时间内陷入人生谷底。工作丢了，老婆跑了，房子没了，他被逼到绝境，只能带着儿子睡公共厕所。一个成年男人的委屈、心酸和痛苦，是这间厕所不能容纳的，眼泪滴落到嘴边，好苦。

累吗？很累。痛吗？很痛。难过吗？难过。绝望吗？很绝望。要放弃吗？再等等。

直到一个很好的工作机会摆在他面前，他毫不犹豫争取下来。

面试官说："这一路，并不像看上去那么容易吧？"

克里斯回答："当然不是，先生。"

面试完之后，走在人群中，他为自己呐喊、鼓掌。

你眼眶红了的时候，谁也不知道你是为什么流眼泪。世界很大，你是芸芸众生，更是万里挑一。如果爱是一片荒凉的大海，愿有人陪你愉快地一同沉没。借用莎士比亚的一句诗：黑夜无论怎样悠长，白昼总会到来。

如果可以，余生请让笑容比眼泪多。就算要哭，每一滴眼泪的名字也应该是——喜极而泣。

# 每一个毫不费力的背后

有段时间我特别迷魔术，那时候刘谦正火得如火如荼，于是去翻遍了他的魔术视频看，一边看一边惊叹，也因此对魔术更加着迷。可是等到自己真正开始学的时候，才发现真的是太难了。

连最基础的一些东西我都练不好，学习的过程中我崩溃到要哭了，最崩溃的时候我简直觉得这根本就不是正常人能玩的东西。

后来，我逼着自己沉下心，一点一点地练，对着镜子，对着家人，一点点找角度，一点点练习不慌张，才把最简单的动作练得勉强熟络了些。我终于体会到那些魔术师的不容易。

不要认为刘谦是靠着春晚一夜爆红，要知道他在成功之前经受过多少日子的磨炼。台上每一个完美的一分钟都是靠他台下无数个努力的日日夜夜换来的。

无论是在手法上，还是在编排上，他都对自己要求特别严格，甚至包括与他搭档的工作人员，每一个细节，他都有着近乎变态的完美要求。从街头表演到登上大的舞台，他用了很多年才磨炼出自己的台风和控场技能。

每次春晚彩排，他都会不停地看摄像师的录像，跟摄像师讨论角度和镜头的切换，调整自己的角度，考虑现场观众和电视机前观众能看到的画面。然后再反复调整反复排练，他不允许自己犯错，更不允许失误。在他的手下一定要呈现魔术最奇妙完美的状态。

我们看他毫不费力、淡定自如，但其实每一次他在后台都在拼命努力，研究摄像机，研究道具，他也会紧张得手心出汗，在表演时说很多幽默的笑话来故作轻松，他每一步动作其实都装着万分的小心翼翼。正是这些我们从来看不到的艰辛，最终让刘谦的魔术大放异彩，只用了一次就让大家记住了这个神奇的魔术师。

有一本书的作者在调查了英国五十个不同阶层家庭孩子的未来后发现：中产和富裕人群的孩子，五十岁依然能保持较好的身材与容貌；而社会下层的孩子，五十岁大多秃顶或者肥胖或者大肚子，而他们的太太大多也臃肿不堪。这本书的作者在文章中最后写道："人人都只看到了他们与生俱来的优越的家庭教育资源和社会环境，除了更好的生活品质和生活习惯外，其实在体形背后，更是他们家庭赋予的某种自律自强的精神。我们看到的只是身材，然而身材背后映射的是更多内容，因此我们对那些能长年保持自己体形的人，那些坚持不懈朝着自己目标奋进的人，由衷地表达自己的敬意。在背后，他们的付出，或许是我们所不能设想的。"

有一张在微博上特别火的图：一个跳芭蕾舞的女孩，她的右脚穿着华丽的舞鞋，看起来非常漂亮。可是左脚没有穿舞鞋，整只脚都溃烂发脓，看起来触目惊心。

在风光的背后到底潜藏着多少辛酸，恐怕只有自己知道。怎么会不疼？只不过是咬着牙坚持罢了。

# 寄存梦想

曼陀迪是一名退休的小学教师。有一次在整理储物室里的旧物时，她发现一沓语文试卷，上面有一个作文题目叫"我有一个梦想"。

她意外地发现当年同学们稚嫩的梦想，竟然还安然地躺在自己家里，并且一躺就是三十年。她本以为这些纸张早已荡然无存，也就永远停留在了三十年前每个孩子幼小的心里。

曼陀迪开始坐下翻阅那意外的发现，满心的惊喜很快便被孩子们当年五彩缤纷的梦想给迷住了。有个叫大卫的小男孩说，未来要做一名潜水冠军，因为有一次他在游泳池里，不小心喝了两升水都安然无恙；还有一个小家伙说自己的梦想是成为英国首相，因为他可以快速准确地背出英国三十个城市的名字；最让人惊叹的是，一个叫彼得的盲童，他写道，自己将来必定是英国的议会大臣，因为英国内阁里面还没有出现一名盲人会员。孩子们在作文中都将自己的未来进行了千奇百怪又充满希望的设计。

曼陀迪阅读着这些作文，她突然冒出一个念头：把这些梦想重新发到孩子们手中，让他们重温一下三十年前憧憬未来的自己，看看三十年后，"未来"的自己实现梦想了吗？现在过上了自己当年所想的生活吗？想到这里，曼陀迪几乎再也抑制不住那股冲动的力量，顺着内心的召唤，她立刻行动起来。

曼陀迪联系到一家报纸媒体，说明想法后，双方一拍即合，报纸为她刊登了"还梦"启事。没几天，书信便从四面八方的城市飘向了这个英国小乡村。

从当年同学们激动的来信中得知，有的成了商人、教师、学者，有的进入了政府部门。这些信件则更多的是来自没有尊贵身份的人，他们都表示，很想知道自己小时候写下的梦想，并且很想收到自己的那份试卷，曼陀迪按地址给他们寄了回去。

半年后，曼陀迪家里仅剩下彼得的"梦想"没人索要。她想，可能这个孩子已经遭遇了什么不测。毕竟三十年过去了，三十年的时间里可能会发生很多事。

就在曼陀迪放弃等候，准备将它送给一个喜欢私人收藏的朋友时，她收到了内阁财务大臣哈里斯托的一封信。信中说：那个叫彼得的孩子就是我，感谢您还保存着我们儿时的梦想。不过，我已经不需要那份试卷了，因为从写完的那一刻起，我的梦想就长在了心里，我从未忘记过。现在，可以说我的梦想已经实现了。一路上，我懂得了，只要一直保持着追逐梦想的心，饱满的梦想之帆就一定能抵达美好的远方。

有梦想，就要把它种在心里，但要时刻牢记，时常浇灌。保持一颗充满热望的心，去创造、追逐，梦想彼岸花开。

"世上无难事，只怕有心人"，只要你有梦想，就没有到达不了的远方。实现梦想更是如此，只要你想，只要你敢，只要你的梦想够坚定。

# 追逐自己的梦想

　　莫扎特虽然很小就显示出了非凡的音乐才能，但是，随着年龄的增长、作品的日益成熟，等待着他的却依然是贫困和压迫。他那些严肃的带有进步思想的作品，越来越不为追求浮华的贵族们所接受。二十二岁以前，莫扎特两次外出求职，都没有成功，不得不返回萨尔茨堡当宫廷乐师。

　　新任的萨尔茨堡大公十分专横，在他的眼里，音乐家连厨师的地位都不如。他给莫扎特规定了两条：一、不准到任何地方去演出；二、没有主教允许，不得离开萨尔茨堡。每天清晨，他让莫扎特和其他仆人一起坐在走廊里，等待分派当天的工作，并把莫扎特当作杂役使唤。

　　1780年，无法在家乡忍受屈辱生活的莫扎特来到了维也纳，开始了他一生中音乐创作最辉煌的时期。他虽获得了自由，但接踵而来的仍是贫困。为此，他工作十分勤奋，每天很早就起床作曲，白天当家庭教师，晚上是繁重的演出活动，回来后再接着创作乐曲，一直写到手累得拿不起笔为止。

二十六岁的莫扎特成家之后，生活依然非常贫困。尤其是有了子女之后，全家经常生活在饥寒交迫之中。为了改变这种处境，莫扎特经常饿着肚子，拖着疲惫的身躯举行长时间、超负荷的音乐演奏会。只要挣了一点钱，他总是迫不及待地买些食物，急匆匆地赶回家去让全家人吃上顿饱饭。看着自己幼小的孩子和孱弱的妻子吃饭时狼吞虎咽的样子，莫扎特多少次难禁热泪。他叩问上天：为什么在追求梦想的过程中，要付出如此沉重的代价？

很多时候，贵族们也会"慷慨"地施舍一些财物给莫扎特，但是他们的施舍是有条件的，他们希望听到莫扎特为他们演奏歌舞升平的靡靡之音。可是莫扎特没有妥协，他深信：真正的音乐应代表人民的心声，即使饿死，他也决不背叛自己的梦想！虚荣心得不到满足的贵族们恼羞成怒，他们讥笑说："你个穷小子也有梦想？哼，梦想救不了你，总有一天，你会饿着肚皮来乞求我们的施舍。"

就是在这样的逆境中，莫扎特仍坚守高尚的情操。他鄙视那些仰人鼻息的乐匠，始终坚持自己的艺术思想。正是在他生活最困苦的时期，他创作了《费加罗的婚礼》《唐璜》

《魔笛》等著名的歌剧。

　　每一个想要在社会上取得成功的人，一定要经历巨大的困难与努力的时期。成功是一点一滴地积累起来的。只有具备坚定的信念，才能书写辉煌的人生。所以，我们只要认定一个目标，就要毫不动摇，全力以赴地去追逐自己的梦想。

# 梦想为人生导航

凡是努力工作、具有创造力的人，其最终目的都是实现自己的愿望。如果一个人没有了自己的愿望，那他就根本不可能有什么动力。

一天，一条小毛虫朝着太阳升起的方向缓慢地爬行着。它在路上遇到了一只蝗虫，蝗虫问它："你要到哪里去？"

小毛虫一边爬一边回答："我昨晚做了一个梦，梦见我在大山顶上看到了整个山谷。我喜欢梦中看到的情景，我决定将它变成现实。"

蝗虫很惊讶地说："你烧糊涂了，还是脑子进水了？你怎么可能到达那个地方！你只是一条小毛虫耶！对你来说，一块石头就是高山，一个水坑就是大海，一根树干就是无法逾越的障碍。"但小毛虫已经爬远了，根本没有理会蝗虫的话。

小毛虫不停地挪动着小小的躯体。突然，它听到了蝼蛄的声音："你要到哪儿去？"

小毛虫已经开始出汗，它气喘吁吁地说："我做了一个梦，我想把它变成现实。我梦见自己爬上了山顶，在那里看到了整个世界。"蝼蛄不禁笑着说："连拥有健壮腿脚的我，都没有这种狂妄的想法。"小毛虫不理蝼蛄的嘲笑，继续前进。

后来，蜘蛛、鼹鼠、青蛙和花朵都以同样的口吻劝小毛虫放弃这个打算，但小毛虫始终坚持着向前爬行……

终于，小毛虫筋疲力尽，累得快要支持不住了。于是，它决定停下来休息，并用自己仅有的一点力气建成一个休息的小窝——蛹。

最后，小毛虫"死"了。

山谷里，所有的动物都跑来瞻仰小毛虫的遗体。那个蛹仿佛也变成了梦想者的纪念碑。

一天，动物们再次聚集在这里。突然，大家惊奇地看到，小毛虫贝壳状的蛹开始绽裂，一只美丽的蝴蝶出现在它们面前。

随着轻风吹拂，美丽的蝴蝶翩翩飞到了大山顶上。重生的小毛虫终于实现了自己的梦想……

# 第三章
## 念念不忘，必有回响

一个人，至少应该有一个梦想，有一个理由去坚强，心若没有栖息的地方，到哪里都是在流浪。

——三毛

# 念念不忘，必有回响

人最害怕什么？饥饿？贫穷？孤独？死亡？

复旦大学教授陈果说过一段话，人最害怕的应该是黑暗。人对黑暗应该是格外害怕的。人为什么害怕孤独？因为孤独是内心的黑暗。人为什么会害怕死亡？因为死亡是永恒的黑暗。

所以人一定是非常害怕黑暗的，所以在西方宗教里上帝在创造世界的时候首先创造了光。

光是黑暗终结者，有光才有希望，有希望才能不害怕黑暗、打败迷茫。

国学大师陈寅恪在刚入清华校门时，有一段时间是极度痛苦迷茫的。那段时间他远离人群，独自思索"我的人生到底应该怎样度过"。

某日，他偶然去图书馆，听到泰戈尔的演讲，陪同在他身边的人，是当时最出名的学者。那些人站在那里，自信而笃定，那种从容让他十分羡慕。而泰戈尔正在讲，对自己的真实多么重要，那一刻他从思索生命意义的羞耻感中解放出来，原来那些卓越的人物也会花时间思考这些，他们也觉得这些是重要的。

他花费很长的时间去思索人生的意义，最终在思想的黑暗里解脱出来，寻找到了自己的光明，明白了真实的真正意义。如果当时他不停下来思索，将自己投身到一种盲目的忙碌中，麻痹了自己，中国近代史上就要少一位伟大的国学大师了。

寻找光明是人类毕生的事业，有些人寻求自己事业的光明，也可能是学术的坦途，抑或是艺术造诣的追求。不论是何种追求，不过都是对自身价值的追求。只有看得见希望，才能体会活着的意义。

英国作家毛姆的长篇小说《月亮与六便士》描述了一个原本平凡的伦敦证券经纪人思特里·克兰德突然为艺术着魔的故事，他抛妻弃子，放弃了旁人看来优裕美满的生活，奔赴南太平洋的塔希提岛，用笔谱写出自己光辉灿烂的生命，把生命的价值全部注入绚烂的画布的故事。

他离开伦敦后的生活极度贫苦，几度在死亡线上挣扎，与曾经优渥的日子相比简直是生活在地狱里。就算是生活如此贫苦，他还是没有选择回头，曾经的日子虽然过得舒服，心灵上却是极度灰暗的，那种看不见希望的日子他再也无法忍受，为了寻找活下去的理由，他毅然决绝地离开了家，奔向自己理想的光明。

有些黑暗别人是看不见的，表面看起来光鲜亮丽，内心可能已经千疮百孔，那种内心的空虚、孤独、不被人理解的绝望最让人害怕。

所以寻找到自己内心的光明才可能真正地获得心灵上的幸福。

李娜，曾经的国企职员，上班时早八晚五，安稳舒适，是多少人羡慕的生活。可是她却觉得自己在虚度年华、有负青春。她不顾所有人的反对，毅然辞职选择了翼装飞行员的生活。

七年六百三十余次的训练，她想过放弃，怀疑过自己的决定，也许不是所有人都能飞上蓝天。没有人知道坚持下去会怎样，但是她知道不坚持会后悔。

她没有辜负天空，也没有辜负自己。目前的中国翼装飞行员仅十人，她填补了此领域的空白。

李娜找到了自己热爱并愿意为之奋斗的事业，即使过程艰辛、不被理解，但是那种向着心中理想前行的快感让她坚持了下来。找到内心真正的渴望，才能从内心的黑暗中解脱出来。

陈寅恪做到了，思特里·克兰德做到了，李娜做到了，因为他们内心坚定，所以他们成功了。因为找到了为自己内心指路的灯塔，所有的黑暗就都不怕了。勇敢地面对自己的内心，将光明的灯点亮，黑暗自然无处躲藏，剩下的交给坚持就好了。

# 行动是实现梦想的关键

一年夏天，一个纯朴的乡下小伙子登门拜访年事已高的爱默生。小伙子是一个诗歌爱好者，因仰慕爱默生的大名，故千里迢迢前来寻求文学上的指导。

这位青年诗人虽然出身贫寒，但谈吐优雅、气度不凡。第一次见面就和爱默生谈得非常融洽，由此，爱默生对他很有好感，也很欣赏他。

临走时，青年诗人留下了薄薄的几页诗稿。爱默生读了这几页诗稿后，觉得这位乡下小伙子在文学方面很有天赋，只要肯在这方面下功夫将会前途无量。于是，他决定凭借自己在文学界的影响力推荐他。爱默生将青年诗人留下的诗稿推荐给文学刊物发表，但影响不大，他希望这位青年诗人继续将自己的作品寄给他。于是，两位老少诗人开始了频繁的书信来往。

青年诗人的信长达几页，大谈特谈文学问题，激情洋溢，才思敏捷，表明他的确是个天才诗人。爱默生对他的才华大为赞赏，在与友人的交谈中经常提起这位青年诗人。青年诗人很快就在文坛有了一点小小的名气。

但是，这位青年诗人以后再也没有给爱默生寄诗稿来，信却越写越长，奇思妙想层出不穷，言语中开始以著名诗人自居，语气也越来越傲慢。爱默生开始感到不安，凭着对人性的深刻洞察，他发现这位青年诗人身上出现了一种危险的倾向。通信一直在继续，然而爱默生的态度却逐渐变得冷淡，最后成了一个倾听者。

很快，秋天到了。

爱默生去信邀请这位青年诗人前来参加一个文学聚会。他如期而至。

在这位老作家的书房里，两个人有一番对话："后来为什么不给我寄稿子了？"

"我在写一部长篇史诗。"

"你的抒情诗写得很出色，为什么要中断呢？"

"要成为一个大诗人就必须写长篇史诗，小打小闹是毫无意义的。"

"你认为你以前的那些作品都是小打小闹吗？"

"是的，我是个大诗人，我必须写大作品。"

"也许你是对的，你是个很有才华的人，我希望能尽早读到你的大作品。"

"谢谢，我已经完成了上部，很快就会公之于世。"

文学聚会上，这位被爱默生所欣赏的青年诗人大出风头。他逢人便谈他的伟大作品，虽然谁也没有拜读过他的大作。即便是他的几首由爱默生推荐发表的小诗也很少有人拜读过，但几乎每个人都认为这位青年诗人必将成大器。否则，大作家爱默生能如此欣赏他吗？

转眼间，冬天到了。

青年诗人继续给爱默生写信，但从不提起他的大作品。信越写越短，语气也越来越沮丧。直到有一天，他终于在信中承认，长时间以来他什么都没写。以前所谓大作品根本就是子虚乌有之事，完全是他的空想。

他在信中写道："很久以来我就渴望成为一个大作家，周围所有的人都认为我是个有才华、有前途的人，我自己也这么认为。我曾经写过一些诗，并有幸获得了阁下您的赞赏，我深感荣幸。使我深感苦恼的是，自此以后，我再也写不出任何东西了。在现实中，我对自己深感鄙弃，因为我浪费了自己的才华，再也写不出作品了。而在想象中，我是个大诗人，我已经写出了传世之作，已经登上了诗坛的王位。尊贵的阁下，请您原谅我这个狂妄无知的乡下小子……"

从此后，爱默生再也没有收到这位青年诗人的来信。

"白日梦"给人带来的最大的副作用就是：逃避现实、不思进取，比如故事中的这位青年诗人。当他养成做白日梦的习惯后，根本就没有考虑过如何才能走向成功，如何才能实现自身的社会价值，他一心只梦想着成功后的那份辉煌。事实上，当他陷入难以自拔的白日梦的泥潭之中时，他原有的才华就已经丧失殆尽了，结果只能成为一个庸人。现实就是现实，没有想象中那么美好，但它却是实实在在的；光想不做，很容易实现的梦想也永远不会实现。习惯于做"白日梦"的人不仅浪费时间，到最后还成就不了任何大事业。

光想不做，梦想是永远也不会实现的，再美好的梦想也注定是白日梦。应该清楚梦想的实现靠的是行动。行动是实现梦想的关键，只知道幻想而不付诸行动，是永远不会成功的。

在现实生活中，有些人有做白日梦的习惯，然而美梦终归是要醒来的，沉醉于白日梦的人总会由逃避现实到与现实脱节，最后将一事无成。

有一个女大学生，可以说才貌双全。她最大的梦想是能成为一名模特，在T型台上闯出属于自己的一片天地。然而在这条路上她走得并不顺畅，接连两次落选，这使她备受打击。于是，她也不去找工作，天天窝在家里看那些超级名模的走秀录像带。渐渐地，她开始陷入只属于她自己的世界里：看着屏幕上窈窕的身影，她想象着自己就是她们中的一个，穿着华丽的衣服，在各大都市中穿梭，迎接她的是鲜花和人们爱慕的眼神……有一次，在上海工作的哥哥，帮她找到了一个做平面模特的工作，大家都以为她会很高兴，但她却冷淡地拒绝了，她认为自己一定会成为一个超级名模。就这样，她还是每天窝在家中，编织着美丽的梦，一场注定无法实现的美梦。

光想不做，无论愿望多么美好，始终都是无法实现的。

人们所说的做"白日梦"，就是盲目追求那些根本无法实现的目标。如同癞蛤蟆想吃天鹅肉——想得美。

再美好的梦想，不去行动，最后与成功也是擦肩而过，而那些成功的人，都是一些敢想敢做的人，在他们的意识里，成功就在于行动。

# 不要做无益的后悔

国外有一句非常著名的话：Don't cry over spilt milk. 这句话的意思是不要为打翻的牛奶哭泣，也可以译为"不做无益的后悔"。

人生中有许多不如意的事情，很多人因此一蹶不振。他们对过去的失误耿耿于怀，结果再也没有办法敞开心扉来面对今后的生活。很多时候，我们心里也在期待拥有一份新的感情，我们也在期待再次崛起的那一天，可很多人却因为过去的失误而失去了重新开始的勇气。不要为打翻的牛奶哭泣，不要在该动脑子的时候动了感情，失败之时正是最需要我们理智的时刻。

一位叫保罗的教授，是一位博士，他在自己任教的学校带了一批研究生，由于他们从事的科研工作较难，常常会遇到挫折，失败更是家常便饭。起初这批学生失败的时候，还尚有学习的激情，可是久而久之，有人开始泄气了，甚至无法继续自己的学业。

陷入失败情绪中的学生们开始动了退学的念头，保罗教授为了鼓励他们，在某一天的课上做了一个实验。保罗教授拿了一杯牛奶，他走进教室，许多学生好奇地看着他，有人甚至问他："牛奶与我们的研究有什么关系？"

保罗教授说："没有关系。"

随即，他手一松，杯中的牛奶全洒在了实验用的水池里，杯子也摔成了碎片。学生们都惊呆了，保罗教授紧接着说了一句话："失败就像这杯打翻的牛奶，一切已经是既定的事实，就算我们再如何懊悔，也无法让它重新回到杯子里来。"

学生们终于恍然大悟，之前的失败就像是这杯打翻了的牛奶，我们无法改变已经发生了的事，唯一能做的就是忘掉失败，积极地脱离窘境，让未来朝着更好的方向发展。

我们可以在事情发生之前尽可能想办法阻止，却没必要在事情发生后耿耿于怀。始终沉溺在懊悔的情绪中，只能令我们无法摆脱失败的阴影，只能不断增加我们的"沉没成本"，这对过去于事无补，对未来也毫无益处。

我们在生活中有多少人常常因"打翻的牛奶"而失去了动

力！他们因为错了一次，便没办法好好做自己，事事都是缩手缩脚，甚至无法客观地看待事情，无法理智地做事。

太看重"打翻的牛奶"，只会令我们身心疲惫、寸步难行，从而阻碍了我们的发展。

美国著名人际关系学大师卡耐基事业刚起步的时候，在密苏里州开办了一个专收成年人的教育班。因为办得不错，所以在很短的时间内，这个教育班就遍布了美国各大城市。

卡耐基的事业看起来十分红火，但他在对教育班的宣传上花了很多资金，同时办公场地的租金、日常办公的支出也很大。虽然收入不少，但除去这些成本，卡耐基基本没挣什么钱。

察觉到了这个事实的卡耐基有点气馁，他的辛勤工作竟然没什么回报！他不断地质疑自己现在所做的事业，因为没什么心情再继续做下去，他的业务量也不断下降。这样一来，卡耐基就更心烦了。

最后，卡耐基去找他的老师乔治·约翰逊。乔治·约翰逊听了他的诉说，只对他说了一句话："不要做无益的后悔。"

既然过去的已经过去，那些不挣钱的日子既成事实，没有必要再为它沮丧。如果能在今后的日子里好好努力，还是有可能改变局面的。老师奉劝卡耐基，假如自己无法舍弃之前的金钱，那么后面就无法赚到更多的金钱。

　　恍然大悟的卡耐基决定不再纠结于此，决心振作起来。卡耐基又把全部的精力投入了自己的事业中，并且不再为过去的事烦心。

　　后来，卡耐基总爱把一句话挂在嘴边："牛奶打翻了怎么办，是望着牛奶哭泣还是去做点别的？记住，打翻的牛奶不可能被重新装回瓶中，我们唯一能做的只有吸取教训，然后头也不回地往前走。"这句话不仅是卡耐基说给学生听的，也是他说给自己听的。

　　每个人都会犯错，而我们对待错误的态度，往往决定着我们的未来。面对不顺心的事，我们如何理智地看待它，这才应该是我们思考的重点。不要为已经付出的代价懊恼，不要纠结在毫无意义的事情上。

　　给烦恼投资，只会让我们更加烦恼。打翻牛奶的时候，再苦恼也只是在浪费时间，我们能做的唯有思虑、改正、向前看。

　　就像莎士比亚说的那样：智慧的人永远不会坐在那里为他们的损失而哀叹。假如我们能够做到在该理智的时候聪明一点，那么我相信，我们永远也不会浪费时间在无谓的事情上。

　　工作上、生活中我们做过不少冲动的事，我们伤害别人的同时也伤害了自己。有些人对自己的过错揪着不放，总想着自己为什么这样做，一直纠结，无法释怀。其实，与其想着自己做错了什么，倒不如想想如何去改变当前的一切，有错则改，改完则告诫自己不要再犯，才是最好的做法。

面对生活中自己犯的过错或生活中的不幸，你可以选择悲伤，但是不能选择永远悲伤。有的人喜欢沉浸在悲痛中，可这样有什么用呢？一切还将继续。

我们无法改写历史，只能把握当下。"山重水复疑无路，柳暗花明又一村。"如果我们学会了放下，积极地去面对生活中不好的事，那么很快就会发现，世界对我们是那么温柔。

# 你是一粒沙子，还是一颗珍珠

一位年轻人觉得自己怀才不遇，没有"伯乐"来欣赏他这匹"千里马"，于是到一片海滩上苦闷地徘徊。不久，他遇到了一位老人，便将自己心中的苦闷对老人说了。老人听完年轻人的倾诉后，从沙滩上捡起一粒沙子对年轻人说："你把它扔了。"

年轻人虽然不解其意，但还是听话地从老人手里接过沙子，并随手把沙子扔到了沙滩上。这时老人又说："现在你去把刚才扔掉的那粒沙子捡起来。"

年轻人望着眼前的沙滩困惑地说："这沙滩上全是沙子，看上去几乎一模一样，我怎么能找得到哇？"

老人听了并不说话，从口袋里拿出一颗珍珠对他说："你再把它扔到沙滩上去，能扔多远就扔多远，然后捡回来。"

这一次，尽管年轻人把珍珠扔得远远的，但是毫不费劲儿就把它找到了。

这时，老人语重心长地对年轻人说："你看，在这个满地都是沙子的沙滩上，要想认准一粒沙子，简直比登天还难，但你要找一颗闪闪发光的珍珠，却是件轻而易举的事。你说一粒普普通通的沙子和一颗闪闪发光的珍珠，谁的成功概率更大呢？"

年轻人听后深受启发，他朝老人深深地点了点头。

是的，在人生这条漫漫长河中，人的每一个阶段都是一片沙滩。你是愿意做一粒沙子，还是做一颗珍珠呢？

若要自己卓然出众，那就要努力使自己成为一颗珍珠。

每次看到这个小故事，我就不由自主想起在JT公司的工作时光。记得那时刚加入JT公司两周左右的时间，部门就开始为期两个月的"绿色心态读书月"活动，分初、复赛进行。部门大家庭有二十多人，大部分同事都口齿伶俐，且都资历不浅，部门经理虽才三十出头，但在公司已工作了整整八个年头。当时大家觉得花落谁家其实已经很明显了，新人根本就没在大家的预想当中。我只认识寥寥的几个人，加上是工作的小白，一边努力学习完成工作，一边也低调投入准备比赛活动。

比赛分两个月进行，初赛是大家从《学会感恩》这本书里节选一篇文章进行朗读，并扮演主持人的角色与大家互动，引导大家分享听了文章之后的收获；复赛形式不限（诗歌朗诵、唱歌、乐器表演等均可），围绕绿色心态主题即可，每位选手和嘉宾都会对其他选手进行打分，最后综合初、复赛的成绩角逐出前五名。

活动在风风火火中开展了，由于年轻人居多，虽然是利用每天午休一个小时的时间进行，大家也毫无怨言。其他好多同事在工作上已经驾轻就熟，因此准备活动的时间相对比较充裕，而我每天的时间都排得满满的，好多行业专业术语，知识点都要一点一点地去啃，还要趁别人没那么忙的时候去虚心请教，只能挤出一部分时间练习朗读文章。有时候一整天下来，睡梦中那些知识点还在脑海中跳跃。

活动每天中午都在进行，在朗诵文章前会有一个自我介绍的环节，我从前面的选手中也了解了每个人不同的故事，以及她或他不为人知的一面，并每天在感恩的氛围中成长，收获不少。当时我是第六个上台，与其他选手不同，我把听到的每个故事的特点、闪光点进行了总结，并很巧妙地把它们串联起来了，因此当我一口气很流利地把前面五个人的特点串连起来重温了一遍的时候，大家觉得有点意外，又备感温馨；我在朗读文章的同时，加入了我的一些体会与见解，并与大家进行了较好的互动，大家开始慢慢注意入职不到一个月的我了，第一轮获得了还算不错的打分。

活动在持续进行中，经过将近一个月的初赛，大家也渐渐了解了每个人心中的小故事，熟络起来了。在筹备复赛的时候，大家都各出奇招，积极备战。这事惊动了董事长，他大概是从总经理的口中得知部门的氛围一下子活跃了好多，呈现出比以前更积极向上的团队风貌。部门经理也受宠若惊，据说董事长已经好几年没有亲临这个部门了，因此，为了给董事长一个大大的惊喜，就让大家在筹备复赛的同时，开始练习歌曲《感恩的心》和手语。

任务更重了，一边是工作上，要用的东西越来越多了；一边是紧张地筹备复赛，练习手语。那段时间，我每天都是晚上8点多才下班，还感觉时间不够用。

复赛终于还是要来了，果然大家都拿出了看家本领，也令大家见识了原来每个人平时都深藏不露哇，有K歌之王、幽默小段子、舞王舞后……大家都乐在其中，都很期待每天中午的快乐时光。我拿起心爱的笛子，为大家演绎了一首《明月几时有》，悠扬的旋律在整栋大楼回荡。我还利用下班的时间把自己参加这次活动的心得体会用一首诗《心灵的感动》来表达。

最后，我收获了大家异常热烈的掌声，我知道，那一刻，大家已经被我的真诚和用心感动了。

在颁奖典礼上，我们全体穿着白衬衣，唱着《感恩的心》并配以手语，董事长的眼光中泛着泪花，他似乎已经很久很久没有见过这么感动的画面了。而更为激动的是，我们小组勇夺"优秀团队奖""个人一等奖"和"魅力之星主持人"三个大奖。当从董事长手中接过"一等奖"和"魅力之星主持人"奖状和奖金，并发表获奖感言时，我也是热泪盈眶，回首短短两个月的时光，所有的辛苦、努力、付出都是值得的。我动情地感恩公司、感恩同事、感恩自己，通过这次读书月活动，我融入了这个温暖的大家庭，最后，我还把整理的关于董事长、总经理、部门经理，还有其他曾经给予我帮助的同事们的小故事，在获奖感言中巧妙地串联起来了，董事长再次投来赞许的目光，或许他没有想到，一个刚刚入职不到两个月的新人，居然可以对大家如此了解和用心，并且在这次活动中脱颖而出，勇夺大奖。

我只是部门里一粒平凡的小沙子，却因这次读书月活动逐渐磨砺成了闪亮的珍珠，并被伯乐董事长发现。

后来的后来，在自己坚持不懈的努力下，董事长把这个部门最重要的模块交给我来做，我也不负众望，不断地在这个平台成长，带领小组同事取得了不错的成绩，整整度过了三年非常充实而又快乐的时光。

再后来，我结合我的兴趣爱好加入了一家人力资源开发创新学习型的公司，从零到一的过程很艰辛，但由于自身非常热爱，也就克服了过程中的种种困难，体会到"锲而不舍，金石可镂，锲而舍之，朽木不折"的道理。

那时候根据素质模型进行分析，我与岗位差距较大的隐性能力（即冰山以下部分的能力）是感悟力和学习能力。为了减少差距，我每天早上起来坚持背诵优美诗词，坚持每周背熟一首，半年坚持下来已经背了整整三十首，慢慢地在这些优美诗词的熏陶下，感悟力不断提升，这对做生命密码职业测评非常有帮助，在掌握原理的基础上可以快速、准确判断出客户的个性特质，也得到了很多体验客户的好评。

为了拓宽知识面，我每月坚持看一本人力资源方面的专业书籍和一本其他书籍，慢慢地专业知识丰富起来了，也形成了阅读纸质书籍的好习惯。在不断地与客户沟通交流的过程中进行实践应用，真正做到学以致用。

"路漫漫其修远兮，吾将上下而求索。"人力资源领域浩瀚如海，我还只是其中一粒平凡的沙子，期待在日积月累，坚持不懈的努力中磨砺，慢慢把自己打磨成那颗闪亮的珍珠。

# 别人的评价有那么重要吗

多少人因为别人的评价而暗自神伤？多少人为了得到别人的认可而委屈自己？如果你是一个优秀的人，你需要别人来评价你吗？如果你做得比任何人都好，你还需要别人的评价吗？你自己若是什么事情都做不好，别人给你再高的评价，你还是那个你，并没有什么特别，做不好的事情依然做不好，你的生活，除了你的心情因为别人的评价好了起来，其他的还是原来的样子。

因此，关于别人的评价，我们并不需要花太多的心思，你必须明白一件事情，那就是当你越来越漂亮的时候，赞赏你的人会越来越多，关注你的人也会变多；你想要别人看得起你，你首先得是一个有能力的人。在你还什么都不是的时候，别人就算直接指出你的缺点，你也不用过分地介意，毕竟你确实还没有把事情做好，你要看得到自己的短处，才能更好地发挥自己的长处。有时候，别人的评价真的不重要，过分在意别人的感受，会容易丢失自己内心真实的需求。

在这个世界上，真正会心疼你的人其实并不多，不是所有的人都会认可你的努力，也不是所有的人都会理解你的心情。一些事，不是你做得好，就会有人来认可你，也不是你做得不好，别人就来踩扁你。每个人对于别人的看法都有一定的主观性，他会根据自己的心情去判定一个人，会因为自己的心情好坏来评定别人是否优秀。换句话来说，别人所看到的你、所评价的你，未必就是那个真实的你。你究竟是一个怎么样的人，只能是你自己去了解。

你认为你做一些事情做得足够好，那你就首先来认可自己，不要去管别人的嘴巴说什么样的话。别人的评价，真的没有那么重要，做人一定要自信。你要相信自己可以做好一些事情，你也要相信自己在面对一些事情上，可以有比别人更好的方法。

我经常觉得自己做一些事情做得很好，也算是问心无愧，但是总有人在我的背后说一些挑拨离间的话，让我身边的朋友对我有看法。我听完之后，其实内心的第一感觉就是伤心，我觉得自己的努力被别人否认了，并且还加了很多莫须有的罪名。那种明明自己没有做错什么，却还要被人加了罪名，以各种的理由来贬低自己的心情，真的很难受。

可是，我也觉得这些不是我的问题，我没有做错什么，自问也是问心无愧，为什么会觉得心虚呢？有些地方，待不下去了，就不要继续待着。世界那么大，总有一个地方更加适合自己。

所以，我们不要过分地在意别人的评价，每个人都一样，总会被身边的某些人指指点点。他们可以指指点点，但是我们可以不接受这些指点，一心做好自己的本分。人吧，没有什么好介意的，更不必因为别人的话弄得自己那么不开心。我们活着，只为了自己活得更加好，别人的评价就放在一边。

# 像没有明天那样去生活

年轻时，我半是向往、半是恐惧地过着一种漂浮生活，青春而放纵，只注重酒精、夜晚和当下，充满歇斯底里的欢乐与难过，从不平静，对自己所做的事没有清晰的理解和充分的掌握。它是浪漫的，也是残酷的，浪漫在于那不顾一切闯荡的勇气和决心，抛开一切未来、现实而获得的放纵感，残酷在于有一天我们终将站在时间的河岸回头看待它，青春已经远离了，现实终于随着不顾一切的心的消失而重占上风，那些日子留下的欢乐对比着现在的残酷，那些日子留下的伤口则始终不得痊愈。

很难说有谁在年轻的时候没有羡慕过那种生活。但相比之下，更多像我一样的人只是躲在安全而乏味的地方，老老实实地演练中年到来后才应该过的日子。我们相信正常的成功、正常的幸福，虽然也觉得这正常里面缺了一丝盐味。

我们大部分人想得实在太多，也太犹豫了。想得太多并不错，也挺重要的。问题是我们一直想啊想，在虚构和推演中完成了一件事的过程，甚至是完成了一生，我们不但想到了起初的澎湃，也想到了中间的辛苦，想到了结局的动荡和疲惫。这样一来，当"想"结束，激情已经退去，想来想去，没有力气做了。

犹豫也并不总是错，我们的问题是停止再犹豫。思考与现实的不同是，思考有一千种可能性，现实只通往一个结局。思考是安逸的，行动却花费力气。其实哪有那么多事需要犹豫呢，我们通常面临的难题并不是攻陷一个国家。

犹豫往往来自对安全感的过度渴求。有些人从不犹豫，毫无顾忌，就像没有明天那样过着生活。

看到绿妖写她与过去的北京，我觉得对她来说那是一座漂浮的城市，我脚踏实地站过的地方，对她来说是虚晃的、颤抖的。这种记忆是带着盐味的。

在一篇一万字的文章最后一段，绿妖自己写了下面这段话：

谁曾在年轻时到过一座大城，奋身跃入万千生命热望汇成的热气蒸腾，与生活短兵相接，切肤体验它能给予的所有，仿佛做梦，却格外用力、投入。摸过火，浸过烈酒，泡过孤独，滚过热闹。拆毁有时，被大城之炼丹炉销骨毁形，你摧毁之前封闭孤寂的少年，而融入更庞大幻觉之中；建造有时，你从幻觉中寻回自己，犹如岩石上开凿羊道，一刀一刀塑出自己最初轮廓；烈火烹油中来，冰雪浇头里去。在现实的尘土飞扬与喧嚣之中，你迟早会有一瞬，感到自己心中的音乐，与这座城市轻轻共振，如此悠扬，如此明亮。谁的生命曾被如此擦拭，必将终身怀念这段旋律。

# 急事慢做，慢事急做

"急事慢做，慢事急做。"它的意思是说，遇到紧急的突发事件时，不要着急，要镇定冷静，对有关情况考虑清楚了再作决定，再去行动。而对时间长度大的事情，则要注意抓紧、落实推进。

这句话具有相当的哲理。事急之时，贵在冷静，所以要"慢"。这里的慢，不是指行动迟缓，而是指要谋定而行，不急躁。事缓之时，人性易拖，便特别需要抓紧，不可以其时长而拖延不行。

人生每个阶段都有每个阶段的轻重缓急，要做重要但不紧急的事情，少做紧急但不重要的事情，不要做生活中的消防员，哪里有火去哪里。

轻重缓急其实是四桩事情，轻和急的事情是我们最常做的，可以瞬间解决的事情总是让我们心旷神怡，感觉特爽；但是那些重要但不需要急忙做的事才能决定我们人生的轨迹，它是我们人生的转折点。

人的一生会有五至七次大的转折点来使自己的命运朝着不同的方向发生转变，而其中自己能做决定的有三四次。

世间事情都是有规律的，正所谓：物极必反，否极泰来。

急事慢做，是指再急的事也要慢慢做才能做好。这里的"急事"不是指那些紧急突发事件，比如有一棵树突然倒了，压在路人身上，你若不迅速把树挪开，那个路人可能就没命了。这里所说的"急事"是指那些我们主观上想要尽快完成，但实际上却需要巨大的耐心和长时间努力才能完成的事情。

我们每个人都要经历一些重要但不紧急的事情，比如高考、就业、婚姻。这三件事都是有足够的时间准备的，考前突击很难考上好的大学。但是这么重要的三件事，认真思考并精心准备的人真的是少之又少。因为我们社会现在的整体氛围是急功近利的，我们很多人缺乏成大事所需要的努力、忍耐和等待。很少有人能静下心来读几本自己可能终身受益的书籍，大多数人看的都是"目的导向性"书籍，成功学的书居多。

在农村，农民们为了取得更好的收成，在一块地里过量施肥，水稻开始长得很旺盛，最后结出的谷子却又小又瘪。

现在的中国父母们大都望子成龙，把自己的希望和荣耀寄托在孩子身上，加上中国填鸭式的教育和考试制度的推波助澜，孩子们往往小小年纪就背上沉重的书包。实际上这样的教育方式并没有培养出多少有思想、有创造性的人才。相比之下，西方的教育则显得更加符合孩子们的成长规律。

国外的小学，他们每天上课的时间要比中国孩子少一半，放学后很少有家庭作业，即使有，大部分也是旨在培养创造力的作业。比如有一个家庭作业是研究北美的大角羚羊，到学期结束时，学生不仅学会了如何通过各种渠道查找资料，还能够用充满童趣的文笔写出长达十几页的研究报告，并配上自己画的精美图画。西方的老师经常带孩子们进行野外活动，很多课是在大自然中进行，让孩子们小小的心灵伴着彩云快乐飞翔。

也许是由于从小在急功近利的氛围中长大，现在的许多年轻人缺乏成大事所需要的努力、忍耐和毅力。

大学生们很少能静下心来读几本可能让自己终身受益的书籍，很多人读的是武侠小说或浅薄的商业书籍，只有极少数人读过罗素的《西方哲学史》或其他有深刻人文思想和精神的书籍。毕业以后，有的人一年可能换两三次工作，能踏踏实实坚持做一项工作直到取得成就或成为某个领域专家的人就更少了。很多人脑子里充满了不切实际的想法：不是想去哈佛，就是想去牛津；不是想成为百万富翁，就是想嫁给百万富翁。当然，不想当将军的士兵不是好士兵，但前提是必须先当好一个士兵才行啊！

成功是长时间努力、积累和进步的结果，是水到渠成的事情，绝不是心急就能做到的。

生长速度越快的树木，其致密度就越低，生命往往也越短暂；而松树、柏树、胡杨等树种，要上百年才能成材，用起来也千年不朽。如果我们想成就有价值的人生，我们拥有一辈子的时间，何苦那么着急呢？请记住：急事要慢做呀！

# 守得住，慢慢来

二十多岁，你迷茫又着急。你想要房子你想要汽车，你想要旅行你想要享受生活。你那么年轻却觊觎整个世界，你那么浮躁却想要看透生活。你不断催促自己赶快成长，却沉不下心来安静地读一篇文章；你一次次吹响前进的号角，却总是倒在离出发不远的地方。成长，真没有你想象的那样迫切。

## 一

上周在南京出差，深夜拖着疲惫的身体去跟朋友见面，畅谈至凌晨2点。回到酒店已近3点，同屋的同事竟还未睡，点根烟，对着六十五层下的旧都夜景发呆。他非健谈之人，光头，一副艺术家模样，气质中有天然的冷漠，之前交往无非公事，更无多话。不知道怎么提到了当今青年人的心态和选择，竟然就聊起来，再也收不住。

他十八岁出来闯荡，没念过大学，今年三十八岁，是一位著名杂志的设计总监。如果这是一个老套的励志故事，我可能会无兴趣听下去。但他说，我不知道你们这代人是怎么想的，我反感"80后""90后"的区分和标签，我跟很多自己的同龄人聊不来。人是靠价值相互认同的，而不是年龄。现在你们这代人看上去都挺急，房子、车子、票子，但就是你们同龄人，也不全是这么想的吧？我点头。他继续道，其实，每一代人都有自己的苦闷，真的，都是这么过来的。两年前我才有了自己的房子，今年儿子两岁了。我觉得一切挺好。二十五岁时我在一家体制内单位工作，已有七八年工作经验，待不下去了，要走。领导请我喝酒。他一口闷了一杯酒，跟我说，你还年轻，别想那么多，别着急，做该做的事。就这一句话，我受用至今。我年轻时爱玩、浮躁，总有各种诱惑扑过来。我就记着老领导这句话，其他都不想，就做自己的事，一晃就到现在了。他继续说，你要说奋斗什么的，我从来没有，就是一步步来。房子、车子这些东西，说真的，只要你不傻不笨，踏实做该做的事，到时间都会有的，不可能没有。别去想它。别去管别人怎么做，相信自己的判断。

他说，守得住，慢慢来。

一个月前，我刚来，抱回家十几本往期杂志。匆匆翻完，绝望地陷进沙发里，给老师发短信：文章何时能写过四大主笔啊？差距不是一丁半点。他回，别急，你年轻。我说，我都二十四岁了，还看不到一点希望。他回，才二十四岁。我们最年轻的也三十出头了，别急。

才二十四岁。他连说两次，别急。

李笑来在《把时间当作朋友》里写道：我们总是对短期收益期望过高，却对长期收益期望过低。

他指英语，也说人生。

说来说去，还是急。

## 二

有人说，你想成为什么样的人，就到那个人身边去。并不是每个人都有这样的幸运，但这句话或不只关乎职业生涯，也关乎生活智慧。人们容易放大眼前的痛苦或成就，与年长却开明的前辈交流，他们一望便知你正经历怎样的阶段，现在绊倒你的，不过是一颗螺丝钉；你愁肠百转看不穿的，或许是他们也曾有过的迷茫。

在十八至二十三岁那段时间，我很没出息地爱翻阅名人履历。每知晓一个佩服、羡慕嫉妒恨的人，便去搜寻他的经历——多大硕士毕业？何时修完的博士？多大开始在职业领域崭露头角？何时达到今日的成就？

年龄，年龄，年龄，那是一种对时间的焦虑。张爱玲的一句"出名要趁早"，不知害了多少人。我反感成功学，因为显而易见，不是每个人努力了都能成功，但我确信自己是幸运儿中的一个。我野心勃勃、精力充沛；我狂妄自大，对自己在外形和才华上的优势得意扬扬；我思考一切严肃的话题，阅读跟这个世界的奥秘有关的书籍，向着古往今来浩瀚的文明致敬；我期待人们在出版物上阅读我的文字，在媒体上谈论我的名字；我向往声名、金钱、漂亮姑娘的长发，我反复阅读许知远《那些忧伤的年轻人》，为另一个同样骄傲的灵魂而心潮澎湃。

可我才二十岁。

所有的名人书籍、讲座都告诉我，一个人要知道自己想要什么，才能做成事情。时至今日，无数同龄人的文章、微博里，在大受追捧的出版物里，还充斥着类似观点，甚至已成为带有反成功学意味、带有天然"正确性"的话语，大受"有独立思考能力"的思想青年认同。

但是，你问一个刚刚告别机械枯燥的高中生活、对世界和生活的认识刚起步的年轻人，他想要什么？他想要优异的成绩、同学间的声望、漂亮的女朋友，他还想要毕业后找到令人称羡的工作，尽快赚钱、成名、成功。

有人会问，这有问题吗？诚然，这也是"我想要什么"，但却只是模式化的流水生产线，试图把所有年轻人都打磨成一样的面孔。"想要什么"不应只关乎俗世的职业、功名，它应该切合更深层次的命题、人本身的挣扎和探索，即：我是谁？

你是谁？想拿遍大学里所有的奖学金，想过上物质丰裕的生活，想获得一个高薪的职位，想在北京四环内拥有一套自己的房子……

为什么那个愿意在一切可能的物体上涂涂画画的家伙，去做了一名公司职员，只因为大家都说自由画家的生活没有稳定保障？

为什么那个立志"铁肩担道义，妙手著文章"的姑娘，进入了国企，只因为父母苦口婆心地劝，记者收入不如国企高？

你是谁？我是说，剥离掉一切外界赋予你的定位和枷锁，隔离开所有父母长辈试图左右你、干涉你的声音，忘掉全部大众传媒、明星名流以及出版物曾经灌输给你的价值判断，你又是谁？你躯壳之内那个怦怦乱跳、嗡嗡作响的他、她、它，是谁？

世事多舛，你来何干？

二十岁出头的年纪，不知道自己想要什么，不仅不是灾难，反而可能是一件幸事。

但你一定朦胧地知道自己是谁，对什么事感兴趣吧？如果连这都不知道，就真的是灾难了。

知道自己对什么事感兴趣，就一点点做起来吧。无论多少声音试图扭转你，说你热爱、着迷的这件事情没钱途、没前途、没发展、没出息，都请你悠悠地对他（她）说：This is my own life（这是我自己的生活）。

不为什么，因为热爱。千金难买热爱。

我曾把几年来写过的一些文章发给丹青老师看。他很高兴，回信说，文辞再沉静一些就更好了，但就这么慢慢写起来吧。他没有说，你要在笔头功夫上多努力，他日成为著名的记者、作家。我懂他的意思：你喜欢这件事，就慢慢做吧。

去哪里，不重要。

## 三

朋友问我，以后想做一个出色的记者吗？我说，不知道。他诧异，你不是混传媒圈吗？我亦诧异，为什么要在二十岁出头的年纪给自己的人生下一个定义呢？定义即枷锁，即画地为牢。难道这个年纪，不应该是尽一切可能伸展自己的触角，去触摸不同的、多元的事物，感知并观察蕴藏无限可能性的世界吗？

下了定义，即关上了可能性的大门。你怎知日后不会遇到更令自己好奇、亢奋的事情？你才二十多岁。为什么不能去做职业旅行家？为什么不能去做NGO？为什么不能在码了几年字后，突然迷上了摄影？为什么不？

阅读名人传记，好处是能借由他者在人生关键时刻的抉择，参照自己的生活；而负面效果却可能更致命——"从小立志做一名……"

若你回头梳理自己的人生履历，花些心思，会看到一条似乎清晰的轨迹和路线，进而恍然大悟：我正是循着这样的路一步步走来的，原来我从一开始就是想要成为这样的人哪！如果你写过申请学校的PS，可能有类似体验。但，这或许是欺骗性极强的假象——回望过去履历难免会总结、归类，拎出一条主线来并不困难。很可能，你从一开始并不是想成为这样的人，甚至并不知道自己要走怎样的路，只是迷迷糊糊地循着兴趣走过来了。

是的，是兴趣，而不是规划——"从小立志做一名……"

若日后我莫名其妙成了一名电游玩家，我在个人传记里也可以深情回顾"我从小就立志做一名职业电子游戏玩家"，因为我四岁开始玩电子游戏，至今仍不辍，算得上发烧友。

莫忘了，冯唐年轻时是个诗人、文艺青年，后来修了妇科博士，再后来做了咨询公司，现在又做了实业。

莫忘了，老罗直到二十七岁之前，还认为自己终生跟"老师"和"英语"这两个词绝缘。

我一直对"规划"二字持有戒备，所谓职业规划、人生规划，忽悠者众。

人生是靠感知的，如何规划呢？职业生涯是靠机遇和摸索的，如何设计呢？而规划如何成功，更是无稽之谈。丹青老师二十八岁登上去美国的飞机时，如何规划自己此生要成为对公共领域发言的学者名流呢？他只是喜欢画画就画，一笔笔地画；秦晖老师十五岁下乡插队时，认为自己这辈子就待在农村了，如何"立志成为中国思想界的标杆"呢？他只是喜欢阅读就读，一本本地读。

如果我四五十岁时有机会受邀到年轻人中去开个讲座，一定要叫作"我的人生无规划"；如果我混得灰头土脸，在世俗意义上是个无人问津的卢瑟呢？那我就跟自己的孙子吹吹牛，再讲讲"无规划之人生"中好玩的故事。

## 四

如果你时常参加中国大陆的思想人文类沙龙，或者就是普遍的名人讲座。在提问环节你几乎很难错过一个问题："××

老师您好，请问您对当代年轻人有什么看法和建议？"

据说一些讲演者众口一词地抱怨，这几乎是最令他们反感、厌倦的问题。或许连提问者自己都很难意识到，这个愚蠢的问题潜藏着一个不易察觉的心理成因：请告诉我们如何才能像您一样成功、出人头地。

不然呢？如某位学者所言，一个年轻人恳请一个老年人教自己如何面对新鲜世界。荒唐吗？丹青老师说，爱干吗就去干吗，关我什么事？你们好不容易生在一个可以自由选择的时代，却还想让别人指导你该怎么活。

当真连自己喜欢做什么、该如何活都不知道吗？想赢怕输罢了。该做些什么、走什么样的路，难道不是循着内心的声音一步步摸索、试错出来的吗？走岔了，就退回来；走得急，就缓一些。时不时停下来想一想，望一望，琢磨琢磨，再继续走。

怎么可能不摔跟头呢？怎么可能诸事顺利呢？怎么可能有条一马平川叫作"成功"的路供你走呢？不多试错几个怎知自己跟什么样的人处得来呢？同理，不多尝试一些怎知自己喜欢什么不适合什么呢？

正如丹青老师给贾樟柯的书写的序中所说："我们都得一步一步救自己，我靠的是一笔一笔地画画，贾樟柯靠的是一寸一寸的胶片。"

青年人的选择就如同社会治理急功近利的写照，"先污染后治理"，先成功后成长，先找工作再找兴趣，先出人头地再寻找自我。某位职场中的朋友抱怨，自己在工作岗位上迷失了、困惑了，不知自己到底是否适合这份工作。

我问："你到底喜欢做什么？"他嗫嚅了半天，说不上来。

有的人明确表示，我不喜欢自己的工作。那么我该去报个拉丁舞班或吉他班吗？

从事并非自己志趣的职业，问题并不大，业余时间发展偏好就是了。但我后来才醒悟，比"不能从事自己喜欢做的事"灾难性一百倍的，是压根儿不知道自己喜欢做什么。

这让我想起了一个听来的故事。一个澳大利亚人，大学毕业后在半岛电视台做了三年记者，游历了欧洲后，跑去念了一个哲学的硕士学位和一个经济学的硕士学位，又到非洲做了两年义工，等他跟我一个师姐成为名叫"人权"的硕士项目同学时，已经三十三岁了。我不解，他读完硕士为什么不继续读博士呢？"他在生活中发现一个新的兴趣点才跑来念一两年书，但这些兴趣的程度都没到博士那么深入，而博士研究的方向很可能是一生的职业。"师姐说。那他毕业后都三十五岁了，做什么呢？师姐说："他似乎还没确定。"

这似乎是一个不靠谱的反面典型。正如一些老同学对我的印象。他们一边说羡慕我丰富多彩的生活，听完我近期打算，又同情地啧啧叹道，当你留学回来后都多大了？二十七岁。还读PHD吗？不知道。那你何时结婚？谁知道呢，三十岁？也说不定念书的时候就闪婚了。你也太不靠谱了吧，我都副科了……那你留学回来能找一个多厉害的工作？我说，出国未必是为了找到更好的工作，目前想从事的职业不出国留学也能做的。啊？那出国意义何在？

个人阅历、视野和自我完善，看看更大的世界，在自己身上发现更多的可能性。

这些话我终究没说出口。

## 五

有没有想过，自己这辈子终究只是个平庸的人物，所有的梦想都没能实现？这是网络流传很广的一个帖子。

我在南墙群里问大家。马老师说，不会的，说实话大家都是了不起的人，按照自己的节奏一步步来，不会差的。

亦有友人问我，如果你终究只是个平庸的人，那些厉害的梦想都没实现，世界也没改变丝毫，会快乐吗？

我问，温饱不愁吗？他说，那肯定，没这么惨啦。只是说很普通的，可能只是一个平平的记者编辑，在单位没有出彩之处，月薪最高也就一万上下，交房供，养儿育女，开辆普通车。不痛苦，但也没什么光彩的生活。

还可以喜欢足球，喜欢阅读，喜欢年轻时喜欢的一切东西？是的。

时而三五好友，烤串啤酒，把酒言欢；时而周六周日，球场相见？是的。

快乐吗？

他看着我的眼睛说：快乐。我点点头。

不久前去东北旅行，路途感触最深的莫过于导游、乘务员、售货员的差别。你会轻易地发现，性格将人与人彻底区别开来。

我们遇到过热情健谈、跟大家打成一片的导游，也遇到过黑着脸像客人欠他钱一样、没问两句就不耐烦的导游；遇到过如一切常见的公务人员般恶狠狠的乘务员，也遇到过穿着制服坐在车厢里跟乘客闲谈逗乐的乘务员。

如果你是一名普通的导游、乘务员，你会如何对待你的客人？考虑到这是日后再也不会打交道的"一锤子买卖"，何况也很少有人真正有闲心去投诉你恶劣的服务态度。

考虑到，你完美的服务态度很可能无法给你带来任何实质性的好处，除了客人的一声感谢、一张笑脸。所在单位无法注意到你的"优良表现"，你表现好不会被升迁，表现差也很难被辞退——那个对客人态度恶劣屡遭投诉的可能反而讨领导喜欢，比你升迁更快。你懂的。

总而言之，你的服务态度无法给你的现实生活带来任何可见的好处，你此生只会是一名普通的导游、乘务员、售货员。你会如何做?

是的，或许你终生都只是一个平庸的人，但态度依然会带来生活质量的云泥之别。你热爱生活和工作，真诚地感知、理解、善待他人，或许未曾给你的生活带来任何有形的回报和改观，却软化了你与内心、世界的边界。你不断接收到来自他人的正面回馈（感谢、笑脸、善意），再不断释放出正面能量，形成良性循环。

我很长一段时间都会记得那个导游、那名乘务员，以及那名售货员热情、爽朗和笑脸，想起来都是暖意。

他们或许此生只是导游、乘务员、售货员，也很难有升迁，但从他们的工作态度里，我读出了真正的快乐。

做一件喜欢的事难道不是做这件事最好的回报吗？正如写作是写作的回报，画画是画画的酬劳。

# 六

我曾经很喜欢一个朋友的签名档："成为更好的人。"

这句不疾不徐却又溢满坚定的话，曾无数次给我力量。

如今，我却感觉这句话充斥着"更高、更快、更强"的进步论腔调，在铺天盖地的励志话语中，我偏偏爱上了"毁志"。我更喜欢用"感知"这个词。或许我们并不能创造生活、规划人生，或许体味、经历、感知、理解才是成长的密匙。

成为更好的人？如果今天陪母亲坐在太阳下聊了一下午天，漫无目的地，童年、成长、家庭琐事，有没有成为更好的人？如果今天没有读维特根斯坦的传记，没有刷新微博，只是给自己做了一顿可口的饭菜，躺在恋人的臂弯里发呆，算不算荒废生命？

这一代中国年轻人可能面临着某种吊诡的自我矛盾：一方面，我们是前所未有早衰的一代，"十八岁开始苍老"，二十岁开始怀旧，尽管仍在青春，"你爱谈天我爱笑"的时光竟成了一代人的集体乡愁；另一方面，我们拼命地想要向前奔跑，想要稳定、无虑的生活，想要拥抱住某种确定感，焦虑着，想要立即像三四十岁的人那样，车房不缺，事业成功。

你真的享受年轻吗？为何你一边怀旧一边还在努力奔跑？

你真的热爱冒险和漂泊吗？为什么将理想纳给稳定和房产证做投名状？

你真的珍惜可能性吗？为何我看到你宁肯早衰也要拥抱"生活的终结"？

生活更美好的可能性，难道不在于这缓缓经历的一步步、默默感知的一天天，而在于未来的宏大勾画？

结婚的，添子的，升副科级的，做小经理的，博士毕业的，买房买车的，走得好快。我曾经焦虑过，后来发现，那不是我的节奏。我是慢吞吞的一头牛。如果方向错了，就会兜大圈子，如果方向对了，就不怕慢。

一步步，一寸寸，一点点，一天天，慢慢来。

我不知道自己最终要去哪儿，还在一边晃悠一边张望，走一步停一下，摸摸这个碰碰那个，试图去感知、观察、理解这个世界，新鲜好奇着呢。但我确定，我只会走自己想走的林荫道；我确定，我会像哈维尔说的那样，遵从自己的内心，活在真实里。

所有的成长和伟大，"如同中药和老火汤，都是一个时辰一个时辰熬出来的"。

# 不怕走得慢，就怕走错路

刚来美国时，总听到中国人说美国人懒散，可以举出很多例子来。美国人每年一定会外出度假，至少也要到海滨，在沙滩上躺躺。

中国人想干事，干起来确实夜以继日，吃起苦来也是举世无双。我常听美国人说，中餐馆的人工作真辛苦，一周上六天班，开餐馆的人甚至一天上七天班。而美国餐馆把一天的班分成午班与晚班两个班，一般服务员只上五个半天班。

可是，你真的应该与那些开餐馆的去聊一聊，他们都会告诉你，钱一旦赚够，就再也不开餐馆了。

因为累而生厌，生厌的东西，一是不能长久，二是不能有创新，成为一流。所以，中餐在美国几乎是快餐的代名词，而不是高档的标志。

美国人看起来懒散又会享乐，可是美国还是超强，而中国人劳劳碌碌，可中国还是个发展中国家，奥妙就在于此。

而且，中国人虽然走得快，却常常走错路。美国人走得慢，却常常走对路。

走得快时，如果犯错误，损失就大了。20世纪50年代大炼钢铁之际，每家都把铁锅砸了去炼钢铁，其中有一年，钢铁产量几乎赶超英美了，可是，这样竭泽而渔似的炼钢后继乏力，后来灾难接踵而至。

慢的好处是，有足够时间评估结果，有错误就停下来。中国现在的经济高速增长，举国欢庆，可是这不是没有隐忧，对环境的破坏也很惊人。环境污染会影响到人的健康，使医疗支出成倍增长，这侵蚀着人们的生活品质。

中国人盖房子很快，可是不注重维修保养，一幢房子住了二十几年就破旧不堪，要推倒重来了。美国人对自己的房子，每年都花精力维修，有些房子五十年了，还像新的一样。

苦干不如巧干，巧干都有计划，都擅长利用现有资源，而不是每次都是简单地另起炉灶。

"贵在持之以恒。"中国人知道这个道理，可是在实践中做不到。

中国的学生，有些小学开始学中学内容，中学开始学大学内容，有些大学还有少年班，这些人的学习真是够快的。可是，为什么在诺贝尔的排行榜上，他们却迟迟无名？

关键就是，很多人跑得快，可是却常常改变方向，没有恒心。很多大学生，一走出校门就不再学习了，而美国提倡的是终身学习。

再看经济学家。中国学生数学比美国学生强，而得诺贝尔奖的美国经济学家却比中国多得多，考虑到现代经济学用到很高深的数学知识，这匪夷所思。

可是，进一步观察，发现这也在情理之中。美国的一些科学家，包括经济学家，都有很强的敬业精神，一辈子从事一个领域的研究，衣带渐宽终不悔，最后蟾宫折桂并非偶然。

在技术领域，中国人用经营餐馆的方式来经营软件，很多程序员累得都想转行。很多经验的积累就白费了，殊为可惜。

所以我想说，人生只要方向对头，就不怕走得慢。慢一点，也许成功会来得晚一点，但更能保证成功的品质；慢一点，也许不会那么早到达终点，但亦不会因太累或太急躁而半途而废。你说呢？

# 当我们羡慕别人的时候，我们在羡慕什么

前几天早晨坐公交车上班时，经过一个十字路口。

透过车窗，我刚好看到一对男女步伐轻快地走过斑马线，年轻的气息让人心生羡慕。男孩个子高高，短裤短衫，背双肩包，反戴棒球帽，周身散发一种年轻的味道。女孩一头金黄长发，短袖衬衫、牛仔裤，说话时手臂微微挥舞，夸张的肢体语言充满了异国风情。两个人边走边说说笑笑，脸上写满了轻松愉悦。清晨明媚的阳光正好洒在他们身上，整幅画面耀眼又夺目。

反观公交车内，一个个上班族均是面无表情、目光呆滞，低着头动作统一地刷手机，昨天熬夜加班的黑眼圈还挂在脸上，因睡眠不足时不时打着哈欠，沉闷的气氛和车窗外的景色形成了鲜明的对比。

身边已经工作的朋友，大都有这种感觉——每当看到校

园里的大学生总会萌生出一股羡慕之情。羡慕他们不用面对社会复杂的人际关系，不用每天朝九晚五地赶公交挤地铁，不用每天着急忙慌地赶着去单位门口打卡，自由自在不用担心生计，也不用过每天千篇一律的流水线生活。

但几个还未毕业的朋友却告诉我，她们一点都不觉得自己的生活值得羡慕，反倒是很羡慕那些每天衣着光鲜的上班族。在学生的眼里，那些职场人自由、独立，拥有丰厚的薪水可以买买买，没有无聊、繁重的课业和写不完的论文，有权利主宰自己的生活。

两种身份之间，其实是在相互仰望、相互羡慕。

学生羡慕上班族的稳定、收入，以及掌控生活的能力；而上班族羡慕学生的年轻、空间，以及未来的无限可能。

说到羡慕，我第一个想到的人就是阿秋。

阿秋是个皮肤黝黑、普通话不太标准的广东小伙。我在大理客栈做短期义工时，他已经成了那里的常住客。

那时的我刚刚逃出了上一份工作的折磨，认识了阿秋后才发现，原来人生除了在既定的轨道上朝九晚五，真的还有另一种活法。

阿秋在大理待了两年，两年间，他在客栈里做过义工，在酒吧里当过驻唱，在人民路上摆过地摊，在服装店当过店员，认识了一堆有故事的小伙伴，一言不合就去苍山上看日出，洱海旁看夕阳，小日子滋润得很。

一开始我以为他和我一样，只是来放空几个月就会回去过"正常生活"，可后来阿秋告诉我，他在大理打工时，已经攒下了一笔不小的路费。等大理待够了，"同伙"也攒够了，他就起程，从318国道徒步加搭车，一路"杀"到西藏去。

到了西藏，旅程也未结束，他还要一路横穿中国，去青海、甘肃、宁夏、陕西、山东、河北、北京，没钱了就地打工，攒够钱了继续起程。

听了阿秋的话，震惊之余是满满的羡慕。曾经我也是一个整天嘴里喊着去远方的文青，最后和诸多的伪文青一样，把"去远方"喊成了一句口号。而阿秋却用行动把那一句口号生生活成了现实。

我常对阿秋说，我羡慕他。一开始，阿秋总是不置可否地笑笑。

直到我要离开大理的前一晚，我们蹲在洱海门边的台阶上喝啤酒时，阿秋才说："你别老说羡慕我，其实我也挺羡慕你的。看你一副养尊处优的样子，肯定不会知道在外面闯荡要吃多少苦。你回家就可以和家人团聚了，而我已经三年多没回过家了。你回去还可以找工作、上班，而我现在一看到写字楼就恐慌，已经快忘了怎么和社会融合，整个活成了一个小野人……"

那天我们聊了很久，具体内容我已经忘了，只记得最后阿秋说："虽然说我羡慕你吧，但我很清楚，我还有自己的路要走。"

阿秋的这句话让我回味良久，虽然我们相互羡慕，但终究无法去过对方的生活，最后还是要回到自己的路上去。

鱼儿羡慕飞鸟能翱翔长空、眺望山谷，飞鸟则羡慕鱼儿在海中自由来去、逐浪而行。但二者的生存习性决定了他们的一生注定无法调换。

几个月后我回到了北京，开始了按部就班的生活。而阿秋从大理出发，经过了半个多月的路程终于到达西藏。

每当结束了一天的奔忙，我总要看着阿秋在朋友圈中晒出的布达拉宫、大昭寺，然后默默地在心里对自己说：我羡慕他，但我还有自己的路要走。

曾看过这样一个小故事：一张长椅上，坐着两个小男孩。穷小孩衣着破烂，富小孩衣着光鲜。穷小孩羡慕富小孩脚上那双好看的旅游鞋，于是在心里拼命祈祷："请让我们交换身体吧！"忽然奇迹发生了，两个人的身体真的交换了。在穷小孩身体里的富小孩，突然兴奋得跑来跑去。而此刻拥有新身体的穷小孩才发现，这双穿着崭新旅游鞋的脚竟不能动弹……

很多时候，我们眼前都会出现一团名为"羡慕"的迷雾，如果你学不会拨开它，找到自己真正想要的东西，便会迷失在前进的路途中。没有人能活在真空的世界中，只要有人，只要有网络、有社交，就会有比较、有优劣、有羡慕。

莫言说：人，来到这世上，总会有许多的不如意，也会有许多的不公平；会有许多的失落，也会有许多的羡慕。

你羡慕我的自由，我羡慕你的约束；你羡慕我的车，我羡慕你的房；你羡慕我的工作，我羡慕你每天总有休息时间。

公司里，我们羡慕着邻座同事的高工资；节日纪念日，我们又羡慕着朋友们收到的包包、玫瑰花；逛街时，我羡慕那些脸蛋好身材棒的"衣服架子"；结婚后，我们又羡慕别人嫁了个体贴的丈夫、娶了个心灵手巧的妻子。

人无完人，若是所有人都仰着头去观望别人的幸福，一直去比较、去羡慕，对自己拥有的东西视而不见，那么人生必然会陷入永无休止的挣扎与痛苦。

如何从痛苦中自救呢？方法很简单，收回我们的视线，平视前路。

丰富的人生、健康的生活和美好的爱情绝对不会因你永无休止的羡慕而来到身边。

如果你想要学识渊博，不必去羡慕文豪，只需每天多看几页书；如果你想要身材窈窕，不必去羡慕模特，只需每天多走几步路；如果你想要人生过得有趣，不必去羡慕达人，只需选择一个自己喜欢的爱好，坚持并全情投入。

事实上，当自己的生活和精神世界逐渐变得丰富，你也就无暇羡慕别人的幸福了。

他们的人生很精彩，但你还有自己要走的路。

人生尚可，何必羡慕！

# 坚定自己的梦想

人总会有许多绚丽多彩的梦，它们极有可能是我们成功事业的雏形，但是，也许由于意志的不坚定、生活的挫折，或别人的好言相劝等种种原因而破灭。只有那些有了梦想，并矢志不渝地追求梦想的人，才能让梦想变成现实。

蒙迪·罗伯特出生在一个贫困家庭。他的父亲是一位巡回驯马师，常年奔波于训练基地、赛马场、农场以及各大牧场之间。所以，蒙迪·罗伯特在上中学时不得不经常转学，这使他的学习成绩一直不够理想。

上高中时，有一次，老师要求同学们写一篇作文，内容是：长大后想当什么样的人，想做什么样的事。

当天晚上，蒙迪·罗伯特用了整整7页纸来描述自己由来已久的梦想，那就是拥有一座属于自己的牧场。他详尽地描述了那座牧场的样子，并附上了一张占地200英亩的牧场设计图。设计图上标明了建筑物、训练基地以及赛马场的位置。他还梦想着在这片广袤的牧场中心建一座4000平方米的豪宅。

蒙迪·罗伯特把作文交给了老师。两天后，他取回了作文，在第一页上，有一个很大的"F"标记和一句话："下课后来见我。"

下课后，蒙迪·罗伯特带着疑惑找到老师，问道："老师，我的作文有什么问题吗？您为什么给我不及格？"

老师是个有一点绅士派头的、相貌冷峻的中年男子。他平静地看着这个与他一般高的毛头小伙子，说："我很欣赏你作文中蕴含的那份执着。但是，根据你的情况来看，这个理想太不现实，你出身于贫困家庭，生活拮据，要拥有一个牧场，需要很多钱。不说购买田产需要用钱，就是购买种畜以及饲养马匹需要的大量资金你也难以筹措。因为既没有任何经济来源，又居无定所，可以毫不客气地说，你的梦想根本无法实现！"老师停了一会儿，接着说："如果你重做这份作业，确定一个现实些的目标，我可以考虑重新给你打分。这个分数对你来说是非常重要的，我并不是想为难你。"

回到家后，蒙迪·罗伯特将老师的话反复思考了很长时间，最终决定向父亲寻求帮助。他把事情的经过讲给父亲听，父亲对他说："儿子，我认为这件事应该由你自己做决定，而且，这个决定对你来说十分重要。"

一周后，蒙迪·罗伯特再次交上了自己的作文，不过，内容却没有任何改变。他对老师说："你可以判我的作文不及格，但我会坚持我的决定，我决不放弃自己的梦想。"

18年后，罗伯特经过不懈的努力，实现了自己的梦想，拥有了一个200英亩的牧马场，并且在那里盖起了4000平方米的大房子。

蒙迪·罗伯特一直保留着那篇中学时写的作文，并且把它镶在镜框里，挂在壁炉的上方。

一年夏天，他的高中老师带着30个孩子来到他的牧场，在这里举办了一个为期一周的夏令营活动，在夏令营结束时，那位老师对他说："应该说，在你还是个学生的时候，我是个偷窃梦想的人。那些年里，我盗走了许多孩子的梦，幸运的是，你有足够的勇气，没有丢掉自己的梦想。"

大树因为梦想而长得越来越高，河水因为梦想而流得越来越远，海水因为梦想而变得越来越蓝……而我们自己因为梦想一直坚持着。不管你的梦想在别人看来是如何地不可思议，都不要轻易放弃。坚持才有希望，当你开始坚定梦想时，梦想就会向你张开翅膀。

# 一步一步地实现自己的梦想

　　人生的旅途没有捷径，也没有一步登上成功巅峰的魔梯。"千里之行，始于足下。"要想实现自己的梦想，只能迈开双腿一步一步前进。

　　日本的山田本一是一个身材矮小的人，他每次都参加马拉松比赛，却没有获得过名次，是一个名不见经传的运动员，但在1984年参加的东京的国际马拉松邀请赛上，山田本一却出人意料地一举拿下了冠军，很多有实力的运动员被他落在了后面。

　　当时记者在采访他的时候问道："你是凭借什么战胜很多有实力的对手，最先跑到终点的呢？""用智慧战胜对手。"山田本一只回答了这句话。大多数人都知道马拉松比赛主要比运动员的体力与耐力，所以媒体认为山田本一是偶然取得了好成绩，并且故弄玄虚。

两年后，山田本一参加了意大利的马拉松邀请赛，结果又拿到了第一。媒体采访山田本一，并且再次让他谈经验，生性木讷的他还是回答"用智慧战胜对手"。这回媒体不敢再以此挖苦他，而是相信了山田本一所说的智慧，只是不知道他是如何运用智慧获得了胜利。

这个困惑了媒体很多年的问题，在十年之后山田本一的自传中找到了答案。

山田本一在他的自传中写道："刚开始参加马拉松时，我总是把目标定在终点，结果没有跑到一半路程，就感觉到体力不支，整个人都疲惫不堪，最后几乎是挪到终点的，有时候甚至会产生中途停下的念头，所以成绩一直都不理想。

"后来，每次参加马拉松，我都预先乘车仔细看一下所有的路程，找到沿途有标志性的东西，确定为我的第一个目标、第二个目标……依次排到终点。正式比赛的时候，我就以最快的速度跑向第一个目标，然后以同样的速度冲向第二个目标……这样一直到终点，结果我就很轻松地跑完了所有的路程，并获得了第一的好成绩。"

的确，山田本一是用智慧战胜了对手！

目标的存在，虽然有方向的作用，但如果你所定的目标太远，努力奋斗了还看不到进步，就会使你丧失信心，感觉理想遥不可及，这样就很容易使人疲惫，结果很可能会半途而废。

因此，对于自己的理想或者目标，你要学会运用智慧把它划分成几个小的目标，让自己每天都能看到自己所取得的成绩，这样在你的信心增加的同时，最终的目标也会不知不觉地达到。

# 拼搏者的人生会绚丽多彩

人们常说：理想决定行动，思路决定出路。但是在构建远大理想、为自己的梦想制订一个切实可行的计划之余，别忘了要勇于拼搏。只有努力拼搏，才能让你的梦想转化为现实；只有努力拼搏，你的人生才会绚丽多彩！

有两个乡下小伙子准备外出打工。他们一个买了去纽约的票，一个买了去波士顿的票。到了车站后，他们一打听才知道，纽约人很冷漠，指个路都想收钱；波士顿人十分质朴，见了露宿街头的人都会十分同情。

原本打算去纽约的人想，还是波士顿好，挣不到钱也饿不死，幸亏车还没到，不然真惨了。原本打算去波士顿的人想，还是纽约好，给人带路都能挣钱，幸亏还没上车，不然真失去了发财的机会。最后，两个人在换票的地点相遇了，原来要去纽约的去了波士顿，想去波士顿的去了纽约。

去波士顿的人发现，这里果然像别人说的一样好。他初到那里的一个月，什么都没干，竟然没有挨饿。银行大厅里的水可以白喝，而且大商场里还有欢迎品尝的点心可以白吃。去纽约的人发现，纽约到处都可以发财，只要想点办法，再花点力气就可以衣食无忧。凭着乡下人对泥土的感情和认识，他在建筑工地装了10包含有沙子和树叶的土，以"花盆土"的名义，向不容易见到泥土而又爱花的纽约人兜售。当天他在城郊往返6次，净赚了50美元。一年后，他竟然凭着不起眼的"花盆土"拥有了一间小小的门面。

在常年的走街串巷中，他又有了一个新的发现：一些商店里面亮丽如新而招牌却又黑又旧，一打听才知道这是清洗公司只负责打扫楼里而不负责清洁招牌的结果。他立即抓住这一机会，买了人字梯、水桶和抹布，办起了一家清洗公司，专门负责擦洗招牌。后来他的公司有了150多名员工，业务还发展到了附近的几个城市。

不久，他坐火车去波士顿旅游。在路边，一个衣着破旧的流浪汉伸手向他乞讨。乞丐抬头，两人都愣住了，因为五年前他们曾换过一次票。

勤奋是成功的助推器，勤奋就是同样的工作量你比别人更卖力地做，以求尽善尽美地完成。如果你智力平庸，能力一般，那唯一带你通往成功的捷径就是勤奋。如果你才华横溢，那么勤奋会让你的才华绽放出更多的光彩。

在这个充满竞争的社会，懒惰的人只会失败，只有那些拼搏者才能成功。每个人出生时都是一样的，而拼搏者的人生才会是绚丽多彩的。

真正的精英并不是天才，而是付出更多努力的人。冰心有这样一首小诗："成功的花，人们只惊羡它现时的明艳！然而当初它的芽儿，浸透了奋斗的泪泉，洒遍了牺牲的血雨。"这首诗不也是拼搏能改写人生的最有力证据吗？

# 行动是实现梦想的唯一途径

实现梦想不是靠别人的帮助，也不是靠机会的垂青，而是靠自己实实在在的行动。克雷洛夫说："现实是此岸，理想是彼岸，中间隔着湍急的河流，行动则是架在河上的桥梁。"行动才会产生结果，行动是成功的保证。任何伟大的目标、伟大的计划，最终必然落实到行动上才能实现，行动是完成计划奔向目标获得成功的保证。

在一次英语课上，一个15岁的少年向全班同学宣布自己的梦想：要写一本书，并要自己配插图。有的同学在一旁窃笑，有的同学已经笑得前仰后合，几乎要从椅子上掉下来了。

"别犯傻了，只有天才才能成为作家。"英语老师不以为然地说道，"而且本学期你有可能只得个D。"少年满腔的热情却只得到这样的回应，他羞愧得大哭起来。当晚他写下了一首梦已破碎的短诗，并将这首诗寄给了一家周报。出乎意料的是，他的诗被发表了，并且还因此得到了十多元稿酬。

"我是作家了，我的作品被刊登了！"少年情不自禁地喊了出来。他把登载自己诗歌的报纸拿给老师和同学们看，但大家还是嘲笑他。

"不过是走运而已。"老师说。即便如此，少年还是尝到了成功的滋味。他卖出了自己的第一份作品，这比班上任何同学都强，就算只是一时走运，他也心满意足了。

在接下来的两年中，少年成功地卖掉了几十首诗歌、书信、笑话和食谱。中学毕业时，虽然他的平均成绩是C，但他的剪贴簿里已贴满了自己发表过的文章。他再也没有向老师、同学或家人提起过自己的写作，因为在少年的眼里，他们都是无情的摧梦者。如果做人一定要从朋友和梦想之间做出抉择，那么追梦才是少年的首选。

结婚以后，家庭负担重了，但他依然没有停止写作。每当孩子们进入梦乡，他就会在那台破旧的电脑前敲下一些他的心灵感悟，就像孕育一个新生命一样。不久，他完成了一部作品。他选择了一家出版社，然后将手稿放在一个简陋的盒子里，并附了一封信。在附信中他写道："这本书是我自己写的，希望你们能够喜欢。插图也是我自己配上的。我最喜欢的是第六章和第十二章。谢谢。"

他用绳子捆好这个装着稿件的盒子，然后寄了出去。

一个月后，他收到了一份稿件采用通知、一笔预付款，以及另一本书的约稿函。

他的书出版后成了最畅销的书，还被译成了多种语言以及盲文销售到世界各地。

有人问他成功的秘诀，他说："我不是天才，没有写作天分，也不懂得什么叫写作，也没经过什么培训，而且与孩子、与朋友在一起的时间远远超过我写作的时间。直到四年前，我才拥有一本字典，那是我从集市地摊上买来的。家里六个人的饮食、清洁、洗衣等工作都落在我的身上，我只能到处挤时间写作。所有的文字都是我坐在沙发上速记下来的。手稿完成了，我就打印出来，然后寄到出版社。到目前为止，我已完成了八本书，四本已出版，三本仍在出版社，还有一本写砸了。

"对于那些有着写作梦想的人，我想大声地对你们说：'只要有梦想，不要管别人怎么说，你都要付之行动。我不懂写作，但我却成功了。写作很简单，也十分有趣，每个人都能做得到。最重要的是你肯不肯去做，一个人如果是语言的巨人，行动的矮子，那他什么梦想都难以实现。'"

生活中，我们常会看到一些人，想达到某个目标，或成就一番事业，为了自己的理想，他掌握了足够的学识，也具备相当的才能，但日复一日，他并没有向自己的梦想更近一步。这是为什么呢？因为他没有行动。行动是实现梦想的唯一途径。不管你的梦想多么遥远，只要你一步步地向前走，总有一天，会得偿所愿。

谨以此书，献给不停奔跑、执着勇敢的追梦人。

　　愿我们在人生的每段故事中都是主角，遇见最美的人生，遇见最好的自己。

激扬青春之人格魅力塑造丛书

# 自　责：
# 自我雕琢方能涅槃重生

谢普　主编

红旗出版社

**红旗出版社**
HONGQI PRESS
推动进步的力量

**图书在版编目（CIP）数据**

自责：自我雕琢方能涅槃重生 / 谢普主编. —北京：红旗出版社，2019.11

（激扬青春之人格魅力塑造丛书）

ISBN 978-7-5051-4999-1

Ⅰ.①自… Ⅱ.①谢… Ⅲ.①故事—作品集—中国—当代 Ⅳ.①I247.81

中国版本图书馆CIP数据核字（2019）第242260号

| | | | | |
|---|---|---|---|---|
| 书　　名 | 自责：自我雕琢方能涅槃重生 | | | |
| 主　　编 | 谢普 | | | |
| 出 品 人 | 唐中祥 | 总 监 制 | 褚定华 | |
| 选题策划 | 华语蓝图 | 责任编辑 | 王馥嘉 | 朱小玲 |
| 出版发行 | 红旗出版社 | 地　　址 | 北京市丰台区中核路1号 | |
| 编 辑 部 | 010-57274497 | 邮政编码 | 100727 | |
| 发 行 部 | 010-57270296 | | | |
| 印　　刷 | 永清县晔盛亚胶印有限公司 | | | |
| 开　　本 | 880毫米×1168毫米 1/32 | | | |
| 印　　张 | 40 | | | |
| 字　　数 | 970千字 | | | |
| 版　　次 | 2019年11月北京第1版 | | | |
| 印　　次 | 2020年7月北京第1次印刷 | | | |

ISBN 978-7-5051-4999-1　　　定　　价　256.00元（全8册）

# 前／言

生命的意义是如此厚重，无论我们怎样全力以赴都不为过，因为我们生而为人。

自信都是从摔倒了再爬起来的过程中建立的。从痛中不断学习，用最真实的痛来展现最真诚的爱，成为更好的自己，接受生命的邀约！

读书才能认识世界，读书才能改变自己，读书才能积累知识，读书才能增长自己的真知灼见。读书是每一个人成长的必要过程。终身读书，与书为友，领略文字之美、精神之渊。人生中出现的一切，都无法拥有，只能经历。深知这一点的人就会懂得：无所谓失去，只是经过而已；亦无所谓失败，而只是经验而已。用一颗平常的心，去看待人生，一切的得与失、隐与显，都是风景与风情。

清醒地认识到你是谁，把每一件事做好，总有一天会找到属于你自己的位置。

如果你现在问我什么是成功，我会说，今天比昨天更慈悲、更智慧、更懂爱与宽容，就是一种成功。如果每天都成功，连在一起就是一个成功的人生。不管你从哪里来，要到哪里去，都要追求成为一个更好的、更具有精神和灵气的自己。

生命需要保持一种激情，激情能让别人感到你是不可阻挡的，成功就离你不远了！一个人内心不可屈服的气质是可以感动人的，并能够改变很多东西。

长大之后的我们，都是与生活作战的人。单枪匹马，跌跌撞撞，再苦再累也要咬紧牙关。这个世界上，有多少人从来没有被生活善待过，却依然温柔地对待生活。遇见最美的人生，遇见最好的自己。生活的冒险是学习，生活的目的是成长，生活的本质是变化，生活的挑战是征服。

愿你被这个世界温柔相待，

愿你目之所及、心之所向满满都是爱。

愿你有软肋也有盔甲，

愿你绽放如花，

愿你常开不败。

愿我们在人生的每段故事中都是主角，

始终有人守候陪伴，也拥有拯救世界的勇气。

# 目/录

# 第一章
## 一个故事一盏灯

不了解自己的另一个表现是，不知道如何正确地对待自己。或是溺爱放纵，或是自责苛求，总之就是不能以一种平和的方式与自己相处。

——希阿荣博堪布

# 一颗自责的心

这是我第五次在她的作业本上留言:"请用钢笔写字!"

她是班里的学生,念五年级。矮小、瘦弱、怯懦不堪。很多次,我真想在分发作业的同时,当着众人的面狠狠地批评她、告诫她:请改用钢笔写字。又怕这一小小的举动会刺伤她敏感而又脆弱的心灵。于是作罢,悄悄地在那张写满铅笔字的纸页上,写下我要说的话。

她没有一次照做,一如既往地用铅笔打发着我布置的作业。我不明白,为何在她文静纯真的背后,深藏着那么让人不可捉摸的倔强。

当我在她的作文本上再次写下那句老生常谈的话时,我决定对她进行点名批评。于是,那个阳光明媚的午后,便有了这样一个让人备觉心酸的场景——我一面踱着步子解析优秀作文的词句,一面时不时地用余光安抚在角落里默默流泪的她。

她开始躲我，面色仓皇、神情狼狈，像春花躲秋风一般，硬生生地要隔一个夏季。譬如，我明明见她从那头的路口独自向我走来，却会在一个不经意的时刻，恍然丢失了她的踪影；明明见她在球场上拍着篮球，却在与旁人寒暄过后的视野里，唯剩一个篮球在空荡荡的球场跳跃；明明见她在厕所的出口耷拉着脑袋洗手，却在惊鸿一瞥之后，再度以为自己出现了幻觉……

我并未从她的躲藏中找到一种老师该有的威严。相反，我的内心却越来越不安。

黄昏后的校园里，多了几分静谧与冷清。我独自在窗明几净的走廊上散步，想着到底该如何化解她心中的惊恐。

透过窗帘间的缝隙，我能看到她和她的同桌正喃喃地说些什么。那是一个皮肤黝黑的小男孩，家境十分拮据，经学校减免过的学费都得拖上几个月才能勉强缴清。

我心怀期待地看着他们在空旷的教室里窃窃私语，真怕他们那片刻的嬉笑里有我的名字。正当我准备推门而入时，一幅永生难忘的画面瞬间印在了我的脑海里。

她满目感激地收起手中的钢笔微笑着说了声谢谢。他把书包摊开，接过那支破旧的钢笔，轻轻地将它搁到里面，那神色，如同手捧至宝一般。临行，他略带豪情地说了一句："放心吧，这次你是用钢笔写的，老师不会再批评你了！"

夕阳的余晖透过愈渐宽大的窗帘缝隙，丝丝缕缕地照射在他们脸上。在那份充满童真的友谊里，我无法找到自己介入的借口，只得暗自逃离。第二天，在宽大的办公桌上，我看到他俩紧紧挨在一起的作业。同样的本子，同样的笔色，同样的日期。

市里举行长跑比赛的时候，他不顾一切地报了名。接着，他毫无悬念地成了代表学校参赛的选手。

5000米的距离对于台下这帮稚气未脱的孩子来说，的确是一场艰苦的耐力战。他在人群中穿梭、奔跑，坚持不懈。我和看台上的老师们一起，情不自禁地为他加油并鼓掌欢呼。他如一支离弦的箭，在临近终点的时刻，依然冲劲十足。

惊人的一幕出现，即将获得冠军，他却选择了止步。他的无人可解的行为，已经辜负了所有随行老师的希望。

那是我第一次对他怒吼斥责，我以为，他是想用特立独行的方式来博得众人关注的目光。

"你明明能跑第一，为什么要在终点前停下来？你知不知道这关乎整个学校的荣誉？"我一遍遍地责问，他则顷刻间泪流满面。

"老师……第一名和第二名的奖品都不是钢笔！我……我只要钢笔。这样，我的同桌就不会再烦恼，也不会因为用铅笔写作业而受到批评了……"他呜呜地悲鸣，诉尽了他在一路奔跑中所受的委屈。

我恍然觉察到自己的渺小与狼狈，面对这样一个不谙世事的孩子，顿然心生愧疚。

校门口的喜报栏上，赫然写着他的名字和获得的奖品。我见过，那是一支精致却又恸哭不止的金色钢笔。

金色钢笔本身并不会恸哭，但是围绕这支金色钢笔发生的故事，却让人心酸落泪。

女孩因家境贫困买不起钢笔而受到不知情老师的批评，这样的遭遇令人心酸落泪。

一个同样不幸的小男孩，在市长跑比赛中为了帮助买不起钢笔的同学而放弃了第一名的荣誉和奖品，还遭到了老师的怒吼斥责，这样的遭遇令人心酸落泪。

我对学生的关心照顾不够，没有尽到做老师的责任，还冤枉了两个懂事的孩子。这支钢笔，使我愧疚，使我难过落泪。

# 诚实是成功的根基

诚实是人生的命脉，是一切成功的根基。在我们的生活中，有着许许多多平凡的人，他们没有干什么轰轰烈烈的事业，只是默默无闻地为社会的和谐尽了一份微薄之力，为社会创造了真善美，我们应当为身边存在着这样的人而感动，并学习他们的精神。

林肯10岁那年，到镇上有名的鲍里茨医生家去做工。一天，他在帮鲍里茨医生打扫房间的时候，发现了桌上放着一本《华盛顿传》。林肯便鼓起勇气向鲍里茨医生借。但这本书是鲍里茨新买的，他实在舍不得将书借出去。

"孩子，你能看得懂这本书吗？"

"是的，先生，我能看懂。"林肯自信地说。

"这可是一本新书，你能保证保管好吗？"

"先生，我一定好好保管。"林肯诚恳地说。

　　看到林肯这么爱读书，鲍里茨医生后来答应将书借给林肯看几天，不过他嘱咐林肯一定不要将书弄脏弄破。

　　林肯借到书后高兴极了。晚上回到家，他顾不上吃饭就看起了书来。他太喜欢这本书了，一直看到深夜，母亲催促了好几次，他才恋恋不舍地将书放下到床上休息。可是不幸的是，这天晚上下起了雨，林肯家破旧的房子四处漏雨。当林肯被雷声惊醒的时候，鲍里茨医生的书已经被雨淋湿了。林肯赶紧将书拿到火炉边小心翼翼地烘烤起来。一个小时后，书被烘干了，可是书页全都皱皱巴巴的。林肯又难过又焦急，他决定第二天将书还给鲍里茨医生，并请求他的原谅。

　　第二天天刚亮，林肯便拿着书到了鲍里茨医生家。看到自己崭新的书一夜之间变成了这副模样，鲍里茨先生有些生气了。

　　"小家伙，你可是不讲信用啊。"

　　"先生，我可以为您干活，用工钱来赔偿这本书。"

　　于是，从那天起，林肯每天便早早地到鲍里茨医生家干活，晚上到很晚才回家。鲍里茨医生看到林肯年龄不大，却这么勇于承担责任，很受感动。到了第三天，他把林肯叫到跟前说："孩子，行了，工钱我照样付你，书也送给你了。"不过，林肯却执意没有拿工钱。

　　由于林肯勤奋好学，人也诚实，人们都愿意将家里的书借给他。几年中，林肯读了大量的书籍，他靠自学成了一个知识渊博的人。

18岁时，林肯到了伊利诺伊州，开始了自力更生的生活。由于他做事认真负责，当地人都称他为"诚实的亚当"。

人需要学识，更需要诚实。一个人只有奉行诚实的做人法则，坚持真诚地对待人和事，才无愧于自己的人生。

暑假，迪斯跟杰米开玩笑的时候，把他骗哭了。

妈妈严肃地教育迪斯，迪斯却觉得开玩笑时骗人关系不大。

在狠狠地教训过迪斯一顿之后，妈妈开始高高兴兴地做午餐。当迪斯大声地咀嚼着三明治的时候，妈妈问他："今天下午，你愿意去看电影吗？"

"哇！我当然愿意！"迪斯想知道要去看什么电影。妈妈说是《音乐之声》。噢，太棒了！他非常愿意去看《音乐之声》！

迪斯洗了澡，穿戴整齐，就像要去赴一个生日宴会。

他们急急忙忙地走出公寓，去赶开往市区的公共汽车。到了车站，妈妈说出了一句令迪斯非常惊讶的话。她说："宝贝，我们今天不去看电影。"

迪斯最初没有反应过来。"什么？"他抗议道，"什么意思？我们不去看电影了吗？妈妈，你说过要带我去看《音乐之声》的！"

妈妈停下来，用胳膊搂住他。迪斯不明白她的眼睛里为

什么会有泪。接着，她拥抱着他，轻声解释说，这就是被谎言
欺骗的感觉。

"说真话是非常重要的，"妈妈说，"我刚才对你撒谎，我
觉得糟透了。我不愿意再撒谎了，我相信你也不愿意再撒谎
了，人与人之间必须相互信任，你明白了吗？"

迪斯明白了，他向母亲保证："……我永远也不会忘记。
既然我已经接受了这个教训，那么，为什么我们不去看《音乐
之声》呢？我们还有时间。"

"不是今天，"妈妈告诉他，"但我们以后会去。"

为人处世必须诚实，不能依靠欺骗或蒙骗别人过日子。
群众的眼睛是雪亮的，不管你采取多么隐秘的手段，都不可能
永远瞒过别人。

诚实的人，在任何时候都值得我们去信赖。对一个处处
为他人着想、绝不为个人利益放弃诚实的人，人人都会真诚接
纳他，愿意和他交往。诚实，也是我们个人获取众人支持的基
石，拥有一颗诚实的心，再加上言出必行的信用，所有的人都
会为你敞开大门。

# 遵守规则

同事的朋友叫小张，名校毕业的他，无论是工作能力还是工作效率相比其他同事都略胜一筹，因此他的领导非常重视他。然而小张一方面拥有出众的工作才能，另一方面又拥有桀骜不驯的品性，在职场中，只要他不认同的东西，不管对方是谁，他都会极力反对。为此，同事劝过他，让他悠着点儿，做事要有分寸适可而止。然而小张每次都一脸笑意地调侃同事："我这属于路见不平一声吼，满满的勇敢和气度，而且领导重视我，于情于理我都没错啊。"

前不久，小张的领导针对公司的考核项目，对相关制度做了调整，并且召开会议宣布此事。小张认为调整后的制度不合理，当场表示反对，但出乎他意料的是，一向慈眉善目的领导居然对他的意见不予理会。为了表示抗议，小张在会议还没有结束的情况下，就在众目睽睽下擅自离场了。在这以后他发动其他员工罢工进行抗议。一次聚餐，他把这件事告诉了同事，同事意识到问题的严重性，劝小张赶紧收手，然而小张仍在坚持自己，并且说这是在为自己和其他同事争取权利。

最终，小张为自己的行为付出了代价，他的领导做出了辞退他的决定，原本和小张一起抗议的同事们也逐渐稳定下来了。

职场中，像小张这样常常把心直口快当作勇敢的人还有很多，殊不知，这些所谓勇敢正在一次又一次地破坏职场规则，同时断送自己的职场前途。职场人如果觉得领导调整的新制度确实存在问题，可以理性地去沟通、去解决。但当众顶撞领导是绝对没有好结果的。如果领导是一位性情温和的人，或许不会计较。但就算躲过了这样的坏事，好事也一定不会再眷顾你。沉得住气，何尝不是一种优秀的品质？

职场中受委屈是在所难免的事情，职场人应该选择合适的方式向领导提出个人建议，甚至可以向相关执法部门寻求帮助。但是采取发动同事罢工这种方式是任何企业都无法容忍的。而且解决不了问题，还会让自己处于更加不利的境地，如被辞退。所以职场人的工作能力再强也要按规矩办事，要遵守职场规则，做一位理性思考、心中有大志的职场人。

# 无规矩不成方圆

中国有句古话:"无规矩不成方圆。"这句话是放之四海而皆准的真理。意思是无论我们做什么事情都要有个规矩,否则就什么事也做不成。

所谓规矩,是指人们共同遵守的办事规章制度和行为准则。相信这应该不难理解,就拿交通规则来说吧,如果没有交通规则的约束,那么有的人就会不顾交通要道的划分,乱闯交通要道,最后不但阻碍他人出行,还有可能危及他人的生命安全。换句话说,没有交通规则的约束,交通就会陷入一片混乱。总之,规章制度可以规范人的行为,指引人向某个特定的方向前进。所以,不管我们身处哪个团体或是组织,一定要严格遵守该团体和组织的规章制度,绝不能任意妄为,视规章制度如无物。

在工作中,企业下达给我们每一位员工的命令,通常都外化为具体的规章制度。因此，身为员工，但凡我们有点敬业精神，都应该听令行事，规范自己的工作行为，严格遵守企业的各项规章制度，严格按照企业的各项规章制度办事。如果有人触犯了法律，会受到法律的制裁，而我们若是违反了公司的规章制度，自然也难免会遭受相应的惩罚。

戴风发酷爱写作，曾一度混迹于诗人、作家的队伍里，平时工作之余，他也常常舞文弄墨，写一些风花雪月的诗歌和文章，身边的朋友们个个都曾拜读他的"大作"。

最近，一个和他从小玩到大、名叫刘齐飞的铁哥们拿出工作多年的积蓄，成立了一家图书策划公司，自己豪气万丈地当起了公司的大老板。考虑到好友戴风发现在的工作并不尽如人意，每个月挣不了什么钱，刘齐飞决定拉他一把，让他担任公司的首席编辑。

其实，对于公司的首席编辑一职，刘齐飞原本是想自己兼任的，可他毕竟是戴风发的至交好友，怎么能忍心看着自己的好友事业潦倒无所作为呢？这次让戴风发担任公司的首席编辑，刘齐飞可真是下足了血本，在薪资待遇方面，他给戴风发开出的工资竟然高达5位数。

没想到戴风发并没有"滴水之恩，当涌泉相报"，他经常以老板哥们自居，工作根本就没有一个工作的正经样儿，办起事来也总是吊儿郎当的，一点也不靠谱。刚进公司那会儿，当着十几个同事的面，他就把公司老总刘齐飞的经营理念和管理模式批判得一无是处。

不仅如此，他还漠视公司一些看似细小的规章制度，如上班不能迟到、工作期间不能玩游戏等。工作那么久以来，戴风发几乎没有一次准点到过公司，上班不签到和迟到早退对他来说，压根儿就是家常便饭。

刚开始，看在朋友的情面上，刘齐飞还好心好意地规劝了他好几次，可他依旧不当一回事，总是一次又一次地违反公司的规章制度。

最后，刘齐飞实在是忍无可忍，他不愿意花高薪养一个"光吃饭不干活还捣乱"的寄生虫，于是义正词严地对戴风发说道："老戴，看来我这座小庙是容不下你这尊大佛了，你生性不拘小节，并不适合在条条框框的企业环境中工作。我也不想影响你的事业发展，既然这样，你还是另觅高枝，选择一家更为开明和广阔的公司作为自己的栖身之所吧！"

话说到这个份上，戴风发也明白自己的"胡作非为"终究是惹恼这位老朋友了。看来在职场打拼，工作和友情始终不能混为一谈。就算刘齐飞是自己的发小，可工作毕竟是工作，身为一家公司的最高决策人，刘齐飞必须为公司的正常运转未雨绸缪。

众所周知，如果一名员工不能自觉遵守公司的规章制度，那就说明他无法认同公司的管理模式，这往往也就代表他在公司找不到应有的归属感，试问，这样的员工又怎么可能爱岗敬业，出色地完成自己的工作呢？

由此可见，不管我们是身经百战的职场老将，还是初出茅庐的职场菜鸟，只要我们选择成为一家公司的员工，就应该具备必要的敬业精神，时刻遵守公司的规章制度，哪怕有一些规章制度小如毛发，我们也不能以身试法，纵容自己越过那条警戒线。只有这样，我们才能不被职场淘汰，才能在职场有所作为。

# 要全力以赴

　　世界著名推销大师乔·吉拉德，在15年中共销售了13001辆（每次只卖一辆）汽车。这项纪录被《吉尼斯世界纪录大全》收入并誉之为"世界上最伟大的推销员"。乔·吉拉德49岁时便退休了。那时他连续12年荣登《吉尼斯世界纪录大全》世界销售第一的宝座，他所保持的世界汽车销售纪录——连续12年平均每天销售6辆车，至今无人突破。

　　35岁以前，乔·吉拉德是个全盘的失败者，他患有相当严重的口吃，换过40个工作仍一事无成，甚至当过小偷，开过赌场。然而，谁能想到，像这样一个谁都不看好，而且背了一身债务几乎走投无路的人，竟然能够在短短三年内登上世界第一，并被吉尼斯世界纪录称为世界上最伟大的推销员。他是怎样做到的呢？虚心学习、努力执着、注重服务与真诚分享是乔·吉拉德成功的关键。

"有人问我，怎么能卖出这么多汽车？有人会说是秘密。我最讨厌的就是有人装模作样说什么秘密，这世上没有秘密。我用我的方式成功。"乔·吉拉德说。

多年前他就养成一个习惯：只要碰到人，左手马上就会到口袋里去拿名片。"给你一个选择：你可以留着这张名片，也可以扔掉它。如果留下，你知道我是干什么的、卖什么的，必要时可以与我联系。"所以，乔·吉拉德认为，推销的要点是，并非推销产品，而是推销自己。

"如果你给别人名片时想，这是很愚蠢很尴尬的事，那怎么能给出去呢？"他说，恰恰那些举动显得很愚蠢的人，正是那些成功和有钱的人。他到处用名片，到处留下他的味道、他的痕迹。每次付账时，他都不会忘记在账单里放上两张名片。去餐厅吃饭，他给的小费每次都比别人多，同时放上两张名片。出于好奇，人家要看看这个人是做什么的。人们在谈论他、想认识他，根据名片来买他的东西，经年累月，生意便源源不断。

他甚至不放过看体育比赛的机会来推广自己。他买最好的座位，拿了1万张名片。而他的绝妙之处就在于，在人们欢呼的时候把名片扔出去。于是大家注意了乔·吉拉德——已经没有人注意那个体育明星了。

要推销出自己，面部表情很重要：它可以拒人于千里之外，也可以使陌生人立即成为朋友。乔·吉拉德这样解释他富有感染力并为他带来财富的笑容：皱眉需要9块肌肉，而微笑，不仅用嘴、用眼睛，还要用手臂、用整个身体。"当你笑时，整个世界都在笑。"

成功的起点是首先要热爱自己的职业。"就算你是挖地沟的，如果你喜欢，关别人什么事？"他曾问一个神情沮丧的人是做什么的，那人说是推销员。乔·吉拉德告诉对方：销售员怎么能是你这种状态？如果你是医生，那你的病人一定遭殃了。

乔·吉拉德也经常被人问起过职业。听到答案后对方不屑一顾：你是卖汽车的？但乔·吉拉德并不理会：我就是一个销售员，我热爱我做的工作。

工作是通向健康、通向财富之路。乔·吉拉德认为，它可以使你一步步向上走。全世界汽车推销员的平均记录是每周卖7辆车，而乔·吉拉德每天就可以卖出6辆。

刚做汽车销售时，他只是公司42名销售员之一，而那里的销售员他有一半不认识，他们常常是来了又走，流动很快。有一次他不到20分钟已经卖了一辆车给一个人。最后对方告诉他：其实我就在这里工作。他说来买车是为了学习乔·吉拉德的秘密。

他认为，最好在一个职业上做下去。因为所有的工作都会有问题，但是，如果跳槽，情况会变得更糟。他特别强调，一次只做一件事。以树为例，从种下去、精心呵护，到它慢慢长大，就会给你回报。你在那里待得越久，树就会越大，回报也就相应越多。

每个人的生活都有问题，但乔·吉拉德认为，问题是上帝赐予的礼物，每次出现问题，把它解决后，自己就会变得比以前更强大。

1963年，35岁的乔·吉拉德从事的建筑生意失败，身负巨额债务几乎走投无路。他说，去卖汽车，是为了养家糊口。第一天他就卖了一辆车。掸掉身上的尘土，他咬牙切齿地说：我一定会东山再起。

乔·吉拉德做汽车推销员时，许多人排长队也要见到他，买他的车。《吉尼斯世界纪录大全》查实他的销售记录时说：最好别让我们发现你的车是卖给出租汽车公司，而确实是一辆一辆卖出去的。他们试着随便打电话给人，问他们是谁把车卖给他们，大部分人的答案是"乔"。令人惊异的是，他们脱口而出，就像乔是他们相熟的好友。

尽管乔·吉拉德一再强调"没有秘密"，但他还是把他卖车的诀窍抖了出来。他把所有客户档案都建立系统的储存。他每月要发出1.6万张卡片，并且，无论是否买他的车，只要有过接触，他都会让人们知道乔·吉拉德记得他们。他认为这些卡片与垃圾邮件不同，它们充满爱。而他自己每天都在发出爱的信息。他创造的这套客户服务系统，被世界500强中许多公司采用。

经过专门的审计公司审计，确定乔·吉拉德是一辆一辆把车卖出去的。他们对结果很满意，正式定义他为"全世界最伟大的推销员"。这是件值得骄傲的事，因为他是靠实实在在的业绩取得这一荣誉的。

乔·吉拉德认为：我能做到的，你们也能做到，我并不比你们好多少。而他之所以做到，便是投入专注与热情。他说，太多选择会分散精力，而这正是失败的原因。

有人说对工作要百分之百地付出。他却不以为然：这是谁都可以做到的。但要成功，就应当付出140%，这才是成功的保证。他说对自己的付出从来没有满意过。

每天入睡前，他要计算今天的收获，冥想，集中精力反思。今天晚上就要把明天彻底规划好。如果不知道所去的方向，那么乔·吉拉德是不会出门的。

多次失败以后，朋友都弃他而去。但乔·吉拉德说：没关系，笑到最后的笑得最好。

他望着一座高山——那是他的目标——说：我一定会卷土重来。他紧盯的是山巅，旁边这么多山，他一眼都不会看。三年以后，他成了全世界最伟大的销售员，"因为我相信我能做到"。

人的一生非常有限，有的人买许多身外之物，比如房产，比如珠宝。但在乔·吉拉德看来，人首先要买的是自己，要相信自己、热爱自己。"事实上，凡是向你买东西的人，买的都是你。"

73岁的乔·吉拉德认为自己的心理年龄只有18岁，因为他仍保持蓬勃向上的精神。

面对客户，有的销售员说，他看起来不像个买东西的人。但是，有谁能告诉我们，买东西的人长得什么样？

乔·吉拉德说，每次有人路过他的办公室，他内心都在吼叫：进来吧！我一定会让你买我的车！因为每一分一秒的时间都是我的花费，我不会让你走的。

乔·吉拉德说，你认为自己行就一定行，每天要不断向自己重复。要勇于尝试，之后你会发现你所能够做到的连自己都惊异。

要燃起熊熊的信念之火，乔·吉拉德认为，两个单词非常重要：一个是"我想"，另一个是"我能"。全世界95%的人并不知道他们要什么。但是，没有强烈的欲望，就不能成为好的推销员。乔·吉拉德说，这一点在我身上很管用。知道自己需要什么，最好把所想要的拍张照片挂起来增强这种欲望。做推销员时，他把全公司最好的推销员的照片挂在墙上，告诉自己要打败他。"没有人能左右你的生活，只有你自己能控制。失去自己就是失去了一切，连朋友也不会理睬你。"

一定要与成功者为伍，以第一为自己的目标。乔·吉拉德以此为原则处世为人。他的衣服上通常会佩戴一个金色的1。有人问他：因为你是世界上最伟大的推销员吗？他给出的答案是否定的。他说，我是我生命中最伟大的！没有人跟我一样。

他每天这样离开家门：观察身上所有细节，看看是否自己会买自己的账。一切准备好，手握在门把手上，打开门，像豹子一样冲出去。乔·吉拉德对自己说："我是第一！"

古训有言："欲多则心散，心散则志衰，志衰则思不达。"简单地说，就是一个人的欲望和涉及面多了，心思和精力就会分散，这样他内心的志向就会被遗忘或衰退，最后就很难成就一番事业。由此可见，作为一名员工，我们如果想在职场有所作为，就要对工作多一点敬业精神，专心致志地去工作，全身心地投入和付出，这样我们在激烈的职场竞争中才会无往不胜。

# 你必须对自己负责

表哥去年硕士毕业了。在亲戚朋友眼里，表哥就是我们未来孩子的榜样。我们每次听到的都是他考了年级前几名的喜讯，他一路重点学校，最后考入了重点大学。

可从去年到现在，表哥已经失业三次了。每一段工作都过不了试用期，便被单位以"不太适合这个工作"为由拒绝任用。

自春节以来，他就拒绝再找工作，现在已经在家待了快三个月了，每天都是抱着手机看，熬到半夜不睡觉……

小姨十分不理解，一个硕士毕业的高才生，难道没有能力胜任这些工作吗？于是托关系找到儿子前领导询问情况。可对方的回答却让她哑口无言："工作能力放一边，你的儿子根本不是来上班的。交给他的工作，他不想做的就不做；即便是做了也得不到任何回复，工作进度没有任何的反馈；批评他一次，第二天人家就不来上班了；而且他太不懂事了，开会顶撞领导，跟同事的关系也不好……真的不敢留他。"

这些抱怨让她很吃惊。她承认儿子确实有点自我，但没料到问题如此严重。原本引以为傲的孩子，怎么一下子变成这样了呢？

但事情肯定不是一下子就变糟的。

表哥的身上，肯定一向都有糟糕的特质——以自我为中心，不懂得尊敬他人，自私、暴躁、消极……这些我们称为教养的东西。只是这一切都被成绩掩盖罢了。

我们身边不乏这样的父母，他们只看重孩子的学习成绩，只要孩子学习好，便万事大吉；而忽视孩子道德水平方面的修养，恰恰是降低了教育的标准。

近几年，人们更多地在谈论教养。那么教养究竟是什么？

俞敏洪这样说："教养就是当你走到一群人中间，你的行为恰当得体，让人感到礼貌和愉悦。"我是赞同这个说法的，而且家教培养要趁早。

假期乘高铁出行，一对夫妻带着孩子上了车。也许是孩子太兴奋了，自上车就跟爸妈玩起了游戏，每次玩赢了就哈哈大笑，而且没有要停息的意思。

前排一位男士，想要休息，但每次快要睡着的时候，都被孩子突如其来的笑声打断，只得重新培养睡意。

三番五次的吵闹，让他无法忍受，转身看着孩子的父母说："让小孩子小声点好吗？这又不是在家里！"

小姑娘安静下来，慢慢走向父母身边。我们心里都在为这位男士的仗义执言庆幸。不料，女孩在父亲的怀抱中大哭了起来。这一哭不要紧，惹来父亲对男士的声讨："孩子还小，玩玩怎么了！这么大个人了怎么还跟孩子一般见识！"

因为孩子的哭泣，大家不便说什么，只是车厢中充斥着唏嘘之声："还有如此不懂事的父母？"

"孩子还小"似乎成了所有熊孩子犯错的理由，也成为熊家长教子无方的挡箭牌。

但是要记住，千万不要因为孩子小就放纵。如果父母现在不好好教孩子一些为人的礼貌和规矩，那么，当有一天他走出家门，走上社会，再做出一些"熊"行为，那时便没有人再对他宽容了。

俗话说得好："孩子的教养，父母的修养。"孩子是父母的镜子，孩子表现出来的是父母的修养。一个人总是需要教养的，无论是大人还是小孩。

面对没有教养的"熊孩子"，家长往往有这样的说辞："等你有了孩子你就知道了……""你一个大人，怎么能跟孩子计较？""玩闹是孩子的天性，又没碍你什么事！"

一时间，我们看到了无理取闹的熊孩子，更看到了蛮不讲理的父母。更关键的是，这些父母往往看不到自己的孩子没有教养的丑态，认为孩子的世界"存在即合理"，并认为，孩子不守规矩，没关系，长大自然就好了。

我不相信在这样的袒护中能够培养出多少有教养的孩子，毕竟，孩子的教养，来自父母的言传身教。

我非常喜欢这样的一句话："教养是人前的操持，人后的慎独，每一处细节都是一次教养的雕塑。"细节决定成败，同样也决定教养。你做的每件事，说的每句话，只要被孩子看到，就会记住。

教养，是一个先教后养的过程。先有父母的言传身教，才能慢慢培养出有教养的孩子。父母就是孩子前行路上的路标和灯塔，父母现在的行为教养就是孩子的未来和远方。如果你也想培养出有教养的孩子，那么请记住一点：先把自己的品行酿成酒，汇入孩子的生命之泉，这是树立家教门风的过程。也希望孩子们能明白，这个世界不是由你说了算的，凡事也不会随着你的性子肆意乱来，成长是一件需要认真对待的事情，你必须对自己负责，也要尊重身边的每一个人。

一个人的能力决定了一个人飞得高不高，一个人的教养决定了一个人飞得远不远。

# 每一个毫不费力的背后

我的身边总有些人让我眼前一亮。他们揣着些特殊的能耐，有的是别人无，他独有的特长，有的是某种技能；这些能耐离现在的生活越远，我就越觉得拥有它们的人十八般武艺俱全。

比如，赵同学写得一手好字，想当年大一第一次班会，赵同学自我介绍，提及姓名时，他捏起粉笔唰唰在黑板上写下一句与之相关的古诗。那字清雅庄重，笔力遒劲，举座震惊。此后多年，赵同学以书法见长，从学生会的宣传干部变成单位的宣传骨干。据说，他给女友的信被准岳父看到，是一手好字先赢得其好感，后来才得以通过"终审"。我曾去赵同学家拜访，在他的书房，见过他刻的印。"真是多才多艺！"我发自内心地赞叹。

又如，秦同事是一位兢兢业业的编辑。我最爱和秦同事逛街，大概因为她火眼金睛，最善于在街头小店满坑满谷的衣衫中选出精品。秦同事曾对我说，分辨真正的外贸原单和仿制品的区别在于针脚。"外单要求3厘米12针，仿制品一般都把针脚放大。""日本的服装最讲究，不会露包缝线在外面……"我对秦同事佩服不已，因为她的生活智慧。

一日，我和朋友逛地坛书市。在旧书一条街溜达时，我无意间说起朋友手上拿的那本画册是"珂罗版"。"什么叫珂罗版？"他问。"就是玻璃版印刷。"我答。

朋友不信我认识所谓"版"，便抄起一旁的几本书，继续追问。"铅印""石印""木板刷印"……一连串术语在我口中蹦出，朋友惊为天人："你真让人刮目相看！"

这是我第一次让人刮目相看，但事实是，我曾在拍卖公司工作过半年，判断旧书、古书的印刷方式只是那一行最基本的常识。但朋友肃然起敬的表情，让我失笑之余，不由得思考起赵同学和秦同事让我刮目相看的"武艺"。

逛街时，我旁敲侧击地问秦同事："你得花多少时间在外贸店，才能修炼成职业买手？"

秦同事大乐，表示"职业买手"的称呼太贴切，而后，她透露，她的第一学历是中专，学的是服装设计。原来，买布料、做衣服、考察服装市场真的是她的本行。

饭局中，我遇到赵同学的妹妹，早听说，赵同学的妹妹在单位也是以书法闻名的，"你家一定是书香门第吧？"我诚恳地说。"哪里，"赵妹妹笑笑，"家里世代刻碑，如果不是考上大学，我和哥哥或许还在山里，或许还在刻碑。"原来，一手好字对赵氏兄妹来说，曾是谋生必备。

原来，所谓"武艺"都是经历赋予的技艺。原来，许多技艺如密室的门，只要按对机关，便会自动弹出；经历多了，技艺多了，别人看来，自然认定你三头六臂。

这个周末，我在准备搬家事宜，好友来帮忙。不一会儿，她就反客为主，手起绳落，麻利地打包了一个又一个。她还炫技般一边打包，一边说："这是十字结""这叫井字结"……

我笑："你一个心理咨询师精于打包，莫非有过从业经历？"

她一抹汗："真说对了，我上大学时在书店足足打了两年工，打包是我的强项……"

我忽然想起，她还在家给女儿的童书编目——她本科学的是图书馆专业；她给女儿做的裙子可与商场的媲美——她的父亲是裁缝……

嘿，只要有心，透过"十八般武艺"，便能窥破、拼凑一个人的人生经历。

　　我们常常听到有人说，我是老师，我是学生，我是父母，我是子女，我是公务员，我是企业家，等等。身处社会中，我们都在按照这些身份生活，这固然没有错，但是仔细想想，这里面似乎还有可以推敲的地方。

# 学会适时放弃

阳台上有两株栀子花，是我从花市买来的：一株的花几乎全开了，粉粉白白的，香气袭人；一株半开，枝头上结满了尖尖的花苞，绿萼包裹着，探出白头。清晨，推开窗，香气丝丝缕缕地飘进，盈满我的小屋，捧一本书静读，真乃惬意之事也！

我每天浇水，细心地呵护着，像呵护两个小小的生灵。可是，半开的那株叶子还是渐渐地泛黄。先是一片，后来两片、三片地往下落。我奇怪了，三五日过去，叶子又落了好几片，且连花都不再开了，半张香口，萎萎蔫蔫的，毫无生气。"一定是得什么病了。"我这样想着，就去找隔壁的一位大姐，她对花是很有一番研究的。

"没事，可以救活的！"她只看了一眼，就果断地说道，"找一把剪刀就行了。"

"剪刀？"我疑惑地看着她。

"对啊，把多余的花苞剪掉，你看——"她弯腰拨弄着几根枝条，"这根枝上的花苞就有四个，那根也有好几个。花跟人的生育一样，在绽放的时候是需要大量营养的。营养跟不上，而你又想让花都开放，花就会感到很吃力，结果，就出现了现在这种状况。要是不及早剪掉的话，用不上几天，它就真的没救了。"

我将信将疑，最后还是找来一把剪刀，照做了。果然，几天后，叶子绿油油的有了生气，那仅存的几根枝条上的花蕾也都争先恐后地绽放了。

"没有骗你吧？"那位大姐有些得意地看着那株花说，"其实，人也是这样，很多时候，我们只顾一味贪婪，结果将自己搞得身心俱疲。我们真的该找一把剪刀，好好地修剪一下我们的人生，该放弃的一定要放弃，放弃有时就是得到，是为了更好地让自己成长，更快地走向成功！"

# 承担自己生命中的那份痛

人生总有不如意，如同陷入泥沼，进退维谷。

譬如失恋。好友说出这两个字时，无奈且无力，仿佛丧失了水分的植物。我明白一切。相知七年，我在幕后看着她如何盛装演出，如何游刃有余地与各种男人周旋，如何矜持地加以选择，又如何横生枝节，最终变成独角戏。然后，她疗伤休养，挣更多的薪水，买更好的香水，遇上谁后又风生水起地再爱一场，再焦头烂额地退出。她总是安慰自己，下一个才是真命天子，但遇上的，却总是变不成王子的青蛙。转眼之间，她成了大龄女青年。

她问我，为何自己总是失恋？也许遇上的人不对，或许时间地点不对，爱情成了她此时的沼泽，逃不过去。

譬如失业。弟弟在微信朋友圈发了一段话：保护良心还是保住饭碗，这是一个问题。我也明白一切。他从小耿直善良，医科大学毕业后，他顺利进入一家薪水丰厚的医院工作，可是他看不惯同事理直气壮地收红包，开出一沓多余的检查单，反而对他的洁身自好嗤之以鼻的行为。年初单位新进了一批医疗器械，他经过检验，发现这批产品并不合格，便写了详尽的报告上去。三个月后，他却忽然被解聘，理由是"业务不精，不会团结同事"。走的那天，负责器械设备的主任说：年轻人，多干事少说话！

他问我，姐姐，是我错了吗？他的耿直纯真注定会破坏某些潜规则，这次如同螳臂当车，他遭遇了工作沼泽。

譬如死亡。4岁的侄女，正在苦恼之中。她一夜睡醒，发现最疼爱她的爷爷突然不见了。她的卧室里，爷爷买的毛毛熊还威武地站着，祖孙俩的合影还一派灿烂，爷爷却消失了。每个人都说爷爷出远门了，很久以后才能回来。她于是常常靠在门框边，不厌其烦地张望。

她问我，姑姑，很久究竟有多久？我不忍告诉她，很久，有时就是永远。她不会明白"突发性脑出血"的含义，只有等她长大，才会明白，生老病死原是人生躲不过去的沼泽。

……

人生并不漫长，可是却充满各种挫折，注定的、人为的，或者无法逆转，或者天灾人祸，处处都可能塌陷，形成陷阱，变成一片无法前进又无法后退的沼泽。人被这种氤氲的忧郁困扰着，长久地煎熬着，脱身不得，进退两难。

这时，我总是想起黑泽明导演的《丑闻》当中的一个片段。

绯闻缠身的年轻画家和悲观无能的老律师，在法庭上一再受挫，抑郁焦躁之余，深夜买醉，踉跄而归。两人互相搀扶，摇摇晃晃地竟然走到了一片沼泽地，画家愤怒地感叹："人生真是辛酸苦辣，那条肮脏的长街之后，竟又是一摊无法下足的泥沼！"

可是，当他驻足观望，竟然孩子般惊喜地大喊："你看，星星降落在沼泽地！"

是的，那片沼泽地里，有着小小的水洼，映着天上的星星，一颗一颗，如此美丽。黑暗的依旧黑暗着，明亮的却更加明亮，在肮脏的泥沼里，闪闪烁烁，活泼跳跃……

老律师无语感动。

他们最终赢得官司，画家重得了清白，律师挽救了良心。

那些星星，有没有印在你心里呢？那是一颗一颗的希望，是一滴一滴的喜悦，是自然之美，是人生之悟。

每个人活着，都要承担属于自己生命的那份独特的痛，继续寻找爱情或者工作，幸福或者尊严。无论多难，请相信，星星都会降落在沼泽地里，一颗一颗，清亮美丽……

# 不抱怨今天的不如意

人是情绪化的动物，隔段时间就要被那些忧伤郁闷种种琐碎的烦恼侵袭，有时候竟然难以自拔，所以生活越来越好的今天，那种被抑郁病折磨的人却越来越多。人非神仙，孰能常乐？我也常常被这些莫名的苦痛折磨。

有段时间我身体不好，到处都不得劲——吃不香，睡不好，人迅速憔悴下去。这样子的另一个后果就是，我的情绪随之一落千丈，感觉到了末世。那是一个恶性循环，恶劣的心情导致身体越发快地差下去。最后，我去医院，找医生，号脉，拿药，楼上楼下地跑，跑出了一身的汗。

医院，几乎是每个人都拒绝去又不得不光顾的地方。看到那些坐在轮椅上，歪着脑袋流着涎水、话也说不利索的人，还有浑身被绑架一样躺在担架床上被推着走的人，几乎就忘记自己还有一身的小毛病。是的，与他们相比，我那点小病小痛算什么呢？能走能跳，能读书写字还能独立思考，在那些人的眼里，我已经是这个世上顶顶幸福的人。

因为这份幸福来得太普通太容易了，所以我们常把它忽略了去。倒揪着那些无关紧要的细枝末节的小烦恼，又无限将它们放大。去驾校练车，认识了很多先前不曾认识的朋友。炎炎夏日中午，几个年纪相仿的女子坐在训练场边上的树荫底下聊天。

也不过是家长里短那些事。正聊得起劲，手机响了，接起，是家中老公和孩子一起打来的。天那么热，在外头别不舍得花钱，买些可口的东西吃，多喝水。同样的话，爸爸讲一遍，孩子再在一边重复一遍。手机的音量很足，他们的声音散出好远。我哼哼哈哈答应着，并不觉得怎么样。挂了电话，扭头却发现几位女友正怔怔地望着我，有一位眼圈儿竟然红了。她对我说："真的好羡慕你，有这么体贴的老公和孩子。"

那天下午从练车场回家，我几乎一路哼着小曲儿雀跃着回去。到家的时候，上班的已经去上班，上学的已经去上学，客厅里的空调却开着。我知道，那是他们特意给我打开的。从热浪滚滚的大太阳底下一下子进入那个清凉世界，深深呼吸一口空气中淡淡的茉莉花香。兀自傻笑了：除了这些，你还要什么呢？

杨绛先生的散文集里，有一首她翻译的英国诗人兰德的诗歌，曾经广受追捧，被好多朋友摘录了下来，挂在那里当了自己的人生座右铭，诗歌是这样子的："我和谁都不争，和谁争我都不屑；我爱大自然，其次就是艺术；我双手烤着，生命之火取暖；火萎了，我也准备走了。"

这是一种人生的大境界，清高而又丰盈，为很多人向往。也仅仅是向往，能够效仿做到的可能少之又少。事实上，世间的大多数人活在一种比较里——横着比，竖着比，跟人比，跟物比，今跟昨比，是与非比……比来比去，有人在这份比较和鉴别里越来越郁闷，有人却是越比越开心。

原来，比，亦是有个比法的，比较得对路了，心里就顺溜，心情就好，比较反了方向，可不就越比越难过。

向往美好，跟人做个比较，是一份人之常情，没什么不好不对。只是别老把眼睛盯着上方看，那叫攀比。比一旦跟攀粘到一起了，就沉了，就累了。心向往之，力所不及。身累，心亦累。倒不如把眼光放宽，前后左右看看，上上下下打量，你会发现，芸芸众生里的你，会有多少别人羡慕的幸福理由。看到别人成功时，告诉自己所有的成功都不是天上掉下来的馅饼儿，他们取得的成就是因为他们付出了你所没有付出的努力，那样的比较之后你会少分嫉妒多分踏实。觉得自己不幸时，告诉自己这个世界上还有太多远比你更不幸的人——可他们还在努力地活着，那样的比较让你学会珍惜。

跟自己比，也可以越比越快活的。某天看到一位网友的签名，她这样子写："今天是余生最年轻的一天。"无独有偶，某天我15岁的女儿在她当天的记事本中也跟我分享了同样的一句话："有梦想现在就去做，因为你再也不会比现在更年轻了。"我看过，不禁莞尔。

不沉溺于昨日的美好，不抱怨今天的不如意，踏踏实实做好今天的事情，安心享受当下每一天，何等的洒脱与快乐。

# 遇到挫折，坦然面对

遇到挫折，无论怎样怪别人，最终都是徒劳无益的。那么我们也只能是怪自己没有选择好，因为任何时候只怪自己，始终是最明智、正确的生活态度。

小时候，每当我们不小心摔倒后，第一个念头就是找找看是什么东西绊了脚，我们总是怪别人乱放东西，实在找不到什么还可以怪路不平。尽管那样做对于疼痛的减轻并没有直接效果，但能找到一个可以责怪的对象多少算是一种安慰，可以证明自己没有责任。

长大后每当我们遇到挫折时，也总是不自觉找出许多客观原因来开脱自己，实在找不到原因时就说自己的命不好。我们并不认为这样开脱自己其实是一种绝对的幼稚，因为我们总在想方设法地一次又一次欺骗自己。

有一个早几年就下海开公司的朋友近来走了"霉运"，原本蒸蒸日上的业务突然间屡屡失败，公司里多年来一直忠心耿耿跟随他左右的两个业务副总离开了他，甚至"跳槽"到他竞争对手的公司去了。

在内外交困之中，这个朋友并没有认真、及时反省自己，反而一味责怪过去的战友背叛了自己，因此沉湎于愤怒和伤心之中，不再相信别人，动不动就发脾气，结果是恶性循环，整个公司上下人心涣散，陷入了更大的困境。

其实公司经营上出现了问题，作为公司老总的他，理所当然首先就不可能推卸自己的责任，即使是别人背叛也首先是他用人不当，如果总是怪东怪西，把所有的过错归咎于他人，那么必将面对更大的危险。所幸的是这位朋友在家人的提醒下终于醒悟过来，开始承认自己过去各方面的失误之处，并客观总结由于自己的固执已经带来的失败和教训。

怨天尤人其实是一种懦弱，更是一种不成熟的表现，不但掩盖了自己不能面对的现实，还留下了将来可能重蹈覆辙的隐患。而不客观地责怪他人还会衍生出新的矛盾。一个真正意义上的强者并不是一个一帆风顺的幸运儿，必然要经历各种痛苦和挑战，而战胜一切困难的人首先必须战胜自己，战胜自己的前提就是反省自身，只怪自己。

只怪自己是一种解脱。因为我们不肯认错无非是顾及自己的面子，不肯承认自己的失败。事实上这个世界上从来就没有常胜将军，所有自我的包袱和面子在勇敢地承认自己的失误之时就已经悄然放下了，你会因此变得轻松。所谓"吃一堑，长一智"，善于总结自己的人就会把失败的教训变成自己的财富。

只怪自己是一种力量。而习惯于责怪他人的人迟早要招致怨恨，一个勇于律己的人无疑是高尚的。他会因此有包容整个世界的力量，让所有人钦佩其不凡的风度并乐于与其交往。

只怪自己是一种境界。其实就算别人真有可以谴责之处，过分地责怪也是于事无补的，生气更不能解决任何问题，而从自身检讨才是一条唯一可行的道路，根本就不存在什么问题。在这个世界上最难以战胜的敌人其实就是自己，如果一个人已经到了只剩下自己这一个对手时，实际上他已经天下无敌了。

# 他们只是看上去不努力

念初中的时候，班级里有一个男同学，他上课的时候会号召大家一起溜号，闲扯，调皮捣蛋，跟老师顶撞。自习课上看课外书，桌子上的笔是用来转来转去的，下课会第一时间冲出去踢球，积极参加学校组织的各类活动。你几乎看不到他在学习，可奇怪的是，他每次考试成绩都是学年榜单前几名，无数苦读的花痴少女为他的聪明折腰。

传统的学霸，应该是听话的书呆子，可他号称自己从不熬夜苦读，每天一副玩世不恭的样子。我呢，看似很用功，上课认真听讲配合老师举手回答，同桌上课回来非塞给我一根烤肠逼我吃，我只能趁着老师在黑板写字的工夫偷偷咬一口，然后小心脏扑通扑通充满了罪恶感。下课还偶尔跟同桌一起背几个单词，自习课上从不扰乱课堂，把MP3的耳机线从袖口拽出来，跟同桌一人一只，小心翼翼地塞进耳朵里，再用长头发盖上，假装很认真地低头写字，其实是在抄歌词，那已经觉得自己很叛逆了。我也会读课外书，不是那种漫画跟武侠言情小说，不是故意展示给别人看我要跟枯燥的教育斗争。晚上很少会在10点以前睡，一本一本地买磁带，听午夜各个波段的电台节目，我的电台情怀就是从那个时候培养起来的。磨磨蹭蹭地把老师布置的作业完成，可像我这样一个看似乖巧、刻苦学习的好孩子，除了作文，数学成绩差强人意。

有一次那个男同学把英语老师惹急了，我们英语老师向来心直口快，她指着那位男同学说，别看他一天天不学习，扰乱课堂，他是不让你们也跟着学，然后晚上回家偷着学。你们一个个才真傻，上当受骗，你知道我跟他妈妈聊天，他妈妈告诉我，他回家话很少，吃完饭就开始学习，经常在凌晨才睡，练习册做完一本又一本，做过无数套的真题试卷，这些你们知道吗？

班级里异常安静，我偷偷瞄了他一眼。他脸上带着一抹奇怪的笑容，似无所谓，似尴尬。他想极力掩饰自己的情绪，手却在抠桌子下面。其实，有一次我无意间翻到他的练习册时，除了学校统一布置的以外，还有很多从海淀密卷到北京四中的模拟习题，统统写满了答案。我就猜到了，他不是一个只聪明不努力的人，那些写满了答案的练习册不会说谎。

只是我想，如果他能更好地利用白天的时间，那么成绩应该不止于此吧？

大学的时候，系里经常有逃课小分队，他们总是上课的时候抢占最后一排，趴在桌子上睡觉或者读课外书，老师点名后就消失，可是他们之中就有人得奖学金，有的人科科不挂。那是考试前的黑暗一周，我看到了他们天没亮就去图书馆占座，晚上闭馆才回来，而我们还因为去吃烤肉还是火锅而争论不休。他们是凌晨还不灭的一盏盏小台灯，是走廊里背题时踱来踱去细碎的步子，而我们跟日常的作息并没有什么分别。他们的努力跟平日里留给大家的印象相比，真的很容易被忽略、遗忘。最后的结果反而是，他们经常逃课，从不学习，天天不务正业，成绩好还能得奖学金，这不公平！

你身边可能有这样的同事，他经常上下班迟到早退。别人低头忙碌时，他总是睡觉、打游戏、聊天，不务正业，可是业绩却很好，领导很赏识他，各个方面都能处理得井井有条，升职加薪样样不落下。而你拖着累个半死的身子，仰天长啸，这不公平！

真的只是不公平吗？

到底有多少个日日夜夜苦读加班的日子，你看得到吗？人家只是表面上不努力，看上去吊儿郎当，只不过是没有在你面前努力而已。而你，却认真了。

你看似很努力，很上进，也只是看似而已。我们承认有些人天资比我们聪明，可是机会是留给聪明且上进的人的。那些明星咬碎了牙齿，在无数个失眠的夜里痛哭过，却在访谈中潇洒地说，当初很幸运，考才艺的时候，只是跳了一段类似郑多燕健身操，就被中戏录取了。陪朋友去试戏，结果朋友没被录取，自己被导演看上了，从此一帆风顺走到今天。刘德华最初跑剧组的时候还给曾志伟剪过头呢，多少帅哥磨破了无数双鞋，低三下四地给导演送照片跟简历，多少美女为了女N号而委曲求全。可是他们不会告诉你，这个过程到底有多艰辛，这一行当到底有多黑暗，那些写成功学案例的书是不会告诉你，他其实是怎样努力的。

自作聪明地以为看到别人生活的全部，你妈逼你结婚时，你找借口说，你看那谁谁那么优秀不也单着吗？着什么急啊！然后继续在玩的路上狂奔，突然有一天，你看那个从不秀恩爱、不在人前提爱不爱的人，在朋友圈晒出了结婚照，你目瞪口呆。当你谈了一场又一场恋爱跟玩一样，嘲笑隔壁的姑娘没有男人，在某个周末的清晨被鞭炮声震醒，推开门，看到那个姑娘穿着一袭洁白的婚纱向新郎走去。你奇怪，她们都是什么时候谈的恋爱？一直以为早已经远远地把她们落在了起跑线的后面，可是猜到了开始，却没猜到结局。

太自以为是，就是聪明反被聪明误。世界那么大，高手在民间。你以为只有你最聪明，可其他人，其实并没有你想象中的傻。

# 认真过好每一天

不知道从什么时候开始，我们都变成了路上那个匆匆而去的背影，似乎每个人都很忙，忙得像一只一刻都不能停止旋转的陀螺，步履匆匆，无暇旁顾，没有时间与家人一起吃顿饭，没有时间与朋友聊会儿天，忙工作，忙升职，忙找钱，来不及细品生活的滋味，来不及静候时光的飞逝。

频刷朋友圈，看书看报，喜欢浏览标题，一目十行，囫囵吞枣，没有耐心去体会文章中人物的心境变化，更没有心情去领悟文章中风物人情的细致，变成了名副其实的标题党，看书、看报、看微信只读标题，因为忙乱，所以心安理得地停留在浅阅读的层面上。

出门旅行，喜欢跟团观光，因为可以省却旅途中的诸多琐事的烦恼，比如订票、住宿等问题，只要带上身体，像行军打仗一般，混在人群之中，来去匆匆，上车睡觉，下车拍照，到地儿购物，看过什么，当然是不知道。

上网浏览，多数是瞅瞅大标题，很少会点击进入，哪怕大标题再揪心再刺眼，也不会随便点击进入，被忽悠的时代已经渐去渐远，淡定漠然，脸上挂着洞悉一切的微笑，喜欢挂QQ、挂微信群却不说话，喜欢刷新却不点击，喜欢围观微博，却不评论。

经常给父母打电话，却很少回家。打个电话问候一下，便心安理得，方便快捷省事儿，代替了回家开车堵车的心烦与纠结。能够听听儿女的声音，当然也很好很幸福，但天下父母最盼望的事情，还是能够和自己的孩子一起吃顿饭。

经常和朋友聊天，聊过之后却不知所云。朋友遍天下，打开手机，朋友有几十个甚至几百个，永远不知道哪个朋友会在什么时候和你见面聊天说事儿，就算见过面，聊过天，仍然会把朋友甲当成朋友乙，把朋友乙当成朋友甲。

天天和爱人一起吃饭、睡觉，却记不得她前一天说过什么话，记不得她今天换了什么衣服和发型。似乎每一天都很忙，似乎每一天都在追赶什么，可是如果要较起真来，问自己在忙什么，追赶什么，又无从作答。

真的不知道从什么时候开始，我们都变成了路上那个匆匆而去的背影，看不见路边开满鲜花的树，忽略了小桥流水的灵秀，来不及去品味亲情之暖、爱情之美、友情之甘，来不及品味生活中种种细节带给我们的感动。

半夜醒来，瞪着天花板茫然之际，忽然看见自己，一个人踽踽独行，有些孤单，有些凄惶。这些年来，身体一直在朝着一个方向不停地奔走，而灵魂却一直在不远处若即若离。说话，不过大脑。做事，只是应对眼前。不知道自己想要什么，也不知道自己想去哪里。仿佛什么都想要，却一直是两手空空。仿佛哪里都想去，却一直停留在原地。

古印度有一句言语：请走慢一点，等一等灵魂。不知不觉中，我们在生活中背离了自己，说着言不由衷的话，做着并不从心的事儿，被诸多的欲望追赶着脚步，没有幸福感，没有方向感，茫然而混沌，不知快乐为何物。

浅草没马蹄是一种闲情，采菊东篱下是一种意境。请带上灵魂赶路，请带上心生活，不妨试一下，生活肯定会变成另一番景象。

社会"一切向钱看"的导向，已经使人迷失了方向。有的人为了权、钱铤而走险，生命之本却封尘永久。爱恨情仇，痛苦中不可终日。工作上高指标高压力，无暇顾及真正的生活与生命意义……

惊醒吧！生命不是这样用来虚度与浪费的。请认真地过好每一天，把握好每一次机遇，因为生命真的经不起等待。放下所有的欲望，认真体会一下生命深处的声音。让生命的本真主导自己，付出真心的爱，给予真心的爱，才会体会到人生处处之鲜花，事事之美好！

# 改变自己，适应世界

在我国东北大兴安岭的森林里生活着一种会变色的兔子。它们看起来和其他的兔子并没有什么不同。可是一到冬夏两个季节，它们的身体就会跟着四周环境的变化而改变。到了夏天，大兴安岭到处都是黑色的泥土、褐色的山石、红色的花朵、绿色的树木和草地，而变色兔身上的毛就会全部换成茶叶一样的颜色，人们只看得见一团绿色的东西在树丛里、草地上窜来窜去，却看不清是什么。有时，连狡猾的狼和狐狸也会被骗过。一到冬天，大兴安岭就变成一片白色的世界，这个时候变色兔身上的毛就会变成雪白的"毛衣"，既保暖抗寒，又避免了被敌害发现。变色兔因为能随季节的变化而改变毛色，从而与周围环境相适应，使自己生存下来。变色兔是一种缺乏安全感的动物，它们跑不过狼，打架也打不过老鼠，但它们的毛色能随着季节的变化而变化，让敌人很难发现自己，从而生存下来，这种做法无疑是一种高明的智慧。这个故事告诉我们：当你发现环境或者他人对你的生活和目标有所影响的时候，就要努力地去改变自己。

大千世界的变化不在任何人的掌控之中。当你身处逆境的时候，如果不懂得变通，不对自己的心态、思维和行为做出调整，努力去适应环境，就很难摆脱窘境，达到理想的目标。正所谓："穷则变，变则通。"当你改变不了环境的时候，就要试着改变自己。

伊朗女孩法伊娅17岁时以留学生的身份来到加拿大，当时她一句英文都不会讲。在入境时，海关人员问她的行李包里有什么东西，她听不懂，也说不清楚。对方大为紧张，出动许多先进仪器把她的行李探测了个仔细，才敢打开检查。就这样，她只身踏上加拿大的土地，一边学英语，一边在多伦多大学修读电脑课程。毕业后她跟随丈夫移居卡尔加里。

20世纪80年代初的卡尔加里还是一个小城市，当时经济也不太好，法伊娅遍寻工作无果，就开始为一个私人雇主编写程序。但半年后，她到雇主家发现该地址已人去楼空，过去几个月的工作完全白费，工资报酬自然也是没有拿到。

没有报酬的第一份工作成了敲门砖，后来法伊娅找到一个公司电脑部门的编程工作。再后来也换过几家公司，经过多年的努力和经验积累，她做到了贝尔公司加拿大地区的副总裁。然而在为贝尔公司工作了十多年后，在机构重整中，她和其他20多位同事一同被请出大门。这是她职业生涯中的一次巨变，但她却笑着说："终于可以休一个长假了，好好调整一下身心。"说到今后的打算，她更把这次变故看作新的机遇和挑战，因为她现在可以去做一些自己真正喜欢的事情了。

人生中，很多难以控制的因素在影响着我们的发展，无论我们到了哪个阶段，都会有新的问题出现。人生就是一种适应不断变化的过程，我们唯一可以控制的就是自己的心态和方向。

世事变迁，物换星移，阡陌红尘，都充满了变数。没有什么是一成不变的，阳光会被白云遮挡，即使有阴霾，也会伴随着一丝清凉。所有的改变，没有绝对的对与错、是与非，但我们必须去接受与承受，接受不可改变的改变，承受已经改变的改变，在改变中学会爱，爱自己、爱他人、爱世上的每一个变化。

# 换个角度去思考

当你遇到一件事情，已无法解决，甚至已经影响到你的生活、心情时，何不停下脚步，给心灵一个修禅打坐的时间？或许换种方法，或许换个角度，或许换条路来走，事情便会简单许多。生命中总有挫折，但那不是尽头，只是在提醒你，该转弯了。

学会放弃，将昨天埋在心底，留下最美的回忆，放手并不代表失败，放手只是让你再找条更美好的路走。其实人生很多时候需要自觉地放弃。当一切都已成为过眼云烟，放弃已经是最好的诠释，也是一种幸福。

放弃了恨，留下的就是爱，在落泪以前转身离去，留下华丽的背影，让心灵轻松而灵动，心中留下的应该是淡然，当时间静悄悄地流过，那种感觉，会随着时间而慢慢走远。

日休禅师曾经说过：人生只有三天——昨天、今天和明天。活在昨天的人迷惑，活在明天的人等待，只有活在今天的人最踏实。

执着是一种负担，甚至是一种苦楚。计较得太多就成了一种羁绊，迷失得太久便成了一种痛苦。放弃是一种胸怀，是一种成熟，是对自我内心的一种自信和把握。放弃，不是放弃追求，而是让人以豁达的心态去面对生活。

古人说："失之东隅，收之桑榆。"人生中，得与失往往在一念之间。到底要得到什么？到底要失去什么？仁者见仁，智者见智。

人生苦短，我们只是世界的一个匆匆过客，其实在这个看似短暂的人生之旅中，得到点儿，失去点儿，又何妨呢？

得不到和已经失去的固然珍贵，但这并不是最珍贵的，人间最珍贵的应该是把握好现在你手中的幸福，好好珍惜身边的人。

随着年龄的增长、阅历的充实，我们应该随着时间调整自己的状态。失去是一种痛苦，也是一种幸福。因为失去了绿色，却得到了丰硕的金秋；失去了太阳，却换来了繁星满天。

如何面对人生中的得与失，这恐怕是千百年来许多人苦苦思索的。该得到的不要错过，该失去的洒脱地放弃，不必太在意，拥有时珍惜，失去后不说遗憾；过多的在乎将让人生的乐趣减半，看淡了一切也就多了生命的释然。

# 第二章 控制情绪，学会取舍

当你情绪化地指责别人时，一定是自己内心有过不去的负面情绪。也许是羞愧、自责，也许是不甘、委屈，也许是恐惧，也许是害怕丢脸、害怕失去……总之，好好去面对自己这些情绪，再去和那个应该被指责的人沟通，效果会更好。别让别人为你自己该负责的情绪埋单。

——张德芬

# 人生要懂得取舍

极简生活，并不是要让大家过苦行僧似的生活，而是要理性地享受生活——懂得节制、养成好的生活方式，衣不必过度奢华疯狂，乃至伤及动物；食以健康为要义；不时地安步当车，也可细看人生更多的风景……

极简生活与快乐地享受生活并不矛盾。过分地消费经常要透支未来的幸福生活，西方早有哲人说过，欲望越多，幸福感就越少。

极简生活主张的是量力而行，按需消费。比如按揭买房，不切实际地追求大户型，就要以一二十年的省吃俭用为代价。你可以把购买根本不需要的那些面积的钱，花到更值得的地方……

极简，要从更新观念入手，从自己身边的事做起。极简生活不与吝啬、艰难、降低生活水准这些概念为伍，它的对立面也不是享受和品质，而是浪费和挥霍。极简生活是一项美丽的工程，有利于环境，有利于他人，有利于自己。

在现代这种快节奏、高速变化的社会环境里，我们无法做到不忧心焦虑。生活中的琐事太多，会让我们忧虑纠缠；周边的杂物太多，更让我们心生烦乱；内心拥堵的东西太多，也会将我们拉入失控的循环。极简生活可以让我们简化掉身边让内心杂乱的东西，让我们能够更轻松地掌控自己的生活。

优秀的人追求简单高效是为了把时间节省下来，用在其他方面。我们所熟知并尊重的人，如乔布斯、扎克伯格，他们长年穿着相同的衣服，这就是一种极简的态度。他们也许只是不想在穿衣服上花费太多时间，他们让我们看到的就是极简生活。

如果打开衣橱，满满的都是衣服，但到了要出席什么正式场合时，又会觉得缺件衣服。其实只要遵循极简主义，买衣服时注意只买品质好的、用得着的，衣服有那么几套就够用了。那么没用的衣服或不合身的衣服怎么处理呢？当然就是扔了。扔掉旧衣服腾出空间，衣柜也会变得很整洁。其他的物品也是同样的道理，只要用不到的，要么送人要么扔掉，你会发现家里整洁了，看着心里也舒坦了。

为了让工作更高效，避免在不重要的问题上浪费太多时间，职场上的人一般会把事情分为四种：重要且紧急的事情、重要不紧急的事情、不重要但紧急的事情、不重要也不紧急的事情。这样我们会先做"重要且紧急"的事情，然后做"不重要但紧急"的事情。对于"重要不紧急"的事情，我们可以往后面放放，在时间充裕的时候再解决。"不重要也不紧急"的事情，我们可以选择最后做或者不做，因为有些事情我们即使不做，也无关紧要。我们每天要做很多事，但是真正重要的事情，可能只有一两件。我们花很长时间、很多精力在不重要的琐碎事情上，而真正重要的事情却没有完成，那我们只能加班加点去完成它，这样每天都加班，你怎能不累呢？做最重要最紧急的几件事情，这就是极简生活在工作方面的技巧。

人生短暂，不要让乱七八糟的事情影响自己的心情。人到了一定年纪，更要学会做减法，拥有健康的精神追求足矣，不要再把钱权名利放在首位。当你的精神世界简单了，人就更精神，目标也更明确，就能心无旁骛地追求自己的梦想了。

极简生活并不会妨碍你把生活过好，而是会帮助你提升生活的质量。我们可以先追求生活的简单高效，然后再追求生活的优雅，许多时候不是我们做不到，只是我们不想改变。

极简生活不是一个新的东西，也不是一个独立的系统体系，它只是把各种层面中能够简化负载、提升自己的优秀的解决办法串联起来，形成一种生活观。其实每个人生存所需极其有限，只要满足基本的衣食住行即可，我们完全没必要去追求那么多物质的东西，把自己搞得疲惫不堪。

人生要懂得取舍，只有把生活变得简单一点，才会有精力去发现人生中真正重要的东西。

# 尊重自己的内心

　　巴尔扎克的父母要求他做一名律师，而巴尔扎克也已拿到了法学院的学士学位，并且在一家律师事务所谋到了一个录事的位置。但20岁的他却向父母提出，要当一名作家，当一个名扬天下的作家。他的想法遭到父母的强烈反对，认为他居然要放弃一个收入有保障的职业，放弃自己的光明前程，把一生耗在一个靠不住的手艺上。何况在此之前，儿子没写过一首让人感动的诗和一篇像样的文章，连翻译课的成绩也只是第32名，而全班只有35名同学。经过很长时间的争执，父母才与儿子达成协议：每月提供120法郎的生活费，限期两年，如两年中他创作不出足以使他成为伟大作家的作品来，他就必须重新坐到律师事务所的位置上去，没有任何讨价还价的余地。当巴尔扎克写出第一部诗剧《克伦威尔》，在家中向亲友朗诵之后，一名颇有名气的诗人毫不隐讳地写信给巴尔扎克的父亲说："令郎可以尝试各种职业，就是不要搞文学。"这对巴尔扎克来说简直是一个可怕的判决。但巴尔扎克的主见和信心并未因此而动摇，在父母断绝生活援助之后仍克服重重困难，坚持走自己的路。巴尔扎克如果听从父母和那位诗人之见，放弃自己的追求，他的家乡图尔城可能会多了一名好律师，但是法国却少了一位天才作家，世界文学宝库中将不会有《人间喜剧》这部伟大的作品。

英国科学家达尔文，自幼便对科学具有浓厚的兴趣。但是他的父亲和老师却认为他是一个"很平庸的孩子，智力远在普通的孩子以下"。后来，他的父亲不顾达尔文的争论和反对，硬是将他送到爱丁堡大学学医。达尔文对医学不感兴趣，而对博物学、矿物学、昆虫学等方面的课程和书籍十分入迷。父亲知道了他在爱丁堡大学的情况后，认为儿子在学校里"游手好闲""荒废学业"，又将他送到剑桥大学去学神学。达尔文在自己的爱好和追求无法得到父亲的理解，并受到粗暴干涉的情况下，仍大胆地冲破神学教育的束缚，坚持自学自然科学，最终成为博物学家、生物学家和进化论的伟大奠基人。假如达尔文当初听从他人之见，放弃自己的追求，他只能是一名医生或是牧师。

墙头上长着一棵草。一阵东风吹来，它向西边倒；一阵西风吹来，它向东边倒。于是，人们便说："墙头草，随风倒。"墙头草听了这话以后，感到很委屈，说："成长在墙头上，不随风倒能行吗？假如我生长在土地上就不会随风倒了。"麻雀听了，说："好，我把你带到土地上去。"墙头草到了土地上，以为这下就不会随风倒了。结果，当它正在自信的时候，一阵东风吹来，它又向西边倒去；接着，一阵西风吹来，它又向东边倒去。麻雀问："你怎么又随风倒起来了呢？"墙头草羞愧地无法回答。麻雀这时才说："告诉你吧，是草就不会在风里挺起腰。不管是在墙头上，还是在地上。"

主见，顾名思义，就是自己对待任何事情的看法或做法要果断，不能犹豫不决。一个人没了主见就像失去了脊椎的骨骼一样，没有动力，没有方向，没有思维，什么都是拖泥带水的。

做人没有主见，主要是思想懒惰所致。第一，凡事不认真思考。一味迷信圣人、前人、上司和经验，对事业极不负责。第二，自身认识水平差。不注重调查研究，不注意提高自己分析问题和解决问题的能力，以致把握不住事物发展的规律。第三，怕担风险。在处理一些较复杂的问题时，因怕出乱子，总是循规蹈矩，畏首畏尾。第四，怕丢"乌纱帽"。对上级领导的指示，不管是对的还是错的，都奉为"圣旨"，不敢走样，生怕领导不满意。如此种种，一个人就难以有自己的主见，也只有像墙头草一样，任人摆布。

主见是人在生活中慢慢体会出来的，要经常思考，总结各阶段的目标，总结自己的成长。要养成独立自主的习惯，从小事做起，能自己解决的问题最好自己去解决，能自己动手做的事最好自己亲自去做，不到万不得已不要轻易去向别人求助，这样是在帮自己，对自己有利无害。久而久之，便会练就坚强和独立的个性，到时你所说的一切自然就都改过来了。最主要的是要有自信，无论什么时候都要相信自己，不能对自己失去信心，那样就绝望了。另外，也要认识到不是什么事都要自己做，人不是万能的。社会是有机体组成的，我们需要团结协作，有时候要虚心听取别人好的意见，对这些意见要进行客观的分析，这样也能不断地完善自己，使自己成为一个完美的人。

做人要有主见，既是对做人的基本要求，也是树立良好形象的客观要求。如果一个人没有主见，就很难取信于人，树立威信，凝聚人心，驾驭全局。然而，在现实生活中，有些人表现出没有主见，犹如墙头草，风吹两边倒，人云亦云，亦步亦趋，随声附和，随波逐流。

做人要有主见，实质上就是要求凡事要有自己的真知灼见，特别是在大是大非面前，要尊重事实，坚持真理，表明态度，果断决策。做到这点首先要有对事业高度负责的精神，不唯上、不唯书、不臆断，只唯实。要注重调查研究，掌握实情，开动脑筋，拿定主意。要注重学习，开阔视野，提高水平。特别是在形势日新月异、局面错综复杂的今天，没有较高的认识水平，就会在复杂问题面前束手无策。坚持真理，坚持自己的主见，可能会担风险，可能得不到支持，但只要自己的主见是对的，是为了事业，虽担风险也不可怕。

做人要有主见，必须打破陈旧的思想观念，转变传统的思维模式，超前思考，创新思维。特别是在"山重水复疑无路"的情况下，没有创新思维，就很难发现问题的真谛，寻找到走向光明的"绿色通道"。

一个人在对自己的能力缺乏自信，或对某些方面处于无知时，便很难有自己的主见，并且很容易被他人之见左右。他人的高明之见，可以为你开启心智，让你行之受益，古今听从他人之见而成大事者不乏其人。然而如果他人之见只是不负责任的乱参谋、瞎建议，或是糊涂之见，其效果就会相反。

人生之路不可重走，但却可以回顾。有了一段人生经历之后，回首所走过的路程，检点得失，总结教训，是可以在未来的人生旅途中少走弯路的。当你需要做出抉择时，要听从自己的主见，勿为他人之见所左右。

# 什么让你一夜长大

"一夜长大"大多是要经过挫折、磨难与困难的，也有的是通过不断学习成长积累一定的学识，其实总结起来人生就是积累经验，像是升级。

我们不会因为一点小小的刺激就明白道理，往往是一定程度的刺激才能使我们突然开窍，明白一些道理。

我们经常会觉得自己以前做的事很笨，这不仅仅是因为我们的知识思想水平提高了，更是因为我们的脑子变聪明了，有更加细致的一套反应机制了。很多人觉得"一夜长大"是因为经历得多了，慢慢积累，或者遇到了重大事情，有一天突然顿悟。身边大多数人过着平淡的生活，虽没有大富大贵却自由惬意。所以，没有什么大福大祸或突如其来的打击，也就不存在大彻大悟。只有领悟世间冷暖，才能把生活看得透彻，才能够真正顿悟。

　　成长的过程会伴随或轻或重的疼痛，要经过种种挫折与磨难的洗礼，才能真正地看轻看淡看透这个世界的爱恨情仇、恩怨纠葛，而后再思考慢慢感悟。不是每一种疼痛都会产生顿悟，只有经历痛定思痛后，真正的蜕变才是顿悟的关键。顿悟不是让人一下子明白，而是当头棒喝。

　　我们不能把自己的想法直接强加给别人，也不能轻易在别人的思想中索取自己想要的结果。顿悟源于心理年龄的提升，顿悟的本身是无意识的、不可操纵的行为。

　　人生的路是很长的，都有疲惫的时候，人什么时候最轻松？不是攻克堡垒，不是得偿所愿，而是顿悟的那一刹那。一件事、一段文字，甚至是一个画面，都会使人突然明白，突然释然纠结很久的情绪。残留在夹缝中的那点情绪，微小如同救命的稻草，促使你逃避暂时的红尘纷扰。爱恨情仇，在顿悟的那一刻烟消云散。正所谓：水因受阻而出声，人因挫折而成熟。

　　上个月我去医院体检，查出角膜损伤兼眼压高。医生说，如果任其发展，可能会患上青光眼。以前总听上了年纪的老作家抱怨这种作家常见的职业病。那时候我还年轻，事不关己地脖子一扬，心想"这跟我有什么关系"。却不承想，这么快就轮到自己身上。

　　我是在哪一个时刻知道自己长大的呢？大概就是以前我只觉得做体检的过程麻烦，可是突然有一天我开始害怕结果甚于过程。

　　上大学的时候，和朋友们做背包客。辛辛苦苦攒下路费，觉得在异乡的每时每刻都格外金贵。几个人在异乡的大街上逛到深夜，第二天早上仍能跋山涉水。那时候，夜越是深沉，我越是兴奋。只要内心里发出一声号令，整个身体都能从困顿中骤然苏醒过来。

现在，真正因为需要加班、准备考试或是赶进度而熬夜，却在过了零点以后心跳就开始加快，任凭咖啡泡了几包也难回神。这时候才明白，不是什么事情都能"人定胜天"。我在心里喊了两百遍"你是精力充沛的"，也依然抵不过通宵过后瞌睡不断的事实。

以前一口气上五楼不是事儿，现在明明一天都坐在办公室里，却在下班时分感到腰酸背痛；以前吃地沟油大排档津津有味，现在吃高档海鲜自助都冷不防地会吃坏肚子。

我开始吃维生素，开始翻曾经不屑一顾的养生书，开始理解那些迷信养生的长辈。我开始调节自己的作息，不熬夜的时候就在计划本上画"正"字，画不满就会内心惶恐。

小芳说自己头一回感受到长大是在母亲无助地问她"女儿，你银行卡里还有多少钱"的时候。她毕业后的第一份工作，位置在城市的中心地段。别人都住在附近的地下室，或者租在需要地铁、单车轮番上阵的远郊。她一出校门，住的就是市区的公寓楼，一日三餐靠外卖解决。她说，那时候，她从不记账，发了工资就花掉，只关心自己的工作是不是开心。

工作第二年回家的时候，她觉得家里的情况有些微妙。

母亲晚饭后把她拉到角落，脸色难看，问她："你银行卡里还有多少钱？或者你问一下住房公积金有多少？妈妈退休付不了房贷，你能不能负担一点？"母亲的眼神是难为情的。她显然更想把生活的不堪偷藏起来，就像从前一样。

当时，小芳愣住了。长久以来，她感觉在这个家里她永远只是负责收礼物的孩子。而这是她第一次感觉到，自己已经被划为分担家庭压力的一员，成为家庭的创造者，而不再只是家庭的被施与者。以前，父母总习惯把生活的另一面隐藏起来。而如今，面对长大的孩子，他们终于可以长舒一口气，把生活整个撕裂，露出内里的破败。

在哪一个瞬间，你觉得自己变老了？有人说，是听到体育节目里说，这是一位92年的老将的时候；有人说，是在网上填资料，为了填自己的年龄，翻进度条都要翻很久的时候；有人说，成长是从大学的时候很喜欢玩滑板、穿得也像滑板青年的毛头小子，到如今穿得更职业，像个社会人，人也胖了许多，再也玩不动滑板了……

村上春树曾经写过一句话：年轻的时候经历这样一些寂寞孤单的时期，在某种意义上是有必要的。这就和树木要想茁壮成长必须抗过寒冬是一样的，如果气候老是那么温暖，一成不变的话，连年轮都不会有吧。

这也许就是成长的真谛吧，成长永远不会提前告诉你要发生什么，而时间会告诉你它这样领着你走过万事的一片苦心。

# 不顺心时要保持心态平和

　　很多人会在上班的途中东想西想："天啊！今天有六个会议，三份计划书正等着我去解决，昨天领导才批评了我，今天就要去给他面对面地汇报工作，不知道该怎么办才好。"你是不是也经常会有这样的担心呢？一天的工作还没有开始，你就开始分析情况是多么地糟糕。想来想去，发现都是别人的错，都是因为外界这样或者那样的原因让你的一天混乱不堪。其实，你应该正确地认识到，这不过是无数个工作日当中的一天而已，你要去面对的都是必须去解决的问题。当你在担心遇到上司会尴尬的时候，也许你的上司早已忘记了昨天的不愉快，要认识到自己之前的想法是消极的。

　　工作中谁都会遇到困难，在工作正式开始之前，就抱怨这一天会很难过，那么这一天就一定真的很难过。如果你改变了这种思想观念，你就一定会意外地发现工作中的压力减轻了许多。

有一个女空服员，最怕碰到飞机晚点的情况。只要通知飞机晚点，她就会抓狂，发牢骚，向身边的朋友同事不停地抱怨由于晚点给自己的生活造成的困扰。身边的人安慰她飞机晚点只是偶尔发生的特殊情况，但她却从来听不进去。

另一个男空服员的抱怨来自偶尔遇到的态度不好的乘客。他总以为自己的工作是高高在上、令人羡慕的，不能接受乘客态度的傲慢。他忘记了其他的乘客都是友善的，面对友善的乘客他依然摆着一张臭脸。

有一个会计师，他每年都会在三、四月份的时候愁眉苦脸，抱怨无法在五点钟下班。他明知道在报税期间要不加班简直是不可能的事，但是他依然不能接受这个事实，抱怨使他做不好自己的工作。

有一个消防员，一遇到火灾他就很烦恼，他只想待在队里过着安逸的生活。他忘记了抢救生命就是他作为一个消防员的使命。这对于其他的消防员来说，是再正常不过的事情了，每个人的工作性质不同，但是都不能抱怨。既然你选择了，就要把它做好。

不尽如人意的事情随时都有可能发生，要用正确平和的心态去面对和处理，你会惊讶地发现，这些事并没有什么不好，甚至你还能从中得到意外的收获。很多人遇到不顺心的事情，会沮丧、抱怨，甚至是大发脾气。如果我们先从自己的身上找原因，也许情况就能改变很多。很多问题来自工作本身，有人却把本职工作看作额外的付出，忘记了对工作的责任心，把工作看成了自己的负担。

成功向来都是属于有毅力、懂得自我分析和反省的人，遇事先找自己的原因，不仅显得谦虚，还能不断地提高自己。只有这样，我们才能朝着成功的方向一步步迈进。

# 赠人玫瑰，手有余香

我们总说人之初，本性是向善的。保持善良的本性，不管自己是否富足，都不会因为自己曾经受过挫折，或者见识过黑暗，就对这个世界感到绝望，或者说对他人抱有恶意。

帮助别人，不是为获取利益，而是一种心灵的坦然、人格的健全。帮助推货车的人推一下车，帮小朋友捡一下羽毛球，为别人指一下路线，危急时刻的及时搭救……

在生活中，有人过得很好，有人过得朝不保夕，有人愿意尽自己所能去帮助他人，也有人只是无奈地过着自己的生活。不是说你过得好就必须去帮助他人，只是如果你曾经感受过赠人玫瑰的瞬间，就一定会珍惜满手余香的幸福。

一位开理发店的妈妈和她的孩子正在店里等着迟到的顾客。

"她们居然迟到了，太不像话了！"妈妈生气地说，眼睛不停地朝橱窗外张望。

这天是周六，她本打算一大早就带17岁的女儿切尔西和12岁的儿子道尔顿出去游玩。但她推迟了计划，因为她答应了今天免费给几个当地收容所的女士剪发和设计发型，她们准备去找工作。然而这些女士迟到了，迟到了两个小时还不见人影。

她经营着一家美发沙龙，既是老板，也是发型师，她觉得有机会用她的技术去帮助不幸的人是一件幸事。所以她努力让孩子们也热衷于这件事。"不会花费很长时间，到中午我们就可以出去了。""但是，妈妈，"切尔西说，她的嘴巴翘得老高，"我以为我们今天早上会去商场。"

"是啊，难道我们不去看电影了吗？"道尔顿附和道。"我们忙完这里的事儿就去！"妈妈说，"切尔西，你可以帮忙洗头，道尔顿，你可以打扫。"

她看看道尔顿，他正无聊地玩手机游戏，切尔西则坐在旋转椅上转来转去。自从她跟他们的爸爸离婚后，她努力使一切还像原来的样子：给他们足够的爱，让他们觉得仍然生活在一个完整的家庭里。"妈妈，"切尔西跳起来说，"这次一定是她们。"

一辆破旧的白色面包车在她的美发沙龙前停下，七个女人笨拙地从车里爬出来。她从来没见过这么一群女人，她们的头发对每一个发型师都是一个挑战：颜色乱七八糟，发型难看，发丝干枯、肮脏，发端开叉，有的还一缕一缕打着结。

"抱歉，我们迟到了。"领头的女士说，"我们迷路了。"

"我没想到你们会有这么多人。"妈妈说。

领头的女士放低声音说："我们昨晚又收容了四个新客人，她们有的下周一要去面试，无论如何请您……"

妈妈无奈地耸耸肩，然后慢吞吞地说道："切尔西，你为什么不先为那位红头发的女士洗头呢？我这边准备先从这位黑头发的女士开始。"

"好的，妈妈。"切尔西应道。

妈妈给顾客围上棕色的罩衫。这位女士理顺罩衫，欣赏着镜子里的自己。"我已经很久没穿过这种罩衫了，谢谢您，夫人！"

妈妈的心软了下来："叫我卡罗琳。现在让我看看怎么设计您的头发。"一位女士承认她头发原来染的颜色很糟糕，而当红头发女士获悉她杂乱的头发可以拉直，忍不住欢呼起来。

"妈妈，"切尔西小声对妈妈说，"你应该听到了她们的谈话，她们的处境都很艰难。那位高个儿的女士没有地方住，她下周一要去面试，如果她能得到那份工作，她就有钱租一个公寓了。你一定要把她的头发设计得非常漂亮。"

"我将竭尽所能。"妈妈说。

突然妈妈感到自己肩负着一项使命。当女士们的新发型最后被打理好后，她们看着镜子中的自己，屋里的气氛改变了。"我不敢相信这就是我。"好几位女士都盯着镜子里的自己说。

"你把我变漂亮了。"另一个人也说。

"我没有把你变漂亮，你原本就很漂亮。"妈妈说。这位女士紧紧握着妈妈的手。

妈妈看了一眼切尔西，她正擦去从眼角滑落的一滴泪水。"妈妈，我们做了一件神圣的事。"她喃喃地说。

当妈妈跟那七位女士道别时，已经是晚上了。此时，商场早已关门，她想带孩子去看的电影也放映完了。

"没关系，"妈妈说，"我们一起度过了非常有意义的一天，我相信你们也在这一天懂得了帮助别人的意义。而且，我相信那七位女士从我们的帮助中得到的，不只是一次发型的改变。"

帮助别人，可以着手于小处，可以兼济天下。当看到别人的苦难，心底流淌出一股温泉时，你就理解了帮助他人，当再向他跨出一步，就真的可以帮助他，帮助别人就是这样简单，播种了爱心，心中会长出温柔明亮的花朵，感动别人的同时，对自我更是一种喜悦、成长、幸福与慰藉。

# 生命的抉择

人这一生充满着选择，甚至每一分每一秒都面临着一个选择。面对选择，每个人都有选择的权利，也有自己选择的原则。选择的方式不同，结果自然也不同。

1976年，迈克·莱恩还是一名探险队员。就是在那一年里，他随着英国探险队成功登上了珠穆朗玛峰。可是在下山时，他们却遇到了极其危险的暴风雪，而且很长时间之后，大雪还没有停下来的迹象。

见此情景，迈克一行非常着急，因为他们的食品已经不多，如果停下来扎营休息，一定无法撑到下山。而一旦不能补充足够的热量，在那样严寒的天气里，他们必死无疑。可是继续前行又几乎不可能，因为大雪早已覆盖了大部分路标，过多的弯路会让身背沉重增氧设备的队员们体力消耗过大，还是会有生命危险。

怎么办？正当整个探险队陷入迷茫时，迈克·莱恩率先丢弃了所有的随身装备，提议只留下食品，轻装前行。"不行！"其他队员几乎异口同声地反对道。要知道那时他们离山下至少还有10天的时间，如果丢下增氧设备的话，中途休息时，身体很可能会因为缺氧而被冻坏。

但是，迈克·莱恩却坚持让大家这样做。他说："看样子，这暴风雪十天半月都不会停，再拖延下去，所有的路标就都会被埋住了。那样的话，我们即使不被饿死，也会迷失方向，陷入更可怕的绝境。倘若轻装前行，我们就可以提高下山的速度，保证最大的生还希望。"

最终，队友们听从了他的建议，开始不分昼夜地加速前行。8天后，他们安全到达了山下，虽然几乎都被冻伤，却没有一个人丢掉性命。正如迈克·莱恩所料，直到那时，恶劣的天气还没有好转。

后来，当国家军事博物馆的工作人员请求迈克·莱恩赠送博物馆一件与登上珠穆朗玛峰有关的物品时，他奉上了这份既奇特又珍贵的礼物——10个脚趾、5个右手指尖，都是在下山过程中，因为冻坏而被截掉的。但是，这恰恰证明了他当年选择的正确性，否则，博物馆里要收藏的恐怕就是他的尸体了。

选择的同时，必然需要放弃。正确地放弃，选择才可能成功。其中最关键的，就是要认清事物的主要矛盾，抓住对自己更有价值的东西。

# 你的心态决定你的人生

现在，很多人活得很累，过得不快乐。其实，人只要生活在这个世界上，就会有很多的烦恼，快乐与不快乐完全是由我们自己的内心决定的。你的态度决定了你一生的高度：你认为自己贫穷，并且无可救药，那么你的一生将会在穷困潦倒中度过；你认为贫穷是可以改变的，你将会积极。有什么样的心态，就有什么样的人生。其实有些事只要你换一个角度、换个心态，很多的烦恼和痛苦都是很容易解决的。

有位老妈妈生养了两个女儿，大女儿嫁给了一个卖伞的，二女儿在染坊工作。这却使得这位老妈妈天天忧愁：天晴了担心大女儿的伞卖不出去；天阴了又忧伤二女儿染坊里的衣服晾不干。她晴天也忧愁，阴天也忧愁，不多久就白了头。一天，一位远方亲友来看她，惊讶她的衰老，问其缘由不觉好笑。那亲友说："阴天你大女儿的伞好卖，你高兴才是；晴天你二女儿染坊生意好，你也该高兴才是。你每天都有快乐的事，你干吗不捡高兴专拾忧愁呢？"老妈妈因为换了角度，从此她笑口常开，幸福每一天。

在很多时候，我们的苦难与烦恼，都是自己依靠过去生活中所得到的"经验"做出的错误判断，这时我们不妨跳出来换个角度看自己，你就不会为工作失败、商场失手、情场失意而颓唐；也不会为名利加身、赞誉四起而得意忘形了。

有两个一起长大的女孩因为特殊原因失去了父母，后来都被来自欧洲的外交官家庭所收养。两个人都毕业于世界著名的学校。但她们两个人之间却存在着不小的差别：其中一个30多岁就成了女强人，经营着一家颇有名气的企业；而另一个在国内某所学校任教，待遇不错，但她一直觉得自己很失败。

那年，在欧洲经商的女人回国了，邀请亲友邻居一起吃饭，也包括在国内任教的那个朋友。晚餐在寒暄中开场，大家谈论着这些年各自的发展变化以及所经历的趣闻逸事。随着话题的一步步展开，教师开始越来越多地讲述自己的不幸：她是一个如何可怜的孤儿，又如何被欧洲来的父母领养到遥远的地方，她觉得自己是如何孤独。她怀着一腔报国的热忱回国，又是如何不受重视等。

开始的时候，大家都表现出了同情。随着她的怨气越来越重，那位经商的女人终于忍不住制止了她的叙述："可以了！你一直在讲自己多么不幸，你有没有想过，如果你的养父母当初在成百上千个孤儿中挑了别人又会怎样？"教师直视着她的朋友、那个经商的女人说："你不知道，我不开心的根源在于……"然后接着描述她所遭遇的不公正待遇。

最终，经商的女人说："我不敢相信你还在这么想！我记得自己25岁的时候无法忍受周围的世界，我恨周围的每一件事，我恨周围的每一个人，好像所有的人都在和我作对似的。我很伤心无奈，也很沮丧。我那时的想法和你现在的想法一样，我们都有足够的理由抱怨。"她越说越激动，"我劝你不要再这样对待自己了！想一想你有多幸运，你不必像真正的孤儿那样度过悲惨的一生，实际上你接受了非常好的教育。你负有帮助别人脱离贫困旋涡的责任，而不是找一堆自怨自艾的借口把自己围起来。在我摆脱了顾影自怜，同时意识到自己究竟有多幸运之后，我才获得了现在的成功！"

那位教师深受感动。这是第一次有人否定她的想法，打断了她凄苦的回忆，而这一切回忆曾是多么容易引起他人的同情。

在不同的人眼中，世界也会变得不同。其实星星还是那颗星星，世界依然是那个世界。你用欣赏的眼光去看，就会发现很多美丽的风景；你带着满腹怨气去看，就会觉得世界一无是处。

有句话说得好，"凡墙都是门"，即使你面前的墙将你封堵得密不透风，你也依然可以把它视作你的一种出路。琐碎的日常生活中，每天都会有很多事情发生，如果你一直沉溺在已经发生的事情中，不停地抱怨，不断地指责，总觉得别人都比你过得好，总觉得生活错待了自己。这样下去，你的心境就会越来越沮丧。一个只懂得抱怨的人，注定会活在迷离混沌的状态中，看不见前头亮着一片明朗的天空。

# 微笑地面对生活

人这一生，既不会像我们想象中那样美好，也不会太糟糕，关键在于我们的心态。若是心中充满阳光，脸上溢满微笑，生活就会有滋有味。微笑，能够让我们变得自信、美丽、阳光和踏实。微笑，就像生活中一束明亮的光，能够随时让我们焦躁不安的情绪舒朗起来。微笑，不仅仅是一种表情，它更像是一面生活的镜子，能够映照出我们的人生态度。

微笑，让我们的心安然纯净。微笑，能给自己一种信心，也能给别人一种信任，更能让人备感温暖。微笑，就是阳光，它能消除人脸上的冬色。微笑，能化为温柔的春风，让人感到暖暖的春意，吹开人间心花万朵，使人间永远春意盎然！面对生活坦然微笑，并投入生活的激流，便会找到真实的自我，找到生活的快乐。

20世纪80年代，美国加州有一位6岁小女孩，她在马路上

"莫名其妙"地受到一位陌生人的馈赠，金额竟是4万美元！消息一经传出，整个加州为之沸腾了。

媒体纷纷登门拜访："亲爱的，那个路人你认识吗？他是你的亲戚还是……平白无故送你4万美元，他的脑筋是不是有点问题……"

小女孩甜甜一笑："不，我们并不认识，他也不是我的亲戚，我感觉……他的脑筋应该也是正常的！不过，我并不知道他为什么要给我这么多钱……"尽管记者绞尽脑汁，但始终无法从小姑娘口中问出个所以然。

最后，在父亲的慢慢诱导下，小女孩终于给出了一个略有头绪的答复："那天我在路边玩耍，他从路边走过，我对着他微微笑了一下，后来他就给了我4万美元。"

"那他有说什么吗？"父亲问道。

小女孩想了想说："他说：'你天使一样的笑容，化解了我多年的苦闷！'爸爸，'苦闷'是什么啊？"

原来，路人是一个并不快乐的富翁，小女孩的微笑使富翁感到了温暖，打开了他封闭已久的心门。于是，富翁对这个微笑给予了回报——4万美元。

微笑地面对生活，我们就会成为情绪的主人，而不会受外界情况的支配。每天，你都能选择享受你的生命，或是憎恨它。这是唯一一件真正属于你的权利，没有人能够控制或夺去的东西，就是你的态度。如果你能时时注意这件事实，你生命中的其他事情都会变得容易许多。

在阳光明媚的日子中，微笑令人神清气爽；在寒风刺骨的冬季，微笑让人感受到春天的回归；蒙娜丽莎的微笑，曾令多少人为之倾倒……笑是最美丽的音符，它足以打开纠缠于心中多年的死结。当你失败的时候，记得给自己一个微笑，你对着挫折微笑，那是给挫折一个下马威，微笑面对生活的人，抛弃的只是自己的烦恼，赢得的则是整个世界。失意的时候，望着蓝天笑一笑，心中就会有一份坦然；得意的时候，对着花朵笑一笑，心中自然流淌出一丝惬意。微笑着面对生活，你会发现阳光在向你招手，黑夜也并不寂寞。

自从人有了生命，便有了自己的人生。对于许多人来说，人生将是一个曲折而又漫长的过程。由于存在着许多难以预料的问题，而使人有困惑和茫然的感觉。然而夜虽黑，皓月之下终会有一方净土。尽管我们还会遇到种种困难，各种麻烦，还需要付出苦痛和艰辛，然而有了乐观的心态，便会使紧张忧郁的心情得以减少，得以放松。人生，过的其实就是心情；生活，活的其实就是心态。心态好，凡事看开些，事事往好处想，快乐就不会离你太远；心态不好，事事计较，患得患失，纵使好运连连，也会过得痛苦不堪。

# 走投无路时向上走

　　沙岩医学院毕业后，开始为找工作犯愁。他将一份份精心制作的简历递出去，却都如石沉大海。他又参加了专门针对医学毕业生的专场招聘会，本以为不会像综合招聘会那样有很多人，没想到在招聘现场他发现自己变成了人海中的"一滴水"。看到竞争如此残酷，他逐渐放低了就业目标，决定哪怕县医院也可以先考虑。然而只招两名毕业生的某县医院，已有不少研究生在排队等待面试。沙岩又想回老家工作，但老家的乡镇医院也不好进，虽然动用了亲戚朋友的力量，至今仍无结果。为此他非常苦恼，找到我诉苦：哥，我真的是走投无路了。

　　我知道仅仅安慰他是没有用的。思忖片刻之后，我说，给你讲个故事吧。

　　有个女演员，从上海戏剧学院毕业后，也面临着找工作的压力。由于没有家世背景，没有熟人举荐，结果四处碰壁，没有任何单位肯接收她。这天，当教师的父亲陪着她在北京的街头转悠，又去应聘了几家艺术单位，均遭拒绝。一种悲凉的情绪同时萦绕在父女俩的心头，他们真的感觉到什么叫走投无路了。

这时候，父女俩恰好转悠到了北京人艺的大门口。她一眼望见北京人艺的招牌，就想，这里我还没试过，何不进去试试看呢？稍微有点顾虑的人都会想，北京人艺是什么地方啊！那可是国家级的艺术殿堂，几十年来凭其严谨精湛的舞台艺术和情纯意浓的演出风格，在中国话剧史上创造了许许多多的辉煌，堪称"中国话剧的典范"，在国内外享有盛誉。你不想想，一个连二三流艺术院校都不录用的人，也敢幻想踏进北京人艺的门槛吗？但她偏没有顾忌这些，径直大大咧咧地闯进了人艺的院长办公室，先将自己的简历和学校老师的评语交到院长手上，然后就滔滔不绝地向院长介绍自己。这种初生牛犊不怕虎的愣劲儿，使院长一下子就对她刮目相看了。两天后，他们为她一个人安排了由几位人艺领导及著名艺术家任考官的面试。起初无论她唱歌或是跳舞，各位评委老师都热烈鼓掌，以示嘉许。但在最后一关，在5分钟内现场表演一个小品，她觉得自己没有发挥好，起码不如自己想象中的好。表演完了，评委老师让她回去等通知。她暗想，完了，这回肯定又没戏了。就沮丧地说，老师，我就不请你们吃饭了，因为要请也只请得起面条。评委老师们说，不用不用，你走吧。

　　回到租住的小旅馆里，看到父亲满怀渴望的眼神，她像虚脱了似的摇着头说，不行，可能还是不行。父亲当时没说什么，却看得出她眼底的失望，父女俩连吃饭的心情都没有了。哪知下午五点钟左右，她突然接到了一个电话，是北京人艺的老师打来的：来吧，你被录取了。父女二人当时不敢相信这是真的，激动得一起落了泪。她，就是凭借电视连续剧《当家的女人》中的出色表演，荣获第24届全国电视剧"飞天奖"的王茜华！当初，曾为找一份工作四处碰壁的她，最后竟误打误撞地进了北京人艺！

　　我问沙岩，你说，她为什么能应聘成功呢？沙岩若有所悟地说，她是个有胆量有气魄的人，敢于独闯人艺推销自己，所以才在艺术的最高殿堂赢得了一席之地。我赞许地点点头：她先前积累的多次应聘经验，在北京人艺这一关全部用上了，所以她当时的表现是最好的状态。另外，当别人走投无路时，是越来越向下走；而她却选择了向上，结果她成功了！

　　沙岩激动得一把握住了我的手：哥，我知道该怎么做了。谢谢你！

　　果然不久就传来了好消息：沙岩有幸被省会一家最知名的医院录取了！在他发来的感谢短信里，有这样一句话：当你走投无路的时候，千万别气馁，因为你还有一条出路：向上走！

# 面对迷茫时，逼自己一把

　　两年前，楼下的房间里租住着一位姑娘，邻里关系处得如鱼得水：她喜欢把自己做的点心分享给大家，蛋挞、松饼、提拉米苏样样在行；下班早的时候，姑娘会给对面邻居家孩子辅导功课，作为感谢，邻居也会留她吃饭；一楼住着一对老夫妻，生活中有着诸多的不便，自然也少不了这位热心姑娘的帮助，网上购物、手机聊天、医院挂号，这些生活琐事她都主动承揽了下来。

　　她刚刚踏入社会这道大门的时候很迷茫、很无助，常常吃了上顿就不知道下顿怎么解决；每次发工资的时候，她总得精打细算一番，得留足富余偿还信用卡欠款；还要和黑中介斗智斗勇，房子住着就得想着下个月得往哪里搬。

　　工作上的事，更是让她烦恼透顶。她在一家老国企上班，可偏偏又被分在最边缘的部门。作为年轻人，她的工作被各种鸡零狗碎的杂事塞得满满当当的，端茶倒水、收发快递、整理材料、更新电脑。办公室里的大叔大妈们也都很难相处，他们永远热衷的话题就是哪家菜市场的鸡蛋又降价了，微信转发的段子也是说常吃石榴能够防癌，楼下部门的阿姨上个月离婚了……

"那段时间特别的迷茫，不知道该如何料理以后的生活和工作。不敢想象自己10年后、20年后会成为什么样子的人。"每提及此，姑娘总是十分地伤感。

"想要改变自己的现状，必须先狠狠地逼自己一把！"突然，她的眼中闪耀起光芒。她开始逼迫自己在工作上精益求精，常常自愿加班、披星戴月。但无论多晚回家，她都要每天坚持读一个小时的书。她甚至报了班，利用周末的时间学习法语和CFA，经过两年的努力，就顺利地考下了证书。姑娘的生活也逐渐丰富多彩，她要求自己每周必须学会一道新菜，练两次瑜伽。她强迫自己打开心扉，主动去认识每一位邻居。"如果连自己的家门都无法走出，还怎么去看看世界呢？"半年后，姑娘的才华被老板赏识，调到了销售岗位，工资翻番。到年底，她就拿了8万元的奖金。

毕竟，青蛙总是被温水煮死的，不是吗？显然，这位姑娘在被"煮死"前成功地跳了出来。心理学上有个"舒适区"理论，人们一旦打破原已熟悉、适应的心理模式，就会感到不安、焦虑甚至恐惧，这个"舒适区"就是煮死青蛙的"温水"。

想要走出迷茫，必然会触痛你的心理防线，逼自己一把，及时地跳出来，才能避免就此沉沦的厄运。而你的舒适区一旦被打破，它的范围就会再次扩展，原本你认为不可能的事情也会变得易如反掌。

迷茫并不可怕，可怕的是你没有面对迷茫的勇气——不知道未来如何就羞于前行，畏惧错误就裹足不前，以及害怕被排斥就会盲目合群，成为自甘堕落的人。面对迷茫时，只有好好地逼自己一把，才能走出窘境，看清未来。

迷茫不是你一辈子的避风港，咬紧牙关狠狠地逼自己一把，即使万分无力，也要迎难而上；即使前路曲折，也要大步迈开；即使心中怯弱，也要硬着头皮挺住；即使希望渺茫，也要有永不言弃的心。当你坚持下来，会惊喜地发现，你所付出的一切都是值得的。

# 累了，就换条路走

选择对了，跌倒也要爬着前行。选择错了，及时止损就是最大的进步！如果有选择的底气和能力，就换条路走；如果不具备选择权，那就咬牙坚持下去……人生路无常，不求无过，但求无悔……世界上有很多事，很多人因站的角度不同，就不理解不包容，其实换位思考更重要！累了就歇歇，开心就笑，痛苦就哭，说不定人生的美好旅途就在下一站。

世界上的事情都是相对的。抉择是好是坏，要分情况；路走得是对是错，也要分人。没有谁能对你的生活和情绪完全感同身受，而你是自己人生的主宰，你有权利让自己过得更舒心。一条路走到黑不一定就是光明坦途，还有可能是撞了南墙才头破血流地回头。什么时候改变自己的选择，那是你的权利，只要你认真权衡过，不负当下的自己，就足够了。

很多人希望让这一生过得顺利一点，再顺利一点，但实际上，谁的生活都不可能一帆风顺。该是你吃的苦，旁人半点都无法替你分担。所以，活在当下很重要，不求尽如人意，但求无愧我心。累了，就换条路走，没关系的。

小军从小就是学霸，一路稳稳地到了高二，面临文理分科的时候他犹豫了。他喜欢文科，但理科也不差，家里人、班主任都劝他学理，考大学的时候进理科专业，以后更吃香，于是他去了理科。他成绩很稳，到了理科依然是全年级前十的水平，可他心里却总是觉得很遗憾，因为自己想学文科。高三一开始，他就调回了文科，所有人都觉得他疯了。而他却把别人的质疑都放在一边，一心备考。那时候同学问他，万一因此落榜会后悔吗？他说："不会，换条让自己少点遗憾的路走，没什么不好的。"第二年，他以文科全校第一的成绩考入理想的大学。后来，同学说如果当时他不转科，凭他的成绩一定也能考个一流的理科大学。小军笑着说："选择过一次，所以才知道自己真正喜欢的是文科。只有热爱，才能全力以赴。"

人生中的每一个抉择，其实都掌握在自己手里，关键要听你的心怎么选。累了，就换条路走。人生有千万种可能，选择哪一种，都是最好的安排。一段路，走了很久，依然看不到方向，心里满是疲惫，那就不妨改变方向，陌生的风景又何尝不是一种惊喜？

一些人，认识很久，依然感受不到真诚，全是虚假和套路，那就选择离开，挥别错的才能和对的相逢。一些事，想了很久，依然觉得很纠结很困惑，那就选择放下，一生要遇见太多事情了，不必事事放在心上，更不用把太多人请进你的生命里。

活法不同，人生就不同，但最重要的是你要靠近更好的自己，你得有底气，选择能够让自己舒心快乐的方式。学会适时放下，让心归零。不辜负自己，就是最好的生活状态。

# 给痛苦的心情加点糖

虽然生活很精彩，但生活也有不同程度的苦，作为一个成熟的人，应该懂得苦中作乐。痛苦是一种现实，快乐是一种态度，在残酷的现实面前常做快乐的想象，便是人生的成熟。

在我很小的时候，我家邻居是一位老奶奶，她就是农村里常见的那种老太太，她的孙女和我一样大。有一天，她的孙女生病了要吃药，但小孩怕苦就不想吃，于是老奶奶加些白糖在药里，这样那些让小孩子望而生畏的药给人的感觉就不一样了，在小孩子看来就充满了诱惑，就连我看着都想吃上一口，甚至想着等我生病了，也让妈妈把白糖加在药里给我吃。

在我们孩子的眼中，老奶奶就是高明的魔术师，能够把苦的东西变成甜的，把可怕的东西变成喜欢的。

"尽管药是苦的，但你咽不下去的时候，把它裹进糖里，就会好些。"这是一位朴实的老奶奶感悟出的生活哲理，她没有文化，但却很懂生活。

这是一种"减法思维"，减去了药的苦涩，就不会难以下咽。如今，我们都已长大成人，每当情绪低落的时候，就会想起老奶奶说的那句话：把药裹进糖里。

这是一种苦尽甘来的信仰，把生活的苦包进对美好未来的想象之中，就能冲淡痛苦；心中有光，在沉重的日子里以积极的心态去思考，就能够改变境况。

在三毛的《撒哈拉的故事》中充满了苦中作乐的情趣。这本书用妈妈温暖的信启程，以白手起家的自述结尾。在撒哈拉那样恶劣的环境中，三毛和一群思维生活都比较原始的撒哈拉威人生活在一起，资源匮乏又昂贵，但她却懂得做快乐的冥想。尽管生活中有诸多的不如意，但只要有闪光点，她就会将其冥想成诙谐幽默的故事，然后娓娓道来，引人入胜。

在序里，三毛母亲写道："自读完了你的《白手成家》后，我泪流满面，心如刀绞，孩子，你从来都没有告诉父母，你所受的苦难和物质上的缺乏，体力上的透支，影响你的健康，你时时都在病中。你把这个僻远荒凉、简陋的小屋，布置成你们的王国（都是废物利用），我十分相信，你确有此能耐。"

那本书中有很多苦中作乐的故事，那里有很多的不容易，但都被三毛轻松地带过了。

毫无疑问，三毛以及那位普通的老奶奶，都是对生活颇有感悟的人。其实生活就是一种对立的存在，没有苦也就无所谓甜，如果我们都懂得在不如意的日子里给痛苦的心情加点糖，那就没有什么事情是过不去的。

# 美丽在苦难中绽放

苦难，是打不败我们的，当我们一次次地被逼入绝境，我们自身的潜力就会得到激发，我们的生命之花就会在苦难中一点点汲取养分得到绽放！

26岁的张宝月，穿着烟灰色短裤、湖蓝短袖，看起来干练清爽。但让人难以置信的是，这个年轻阳光的"80后"女孩，已是郑州市4家咖啡店的执行董事。更没人能够想象，这个看起来活泼坚强的女孩，承受了多少同龄人难以承受的生命之重。

张宝月有一个幸福的童年，父亲经营着小超市，母亲做会计。虽然收入不高，但一家人相亲相爱，其乐融融。12岁那年，父亲遭遇了一场车祸，成了植物人，从此一睡不起，幸福也伴随着父亲的倒下戛然而止。

柔弱的母亲勇敢地挑起了生活的重担，她一边细心地照顾丈夫，一边辛苦地挣钱养家。懂事的宝月很早就体味到了母亲的艰辛，勤奋学习，以优异的成绩考上了一所大学。临行，望着母亲头上日渐增多的白发，她在心底暗暗发誓，一定要尽快接过母亲肩上的重担，让母亲过上好日子。

大学毕业后，她被一家杂志社录用为编辑。她努力工作，月薪也涨到3000元。一天，她兴冲冲地赶回家，她要把积攒的薪水交给母亲，却看到瘦弱的母亲一手扶着门框，一手扶着背上的父亲，要把他背到轮椅上晒太阳。她急忙上前帮忙，望着母亲花白的头发，皱纹纵横的脸上吃力的表情，张宝月的眼泪一下子掉了下来。岁月无情，曾经光彩照人的母亲老了，而自己，必须接过母亲手中的接力棒。

父亲的床上几十年的旧床单干净整洁。床头的抽屉里，堆满了父亲医药费的单子。张宝月细细看了一下，父亲一个月的药费就高达四五千元，母亲是如何支撑这个家的？张宝月的心微微地疼。自己的工资，别说养活一家人了，连父亲的医药费都不够。她算了一笔账：赡养父母及奶奶的全部开销，一年至少要5万元，未来30年的预算则需要100多万元。"这是个天文数字。"张宝月瞬间决定，自己必须创业，一家人的担子她必须扛起来。

刻不容缓，经过一系列考察调研，张宝月发现快节奏的生活让很多人不堪重负，他们需要释放压力。而流淌着舒缓音乐的咖啡店是他们的最好去处。张宝月用了一个星期，盯了5

家咖啡店，她发现这些咖啡店顾客络绎不绝，甚至爆满。她决定开一家咖啡店。

母亲很反对，一个姑娘家有体面的工作，稳定的收入，再找个心仪的人嫁了，多完美的人生，何必要折腾呢？她理解母亲的苦心，当她借钱说要开咖啡店时，很多人犹豫了。"你信不信我？"张宝月很认真地问母亲。最后，母亲还是把老宅抵押了出去，给她贷回了一笔资金。含泪接过这笔钱，张宝月的心沉甸甸的。相恋3年的男友很支持，说："你喜欢，我就支持。"

选址、装修，张宝月都亲自监工，每一处细节都不放过。她要把自己头脑中早已琢磨无数遍的咖啡店完美地呈现给顾客。半个月后，郑州市的健康路上，一家古色古香的咖啡店出现在大家的视野里。望着风情别致的店面，她还是兴奋地拉着男友的手参观了一遍又一遍。有风穿堂而过，挂在店门前的风铃清脆地响起，那一刻，她感觉无比地幸福和美好。生意顺利开张了。头脑机敏的她推出了很贴心的服务，生意一天比一天兴隆。

一天清晨，当她来到店里时，发现店里的玻璃门被人砸了个稀烂，并损坏到了店里的装饰。她呆住了，欲哭无泪，生意刚刚步入正轨，却出现了这种意外。闻讯赶来的男友劝她，还是把店盘出去吧，咱没权没势，竞争不过人家。她含泪望着男友摇了摇头，倔强地说："我靠自己的努力和勤奋正当地做生意，我就不信生存不下去。"

她咬着牙挺了下来，重新开业那天，她微笑着立在门口迎宾。可她的心里泪水却在肆意地流，她的手心里，还握着男友留下的字条："我走了，好好干。"从此，她更是全身心地扑到了咖啡店里。用最优质的原料确保质量，用合适的咖啡温度愉悦顾客的味觉。甚至一次又一次去写字楼，向白领们展开调查，问他们最喜欢最减压最放松的音乐是什么。并且，她自己创作饮品及蛋糕，自己做文案、搞推广，把咖啡店营造出了独特的氛围。

张宝月的经营渐入佳境，她的真诚换来了优厚的回报。白领们把每天去她的咖啡店当成了一种习惯，每次见到她就亲切地叫她"老板娘"。同行也佩服地向她伸出了大拇指。3个月后，她开了第二家咖啡店，之后是第三家、第四家⋯⋯

如今，她买了一所大房子，把父母和奶奶接到身边，悉心照顾。她说："一家人聚在一起，守望幸福，是我的初衷，也是我最真切的愿望。"

这个苦难中长大的女孩，用苦难浇灌出了一朵绮丽的花。

大家都知道这句话"不经历风雨，怎能见彩虹"，说得确实很对，要想看到那绚丽多彩的彩虹，就需要狂风暴雨的洗礼！我们要想绽放出最美丽的花，就应该去接受那些所谓的困难和挫折！

# 第三章
# 从自责到自信

从以前到现在，我都很羡慕、敬佩那些会交际、会应酬的人，一直学不会或不自在，常让自己很自责。现在想想，好像这样也还不坏，至少比在人群散尽、灯光黯淡、杯盘狼藉的时刻，发现现场只剩一个疲惫、孤单、空虚的自己好多了。

——吴念真

# 熬过不为人知的苦难

我们每个人都有快要撑不下去的时候，那些你一个人睡不着的晚上，那些你一次次把眼泪逼回去的瞬间，那些没人可以倾诉帮忙的无助和疲惫，那些你想要放弃的时候，你是真的觉得很辛苦。可是，你还是坚持下来了，不是吗？你还是会告诉自己要坚强，然后继续倾尽全力，对吗？

地铁晚高峰，一位姑娘坐在座位上，手机放在耳边，时不时"嗯"上一两声，隐隐带点哭腔。挂了电话，她眼眶红红的，仰起脸向上，想要把眼泪逼回去，可终究还是没忍住。她捂着自己的脸，肩膀耸动着，失声痛哭。身边的人转头看了一会儿，便各自转过头去。

我们永远不知道一个人会因为什么而痛哭，也永远无法感同身受旁人正在经历着什么。

有句话说："所谓的光辉岁月，并不是以后闪耀的日子，而是无人问津时，你对梦想的偏执。"这个社会有时候看起来并不公平，但那又怎样呢？你改变不了周围的环境，你只能让自己永远保持积极努力的状态。努力不一定有用，但努力一定比不努力有用。

这个世界上真的还有很多人，他们比你厉害却还在马不停蹄地努力，他们比你过得更加艰难却仍旧岿然不动地坚持着。你知道吗？即使那些表面看起来幸运的人，很多也是背后咬牙坚持过来的。那些看起来光鲜亮丽的人，其实也曾躲在角落里哭过很多次。那些看起来过得春风得意的人，其实也是无数次跌倒后又奋力站起来的。还有更多的人，他们尚未成功，尚未得到自己想要的东西，他们和你一样疲惫不堪，但却从来都没想过轻易放弃。他们和你我一样，奔波在这个城市的大街小巷，在天刚亮的时候就去赶早班的地铁，连早饭都吃得匆忙。他们和你我一样，难过时忍住不说，就算有再大的委屈也默默承受。

她每天要坐一个半小时的地铁上班，清早总是急急忙忙，碰倒了杯子也不再折回扶正。早高峰的地铁现实得有些残酷，挤得慢一点就上不去了，这个世界上有那么多人，可是大家都很忙碌。有时候要加班，做好的策划报表一次次被驳回，对着电脑熬红了双眼，一转头天都黑了，大部分同事早已在下班的时候就走了，也没人喊自己一声。匆匆收拾东西下楼，风很大，从公司楼下到地铁口有一段不长不短的距离，每次走在路灯下，影子那么长，都觉得好孤单。晚上回家，那个杯子还孤零零地躺在那里。

我们都有过这样的时候、这样的经历，心底的波涛汹涌从不敢搬上台面，小心翼翼地与暗流对抗，筋疲力尽却坚持不放弃。

生活远比小说更戏剧化，你永远不知道下一秒会发生什么，你不知道苦日子究竟什么时候才会到头，你不知道这辈子到底会不会有美好甘甜的一天。好像从某一天、某一件事开始，你突然明白了"容易"二字写起来容易，做起来真难。你变得不动声色，悲欢不写在脸上，和大多数人一样，挂着职业的微笑。你不再把心里的苦痛一股脑儿地倾诉给别人，你开始明白每个人都有自己的路要走，没有谁能一辈子做你的树洞。你不再是那个遇到伤心就负气出走的少年，你肩上的担子重了很多，你不再经常和好友联系，不再抱怨命运不公，不再遥望理想。有一天，你发现自己好像很久都没肆意大笑过，也没失声痛哭过，悲伤和压抑都在心里逆流成河。你笑自己矫情，却觉得眼眶有些湿热。

很多时候我们都是在被逼着往前走，不能停歇，因为一旦停下来，就会后退，有时拼尽全力向前，只是为了停在原地。就像那句话说的：所谓的光辉岁月，并不是以后闪耀的日子，而是无人问津时，你对梦想的偏执。

要知道，生活也许有时会很让人崩溃，但不会一直让人绝望。你总要学着熬过一些不为人知的苦难，没有谁会是你永远的归宿。人生这条河，除了自渡，他人爱莫能助。生活本就是酸甜苦辣五味杂陈，别把过去看得那么重要，别对未来那么执着。如果真的坚持不下去了，就把面具摘下，让灵魂透透气。也许生活总是比我们强大，总是轻而易举就可以击败我们。可不论在哪里，无论什么时候，请你永远相信，阳光会照耀每一个角落，阴霾终会散去，每一分努力都不会被辜负。愿你最终熬过苦难，想要的都拥有，得不到的都释怀。

# 学会选择，懂得放弃

距离多丽丝·莱辛88岁生日还有11天时，她获得了诺贝尔文学奖，她是目前获得诺贝尔文学奖的最高龄者。瑞典文学院的颁奖公告中这样写道："她用怀疑、热情、构想的力量来审视一个分裂的文明，以及她那史诗性的女性经历。"

她出生在伊朗东北部一个贫困家庭。父亲做苦力，母亲给人家帮佣，勉强维持着一家人的生存，所以刚刚出生，她就掉进了苦难里。

迫于生计，她6岁时随父母移居到非洲的津巴布韦，她在那里入学，和黑皮肤的孩子成为同学和玩伴。她本应该无忧无虑地享受童年时光，但灾难却不期而至。12岁那年，她小学还没有毕业，却突然得了眼疾，她眼里的世界一下子都模糊起来，就连书本上最大的字也看不清楚了。那天，母亲带着她离开校园时，她几次回头也看不清曾经熟悉的老师和同学，她绝望地痛哭流涕。黑暗的世界里，她每天在地狱般的孤寂与痛苦中苦苦挣扎。为了安慰她的情绪，母亲每天晚上回来，都要给她讲一些外面的见闻。白天，父母都出去做工了，没有人来陪她，为了打发时光，她就把听到的那些见闻编成许多感人的故事。没想到，父母听了她的故事后，竟被感动得泪流满面。

16岁时，她的视力渐渐恢复了正常。看着家里的窘境，她主动向父母要求出去做工，赚钱养家。她找到的第一份工作是电话接线员，每天从早到晚地工作，能赚到买一块黑面包的钱。一块黑面包，她也很满足了，因为这就解决了全家的晚餐问题。但是好景不长，不久，她就因为接错了一个重要电话而被解雇了。于是，她又开始四处寻找工作，最后，她给一个有钱人家的小孩做保姆，这是个不听话的孩子，没办法，为了哄他高兴，她就编各种各样的故事讲给他听。直到有一天，孩子的父亲偶然听到了她的故事，这位博览群书的男主人对她说："你讲的故事很精彩，出自哪本书呢？"她害羞地说是自己编出来的。男主人吃惊地对她说："一定要把你的故事都记录下来，有一天，你也许会成为作家呢。"这番话，对于16岁的她来说，不过是一句笑话罢了，因为她每天要面对的，还是贫穷的现实生活。

20岁时，她结婚生子了。她憧憬着，自己的人生之路，从此会铺满灿烂的阳光。但她没想到，婚姻却成了她生命中的一个劫。婚后第三年，那个她认为可以依靠的男人，突然销声匿迹了，他拿走了家里所有的财物，扔下了三个幼子和支离破碎的家。想着茫茫的人生之路，她恐惧、心痛，她不知道自己的未来在哪里。为了排遣苦闷，她又开始提起笔来写被自己称为故事的小说。写小说，成了可以让她逃避现实、排遣痛苦的方式。

31岁时，她发现自己实在无法养活三个年幼的儿子了。望着骨瘦如柴的孩子，她做出了一个大胆的决定：离开贫困的津巴布韦，到外面的世界寻找生机。她带着孩子离开津巴布韦，经南非开普敦搭乘客轮前往英国。万里飘摇的轮船上，她两手空空，囊空如洗。此时，她的全部家当只是背包中的一部反映非洲生活的小说草稿。

刚刚下船，问题就来了。没有食物，没有住处，孩子们嗷嗷待哺，她那颗母亲的心如同刀割。她拿着自己唯一的筹码——那部长篇小说的草稿到一些出版社去碰运气，结果，她处处碰壁，受尽白眼和奚落。没有人会相信，一个非洲来的流浪女人会写出可以一读的小说来。但她没有别的路可走，她不敢放弃，因为这是自己和孩子们的唯一机会。在半个月的时间里，她几乎敲遍了伦敦所有出版社的大门，直到有一家出版社同意以《野草在歌唱》为题出版她的小说。

包括她自己，任何人也没有想到，这部非洲题材的小说出版后竟吸引了无数读者，整个伦敦出版界在一夜之间都认识了这位带着三个孩子的年轻母亲。

一部小说的成功，让她看到了人生的希望和生活的方向——继续写故事、写小说。童年以来的苦难与坎坷经历，都成了她创作故事的素材。贫苦的出身，使她对弱者有着天然的亲近与同情；对人性的深切关注，又使她以强烈的社会责任感勤奋写作。结果，她在写作的道路上一发而不可收拾，结出了累累硕果。

从1952年开始，她用17年的时间，创作发表了《暴力的孩子们》《金色笔记》等多部长篇小说。她的作品越来越受到人们的关注，但与此同时，一些诋毁和攻击也如风暴般袭来，有些人说她的小说是狭隘思维与偏激思想的混合物，有些人干脆说那是垃圾。她宠辱不惊，唾面自干，埋着头继续写自己的小说。她相信，只要坚持笔耕不辍，总有一天，人们会理解自己的那些故事，并喜欢这些故事。

时光荏苒，在文字中耕耘的她由少妇变成了老妇，又由老妇熬成了耄耋的白发老婆婆。有一天，当她去超市购买生活用品回来时，看到自家门口挤满了带着摄像机的人。她好奇地问那些人："你们是要在这里拍外景剧吗？"这些人告诉她："你获得了诺贝尔文学奖！"

# 厄运有时也是一种幸运

我们都知道祸福相依，的确，有时候厄运是对我们的考验和磨砺，如果我们能够战胜它，那它就是我们的财富。而如果我们没有把握好那些优先的资源条件，甚至过于骄傲，好运反倒会成为灾难。

优越的生活和百依百顺的父母，使那些出身富裕、衣食无忧的孩子形成这样一个意识：世界是为他们造的。事情稍有不顺，他们就抱怨、仇恨，或出走，或犯罪，甚至选择极端的方式——自杀，放弃整个世界。只因为弦出了点问题，有些磨损，拉出的音不是那么和谐，他们便马上认为自己的小提琴坏了。太优越的一切让那些被宠坏的孩子连动手削水果皮的能力都丧失了。命运给他们的是一只芬芳四溢的橘子，但是他们连皮都不屑剥开，于是他们咬到的只是橘子皮，又苦又涩。

贫困的孩子很少因为青春期的叛逆，或一些小小的琐事而离家出走。这些生来就不太幸运的孩子，知道怎样靠自己争取一切，根本没有时间抱怨和歇斯底里。命运给他们的是一只样子好丑的柠檬，而且里面是酸的。他们乐观地说："我会把它做成柠檬水，在里面加些蜂蜜，真是太好了。"

当遭遇厄运时，只有你能决定自己的厄运持续多久。痛苦就像一把刀子，握住刀柄，它是可以为我们服务的，而拿住刀刃，就会割破手。在苦闷的时候，不要自以为一切都完了，殊不知，一切还可以重新开始。

麦吉是耶鲁大学戏剧学院毕业的美男子，23岁时因车祸失去了左腿之后，他依靠一条腿精彩地生活，成为全世界跑得最快的独腿长跑运动员。30岁时，厄运又至，他遭遇生命中第二次车祸，从医院出来时，他已经彻底绝望———一个四肢瘫痪的男人还有什么用处呢？麦吉开始吸毒，自暴自弃，可是这不能拯救他。一个寂静的夜晚，痛苦的麦吉坐着轮椅来到阿里道，望着眼前宽阔的公路，忽然想起自己曾在这里跑过马拉松。前路还远，生命还长，他就这样把自己放逐？顿时，他惊醒过来，"四肢瘫痪是无法改变的事实，我只能选择好好活下去！我才33岁，仍然还有希望"。麦吉坚定意志，开始了他的精彩人生。现在，他正在攻读神学博士学位，并且一直帮助困苦的人解决各种心理问题。他以乐观的笑容，给那些逆境中的人们送去温暖和光明。将来升入天堂，天使必将亲自迎接他———麦吉做了最大的努力，无愧于人生。

　　劳伦斯·萨默斯击败众多竞争对手，于2001年7月担任哈佛第27任校长。正当他对课程设置、评分制度、教授问责制等大刀阔斧进行改革的紧要关头，却因在一次学术会议发言中表示"男女之间的先天性差别，可能是女性在数理领域鲜有建树的原因"这一"惊人之语"受到各方的猛烈抨击。事后，萨默斯虽然多次对媒体解释，这一言论只是学术探讨，没有任何歧视妇女的意图，但学校董事会还是在当年3月15日启动了对萨默斯的不信任投票程序，哈佛大学第一次"弹劾"了校长的职务。

　　萨默斯极度沮丧，将自己关在房里不愿示人。一天，他无意间从窗子看见哈佛专门讲授"幸福课"的心理学、哲学和组织行为学教授泰勒·本·沙哈尔从房前路过，出于礼貌，他邀请其到家里坐坐，泰勒却毫不客气地接受了邀请。闲聊中，萨默斯一股脑儿地向泰勒倾诉了心中的苦闷。泰勒耐心听完后对他说："你应该去大胆经历正在经历的任何事情，并自然接受下来。你丢掉校长的位子已成事实，那不妨就反省一下，这段经历给你带来了什么，用所学和专长去寻找新的机会。"

　　泰勒继续开导道："你的遭遇并不致命，也不会一直如此。有时，厄运就是一种幸运，如果转化得巧妙，就是一种难得的契机。因为它已将你逼到了不得不选择去走另一条路的境地，而你一旦踏上了新路，成功自然就会向你招手了。"

　　萨默斯如醍醐灌顶："是啊，哈佛校长只不过是人生长河中一个小小的浪花，既然已被汹涌的大浪淹没了，就说明它完成了历史使命，也就不需要再留恋了。"他试探着问泰勒："这段时间，我是否可以听听你的课？"泰勒欣然答应："只要你愿意，我会随时在我的课堂上为你留下一个座位。"

　　听了泰勒的几次课后，萨默斯越发释然。在2008年美国总统大选中，奥巴马看准了萨默斯承受厄运打击的抗压能力，力邀他担任了竞选班子的经济顾问，胜选后，奥巴马随即任命萨默斯为白宫国家经济委员会主任。

　　生活中，厄运也许预示着幸运即将到来，如果你承受不住厄运的打击，幸运也就会与你擦肩而过。所以，生活中没有人总是处于顺境，也不会有人总是处于逆境。生于忧患，死于安乐，要懂得居安思危，面对苦难要迎难而上，面对机遇要好好把握，这本身就是一种高姿态。没有一个人命里注定要过一种失败的生活，也没有一个人命里注定要过一帆风顺的生活！然而，机会是要靠自己去探索寻求，去把握选择，去牢牢地抓住。

# 抛开过去，一直向前

人生的一切变化、一切魅力、一切美，都由光明和阴影构成。光明与阴影相互交融，光明背面是阴影，而阴影尽头有光明。一个人，如果一辈子走不出阴影，伴随一生的就是噩梦，谁的心遮住了阳光，阴影便和谁狭路相逢。

写下"我有一所房子，面朝大海，春暖花开"这一绝妙诗句的天才诗人海子，他才华横溢、享有盛名，为何会选择卧轨自杀？或许，因为他没有悟透光明与阴影，只看到了社会的阴影，放大了阴暗，所以，他把自己与这个世界隔离开来，郁郁寡欢，最终上演了人生的悲剧。

有一种鱼，叫仙胎鱼。仙胎鱼在水中游动异常灵敏，再加上身体透明，在水中极难辨认，外行人想捕到仙胎鱼，简直像摘星一般难。然而，反应灵敏的仙胎鱼，却被内行的渔人大量捕捉。

渔人捕捉仙胎鱼的方法很简单，只要两个人各划一只木筏，在河中央相对拉开距离，再用一根粗麻绳贴着水面系在两只木筏中间。然后，两人同时划着木筏，缓缓往岸上靠。而在岸上等着的渔人一见木筏快靠岸了，便纷纷拿起渔网，到岸边就能轻易地捞起仙胎鱼。

为什么只用一根贴在水面上的绳子就能把鱼赶到岸边呢？原来，仙胎鱼有一个致命的弱点：只要一有影子投入水中，它们是宁死也不敢靠近的。水中一根绳子的阴影，竟把仙胎鱼赶进了死胡同。

钓鱼的时候，会发现这样一种情形：鱼儿在吞钩之后，会由于剧痛而剧烈地挣扎，可是它挣扎得越厉害，钩得会越紧，鱼儿根本无法挣脱。这种现象在生活中是很常见的。

各种过失、过错是谁都难以避免的，对此有些人事后想起它们时，常常自怨自艾，以致内心充满了悔恨情绪。它们有的时候就犹如一枚心灵"鱼钩"，被人不小心咬上之后，就会深深地扎入心灵之中，即使你再怎么负痛挣扎，无论如何也难以摆脱，从而让精神负重不堪。每当人们又遇到新的心理困扰时，就会把内心深处的悔恨阴影激活，进而不自觉制造出新的过失。

其实，人生之路多坎坷，有这样或那样的过失是难免的，由此会带来悔恨等种种不良情绪，一般纠结一阵子也就过去了，不致影响身心健康。切不可沉溺于其中，甚至失去了未来的方向与重新生活下去的信心。悔恨现象如若无法避免，我们就应尽力不让其损害人性，这样才能防止心理疾病，开创新的人生。

追悔过去，容易错失现在；一旦失掉现在，也就彻底失去了未来。对于自己过去的任何过失，大可不必时时纠结于心，是好是坏都已经过去，不要为之嗟叹不已，对于已经拥有的要加倍珍惜。

对待已经造成的损失或失败是什么态度，往往影响你后来的成功。明智者永远不会坐在那里自怨自艾，而会积极弥补昨日的遗憾。我们要设法消除心中的悔恨，总结昨天的失误，让今天向明天平稳过渡。

如今各种心理疾病泛滥，其原因也是五花八门，但其实所有的起因，都可以归结为两个字，那就是——如果。曾经无休止地折磨人的精神的全是"如果"这两个字，"如果我考上了大学""如果我当年不放弃她""如果我买了那支股票"……

治疗心理问题的方法也是多种多样的，但也可归结为两个字，就是把"如果"改成"下次"，"下次遇到机会，我会再继续进修""下次遇到所爱的人，我决不会放弃了"……

是的，生活中永远都有重新选择的机会。如果哪一天发现自己已然错了，不必纠结于此，而应为下一次的不再错失做好充分的准备。只要你能甩开过去，一直向前走，就能找到自己的方向与一条新的路。

# 生命的滋味

"真正严肃的哲学问题只有一个，那就是自杀。"这是加缪《西西弗的神话》里的第一句话。对于现代人来说，健康已不仅仅是躯体健康，更重要的是心理健康，并且具有良好的社会适应能力。

面对困难与挫折，出现自杀意念的原因有很多，综合起来主要有三大方面：一是精神障碍，特别是非器质性的精神障碍或非精神病性障碍，不易引起周围人注意。二是社会因素，诸如社会不适应、竞争中失落、经济条件差、人际关系紧张、失恋等，使患者失去了生活的意义。三是个体因素，患者存在如自我认同危机、对挫折的承受能力差、计较得失、过于追求完美等个性缺陷，难以承受和化解来自方方面面的压力。

面对困难与挫折，我们不能选择退却和逃避，更不能不遵从古人遗训，留给家人的是白发人送黑发人的剜心之痛。死都不怕，难道还怕困难和挫折吗？

一个人的心态决定其生活状态。日常生活中，我们很多时候不能如愿以偿，常常还会吃苦头、受委屈、遇挫折。面对人生的风风雨雨，始终保持着处变不惊、淡定从容的状态，拥有一颗成熟、包容之心，抱着积极向上的乐观心态去看问题，永不放弃自己，必能从磨难和痛苦中找到重新站起来的力量，逆袭人生，涅槃重生。

每个人的生活中都会遇到许许多多不如意的事。也许你曾在职场上遭遇过暗算，也许你曾在情场上遭受过中伤，也许你曾在生活中遭到过背叛……可是你仔细想一想，谁不是在摸爬滚打中前行，谁又不是一边受伤一边成长呢？

当你的事业不顺心、生活不如意、感情不顺畅……当你再也无法承受所面临的困境时，不妨闭上你的眼睛，心中默念：我要做打不死的小强，我能行，我一定能行。只有如此，你才能化挫折为力量，不断提升抗挫能力，成为真正打不倒的强者，才能畅行无阻，勇往直前。也许当时你在翻越那道坎时，会感觉到委屈，感觉到煎熬，感觉到无以复加的疼痛。可是挫折如伤疤，等它结了痂，自然就会痊愈，等你再回过头来看看，其实算不了什么。

每个人的生活从来都是喜忧参半，它给你带来甘霖雨露、繁花美景的同时，也会给你带来波涛汹涌、阴云密布的时刻。对于生活中不愉快的事儿，我们要学会排解压力，宣泄不良情绪，转移自己的关注点。在社会巨大的竞争压力和快节奏的生活中，期望历练前行中的我们，不惧风雨，不畏将来，心态更平和，心智更成熟。

有一个人吃了140粒安定药，被救了回来，躺在医院急诊室的病床上，又能够微笑着和大家说话了。当他被问到死亡的感觉如何，他说一直在昏迷中，没觉着怎么痛苦。倒是出院的那天，看到阳光如此明媚，外面的世界如此新鲜，大街上姑娘们穿着红格子呢裙，真是可爱。长这么大第一次发现世界是这样地美好。世界还是那个世界，只是感受世界的那颗心不同了而已。

另一个人肺癌晚期，一年前医生就下过病危通知书，是钱、药、家人的爱在一点儿一点儿地延长着他的生命。对于病人，病痛的折磨或许会让他感到生不如死，而亲人却要不惜一切代价，只要他活着，只要他在那儿。患肺癌的人已经故去，他生前爱吃那种烤得两面焦黄的厚厚的锅盔。每次看到卖饼的小贩推着小车走来，就怅然，若他活着该多好！可惜那吃饼的人，体味不到自己能够吃饼的幸福。

人无权决定自己的生，但可以选择死。为什么要活着？

怎样活下去？是终生都要面对的问题。

伊朗影片《樱桃的滋味》是一部心理剧，剧情是这样的：巴迪先生驱车走在一条山间公路上，他神情从容镇定，稳稳地操纵着方向盘。他要寻找一个能帮忙埋掉他的人，酬金20万元。一个士兵拒绝了，一位牧师也拒绝了。天色不早了，巴迪先生依然从容镇定地驱车在公路上寻觅。这时，他遇到了一个胡子花白的老者，老者给他讲了一个故事："我年轻的时候也曾想过要自杀。一天早上，我的妻子和孩子还没睡醒，我拿了一根绳子来到树林里，在一棵樱桃树下，我想把绳子挂在树枝上，扔了几次也没成功，于是我就爬上树去。那时是樱桃成熟的季节，树上挂满了红玛瑙般晶莹饱满的樱桃。我摘了一颗放进嘴里，真甜啊！于是，我又摘了一颗。太阳出来了，万丈金光洒在树林里，涂满金光的树叶在微风中摇摆，满眼细碎的亮点。我从未发现树林这么美。这时，有几个上学的小学生来到树下，让我摘樱桃给他们吃。我摇动树枝，看他们欢快地在树下捡樱桃，然后高高兴兴去上学。看着他们的背影远去，我收起绳子回家了。从那以后我再也不想自杀了。生命是一列向着一个叫死亡的终点疾驰的火车，沿途有许多美丽的风景值得我们留恋。"夜幕降临了，巴迪先生披上外套，熄灭了车内的灯，走进黑暗中。夜色里只看到车灯的一线亮光，周围是无边的、长久的黑暗。

天亮了，远处的城市和近处的村庄开始苏醒，巴迪先生从洞里爬出来，伸了个懒腰，站在高处远眺。

为什么要活着？就为了樱桃的甜、饼的香。静下心来，认真去体验一颗樱桃的甜、一块饼的香，去享受春花灿烂的刹那，秋月似水的柔情。就这样活下去，把自己生命过程的每一个细节都设计得再精美一些、再纯净一些。不要为了追求目的而忽略过程，其实过程即目的。

# 拥有好心态

杰瑞是个不同寻常的人。他的心情总是很好，而且对事物总是有正面的看法。

当有人问他近况如何时，他会说："我快乐无比。"

杰瑞是个饭店经理，且是个独特的经理。他换过几个饭店，由于他天生是个鼓舞者，以至有几个饭店侍应生都跟着他跳槽。

如果哪个雇员心情不好，杰瑞就会告诉他怎么去看事物的正面。

这样的生活态度实在让人好奇，终于有一天，他的朋友比尔对他说，这很难办到！一个人不可能总是看到事情光明的一面。

"你是怎么做到的？"比尔问道。

杰瑞答道："每天早上我一醒来就对自己说，杰瑞，你今天有两种选择：你可以选择心情愉快，也可以选择心情不好。我会选择心情愉快。每次有坏事发生时，我可以选择成为一个受害者，也可以选择从中学些东西。我会选择从中学些东西。每次有人跑到我面前诉苦或抱怨，我可以选择接受他们的抱怨，也可以选择指出事情的正面。我选择后者。"

"是！对！可是没有那么容易吧。"比尔立刻声明。"就是有那么容易。"杰瑞答道，"人生就是选择。当你把无聊的东西都剔除后，每一种处境就是面临一个选择。你选择如何去面对各种处境；你选择别人的态度如何影响你的情绪；你选择心情舒畅还是糟糕透顶。归根结底，你自己选择如何面对人生。"

比尔受到杰瑞一番肺腑之言的影响，没过多久，就离开了饭店去开创自己的事业。

几年后，杰瑞出事了：有一天早上，他忘记了关后门，被三个持枪的强盗拦住了。强盗因为紧张而受了惊吓，对他开了枪。幸运的是，杰瑞被及时发现并送进了急诊室。经过18个小时的抢救和几个星期的精心照料，杰瑞出院了，只是仍有小部分弹片留在他的体内。

事情发生后6个月，比尔见到了杰瑞，问他近况如何，他答道："我快乐无比。想不想看看我的伤疤？"

比尔起身去看了他的伤疤，又问他当面对强盗时，他想些什么。"第一件在我脑海中浮现的事是，我应该关后门。"杰瑞答道："当我躺在地上时，我对自己说，有两个选择：一是死，一是活，我选择了活。"

"你不害怕吗？有没有失去知觉？"比尔问道。杰瑞继续说："医护人员都很好。他们不断告诉我，我会好的。但当他们把我推进急诊室后，我看到他们脸上的表情，从他们的眼中，我读到了：他是个死人。我知道我需要采取一些行动了。"

"你采取了什么行动？"比尔赶紧问。

"有个身强力壮的护士大声问我有没有对什么东西过敏。我马上答，有的。这时，所有的医生、护士都停下来等着我说下去。我深深地吸了一口气，然后大声吼道：'子弹！'在一片大笑声中，我又说道：'我选择活下来，请把我当活人来医，而不是死人。'"

杰瑞活了下来，一方面要感谢医术高明的医生，另一方面得感谢他那积极乐观的生活态度。

生活充满了选择，杰瑞总是积极地选择正面，我们有什么理由去选择反面呢？我们总会遇到很多挫折和伤害，如果我们采取了正确的态度去看待，一切困难都可以迎刃而解。

世界上有两件事不能不做：一是赶路；二是停下来看看自己是否拥有好心态。好心态是一个人一生中的好伴侣，让人愉悦和健康。一位哲人说："你的心态就是你真正的主人。"一位伟人说:"要么你去驾驭生命,要么就是生命驾驭你。你的心态决定谁是坐骑,谁是骑师。"心态决定了一个人的人生,决定了一个人成功的方向。在任何情况下,都不要忘记清洗心灵,以便让自己活得更轻松、更自在、更洒脱。

# 自信才是最美的

什么叫自信？就是相信自己。自信是一种健康的心理状态。自信的人谦卑，谦卑是为了掩饰内心的强大；自信的人快乐，快乐是因为懂得了人生的真谛；自信的人率真，率真是因为相信自己是可爱的；自信的人宽容，宽容是因为悟透了宇宙的真相；自信的人和谐，和谐是因为天人合一，与自然融为一体。

自信让生活充满阳光，让事业生机勃勃，让爱情更加美丽动人，让工作变成快乐的事情。自信给人以力量，给人以快乐。自信让我们内心充满爱，充满激情，身体充满能量。自信让我们懂得感恩，懂得宽容，懂得爱。自信让我们变得快乐而阳光，变得乐于助人起来，不再自怨自怜，愤愤不平。

自信，是一种美丽。有了自信，就有了成功的前提；有了自信，就有了做事的从容；有了自信，就有了毅力和守望。

　　但是，在生活中，我们常常受制于某些因素，而失去了某些信心，蹉跎了岁月的旅程。有时，努力了、用心了，而结果并不如意，所以生活中孜孜不倦换来的不全是温馨。然而，就这样放弃了吗？从此就对自己彻底怀疑了吗？如果你纵容自己一辈子幽幽怨怨地过日子，生活只会是乏味的、郁闷的。与其没完没了地折磨自己，不如拿出勇气。

　　有个女孩，清华大学建筑学院毕业后，顺利拿到美国哈佛大学研究生院的录取通知书。可是，没想到一切都准备好了，却在美国大使馆签证时连续两次被拒，女孩很伤心，躲在宿舍里哭。

　　好朋友劝她，为什么不找个咨询公司帮忙，很有用的。听说有个师姐，被拒签过三次，第四次去签，还是没过，后来找了一家咨询公司，在那里培训了半个月，第五次很顺利就通过了。

　　女孩动心了，找到一家叫"信心"的咨询公司。那个公司只有三个人，老板加两个助手。老板把女孩拿来的签证材料看了一遍说：你的材料没问题。又让女孩详细介绍了两次被拒绝的经过。女孩细声细语地讲着，眼睛低垂，头也低着，不敢与老板对视，老板听着听着，打断女孩："不要说了，你的毛病就在这儿。"

　　原来，女孩性格内向，不善于与陌生人交往，一说话就脸红，还老爱低眉垂眼的，给人一种没有自信的感觉。老板很有经验地对女孩说："你在我们公司主要就训练三项内容——抬起头来，眼睛平视，大声说话。"于是，接下来的两个星期里，那两个助手什么也不干，就想方设法让女孩养成抬起头来与人平视的习惯，并训练她大声说话。

第三次签证，半是习惯，半是刻意，女孩始终高昂着头，眼睛直盯着那个签证官，侃侃而谈，应对如流，从容不迫。那个签证官狐疑地看着前两次的拒签记录，嘴里嘟嘟囔囔地说："不自信，吞吞吐吐，不敢抬头，好像完全不是说的这个女孩儿。"最后，他微微一笑："你很优秀，看不出有拒绝你的理由，美国欢迎你。"整个过程只用了5分钟。

抬起头来，眼睛平视，大声说话！这是培养自信的最直接的方法！人生中可能会遇到很多次"拒签"，当你变得自信的时候，还有什么理由再"拒签"你呢？

# 没有什么是不可能的

在遇到一些事情的时候，总是有一些人会说不可能的话，认为什么事情都是自己认为的那样，但是这个世界真的是太大了，总会有一些你不相信的事情发生。

很久以前有人说，人们绝对不可能飞上天，但是现在我们有了飞机和飞行器，还有很多很多让我们飞上天的东西。还有人说，我们绝对不可能离开地球，但是我们已经登上了月球，去了外太空。所以说你现在觉得不可能的东西，只是因为时候还没有到，你现在认为那些不可能发生的事情，在以后的某一天可能真的就实现了，没有什么事是不可能的。

有时候我们要对自己有信心，比如说，如果你对自己的外貌没有信心，你就会认为你绝对不会和那个你觉得长得很好看而且很优秀的人在一起，但是只要努力的话，这种事情也不是没有可能发生；如果你觉得自己特别笨，根本没有办法学会一门技能，那是因为你对自己太没有信心了，只要你愿意去付出一定的努力，这些事情也就不会那么难达到，因为所有人都能做到的事情，你一定也能做到。

加拿大有一个小男孩叫瑞恩·希里杰克，有一天他在电视上看到非洲有成千上万的儿童没有水喝，他们渴急了就去喝残留在水凹里的脏水，甚至去喝牲畜的尿！6岁的瑞恩瞪大了眼睛。他根本不相信：这世上居然会有人没有干净的水喝，而且还会因此死去。他难过极了。

忽然，电视中传出来的一句话"70块钱可以建造一口井"让瑞恩激动不已。"我一定要为他们挖一口井。"他想，"我明天就要带70块钱来。"

电视节目结束后，他迫不及待地向妈妈伸出手："妈妈，给我70块钱。"面对瑞恩的请求，妈妈根本就没当回事。瑞恩只好沮丧地走开了。可是一整天，电视中那些非洲孩子因饥渴而死去的画面充斥着他的脑海。

晚饭时，瑞恩又向爸爸妈妈提起了这件事。"不"，妈妈说，"70块钱是不能解决那里的问题的。况且你还是个孩子，你没有这个能力！"瑞恩把求助的目光投向了爸爸。"这是个可笑的想法，瑞恩……"爸爸还想说下去，瑞恩哭着叫道："你们根本就不明白！那里的人们没有干净的水喝，孩子们正在死去，他们需要这笔钱！"

瑞恩每天都要向父母请求，好像不给他这70块钱，他就没办法生活下去一样。

瑞恩的爸爸妈妈不得不认真地讨论这件事，然后，他们告诉瑞恩："如果你真的想要，你可以自己赚，比如打扫房间、清理垃圾，我们会给你报酬。"

瑞恩得到的第一个任务是吸地毯。干了两个多小时，经过妈妈的"验收"后，瑞恩的储蓄罐里多出了两块钱。

此后，瑞恩经常利用业余时间做家务。

渐渐地，家族里的人都知道了瑞恩的这个梦想。

爷爷责备儿子说："为什么不直接给他70元钱！"

瑞恩的爸爸说："孩子的想法太可笑，根本就不可能！这样做主要是锻炼他的劳动能力，他很快就会厌烦的。"

妈妈也附和道："这肯定是一个梦，一个6岁孩子的梦，一个毫无可能实现的梦……谁会认真对待这种胡思乱想呢？"

可半年过去了，瑞恩非但没有放弃，反而干得更加卖力了。每当爸爸妈妈劝他停止时，瑞恩就说："让我再干一会儿吧，我一定要赚取足够的钱，为非洲的孩子挖一口水井！"

瑞恩每天睡觉前都祈祷：让非洲的每一个人都喝上干净的水。

附近居住的人知道了瑞恩的梦想，都被瑞恩的执着感动了，纷纷加入了"为非洲孩子挖一口水井"的活动。不久，瑞恩的故事出现在肯普特维尔《前进报》上，题目就叫"瑞恩的井"。随后，《渥太华公民报》又刊登了同样的报道。瑞恩的故事开始迅速传遍加拿大，不断有电视台要求采访。

一周后，在瑞恩家的邮筒里出现了一封陌生的来信，信封上写着"瑞恩的井"，里面有一张25万元的支票，还有一张便条："但愿我可以做得更多。"

在不到一个月的时间里，有上千万元的汇款来支持瑞恩的梦想。5年过去了，这个梦想竟成为上万人参加进来的一项事业。这个普通的男孩瑞恩被媒体称为"加拿大的灵魂"。2002年9月30日，他接受了加拿大总督克拉克森颁发的国家荣誉勋章，同年10月，他作为唯一的加拿大人被评选为"北美洲十大少年英雄"。如今，他的梦想已基本实现，在缺水最严重的非洲乌干达地区，有56%的人能够喝上干净的井水了。

有记者问道："是什么让你坚持做这件事情的？"

瑞恩说："我梦想着有一天，非洲的人都能喝上干净的水。这是个很大的梦想。但我知道，只要真心向往，并且努力奋斗，每个人都可以达成自己的梦想。我坚信，这个世界上没有什么事情是不可能做到的，事实证明，确实如此，只要你想做你就能做到！"

# 不要太在意别人的话

生活中，我们每个人对同一件事可能会有不同的看法，有时有的人的看法甚至是诋毁性的。有时无论你做得多好，都会有人对你指手画脚。所以我们不要太在意别人的看法，做好自己就是最好的，否则会使自己活得畏首畏尾。

在课堂上，你积极举手发言却有人说你显摆，如果你在意别人的看法，那你就会学不进去了。长大了你要创业，亲朋好友都反对你，邻居也说这不行，也许他们都是好意，但你坚持做下去，最后成功了。

美国著名女演员索尼亚·斯米茨的童年是在加拿大渥太华郊外的一个奶牛场里度过的。当时，她在农场附近的一所小学里读书。

有一天，她回家后很委屈地哭了，父亲就问原因。

她断断续续地说："班里一个女生说我长得很丑，还说我跑步的姿势难看。"

父亲听后只是微笑。忽然他说："我能摸得着咱家的天花板。"

正在哭泣的索尼亚听后觉得很惊奇，不知父亲想说什么，就反问："您说什么？"

父亲又重复了一遍："我能摸得着咱家的天花板。"

索尼亚忘记了哭泣，仰头看看天花板。将近4米高的天花板，父亲能摸得到？她怎么也不相信。

父亲笑笑，得意地说："不信吧？那你也别信那女孩的话，因为有些人说的并不是事实。"

索尼亚就这样明白了，不能太在意别人说什么，要自己拿好主意。

索尼亚在二十四五岁的时候，已是个很有名气的演员了。有一次，她要去参加一个集会，但经纪人告诉她，因为天气不好，只有很少人参加这次集会，会场的气氛有些冷淡。经纪人的意思是，索尼亚刚出名，应该把时间花在一些大型的活动上，以增加自身的名气。

索尼亚坚持要参加这个集会，因为她在报刊上承诺过要去参加，"我一定要兑现诺言"。

结果，那次在雨中的集会，因为有了索尼亚的参加，广场上的人越来越多，她的名气和人气因此骤升。后来，她又自己做主，离开加拿大去美国演戏，从而闻名全球。

　　人生的道路不是一帆风顺的，充满了坎坷。很多时候，我们不要太在意别人说什么，而是要自己拿好主意。当然，自己拿好主意并不是一意孤行，而是要有主见，相信自己。只有这样，我们才不会被别人所左右。为了生活可以更好地继续下去，我们不要太在意别人的眼光，只有这样，我们才会有一个比较完美的人生，不会因为一些比较不好的事情影响我们的心情。

# 把握好自己的命运

　　每个人的命运都是由自己把握的，命运不是生来就带有的特性，而是后天需自己铸造才有的辉煌。家境、身体的残缺以及他人的言论都不能决定我们的命运，而自信、追求和坚持才能决定我们的命运。

　　乔·吉拉德出生于一个贫民窟，小时候依靠擦鞋补贴家用，仿佛他永远不会有出息，但就是这样一个不被看好、负债累累、几乎走投无路的人，因为对自己有信心，而在短短三年内成了"世界上最伟大的推销员"。

　　年轻时的希尔顿怀揣500美元的家当只身闯进得克萨斯州。在购买了几家转卖的旅店后，只因为对自己有坚定的信心，所以决定在那儿大刀阔斧地干一场，不过七年，希尔顿酒店就遍布全球各地。

　　著名球星乔丹也出生于一个贫困家庭，从小对篮球情有独钟,但他买不起一双需要定做的球鞋。为了拥有一双适合自己的鞋子,他满怀自信地投身于篮球事业,经过千锤百炼,终于造就了现在的篮球之神。

霍金,是一个全身除了两根手指和大脑外全部瘫痪的残疾人,但他并不为此而自暴自弃,反而在这样的条件下越挫越勇,决不放弃对宇宙奥秘的追求,于是最终跻身于世界最伟大的科学家之列。

海伦·凯勒双目失明,小时因无法接受自己残缺的事实而脾气暴躁,后来终于茅塞顿开,不再怨天尤人,接纳了自己,并开始了对文学的追求,著成了举世传诵的《假如给我三天光明》。

音乐家贝多芬中年失聪,晚年病入膏肓,至死也没有妻子陪伴左右。很多人认为他不会在音乐方面有所造诣,但是他摒弃世俗的眼光,坚持自己,不甘堕落,追求着自己的音乐理想,用尽一生奏响了生命的乐章。

台湾散文作家林清玄小时候对父亲说,自己以后不要这么辛苦地生活,不要种地,不要上班,就等着别人给他邮钱。父亲笑他幼稚、荒唐、做梦,但林清玄坚持自己,考上了大学,去学了写作,各地的报社杂志源源不断地向他寄钱,他在家人否定的言论中成功了。

周杰伦在母亲含辛茹苦的抚养下长大,玩起了除了母亲以外无人支持的音乐。他每个月只有400元的工资维持生计,但他依旧不忘记自己内心深处的音乐梦。他被吴宗宪相中后，很长一段时间，还是没有人愿意尝试唱他的歌，可他仍然一如既往地默默创作。终于功夫不负有心人，他自己作曲自己唱，霎时间轰动了乐坛，风靡了世界。

他们的成功告诉我们，出身和家境并不代表命运，自信是成功的基石，自信才决定命运。不要放弃，不要因为身体的残缺而以为这就是命，命运永远在自己手中，对热衷的事业不竭地追求才决定命运。那些战胜舆论的人，用他们在社会上的成功告诉我们，无须理会别人的言论，我们只需把握好命运，在逆境中不忘初心地野蛮生长。每一个人都要做命运的主人，把握自己的命运。在自信、不懈追求、坚持中做命运的主人，这样才能使人生之花华丽绽放！

# 只要开始了就不会晚

每个人都要有自己想做的事，朝着自己喜欢的方向走。你想做的事情，不管什么时候开始，都不会晚。

小珍研究生毕业两三年后开始迷上中医，好朋友问她："半路出家学中医，是不是太奇怪了？改行这件事，不是应该发生在年轻时吗？人都到中年了，应该进入一个平和稳定的状态了，还折腾什么呢？"当时她淡然地说："目前自己只是中医粉丝，非常喜欢，所以要开始学习；至于其他，并没有想太多太远，而是要一边学习，一边思考，不正好吗？"

这几年，她一边组织中医学习沙龙，一边去参加各种课程学习。

好多事情，因为我们想太多、想太远，反而就止步不前。想要做一件事儿，永远都不要怕晚。只要你开始做了，就不晚。而你若是不开始，仅仅停留在思考、犹豫甚至焦虑的状态，那就永远都是零。

24岁那年，安吉开始学跳舞。当时，她大学毕业，在一个大学里工作，而且也结婚了。所以听说她要学跳舞，家里人都很惊讶。

听说跳舞是童子功，还来得及吗？骨头都硬了，身体还能柔软地伸展吗？一个女孩子，都工作结婚了，好好地工作、生活，以后要生孩子、照顾家庭，跳舞这种事也太异想天开了吧……大家向她提出了很多疑问。

她简单地解释着，她学习的是肚皮舞，不需要童子功，只要基础学扎实就可以；她小时候就喜欢跳舞，但那时没有环境和条件，现在有了，把这作为一个兴趣，不是挺好的吗？跳舞可以锻炼身体，愉悦身心，还能扩大社交圈，她认识了一帮兴趣相投的好朋友，非常开心。

没想到，她就真的跳了十年。这些年里，她从初学到精进，从一个普通的舞者到教练，参加过大大小小的舞蹈比赛，斩获了很多奖项，开了舞蹈工作室……听起来像天方夜谭，但这些的确都风轻云淡地发生在我们的生活里。

她还在大学工作，生了可爱的孩子，除此之外，她还学习瑜伽，带着爱美的女生减肥，还带着孩子们学习少儿英语（她是英语专业八级）……这么想一想，这个小时候好吃懒做的小胖妞，还真是挺让人钦佩的。

她刚开始做舞蹈工作室的时候，父母是略有担忧的。

要知道，当时肚皮舞已经开始流行，她做得当然不算早，行吗？她说："虽然我做得不算是最早的，但是我能做好。"

答案已经显而易见。

这是个非常奇怪的现象，当你打算做一件你喜欢甚至想了很久的事情时，总会有人告诉你："你来不及了，已经晚了……"

20岁时，你想要开始学习一项运动，有人说："晚了，你的骨骼已经发育完毕了，你现在来不及了。"可是，在滑冰场里，当你看到头发花白的阿姨穿着冰鞋跌跌撞撞地穿梭在年轻人中，是不是感觉阿姨很帅？

30岁时，她说要开始学写东西，又不无担忧："还来得及吗，是不是晚了？"写作是不分年龄的一件事，只要你想，60岁拿起笔开始写都没问题。关键是，你得开始。哪怕是写日记，都算是进步，对吗？

摩西奶奶76岁才拿起画笔，80岁举办画展，这件事是不是很酷？她说，人生永远没有太晚的开始。

你做什么都有人说晚了，于是你就不做了？

你高二时发现成绩不够好，可能上不了重点大学，你觉得晚了，所以自暴自弃，最终连一所普通本科都没去成。

你大学时发现自己选错了专业，可是已经来不及了，于是就浑浑噩噩，在游戏里浪费着青春，挨到毕业，勉强找一份工作，没过多久又发现自己再次错过了改变人生的机会——啊，又晚了！

　　你在一段感情里发现了一些问题，如鲠在喉，非常难受，可是你们已经谈婚论嫁，来不及再去沟通、梳理了吧？于是就假装什么都没发生，一直拖到婚姻里，拖到有一天图穷匕见，自食恶果。

　　……

　　如果你认真地去看那些励志的故事，抛去那些炫目的光环，那些故事大多都是一个普通人在用自己的坚持、努力和认真，写就整个传奇。你想做的事情，只要开始了就不会晚，真的。你想要做的改变，只要开始了，就会往好的方向走。

# 自信如此简单

有一位女歌手,第一次登台演出,内心十分紧张。想到自己马上就要上场,面对上千名观众,她的手心都在冒汗:"要是在舞台上一紧张,忘了歌词怎么办?"越想,她心跳得越快,甚至产生了打退堂鼓的念头。就在这时,一位前辈笑着走过来,随手将一个纸卷塞到她的手里,轻声说道:"这里面写着你要唱的歌词,如果你在台上忘了词,就打开来看。"她握着这张纸条,像握着一根救命的稻草,匆匆上了台。也许有那个纸卷握在手心,她的心里踏实了许多。她在台上发挥得相当好,完全没有失常。她高兴地走下舞台,向那位前辈致谢。前辈却笑着说:"是你自己战胜了自己,找回了自信。其实,我给你的,是一张白纸,上面根本没有写什么歌词!"她展开手心里的纸卷,果然上面什么也没写。她感到惊讶,自己凭着握住一张白纸,竟顺利地渡过了难关,获得了演出的成功。在以后的人生路上，她就是凭着握住自信，战胜了一个又一个困难，取得了一次又一次成功。

一天，几个白人小孩正在公园里玩，一位卖氢气球的老人推着货车走进了公园，白人小孩一窝蜂地跑过去，每人买了一个，兴高采烈地追逐着放飞在天空中色彩艳丽的氢气球。在公园的一个小角落里，站着一个黑人小孩，他羡慕地看着白人小孩在嬉戏。他不敢过去和他们一块儿玩耍，因为自卑。白人小孩的身影消失后，他才怯生生地走到老人的货车旁，用略带恳求的语气问道："您可以卖一个气球给我吗？"老人用慈祥的目光打量了一下他，温和地说："当然可以。你要一个什么颜色的？"小孩鼓起勇气说："我要一个黑色的。"脸上写满沧桑的老人惊诧地看了看小孩，随即给他一个黑色的氢气球。小孩开心地拿过气球，小手一松，黑气球在微风中冉冉升起，在蓝天白云的映衬下形成一道别样的风景。老人一边眯着眼睛看着气球上升，一边用手轻轻地拍了拍小孩的后脑勺，说："记住，气球能不能升起，不是因为它的颜色、形状，而是气球内充满了氢气。一个人的成败不是因为种族、出身，关键是你的心中有没有自信。"

珍妮是个总爱低着头的小女孩，因为她一直觉得自己长得不够漂亮，很没自信。有一天，她到饰物店去买了只绿色蝴蝶结，店主不断赞美她戴上蝴蝶结挺漂亮。珍妮虽不信，但是挺高兴，不由昂起了头。因为急于让大家看看自己的新形象，出门的时候与人撞了一下都没在意。珍妮走进教室，迎面碰上了她的老师。"珍妮，你昂起头来真美！"老师爱抚地拍拍她的肩说。那一天，珍妮得到了许多人的赞美，她想一定是蝴蝶结的功劳。晚上回到家，她急切地想看看新买的蝴蝶结，可往镜前一照，头上根本就没有蝴蝶结。

自信，是一个人最美的气质。自信的人，对待生活的态度更为从容自在，能够坦然面对生活的起伏，顺应环境的变化，从容应对遭遇到的困难和不幸，展现人性最美的一面。生活中，除了自信，每个人都会有自卑的时候。或许是因为长相、身高、体重，或许是因为家庭背景、出身条件、本身经历的一些事。这些因素固然很重要，但是最不值的就是因为任何一个原因丢失了相信自己的心。无论是贫穷还是富有，无论是貌若天仙还是相貌平平，只要你昂起头、挺起胸，怀揣一颗自信的心，快乐就会使你变得可爱。

人生路上，失败在所难免，但只要有自信，坚持不懈，自立自强，砥砺前行，就总有机会能赢得成功。如果缺乏自信时，一直做些好像没有自信的举动，就会越来越没有自信。

大多数自卑的人会因为自己的缺陷而总是忘记自己优点的存在。自信的人并不是不会自卑，而在于他们能扬长避短，找到自己的优点，接纳自己的不完美，展现自己的优势，并能逐步扩大自己的优势，这样就会慢慢自信起来。每个人都有自己擅长的事儿。找到自己的优点和特长，然后专注于你擅长的事，把事情做好的过程，会让你变得越来越自信。

　　当一个人自信的时候，他会把事情做得更好，表现得更出色，然后得到正向的结果，自信心就真的建立起来了，离成功也就不远了。

# 最彻底的失败就是放弃

　　一道面试题，标准答案不止一种。如果对题目无解就选择放弃，那无疑就会面试失败。

　　从深圳回来的同学在深圳混得风生水起，两年前加入了某知名IT企业，现在已是部门经理，月薪能抵我半年的工资。既然是高薪，门槛自然不低，早就听说这类企业的面试题目刁钻古怪。禁不住好奇，闲聊时，我向同学问起此事。见我饶有兴致，同学微微一笑："既然你有兴趣，那就考考你？"我说好，摩拳擦掌，跃跃欲试。

　　他开始出题：有12个外观相同的小球，其中有11个是标准球，质量完全相等，还有一个是质量不标准的小球。假如给你一架天平，你能以最少的步骤找出那个不标准的小球吗？

　　这是同学当初参加面试的原题，答题时间限定30分钟。为了降低难度，同学还特地提醒，这不是脑筋急转弯，说完便专心看电视去了，留下我在那搜肠刮肚、抓耳挠腮。半个小时转眼即过，把我憋得面红耳赤，别说答案，连个头绪都没理出来。自愧不如，我只好长叹一声，向同学求教。同学却给我鼓劲，先别急着放弃啊，反正现在也没什么事儿，你再想想，说不定就能答出来。我摇头说，不必浪费时间了，就我这个智商，恐怕这辈子都答不上来。同学被逗得大笑，无奈，只好将答案和盘托出。

第一步：首先把12个小球分成三组，然后将1、2、3、4号和5、6、7、8号分别放在天平两边，如果天平平衡，证明1到8号都是标准球，不标准球应该在9到12号之间。第二步：从1到8号之间随意取两个标准球，放在天平的一侧，再取9号和10号两个球放在天平的另一侧，如果天平平衡，证明不标准球应该在11号和12号之间。第三步：随意取一个标准球，放在天平的一侧，把11号球放在天平的另一侧，如果天平平衡，说明剩下的12号球不标准；反之，如果天平不平衡，证明11号就是不标准球。

当然，这只是方法之一，但无论哪种情况，只要从这个思路出发，都能以最少的步骤找出答案，同学补充说。当下折服，我又问，能答出来的人恐怕不多吧？同学说，当时十个人参加面试，只有两个人答出来了，包括我。说到当时的情景，同学脸上有些得意，又生出些许感慨。

那次面试，安排在下午进行，老总亲自主持。题目就是上面那个，在规定的30分钟内，只有朋友和另外一个人答出来了。他们被当场录用，其他没通过的都打道回府了，唯独一个人还不肯走，说非要把题目做出来才走。直到天黑，老总要带他们两个新人出去吃晚饭，又劝那个人回去，可他依然赖着不走，求老总再给点时间，说只要答出来马上走人，他显然跟自己较上劲了。拿这种人没办法，老总只好让他留下继续做题，带着他们出去吃饭去了。两个多小时后，等他们吃完饭回来，那人还在冥思苦想，显然还没答出来。最后，公司要关门了，他才无可奈何地走了。

我忽然有点同情那个人，忍不住摇头叹息，如今找个工作真不容易。

同学忽然笑了，说："人家干吗要你同情啊！公司第二天就通知他来上班了，现在还和我坐对面呢。"

我愕然。人生犹如试题，试题却有千解。同学说，他虽然没有答出那道题，但是那种永不放弃的精神，正好也是老总想要的答案。这也能算答案？我细想，应该算的，人生最彻底的失败就是放弃。

有一则寓言：一个人挖井，拼命挖了好几天也没见到水，绝望之下放弃了，最终渴死。后来人们发现，其实他只要再往下多挖一锹，就能见到水。多么令人惋惜啊，所以坚持就是胜利。

谨以此书，献给那些单枪匹马、跌跌撞撞、勇敢面对生活挑战的人。

愿你被这个世界温柔以待，愿你目之所及、心之所向满满都是爱。

激扬青春之人格魅力塑造丛书

# 入　迷：
# 三思方举步，百折不回头

谢普　主编

红旗出版社

## 图书在版编目（CIP）数据

入迷：三思方举步，百折不回头 / 谢普主编. —
北京：红旗出版社，2019. 11
（激扬青春之人格魅力塑造丛书）
ISBN 978-7-5051-4999-1

Ⅰ.①入… Ⅱ.①谢… Ⅲ.①故事—作品集—中国—
当代 Ⅳ.①I247.81

中国版本图书馆CIP数据核字（2019）第242272号

书　名　入迷：三思方举步，百折不回头
主　编　谢普

| 出 品 人 | 唐中祥 | 总 监 制 | 褚定华 |
| 选题策划 | 华语蓝图 | 责任编辑 | 王馥嘉　朱小玲 |

出版发行　红旗出版社　　　　地　　址　北京市丰台区中核路1号
编 辑 部　010-57274497　　邮政编码　100727
发 行 部　010-57270296
印　　刷　永清县晔盛亚胶印有限公司
开　　本　880毫米×1168毫米　1/32
印　　张　40
字　　数　970千字
版　　次　2019年11月北京第1版
印　　次　2020年7月北京第1次印刷

ISBN 978-7-5051-4999-1　　　定　价　256.00元（全8册）

　　生命的意义是如此厚重，无论我们怎么样全力以赴都不为过，因为我们生而为人。

　　自信，都是从摔倒了再爬起来的过程中建立的。从痛中不断学习，用最真实的痛来展现最真诚的爱，成为更好的自己，接受生命的邀约！

　　"读书才能认识世间、读书才能改变自己、读书才能增加知识、读书才能增长自己的正知正见，不读书丑陋，读书是每一个人成长的必要过程。"终身读书，与书为友，领略文字之美，精神之渊，你要记得自己啊。人生中出现的一切，都无法拥有，只能经历。深知这一点的人，就会懂得：无所谓失去，而只是经过而已；亦无所谓失败，而只是经验而已。用一颗浏览的心，去看待人生，一切的得与失、隐与显，都是风景与风情。

　　《朗读者》中徐卓说，我每次遇到什么事会让我考虑要不要继续走下去的时候，我都会提醒自己，我记得当初是为了什么出发。我爸也在这里工作过，我踩的这块土地，他以前也踩到过。我希望我活成我最开始期待的我自己心中的样子，不是活成别人期待的我成为什么样子。

清醒地认识到你是谁，把每一件事做好，总有一天会找到属于你自己的位置。

如果你现在问我什么是成功，我会说，今天比昨天更慈悲、更智慧、更懂爱与宽容，就是一种成功。如果每天都成功，连在一起就是一个成功的人生。不管你从哪里来，要到哪里去，人生不过就是这样，追求成为一个更好的、更具有精神和灵气的自己。

生命需要保持一种激情，激情能让别人感到你是不可阻挡的时候，就会为你的成功让路！一个人内心不可屈服的气质是可以感动人的，并能够改变很多东西。

古人云，三思方举步，百折不回头。大气的人，很少扭捏举棋不定。凡事都会思考充足，然后付诸行动。一个大气的人，必定细心、从容、果断，富于实干精神。

# 目/录

# 第一章 赏味人生，没有期限

寂静在喧嚣里低头不语，沉默在黑夜里与目光结交，于是，我们看错了世界，却说世界欺骗了我们。

——泰戈尔

# 遇事要先从自己身上找原因

人生不如意十常八九。不管是生活上，还是工作上，我们总会遇到各种各样不顺心的事情，这时候难免会有人抱怨世界不公，感叹自己是世界上最倒霉的人。失败的人，会把所有的责任都推到命运和别人的身上，却从来不在自己的身上找原因。

有一名员工小张，在空调生产线上工作，可是每次空调生产到他负责的这个环节时就会出错。后来，领导找他谈了多次话，小张每个月因为这个原因被扣掉不少奖金。对此，小张很气愤，总觉得自己比别的员工要倒霉许多，别人都干得好好的，怎么一到他这里就频频出错，心里很不平衡。于是，渐渐地他对工作失去了原有的热情。直到后来，小张负责的机器出现重大故障以致瘫痪，影响到整个生产流水线的作业，他才认识到事情的严重性。集团领导以不负责任为由，要将小张辞退。小张长期以来不满的积怨终于瞬间爆发，在领导的办公室里大吵大闹起来。领导告诉他说："你负责的机器总是出现这样那样的问题，可你从来不管不问，只知道生闷气。可你知不知道，在这里的每个员工都会定期给自己负责的设备维修和清理，一旦发现问题就立即上报解决，可是你却从来不重视，也从来不在自己身上找原因。"听了领导的话，小张哑口无言。如果小张在一开始发现问题的时候就能够从自己身上找原因，端正工作态度，积极找出解决问题的办法，就不至于丢了自己的工作。

　　抱怨解决不了任何问题，只会让情况越来越糟糕。在这个世界上，确实是有许多不公平不公正的事情发生，但是这不能成为我们抱怨的理由，不停地抱怨只会让人跌入消极的深渊，让我们无法以积极向上的态度去面对一切。我们总是在说"你不了解我""你根本就不懂我""为什么你就不明白我心里到底在想些什么呢"等。其实，这些也是抱怨。一个人最难弄懂的不是别人，而是自己。连你自己都没有认识透彻，又怎么能要求别人来认清楚你呢？似乎每个人都很乐意向别人诉说自己的优点和擅长做的事情，可是谁又能清楚地认识到自己的不足之处呢？每个人都明白自己是有缺点的，可是当自己犯错时，又有多少人能清醒地认识到自己的缺陷呢？就算认识到了，也未必愿意承认错误，承担责任。

　　遇事要从自己身上找原因，反省自己。在下班的路上，对一天的工作进行一个总结，总结一下今天工作完成的进度，上班时发生了哪些有趣的事情，今天老板又表扬了谁批评了谁，今天又在工作中增长了哪些见识……这些会让你充满愉悦的心情。无论对与错，不要去抱怨，而是去思考今天的所得。在夜深人静的时候，对自己的一天进行一个反思，反思今天有哪些事情做得有失妥当，跟同事的交流中说错了哪些话，在新的一天到来前还有什么需要改进的地方……这些能够帮助你一点点地接近成功。在明月当空、无人吵闹的时候，静下心来问问自己，不会有人打扰，更不会有人嘲笑。

安娜的上司以无情地指责别人为乐趣，他钟爱权力，当他发号施令时，便会因为感受到权力的所在而兴奋不已，被人们称为"恶魔"。与安娜同一个办公室的人对他不是敬而远之，就是愤愤不平。但安娜很聪明，她能对上司目中无人的做法一笑了之，对自己所处的工作环境也能够乐观对待。她不会去抱怨，也不会去对上司的做法做苛刻的评价，而是用善于发现的眼睛去观察这位上司身上的优点和长处，并努力地去学习。慢慢地，上司发现了她的这一淡然的处事态度，并很欣赏她。于是他把安娜提拔了起来，而提拔之后的工作使安娜发现了许多更有价值和意义的事情。了解一个固执苛刻的人有着两面的作用，正面的与负面的，可以使一个人的职业生涯变得轻松和惬意。面对这样的上司，很多人会担心做错一点事情就遭到严厉的责骂，于是处处小心翼翼，结果什么都做不好。而安娜则用更为广阔的胸怀去接纳和原谅了这一切，即使遭到了批评，也认为是自己的过失。上司的批评可以帮助她更好地改进。当她这样做之后，她发现即使是苛刻的人，也不一定不好接触。当她这样做之后，身边的一切都从愁眉苦脸的抱怨慢慢地美好起来，其实这也是一次心灵的成长。

我们每个人都应该学会认识自己、反省自己。任何一个人的道路都不可能是一帆风顺的，如果让抱怨充斥着漫长的一生，那将会是一件很可怕的事情。通往成功的道路都不可能过于平坦，总会遍布荆棘。要用正确的心态去看待生活、工作中的一切不如意。清醒地认识自己，找准自己的定位，清楚地认识到自己的职责和责任所在。遇事不要总是把抱怨挂在嘴边，因为抱怨解决不了任何的问题，应先从自己身上找原因，试图找到解决问题的方法。

# 我从未放弃过自己

今天我收到了来自大洋彼岸的一张明信片，看到这个熟悉的字迹，又依稀想起曾经那个渺小的自己，现在想起来也不知道当初的自己经历了什么，竟然可以坐在曾经想也不敢想的教室里。

一

初中的时候我算是学习还不错的学生，中考考得也比较满意，本来都已经考上了家乡的市重点，虽然也不算是那种招人眼红的"别人家的孩子"，但如果能够老老实实平平稳稳地度过高中三年的话，不用特别发奋图强悬梁刺股，最后至少应该还是能够考上一个"211"。

只可惜世界上的很多事情是一厢情愿，你永远也猜不到生活的下一页是什么情节。还没来得及等到一个漫长的暑假结束，因为爸爸的工作调动，我们一起搬去了东南某省的一个地级市，是一个我学完了初中地理也还不知道的地方。我插班进了当地的一所普通高中，从此开始了我终生难忘的一段生活。

刚进这所中学没多久，我就被全班人孤立，人总是排斥和自己不同的人，排斥外来者，更何况我连当地的方言都听不懂。学校离我家不是很远，但是中午的时候爸妈都在厂里，我就每天早上带午饭去学校，而经常发生的事情就是——上午的课间操结束之后我回到教室，看到自己的餐盒底朝天地扣在我的凳子上，周围没人说话，但我知道很多双眼睛在看着我，还发出哧哧的笑声。

我知道，我要是哭或者去告状的话，只会被欺负得更惨，爸妈每天加班到很晚，也从来没发现我的状态异常，我每天只是背着沉重的书包一个人看书做题，尽可能去屏蔽周围的一切。

一开始的时候也不是没有人替我说话。刚转到这个班上来的时候，班主任安排的我当时的同桌是班上的团支书，是一个扎着马尾、说话慢悠悠的女生，只有跟她说话的时候我不需要战战兢兢。

后来有一天，我带到学校的午饭又一次在课间操的时候就被扣在凳子上，我已经习惯了，正打算收拾，同桌突然上来一把把我的手打开，大喊一声："别收拾了！"我被这个小个子女生所能爆发出的这个音量吓了一跳，整个教室里鸦雀无声。随后她叽里呱啦地说了一大长串当地的方言，大意是你们有没有出息，欺负一个没有力气还手的人之类的，但是很显然不是跟我说的，是说给周围围观的肇事者听的。但是她讲完之后没人接茬，空气安静得很尴尬，班上一个带头闹事的阿飞说，哎，你不就是班主任的狗腿子吗？你也想跟她（指我）一样吗？

团支书有没有给老师打过别人的小报告我不知道，我知道的是那之后她比我被欺负得更惨，第二天的课间操我的餐盒没有被打翻，是因为这一群阿飞揪着她的头发，把她拎到学校的不知道哪个角落里打，后来她很快就转校了。从那之后更不会有人敢跟我说话，我好像成了这个教室里的透明人。

<h2 style="text-align:center">二</h2>

我的成绩以肉眼可见的速度直线下滑，不是说学习这一件事，当时我对整个生活都失去了信心，不知道自己活着的意义是什么。不管老师还是同学都对我熟视无睹，只有那几个阿飞会看心情欺负我一下，而我的爸妈根本不知道在我身上发生了什么。当时还没有对"霸凌"这个词的认知，其实不仅他们，我自己也没有，就是浑浑噩噩地过每一天，希望这一天快

点结束，回家了就没人来找我麻烦，我也不需要跟谁说话，然后被无视。

高一下学期的时候我认识了白梵，也是转校来的，在我们楼下的班。我跟她认识是某一天的放学以后，我为了躲那几个阿飞，就先到后勤部的杂物间里躲着，不知道为什么那天杂物间竟然没关门。我推门进去的时候，白梵正在里面就着窗边抽烟，我顿时一愣转身想跑，白梵叫住了我，她说的话带点儿口音，但是已经是我在这里听到的最标准清晰的普通话。

"你跑什么啊？"白梵懒洋洋地靠着窗边问我，我不知道该怎么回答，通常情况下接在这句话后面的是更加凶猛的欺侮，白梵不是个善茬，这我看得出来，她跟那些一直欺负我的阿飞有一种一模一样的感觉。

我还没来得及说什么，杂物间的门就被一下子踹开了，我班上那几个阿飞站在门口，我脑子里"嗡"的一声。站在最前面的太妹说：哎，你啊。

我脑子里一片空白，那个太妹走上前来，说："听说你挺横的啊。"我才反应过来她是在跟白梵说话，白梵没吭声，但是就连我也感觉到了今天这一架是在所难免了，只是她们一群人，白梵势单力薄，我不确定我是不是该帮一个不知道对我怀着善意还是恶意的陌生人，还是现在先溜出去，报警对白梵是最好的。正在犹豫的时候，带头的太妹说："你有种别走，等我们找人过来。"白梵没说话。

　　然后白梵就真的原地不动地等他们急匆匆地跑出去喊人过来，我问她说你真的不用去喊人吗？她白了我一眼，说：他们不会再回来的。

　　然后，她就一直笑一直笑，笑完了，特别严肃地对我说了一句我终生难忘的话："你还能好，别因为跟这些人待的时间长了，就扔了自己。"

# 三

　　后来白梵成了我在这所中学里唯一的朋友，她的确不是善茬，但也不是一个喜欢惹事的太妹，她的家人刚调到当地做二把手，白梵跟着转学来了这里，但其实没打算长待，一直是在准备出国读高中。白梵讲的这句话总是在我的耳边徘徊不去，当时的我早就已经不知道自己原本应该是什么样子了，但是白梵却特别笃定地跟我说：别扔了自己。

　　别扔了自己，字字掷地有声，我不能在这个人生最重要的时刻扔了自己。我捡回了荒废很久的功课，虽然当时已经是高一下学期过半，有太多重要的知识都被我遗漏了，但是还好现在补救还是为时不晚。

　　我想过转学的事情，但最后还是没办，一方面是因为多亏白梵，我可以过上安生日子了，这让我觉得自己当初因为这样一群人，差点毁了自己的未来，实在是很不值得、很傻的事情；另一方面也是因为我不去在乎自己和周边环境是否格格不入，这不是一所好中学，不能给我一个很好的学习环境，那我就靠自己的努力来补救。

我不会再因为要去学校而害怕第二天的天亮，每天早上都拿着词汇书在路上边走边背单词，冬天的时候伸不出手就在脑海里努力地回忆前一天背过的单词，要求自己每天都必须背两页词汇。英语本来是我的强项，但是很长时间没怎么像样地学习，我对高中的词汇已经很陌生了，一开始的时候翻开词汇书翻上几页都没几个见过的单词。但是我并没有因此而感觉到挫败，每一个不认识的单词都是一个新的开始，而站在一个新的开始，我只需要去想怎么把今天规定的单词背完、练习题做完就可以了。

理科不是我的强项，再加上原本自己就落后了太多，所以分科的时候就选择了文科，把高中剩下的两年扎扎实实地熬完。文科的重点是从课本知识出发的基础，再加上发散性的拓展思维，课本的基础知识要追上不是很困难，只是需要逼自己一把。

我可以把政治、历史、地理的课本装进脑子里，合上书就把书中的内容从第一页回想到最后一页，可是很多人做不到这一点，就在抱怨政史地的题目不会做。我看到这样的人只会觉得好笑，他们看起来是聪明和勤奋，其实说白了就还是在找捷径，没把基础知识掌握得烂熟于心就想会做题，对文科来说这是不可能的事情。虽然政史地经常不会考课本上的题，尤其是历史和地理，但是分析问题、组织答案的方式都是从课本上来的，想靠感觉就得高分根本不可能。

升高二之后不用再被理科拖后腿，我这样苦苦折磨了自己好几个月，成绩一直稳步上升，升到了我们年级的前三十名。在这样一所平均实力不强的学校里考到这个名次，对于以前的我来说可能已经很不错了，毕竟当时我只想上一所好一些的一本就可以了，但是白梵的话始终像鞭子一样驱赶着我，要让我跟这个污浊的环境彻底决裂，看自己还能向上爬到什么高度。

高二下学期期末的时候，白梵终于办妥了一切手续准备转学出国了，不会再有人放学之后和我一起躺在空无一人的操场上聊天，我没有再提问她背过那些我根本没见过，也用不上的英语单词，她也没法再监督我做够今天的数学习题量。我又回到了曾经的孤独，但是心里却是平静而坚定的，因为我知道不论我们身在什么地方，都知道自己该向着哪里去。

送她去机场的时候，我憋了好久，没说出什么话，只嗫嚅了一句：戒烟吧，耳洞别再打在耳骨上了。我知道她大概不会听我的，但是我们都会过得很好。

白梵有时会寄明信片来，有时候就寄丢了，这些明信片陪伴着我走过艰难却充实的高三，考年级第一第二对我毫无意义，我要的不是分数也不是眼前的排名，而是更遥远的未来。我没扔掉自己，这些真实的洒下过汗水的时光，也不会抛弃曾经那么拼命的我。

如果你也向往着北大，不论今天的你是在哪里，过着怎样的生活，都要记得不要扔掉自己和宝贵的梦想，总有一天它们都会让你发光。

# 新生活从选定方向开始

比塞尔是西撒哈拉沙漠中的一颗明珠，每年有数以万计的旅游者来到这儿。可是在肯·莱文发现它之前，这里还是一个封闭而落后的地方。这儿的人没有一个走出过大漠，据说不是他们不愿离开这块贫瘠的土地，而是尝试过很多次都没有走出去。

肯·莱文当然不相信这种说法。他用手语向这儿的人问原因，结果每个人的回答都一样：从这儿无论向哪个方向走，最后还是转回到出发的地方。为了证实这种说法，他做了一次试验，从比塞尔村向北走，结果三天半就走了出来。

比塞尔人为什么走不出来呢？肯·莱文非常纳闷，最后他只得雇一个比塞尔人，让他带路，看看到底是为什么？他们带了半个月的水，牵了两峰骆驼，肯·莱文收起指南针等现代设备，只挂一根木棍跟在后面。

10天过去了，他们走了大约八百英里的路程，第11天的早晨，他们果然又回到了比塞尔。

　　这一次肯·莱文终于明白了，比塞尔人之所以走不出大漠，是因为他们根本就不认识北斗星。在一望无际的沙漠里，一个人如果凭着感觉往前走，他会走出许多大小不一的圆圈，最后的足迹十有八九是一把卷尺的形状。比塞尔村处在浩瀚的沙漠中间，方圆上千公里没有一点参照物，若不认识北斗星又没有指南针，想走出沙漠，确实是不可能的。

　　肯·莱文在离开比塞尔时，带了一位叫阿古特尔的青年，就是上次和他合作的人。他告诉这位汉子，你白天休息，只在夜晚朝着北面那颗星走，就能走出沙漠。阿古特尔照着去做了，三天之后果然来到了大漠的边缘。阿古特尔因此成为比塞尔的开拓者，他的铜像被竖在小城的中央。铜像的底座上刻着一行字：新生活是从选定方向开始的。

　　一个人无论他现在多大年龄，他真正的人生之旅，是从设定目标的那一天开始的，只有设定了目标，人生才有了真实的意义。

　　有个年轻人去采访朱利斯·法兰克博士。法兰克博士是市立大学的心理学教授，虽然已经70岁高龄了，却保有相当年轻的体态。

　　"我在好多好多年前遇到过一个中国老人，"法兰克博士解释道，"那是二次大战期间，我在远东地区的俘虏集中营里。那里的情况很糟，简直无法忍受，食物短缺，没有干净的水，放眼所及全是患痢疾、疟疾等疾病的人。有些战俘在烈日下无法忍受身体和心理上的折磨，对他们来说，死已经变成最好的解脱。我自己也想过一死了之，但是有一天，一个人的出现扭转了我的求生意念——一个中国老人。"

年轻人非常专注地听着法兰克博士诉说那天的遭遇。

"那天我坐在囚犯放风的广场上，身心俱疲。我心里正想着，要爬上通了电的围篱自杀是多么容易的事。一会儿之后，我发现身旁坐了一个中国老人，我因为太虚弱了，还恍惚地以为是自己的幻觉。毕竟，在日本的战俘营区里，怎么可能突然出现一个中国人？

"他转过头来问了我一个问题，一个非常简单的问题，却救了我的命。"

年轻人马上提出自己的疑惑："是什么样的问题可以救人一命呢？"

"他问的问题是，"法兰克博士继续说，"'你从这里出去之后，第一件想做的事情是什么？'这是我从来没想过的问题，我从来不敢想。但是我心里却有答案：我要再看看我的太太和孩子们。突然间，我认为自己必须活下去，那件事情值得我活着回去做。那个问题救了我一命，因为它给了我某个我已经失去的东西——活下去的理由！从那时起，活下去变得不再那么困难了，因为我知道，我每多活一天，就离战争结束近一点，也离我的梦想近一点。中国老人的问题不只救了我的命，它还教了我从来没学过，却是最重要的一课。"

"是什么？"年轻人问。

"目标的力量。"

"目标？"

"是的，目标，企图，值得奋斗的事。目标给了我们生活的目的和意义。当然，我们也可以没有目标地活着，但是要真正地活着，快乐地活着，我们就必须有生存的目标。伟大的艾德米勒·拜尔德说:'没有目标，日子便会结束，像碎片般地消失。'

"目标创造出目的和意义。有了目标，我们才知道要往哪里去，去追求些什么。没有目标，生活就会失去方向，而人也成了行尸走肉。人们生活的动机往往来自于两样东西：不是要远离痛苦，就是追求欢愉。目标可以让我们把心思紧系在追求欢愉上，而缺乏目标则会让我们专注于避免痛苦。同时，目标甚至可以让我们更能够忍受痛苦。"

"我有点不太懂，"年轻人犹豫地说，"目标怎么让人更能够忍受痛苦呢？"

"嗯，我想想该怎么说……好！想象你肚子痛，每几分钟就会来一次剧烈的疼痛，痛到你会忍不住呻吟起来，这时你有什么感觉？"

"太可怕了，我可以想象。"

"如果疼痛越来越严重，而且间隔的时间越来越短，你有什么感觉？你会紧张还是兴奋？"

"这是什么问题，痛得要死怎么可能还兴奋得起来，除非你是受虐狂。"

"不，这是个怀孕的女人！这女人忍受着痛苦，她知道最后她会生下一个孩子来。在这种情况下，这女人甚至可能还期待痛苦越来越频繁，因为她知道阵痛越频繁，表示她就快要生了。这种疼痛的背后含有具体意义的目标，因此使得疼痛可以被忍受。

"同样的道理，如果你已经有个目标在那儿，你就更能忍受达到目标之前的那段痛苦期。毫无疑问，当时我因为有了活下去的目标，所以使我更有韧性，否则我可能早就撑不下去了。我看见一个非常消沉的战俘，于是我问他同一个问题：'当你活着走出这里时，你第一件想做的事是什么？'他听了我的问题之后，渐渐地脸上的表情变了，他因为想到自己的目标而两眼闪闪发亮。他要为未来奋斗，当他努力地活过每一天的时候，他知道离自己的目标更近了。

"我再告诉你另一件事。看着一个人的改变这么大，而你知道你说的话对他有很大的帮助，那种感觉真是太棒！所以我又把这当成自己的目标，我要每天都尽可能地帮助更多的人。

"战争结束之后，我在哈佛大学从事一项很有趣的研究。我问1953年那届的毕业学生，他们的生活是否有任何企图或目标？你猜有多少学生有特定的目标？"

"50%。"年轻人猜道。

"错了！事实上是低于3％！"法兰克博士说，"你相信吗？100个人里面只有不到3个人对他们的生活有一点想法。我们持续追踪这些学生达25年之久，结果发现，那有目标的3%毕业生比其他97%的人，拥有更稳定的婚姻状况，健康状况良好，同时，财务情况也比较正常。当然，毫无疑问，我发现他们比其他人有更快乐的生活。"

"你为什么认为有目标会让人们比较快乐？"年轻人问。

"因为我们不只从食物中得到精力，尤其重要的是从心里的一股热忱来获得精力，而这股热忱则是来自于目标，对事物有所企求，有所期待。为什么有这么多人不快乐？一个非常重要的原因就是因为他们的生活没有意义，没有目标。早晨没有起床的动力，没有目标的激励，也没有梦想。他们因此在生命旅途上迷失了方向和自我。

"如果我们有目标要去追求的话，生活的压力和张力就会消失，我们就会像障碍赛跑一样，为了达到目标，而不惜冲过一道道关卡和障碍。

"目标提供我们快乐的基础。人们总以为舒适和豪华富裕是快乐的基本要求，然而事实上，真正会让我们感觉快乐的却是某些能激起我们热情的东西。这就是快乐的最大秘密——缺乏意义和目标的生活是无法创造出持久的快乐的。而这就是我所说的'目标的力量'。目标赋予我们生命的意义和目的。有了目标，我们才会把注意力集中在追求喜悦，而不是在避免痛苦上。"

# 爱的奇迹

一个小男孩捏着一美元硬币，沿街一家一家商店地询问："请问您这儿有上帝卖吗？"店主要么说没有，要么嫌他在捣乱，不由分说就把他撵出了店门。

天快黑时，第29家商店的店主热情地接待了男孩。

老板名叫邦迪，是个60多岁的老人，满头银发，慈眉善目。

他笑眯眯地问男孩："告诉我，孩子，你买上帝干吗？"

男孩流着泪告诉老人，他父母很早就去世了，是被叔叔抚养大的，叔叔是个建筑工人，前不久从脚手架上摔了下来，至今昏迷不醒。医生说，只有上帝才能救他。小男孩想，上帝一定是一种非常奇妙的东西。

"我把上帝买回来，让叔叔吃了，伤就会好。"

老板眼圈也湿润了，问："你有多少钱？"

"一美元。"

"孩子，眼下上帝的价格正好是一美元。"

老板接过硬币，从货架上拿了瓶"上帝之吻"牌饮料说："拿去吧，孩子，你叔叔喝了这瓶'上帝'，就没事了。"

小男孩喜出望外，将饮料抱在怀里，兴冲冲地回到了医院。

一进病房，他就开心地叫嚷道：

"叔叔，我把上帝买回来了，你很快就会好起来！"

几天后，一个由世界上顶尖医学专家组成的医疗小组来到医院，对小男孩的叔叔进行会诊。他们采用世界上最先进的医疗技术，终于治好了他的伤。

小男孩的叔叔出院时，看到医疗费账单上那个天文数字，吓得差点昏过去。可院方告诉他，有个叫邦迪的老人帮他把钱付清了。邦迪是个亿万富翁，从一家跨国公司董事长的位置上退下来后，隐居在本市，开了家杂货店打发时光。那个医疗小组就是老人花重金聘来的。

小男孩的叔叔激动不已，他立即和小男孩去感谢老人。可老人已经把杂货店卖掉，出国旅游去了。

后来，小男孩的叔叔收到一封信，是那位邦迪老人写来的，信中说：

"年轻人，您能有这个侄儿，实在是太幸运了。为了救您，他拿一美元到处购买上帝……感谢上帝，是他挽救了您的生命。但您一定要永远记住，真正的上帝，是人们的爱心！"

后来，那个到处买上帝的小男孩长大后，进了医学院学习，为了感谢曾经救过他叔叔的亿万富翁，为了帮助意外受到伤害的人们，也为了传承人本性中的爱心，他发明了创可贴，并用邦迪的名字来命名，以便大家记住他的故事，传递爱心。

这世界是有奇迹存在的，而促使种种奇迹发生的最重要的因素，就是诚挚的爱。有了真挚的爱，困难就会低头，魔鬼就会逃逸。

# 心有多净，世界就有多净

几个月前我在办公室加班，保安打电话给我，说车停的位置不对，我答应赶紧挪车；保安又说，副驾驶的车窗没关，我赶紧谢谢提醒；还没完，他说我的钱包忘在副驾驶座位上，我立马提高警惕：想讹我钱？他怎么知道我的电话？我又没在物业做过登记？下楼后才知道，他巡查时看到我的钱包在副驾驶座位上，担心有人偷走，就帮我收好，然后通过钱包里的一张洗车卡查到我的电话。他平静地叙述整个过程，并提醒我以后别这么大意。看来我之前的担心，是以小人之心度保安之腹了。

几天后，北京大雨，我开车路过一家酒店时，一个外地游客拦住我，问多少钱走一趟，把我当黑车司机了。我犹疑了几秒钟，他恳求说，雨太大，等很久没出租车。我没再犹疑，打开门让他上来，他说想去希尔顿酒店，我告诉他我也去那个方向，顺路。其实我去的方向与他完全相反。路上"客人"想给我100元钱，我笑说，给钱就不载了。他非常感谢我，还说要交个朋友。

两个故事间隔不足一周，我都当作美好记忆，并讲给朋友听。有个朋友提醒我，真实情况很可能是这样：保安看到你车窗没关，就把头伸进去看看有没有东西可以顺走，结果发现一个钱包，高兴得不得了，但打开一看才200元，决定不冒这个险。顺手送人情，没准你会屁颠屁颠写封感谢信给物业。你搭载的那个人可能回去就吹："哥们儿在北京赶上大雨，满大街都打不到车，但凭哥三寸不烂之舌，愣让一山炮把我送回酒店，一分钱没收，临了儿那孙子还乐呵呵的。"

当朋友分析时，我第一反应是，真实的情况很可能是这样，尤其那个搭车人，他的感谢一点也不真诚。他告诉我他是做投资的，而做投资的最会讲故事，他夸我的目的只是想搭车，他一定在想，这是他这一天最得意的一笔"投资"。朋友还提醒我，不要让陌生人搭车："万一是钓鱼执法呢？"我苦笑道："北京好歹是个大城市，不会有这么坏的执法者……"

但几分钟后，我就想明白了，然后告诉他："这个世界是干净还是脏，并不取决于眼睛，而是取决于想法，心有多净，世界就有多净。这个世界是简单还是复杂，常常不取决于世界本身，而是取决于你和它相处的方法。你用复杂的方法对付它，它会呈现出无比的复杂；你用简单的方法和它相处，它的回馈就出奇地简单。善良是什么？过于善良是不是没有原则？其实善良本身就是原则。我完全可以这么想，那个保安平时就很称职，他捡过很多东西，每次都尽力找到失主，对他来说，这只是例行公事，他会为此心情舒畅，就像我让那个外地人搭车一样。那个搭车的人，也许回去就跟朋友讲，怎么还有这样的人？在大雨天免费送他回酒店，陌生人之间是可以信任和帮助的。他也许会把这个故事讲给好多人，这样越来越多的人见到他人有困难，也会伸出援手，露出笑脸。"

# 为什么要终生学习

> 如果你想获得想要的东西，那就得让自己配得
> 上它。信任、成功和钦佩都是靠努力获得的。
>
> ——查理·芒格

一

最近看了一部感触颇深的纪录片——《Becoming Warren Buffett》（成为沃伦·巴菲特）。

这是HBO（有线电视网络媒体公司）今年拍摄的关于巴菲特最新的纪录片，是目前为止我觉得拍得最好，也是最接近他真实生活的纪录片。

这部纪录片里，巴菲特坦然褪去自己身上众多的光环，展露了自己最真实的一面。影片里的大部分镜头，献给了巴菲

特的家人，回忆他的过去，以及记录平常的生活。

比如说巴菲特每天早上上班时，会开车路过麦当劳买一份早餐，带到办公室后享用。他的桌子上也一定摆放着一杯他钟爱一生的可口可乐。

他在上班路上打趣地说道："如果今天公司股票价格涨了，我就买四块二的套餐；如果股价不好，哈，那我就买三块八的。"

## 二

关于巴菲特读书之多这一点，他的合伙人查理·芒格曾经评价过：

"我这辈子遇到的来自各行各业的聪明人，没有一个不每天阅读的——没有，一个都没有。而沃伦读书之多，可能会让你感到吃惊，他是一本长了两条腿的书。"

终生阅读和学习的巴菲特，即使在84岁的高龄，还掌管着全世界最大的投资公司，保持着敏锐的大脑和思维，以及对工作和生活的热爱。

巴菲特说他不惧怕死亡，他觉得自己这一生度过得无比充实和幸福。他每天都会兴致勃勃地起床，期待着今天发生的新鲜事，对他的工作乐在其中。

那些想着快速致富的人，看完这部纪录片可能要失望了。巴菲特并没有提供什么点石成金的致富秘诀。

与之相反，这部纪录片给我们展示的真相是——成功不仅是枯燥的，甚至还是有点孤独的。

一个人只有严于律己，长年累月地专注于做好一件事情，并且坚持终生读书学习，才能享有随之而来的成功、荣誉和财富。

成为世界首富其实并没有什么特别的捷径，巴菲特只是通过一生的专注和终生学习，达到了现在的高度。

这也是这部纪录片想要传递的信息。

## 三

很多人会说，我生活中需要什么知识现学现用不就好了，学习不就是为了应付考试和工作的吗？

那我们为什么还要终生学习呢？

因为功利性学习的范围是非常狭隘的，收获也是非常有限的，但是终生学习的回报却是不可估量的。

爱因斯坦曾经说过，复利是这个世界上的第八大奇迹，那些理解并使用它的人将最终获得巨大的财富。那些不理解它的人会付出巨大代价。

巴菲特就是利用了复利的力量。在管理伯克希尔·哈撒韦公司50年的时间里，他通过复利让每年21.6%的增长，变成了现如今高达1826163%的资产增值。

而复利的效果不仅可以应用在财富的积累，更体现在知识的积累。

当你在时间的长河中坚持不懈地终身学习，你的知识将会在复利的作用下持续地累积和增长，最终的收获和回报会远远超出你的想象。

而实现终生学习的最佳途径，就是阅读大量优秀的书籍。

## 四

读书不仅是获取知识的手段，更能够培养出一个优秀的人格。这是甚至比获取知识更要有意义的一件事。

而当你阅读了一定量的优秀书籍后，你会发现历史上很多伟大和成功的人，有着很多彼此呼应的励志故事，人生观和价值观。这些感受会在潜移默化中影响着阅读的你。

读过《富兰克林传》的人都知道，富兰克林借由《穷理查年鉴》传播了许多有用和影响深远的建议。

他赞扬的美德包括勤奋、负责和节俭。这位美国开国之父的书籍和观点，在随后的两个世纪里，影响了千千万万的人。

而当你再读到《品格之路》这本书时，你会发现书中写到的影响世界的伟人和思想家——如最杰出的美国总统之一德怀特·艾森豪威尔，第二次世界大战"胜利的组织者"乔治·马歇尔，为终结种族歧视奔走一生的斗士菲利普·伦道夫与贝亚德·拉斯廷……都或多或少体现了富兰克林倡导的价值观。

书中写到一个故事揭示了艾森豪威尔自律的行为是如何养成的。他的品行深受他的父亲和他的家庭的影响。

艾森豪威尔的父亲是德国移民后裔，是一个普通的小业主，但是做人做事认真负责，节俭而又自律。

因为经历过破产的痛苦，他规定自己和公司的员工每个月必须将薪水的10%存起来，以防范意外情况。要知道那个时候美国家庭的储蓄习惯很糟糕，但是艾森豪威尔的父亲却对资金和储蓄有着严格的自律。

正是靠着这一点，他才让自己的家庭过上了虽然不富裕，但是体面而有尊严的生活，也保障了自己的孩子和员工的生活。

这种自律的行为深深影响了艾森豪威尔，使他能够通过严于律己晋升为一个严格而又优秀的军官，最终成为了一个伟大的美国总统。

博览群书的你会发现，从富兰克林到艾森豪威尔，再到巴菲特，无论他们身处哪个时代，这些成功和伟大的人都有着类似的优秀品质和人格的共鸣。

## 五

当你用心阅读了大量的书籍后，会更加深刻地感受到——

一个成功和优秀的人的背后，必然有一个伟大的人格。

而在他们身上那些普世而又优秀的品格，如勤奋、节俭和自律，会通过书本的传承，耳濡目染地影响着你，在阅读中提高你的心智水平，让你收获更高的人生境界和品格上的财富。

很多时候，我们所说的社会阶级上的固化和差异，并不仅仅是财富上的差距，更多是每个人眼界和选择的不同。而读书和终生学习，是我们每个人用最低的成本，提高自己的知识、眼界和人格的最佳途径。

我们也许没有办法决定我们的出身和阶层，但是我们每个人都可以通过读书和终生学习，为自己塑造一个优秀的人格，实现个人的提高和阶级的突破。

而一旦拥有了优秀的人格，你会更加坚定一个普世的信念："如果你想获得你想要的东西，那就得让自己配得上它。信任、成功和钦佩都是靠努力获得的。"

在这个信念面前，所有投机取巧的捷径和不劳而获的想法都会在你的眼中褪去光芒，衬托出你个人努力的熠熠光辉。

这也许是为什么我们要终生读书和学习的最好答案。

# 痛苦的意义

痛苦是人生不可避免的现实，成功的关键是接受痛苦并从中成长。痛苦的反面是什么？十之八九的人会回答"快乐"。错，真正的反面是"不痛"，也就是舒适。而舒适虽然很好，却不是真正意义上的快乐。穷其一生追求舒适的人最终会感到非常失望，如果一生竭力避免痛苦，你也就避开了最深层次的快乐。虽然每个人都尽力把生活中的痛苦最小化，现实仍然是痛苦不可避免。

任何事情都有起伏利弊，我们如果想在有生之年有所成就，关键是不要排斥痛苦，而要学会如何理解和接受痛苦。痛苦是我们为快乐支付的代价，我们生活中的所有快乐，家庭和睦、事业有成、人生意义的追求，都需要付出艰苦努力来换取。我们经常所说的"痛苦"是一种实际意义上的"努力"：为身体健康付出的努力是痛苦的，为思考付出的努力是痛苦的，为建立和维持友好关系而努力是痛苦的。由此看出，尽管努力是痛苦的，想实现人生目标却离不开它，任何想无风无浪平静度过一生的人，都无法品味到真正意义上的快乐。

真正的快乐离不开痛苦，这里有个例子，什么是你父母的最大快乐？是的，你。父母的最大痛苦是什么？回答同样是：你。父母的最大快乐同时也是他们的最大痛苦并非巧合，快乐越大，努力所需要的痛苦也越大。此外，我们实现目标过程中经历的痛苦越多，我们感受的成功喜悦也越多，换句话说，我们付出越多，也就越要珍惜。

追求舒适被定义为"颓废堕落"，整个社会以此为主要目标的时候，它就危险了，罗马帝国的坍塌就是由于这个原因，他们太舒适了。西方当前很低的出生率，也是当代颓废的一种表现，年轻人为了自己的舒适甚至不顾及国家的前途，整个社会早晚会自食其果。经常的情况是对痛苦的恐惧比痛苦本身还可怕，扎一下疫苗只需几秒钟，对那份疼痛的预期和想象却持续几个小时。害怕痛苦是最大的限制条件，你如果害怕旅行就哪儿都去不成。同样，如果害怕身体和精神上的痛苦，你就不会成长并有所成就，更不用说找到真理。

我们每个人都面对同一个选择，或是痛苦着努力着，或是忍受痛苦认为自己是懦夫不敢尝试。举个例子，不敢求职，你就避免了被拒绝的痛苦，一生也就成了轻言放弃的懦夫，而且这样的情绪会经常萦绕纠缠着你，挥之不去。事实上，痛苦经常是跨过去进入快乐世界的门槛，一个很好的例子就是治疗牙齿：钻开、充填需要一个小时，疼痛持续两个小时，但修补却可以防止牙的进一步恶化，未来多年里给了你吃东西的快乐。

最大也是最需要克服的恐惧，就是害怕面对现实，有些人宁可活在幻觉里也不愿清醒地正视它。为什么？因为现实总是与我们习惯了的情况有所不同，意味着现存的生活之路必须有所改变，这是很痛苦的。所以我们选择逃避，不肯付出为达到人生目标和雄心壮志而必须付出的努力。我们都想伟大，都想改变世界，关键是并不总是想着要付出相应的努力，所以我们常常分心，刻意回避我们应该成为什么样的人，和想要取得什么样成就这样的问题。面对无法回避的现实时我们更加痛苦，特别是感到再也无力做任何事情改变它的时候。所以要经常自问："我在回避什么样的痛苦？"要尽力准确找出害怕什么，说明理由，可能发生的最糟糕情况是什么。为此，先列出没有痛苦的情况下，你想要达到的目标，然后在每个旁边写下，要想达到这些目标不可避免的痛苦，再写下是什么使得这些目标拥有价值。现在把两个栏目加以比较，如果某个目标真有价值，你马上就可以看出对痛苦的恐惧，是如何阻碍你实现这个目标的，这就可以清楚说明你是多么心甘情愿付出痛苦的代价，达到想要取得的目标了。

重要的是要盯住目标，消除痛苦的最好办法之一就是将其忘记而只是盯住快乐。有人说痛苦和快乐似乎不可能同时发生，痛苦着就不会感到快乐。错！如果把注意力仅仅放在痛苦上，即使有快乐可言的时候你也会对其麻木不仁，转移了注意的重点也就改变了感觉。再举个例子，打棒球的时候，正常情况下你会奔跑、跳跃、投球、防卫，这一次不用球做一次！你想你能坚持玩多久？五分钟？没有球，也就没有了分散痛苦的快乐，每一步都似乎那么沉重。再把球拿上来，又可以玩上两个小时了。圣人说要把双眼盯在目标上，要达到人生目标，你必须学会有关生活的相应知识，这样你才能真正感受到努力带来的快乐。

想象某个男孩和伙伴玩耍时跌倒擦破了膝盖，开始哭泣，伙伴们冲他喊道："哭吧，伙计，可劲儿哭！"他却立刻站起来重又加入游戏。回到家里，孩子给妈妈看受的伤，立刻又大哭起来。我们的生活享受与痛苦密切相关，很多人学会说"那又怎么样"，对痛苦毫不在意，而有的人则纠结于自怨自艾的情绪，深陷痛苦不能自拔。很多人盯住自己的不能而不是能，结果造成毫无意义的痛苦。每个人生来都有惊人的天赋和潜力，所以纠缠于自己的缺点，就如同衣衫褴褛地到高级饭店进餐一样愚蠢——漂亮的风景、精美雅致的餐具，为此你感到局促不安大声喊道："没有盐！怎么回事？"原本很愉快的经历变成你和周围人的一场噩梦。取得伟大成就的是那些忍受最大痛苦的人，你会因为手指扎根刺就放弃革命吗？你会因为头痛就不再发挥聪明才智吗？有的人在冰水中游泳、在烧红的煤炭上行走，为的就是克服这样做所带来的恐惧，克服恐惧使我们能够感觉到自由意志，让我们能在很大程度上塑造自己的生活。学会专注痛苦中的好处吧，这样你才能发现生活所能给予的最大快乐。

说到他人的痛苦，那就是两回事了。看望住院朋友的时候，不要说教他应该"看到积极的一面"，同情和理解才能减轻痛苦。同样，也不要对人类的苦难视而不见，你的社区如果出现问题，问自己："我能做些有助于问题解决的什么事情？"大多数人能体会到今天人类的苦难：绝望、迫害、残缺的家园……而愿意全力以赴找到真正解决方法的人却凤毛麟角。伟大不仅仅在于比去年更多地捐献，而在于身体力行，把他人的痛苦当作自己的，这就是伟人的伟大之处，这里才是伟大最终得以展现出来之处。

# 品尝人生之苦

人生由喜怒哀乐、酸甜苦辣交织而成，我们很多人只觉得人生应该是喜和甜的，一旦追求不到就觉得人生暗淡无光。其实，我们更应该知道，我们需要去品尝人生的苦，人生的酸。伤痛也是人生，体验伤痛也是我们活着的证明。

有一位老人，他的名字叫褚时健。

生于1928年的褚时健出生在一个农民的家庭。1955年27岁的褚时健担任了云南玉溪地区行署人事科科长。31岁时被打成右派，带着妻子和唯一的女儿下农场参加劳动改造。"文革"结束后，1979年褚时健接手玉溪卷烟厂，出任厂长。当时的玉溪卷烟厂是一家濒临倒闭的破烂小厂。那年他51岁，扛下了这份重任。

而我们现在有很多二三十岁的人已经不想工作，害怕压力、害怕承担、怕苦怕累。到40岁已经觉得这一生的奋斗结束了。褚时健的奋斗故事51岁才刚刚开始。

褚时健和他的团队经过18年的努力，把当年濒临倒闭的玉溪卷烟厂打造成后来亚洲最大的卷烟厂、中国的名牌企业——红塔集团。褚时健也成为中国烟草大王，成为了地方财政的支柱，18年的时间共为国家创税收991亿。

而就在褚时健红透全中国，走到人生巅峰时，在1999年因为经济问题被判无期徒刑（后来改判有期徒刑17年），那年的褚时健已经71岁。当从一个红透半边天的国企红人，执政了18年的红塔集团的全国风云人物一下子变成阶下囚，这个人生的打击可以说是灭顶之灾。接下来的打击对一个老人才是致命的，妻子和女儿早在三年前已经先行入狱，唯一的女儿在狱中自杀身亡。

这场人生的游戏是何等地残酷，一般人想到的，此时这位风烛残年的老人在晚年遇到这样的不幸，只能在狱中悲凉地苟延残喘度过余生了。

三年后，褚时健因为严重的糖尿病，在狱中几次晕倒，后被保外就医。经过几个月的调理后，褚时健上了哀劳山种田，后来他承包了2400亩的荒地种橙子。那年他74岁。

王石感慨地说：我得知他保外就医后，就专程到云南山区探访他。他居然承包了2400亩山地种橙子，橙子挂果要6年，他那时已经是75岁的老人了，你想象一下，一个75岁的老人，戴着一个大墨镜，穿着破圆领衫，兴致勃勃地跟我谈论橙子6年后挂果是什么情景。所以王石说：人生最大的震憾在哀劳山上，是穿着破圆领衫，戴着大墨镜，戴着草帽，兴致勃勃地谈论6年后橙子挂果的75岁的褚时健。

6年后，他已经是81岁的高龄。

后来有人问深圳万科集团董事长王石：你最尊敬的企业家是谁？王石沉吟了一下，说出了一个人的名字。不是全球巨富巴菲特、比尔·盖茨或李嘉诚，也不是房地产界的某位成功人士，而是一个老人，一个跌倒过并且跌得很惨的人。

这些看起来无法跨越的困难并没有阻挡褚时健，他带着妻子进驻荒山，昔日的企业家成为一个地道的农民。几年的时间，他用努力和汗水把荒山变成果园，而且他种的冰糖脐橙在云南1公斤8块钱你都买不到，原来这些产品一采摘就运往深圳、北京、上海等大城市，效益惊人。因为褚时健卖的是励志橙。

王石再去探望褚时健时，他看到了一个面色黝黑但健康开朗的农民老伯伯。他向王石介绍的都是果园、气温、果苗的长势。言谈之间，他自然地谈到了一个核心的问题：2400亩的荒山如何管理？他使用了以前的方法，采用和果农互利的办法。他给每棵树都定了标准，产量上他定个数，说收多少果子就收多少，因为太多会影响果子的质量。这样一来，果农一见到差点儿的果子就主动摘掉，从不以次充好。他制定了激励机制：一个农民只要把任务完成，就能领上4000块钱，年终奖金2000多块，一个农民一年能领到一万多块钱，一户三口人，就能收入三四万块钱，比到外面打工挣钱还多。

他管理烟厂时，想到烟厂上班的人挤破头；现在管理果园，想到果园干活的人也挤破头。这个已经85岁的老人，把跌倒当成了爬起，面对人生的波澜，他流过泪，也曾黯然神伤。

现今，经过评估，褚时健的身家又已过亿。他的那种面对任何人生的磨难所展示出来的淡定，让他作为企业家的气质和胸怀呼之欲出。

王石说：如果我在他那个年纪遇到挫折，我一定不会像他那样，而是在一个岛上，远离城市，离群独居。

王石的感慨，褚时健并没有听到。他在红塔集团时带的三个徒弟，现在已是红河烟厂、曲靖烟厂、云南中烟集团的掌门人，对他来说，他在曾经最辉煌时跌倒，但在跌倒后又一次创造神话，这就足够了。

褚时健这个最富争议的人物，给了我们衡量一个人成功的标志的答案。

# 一只逆袭成功的雄鹰

2013年1月18日，国际科学技术奖励大会在北京隆重举行，中国工程院院士王小谟荣获国家最高科学技术奖。当人们把热烈的掌声献给这位杰出的科学家时，很少有人知道，他曾经是一只不能在科研领域自由飞翔的"笼中鸟"。

1938年，王小谟出生在上海金山县，自小聪明伶俐，卓尔不群，喜欢唱戏，而且嗓音圆润，有板有眼。中学时，一家昆曲剧院相中他，想招录他走上艺术表演的道路，这令王小谟兴奋了好长时间。不过，中学毕业那年，他还是听从家人的建议——读国防建设，并以优异成绩考入北京工业学院。1961年，大学毕业后，他进入电子工业部38所，从事雷达科学研究。那时，他决心要做一只翱翔在科学高峰上的雄鹰！

没过几年，正当王小谟满腔热情投入科研的时候，国内政治风云突变，1966年，他被扣上"反动学术权威"的帽子，从科研一线被发配到研究所的机房，专门负责管理计算机。被剥夺科研权利，对于一个科学家来说，无疑是巨大的屈辱和不幸，如同被困在笼中的雄鹰，为此，王小谟一度无比郁闷。

这个时候，真正给予他心灵援助的不是亲人，也不是朋友，而是艺术。自小酷爱戏曲艺术的王小谟，在有板有眼的唱、念、做、打中，早就养成了一种"天塌下来当斗笠戴"的乐观性格。他熟知苦守寒窑十八载的王宝钏，更熟知身陷胡地十九年的苏子卿，坚信"冬天已经来临，春天不会遥远"，困难只是暂时的。因此，没过几天，王小谟一扫心中的阴霾，坦然接受不公。很快，他找到了进行自我调节的绝好办法——在干完清洁工作后，他会在机房的空调冷却池里来一段标准泳姿展示；在感到憋闷不堪时，他会与计算机进行车马炮对弈，或是对着计算机的麦克风清唱一段样板戏……总之，他通过自娱自乐来保持一种昂扬的精神和积极的心态。

塞缪尔曾说："世界如一面镜子：皱眉视之，它也皱眉看你；笑着对它，它也笑着看你。"王小谟是此话最好的注脚。阳光总在风雨后，在机房里被"冷处理"了两年，"笼中鸟"王小谟终于被"放出来"，再次进入科研一线。在这段乐观面对不公的时光里，他也有了一个意外的收获——成为了一名计算机专家，而这，使他在日后的科研工作中如虎添翼。

这一次人生的波折，使王小谟对马斯洛的一句话深信不疑，马斯洛说："心态若改变，态度跟着改变；态度改变，习惯跟着改变；习惯改变，性格跟着改变；性格改变，人生就跟着改变。"所以，在此后的人生历程中，无论处于怎样的逆境，王小谟都始终保持着一份乐观向上的心态，积极面对各种不顺、不成功，甚至是不幸。有一次，正在一个项目研制最关键的时刻，王小谟先是遭遇车祸，伤愈后，又被确诊为淋巴癌。面对一连串打击，王小谟坦然面对，在医院里，照样乐呵呵地拉京胡，唱昆曲，搞设计，跟没事人一样。他平静地对家人说："我这辈子也没有什么遗憾的了，做的是自己想做的事，去的是自己想去的地方，国家也给了我足够多的荣誉，我该知足了。"半年后，奇迹出现了，王小谟身上的癌细胞竟然消失了。回到科研一线后，他爽朗地对同事们说："我又活过来了。"

正是这样乐观面对逆境的阳光心态，在长达50多年的科研征程中，使王小谟创造了一个又一个令人瞩目的巨大成就：20世纪60年代，他创造性提出脉内扫描方法，使雷达系统大大简化；70年代，他主持设计的JY-8雷达成为我国第一部自动化三坐标雷达；80年代，他设计制造的我国第一部高低空兼顾的JY-9雷达，跻身国际优秀低空雷达行列；90年代，他坚持力主自主研制预警机，并亲自担任某型预警机总设计师、预警机研制工程总顾问，为我国预警机形成初步规模、进入国际先进水平做出了重大贡献，被誉为"中国预警机之父"。

2009年10月1日，在国庆节60周年阅兵式上，由王小谟主导研制的预警机作为领航机型，引领机群，像银色雄鹰，米秒不差地飞过天安门广场。那一刻，看台上的王小谟流下了晶莹的泪水，那是喜悦的泪水，是成功的泪水……他感到自己仿佛也融进了那银色的雄鹰，在祖国的蓝色天空里骄傲地飞翔。

# 坚持并战胜自己

今天，在《环球》上看到这篇介绍小泽征尔的文章，为这位著名的指挥家的对艺术的那种执着追求深深感动，便和女儿一起品读。也许人们都以为小泽征尔这一生的音乐成就来自于幸运和天赋，可是他说："我是世界上起床最早的人之一，当太阳升起的时候，我常常已经读了至少两个小时的总谱或书。"

每年8月到9月，日本山岳之都长野县松本市便充满艺术气息，因为亚洲最重要的古典音乐盛事斋藤纪念音乐节在此举办。

每一年，世界各地的音乐家会云集这里，将歌剧、交响乐献给小泽征尔已逝的恩师、日本著名音乐家斋藤秀雄，献给热爱音乐的人们。

这个节日，正是小泽征尔为纪念恩师的成就而发起的。

而今年的斋藤松本音乐节更值得纪念，因为它的发起者——78岁的小泽征尔在隐退一年多后，又回到了它的怀抱。

## 三次生病和三轮复出

从2006年起，已经古稀之年的世界级著名指挥家小泽征尔就与病魔进行着顽强的斗争。2006年因患上了肺炎和带状疱疹，他所在的维也纳国家歌剧院不得不宣布取消他2006年的所有演出。

但仅过了一年，他就复出，并在东京与他创立的野守歌剧团演出。

2010年，小泽征尔又被诊断出患有食道癌。在6个月的专心休养后，他重新站上了指挥台，但因为身体不支，于2012年3月起暂停公演活动。

小泽征尔表示，他要以"一个更健康的姿态回来"，这一次，他休息了一年半。

8月23日，斋藤松本纪念音乐节上，小泽征尔重出江湖，在现场1500名观众和天皇夫妇的注目下，他指挥了长达50分钟左右的歌剧《小孩与魔法》，指挥还是那样充满舞蹈般的激情和韵律感，高潮时挥棒的动作依然遒劲有力。

然而，这是不是意味着小泽征尔彻底地康复和全面地回归，尚不得而知。

早在2005年，小泽征尔接受杨澜的采访时就表示"不敢想象80岁"。如今，刚刚过完78岁生日的他越发年近耄耋，加之疾病的威胁，他在指挥台上的每一个瞬间，都值得他的粉丝们珍惜。

这次复出也更加让期待与他合作的业界同行激动。青年钢琴家李云迪在9月1日小泽征尔生日当天，在微博上发文称："非常期待与小泽征尔大师再次地相聚！也希望大师一定保重身体，全球的乐迷都在盼望着欣赏他魔幻棒下的美妙音乐！小泽君，生日快乐！"

无论如何，这是一个不轻言放弃的老人，生命中的坎坷总是会让他越挫越勇。所以，他的复出，我们还是值得期待他能超越他曾经不敢想象的80岁。

## 一夜成名和三位老师

关于小泽征尔，有很多耳熟能详的故事，且大多数很励志。

最著名的，莫过于他在1959年的贝桑松世界指挥大赛上一举成名。

在那个举世瞩目的赛事上，音乐专家云集。他拿到了乐谱，被通知最后一个上场。指挥棒跳跃起来，美妙的音乐流淌出来，正当他沉醉于其中的时候，他突然发现乐谱中有一个地方出现了失误，他停下来，指挥乐队重新演奏了一遍，还是不对。可是，评委团和主办方都坚持乐谱没有问题，这让他非常尴尬。

面对这些世界顶级的音乐家笃定的表情，他难免怀疑自己。但当他再次阅读乐谱时，他肯定了自己的判断，并向评审团坚持了自己的意见。

这时，评审团集体起立，向他致以热烈的掌声。

原来，这是评审团故意设下的小圈套，在这场比赛中，只有他坚持了自己的判断。他获得了这次比赛的第一名，也因此在欧洲一夜成名。

从此，小泽征尔在参加比赛和获得名师指点的道路上几乎一帆风顺。

在贝桑松比赛中拿过大奖以后，小泽征尔又在1960年的美国伯克郡音乐节指挥比赛中取得了第一名，并荣获了意义深远的库谢维茨基大奖。这次获奖，使得他有机会成为当时担任波士顿交响乐团常任指挥的著名指挥大师查尔斯·明希的学生。

随明希在美国学习了半年以后，小泽征尔又在一次由卡拉扬主持的国际卡拉扬指挥比赛中获得第一名。这次比赛，实际上是卡拉扬收学生的选拔赛，比赛的前三名可以成为卡拉扬的学生。于是，小泽征尔有幸留在西柏林，在这个伟大的指挥前辈手下进行深造。

1961年，小泽征尔又被另一位著名指挥大师伯恩斯坦看中，他不但将小泽征尔收为弟子，同时还聘请他担任了纽约爱乐乐团的副指挥。

至此，小泽征尔成为20世纪最伟大的三位指挥大师明希、卡拉扬和伯恩斯坦的亲传弟子，其幸运程度在当时的青年指挥家中简直是不可思议的。与其说是他幸运，不如说是他的才华和勤奋给他带来的机遇。

## 七访中国和两次下跪

外国的指挥家，中国人最熟悉的就是小泽征尔。据说有一回小泽征尔在北京簋街的一家小面馆吃饭，还遭遇了粉丝要求合影签名。

的确，热爱古典音乐的中国人大多知道这个在中国出生的日籍美国人。小泽征尔和中国的缘分，是从他出生那一刻就结下了。

1935年，小泽征尔出生在中国沈阳，他的父亲曾经在长春当牙医，"九一八"事变后迁到沈阳，小泽征尔出生后的第二年又搬到北京。

在北京度过了六载童年的光阴后，太平洋战争爆发了，小泽征尔全家迁回日本。

这一去，直到1976年，他才找到机会回到北京。那本是一次私人寻根之旅，小泽征尔带回了父亲的遗像，完成了父亲想回中国看一看的夙愿。接待方还带着小泽征尔去参观了北京和上海的音乐学校。这一看，他却看到了中国人对古典音乐的渴望。

"那时候……中央乐团只能演奏中国作曲家'文革'时期的作品。但王炳南先生在一次晚餐时告诉我，他珍藏有贝多芬和勃拉姆斯的全集。那时候我就下决心，一定要把我的指挥曲目、西洋的曲目带到中国，当然还要学习中国的音乐。"

几个月后，小泽征尔再访中国，指挥中央乐团演奏了勃拉姆斯的第二乐章。而音乐学院学生姜建华用二胡演奏《二泉映月》时，小泽征尔从椅子上滑下，跪了下去，校方以为出了意外，过去看时，才发现他已经泪流满面。他说："这首曲子是应该跪着听完的。"

这之后，小泽征尔决心把中国的优秀曲目和乐团带到美国去演出。"那时我把全体乐团成员用同一趟航班带到了波士顿。我在波士顿给他们租了房子，举行了演奏会，在几千人的会场里演出，收到了空前的效果。"此后，小泽征尔和中国音乐界可谓情根深种。他前后访华达七次之多，在中国指挥，也把中国的音乐带给世界。

1994年，小泽征尔应邀回到出生地沈阳，指挥辽宁交响乐团上演《德沃夏克第九交响曲》。小泽征尔想要的是一次完美的演出，排练多遍尚未达到他预期的效果，于是他用指挥棒重重地敲了一下乐谱架后说：从明天起，我们进行个人演奏过关训练。

在以后的时间里，乐团每天训练6个小时，他一次次地纠正乐手的问题，那头标志性的乱发被汗水湿透了，一脸的疲惫，可他坚持指挥。到第三天下午，小泽征尔实在太疲劳了。他先是蹲在地板上指挥，后来，干脆就跪在地板上指挥，脸上的汗水挥洒在乐谱和地板上……

也许人们都以为小泽征尔这一生的音乐成就来自于幸运和天赋，可是他说："我是世界上起床最早的人之一，当太阳升起的时候，我常常已经读了至少两个小时的总谱或书。"这个习惯，他从青年时代就养成了。这就是他的自信和成就的来源，也是他战胜自己的法宝。

有了这个法宝，相信他能战胜疾病，延长自己的音乐生命。

# 我们不该放弃对成功的想象

我经常对事业感到恐慌。

周日下午，晚霞洒满天空，我的理想和现实的差距却是这样残酷，令我沮丧得只想抱头痛哭。我提出这件事是因为，我认为不止我这么感觉。

你可能不这么认为，但我感觉我们活在一个充满事业恐慌的时代，就在我们认为我们已经理解我们的人生和事业时，真实便来恐吓我们。

现在或许比以前更容易过上好生活，但却比以前更难保持冷静，或不为事业感到焦虑。今天我想要检视，我们对事业感到焦虑的一些原因，为何我们会变成事业焦虑的囚徒。

不时抱头痛哭，折磨人的因素之一是，我们身边的那些势利鬼。

对那些来访牛津大学的外国友人，我有一个坏消息，这里的人都很势利。有时候，英国以外的人会想象，势利是英国人特有的个性，来自那些乡间别墅和头衔爵位。

坏消息是，并不只是这样，势利是一个全球性的问题，我们是个全球性的组织，这是个全球性的问题，它确实存在。

势利是什么？势利是以一小部分的你，来判别你的全部价值，那就是势利。

今日最主要的势利，就是对职业的势利。

你在派对中不用一分钟就能体会到，当你被问到这个21世纪初，最有代表性的问题：你是做什么的？

你的答案将会决定对方接下来的反应，对方可能对你在场感到荣幸，或是开始看表，然后想个借口离开。

势利鬼的另一个极端，是你的母亲。不一定是你我的母亲，而是一个理想母亲的想象，一个永远义无反顾地爱你，不在乎你是否功成名就的人。

不幸地，大部分世人不怀有这种母爱，大部分世人决定要花费多少时间，给予多少爱，不一定是浪漫的那种爱，虽然那也包括在内。

世人所愿意给我们的关爱、尊重，取决于我们的社会地位。这就是为什么我们如此在乎事业和成就，以及看重金钱和物质。

我们时常被告知我们处在一个物质挂帅的时代，我们都是贪婪的人。

我并不认为我们特别看重物质，而是活在一个物质能带来大量情感反馈的时代，我们想要的不是物质，而是背后的情感反馈。

这赋予奢侈品一个崭新的意义。下次你看到那些开着法拉利跑车的人，你不要想"这个人很贪婪"，而要想"这是一个无比脆弱、急需爱的人"，也就是说，同情他们，不要鄙视他们。

还有一些其他的理由，使得我们更难获得平静。这有些矛盾，因为拥有自己的事业，是一件不错的事，但同时，人们也从未对自己的短暂一生有过这么高的期待。

这个世界用许多方法告诉我们，我们无所不能，我们不再受限于阶级，而是只要靠着努力就能攀上我们想到达的高度。

这是个美丽的理想，出于一种生而平等的精神，我们基本上是平等的，没有任何明显的阶级存在。

这造成了一个严重的问题，这个问题就是嫉妒。嫉妒在今日是一种禁忌话题，但这个社会上最普遍的感受，便是嫉妒。嫉妒来自生而平等的精神。这么说吧，我想在场的各位，或是观看这个影片的众位，很少有人会嫉妒英国女皇。虽然她比我们都更加富有，住在一个巨大的房子里，我们不会嫉妒她的原因是她太怪异了。她太怪了，我们无法想象自己与她扯上关系，她的语调令人发噱，来自一个奇怪的地方，我们与她毫无关联。当你认为你与这个人毫无关联时，你便不会嫉妒。越是两个年龄、背景相近的人，越容易陷入嫉妒的苦海，所以千万避免去参加同学聚会。因为没有比同学更强烈的参照点了。

今日社会的问题是，它把全世界变成了一个学校，每个人都穿着牛仔裤，每个人都一样。但并非如此，当生而平等的概念遇上现实中悬殊的不平等，巨大的压力就出现了。

今日你变得像比尔·盖茨一样，有钱又有出名的机会，大概就跟你在17世纪成为法国贵族一样困难。但重点是，感觉却差别很大。

今日的杂志和其他媒体让我们感觉，只要你有冲劲、对科技有一些新颖的想法，再加上一个车库，你就可以踏上比尔·盖茨的道路。

我们可以从书店中感受到这些问题所造成的后果，当你像我一样到大型书店里寻找自我帮助类书籍。如果你分析现在出版的这些自我帮助类书籍，它们基本上分成两种，第一种告诉你"你做得到！你能成功！没有不可能！"另外一种则教导你如何处理，我们婉转地称呼为"缺乏自信"，或是直截了当地称为"自我感觉极差"。

这两者中间有着绝对的关联，一个告诉人们他们无所不能的社会，和缺乏自信有着绝对的关联。另一件好事也会带来坏影响的例子，还有一些其他原因造成我们对事业、对我们在世上的地位感到前所未有地焦虑，再一次地，它也和好的概念有关，这个好的概念叫作"功绩主义"。

现在，无论是左倾还是右倾的政治人物，都同意"功绩主义"是个好事。我们应该尽力让我们的社会崇尚"功绩主义"，换句话说，一个崇尚"功绩主义"的社会是什么样的呢？

一个崇尚功绩主义的社会相信，如果你有才能、精力和技术，你就会飞黄腾达，没有什么能阻止你，这是个美好的想法。

问题是，如果你从心里相信，那些在社会顶层的人都是精英，同时你也暗示着，以一种残忍的方法，相信那些在社会底层的人，天生就该在社会底层，换句话说，你在社会的地位不是偶然，而都是你配得上的，这种想法让失败变得更残忍。

你知道，在中世纪的英国，当你遇见一个非常穷苦的人，你会认为他"不走运"，直接地说，那些是不被幸运之神眷顾的人。

不幸的人，尤其在美国，如果人们遇见一些社会底层的人，他们被刻薄地形容成"失败者"。

"不走运"和"失败者"中间有很大的差别，这表现了四百年的社会演变，我们对谁该为人生负责看法的改变，神不再掌握我们的命运，我们掌握自己的人生。

如果你做得很好，这是件令人愉快的事。相反的情况，就很令人沮丧。社会学家分析发现，这提高了自杀率。

　　追求个人主义的发达国家的自杀率，高过于世界上其他地方，原因是人们把发生在自己身上的事情，全当作自己的责任，人们拥有成功，也拥有失败。

　　有什么方法可以解决刚才提到的这些焦虑呢？是有方法的。我想提出几项，先说"功绩主义"，也就是相信每个人的地位忠实呈现他的能力，我认为这种想法太疯狂了。

　　我可以支持所有相信这个想法的，无论是左倾还是右倾的政治家，我同样相信功绩主义，但我认为一个完全彻底以能力取决地位的社会，是个不可能的梦想。

　　这种我们能创造一个每个人的能力都忠实地被分级，好的就到顶端，坏的就到底部，而且保证过程毫无差错，这是不可能的。

　　这世上有太多偶然的契机，不同的机遇，出身，疾病，从天而降的意外等，我们却无法将这些因素分级，无法完全忠实地将人分级。

　　我很喜欢圣奥古斯丁在《上帝之城》里的一句话，他说"以社会地位评价人是一种罪"。用现在的口吻说，看一个人的名片来决定你是否要和他交谈是罪。对圣奥古斯丁来说，人的价值不在他的社会地位，只有神可以决定一个人的价值，他将在天使围绕、小号奏鸣、天空破开的世界末日给予最后审判，如果你是像我一样的世俗论者，这想法太疯狂了，但这想法有它的价值。

换句话说，最好在你开口评论他人之前悬崖勒马，你很有可能不知道他人的真正价值，这是不可推测的。

于是，我们不该为人下定论，还有另一种慰藉，当我们想象人生中的失败，我们恐惧的原因并不只是失去收入，失去地位，我们害怕的是他人的评论和嘲笑，它的确存在。今日世界上最会嘲笑人的便是报纸。每天我们打开报纸，都能看到那些把生活搞砸的人，他们与错误对象共枕，食用错误药物，通过错误法案种种，让人在茶余饭后拿来挖苦的新闻。

这些人失败了，我们称他们为"失败者"，还有其他做法吗？西方传统给了我们一个光荣的选择，就是"悲剧"。

悲剧的艺术来自古希腊。公元前5世纪，这是一个专属于描绘人类失败过程的艺术，同时也加入了某种程度的同情。

在现代生活并不常给予同情时，几年前我思考着这件事，我去《周日运动期刊》，如果你还不认识这个小报，我建议你也别去读，我去找他们聊聊，西方艺术中最伟大的几个悲剧故事，我想知道他们会如何露骨地以新闻的方式，在周日下午的新闻台上，呈现这些经典悲剧故事。

我谈到他们从未耳闻的《奥赛罗》，他们啧啧称奇。我要求他们以奥赛罗的故事写一句头条，他们写道"移民因爱生恨，刺杀参议员之女"大头条。

如果同情心的一个极端，是这些八卦小报。另一个极端便是悲剧和悲剧艺术，我想说的是或许我们该从悲剧艺术中学习。

你不会说哈姆雷特是个失败者，虽然他失败了，他却不是一个失败者。我想这就是悲剧所要告诉我们的，也是我认为非常重要的一点。

现代社会让我们焦虑的另一个缘故是，我们除了人类以外没有其他重心。

我们是从古至今的第一个无神社会，除了我们自己以外，我们不膜拜任何事物，我们对自己评价极高，为什么不呢，我们把人送上月球，达成了许多不可思议的事，我们习惯崇拜自己。

我们的英雄是人类，这是一个崭新的情况。历史中大部分的社会重心是敬拜一位人类以外的灵体——神，自然力、宇宙，总之是人类以外的什么。

我们逐渐失去了这种习惯，我想这也是我们越来越被大自然吸引的原因，虽然我们时常显示是为了健康，但我不这么认为，我认为是为了逃避人群的蚁丘，逃避人们的疯狂竞争，我们的戏剧化。

这便是为什么我们如此喜欢看海、观赏冰山，从外太空观赏地球等，我们希望重新和那些"非人类"的事物有所连接，那对我们来说很重要。

我一直在谈论成功和失败。成功的有趣之处是，我们时常以为我们知道成功是什么，如果我现在说，这个屏幕后面站着一个非常成功的人，你心里马上就会产生一些想法。你会想，这个人可能很有钱，在某些领域赫赫有名。

我对成功的理解是——首先，我是一个对成功非常有兴趣的人，我想要成功，我总是想着："要怎样我才能更成功？"但当我渐渐长大，我越来越疑惑，究竟什么是"成功"的真正意义。

我对成功有一些观察，你不可能在所有事情上成功。我们常听到有关工作和休闲的平衡，鬼话。你不可能全部拥有，你就是不能。

所有对成功的想象，必须承认，他们同时也失去了一些东西，放弃了一些东西。我想一个智者能接受，如我所说，总是有什么是我们得不到的。

常常，我们对一个成功人生的想象，不是来自我们自己，而是来自他人。

如果你是个男人，你会以父亲做榜样；如果你是个女人，你会以母亲做榜样。精神分析已经重复说了80年，但很少有人真正听进去。但我的确相信这件事。

我们也会从电视、广告、各样的市场宣传中得到我们对成功的想象。这些东西影响了我们，对我们自己的看法、我们想要什么都有影响。

当我们听说银行业是个受人尊敬的行业，许多人便加入银行业，当银行业不再受人尊敬，我们便对银行业失去兴趣，我们很能接受建议。

　　我想说的是，我们不该放弃我们对成功的想象，但必须确定那些都是我们自己想要的，我们应该专注于我们自己的目标，确定这个目标是我们真正想要的，确定这个梦想蓝图出自自己笔下。

　　因为得不到自己想要的已经够糟糕了，更糟糕的是，在人生旅程的终点，发觉你所追求的从来就不是你真正想要的。

　　我必须在这里做个总结，但我真正想说的是，成功是必要的，但请接受自己怪异的想法，朝着自己对成功的定义出发，确定我们对成功的定义都是出于自己的真心。

# 不断成长，超越自我

顺境和逆境在人的一生中是呈正态分布的，走过低谷也要爬坡，到过巅峰也会下坡。如果仅仅是在路上摔了一跤，都不能把那一刻称之为人生低谷。职场失意、创业失败，生老病死、悲欢离合、突如其来的各种变故……

但凡提到人生低谷，大多是段祸不单行的晦涩日子，绝对是最难熬的。似乎整个世界都将你抛弃，只剩下孤独与噩梦，无时无刻纠缠着你。可谓是身心俱疲，还不知从哪里突破，那么试着做好下面三件事。

## 接纳自己，拥抱挫折

李安导演在成名前做了6年家庭"煮男"，他在这6年期间看了大量书籍和电影，埋头狂写剧本，特别是写出了改变自己命运的两个剧本《推手》和《喜宴》，这段"煮男"的经历也成为日后他另一部代表作《饮食男女》的灵感来源。

没有谁是随随便便成功的，那段不为人知的低谷期的积累，才是决定一个人在高峰期能达到什么样高度的关键因素。因此，身处低谷期时，全然地接纳自己，坦然地面对它，我知道这很难，也很难熬。

但，人生的低谷，犹如弹簧，压得越低，反弹动力越足，不到最后一刻，你永远都不知道自己能弹多高。黑夜再漫长，总有天亮的那一刻。

## 自我激励，展望未来

王阳明心理学强调在事上磨，当我们把挫折当成自我生命的修行，其实它就已经不会对我们造成伤害了。心理学家威廉·詹姆士说："播下一个行动，你将收获一种习惯；播下一种习惯，你将收获一种性格；播下一种性格，你将收获一种命运。"

即使做不了人类之光，也在有限的生命里，去寻找无穷的可能性吧。

虽然吾生有涯，而知无涯，但，请别焦虑，胡适老先生说得特别好：怕什么真理无穷，进一寸有一寸的欢喜！

一直很喜欢一位作家说的："我们这一生的最大理想，不就是把自己过好吗？不再重复上一代的模式、不必依赖任何人的施舍，按自己的喜好不断修正自己，将原生家庭、成长挫折、社会现实对自己的影响降到最低，最终活成自己喜欢的模样。"

## 打破思维，完美蜕变

心理学有一个思维模型叫作终身成长思维，终身成长思维强调的是，面对任何问题与挫折，都以成长的心态去面对它。主观与客观之间有一道沟，掉下去了就是挫折，爬上来了就是成长。

吉姆·帕森斯从圣地亚哥大学古典戏剧硕士毕业后，当了九年龙套演员，从酬劳少得可怜的广告和舞台剧开始做起，参加过无数次试镜，哪怕是最小的角色他都竭力去争取，最终在《生活大爆炸》中演谢耳朵完美蜕变。

人总是要逼着自己去成长的：不是逼着自己去优秀，就是默认自己去堕落。生而为人，无论在生活还是职场中，总会遇到困境，百般思量，千种纠结，都不如做好当下的事情，然后，顺其自然。当你安之若素，平心静气时，柳暗花明也会很快不期而遇。

# 可以慢，但不能停

大二时，我被分配到新生班级给辅导员帮忙。

我第一次注意到学妹，是因为新生中秋晚会。她走到讲台上，很用力地介绍："我叫×××，来自甘肃会宁。能来上大学我很开心，不过我挺想家的……"

那时她有些微胖，脸色偏黄，短发，戴眼镜，深情得有些不自然，说完就主动隐匿到角落里。

我隐隐觉得她与别的学生不同。看她神情难过，忍不住叫住她，让她跟我去宿舍聊聊。

那一天学妹告诉我，她家有四个孩子，父母老实本分，一辈子勤勤恳恳地过日子，种地、做工、放羊、喂猪，供养他们念书。姐姐已经出嫁，妹妹在读大专，弟弟快升高中了，她是家里不太赞成上大学的那个，父母渐渐老了，想将她留在身边，毕业了，找份安稳的工作，也能随时看顾家里。但学妹不想那样过一辈子，她想去看看外面的世界。

父亲无力支持的学费，成了牵绊她走远的障碍，但她并未妥协。入学前的暑假，学妹一直在饭店里打工挣钱。一天十小时，上菜、撤桌、招呼客人，忙得昏天黑地。

她指着手掌上刚刚要结痂的几个地方跟我说："端盘子也磨手心，刚出泡的时候，我拿针挑破了，里面的水儿一出来，肉接触到空气挺疼的。"

两个月，赚了4500块钱。她一天也没有休息，又一个人拿着录取通知书去教育局申请助学贷款。她心里憋着一口气，就想出去看看，哪怕就一眼。

但刚入学第一个月，学妹就有点迷茫了。她觉得自己和周围的世界有些脱节。她不知道宿舍姑娘说的服装、化妆品品牌，也不知道最新最火的游戏、动漫，她觉得自己不知道怎么融入其中。

我听着学妹的叙述，有些动容，找出纸和笔，对她说："你写出想做的事情，一件一件实现它们。记住，不要去跟随别人，最重要的是找到自己的节奏。"

她趴在我书桌上开始写字，并跟我说："学姐，大学期间我要拿奖学金、赚生活费、买电脑，还要坚持写东西。"我看着她笑了笑，知道她已经好了许多。

为了实现想做的事情，学妹的生活开始忙碌起来。周末去兼职，做过家教，发过传单，还做过推销员。有次在去食堂的路上碰见她，看她比入学那会儿黑了、瘦了，但脸上多了一份从容。

大学的时间过得很快，期终考试很快到来。她成绩排名年级前三，很顺利地申请到了当年的国家级奖学金。

寒假之前见她，她已经联系好了一家韩国烤肉店去当服务员。她笑着对我说："寒假时间挺长的，我想赚点钱，给爸妈和弟弟妹妹买点东西再回家。"

我知道，我永远没有办法体会学妹的生活。她来自全国最贫困的县区，需要自己负担学费和生活费，回家之后还要帮家人劳动，洗衣做饭，放羊喂鸡，打扫院子。但对于生活的辛劳，她从不抱怨，只是说自己终于可以自食其力，她要让家里的日子好起来。

后来，我去北京实习，渐渐少了学妹的消息，偶尔回学校才能再见她一面。她已经越变越好，虽然又瘦了，但气色不错，打扮入时。我为她感到高兴。

她说："学姐，大学最后一年我要去房地产公司实习。"

我有些疑惑，问："你不是想做记者吗?"

她眼圈微红，停了一会儿，说："家里情况不太好，有一些借款需要还。弟弟妹妹也需要花钱。我想先去房地产公司赚些钱，帮帮家里。尽了责任，再想自己。"

我心里微酸，有些心疼她。学妹明明和我差不多的年纪，却不能在最好的年华去放纵追逐自己想要的东西。梦想，对她来讲是一件昂贵的奢侈品。

我没有立场否定她的选择，只能在她需要时伸出援手。

2014年年末，学妹突然打电话给我。她激动地说："学姐，我终于攒够钱了，还清了家里三万多的外债和助学贷款，也供得起弟弟妹妹的生活费。我决定辞职，明年就找跟新闻有关的工作。学姐，你能给我推荐一下工作方向吗？"

听到这个消息我比她还高兴。这些钱对刚毕业的学妹来说，并不是小数目。她是加了多少班，拼了多少力才做到的啊！

学妹回家前我们见了一面。从车站见到她，我有些惊喜。那天学妹穿着一件乳白色的羽毛棉服，头发已经扎起来，很精神，面带笑意，出了站就上前抱我。那天我们聊到很晚，凌晨才睡去。她躺在我身边，睡得那么好。也许，是因为她知道，她有不用惧怕未来的能力。

没几天，我接到了学妹的电话，她说去报社实习的事儿得朝后推一推。"母亲的膝盖受伤了，劳损，大概需要动手术，需要人照顾。弟弟明年高考，也需要我辅导一段时间。"

我听她说完心里有些难受。学妹也有自己的人生要过啊！她很自然地对我说："学姐，再过半年我就能做自己想做的事儿了。你知道我有多么羡慕你吗？你想去西藏，努力赚够路费就行，但我还要考虑下学期的生活；你想去北京做杂志，连老师推荐的报社实习都可以推掉，立刻赶去北京，我实习还得想想家里。但我一点儿都不嫉妒你，因为我知道，只要自己努力，接下来的日子我也可以像你一样。"

她说得我热泪盈眶，隔着时空痛哭起来。

西北的风沙，吹过她干瘪的家境，但给了她丰盈而坚韧的精神，那些经受过的苦难，使她变得坚强而独立。

家庭的背景不会阻碍你努力的程度，自身的相貌不能决定你变好的决心，只要你愿意努力，总有一条路可以到达你想去的远方，成为你想成为的自己。

我知道学妹会越来越好。

# 不要害怕被质疑

小时候有个朋友叫珊瑚，她什么都很出色，唯独唱歌不好听。

有一次班里搞春晚活动，有人提议谁被球砸中谁就要唱首歌。一直忐忑不安的珊瑚没能侥幸躲过，被球砸中了。我们几个好朋友都为她捏了一把汗。

果不其然，她一开嗓，那五音不全的走调，立刻让起哄的男生哈哈大笑，说她空有着漂亮的外表，那锯木头般参差不齐的嗓音，简直对人是种折磨。

她很受挫，没想到自己的形象会因为这个小小的问题被损害。她伤心懊恼，难道自己真的在唱歌这方面无药可救了吗？

她不甘心，专门让父亲去外面报了一个补习班，从最基本的开嗓学习，逐步地学习音阶的提高，咬字的清晰，包括唱歌怎么呼吸吐气。几个月下来她已经掌握了自己擅长发挥的音域，在每天清晨的练习和导师的指导下，突飞猛进。

后来校庆活动，当老师问有谁自告奋勇去报名校歌的演唱比赛时，她不再怯懦、退后，而是第一个举起了手。当她的歌声响起，大家哗然，全班不约而同响起雷鸣般的掌声。

后来一路升到高中，快要毕业的时候，其他人正愁没有特长来为自己增加亮点，她突然无比感谢曾经的那片嘲笑声，让她可以有机会深扎那片领域，成为高出别人一筹的加分项。

因为被质疑，才会不甘心，拼尽全力往上爬，拼了命冲破那个盲区，从而一跃越过众人，反而逆袭成为最优秀的那个。有时，人在极度受挫的状态下，会更为清醒，选择重整旗鼓，集中精神为自己迈上更高的台阶倾注全力。

很久以前，迫于想要成功的我写了几篇生活启事随笔给了一个出版社。

哪知对方看了我洋洋洒洒的作品后，来了一句，你的故事不是很感动人，但文中的感悟倒还行，这些都是网上抄来的吧。我一时觉得自尊心受到了打击，人格受到了侮辱，只有我知道，那些事情虽然不足以感动人，却是我亲身经历过的，那些感悟是我一个字一个字靠体会总结出来的，难道作为一个写文经验不足的作者，写出的精华语段都只能是抄来的吗？

很奇怪的是，就在被质疑之后，我反而被注入了一剂强心针，就像是一只从温水里跳出来的青蛙，开始寻找能让自己的体温再次沸腾的水源。

我把那些喜欢看，却懒于学习的文章重新拾起，从内容故事到感悟，从标题到每段的控制行数，从语句措辞到点睛，每个细节去逐一分析，分析后又改写。一段时间后终于我的第一篇观点文发表了出来。前段时间，我在微信上发了篇文章，有个陌生的头像点了赞，我一打开，心里一悦，是那个曾经质疑我的出版社编辑。突然这一刻，我感谢他当初的批评，逼着我不惜一切努力去突破自己，证明自己的价值；感谢他的质疑，逼着我重新审视自己的定位，重新扬帆起航，走得越来越远。

经不起别人的质疑和否定，注定飞不高，在人生中只能沦为输家。

有时，质疑会让你陷入自卑，让你怀疑能力是否配得上野心，但是如果你能把这股质疑成功转化为激励你攀缘而上、永不服输的藤蔓，你总有一天会成为战场上的王者。

我们每个人都会受到来自四面八方的质疑，甚至是否定，关键在于我们怎么去对待这些周遭的不同声音，是接纳改进，还是排斥原地踏步，这都决定着我们以后的成败。

如果你被质疑困于囹圄，缴械投降，马上认怂，那等待你的只有不可改变的平庸，和越来越多的质疑。人生向来都是有因有果，相辅相成，你怎么对待质疑的态度，它就会化为什么样的力量萦绕在你周围，对你的磁场产生什么样的改变。从某种意义上说，质疑是成功人士的催化剂。

很多时候，别人的一句质疑比任何励志鸡汤更能让你从迷雾中醒来顿悟，从已被麻痹的安好现状里奋起勃发，产生无畏的勇气和力量，不顾一切与命运做一场较量。

不要排斥质疑，因为只有质疑才会激发你最原始的搏击欲望，促使你攀爬逆袭，才会逼你飞得比平常人更高更远。

# 第二章
# 三思方举步，百折不回头

你一旦找到了生活的意义，你就不会想回到从前去。你想往前走。你想看得更多，做得更多。你想体验六十五岁的那份经历。

——米奇·阿尔博姆

# 放大人生格局，成功自会降临

当我们抬起头来，把我们的注意力放在精神成长、知识的增长和为他人的服务上，我们就得到快乐；当我们低下头只关注物质的东西，关心得失，关心名利，关心如何能比别人优越，我们得到的就是痛苦、仇恨和嫉妒。

人生的目标很重要，须天天提醒自己，人生的目标是自己进步，同时促进社会改善，这是人生两重性的目标，互为前提，两个目标谁也离不开谁。人生真正的原动力来自于对这两个目标不断学习—反省—行动的深刻理解。对于这种人生目标的设立与实践，不同时代有不同的表达方式，各种宗教信仰都是在实践这一目标，也可以说信仰是人生进步的原动力。你问到快乐的来源，我想，如果你把人生的格局放大一些，站在更高的地方，看人生的目标和意义，那快乐自然会超脱于很多的世俗烦恼而降临于你。

有些人根本不需要付出任何努力，只因为他们原有的资源，比如地缘优势，比如父辈的资本积累，就轻而易举完成了别人数年才能完成的事。我非常理解这种想法，要想走出困扰，我想应该先搞清楚为什么奋斗。

我们奋斗的过程就是我们成长的过程，在这个过程中，我们得到能力的提高、解决问题的思想和办法，培养了我们勤奋、诚实、责任感、团结合作等美德，同时也会发现我们的不足，并及时改正。如果没经历这些，那可能就错失了人生最宝贵的收获——精神的成长和进步，而那些表面的物质层面的目标，只是一个训练的过程。

这就像考试，考试前你是不知道题目和答案的，通过考试发现自己的不足，成为自己进步和成长的机会，而如果在考试前老师把答案告诉了你，那考试还有什么意义呢？

如果我们只从物质层面，从名和利的角度去看，世界是不公平的，有人天生就拥有别人多的优势和资源，比如美貌、家世、地位等，这是客观存在的，但如果局限在这个层面看待自己的人生，那就会给自己带来负面的力量。俗话说的"人比人气死人"，就是从物质层面去看问题，这只能让我们产生嫉妒、仇恨，消耗我们快乐、智慧和人生奋斗的力量。

相信命运给我们安排的每一个困难和考验的背后，都有着独特的智慧，愿你能明察。

从爱你的亲人、爱你的家庭开始，爱你所处的社区，爱

你服务的机构，爱你的国家、民族，一直到热爱全人类，你
爱的范围越大，你获得的力量就越大。在这个过程中，你的
梦想、社会责任等都会统一起来，从一个纯洁的爱的动机出
发，找到美好的归宿。

# 把生活过成你梦想的样子

## 一

在这个竞争激烈的社会，不论男女，要想在社会立足，开辟自己的一片小天地，就需要想方设法地让自己变得强大起来。

人生有起有落，做到骄不躁败不馁就显得尤为关键。

你要明白，没有人一生是顺风顺水的，你总会遇到种种不如意的事情，只要你在处于人生低谷的时候，不放弃希望，你就能够成功，只要你在春风得意的时候，不骄傲，你的人生就会顺利很多。

在人生得意时，人能很好把握尺度，但是当人失落时，调节好状态很重要，但对于大多数人来说，也是最难的。

## 二

不要羡慕别人的成功，因为你不知道他付出了多大的努力，才走出人生的低谷。

其实，你也可以很成功，只要你在失败的时候，有勇气去面对一切。

每个人都有处在低谷的时候，有些事我们愿意和别人说，别人也愿意倾听，但是有些事我们不想对别人说，不想让别人知道或者是根本没有人愿意倾听，这个时候，你就该寻找一个可以宣泄的出口。

坚持这些事，会让你走出人生低谷，变得强大。你可以去看一场电影转移注意力，或者去逛街，买你很想买，但是一直舍不得买的东西，你也可以来一场酣畅淋漓的运动，让烦恼随着汗水蒸发掉。总之，就允许自己暂时放纵一下，逃避一下现实。当情绪得到宣泄之后，再回到工作或是学习上，便不会觉得那么压抑，也不会再胡思乱想了。当你从低谷中走出来的时候，你就已经变强大了。

败不馁，要有从头再来的勇气。看过一个电影，那个两鬓斑白的老人说："生活有时像柠檬汁那样酸楚，但是没有这酸楚，你哪能知道其他东西是甜的呢？"所以，当身处低谷逆境时，不能气馁，只要你还有敢从头开始的勇气，没有人敢说你已经彻彻底底地输了。

人和动物不同的是，人可以思考，人存在思维，因此有信念的人，才比动物高出一等。有信念，有勇气，你的低谷很快就会过去的。当你走出了低谷，你就会明白，曾经的困难和阻碍，是你变强大的动力。

做事要有目标有规划，才能有坚持的方向。从小到大，我们写过无数个目标和计划。现在我们长大了，但是我们还是需要目标和规划来走未来的路。就像迷航的轮船向着灯塔出发一样，有了目标，才能规划好路线，规划好路线我们才可以一步一步踏上征途。所以，无论你的低谷是多么的糟糕，只要你的目的和方向明确，低谷也就很容易跨过。当你按着自己的规划，一步一步走出人生的低谷，你会感谢当初的自己，目标那么的明确。

## 三

其实，像"风水轮流转"这种成语，就是在暗示我们，人生有起有伏，所以我们要做好准备，武装自己，不要在胜利的骄傲里迷失，更不要在失败的低谷里一蹶不振。

失败没有什么可怕的，低谷也不是你的永远，只要你有勇气去面对，只要你有明确的目标，你迟早会走到你想要的那一条路上，把生活过成你梦想中的样子。

# 相信自己可以

高考的时候，桌子上堆着永远看不完的书。我经常会支撑不住趴在书堆里就睡着。当时我觉得考试就像炮弹一轮一轮地轰炸着我的大脑，总有一天我会负荷不起，被炸得尸骨无存。

反正当时成绩也确实一般，中等偏上，记得比较清晰的是那段时间模拟考试，第一次考试我考得特别差，我上台去领试卷的时候，老师没好气地冲着我说了一句："你自己好好看看分数。"

总分是650，我才考了380多分，那是连普通大学都不能上的，我也很难过，拿了试卷回到座位上就趴在桌子上不说话了。

放学后，因为考得差，我拿着卷子几乎是一路狂奔回去的，开门回家的时候，爸爸妈妈刚刚把饭菜端到桌子上，就说："回来了，吃饭了。"我头也不抬地没和他们打招呼，回到自己卧室就扑在床上大哭。

　　妈妈知道我心里难受，进来劝我："胜败乃兵家常事嘛，这个也不是什么坏事啊，第一次虽然考得很差，可是慢慢你就知道自己错在哪里了，至少你的起点低，压力会比别人小一些，你以后也能更谨慎一些。"

　　我打心眼里觉得妈妈好，我考得这么差她不仅不说我，不责备我，反而特别耐心地开导我，帮助我。我想我只能特别努力学习来回报她了。第二次模拟考试就好了很多，考了410分，至少能上个普通大学了。心里就有了希望，就更加努力了。到了第三次考试，就考了440多分，差不多可以上本科了。

　　高考结束出来自己估分，居然估出510多分，最终出来是472分，刚好是在本科线上。拿到录取通知书的时候，妈妈说："张杰，你永远都要记得，不要因为一次的失败就否定自己，人最怕的是自己看轻自己，要相信自己可以。"

　　刚刚进入大学，一切都觉得非常新鲜，发现周围的氛围似乎也没有高中那么紧张，我就想让自己的社会经验丰富一些。

　　那段时间，竞选成了我最热衷的一件事情，凡此种种乐此不疲。早上去竞选学校的体育部部长，下午去竞选摄影协会的会长，中间还去竞选广播站的广播员，我们寝室的人就给我起了个外号叫"竞选专员"。

　　当时，我差不多有六个职位吧，其实还是有点累的，不过特别兴奋，全身都充满了力量。有点影响学习，可是又舍不得放弃，觉得丢下哪个都不忍心。

马上要到第一次考试的时候，因为总是搞一些活动，很少去上课，我觉得特别紧张，就打电话给我妈："妈，我压力太大了。要是我考得不好怎么办啊？"

妈妈就对我说："你自己做的决定自己坚持，你又要锻炼自己，又不能落下课程，这个是需要你比别人多花时间多下力气来努力的。不要后悔，也不能放弃。"

于是，我每天都背资料背到凌晨三点多，在宿舍里总是我的床位上灯火阑珊。最后考试成绩出来后，我居然是全年级第四名，连我自己都吓了一跳。

有的时候，可能就是这样，当时我特别想继续做我的那些社团，但是要继续下去就必须保证在仅有的时间内让学习成绩好，抱着为了达到自己心仪目标的态度去努力做一件可能本来不是很难的事情，就会发现可以事半功倍。

# 时间看得见

哪来那么多好运气，所谓好运气，不过是实力强大到不惧怕任何坏运气。

曾在知乎上看到个帖子：默默、孤独地奋斗是怎样一种体验？

一条高赞回答是：一个普通上班族，利用下班后的业余时间，从8点开始，每天花费4小时，加以思考，默默撰写文章，运营自己的公众号，分享给自己的粉丝。

这样简单、枯燥的环境，很多人都承受不下来，这名普通的写作者却默默坚持了很多年。

她放弃了自己的娱乐时间。别人在逛街，她在坚持写文章；别人在刷朋友圈，她在后台回复读者的留言，她一直默默地做着自己的事。

她身边的同事、朋友完全不知道她在做的这些，直到她出版了自己的第一本书，并收获了十多万粉丝，最终小有成就。

很多人有这样的疑惑，为什么我们身边有一小部分人，你觉得他们普普通通，但突然有一天，他们就成功了，把你甩出了十万八千里？

因为他们在默默努力扎根，独自一个人奋斗的时候，你根本没有看到。

最难能可贵的是，他们坐得住冷板凳，经得住诱惑，他们有格局，有远见，更懂得厚积薄发。

我们身边经常有这样的声音，当某个人做成了一件事，一定有人说，他运气真好。

运气，掩盖了很多努力与判断，其实，如果你深入了解，不难发现，除了个别天上掉馅饼的特例，大多数时候，我们所说的好运，是慧眼、毅力、自我修为、管理能力的综合表现。

日本《生活手帖》总编辑松浦弥太郎，27岁就有了自己的书店，不仅成了书店老板，其后还成为畅销杂志总编辑、畅销书作家、美学大师。不了解他经历的人，一定会说，他真幸运又年轻有为。

但我在一本书中曾了解到，他高中肄业、不到20岁就去了美国，当时在美国没有正事可做，甚至成了无业游民，但他喜爱阅读，经常混在书店。

他那时吃了上顿没下顿，迷惘无助，不知道明天在哪里。

然而，他却没有选择把时间全部放在赚小钱糊口上，每天即使只吃一顿饭，也要饿着肚子去书店看书。

经年累月，他慢慢了解了各种书店以及去书店的人，这才慢慢发现了商机，他将一些欧美旧书、旧杂志，尤其设计类的专业书，带回日本，卖给有需要的人，最后成功发展成为一个书店老板。

他渐渐在业界形成口碑，当大家想要一本外文书却找不到的时候，就会想到，找松浦那小子试试，他一定有办法。

一个高中都没毕业的男生，在美国的花花世界中，能够坚持每天以知识为伴，这是他异于常人的能力，也是他后来事业取得成功的基础。

俞敏洪曾在一期《朗读者》上谈到：进步都是关于你自己的事情，无关他人，只要你保持自己生命在进步，付出足够的努力就一定会有好结果。

这么多年见过成功的人很多，每个人取得的成就无论大小，都自有其道理。

但他们，却从来不会告诉你在这背后，他们付出了多少努力。

最近，央视的《面对面》栏目采访了这样一位女孩。

女孩名叫江梦南，是一个漂亮的姑娘，但遗憾的是，半岁时的一次肺炎让她失去了对声音的感知。

她听不见自己的声音，右耳没有听力，左耳助听器的作用也仅限于帮助她掌握说话时的音量。

她的信息来源几乎百分之百只能通过眼睛，跟世界的联系也只能靠看别人嘴唇的动作来获得。

俗话说十聋九哑，但江梦南却偏不信这个邪。

从很小的时候开始，她每天就进行成千上万次的练习、纠正；2岁的时候，慢慢学会了普通话和方言；7岁时上小学，不能全程保证看到老师上课时的嘴型，老师只能将她列为旁听生；为了能跟上同龄孩子的学习进度，每学年她都要先学习下一学年的课程；四年级时，她利用暑假自学完五年级的所有课程，直接跳入六年级；为了更早地到外边去适应社会，从中学起她就和父母商量，独自一个人外出求学；要按时上课又没人督促，她将手机调至振动，一晚上都紧紧地攥在手里不敢松开；这些在许多人眼中很普通，但对于江梦南来说很困难的事，她都一件一件默默努力地做着。

这股奋勇前行的力量深深地感染着周围的每一个人。有些事情不是人人都能做到，但她要求自己必须要做到。她清楚地知道听不见已成既定事实，与其怨天尤人，还不如用自己最大的努力，去克服困难。

通过努力，大学期间，她连续三年获得校级奖学金、连续两年获得东荣奖学金，还曾获得白求恩医学奖学金。研究生期间，她对国内外最新理论进行研究，学习编程语言，用英文发表的论文被收录至国际权威数据库。为了更好地做研究，她考取了清华大学生命科学学院的博士研究生，新的一年，她将奔赴那里继续求学。

我们的身边有这样一类人，当所有人都不看好他们的时候，他们仍然坚定自己的信念，踽踽独行。

我们看到了他们的鲜花掌声，但却不知道他们背后的痛苦有多深，困难有多大。

他们从来不抱怨命运的坎坷与不公，而是选择勇敢面对人生的种种挫折，然后默默努力战胜。

我认识的一个姑娘小路，很爱学习。年初时，看到她在朋友圈里发了条新年计划，发誓要在新的一年读完100本书，下面还配了张很励志的图片。

那天看到她动力满满的样子，我还过去给她加油，她当时对我说："姐，你监督我哈，这次好好努力。"

前几天我问她："都到年终了，你看了多少本书了？"

她说："也没有几本，平时挺忙的，时间少，下班又太累，没怎么读。"

这既在意料之外，也在意料之中，其实这种现象在生活中很常见，一开始信誓旦旦的人大多数结局成了三分钟热度。

反倒是那些没那么大张旗鼓的人，踏踏实实在行动。

想要做成事，先低头看看自己走的路，有没有认认真真地培养自己在某个领域的能力和技术，脚印是不是够深够平整。

如果没有选择正确的起点、坚持不懈地进行量变的推进，那么你的好运也将永远不会到来。

村上春树说："你要做一个不动声色的大人。"

周国平老师也曾说："人生最好的境界是丰富的安静，安静，是因为摆脱了外界虚名浮利的诱惑；丰富，是因为拥有了内在精神世界的宝藏。"

是的，当你真正想做一件事情，你就去做、去努力吧！

你的付出，时间会看得见。

当一点一滴的量变积累到一定程度时，定会达到质的飞跃。

人生之路，总有一些路需要自己独行，当你朝着目标，一步一个脚印踏踏实实走下去的时候，将来一定会在某个不经意的时刻，给你送来意外的惊喜。

# 不爱说话的人，请努力生活

您是属于喜欢说话的人呢，还是不太爱说话的人？

我呢，应该算不爱说话的。虽然视情况看对手，有时会变得口若悬河，不过平常却是闷葫芦一个。也害怕详尽地说明什么，尽量不做这类事情。

哪怕话说得不透彻，招致周围的误解，也照样坦然自若：没办法，人生就是这么回事。不是自吹，这方面我倒是做得很高明。

接电话是苦差一桩，在派对上跟别人交谈也是弱项，回答采访同样令我心力交瘁，甚至连回封邮件都觉得疲惫不堪。让我跟人家做对谈和书信往来之类的工作，我一律回绝。

假如命令我闭嘴，我可以永远闭口不言，也不会感到丝毫痛苦。

独自一人看看书，听听音乐，去外边逛逛，跟猫儿玩玩，一个星期很快就过去了。上大学时，我过着单身生活，有时一连半个月都不跟人说一句话。

这样的性格该说是难以相处吧，一般不讨人喜欢，但对写作这份工作来说却再合适不过。因为只要让我一个人待着，我就可以埋头伏案，默默地一直工作下去。

然而连我这样沉默寡言的人生，也有一段例外的时期。从二十四岁到三十二岁，有七年半的时间，我阴错阳差地靠服务业维持生计。

由于我不愿进公司工作，便借来钱，开了一家店，放放爵士乐唱片，搞搞现场演奏会。

客人光临时，便面带微笑地寒暄："欢迎光临！"也和老主顾们聊些闲话。尽管觉得"看样子我干不来这种活计呀"，但想到是为了生活，呃，也就玩命对付下来了。

遇到话又多又无聊的对手，也耐着性子亲切地陪他聊天。如今回想起来，那段时间我可是异常和蔼可亲，不禁十分佩服自己。

不过，多年后和当年的熟人重逢，却常常被告知："春树君很久以前就对人爱理不理的，没怎么说过话。"我不免备感失落，心想：喂喂！人家可是尽了九牛二虎之力，拼命和蔼待人哟。

早知如此，干脆一开始就不必勉强，顺其自然得了。

　　但当年的确曾以自己的方式努力和蔼待人，这份感触至今仍牢牢地留在我心里。

　　尽管看来当时并没有起什么作用，我却觉得，正是关于那份感触的记忆坚实地支撑着现在的我。那就像一种社会训练。

　　恐怕人生中注定有这么一段时期，要狠狠使用平时很少用到的肌肉，哪怕这种努力并没有结果。

　　不爱说话的人啊，请努力生活。我也在背后无言地声援你。

# 失败的额外收益

对于我这样一个已经四十几岁的人来说，再回首看自己大学时的情景，并不是一件令人感觉愉快的事情。我的前半生，一直在自己内心的追求与最亲近的人对我的要求之间进行抗争。

我曾确信自己唯一想做的事情是写小说。但是我的父母都来自贫穷的家庭，都没有上过大学，他们认为我异常活跃的想象力只是滑稽的个人怪癖，并不能用来抵押房产，或者确保得到退休金。

他们曾希望我去拿一个职业文凭，而我想读英国文学。最后，我们达成了一个令双方都不甚满意的妥协：我改学现代语言。可是等到父母一离开大学，我立即报名学习古典文学了。

我忘了自己是怎么把学古典文学的事情告诉父母的，他们也可能是在我毕业那天才发现这个秘密的。在这个星球上的所有科目中，我想他们很难再发现一门比希腊神学更没用的课程了。

我并没有因为他们的观点而抱怨他们。而且，我也不能批评我的父母，他们是希望我能摆脱贫穷。他们以前遭受了贫穷，我也曾经贫穷过，对于他们认为贫穷并不高尚的观点我也坚决同意。贫穷引起恐惧、压力，有时候甚至是沮丧。这意味着小心眼、卑微和很多艰难困苦。

我在二十几岁的时候，最害怕的不是贫穷，而是失败。

在大学阶段，我明显缺少学习的动力，我花了很多时间在咖啡吧里写故事，很少去听课，但是我知道通过考试的技巧，当然，这也是好多年来评价我，以及我同龄人是否成功的标准。

当然，最终我们所有人不得不为自己决定什么是失败的组成元素，但是如果你愿意的话，世界很愿意给你一堆的标准。基于任何一种传统标准，我可以说，仅仅在我毕业7年后，我经历了一次巨大的失败。我突然间结束了一段短暂的婚姻，失去了工作。作为一个单身妈妈，而且在现代化的英国，除了不是无家可归，你想象到有多穷我就有多穷。父母对我的担心，以及我对自己的担心都成了现实，从任何一个通常的标准来看，这是我知道的最大失败。

现在，我不会和别人说失败很好玩。我生命的那段时间非常灰暗，那时我还不知道我的书会被新闻界认为是神话故事的革命，我也不知道这段灰暗的日子要持续多久。很长一段时间里，任何出现的光芒只是希望而不是现实。

那么我为什么还要谈论失败的收益呢？仅仅是因为失败意味着和自我的脱离，失败后我找到了自我，不再装成另外的形象，我开始把我所有的精力仅仅放在我关心的工作上。如果我在其他方面成功过，我可能就不会具备要求在自己领域内获得成功的决心。我变得自在，因为我经历过最大的恐惧。而且我还活着，有一个值得我自豪的女儿，有一台陈旧的打字机和很不错的写作灵感。我在失败堆积而成的硬石般的基础上开始重筑我的人生。

人们可能不会经历像我那么大的失败，但生活中面临失败是不可避免的。永远不失败是不可能的，除非他活得过于谨慎，这样倒还不如根本就没有在世上生活过，因为从一开始就失败了。

失败给了我内心的安宁，这种安宁是顺利通过测验考试不能获得的。失败让我认识自己，这些是没法从其他地方学到的。我发现自己有坚强的意志，而且，自我控制能力比自己猜想的还要强，我也发现自己拥有比红宝石更真的朋友。

# 信念的力量

1954年之前，在4分钟之内跑完1英里被认为是不可能的。医生、生物学家进行实验，并用结果科学地证明，展示人类的极限，结论是人类不可能在4分钟之内跑完1英里，运动员们也验证了科学家和医生的观点，证明了他们实验的正确，1英里跑了4分零3秒，4分零2秒，但是从没有人能在4分钟内跑完。从开始对1英里跑步计时以来，科学家、医生、世界顶尖运动员都已经证明了这个结论。

直到罗格·班尼斯特的出现。罗格·班尼斯特说："4分钟跑完1英里完全是有可能的，根本不存在什么人类极限，我可以做给你们看。"说这话的时候，他是牛津大学的医学博士，他也很擅长长跑，是顶尖运动员，但是离4分钟跑完1英里还是有距离的，他的最好成绩是4分12秒，所以自然没有人把他的话当真。

但是罗格·班尼斯特坚持刻苦训练，而且有了进步，他突破了4分10秒，4分5秒，然后是4分2秒，接下来就没有再突破，像其他人一样，无法再低于4分2秒了。

但他还是说，根本不存在什么人类极限，我们能在4分钟内跑完1英里。他坚持自己的观点，坚持训练，但是一直没有成功。

直到1954年5月6日，在他的母校牛津大学，罗格·班尼斯特用了3分59秒跑完了1英里，一下子就轰动了，他登上了全世界新闻的头条，"科学遭到挑战""医生遭到挑战""将不可能变为可能"。他跑完的1英里，成为了梦想1英里。

6周后，澳大利亚运动员约翰·兰迪跑完1英里用了3分57.9秒；接下来的第二年，1955年，有37名运动员都在4分钟之内跑完了1英里；1956年，又有300名运动员突破了4分钟。

这是怎么回事？是因为运动员们更努力训练了吗？当然不是。是因为有了什么新的技术、高科技的跑鞋？都不是。

是信念，信念的力量多么强大啊。不是因为跑到那个时间，运动员们就说，糟糕，超过极限了，稍微放慢点吧。而是他们的潜意识限制了他们的能力，阻止他们去突破那个极限。那不是医生设定的物理障碍，不是科学家和生物学家宣称的身体极限，这是一种精神障碍。罗格·班尼斯特做到的只是打破了这个障碍，心理和精神上的障碍。

　　信念即自我实现预言，它经常能决定我们的行为，决定我们的表现能有多好或者多糟糕，它是我们人生成功和幸福的头号预言家。

# 人生没有草稿

12岁时，我喜欢上了张韶涵。我发疯似的到处寻找她的录音带、录像带、海报，每天看啊听啊，忙得不亦乐乎。她的档案我能倒背如流，有关她的消息也成了我情绪的"晴雨表"。

我努力地把自己的生活与她联系起来，墙上、床上、桌面上到处可见她靓丽的身影。随之而来的，便是我的各科成绩都亮起了红灯，我也自然成了常被老师叫去"谈心"的一分子。老师一遍遍不厌其烦苦口婆心地讲"追星"的害处，强调学习的重要性，可我就是听不进去，依旧我行我素。妈妈也开始不断地向我发起进攻，唯有爸爸对我依然如故，这使我对他感激不尽。

联考来了，几乎没有任何准备的我赤手空拳地上了"战场"，像一个没拿武器的士兵在敌阵里迷失了方向，我几乎是迷迷糊糊地写完了试卷。不久后公布的成绩犹如一个晴天霹雳：我在班上的排名从原来的十几名一下滑到了三十多名。这对我无疑是一个沉重的打击，我心里一阵一阵地泛着酸涩的滋味。

当我怀着忐忑不安的心情走进家门时，我不由暗自庆幸——妈妈回老家了！成绩单落在一向和蔼可亲的爸爸手里，应该不会引发"暴风骤雨"。

爸爸看了成绩单，平静地问我："是不是很难受？"我点了点头。"那就给张韶涵写封信吧，告诉她你的烦恼和你对她的喜欢和信任。再把那封信抄10遍，选一封最好的寄出去。"

这倒是个好主意，我为什么没有想到呢？于是，我洋洋洒洒地写了千余字，经过反复修改后开始抄写。可抄了好几遍我都不满意，直到修改并抄到第四遍时，我有些厌烦了。不过，为了完成一封尽善尽美的信，我咬咬牙决定坚持下去。可没想到我越来越烦，到第六遍时，实在是没有耐心了，便抱着那摞信纸来到爸爸面前："我不干了！"

"为什么？不是干得好好的吗？"

"烦死了，真没劲！再写下去，我的头会爆炸的。"

看着烦躁的我，爸爸却露出了一丝笑容："这说明你喜欢张韶涵的感情是经不起考验的。否则，怎么会厌倦呢？她只能作为你一时的偶像，你不该为了这一时简单的感情而丢了自己今后的一切，对吗？"

瞬间，我半年来坚守的思想阵地受到了巨大的震动。是啊，如果我真心喜欢她，怎么会因为多抄几封信就不耐烦了呢？这能算是真正的喜欢吗？况且我为什么要为了她而放弃自己美好的明天呢？

爸爸似乎看透了我的心思，又乘胜追击："看看，为什么你的草稿会这么乱呢？"

"因为我可以重抄呀！"

"这就对了。人生就如一张白纸，需要你去写、去画，但是这张纸每个人只有一张，谁也没有写草稿的机会，所以你要百般地珍惜它！"

考试的失败、抄信的枯燥以及爸爸的话，使我那颗躁动的心平静了许多，我对张韶涵的热情也渐渐减弱了。我依然喜欢她的清纯、健康，喜欢她的歌声、舞姿，却不再那么疯狂盲目了。我渐渐学会了控制自己的情绪和言行，因为我一直牢记着爸爸的教诲：人生没有草稿，应该精心绘制自己那份独一无二的生命蓝图。

# 有一种感觉叫怀念

刚才翻了一下中学时期的相片，心情好复杂。虽然没有武侠小说里的豪情，但也乐得其所。有白天的疯狂，也有晚上夜深人静时各人内心的独白，以及对未来的豪言壮语。也只有在夜晚，才会发现平日里嬉笑打闹的男生，也有脆弱的一面，也有感性的一面，也有那一分白天表现不出的细腻。怀念那些兄弟姐妹。如今大家都各奔东西，如今的你是否还有当年的抱负？是否还像当年一样追求着对感情的执着？还是现在的你已经磨平了棱角，接受了现实的残酷与无奈。

高中里，我们天天想着要步入社会，要在这个缤纷的世界中创造出一番成就，打下自己的一片天空。但现在的我又很想回到学校里，和兄弟们一起，享受那人生不多的一段恬静。也许你会说我在逃避，不敢面对现实。是的，我很想逃避，我很讨厌很厌恶现在的生活，每天为以后怎样工作而担忧，我知道，我很懦弱，但我只想快乐地生活。怀念那些为考试而集体背书背通宵的日子，怀念那些点起蜡烛看书看到凌晨的夜晚，怀念那些黑夜里互道心事的时光，怀念那些兄弟。

五月，校园里绿草丛生开满了鲜花，让我想起我的那些花儿，那些青春的朋友。我曾以为我们会一直快乐地走下去，永远快乐，永远单纯，没有悲哀，只是今天我们已经离去在人海茫茫，各自奔天涯。想起去年的那个五月，我们拼搏的六月之前的黑暗。跳蚤市场的盗版书籍充斥着我们的生活，在时间的间隙里抬起头，然后又匆匆地埋下去。来不及数那夜中的雨滴，看那地面上泛起的涟漪，看见时间踏着匆匆如我的步伐，用静若止水的眼神掠过我。

忙碌了整整一个高三，虽然还没有高考，但是大家都突然心照不宣地放松了，想起六月，想起离别，心中有一种莫名的喜悦和无情的伤感。那个时候，我们总有一群同学抱起篮球，在操场上宣泄。

五月下旬的时候，老师已经不再刻意严管我们了。大家都在努力地完成毕业班的必修课——写毕业留言。用的都是信纸那种形式的，收发比较方便。经常吃完晚饭回到教室，就已经看见那塞满了十几页的留言。开始的时候自己并没有打算买留言本，以为那些没有必要。假如两个人的关系好，感情根本不是一张留言所能承载的；如果关系不好，不会因为一张留言就可以连接起来。后来被迫，试图也报复别人，听到有一句话说：青春就是用来挥霍的。其实大家只是彼此轻松一下，减少高考之前的紧张。只是后来读留言的时候，发现了许多朋友将自己的秘密诉说在留言里，才知道幸亏买了留言本。读着读着，就哭了起来（是真的，我真的哭了），因为一些感情真的让我心里感动。

有一个朋友这样写道：岁月冲不走所有的往事，流逝的事物不是最美好的，因为最美好的事物永远地刻在我们的心里。鱼说：风停了，云知道，缘散了，情未了。前世说：缘由天定，分在人为，这是我——你永远的朋友最喜欢的一句话，上天让我们走到了一起，但是我们之间的理解，患难与共的真情却是我们用青春换来的。虽然很短，很平凡，但是我的心却被深深地感动。

已经有三三两两的同学一起去拍照纪念了，而我一直是不想和任何人合影，但是后来不知谁说还是不要留影，留影以后，将来就没有再见面的理由了，结果我只和我们几个玩得好的拍了一张。

青春就这样散场了，我们各自奔天涯。只是在今年的这个时候想起把它们写下来，不是因为别的，只是让感情的碎片在流动的时间里沉淀。如今，散场的青春似乎都已经有了新的故事，那些青春的花儿各自奔天涯。已经在各自的象牙塔里，不同的角落静静地开着。而我依旧写着自己的文章，那些关于我们青春的抽屉文学。只是渐渐地发现曲终人散，青春已经散场，我们都该告别了，看见一段话：一个人总是要走陌生的路，看陌生的风景，听陌生的歌。如今我也应该赶往下一个路口，追寻那些注定相识的人群。

虽然青春散场，只是依然希望那些花儿已经可以静静地开放，比校园里的还要鲜艳。各自奔天涯，有些伤感，曾经拥有，现在失去，也许将来终究成为模糊的记忆。曲终人散，在没有那些旧朋友的夜里，一个人默默地回忆。也许相见不如怀念，那就让感情的碎片在流动的时间里沉淀吧……

# 如果你要从此不再痛苦

人生首先是充满了痛苦的，我对痛苦的理解是身体和心理的不自由。

不自由的定义，从狭义的角度理解是想干什么事儿客观条件不允许，不想干什么事儿却非得硬着头皮干。比如你特想开辆车去草原流浪可是客观条件不允许，或者你对每天重复单调的工作深恶痛绝但是非得每天准点儿上下班不可。

不自由的定义，也可以从广义的理解，是天地之道与自强不息的矛盾。简单地说，水总是从上向下流的，黄河总是要泛滥的，人总是懒惰的，这是天地之道，是世界宇宙本来就是那样的一个规则。而我们作为一种高等生物，人，总要追求不同于草木的意义，而这就需要我们自强不息来完成。例如，让原子瞬间分裂或者合成，成为原子弹或者氢弹。当然我的说法不一定准确，你可以每天早起读书，学习社交，并勇于接受生活的不断变化。例如水利工程给黄河改个人生道路。

天地之道与自强不息这个根本矛盾造成广义上的不自由。

而对于个人来说，解除痛苦的方法，必须是获得自由。针对狭义和广义的自由，分别有两种不同的方法和途径。

先从广义的自由来说。

一是发挥儒家以及西方主流社会倡导的，天行健，君子以自强不息。必然经过艰苦卓绝的与自身惰性以及自然现实的不断斗争和挑战，不断挑战自己的极限，锻炼自己的自律。最终能够战胜别人，战胜环境，用反复的成功获得的成就感激励自己养成积极的心态和习惯，从而将对手们远远地抛在身后。

例如你每天非常努力地工作，积极地社交，哪怕你是个不善于沟通的人，勤奋地学习折腾每天睡觉少于6个小时而加班一定大于6个小时，于是你在40岁时因为在专业上投入的时间可能比身边同行业的竞争对手多20000个小时（20000小时是成为一个行业专家所必需的练习时间），从而成为所在行业的专家，于是获得更高的收入、更高的地位和更多的自信。

这时候你能够选择你想要的生活方式，当然大部分情况下这时候你想要的就是你已经长期使用并且已经适应的生活方式。

二是使用道家的中国原创的"无为"的出世精神。于方寸中求寰宇。顺应自己的天性与自然规律，发展自己的个性，追求自己喜欢的事业和生活方式。安贫乐道，哪怕物质生活比较匮乏，依然能够安然地满足于自己的生活。

例如你可以打工半年，然后四处旅行。没钱了就在当地打打工，然后继续旅行。当然旅行这种远足的方式只是用来寻找自己喜欢的生活环境和人生意义的方式。例如康有为最终选择青岛作为安生之地。你可能一辈子做了20个不同的行业，换过几十张不同开头的名片，但是最终依然赚得不多，但是你能够达到内心的安然和满足。追求在别处。

这时候你已经跃然世外，将人生和世界看得更加清楚。只是真实生活中绝大多数的人不可能撇开世人的评价和自己长期养成的价值观而彻底出世。如果为生活所困而不得不像高更那样为放弃物质而付出代价则得不偿失。

我们了解了广义的自由的可能追求之路，再看狭义的自由，其实只是广义自由的路径而已。

我们比较衡量思索后不难发现，真正能够去追求自由，必须同时满足两个条件，必要的物质条件和必要的悟性。希腊有大量的奴隶用来工作，从而使一大批人能够不用干活整天吃饱了撑着没事去想些形而上的问题，于是才能有柏拉图、亚里士多德、阿基米德等。相信阿基米德如果是在农田里泡着种苜蓿而不是舒服地躺在盛满热水的浴缸里，他绝对想不到区分真假皇冠的方法（虽然我极度怀疑这个传说的真实性）。

但是并非每个有了物质条件的人，都能够悟道而真正投向自由。否则那些腰缠万贯的大商人、企业家都能幸福地生活着，事实显然不是。

那么什么人能够同时兼备必要的物质和必要的悟性呢？我们很难去量化一个人是否具有了追求自由，从而脱离痛苦的悟性，我们只能看谁具备了必要的物质条件。两类人居多，一类是富二代，至少祖上的基业够他不用为生计操心，第二类则是靠自己奋斗的事业成功者。在未知的人生长度上找到一个收入和年龄的平衡点，能够使自己在离开世界之前依然具有养活自己的财富，而在退休时依然保持较为健康的身体。

那么如何能够成为这两者呢？前者靠幸运。而后者，一半靠努力，一半靠的还是幸运。所以说到底，并非人人生来都有机会从痛苦中解脱，大部分人活着的时候承受着痛苦误以为死去是解脱，而事实上死去只是转换痛苦的一种形式并非解脱。只有少部分极度幸运的兼具财富或者财运和悟性的人，能够完成解脱痛苦这一过程。

最后简单讲一下解脱痛苦的过程，大抵是观察、了解、领悟、实践、反复、得道、解脱。

庄子说没有悟道的人是行尸走肉，当我们撇开褒贬而单从字面意思理解，会发现这句话说得相当正确。

没有人能够不偏不倚地讨论任何问题，如同本文我试图中立地谈论痛苦、自由、解脱，而最后依然用道家的语言来总结论点，而用儒家的笔法激励读这篇文章的每一个人，包括我自己。

# 梦想，需要接地气

一个15岁的男孩，为了逼迫父母出钱赞助自己学习音乐当歌星，于是割腕自杀、离家出走，最后，流落到收容站，彻底中断了学业。

还有一个是45岁的中年男人。在繁华城市的城乡结合部，住十平方米不到的出租屋，每天为了生存，苦苦挣扎。他与那个男孩唯一不同的是，每天早晨，在熙熙攘攘的锅碗瓢盆交响曲中。他，臂膀上搭一条白毛巾，端着帕瓦罗蒂的姿势，高歌一曲《我的太阳》。

同那个15岁的少年一样，中年男人40多年来，心中始终都藏匿着一个瑰丽的音乐梦。所不同的是，这一路走来，他的音乐梦融化成血液流淌在琐碎平凡的日子里。而那个少年的音乐梦，却马上就要被个人的固执和莽撞所戕害。

更大的不同之处还在于，中年男人的音乐梦只是为歌而歌。而那个少年，他的终极目的怕不是音乐，而是舞台之上炫目的烟火以及舞台下沸腾的粉丝和无边的名利。

一个15岁的少年尚有机会从弥天大梦中醒来，而这个世界上还有一些人，中了梦想的毒太深，等到迷途知返的时候，才知道，积重已然难返。

我认识一个流浪歌手，年过三十，一直矢志不渝地在皇城根下做着北漂，全部的生活来源皆出自女友拮据的工资和寡居妈妈那点可怜的退休金。女友想结婚，哪怕裸婚，只要他有个正常的职业即可。妈妈想看到儿孙绕膝，哪怕他一事无成，只要他能够懂得脚踏实地便是幸福。女友与母亲的这点最简单最基本的要求，流浪歌手却都不能满足。他一再叫嚣：我距离成功只有半步之遥了，为什么你们就没有耐心等待？

在所有梦想狂人的眼里，只要他愿意等，梦想总有一天会施予怜悯和恩宠。可梦想不是慈善家。永远不会因为哪个表现得过分可怜就悲天悯人地给予关怀。它需要的从来都是板上钉钉的成功份额，比如才华，比如勤奋。

奢谈梦想的同时，首先应该区分开，梦想和渴望的不同。世间所有人都热望名闻利养，可名闻利养远不是梦想。真正的梦想是无关名利的一份美好，当事人从中能得到的，不只是形式上的愉悦，更是灵魂上的满足。

还记得多年以前，央视报道过一个来自西安某山区的女人的故事。那个30岁的女人从小到大的梦想就是走出大山，像个职业女子那样去生活。可彼时的她，有需要照顾的老公，有嗷嗷待哺的孩子，还有大片的需要打理的农田。走出大山的梦，对于一个没有受过太多教育的山里女人来说，不仅遥不可及，而且也不现实。

十年之后，我再次看到了这个女人的故事。此刻的她，满脸都是骄傲和满足。她没有走出大山，却在距离村子几十公里远的县城做了一名售货员。成为都市白领的梦，散了，但取而代之的却是更贴近生活、更具现实感的圆梦的风景——她终于看到了山外的风景，也终于有了自强自立的平台。

所有梦想都像高高飞在天空的风筝，是一直仰头看着风筝越飞越远，还是尽可能地拉回奢望的线，让梦想接近地面，具有踏踏实实的烟火感。这是所有人都有可能面对的人生命题。毋庸置疑的是，梦想只有接近地气，才能更具有生气和活力。这份勃勃生机的营养与厚重，只有地气能给，也只有脚踏实地才能行得通。

# 像自己这样生活

　　他从小就非常崇拜那些成功人士，读小学时，写过一篇题为《像比尔·盖茨那样进取》的作文，老师当作范文朗读，并赞许他志向高远。进入大学后，他更是迷恋上那些励志图书，如饥似渴地阅读了《像伟人那样思考》《像强者那样行动》《像智者那样探索》《像明星那样经营》之类令人热血沸腾的书籍。

　　大学毕业后，他毅然去做保险推销员。只因《世界上最伟大的推销员》那本书，点燃了他从零开始的激情。他要磨砺意志，渴望在不断地遭遇挫折后，也能够像那位杰出的推销员一样赢得堪称奇迹的成功。但是，四年艰苦的打拼过后，他并没有拥抱想象中的辉煌，依然只是一个整天为温饱忙碌奔波的小人物。

　　苦恼过，叹息过，焦虑过，不甘碌碌无为的他，又开始了多方尝试，多方探索，似乎每一个成功者走过的路，对他都是很大激励。结果，十几年过去了，人到中年的他，仍旧囊中羞涩。成功，似乎有意疏远他，难为他。

那年秋天，他回到那个僻远的小山村。家乡已发生了很大的变化，许多年轻人都外出打工了，许多孩子也跟着父母进城了，村子里多是一些老人、妇女。春种秋收也大多机械化了，几乎没有人再积肥保养土地了，因为大家更相信化肥的威力。也很少有人再挥锄"汗滴禾下土"了，因为有了便捷的除草剂，一喷洒就基本解决问题了。大家自然地都那么做，因为那样的耕作方式，省时、省力，虽说成本较高，粮食品质较低，对土地的破坏较大，但明显的高产量，却鼓动着大家毫不犹豫地如此选择。

难道在农村老家，也吃不到真正的绿色食品了？他有些悲哀地问父亲。

父亲告诉他，只有邻村那个老耿头，种地还像从前一样，养猪养牛，从不买化肥。他还用牛耕地、耙地，靠人力一锄头、一锄头地除草。只是，他种的粮食产量不高。

他惊讶于老耿头的固执，问他为什么不像别人那样种地。老耿头淡淡一笑："每一个人都有自己的一种活法，为什么要像别人那样呢？我觉得像自己这样种地最好。虽说辛苦一些，收入少一些，但保养了土地，还种出了更益于健康的粮食。"

真的这么简单？他很难想象别人都在图轻松、图多获利的时候，老耿头仍能不为别人的轻松成功所动。

"就这么简单，像自己这样生活，我感觉很知足，也很幸福。"老耿头朴实的话语里透着深刻的哲学意味。

"像自己这样生活。"他轻轻地重复了这一句话，心田里陡然洒入了一缕阳光。

后来，他听说老耿头不盲从他人的种地方式，被记者报道后，受到许多人的关注，经销商争相上门出高价订购他的粮食，他的收入比那些高产的粮食大户还多了。

没错，每个人都可以有许多选择，每个人都有自己的道路，但是，不管怎样虚心地学习别人，都千万不要迷失了自己，不要企图把自己变成别人的样子，不要简单地抄袭别人的生活。你要知道，像自己这样生活，才能准确定位，才能从容淡定，才能品味到属于自己的幸福。

# 第三章
## 从容果断，付诸行动

对待生命你不妨大胆冒险一点，因为好歹你要失去它。如果这世界上真有奇迹，那只是努力的另一个名字。生命中最难的阶段不是没有人懂你，而是你不懂你自己。

——尼采

# 陪伴你到达梦想的地方

从懂事起，父亲和我说话就不多。父亲是一个孤儿，五岁丧母，九岁丧父，十来岁他就开始独居。那个时候，村里和他一般大的小孩都在念书，父亲每天跟着他们去上学，一直跟到教室门口，就止步了。父亲知道，教室与他无缘，贫困使他过早地属于另一个世界。

许多年后，当我成为村子里第一个大学生的时候，父亲彻夜难眠。那天夜里，他拿着我的录取通知书，在昏暗的煤油灯光下，近一下远一下，翻来覆去地仔细看，我知道他是在掩饰内心的狂喜。过了很久，父亲才把通知书还给我，低声说："收好，不要弄丢了。"天一亮，父亲特地买了鞭炮香烛，领着我去村头山冈上坟。在每一个坟前，父亲都严肃地跪下去，然后喃喃自语地说上几句话，看上去很滑稽。不但如此，他还逼我跟着跪下，说我能考上大学是祖先的保佑。

要开学了，父亲送我到县城坐长途汽车。我还清楚地记得，那天他穿着一件很大的褂子和一条打褶的粗布裤子，下面露出两条黑黑的腿杆子。我上了车，车还没有开，父亲就一直站在窗外看着我。遇到走动的人拦住视线，他就不时调整位置，以确保时刻都能看得到我。长途汽车站里面烟尘漫天，稀稀拉拉的人东一堆西一堆，父亲站在那儿孤零零的。

车子发动的时候，父亲赶紧走到车窗前，把手扶在玻璃上对我说："出门在外，自己照顾自己，我们是农民，不要跟人攀比。"这时候，我破天荒地看见父亲红了眼眶，原来父亲也会流泪。当时我正值青春，不愿意跟父亲有过多的感情交流，因此感到很尴尬。我赶紧把头别过去，不去看父亲。

在武汉念大学那四年，每逢寒假，同学们就开始为火车票发愁。每当那时，车站总会有服务到学校，校园的露天广场上就设有车票代售点。我和同乡纷纷结了伴，在寒冷的夜里排着长龙，等待一张回家的车票。不知道为什么，每次排队买票，我的脑海里总会浮现父亲的身影。可是我又那么不情愿承认，我着急想回家，就是因为想念父亲了。

坐完火车，我还要坐汽车，灰头土脸到达我们的小县城后，再换一辆三轮车颠个三十里山路，才到镇上，就能看见蹲在路边抽烟的父亲了。那些年，父亲一直在同一个位置等着我。每次车还没停稳，就看见父亲蹲在冷清的街灯下，见有车来，他立刻站起身，哈着气、拢着双手、探着一颗满是白发的脑袋，用目光一个个过滤从三轮车上跳下来的人。在父亲的身后，放着他那辆除了铃不响哪儿都响的自行车。终于发现我之后，父亲就开始笑。他非常瘦，一笑，满脸的皱纹更加突出。每一次我都问他，到了多久？他也总是说，自己也是刚刚到。说的次数多了，我也就宁愿相信了。

我和父亲摸着黑，沉默不语走大概半个小时，就来到沙河边。冬日里水很浅，船根本靠不了岸，我和父亲就脱得只剩下裤衩，下到刺骨的河水里往前走一段，这才得以上船。站到船上，一阵河风吹来，两条湿腿就像挨着千刀万剐一般。有一回站在船上的我一边哆嗦一边想：来的时候，父亲也是这样扛着自行车过来的。这样一想，眼泪就涌了出来。幸好当时天很黑，父亲和船家都没有发现。那个时候，我宁可对外人说掏心话，也不情愿对父亲表达感情。离船上岸，两人继续在田野里穿行好一阵子，夜风中可以闻到草香，我和父亲仍然一路沉默。越接近村庄，狗吠声就越清晰，辛苦了一路，这才总算到家了。

往后的很多年里，父亲把他的孩子们一个个送往远方，又一个个像这样接回家来。然而到最后，孩子们还是一个个从他身边离开，去了真正的远方。我的五个弟弟妹妹中，有四个上了大学。也就是说，包括我在内，父亲手里一共出了五个大学生。父亲曾对母亲说，每次家里出一个大学生，他就会想起那些他从教室门口折转田间的时刻，想起他一趟趟跟着伙伴们去学校，又一趟趟返回家的时刻。

母亲说得对，我们上的大学，其实是父亲的大学。

如果说这个世界上，有那么一个人，他舍得给你一切，连同他的梦想，那么至少他是信任你的。如果他能一路陪伴你到达他梦想的那个地方，而自己只是躲在光环后面默默地注视你，那么，他是异常爱你的。他知道你身上流着他的血，你的快乐幸福就是他的一切。我们是不是应该还这样厚重的一份爱，给那个一直深爱我们的父亲？

# 卓越是一种态度

这几年，不管在我的写作内容或在不同场合分享生活经验时，我都喜欢提到"态度"这个东西。其实它是有缘由的。在我这几十年的生命历程中，有过两次和它有关的"刻骨铭心"的痛楚和觉醒经验，因而促使我能以比较深刻的心情去看待它。

第一次是我刚上大学时。记得那天我在台北的街头等公交车去上学，站在我身旁的是一名金发碧眼的年轻男老外，估计是来我们学校的交换学生或是来学中文的。等车的时间有点长，这名老外可能为了打发时间，因此转头问我读的是哪个科系。由于还不太有经验和老外直接对话，我当时紧张得完全记不得我念的科系的英文该怎么说，因此结结巴巴的，答不上来。

没有想到就在我满脸通红、结结巴巴的过程中，那个老外居然就用十分鄙夷的眼光和脸色斜眼看着我，并冷冷地撂下一句话："你确定你是大学生？"然后就转过头去，再也不看我一眼。

从那天之后，我就发誓要好好地把英文口语练好。但那时我还没有领悟并学到"态度"。

第二次的惨痛经验是在巴黎。

为了省下地铁钱，我在巴黎时每天都背着大大的书包走三站地往返于学校和住处之间。通往学校的路上，有一间十分精致美丽的服装店，每天"瞻仰"那家服装店漂亮的橱窗和里面所陈列的衣服，是当时手头拮据的我的一个小小的快乐。

有一天早上上学时，我惊喜地发现这家服装店挂出了换季打3~5折的告示，当时就想，嗯，也许下课回来的路上可以进去看看，此前虽然每天经过，可我从来没敢走进去过。

当天下午4点左右，我终于走进了这间美丽的小店。小店里除了左右两排吊挂的衣服之外，小小的店中央还摆了两个堆满衣服的推车，许多法国女人已经在那里挑选并试穿衣服。我怯怯地走近推车，怯怯地看看价格吊牌，怯怯地拿起一条长裤，并怯怯地询问店员我是否能试穿。

当时那条长裤并不合身，我因此又拿了另外一条，可惜还是不合身。就在我伸手从推车里准备拿第三条长裤时，当着众人的面，那名法国女售货员竟挡住了我的手，冷冷地说："你不可以再试穿了！"

我当时只觉得全身的血液都冲到了脸上，全身因羞辱而轻微地颤抖，在一阵晕眩中，我慌乱地拿起收银台边挂着的一串项链，几乎是以"玉石俱焚"的心情，花了120法郎买下了它，然后几乎是脚不着地地逃离了商店。我为自尊所付出的代价是：连续两个星期只吃得起干干的法棍面包！而那串铭记着羞辱、依照当时物价所费不赀的项链，我一次也没戴过！

满带着受伤和羞辱的心情离开了那家商店之后，灰蒙蒙的天空正下着毛毛细雨。我一路跑回住处，和着雨水，我的脸早已被泪水完全浸湿。

当天晚上，心情稍微平复之后，我躺在床上强迫自己回想下午的过程，强迫自己找出问题的原因：为什么别人都可以一再试穿，而我却不能？为什么她敢用这种态度来对待我？

最后，我明白了！因为是我"允许"她这么对待我！因为我的态度、我的神情、我的举止，告诉她："你可以欺负我！"

从这件事情之后，我从疼痛中学会相信自己和肯定自己的重要，也了解到在平衡的人际关系中得先学会取悦自己，再取悦别人。此外，从我所受到的羞辱里，我也学会了如何更宽厚待人和更柔软温和。因为我知道态度决定高度，它不仅仅传递了你将怎么对待你周围的人，也传递了希望周围的人如何对待你。

卓越是一种态度。

# 在无声的世界里绘出有声的花朵

他出生在偏僻农村，父母老实本分，靠种庄稼维持全家生计。从小学三年级开始，他的听力不断下降，因为家境贫寒，错过了最佳的治疗时间。到初中时，他已失去大部分听觉，完全听不到老师讲课的内容了，只能靠课堂上抄老师的板书，课下借阅同学的笔记艰难学习。遇到不懂的地方，只能把想问的难题写在纸上向老师和同学请教。

苦难和不幸没有让他消沉绝望，凭着顽强的毅力，初中毕业时，他以全校第三名的优异成绩考入了本地重点高中。三年后，又以高出一本线50多分的优异成绩考入延边大学中文系。

进入大学后，因为听力上的缺陷，他开始用网络与他人说话，用文学来弥补心灵，创作了一大批文学作品，先后在《剑南文学》《百家》《词刊》《歌词天地》等报刊上发表，成为这些杂志的撰稿人，并多次在各级文学大赛上获奖。

每天晚上6点，他便背着从图书馆借来的诗词书籍，从寝室来到一公里外的师范楼，一个人在安静的教室创作。到这年年底，他将自己的得意之作《春江花月夜》投给了一家艺人官方网站，得到了该网站负责人的极大好评。

此后，他遇到了生命中第一位贵人——在北京拥有自己传媒公司的张宏光，为对方的曲子填了一首《我想的美好》歌词，拿到了1000多元的报酬。对于他而言，这不仅是物质上的报酬，更是一种精神上的激励，成为他音乐道路上的转折点。此后，在张宏光等人的提携下，他先后为名家郑绪岚、吕薇等作词，还应中央电视台《欢乐中国行》《同乐五洲》栏目的邀请，创作了《山水好心情》《漫步黄山》等一大批歌曲。他作为"一个音乐的舞者"以独特的姿态跳跃在灵动的音符上，行走在音乐带来的艺术喜悦深处，进而当选为2007年延边大学首届感动校园十佳人物第一名。

2008年大学毕业，他像众多残疾人求职一样屡遭挫折，长期陷入失业状态，没有工作，没有收入，没有住处。这时，一位大学老师向他发出了邀请，希望他能够参与自己的科研项目，正走投无路的他欣然应允。他没有让老师失望，2009年起，他开始连续在《词刊》等国家级期刊发表《方文山歌词创作的艺术风格》《流行歌词研究的设想》《罗大佑歌词创作初探》《车行歌词创作研究》等歌词研究论文与评论15余篇。参与多项高校省部级学术课题项目编辑统筹与撰稿工作，已撰写了近40万字的学术作品，即将出版《韩国古代诗家对先秦汉魏晋南北朝诗歌的批评》《韩国古代诗家对唐宋诗歌的批评》等合著书籍，专著《明清中韩诗歌交流史》，结集歌词研究作品《歌词作家作品论析集》。

工作之余，他没有放弃自己的爱好，业余时间创作了一大批歌词。2010年8月，他再次接到了一个重大任务：为第十六届广州亚残运会创作一首歌曲《你让世界从此不同》，经过几个月的不断讨论、修改，最终确定为亚残运会主题曲。

他就是海南万宁的青年词作家王生宁，一位双耳完全失聪的"80后"。虽然王生宁本人听不到自己创作的歌曲，可他心中却充满了美妙的歌声，虽历经风雨和坎坷，始终坚持梦想，一路走来，最终走到人生的坦途。的确，每个人都可以拥有美丽的梦想，只要坚持，一路走来，你的人生便从此不同。

# 做一个无可替代的人

　　那一年，我从亚利桑那州立大学毕业，幸运地被当地一家知名的公司录用，进入市场营销部工作。当然，首先要通过一个月的试用期。

　　部门主管是一名不苟言笑的中年男子，他常常半眯着眼睛，有时却透射出仿佛能洞穿一切的眼神，这让他原本就冷峻的面庞显得更让人生畏，尤其是对我这样的职场新人来说。

　　入职后的第二天，我便目睹了他的严厉。在讨论一个营销的策划案时，一个同事提出了看法，他是和我一同进公司的新职员。很显然，他的提议很糟糕，主管用一连串的反问很快就将他驳得体无完肤。同事涨红的脸让我暗自庆幸，还好自己没有说出愚蠢的想法。

　　会议快要结束时，主管突然指着我说："你呢？你有什么看法？""我和你的观点完全一致。"我不假思索地说出了这句话。它在我心里已经演练了无数次，我确信自己在说这句话时表情无比自然、生动，没有丝毫的别扭。果然，主管没有任何怀疑，面无表情地转过头去宣布散会。

此后，每次开会，我都不说一句话。看到同事依然坚持表达看法，接着被主管驳斥，我都在暗地里偷笑。然后在主管发言后，装作若有所思地点点头。这样一来，既显得自己有思考，又不经意地显示出与主管不谋而合。——我觉得自己简直就是一个天才！

试用期结束时，主管把我叫到办公室，用惯常的语气说："你知道，我们的观点总是很一致。"我微微点头，礼貌地微笑着，同时拼命地压抑着内心的激动和喜悦——接下来，一定是宣布我通过试用的消息。

但是，我猜错了。因为主管接着说："总是一致就说明我们中间有一个人是多余的。我不认为多余的那个人是我，你觉得呢？"这时，我又看到了从他半眯的眼睛里透射出的似乎能洞穿一切的目光。几乎是下意识的，我点着头回答："是的，我同意。"

几年后，我终于在其他公司站稳了脚跟。当我得知当年那个常常遭到主管驳斥的同事留了下来，并且发展得很好之时，我一点都不奇怪。是的，出错并不可怕，它能让你成长，至少能让你无可替代。而一味地附和别人，只会让你成为多余的那个人。

# 坚持，是最好的品质

　　我是一个有点小聪明的人，或者说脑子比较快，也因此从小到大一路走来以为凭着小聪明和滴溜溜转的脑子就能玩转一切。别人反应不过来的事儿我眨眨眼睛就懂了，别人听不懂的话我听一半就知道后半句是什么了，别人要集中精力去听的课，我一边走神一边听还能一边喝可乐。因此，我从来都不是最用心的那一个，尽管我有时候也还算个认真的人。

　　我一直以来都沉浸在小聪明的美丽世界里，直到年后我的生活和职场里突然发生了好多事，在很多几近崩溃和焦躁的瞬间，我发现小聪明这件事已经吞噬了我的心很久，只是我一直不知道也不在乎而已。就拿职场来说，别人需要三五个小时的工作，我只要稍微用点心一个小时就能做完，于是在剩下的几个小时里逗逗这个、调戏一下那个。于是我浪费了大把大把的剩余时间，以致我对自己目前的水平和能力很不满意。心思悔恨之余，认真工作了一个星期，虽然辛苦万分，但却收获巨大，不禁更加后悔之前浪费过去的所有好时光，内心也突然严肃了起来。

其实像我这种有点小聪明的人周围生活中和职场上有很多很多，但大抵上单单靠聪明能走得挺拔长远的寥寥无几，反倒是那些一直以来勤勤恳恳地用心生活和工作的人总能开出绚烂的花朵。聪明人总喜欢靠着自己的这点优越感对很多事情没有耐心，总觉得就咱这脑子去哪儿不是一朵奇葩，还用得着这么费功夫吗？聪明人总是在遇见陌生人或者前辈的时候最先受到赏识和赞叹，因为谁不喜欢跟脑子快的人聊天合作呢？因为看起来很有灵气，聪明人更加容易，会被领导宽容很多小毛病和小缺点，因为讨人喜欢，上班迟到一点没关系啦，其实越来越多的小毛病不被纠正和改变才是阻碍长远进步的绊脚石。但更可怕的是，这年头聪明人挺多，纵观一个办公室里上蹿下跳的那些人，也一定都是聪明人。所以，大家都只是想在一个都是聪明人的环境里争做看上去更加聪明的人。于是，太多的聪明人都折在了无心这个节点上。倒是那些看上去不那么灵光的人，那些不怎么被前辈看好，那些总被别人因为不那么喜欢而挑毛病的人，他们用心用力用时间来换取了很大的回报。

其实聪明人如果能用心更多一些就可以有很大的收获和成就，但偏偏聪明人总会因为自己有点小聪明而不拘小节，或者因为受人宠爱而觉得没必要那么苛责自己。其实缺乏长性和耐心的聪明人只要再坚持一下下，就可以克服掉很多缺点和毛病，比如再专心一点，再用心一点，再多听别人讲几句话，再多沉下心来学习一点，只需要再多坚持一点点，便可以看到不一样的花朵。

挺住，意味着一切；坚持，是最好的品质。

# 谁说你没有理想

乐乐拿下耳机，扭过头来问我，妈妈，你觉得我当个特种兵怎么样？

她正在电脑上看关于特种兵的电视剧。

当然好啊，你要是能当个女特种兵，那我得骄傲死了。我走过去坐在她旁边。拜英雄情结所赐，我看过不少这方面的小说，可以让我跟乐乐大讲特讲国内国外特种兵的种种过人之处，尤其是现代那些掌握高科技的特种兵，除了拥有非同一般的实力之外，还有着一流的头脑。

母女俩你一言我一语，很激动地分享了对特种兵的各种崇拜。我忽然对乐乐说，你知道要具备这样的本领，需要经过哪些训练吗？我仔细搜罗记忆中那些小说里的描写，从体力、精神、技能到知识、智力等方面，大概给她作了介绍。

天啊，这么这么地不容易啊。乐乐哀叹道，那我还是算了吧。

我知道她也就是说说而已。但我希望她能具体地认识到，每种让人崇敬的状态，都是要付出极大的努力才能得到的。

上初中以后，乐乐越来越有主见，对事情也有了明显的好恶。跟很多小女孩一样，有段时间她特别迷各种歌星，特别是选秀明星，迷到听一句半句就能说出是谁的声音或是哪首歌。虽不至于到追星的程度，但我还是担心会影响她的学习。更何况，在我看来，喜欢这种流行一时的明星，实在不是有追求有品位的表现。每次她提起某某明星，我都很鄙夷地打击她。

某次，她爸听见了，私下跟我说，从大方向看，乐乐的喜好至少是正面的，何况她的喜好，除了流行音乐本身，也多来自媒体对明星努力奋斗的励志宣传，直接用我们的价值观来强行影响她很不合适。而且，从家长引导的角度讲，这种做法只会让乐乐越来越不愿意跟家长交流。我仔细琢磨了一段时间，确实认识到，在如今的环境背景下，孩子喜欢明星再正常不过，如果我希望能引导或影响她，首先必须对她的想法充分肯定，同时把自己的理解和认识跟她平等地交流，相信她会作出更加成熟的判断。

没多久，我就发现，乐乐喜爱的明星慢慢集中在有学养背景的创作型歌手上了，比如毕业于比肩哈佛的自由文理学院威廉姆斯大学的王力宏，以681分的高分考入广州星海音乐学院的周笔畅，曾经的复旦大学高才生尚雯婕。她甚至说，以后想当个音乐人。

乐乐学过好几年钢琴，有一定的音乐基础，作文写得也不错。我跟她说，懂得用音乐来表达，是做一个音乐人的基本素质，但要想成为优秀的音乐人，最重要的是你表达的内容要独到并打动人心。要做到这一点，需要有独特的见解和体会，而这些，很大程度上取决于自身的文学、历史等积累，甚至还要有社会学、哲学、心理学等方面的知识背景。

上初二后，除了历史，乐乐开始对心理学感兴趣。我给她买了一些入门级的书籍，没多久，她就抛开这些她觉得过于简单初级的书，捧起了她爸的《博弈论》，还从书柜里翻出我上大学时买的《荣格心理学》。

插在这两本书里的书签挪动得很慢。这点我早想到了。毕竟是不同于故事读物的专业书籍，以她的年龄，没有轻易放弃就很不错了。但我还是希望她能再努力地深入了解一些。我一方面跟她说读书是有品格的，如果翻开了，就不要随意丢下；一方面不惜自曝其短，告诉她《荣格心理学》我上大学时都没看完，没想到她才上初中，就看了这么多。鼓励相当有效果，乐乐听了我的话，坚持着断断续续看了下去。

不过，从上个学期开始，乐乐越来越纠结于未来的人生道路，并为自己没有一个明确的职业方向而苦恼。

起先，听她说起班上的一个女生，学习成绩一直保持在前几名，还很有艺术天赋：从小学钢琴、舞蹈、唱歌，现在都能自己写歌了。年级的活动，她从来都是当仁不让的主持人，班里排个什么节目，小品啊，合唱啊，视频节目啊，创意、脚本、导演都少不了她。那个女生从初一就确定了以后上艺术类学校的目标。

前一段时间，各班都举行了素质展示班会，坐乐乐后面的男生演示的是解高等数学题，用6种方法证明一道大学的微积分题，用乐乐的说法是"牛了一地"。那个男生是个数学天才，从初二开始看《初等数论》，并自学高中数学。他跟乐乐说过，将来要从事数学研究。

看到身边的同学有了很明确的目标，乐乐焦虑地跟我说，我到现在还没有理想呢，怎么办？

谁说你没有理想？你说过那么多，音乐人、心理学家、作家，甚至医生、特种兵，无论是做什么，想成为一个有能力、有价值、对社会有贡献的人，不就是你的理想吗？我安抚地拍拍乐乐，跟她说，你才上初三，没有想好将来具体做什么，再正常不过了，让我特别羡慕的是，你对好多职业都保持着兴趣和了解。回想起来，我最早的能称得上理想的是当个照相的。那会儿我刚上小学，好长时间都不能理解人的形象怎么能呈现在照片上。那个时候，我没有办法找到相关书籍，也找不到什么人能告诉我相关知识，而且那时候，照相还是个奢侈的事儿。哪像你，从小就能接触到各种最新的信息。

　　看乐乐的情绪从沮丧变得振奋起来，我接着说，你有同学这么早就明确了理想，实在是很难得，同样让我羡慕。回想一下，我直到高中毕业，也没有过这样的朋友。可见人群中只有极少数人能在很早就有确定的人生目标。他们能有明确的理想，跟成长环境、个人兴趣和努力有关。

　　我开始给乐乐打比方：唱歌让人愉悦，但只有音乐人能无数次重复同一首歌，还能从中体会出最佳的情感状态；高强度、高难度的训练，在我们看来，几乎相当于磨难和自虐，我相信，优秀的特种兵能从中找到突破和超越自我的自豪感；不断做题，每天埋头于各种难题中，旁人会觉得枯燥和单调，你们班那个男生肯定是自得其乐，心中洋溢着成就感。所以我认为，你们这个阶段，理想来源于兴趣，但不止于兴趣。你只要保持现在这种状态，对很多领域都有兴趣，并对你感兴趣的东西努力深入，我相信，你会有越来越明确的理想的。

　　前几天，乐乐给我看她写给四川一位笔友的信。信很长，后几页写到她对自己的认识，尤其提到，她将来想创业。乐乐加入了一个自行车队，队友各有所长，她认为可以将其中的几个人发展成创业团队成员。虽然暂时还没想好具体做什么，但她认为能真正做一份自己喜欢的事业很有意义。

# 只要你想做，一切都不晚

　　摩西奶奶是美国一位女画家。她出生在纽约一个贫穷的小镇，而且受到有限的知识教育，学识不多。摩西奶奶出生在非常贫困的家庭，从小就在别人的农场干活挣钱，一生都是在农场里面度过的。27岁嫁给同样在农场干活的工人。婚后不久他们重回纽约，在那里她靠刺绣乡村景色养活家人。她一生孕育了十个孩子，天天都有干不完的琐事。在她70多岁的时候，因为一直刺绣，导致手指关节发炎，不得已放弃了刺绣，在家里绘画。她自学成才，常以风景作画，一共作画一千多幅。

　　摩西奶奶是后人的榜样，虽然她从来没有接受过正规艺术的培训，但是热爱画画的她拥有惊人的创作力。在她仅20年的绘画生涯中创作了1600幅画。主要描绘童年的乡村景色，能够细致地捕捉到天气的细微差别。摩西奶奶的作品都是怀旧的主题。摩西奶奶八十岁的时候在纽约办了一个展览会，她朴实、丰富多彩的晚年生活，受到了人们的欢迎，从此她逐渐受到大家的关注，之后摩西奶奶的作品在美国开始畅销。1961年她在胡西克瀑布去世，摩西奶奶享年101岁。有学者评价她：她虽然出身不好，却凭借自身的努力和对生活的热爱，得到了世人认可与赞扬，她乐观的精神值得所有人学习。

摩西奶奶从77岁开始作画，是大器晚成的代表。对真正有梦想的她来说，生命的每个时间都是年轻的、及时的。作画之后，她的作品在世界各地的博物馆都有展出，80岁的时候，她已经是闻名全球的画家。摩西奶奶的画都是用鲜艳、明快的色彩对比，绘画出一些简单、欢乐的场面，让人们看到后把这个意境当作内心的清凉剂。摩西奶奶的画之所以出名，是有一天她的画正在杂货铺的橱窗上展览着，被艺术家路易斯看中，他买了那幅画，但是觉得这画太美，想要更多。之后这位艺术家帮助了摩西奶奶，把摩西奶奶的其他作品带到画廊，后来更多的画商知道了摩西奶奶的画，把摩西奶奶介绍到了艺术界。

摩西奶奶80岁的时候，在纽约办了一个画展，引起全球轰动。此后摩西奶奶的画在艺术市场上畅销，而且赢得了很多奖项。虽然摩西奶奶从来没有接受过艺术培训，但是她对大自然的热爱让她有着惊人的创作力。摩西奶奶大胆的色彩获得了成功，她自己也指不出是谁给过她这样的灵感，她一生都是农妇，也不会有艺术大师能够影响到摩西奶奶。"成功不怕晚，只要你有追求。你最愿意做的事，就是你能做好的事，想做就从现在开始做"，摩西奶奶的这句话，一直影响着后人。她乐观向上的心态和对生活的热爱，值得所有人学习。

摩西奶奶80岁在艺术馆开了一场展览会，此展览会不光展览摩西奶奶的画，还展示着一些她的私人收藏品。这些物品中的一张明信片得到了大家的关注，明信片是1960年，摩西奶奶寄给一个叫春水上行的日本人，这个日本人受了摩西奶奶很大的启发。上面有摩西奶奶的一幅画和一段话："做你自己喜欢做的事，上帝会高兴地替你打开成功的大门，哪怕你已经80岁了。"

摩西奶奶为什么能够启发春水上行呢？因为这个日本人很想写作，很小的时候就一直喜欢文学，可是在学业有成之后做了医生。在医院里面工作，让春水上行非常不自在，而且自己快步入中年，不知道该不该放弃这个自己不喜欢但收入很稳定的工作，于是在自己迷茫的时候，他给摩西奶奶写了一封信，希望可以得到摩西奶奶的指点，对于春水上行的信，已经一百岁的摩西奶奶，立即回复了他。这是摩西奶奶的故事中最令人感动的。那么为什么大家如此关注这张明信片呢？原来春水上行，就是在日本以及全世界都享有盛名的作家。他得到摩西奶奶的指点，成功转业，做了自己梦寐以求的事情，还获得了成功。"只要你想做，现在就是恰当的时间，一切都不晚，对一个真正有追求的人，每个时期都是及时的"，这是摩西奶奶常说的一句话。

# 没什么值得你沮丧

世上本无事，庸人自扰之。世界本就无常，没有定论，你用好的眼光去看，世界就是好的；用坏的眼光去看，世界就是坏的。只要心存希望就没有绝境，任何事情都不值得你沮丧。

人生就像是一次漫长的旅途。有平坦大道，也不乏崎岖小路；有灿烂的鲜花，也有密布的荆棘。任何事情都有可能向两个方面发展，出现两种完全不同的结果，但即使最差的结果中也会蕴藏着希望，就如同最好的选择也可能伴随灾难一样。祸福相倚，用中国古老的哲学来解释，就是世事无常。

在人生旅途上，每个人都会遭受挫折、痛苦甚至失败，但生命的价值就体现在坚强地闯过挫折，冲出坎坷。跌倒的时候不要乞求别人把你扶起，失去的时候不要指望别人替你找回。

霍金曾这样说道："生活本来就是不公平的，不管你的境遇如何，你所能做的，只有全力以赴。"即使生活有一千个理由让你哭泣，也要拿出一万个理由来笑对人生。"不管风吹雨打，胜似闲庭信步"，保持心态平衡，勇往直前。

人们通常所说的绝境，在很多情况下，并不都是生存的绝境，而是一种精神的绝境，只要不在精神上垮下来，外界的一切就不能把你击倒。

美国第三十七任总统威尔逊说："我们因有梦想而伟大，所有的伟人都是梦想家。有些人让自己的伟大梦想枯萎而凋谢，但也有人灌溉梦想，保护它们，在颠沛困顿的日子里细心培育它们，直到有一天得见天日。"意志坚强的人，总是能够顽强地守住自己的梦想，用希望点燃潜能，在绝境中创造奇迹。

一次意外事故，让米歇尔身上65%以上的皮肤都被烧坏了。为此，他动了16次手术。手术后，米歇尔无法拿起叉子，无法拨电话，甚至无法一个人上厕所。但是，曾经是海军陆战队员的米歇尔并不认为他的生活没有希望了，他说："我完全可以掌握我自己的人生之船，我可以选择把目前的状况看成倒退或是一个起点。"

谁都没有想到，6个月之后，曾经连基本的生活自理能力都失去的米歇尔竟然又能重新操作飞机了。

米歇尔为自己购置了房地产，买了一架飞机及一家酒吧，后来他还和两个朋友合资开了一家专门生产炉子的公司，这家公司后来成为佛蒙特州第二大私人公司。

米歇尔开办公司后的第四年，他驾驶的飞机在起飞时摔回跑道，把他的十二节脊椎骨压得粉碎，腰部以下永远瘫痪了。

米歇尔曾经觉得命运不公："我不解的是为何这些事老是发生在我身上，我到底是造了什么孽，要遭到这样的报应？"但他仍选择了不屈不挠，毫不放弃，尽最大的努力使自己达到最高限度的独立自主，他被选为科罗拉多州孤峰镇的镇长，后来又去竞选国会议员，他甚至将自己受伤后变得丑陋的脸成功地转化成一项有利的资产。

尽管面貌骇人、行动不便，米歇尔还是和正常人一样坠入爱河，并完成了终身大事，还拿到了公共行政硕士证书，一直坚持着他的飞行活动、环保运动及公共演说。

米歇尔说："我瘫痪之前可以做1万件事，现在我只能做9000件，我可以把注意力放在我无法再做的1000件事上，或是把目光放在我还能做的9000件事上。我的人生曾遭受过两次重大的挫折，如果你与我一样，能选择不把挫折拿来当成放弃努力的借口，那么，或许你可以用一个新的角度来看待一些一直让你裹足不前的经历。你可以退一步，想开一点，然后你就有机会说：'或许那也没什么大不了的！'"

什么是真正的强者？真正的强者就是类似于米歇尔这样的，怀着希望和自信、昂首迎接生活挑战的人。任何人都具备迈向成功的条件，哪怕你是残缺的。悲观者过早地放弃了希望，才使得生命沾满颓废的尘埃。一个人只要不灰心、不放弃，就没有任何难事能够击倒他。相反，遇到困难就灰心丧气，止步不前，只会让你处处碰壁。

所以，无论你失去了什么，请一定要紧紧握住希望不放。无论别人比我们多得再多，只要希望在，我们就一定能在别的方面赢取更多。无论遇到顺境、逆境，都要从容面对；无论获得或者失去，都要平静地接受。路在脚下，事在人为。

# 做一条奔流不息的小河

有一个年轻人很不幸运，他做事总是失败，接二连三的打击让他丧失了生活的信念。于是，在一个焦躁不安的夜晚，他服下了半瓶安眠药，想要就此结束自己的生命。所幸父母发现及时，才挽回了他一条性命。可是，从此他却变得萎靡不振，对什么事都提不起兴趣。为了治疗他内心的创伤，父亲决定将他送到爷爷家休养。

在农村生活的那段时光，他的心情并未得到多大的改变，每天除了吃饭、睡觉、玩游戏外，几乎什么事也不干。尽管爷爷、奶奶不断地安慰他，开导他，但他还是一副失魂落魄的样子，家人都禁不住摇头叹息。

在距他爷爷家不远的地方有一条小河，河水清澈透明，一年四季，涓涓流淌，两岸绿树成荫，芳草萋萋，十分美丽。一天，他百无聊赖地来到河边散步，这条河对他来说并不陌生，小时候他经常去河边玩水、钓鱼、抓螃蟹等，那时是多么地快乐，多么地无忧无虑啊！想到如今自己遭遇的诸多不顺，他忍不住黯然神伤。此时正处隆冬，水位较低，小河显得瘦小而寒碜，加上两岸的草木全都枯萎了，没有一点生机，他的心情变得愈加落寞。他没想到，故乡的小河也会遭受到与自己相同的惨状。

不知不觉，半年过去了，他沉睡的心灵开始慢慢复苏。转眼到了夏天，几场大雨过后，小河变得丰盈起来，快活起来，又恢复了昔日的热闹。从他有记忆以来，这条小河就一直昼夜不停地流淌着，虽然偶尔会出现干涸或断流，但多少年来，它始终保持昂扬的姿态。他沿着河岸一路前行，没走多久，发现前面不远处出现了塌方，从山坡上滚落下来的土石将河道彻底堵塞了。然而，让他感到惊讶的是，小河并没有因此失去方向，也没有因此停止前进。它先是在低洼处聚集，使得水位不断上升，当河水达到一定的高度时，它漫过了凸起的土石，继续朝着前方缓缓前行。

回到家中，他高兴地问爷爷："我们家门前的那条小河最终会流向哪里呢？"爷爷意味深长地说："它先是汇入大河，然后汇入长江，当然，它最终会流向大海，因为那里才是它真正的家。"

隔日，他再次来到河边，此时，在年轻人的眼里，这条原本十分普通的小河一下子变得不平凡起来。年轻人想，对于小河来说，大海是一个多么遥远的地方，其间要经历多少道弯，多少道坎，多少道堰，多少重关，多少个日日夜夜的努力啊！然而，小河从不自卑，从不气馁，从不认为自己肤浅，无论遇到怎样的阻挠和不幸，它总是信心十足、义无反顾地勇往直前，直到看见大海。

那一刻，年轻人的心灵受到了极大的震撼，他想，一条河尚且能够克服前行中遇到的障碍，而自己作为一个活生生的人，又有什么过不去的坎呢？于是，他收起了内心的绝望与自卑，怀着敬畏的心情离开了家乡，回到了城里。

从那以后，年轻人不再彷徨，不再哀叹自己的不幸，也不再急于求成，而是孜孜不倦地朝着心中的目标一天天进发。他想，即便自己不能汇入大海，也要像小河那样滋养沿岸的人民，给大家带来福祉。

# 清洗一下心灵的污垢

春节前的休息日，妻把我强留在家里，说让我陪她打扫一天卫生。

要知道，平时家庭卫生都是妻一个人负责，我很少动手。没办法，我只好拿起扫帚、抹布，同妻一起干起了擦拭、清扫的活儿。由于居室靠近公路，家里的灰垢还真不少，地板上、家具上、家用电器上、窗台上都蒙上了一层厚厚的灰尘。平时，由于我很少搞卫生，所以对灰垢的沉积也不是很注意。从清早到中午，搞了整整半天时间，不知换了多少盆清水，不知清洗了多少次拖把，以致累得腰酸背痛，才总算把家里卫生打扫好。完工后，直起腰杆，看着除去污垢后泛着银光的地板和明亮的家具、电器、窗台，疲惫之余，一种劳动后收获的喜悦在心头荡漾。

原来，除去污垢后的感觉这么好，怪不得现在人们如此地热衷于清洗。君不见，现代人洗头、洗脸、洗澡、洗脚不是更勤快了吗？甚至于连洗牙、洗鼻、洗耳、洗肠也都流行了起来。清洗，在给我们带来健康的同时，也不知不觉间给我们带来了一份好心情。我想，这也许就是人们喜欢清洗的缘故吧。

但是，在普遍清洗自然和身体的时候，很多人却忘记了清洗另一样重要的东西，那就是"洗心"。诚然，心是抽象的，看不见、摸不着，不如家具、地板、手脚来得实在，清洗起来也要复杂得多。但心却也是不得不洗的，因为对于我们每一个人来说，洗心远比擦地、洗身子来得重要。一个人的心，其实如同家具、地板、身子一样，久了也会蒙上污垢。当然，这些污垢不是空气中的尘埃，而是沉浸在我们心灵的假、恶、丑，是心灵上那些充满罪恶和阴暗的东西。每个人由于受时间、环境、地域、社会风气的影响，原来正直、善良、美丽的心灵，也会扭曲、变质，由原本的坦荡变得虚伪，由明净变得灰暗，由高尚变得猥琐，由率直变得浅薄，心不再晶莹剔透。对于这颗受污染的心，我们唯有及时地进行清洗，把污垢去除，才会永远充溢着真、善、美，而不会变曲、变丑、变黑、变恶、变俗。

北宋著名易学家邵雍的《洗心吟》写道："人多求洗身，殊不求洗心。洗身去尘垢，洗心去邪淫。尘垢用水洗，邪淫非能淋。必欲去心垢，须弹无弦琴。""迟尔长江暮，澄清一洗心。"这是孟浩然的诗句。荣毅仁在《洗心泉记》中也对洗心有自己的悟说:"洗心者,用以洗心中无形之污耳,借以寓警,非真可以泉水洗人心也。"为使人们把洗心铭记于心,于是乎,很多亭、台、楼、阁和自然山水以"洗心"命名。安徽巢湖市有一个洗心泉,久旱不枯,久雨不溢。海南苏公祠,有个洗心轩。上海的东佘山、济南、无锡等地也都有洗心泉。像洗心亭、洗心泉、洗心台、洗心轩、洗心池、洗心岩……可以说不计其数。

在清洗自然污垢的同时,我们别忘了抽时间清洗一下心灵的污垢。只有这样,我们才能拥有一个真正洁净的环境,拥有一颗真正美丽无瑕的心灵。

# 快乐即赢家

成功是快乐的，而最后的赢家一定是遵从内心需求的那些人。

20年前，比他大8岁的恩师把他引入了这个行业，也理所当然地成为了他的首任老板。

他对恩师一直心怀感恩，逢人就会提到当初的入门之师。特别当他20年之后奋斗到了全球名企中国区总裁位子后，就特别想知道恩师在干什么，从内心的自私情节而言，他希望自己现在的成就能把当年的恩师比下去，于是他开始通过各种渠道打听恩师。

有人说恩师前几年做了美国公司的香港CEO，因为业绩超凡所以颇有江湖地位。也有人说这几年恩师主动要求半退休状态。还有人说恩师好像混得一般，现在上海以顾问的形式为一家本地公司打工。于是他立刻要求约见恩师。

他对自己秘书说，如果这个六旬老人有什么需要帮忙，请一定要尽力。他说这话的时候已经站在了一个强者和赢家的高度。聪明伶俐的秘书心领神会，随时准备着接待老板的恩师。

恩师终于出现了，一身淡雅的轻便装，儒雅而有风度。秘书愣住了，这怎么可能是老板口中那个运势欠佳的六旬老人，站在眼前的分明是一个壮志凌云的年轻人却又怀着恬淡的名利欲。

多年后的初次碰面就这样蒙上了尴尬的阴影，最主要是强者没有预料到来者依然是个更强的对手。到底是老板的老板，很快用调侃的口气打破了僵局：经常在媒体上看到你，今天终于见到了本人。这下50岁的他开始有了台阶，慢慢开口询问恩师的现状。恩师潇洒地举着总裁的名片，用既仰慕又尊重的口吻说：这是一份好工作。

恩师很简单地介绍了自己几年来的变化，他在事业最顶峰的时候主动要求让贤，因为他不需要名利和金钱，他需要快乐，那种来自家庭、内心、兴趣爱好的快乐。虽然他做过的职位、拿过的薪水是很多人可望而不可即的，但他还是放弃了。来上海是因为朋友的公司需要他的协助，还有他和他的太太决定来这个朝气蓬勃的都市走走，所以他现在一身轻松。

而本来想在恩师面前表现一番的他，变得有点失常，原本建立的骄傲不知为什么就这样无声无息地消失了。送别恩师的时候，他在玻璃镜子中看到自己满头的白发和满脸的憔悴，突然很失落。

过了几天，上海秘书一脸真诚地对他说：你的恩师很灵敏，拥有60岁的智慧，40岁的健康，20岁的快乐。他这一刻才恍然，他这辈子都比不过恩师。恩师的生活境界远远超越了对官职、对名利、对金钱的追逐。快乐才是人生的终极向往。

谨以此书，献给人生旅途中迷茫的追梦人。

愿你脚踏实地，仰望星空。

激扬青春之人格魅力塑造丛书

# 做　人：
# 坚守做人原则不含糊

谢普　主编

红旗出版社

**红旗出版社**
HONGQI PRESS
推动进步的力量

**图书在版编目（CIP）数据**

做人：坚守做人原则不含糊 / 谢普主编. —北京：
红旗出版社，2019. 11
（激扬青春之人格魅力塑造丛书）
ISBN 978-7-5051-4999-1

Ⅰ. ①做… Ⅱ. ①谢… Ⅲ. ①故事—作品集—中国—
当代 Ⅳ. ①I247.81

中国版本图书馆CIP数据核字（2019）第242274号

书　名　做人：坚守做人原则不含糊
主　编　谢普

| | | | | |
|---|---|---|---|---|
| 出品人 | 唐中祥 | 总监制 | 褚定华 | |
| 选题策划 | 华语蓝图 | 责任编辑 | 王馥嘉　朱小玲 | |

出版发行　红旗出版社　　　　　地　　址　北京市丰台区中核路1号
编辑部　010-57274497　　　邮政编码　100727
发行部　010-57270296
印　刷　永清县晔盛亚胶印有限公司
开　本　880毫米×1168毫米　1/32
印　张　40
字　数　970千字
版　次　2019年11月北京第1版
印　次　2020年7月北京第1次印刷

ISBN 978-7-5051-4999-1　　　定　价　256.00元（全8册）

# 前/言

　　人生中出现的一切，都无法拥有，只能经历。深知这一点的人就会懂得：无所谓失去，只是经过而已；亦无所谓失败，只是经验而已。用一颗平常的心，去看待人生，一切得与失、隐与显，都是风景与风情。

　　生活不仅仅有静止和重复，我们已经来到一个时代，只要你的渴望合理并付出努力，世界会找到方法帮你实现。我们已经来到一个时代，都在追求生活的品质。我们期盼和所有自己喜欢的东西在一起，而不是仅仅活着。

　　生命需要保持一种激情，激情能让别人感到你是不可阻挡的时候，就会为你的成功让路！一个人内心不可屈服的气质是可以感动人的，并能够改变很多东西。

　　这一路上我们坚持着自认为对的东西，遇上失败会有嘲笑，没有收获会收到苦口婆心的劝告。即使受伤，即使疲惫，即使路途遥远，只有我们自己懂这份倔强，无论成功与否，至少也对自己的人生有个交代。相信未来收获时，我们都会笑着说，你看啊，我就是一直喜欢这样的自己。

# 目 / 录

# 第一章　尊重自己的内心

当你不能控制别人，就要控制你自己，赛车和做人一样，有时要停，有时要冲。

——玛格丽特·米切尔

# 忠诚于自己的内心感受

　　有人说要对家人忠诚，要对朋友忠诚，等等，家人可以无私地与自己承担成长道路上的一切，朋友可以陪我们同哭同笑共同分享与分担。这些都是忠诚的体现。但当某天一个人静下来深刻地问自己：什么才是自己最需要忠诚的？我认为，忠诚于自己的内心感受，自己得到的将是一份无比的安静幸福感。

　　保罗一家是全城唯一没有汽车的人家，这给他们一家人的工作和生活都带来了很多不便。可是没办法，谁让他们没有钱呢。

　　除了每天辛辛苦苦地工作之外，老保罗每周都要购买一次彩票。虽然每次都没有中奖，可是老保罗觉得总要给自己和家人一点希望。就这样，一家人就在勤劳与平静中过了一年又一年。

又是一年春天，在一个领完工资的周末，老保罗决定还像以前一样购买一张彩票。就在老保罗拿着工资走出工厂大门的时候，老板约翰先生从口袋里抽出一张钞票，委托保罗为自己购买五张彩票。老保罗到销售彩票的商店先为老板购买了五张彩票，他打算拿到老板的彩票之后再为自己购买一张彩票。可是就在他拿到属于老板的五张彩票之后，他发现其中有两张中了大奖，一张是100万的大奖，还有一张是中了一辆汽车。这真是一个令人振奋的好消息，可是老保罗很快就意识到这个好消息根本不属于自己。

销售彩票的老板也十分兴奋，他看到愣在那里的老保罗，以为他被这个突如其来的好消息给吓傻了。老板一边指挥店员迅速将这个好消息散播出去，一边提醒老保罗赶快去兑现大奖。

老保罗当时在心里不是没有想过，他比任何人都清楚自己家里是多么需要这两份大奖。如果有了100万的奖金，他的几个孩子就可以去更好的学校读书了，将来也许会成为知名的律师、医生或者科学家；如果他开着崭新的汽车回到家里的话，妻子和孩子们一定会开心地跳起来的。但是这一切都不应该属于自己。当然，如果自己再花几个小钱购买两张彩票，老板那里其实是非常容易应付过去的。那样的话，这一切好运就真的可以完全降临到自己身上了。或许可以只把汽车开回自己家，那100万的奖金则由老板来领取，毕竟家中现在最迫切需要的是一辆汽车，而且这样做的话，自己心里也算平衡。

销售彩票的老板急着在旁边催促，可是老保罗却一直没能做出决定。的确，这样的决定实在是不好下。忽然，老保罗想通了，他拿起商店的电话拨通了老板的号码，告诉老板中了两份大奖。当他挂上电话的那一刻，他的脸上满是泪水，同时也露出了如释重负的笑容。

真正的忠诚是在没有任何监督措施的情况下，面对威胁或诱惑，依然保持诚实守信这一高贵的品质。其实大多数时候，能够约束我们的都不是外在的监督或控制，而是内心的忠诚。

# 诚实守信是你人生的"伴侣"

喜欢说假话的人，最终会被人识破，使自己落得身败名裂的下场。只有说实话，办实事，做老实人，才能赢得别人的信赖和尊重。《狼来了》的故事大家都耳熟能详，这个故事能流传下来，就是因为它蕴含了深刻的关于诚信的道理。在现实生活中，失去诚信就不仅仅是损失几只羊了。

美国的第一任总统华盛顿，出生于美国弗吉尼亚州。他的父亲是一位很有学识的农场主，对华盛顿的教育问题非常关注。为了让小华盛顿多掌握一门外语，他请了一位家庭教师来教华盛顿拉丁文。

拉丁文是一门比较难学的语言，所以小华盛顿没学多久就从最初的喜欢学习变为厌烦和应付了事，可父母对他的要求很严，面对严厉的家教，聪明的华盛顿自有应对的办法。

由于父亲外边的事务繁忙，只有母亲监督小华盛顿的学习，在一次上完拉丁文课后，母亲对他进行例行检查。华盛顿胸有成竹地用拉丁文给母亲说了一段话，母亲因为并不懂拉丁文，看到儿子说得很流利就以为他掌握得很好，于是满意地笑了，允许他出去玩一会儿。偏巧他们的谈话被刚刚回来的父亲听到了，父亲叫住了小华盛顿，用眼睛瞪着他，怒气冲冲地让他将刚才说过的内容再重复一遍。

父亲的突然出现让小华盛顿大惊失色，原来他刚才说的根本就不是什么拉丁文，而是他随口瞎编出来的，连他自己也不知道自己说的是什么。他的招数敷衍母亲还可以，可在父亲面前是无法蒙骗过去的。他呆呆地站在那里不敢出声。

盛怒之下，父亲对他举起了拳头，因为他痛恨华盛顿小小年纪不求上进，学不会功课，还蒙骗母亲。

母亲这才明白原来小华盛顿是在骗自己。她一边难过地流着泪，一边拦住了暴怒的丈夫，把小华盛顿紧紧地搂在了怀里，不让丈夫打他。小华盛顿看着母亲流泪的脸，自己也哭了。他向父母保证，以后再也不说谎骗人了。母亲告诉他，一定要做一个诚实的人，这样将来才能真正有出息。

母亲的话深深地刻在了小华盛顿的心里，他从此再也没说过谎。

在华盛顿的童年时代，父母就非常注重对他品质的培养，而事实也证明了他童年时期所形成的优秀品质，在他伟大的事业中起到了不可估量的作用。踏入社会后，华盛顿将父母的教诲牢记于心，无论面对什么事情，他都能以一颗平和而又真诚的心来面对。这种优良的品质使他有了超乎常人的神奇力量，并最终赢得了美国人民乃至全世界人民的尊敬。

现今社会，诚信在我们的生活中占有极为重要的地位，它是我们立足于社会最根本的素质要求。小到一个人、一个组织，大到一个国家，如果不具备诚信，要谈发展，求进步，基本上是不可能的。

诚信是成功的奠基石。作为一个学生，相信你们心中都有一个梦想，但要想实现你的梦想，首先要求自己成为一个诚实守信的人，让诚信成为你人生的"伴侣"，这样才能为自己那张空白的人生图纸画上最绚丽的生命彩绘。

# 约定，不因时间而褪色

法国剧作家莫里哀说过："一个人严守诺言，比守卫他的财产更重要。"

1898年的一天，在法国罗讷河边的一个酒吧里，在酒吧老板和镇长的见证下，冈维茨镇上的磨坊主都伦老爹和两位旅行者签下了一份协议。协议的内容是：都伦老爹拿出1000法郎帮助盖诺兄弟开办面包工厂，而盖诺兄弟要在工厂投产后，每周免费供应都伦老爹50磅的各类糕点。

不管后人如何看待这份协议，总之，在当时所有人看来，都伦老爹是吃大亏了。1000法郎在那个时代可是一笔不小的数目，都伦老爹不过和那两个来历不明的英国人喝了两杯，就答应资助他们开办糕点厂，这多少有些莽撞。但是镇上所有的人都知道，开一家面包店是都伦老爹一直以来的心愿，这次他无论如何都不肯听别人的劝阻。

令双方当事人都没有想到的是，百年之后的今天，盖诺兄弟面包公司已经成为法国南部较大的面包供应商之一，生产的面包、糕点多达数百种。而此时，盖诺公司依然遵守着当年所签订的协议，每周向都伦老爹后人经营的西点屋免费提供糕点，并且按照协议的补充条款，另外还以成本价不限量地供应。

其实，早在几十年前，都伦老爹的孙子就曾向盖诺公司提出废止那份协议，至少进行一些更改，那份协议现在已经不利于盖诺公司了。公司老板对此十分感动，但是他们还是毫不犹豫地谢绝了这份好意："说实话，那份协议的确给公司的运转造成过困扰，但是，没有它，也没有我们的今天，况且，没有什么比承诺更加神圣。即便是在被德国人占领的时候，我们都没有背叛过当初的诺言，现在就更加不能。"就这样，盖诺公司的送货车，依旧在每个送货日的清晨准时出现在都伦老爹西点屋的门口。

2002年，美国的一个大财团有意并购盖诺兄弟面包公司。在谈判过程中，盖诺公司提出的一个附加条件就是，新公司必须继续履行百年前的那份协议，为此盖诺公司甚至愿意在价格方面做出让步。在了解了那份协议的始末之后，美国方面负责人爽快答应了，因为，相对于履行那份协议付出的代价，百年不渝的诚信才是盖诺公司最有价值的财富。

一百年，一个承诺，与其说这是一个感人的商业故事，不如说是一个美丽的都市童话。当盖诺公司的送货车，依旧在每个送货日的清晨，准时出现在都伦老爹西点屋门口的时候，这个世界似乎突然闪出了一道灿烂的光，让我们感动，同时也让我们羞愧。

有一个孩子，因为家庭贫困，很小就被家人送到戏班。那时，演戏是下九流的行当，只有走投无路的穷苦人家才有此举。按照旧时梨园行的规矩，父亲同戏班签了生死状，在约定期限内，生杀大权都在师傅手中。戏班里的管教异常严厉，本该在父母膝下承欢的年纪，他却在师傅的鞭子与辱骂下练功，吃尽了苦头。时间不长，他就偷偷跑回了家，父亲勃然大怒，坚决叫他回去："做人应当信守承诺，已经签了合同，就不能半途而废。咱人虽穷，志不能短！"他只好重新回到戏班，刻苦练功，这一练就是十几年。

终于学有所成，戏曲行业却一落千丈，他空有一身本事，却毫无用武之地。当时香港电影业正在迅速发展，但是男影星都是貌比潘安，威武雄壮。个子不高、大鼻子小眼睛的他，怎么在电影界混呢？经人介绍，他进了香港邵氏片场，做了一个"臭武行"，跑龙套。他扮演的第一个角色居然是一具"死尸"。苦点累点不算什么，更要命的是，跑龙套的没有尊严，时常遭人百般刁难，冷嘲热讽。在那样的环境里，他没有怨天尤人，依然刻苦勤奋。由于学得一身好功夫，为人厚道，几年下来，他逐渐担当主角，小有名气，每月能拿到3000元薪水。

一天，行业内的何先生约他出去，请他出演一个新剧本的男主角。"除了应得的报酬，由此产生的10万元违约金，我们也替你支付。"何先生说完强行塞给他一张支票，匆匆离去。他仔细一看，支票上竟然签着100万元，好一笔巨款！他从小受尽苦难，尝遍艰辛，不就是盼望能有今天吗？可转念一想，如果自己毁约，手头正拍到一半的电影就要流产，公司必将遭受重大损失。于情于理，他都不忍弃之而去。

一宿难眠，次日清晨，他找到何先生，送还了支票。何先生很是意外，他则淡淡地说："我也非常爱钱，但是不能因为100万元就失信于人，大丈夫当一诺千金。"何先生非常欣赏这位年轻人，他的事情也很快传开了。公司得知后非常感动，主动买下了何先生的新剧本，交给他自导自演。就这样，他凭借电影《笑拳怪招》，创造了当年中国香港地区票房的纪录，大获成功。那年他才25岁，全香港都认识了他——成龙。

在一次电视访谈中，成龙回忆起这些往事，感慨万千，深情地说道："坦率地讲，我现在得到了很多东西。但是，如果当初我背信弃义，从戏班逃走，或者为了得到那100万元一走了之，我的人生肯定要改写。我只想以亲身经历告诉现在的年轻人，金钱能买到的东西总有不值钱的时候，做人就应当诚实守信，一诺千金。"

一诺千金看来只是一种作风、一种实在、一种牢靠，可它的内涵却涉及对世界是否郑重。诚挚、严谨的人做人做事自然磊落、落地生根，一言既出，驷马难追。

无论何时何地，一言既出，驷马难追，不辜负别人的信任，不辜负自己的诺言，给自己一个心安理得的交代，这也是平凡岁月中一种值得追求的境界。

# 诚信是走向成功的捷径

尽管对于人生的成功具有各种各样的定义，也就是所谓仁者见仁，智者见智。但是长期以来，我们忽略了一个比较严重的问题，那就是如何走向成功。当然，有人会说学习、努力、机会等诸如此类的说法，但在书法家赵富忠看来，这些都不是问题关键所在，只有诚信才是走向成功的捷径。

有一个城市举行一次马拉松比赛，组委会经过仔细的勘查和科学的设计为这次比赛选了一条十分考验人的路线。

比赛还在继续着。有一位叫小林的参赛者身材十分瘦小，在进行这次越野赛的过程中他曾经多次感到体力不支，但是他时刻都在心中告诉自己"绝对不可以放弃，必须坚持下去"。眼看着自己在越野赛中越来越落后了，同时他从自己跑过的路程当中发现，几乎是越往后路线越复杂，跑起来也就越困难，到后来他已经是寸步难行了。不过，有一个念头时时支撑着小林的双腿，那就是"不论第几名，哪怕是最后一名跑到终点，我也要让自己完成这次赛跑"。

就在他感到体力越来越难以支持的时候，他的面前出现了一个岔路口。这个岔路口分别通向两条不同的道路。在岔路口处竖立着两个指示标，分别标出两条道路：一条是单位领导跑道，另一条是普通市民跑道。凭借过去的经验，小林知道通常领导的体能不如普通市民，所以为了方便他们，领导跑道一般要比普通市民的跑道更平坦，更容易到达终点。他虽然心中有一些不平，但依然朝着普通市民的跑道方向继续跑去。同他一样看到指示标的参赛者也同样在那里想了一下，可是大多数人朝着领导跑道前进了。让小林感到奇怪的是，后面的道路比他以前跑过的道路要平坦得多，跑起来也更加轻松。更令他感到奇怪的是，自己没跑出多远居然在通过一个黑暗的隧道之后就看到了前方飘扬的彩旗，还有设在终点处的主席台——他已经跑完了整个路程。

当小林跑到终点时，他看到组委会主席亲自过来与他握手，并且祝贺他跑出了前十名的好成绩。小林感到不可思议，因为过去他从来就没有跑过如此好的成绩，甚至连前五十名的成绩也没有取得过。

当他问组委会主席，那些选择领导跑道的参赛者都在哪里时，主席告诉他："他们还在路途中，不知道天黑之前还能不能出来。"

原来，当初设置那个指示标的目的并不是要让普通市民和领导分开赛跑，因为参加这次越野赛的根本就没有一名领导，组委会之所以要那样设置，完全是为了考验市民的诚实度。结果，小林以其绝对的诚实在比赛中取得了前所未有的好成绩。

我们对生活表现出的态度越是真诚，生活给我们带来的快乐和成功就越多。不欺骗生活的人，生活终会优待他，反之亦然。

# 做一个诚实守信的人

子曰："人而无信，不知其可也。大车无輗，小车无軏，其何以行之哉？"意思是："一个人不讲信用，真不知道他还能做什么。就好像大车没有輗、小车没有軏一样，它们靠什么行走呢？"可见，要想做事，先要做人，而诚信是一个人应具备的起码的道德品质之一。

一位父亲带着9岁的儿子去钓鱼，河边有块告示牌写着："钓鱼时间从上午9点到下午4点止。"一到河边，父亲就提醒孩子要先读清楚告示牌上的警示文字。那孩子很清楚只能垂钓到下午4点。

父子俩从上午10点半开始垂钓。下午，孩子突然发现钓到了一条大鱼，想尽快把它拉上岸。

父子俩经过一段时间的努力，终于将一条七八斤重的大鱼钓了起来。父亲看了一眼手表，收起笑容对孩子正色说道：
"亲爱的，你看看手表，现在已经是4点零5分了。按照规定只
能钓到4点整，因此我们必须把这条鱼放回河里去。"

孩子一听，不以为然地对父亲说："可是我们钓到的时候
还没有到4点啊！这条鱼我们应该可以带回家。"孩子露出渴望
的表情看着父亲。

可是父亲随即回答说："规定只能钓到4点，我们不能违背
规定。不论这条鱼上钩的时候是否在4点以前，只要我们钓上
来的时间已经超过了4点，就应该放回去。"

孩子听了之后，向父亲恳求道："爸爸，就这么一次嘛！
我也是第一次钓到这么大的鱼，这里又没有人看到，就让我
带回家吧！"父亲斩钉截铁地回答说："孩子，不能因为没有人
看到就可以违背规定。"随即与孩子一起把那条鱼放回河里去
了。孩子眼里含着泪水望着大鱼离去，没有再说一句话，默默
地跟着父亲收拾起钓具回家。

十多年后，这个孩子成为一位很优秀的律师。在他的事
务所会客厅里挂着一块匾额，写着："你们说话，是就说是，
不是就说不是。"

每个来找他办案的人，他都要求当事人必须先读一读
这句话，然后对他们说："若是被我发现你隐藏案情或是不
诚实，我会立即拒绝为你辩护，因为我无法替不诚实的人申

冤，那会违背我的信仰良知。"他最有名的一句话是："我从不强辩，只照实说出事实真相。"

父亲对孩子的影响是很大的。父亲按照规定钓鱼，给孩子留下了深刻的印象，让孩子在今后的工作中也养成了良好的习惯，使得他成为一个诚实守信的人。常言道："无规矩不成方圆。"这个规矩就是现实生活中约束和规范每个人言行的法律和纪律。

# 生命因善意而更有价值

善良是一个人的优良品质，是心地纯洁，没有恶意，是看到别人需要帮助的时候毫不犹豫地伸出自己的援助之手。

美国著名作家亨利有一次和他的侄子交谈，他们讨论了很多有趣的话题，最终两个人谈到了什么叫善良。他问自己的侄子，你知道什么是善良吗？侄子点点头，说："我知道，可是我无法表达。"亨利笑了笑，说："你知道什么是人生中最宝贵的东西吗？"侄子点了点头，并说出了包括金钱在内的很多东西。可是这一次亨利却摇了摇头，最后说道："在人的一生中，有三种东西是最宝贵的，第一是善良，第二是善良，第三还是善良。"善良是什么？善良是不求回报地付出，是内心永恒不变的那一抹温柔，是与人为善的不变天性。

一天中午，埃德蒙先生刚到厅门，就听见从楼上的卧室里传来了轻微的响声。那种响声对他来说实在太熟悉了，是他心爱的阿马拉小提琴的声音。

"有小偷！"埃德蒙先生几步冲上楼去。果然，一个大约13岁的陌生少年正在那里摆弄小提琴。他头发蓬乱，脸庞瘦削，不合身的外套里面好像塞了一些东西。

毫无疑问他是一个小偷。埃德蒙先生用结实的身躯挡住了门口。

这时，埃德蒙先生看见少年的眼里充满了惶恐、胆怯和绝望。

愤怒的表情顿时被微笑所代替，埃德蒙先生问道："你就是丹尼尔先生的外甥琼吧？我是他的管家。前两天，丹尼尔先生说你要来，没想到来得这么快！"

那个少年先是一愣，但很快就回应说："我舅舅出门了吗？我想先出去转转，待会儿再回来。"埃德蒙先生点点头，然后对那位正准备将小提琴放下的少年问道："你也喜欢拉小提琴吗？"

"是的，但拉得不好。"少年回答。

"那为什么不拿着琴去练习一下，我想丹尼尔先生一定很高兴听到你的琴声。"他语气平缓地说。少年疑惑地望了他一眼，但还是拿起了小提琴。

临出客厅时，少年突然看见墙上挂着一张埃德蒙先生在歌德大剧院演出的巨幅彩照，身体猛然抖了一下，然后头也不回地跑远了。

埃德蒙先生确信那位少年已经明白是怎么回事了，因为没有哪一位主人会用管家的照片来装饰客厅。

那天黄昏，回到家的埃德蒙太太察觉到异常，忍不住问道："亲爱的，你心爱的小提琴坏了吗？"

"哦，没有，我把它送人了。"埃德蒙先生缓缓地说道。

埃德蒙太太露出一副难以置信的表情："送人？怎么可能！它不是你生命中不可缺少的一部分吗？"

"亲爱的，你说得没错。但如果它能够拯救一个迷途的灵魂，我情愿这样做。"他见妻子并不明白自己说的话，便将经过告诉了她，然后问道，"你觉得我这么做有什么不对吗？"

"你是对的，希望你所做的能对这个孩子有所帮助。"妻子同情地说道。

三年后，埃德蒙先生应邀担任一个音乐比赛的决赛评委。经过激烈的角逐，一位叫里特的小提琴选手凭借雄厚的实力夺得了冠军！看着舞台上这个风度翩翩的年轻人，埃德蒙先生一直觉得似曾相识，但又想不起在哪里见过。

颁奖大会结束后，里特拿着一只小提琴匣子跑到埃德蒙先生的面前。他脸色绯红地问："埃德蒙先生，您还认识我吗？"

埃德蒙先生摇摇头。

"您曾经送过我一把小提琴,我一直珍藏着,所以才会有今天!"里特热泪盈眶地说,"那时候,几乎每一个人都把我当成垃圾,我也以为自己彻底完了,但是您让我在贫穷和苦难中重新找回了自尊,让我的心中再次燃起了改变命运的熊熊烈火!今天,我终于可以毫无愧疚地将这把小提琴还给您了……"

里特含泪打开琴匣,埃德蒙先生一眼就认出了自己的那把静静地躺着的阿马拉小提琴。他走上前紧紧地搂住了里特,三年前的那一幕重新浮现在埃德蒙先生的眼前,原来里特就是"丹尼尔先生的外甥"。

善意就像那只小提琴一样,即便放在盒子里没有拉响,但奏响优美乐章的琴弦却始终存在。

# 善良能让世界变得和谐美丽

爱迪生说过："如果人们都能以同情、慈善，以人道的行径来剔除祸根，则人生的灾患便可消灭过半。"一颗善良的心会把世界变得更为和谐美丽。一年之中不会永远都是春天，但分担别人的苦难也可以像春风一样的轻柔。这就是爱的力量。

今天正好是母亲节，可是她的双亲却远在800英里外的俄亥俄州，年轻的主妇有些忧郁。

早晨，她曾给母亲打过电话，祝她老人家节日愉快。

后来，当她对丈夫说起她是多么想念那些紫丁香时，丈夫猛地从椅子上站起来，说："我知道哪儿能找到你要的东西，把孩子们带上，走吧！"于是，他们离开了家，开车沿着罗德岛北部的乡间道路行驶。这天，阳光明媚，碧空万里，周围一片嫩绿，充满生机，令人心旷神怡，只有在5月中旬才能有这样的情景。

道路两旁长满了茂密的雪松、桧柏和矮小的桦树，却看不见一株丁香。

男人说："跟我来。"他们刚爬到半山腰，就感到花香扑鼻。孩子们开始往上跑。紧接着，妈妈也跑起来了，她一口气跑到了山顶。

在那里，一株株亭亭玉立的丁香树上开满了硕大的、松果状的花朵，压得枝头几乎弯到地上。这些花开在远离城市的地方，不受日益扩张的文明的侵袭。这位年轻的妇女微笑着奔向离她最近的那一株，把脸埋在花丛里，尽情地陶醉在那迷人的芳香里，陶醉在它所勾起的回忆之中。

她细心地这儿挑一个嫩枝，那儿选一个嫩枝，并用小刀把这些嫩枝割下来。她爱不释手地欣赏着，好像每一朵花都是精美的稀世珍宝一样。

最后，他们回到汽车里准备回家。孩子们叽叽喳喳地说个没完。男人开着车，而女人，则微笑着坐在那儿，周围簇拥着鲜花，眼睛看着远方，似乎在凝神遐想。

离家不到3英里了，这时她突然向丈夫喊道："停车！就在这儿停车！"

男人迅速刹住了车，他还没有来得及问是怎么回事，女人已经跳下车，匆匆忙忙地往附近一个长满野草的山坡上跑去，手里依然捧着那簇丁香花。

原来，在山冈上设有一所疗养院。这天春光明媚，所以病人纷纷走出来，有的同亲属们一起散步，有的坐在门廊上。

年轻妇女跑到了门廊尽头。在那里，一位上了年纪的病人正坐在轮椅上。她孤身一人，耷拉着脑袋，背对着众人。只见鲜花越过门廊栏杆，出现在这位老妇人的膝上。这时她抬起头，笑了。

她们愉快地交谈了一会儿。然后，年轻的妇女回到汽车上。

汽车开动了，轮椅上的老妇人招着手，挥动着花束。

"妈妈，"孩子们问道，"她是谁呀？您为什么把我们的花给她呢？她是谁的妈妈吗？"

妈妈说，她并不认识那位老妇人。可是这天是母亲节，而她又是那么孤单。谁看见花会不高兴呢？她又说："我有你们，我还有我的妈妈，虽然她离我很远，但是那位老奶奶比我更需要这些花。"

孩子们明白了。然而，丈夫的心情却不能平静。第二天，他买来六株丁香树苗，栽在院子的四周。从那以后，他又陆续栽了许多株。

如今，每年5月，他们家的院子里都洋溢着丁香花的芳馨。每逢母亲节，他们的孩子们都要采集那种紫色的花朵。她年年都会记起挂在那位孤独老妇人脸上的笑容。

善良，是生命对生命的同情。中外哲人都认为，同情是人与兽相区别的开端，是人类全部道德的基础。人是怎么沦为兽的？就是从同情心的麻木和死灭开始的，由此下去可以干一切坏事，成为法西斯，成为恐怖主义者。善良是区分好人与坏人的最初界限，也是最后界限。善良的人喜欢用真诚的心去关心身边每一个需要帮助的人，因为善良不会计较朋友一时冲动伤害自己，正是因为善良，他们才会什么事情都为别人着想。

时时刻刻替别人着想，总是在别人需要帮助的时候尽其所能帮助他人的人，才是真正善良的人，才是品德高尚的人。

# 爱心如同一颗永不陨落的星星

　　善良、无私和爱不是一句简单的话语，更不是一种吹嘘，它需要付出真诚的努力和行动。要知道，这个世界没有绝对的恶。我们不能断定锒铛入狱的人，就一文不值。在看到恶的同时，我们也一定要善于发现其背后的善。在惩治罪恶的同时，我们一定不要忘记拯救善良。只有这样，这个世界才能够变得真正美好起来！

　　有一位老人，一生靠修鞋维持生活。他的修鞋摊安置在当时美国波士顿法院门外的大街上。

　　老人在法院门外修鞋，养成了一个习惯，每到法院开庭，他总是收起鞋摊，随着人流进入法院，去观看各种案件的审判。

　　一天早晨，一个衣衫褴褛、满脸悔意的年轻人被带进了法院。凭修鞋老人多年察看犯人的经验，这个青年又是一个在公共场所酗酒闹事者。那时，在麻省的法律中，酗酒闹事只是一种轻微的罪行，只需被告人委托别人交一小笔保释金，便可判一年"监外守行为"；若被告人无人替交保释金，那等待他的便是冷酷无情的监狱生活。在那种小偷、抢劫犯、强奸犯、诈骗犯集中的大监狱里关一年，即使原先是知错就改的青年，出来后，十有八九也学坏了，甚至会变成一个对社会充满怨恨、对法律满腔敌意的职业罪犯。修鞋老人在法庭上见过不少这样的案例，此时，老人看着眼前这个充满悔意、满脸惶恐的青年，心中生起一股恻隐之情。

老人按捺不住自己，径直来到青年的身边，悄悄地问起他犯罪的经过和家庭情况。青年诚恳而内疚地告诉老人，他因喝醉酒打了人，自己对不住年老的爷爷，父母早已离异，一直跟着爷爷过……说着说着，青年便泪流满面。老人对青年充满了同情，他敢肯定青年是个穷苦人，很难拿出保释金。

开庭时，老人从容地走向法官，表示自己愿做被告人的担保人，保释青年出去。刹那间，青年当场向老人和法官一边哭着一边保证：一生戒酒，好好工作，疼爱女友，孝敬老人。

老人的古道热肠和青年的悔意，深深打动了法官，法官随即灵机一动，同意鞋匠的请求，下令延期三周审判，三周后根据被告人的具体情况再做出最后判决。

三周后，老人亲自陪同被告人返回法庭，容光焕发的青年令法官眼前一亮。这时，老人向法官呈上一份报告——以上帝的名义起誓做证，这个青年三周来滴酒不沾，一直勤劳工作，照料祖父，空余时间还去教堂做义工。报告上还有青年所在街区的警察和教堂牧师的签名。法官一见大喜，当场宣布释放了青年，并象征性地对他罚款一美分。走出法庭，青年紧紧拥抱修鞋老人，喜极而泣。

青年从此变成了一个终身戒酒、守法勤劳的好公民。

修鞋老人的爱心和法官的灵光一闪，便开创了美国法律史上一个全新的思维——惩罚与教育相结合。

以后的17年，修鞋老人共为2000多人担保，他的爱心深刻地改变了这2000多人一生的命运；老人的善举同时也影响了美国的司法制度。后来，麻省正式通过一项法律，专门成立了一个"缓刑司"机构，实施"仁心仁术"的新刑事司法制度。不出几年，全美国30多个州纷纷效仿，取得了可喜的业绩。

这位修鞋老人就是100多年前被美国载入法律史册，并被誉为"缓刑之父"的约翰·奥古斯都，他留给后人的影响力不逊于美国任何一任总统。

一颗善良的心会把世界变得更为和谐美丽。修鞋老人正是用自己的生命诠释着爱和无私。物质上，他一无所有，但他却拥有一颗感动世界的爱心，这颗爱心，如同一颗永不陨落的星星，照耀着世人！

# 善良是最让人感动的一缕光辉

　　善良是人性中最温暖、最美丽、最让人感动的一缕光辉。善良是最美好的品格，最朴素的情感。善良，如春日下蒲公英的种子，借着微风，飘向田间，落地生根发芽，开出金灿灿的花。一颗善良的心，比得过任何华服、珠宝，它所蕴含的美丽，发自内心，溢于言表，绵长持久。人，生长在天地之间，喜怒哀乐造就善恶之心。一个人如果拥有一颗善良的心，他的行为和语言就会得到净化，他人生的路必将越走越宽。

　　阿迪和鲁道夫是两兄弟，从小家境贫寒，两兄弟不能像其他孩子一样整天到处玩耍，只能跟着父亲学修鞋。这样几年过去了，两兄弟基本上能依靠父亲的指导而独立完成修鞋工作，只是在出价还价方面还欠缺些经验和老到。

一天，父亲有事外出了，留下两兄弟在修鞋铺。这时，一个衣着不太光鲜的年轻人来取上周送过来要补的鞋子，阿迪发现这双鞋的鞋底都断裂了。可年轻人拒绝换掉鞋底，他只要求阿迪在断裂的鞋底上垫一块车轮胶皮，因为这样可以省下不少钱。

阿迪向年轻人收取了5马克的费用，年轻人换上那双修好的鞋，谢过两兄弟离开了。

这时一旁的鲁道夫满脸疑惑地对阿迪说："昨晚父亲不是说这双鞋得收8马克的吗？况且我们花了一个多小时的时间，光成本也不止5马克啊？阿迪，你是不是记错了？我得去把他追回来。"

阿迪拉住鲁道夫，对他说："那么破旧的鞋还拿来补，补好了之后他又立即把它穿上，我们只是少收了那3马克，可是这双鞋子对他用处很大呢！你就放心好了，等父亲问起这件事来，我用我的零花钱把它补上。"

阿迪这种助人为乐的精神，使得他以后不断地取得成功，最终创立了全球最大的运动用品生产品牌——阿迪达斯。

印度民间流传着这样的话："如果某个人在路上发现有人中了箭，他不会关心箭从哪个方向飞来，也不会关心箭杆用什么木头做成，箭头又是什么金属，更不会关心中箭的人属于什么阶级。他不会过问这么多，只会努力去拔出那人身上的箭。"善良是人类最本能、最原始的一种情感。

　　著名主持人杨澜在接受采访时说："你要相信善意的力量。在你能力范围内，善意地对别人，善意就像空气一样会流通，到时会有正面的能量还给你。"心怀善意地帮助别人，就是在为自己积攒福气。正如中国的一句老话："心净生智能，行善生福气。"这福气不仅包含在衣食住行当中，也显现在我们的面容上。通常人们说的"相由心生"正是这个道理。大自然就是这样奇妙，我们所做的一切事情都会悄悄溜进我们的内心，岁月化为一把刻刀，把这些事情的印记刻在我们的面孔上。

# 善良造福他人，也造福自己

小小的善就像散落在草地的野花，能给生活的原野增添生机和美丽。在别人身处黑暗时，小小的善就是点点星光，虽不如太阳明亮耀眼，却能指引需要帮助的人走向光明。别忘了在生活中多多行善，善良造福他人，也造福自己。

多年以前，南美洲东南部有一个偏僻的小山村。小山村里住着幸福的一家三口，一对年轻恩爱的夫妇和他们5岁的小女儿。

那时候连年战乱，其他地方庄稼收成也不好，许多人上山当了土匪。可是这个偏僻的小山村里却雨水充足，因为它坐落在群山之中，很少受到兵乱的影响，因此家家户户都有一些余粮，生活还算富足。

可是不知道从什么时候开始，村里有土匪出没。那些被抢劫的村民纷纷决定搬家，慢慢地，村里没剩下几户人家了。他们临走对女孩的父母说："你们也赶紧搬走吧，这些土匪杀人不眨眼，即使把家里所有的东西都给他们，他们还是要杀人，而且特喜欢杀孩子，仿佛就是为了让家里其他人难受而来的。"

有一天，噩运最终降临到了这个幸福的三口之家。那天，他们刚吃完晚饭，正在小院子里纳凉，突然一个浑身是血的粗壮大汉闯了进来，他迅速地把那个5岁的小女孩抓在手里，并把大砍刀横在女孩的脖子上。

女孩的父母被吓坏了，他们双双跪倒在地上，对那个劫匪说："你要什么，我们都给你，请你不要伤害我们的女儿。"

可是不论他们怎么哀求，那个劫匪却依旧无动于衷。这时候，只听见小女孩细声细语地说道："叔叔，你的胳膊流血了，你疼不疼啊？"

劫匪听到这句话后，眼睛变得湿润了。他轻轻放下小女孩，转身离开了。

后来，这个小山村再也没有受到劫匪的骚扰。

十多年以后，有一个穿着军装的中年男人走进了这个家庭。原来他就是当年抢劫这个家庭的那个劫匪，他首先为自己曾经的行为向这一家三口表示歉意。

过了一会儿，他又深情地对他们说："要不是你们的女儿，我现在依旧是个杀人不眨眼的土匪。我的父母被官兵杀害了，我仅有的一个哥哥也被土匪杀害了，从那以后，我也走上了抢劫的道路。

"但是那天，你们的女儿表现出来的爱心让我知道原来世界上还有人关心我，原来世界上还存在爱。后来我就带领部下去参军了，体会到了更多的爱。我这次是专程来谢谢你们的。"

5岁小女孩的一个善良的举动，不仅拯救了她自己的性命，保全了父母和村里人的生命、财产安全，还在一个对社会心灰意懒的人的心里播下了爱的种子，从而也拯救了他。

只要伸出我们的手释放一点爱心，在帮助别人摆脱困境的同时，也让他人感受到温暖。爱心有时候只是在他人困难时给予的一句温暖的安慰，却足以让对方铭记一生。

表现出爱心和善良的行为其实并不难，所以我们能够从身边的小事做起，在适当的时候释放出自己的爱心，在温暖他人的同时也温暖自己。

# 善良是一种宝贵的美德

法国作家雨果说得好："善良是历史中稀有的珍珠，善良的人几乎优于伟大的人。"善良是一种美德，是一种智慧，是一种远见，是一种自信。善良是一种精神的力量，是一种精神的平安，是一种以逸待劳的沉稳。善良是一种文化，是一种快乐，是一种乐观。

李晓华是香港华达投资集团董事局主席，他的创业经历颇具传奇色彩。他成功后，积极投身于慈善事业，被中国红十字基金会授予"名誉会长"称号。他被美国《福布斯》杂志连续5年评选为中国最富有的企业家之一，他因为人处世有情有义而被人们称作"情义商人"。人们更多地关注李晓华的财富，实际上，他的传奇经历源于44份带着一个普通人爱心的晚报。

1990年，李晓华来到马来西亚投资。他听说这里发现了一个大型油气田，政府正准备修建一条高速公路，如果立项，则意味着有一次发大财的机会。经过仔细分析之后，他决定向银行贷款，拿到公路两边土地的开发权。

不过，事情的进展并不顺利。4个多月过去了，油气田的立项依然没有结果。李晓华很着急，手里的资金也已经所剩无几，甚至不够负担他的住宿费用。无奈之下，他不得不一次次降低住宿标准，直到连旅馆也住不起了。为了省钱，他打算租用旅馆的一个小仓库，每天只吃最便宜的盒饭，还要溜进酒店大厅看每天最新的报纸，以便了解消息。这是李晓华生命中最艰难的一段日子。

仓库的管理员是一位老华侨，十分同情李晓华的处境，所以不仅没有收取他的租金，还坚持给他带报纸看。这样的日子维持了一个多月，李晓华的压力越来越大，甚至开始绝望。一个偶然的机会，他发现老华侨根本不识字，坚持买了44天的晚报，原来这一切都是为了自己。李晓华感动了，也将他从绝望的边缘拉了回来。转机出现了，油气田终于立项了！

仅仅一周之内，李晓华购买的土地价格翻了一番。这段备受煎熬的岁月，也成了李晓华日后最值得铭记的时光。

成功后李晓华第一个想到的人就是老华侨，正是那44份报纸将他从绝望的边缘拉了回来。他特意为老华侨买了一套豪宅，然而老人摇摇头说："我只是给你买了44天的报纸，怎么值得你送这样的大礼呢？"他说："那44份晚报，是我一生中得到的最珍贵的帮助和关怀，就凭你的爱心，你有资格得到它。"老华侨依然拒绝了："谢谢您的好意，我已经习惯了现在的生活，不想去住那种地方。真正值得你报答的，也不是我，而是帮助你的这个社会呀。"老人的话再一次温暖了李晓华的心。此后，他开始投身于慈善事业。

善良是一种宝贵的美德，但善行并不是某些人的专利。每个有善心的人都能在平凡之处给予别人帮助，这世界也因为这点点滴滴的平凡感动而变得温暖。当你学会了，尝试去教人；当你获得了，尝试去给予。这就是最简单的善良之举，累积起来却能改变世界。

# 勿以善小而不为

　　"勿以恶小而为之，勿以善小而不为。"这句话讲的是做人的道理，只要是"恶"，即使是小恶也不做；只要是善，即使是小善也要做。这句话值得我们每一个人铭记在心。

　　一年夏天，烈日当头，小朱正在自家的西瓜地里看瓜。这时，来了两个逃荒要饭的，一个步履蹒跚的老人带着自己的小孙子，两个人有气无力，看上去又渴又饿。看到瓜田，小孩不肯走了，哭闹着要吃西瓜，无论老人怎么劝说和吓唬都无济于事。

　　小朱看孩子可怜，正打算摘个西瓜给他们吃，可一向严厉的父亲来了，小朱怕被责备，于是伸到瓜蒂上的手又缩了回来。小孩哭得更凶了，声音嘶哑，小朱心里很难受。他开始想办法，既能让小孩吃上瓜，又不叫父亲生气。突然，他想到了一个好主意。

小朱来到两人面前，大声说："这小孩要吃瓜？你们身上有多少钱，我卖你一个。哦……有两元钱，够买一个，等着，我去摘……"老人没说话，其实他一元钱都没有，他不明白小朱唱的是哪一出。其实，小朱这些话全是说给父亲听的。

看着不知所措的老人，小朱没有多说，只是摘了个又大又熟的西瓜，送到老人手里。看到西瓜，小孩马上不哭了。老人也连连感谢。小朱害怕在父亲面前露馅儿，赶紧把老人打发走了。

尽管小朱努力掩饰，但父亲还是发现了他的表情有些异样。"你在演什么戏，啊？"父亲走过来，沉着脸问。小朱一下子慌了神，结结巴巴地说："我……我……卖……卖了个西瓜。"说完，掏出自己口袋里的两元钱。父亲看了看那两元钱，又瞧了瞧面色紧张的小朱，说："这是我早晨给你的钱吧？"小朱见自己的把戏被父亲点破了，脸涨得通红，一声不吭，心想自己一定要被父亲责骂了。没想到父亲非但没有发火，还轻轻拍拍他的肩，笑着说："傻孩子，这事你没错。把瓜送给这样的穷人，是应该的……"听了父亲的话，小朱的心情也放松了。

付出爱心并不是富人才拥有的专利，我们每一个平凡的人，都能因为力所能及的善举而让世界变得更加美好。行善也并非必须依靠金钱，很多举手之劳的善举也能带给别人温暖。正如卢梭所说："慈善的行为比金钱更能解除别人的痛苦。"

# 第二章 相信自己

一个人要知道自己的位置，就像一个人知道自己的脸面一样，这是最为清醒的自觉。洗尽铅华总是比随意地涂脂抹粉来得美。所以做能做的事，把它做得最好，这才是做人的重要。

——莫言

# 相信我能做到

很多时候，阻止我们踏上成功之路的，不是那些看似艰巨的困难，而是缺少自信。自信是我们的宝贵财富，是我们人生旅途中的忠实伴侣，更是我们战胜一切挫折和困难的坚实后盾。

意大利雕塑家阿戈索蒂诺·安东尼奥曾坚持不懈地在一块巨大的大理石上进行雕刻。但由于创作不出所渴望的杰作，他感到非常伤心："用这块石头我什么也创作不出来。"其他雕塑家也曾在这块难以攻克的大理石上下过功夫，但最后都半途而废。直到米开朗琪罗发现了这块石头，并构思出了能用其创作的作品形象。他以"我能做到"的心态创作出了世界上伟大的雕塑作品之一——大卫。

西班牙的航海专家断定，哥伦布想要找到一条新的、更短的通往西印度的航线是根本不可能的。国王费迪南和王后伊莎贝拉并没有理会专家们的报告。"我能做到。"哥伦布坚定地说道。而且他真的做到了。当时大多数人认定地球是平的，但哥伦布并不这样认为。于是，哥伦布率领着"尼娜号""平塔号"和"圣玛丽亚号"三艘船以及一小队他的追随者，驶向了那片"不可能存在"的、富饶的新大陆。

甚至连伟大的托马斯·阿尔瓦·爱迪生也曾给他的好朋友亨利·福特制造汽车的梦想泼过冷水。爱迪生在试图使福特相信他的想法毫无价值之后，邀请他来为自己工作。然而，福特并没有放弃，仍然在执着地追逐着自己的梦想。尽管他的第一次尝试只造出了一辆没有倒挡的汽车，但福特知道自己一定能够做到。当然，他确实做到了。

"忘掉它吧。"这是专家们给居里夫人的忠告。他们认为，从科学的角度来说，镭是根本不可能存在的一个概念。然而，玛丽·居里坚持说"相信我能做到"。

不要忘记奥威尔·莱特和威尔伯·莱特。新闻记者、朋友、军事专家，甚至他们的父亲，都在嘲笑他们关于飞机的想法。"多么无聊而愚蠢的浪费钱的方式！还是把飞翔的任务留给鸟儿吧。"他们取笑道。"很抱歉，"莱特兄弟回答道，"我们有梦想，而且我们能做到。"结果，北卡罗来纳州的一个叫基蒂霍克的小镇见证了他们"荒谬"的想法成为现实。

　　当你在周围明亮的灯光下阅读这些事迹的时候，不妨想一下本杰明·富兰克林当时的情况。人们劝他停止捕捉闪电的愚蠢实验。"这是多么荒谬、多么浪费时间的行为啊！没有什么能比传统的油灯更好了。"谢天谢地，富兰克林知道他一定能够做到。

　　相信自己，你也能做到！

# 我是独一无二的

在这个世界上，每个人都是独一无二的，你可能就是那一颗等待被发现的珍珠。然而，在现实生活中，一些人总是处处与他人对比，总觉得自己不如别人优秀，好像这辈子自己真的一事无成。事实上，对于我们每一个人来说，命运都是公平的，每个人都有自己的价值，这是毋容置疑的，我们所需要做的就是欣赏自己，认清自己的价值。

有一天，一位叫布朗的男孩去一间教室等一位朋友。当他走进教室时，那里的老师华盛顿先生突然出现在他面前，并要求他到黑板上去解答问题。

布朗说："我不能去。"

华盛顿先生问他："为什么不能呢？"

布朗说："因为我不是您的学生。"

华盛顿先生说:"那有什么关系呢?无论怎样,到黑板前去吧。"

布朗为难地说:"我做不到。"

华盛顿先生问:"为什么做不到?"

因为有些尴尬,布朗一时说不出话来,但华盛顿先生仍期盼地望着他。布朗鼓足勇气小声说道:"因为我是弱智者。"

华盛顿先生看着布朗,对他说:"不要再那样说了,别人对你的看法不一定就是你的真实情况。"

那是令布朗感到解脱的一刻。一方面,他觉得很丢脸,因为其他的学生都嘲笑他,他们知道了布朗是特殊教育班的学生;但另一方面,布朗的思想得到了解脱,因为华盛顿先生开始让他意识到,他并不一定要活在别人对他的看法里。就这样,华盛顿先生成了布朗的良师益友。

在这次经历之前,布朗在学校里已经失败过两次。在五年级的时候,布朗被鉴定为有智力障碍的学生,从五年级降到了四年级;八年级的时候,他再一次受到挫折。因此,是华盛顿先生使他的一生发生了戏剧性的变化。

布朗总说华盛顿先生是按照歌德的思维模式行事的;歌德曾说过:"轻视自己的人会愈加平庸,重视自己的人方能成就大业。"

华盛顿先生也相信:"没有人能在低期望值中崛起。"他总是能让学生们感觉到，他对他们有很高的期望，因此，华盛顿先生所有的学生都不断地努力着，以期能达到他心中的期望。

在布朗还是一名低年级生的时候，有一天，他听到华盛顿先生在对一些即将毕业的高年级生进行演讲。他对他们说："你们都很了不起，你们拥有特殊的天赋。如果你们之中有人能够瞥见真实的你和你对这个世界的贡献，以及你的特别之处，然后将其与以往的历史相联系，这个世界将再也不会是现在这个样子。你们的父母、学校和社会都会为你们感到骄傲。你们能够触动千百万人的生活。"他是在对高年级的同学讲话，但布朗以为这些话似乎也是在为他而讲。

布朗记得高年级学生都站起来对他报以欢呼。演讲结束之后，布朗在停车场追上了华盛顿先生，并对他说："华盛顿先生，您还记得我吗？刚才演讲的时候，我就在礼堂里。"

他说："你在那里做什么？你是低年级的学生。"

布朗说："我知道，但我在礼堂门外听到了您的讲话声。您说他们都很了不起，而我也在礼堂里，那么，先生，是不是我也了不起呢？"

他说："是的，布朗。"

"但为什么事实是我的英语、数学和历史都没有及格，我不得不去暑期学校补课。为什么会这样呢，先生？我比大多数学生的智力都低下。我没有我的弟弟和妹妹那样聪明，他们即将就读于迈阿密大学了。"

"那没有关系。这只说明你还需要更加努力。你的学历并不能决定你的为人或你一生中能取得什么样的成就。"

"我想给我母亲买一所房子。"

"那是完全有可能的，布朗，你一定能够做到。"说完，他转身准备离开。

"华盛顿先生？"

"现在你还有什么问题吗？"

"嗯，我是独一无二的，先生。请您记住我，记住我的名字，总有一天您会听到这个名字，我会令您感到骄傲的。"

对布朗来说，上学是一次真正的奋斗。过去，他的成绩之所以能够不断上升，是因为他不是坏孩子，他是个好孩子，一个招人喜欢的小孩儿。他能给人们带来欢笑，他很有礼貌，还懂得尊重人，因此老师们都愿意让他通过，这对他没什么好处。现在，华盛顿先生对他提出了要求，华盛顿先生让他有了责任感，也使他相信自己一定能够做到。

在升入高年级之后，虽然布朗仍在特殊教育班，但华盛顿先生成了他的指导老师。接受特殊教育的学生通常是不能参加演讲和戏剧演出的，但学校网开一面，使布朗能够和华盛顿先生在一起。校长意识到了这种组合的有益之处以及华盛顿先生对布朗产生的影响，因为布朗的学习成绩开始稳步上升。布朗有生以来第一次成了优等生。布朗想和戏剧社的学生一起进行一次旅行，而为了能参加这次乡村之旅，他必须成为优等生。这对他来说简直是个奇迹！

华盛顿先生为布朗重新描绘了人生的画卷，使他看到了自己更加广阔的前景，超越了他的智力条件和生活环境。

几年之后，布朗制作了几个在公共电视台播出的特别节目。当他的节目《你应受报答》在迈阿密教育电视台播出的时候，他让一些朋友通知了华盛顿先生。华盛顿先生从底特律打来电话的时候，布朗正坐在电话旁等待着。

他说："请问，我能与布朗先生讲话吗？"

"您是哪位？"

"你知道我是谁。"

"哦，华盛顿先生，是您！"

"你是独一无二的，是吗？"

"是的，先生，我是！"

你要是相信自己能行，那别人就会相信你行。人生好比一个大市场，你认为自己的价值有多大，别人也会认为你的价值有多大，因此，要想成功，必须先要接受和肯定自己。

# 自信是一种积极的力量

　　自信是一种信念，一种力量，人们有了这种精神的动力，自然会坚韧不拔地朝着理想的高度进发。人人都想成功，但成功之路是一条艰难而曲折的路，如果连起码的自信都没有，何谈成功？

　　有一个电车车长的女儿，她的梦想就是成为一位歌唱家，但她的脸长得不好看，她的嘴很大，牙齿也很难看。一次偶然的机会，她壮着胆子参加了学校演唱之星的比赛，比赛中她一直想把嘴唇拉下来盖住她的牙齿，想要表现得"最美"，最终呢？她使自己大出洋相，注定了失败的命运。

　　但是，一位认识她的老师一直都在看这个女孩的演唱，却认为她很有天分。"我跟你说，"他很直率地对女孩说，"我看过你的演唱，我知道你想掩藏的是什么，你觉得你的牙齿长得很难看，"这个女孩顿时觉得无地自容，可是那个老师继续对她说，"这是怎么回事啦？难道长了龅牙就罪大恶极吗？不要想去遮掩，张开你的嘴，唱你自己的歌，让观众看到你不在乎，他们就会喜欢你的，再说，你的歌唱得很好，凭你的歌声一定能征服观众。"

女孩接受了他的忠告，有了强烈的自信心，她相信自己唱歌的实力，相信自己的歌声能征服观众。从此以后，不论参加什么比赛，她都勇敢地张开嘴，露出自己的牙齿。在台上她只想到把最美的歌声送给观众，她张大嘴巴，热情而高兴地唱着……女孩最终实现了自己的梦想。

自信是我们战胜困难，取得成功的重要动力。自信是成功的助燃剂，是成功必不可少的条件。当机会来临的时候，我们是否能把握住，往往取决于我们是否有足够的自信。而勇气是世界上无所不能的武器，有了它，自信也随之而来。

鲍勃·卢斯曾被40位著名的运动员评为美国运动史上最伟大的运动员。他们认为，他擅用他的天才，他给予运动界的冲击是无与伦比的。至于他为何会这么伟大，大家一致认为那是因为他自信十足。

有一次，在世界冠军赛争夺战中，大家就等着他击出一支全垒打而获得冠军。后来，他在对方投出两分球而未挥棒后，第三球终于击出了一支全垒打，全场观众为之疯狂。

世界上最强的性格，莫过于对自己有充分的信心。当一个人充满自信时，就不会怕别人的抨击和否定，反而能充满斗志，爆发出巨大的潜能，他们对过去不会后悔，对现在有自信，对未来充满希望，他们才是真正的成功者。

盖茨的微软，创造了20世纪最美丽的财富神话，吹响了信息时代最嘹亮的号角。盖茨不是靠幸运取得成功的，微软也不是建立在偶然基础上的软件帝国；盖茨不仅是电脑天才，更是一个能激励自己的天才；他在微软的成长过程中付出的心血和汗水，他非凡的事业心、自信心也是常人无法超越的。

自信是一种积极的力量，是人生中一抹亮丽的阳光，人一旦拥有了自信，就会散发出一种令人难以抗拒的魅力。无论是贫穷还是富有，无论是美若天仙，还是其貌不扬，只要充满自信地展现自己的长处，人就会变得美丽。

# 是金子总会发光

德国著名哲学家、思想家尼采有一句名言："发光的不一定是金子，但是，是金子迟早会发光！"只要自己具有才能，坚定自信，靠着自身的努力，就一定会被发掘，发光发热。

三国后期，任城有一个名叫魏舒的人，早年父母双亡，为人质朴，反应迟钝，很多乡里人都很瞧不起他。

他的堂叔魏衡为吏部郎，在当时是个名人，很想提携魏舒，但实在看不出魏舒有什么才华，就让他去看守水碓（舂米谷的工具）。魏舒高高兴兴地去上任。

魏舒兢兢业业地看守水碓，每天都是一副宠辱不惊的样子。魏衡觉得他不会有出息，常常叹息说："魏舒如果能够担任数百户的官长，我就心满意足了。"

对于堂叔的评价，魏舒并不放在心上，也没有怨言，但是，他自己从来不认为自己会永远没有出息。唯独一个叫王乂的人看到他后说道："你终究是要做到宰相级别的人。"还经常接济他，魏舒坦然接受。

魏舒40多岁的时候，还是一事无成。有一次，郡里招聘上计掾，察举孝廉，魏舒竟然也报名了。

乡里百姓都觉得难以理解，你就是一个看水碓的，居然也想着做官？于是纷纷劝说魏舒："你没什么学问，肯定考不上，还不如不参加，去山里隐居一段时间，装作世外高人，说不定反而会选上呢？"

乡亲们的说法有些道理，在当时，确实有这么一些人，没什么才华，却很会故作高深，躲在山里充当隐士，博取名声，然后走入仕途。这条路子确实适合有点怪异的魏舒。

但魏舒却回答说："如果考不中，那是我的问题，怎么能弄虚作假、沽名钓誉获取功名呢？"于是，魏舒开始发愤苦读，每天研习一部经书，终于学问大成，因而成功通过答策，被授任渑池县县长，还任浚仪县令。

魏舒从此一鸣惊人，一路升迁，短短数年间做到了后将军钟毓的长史。但他的性子还是没变，依然不温不火，默默地做着不起眼的事情。

钟毓出身贵族，父亲是钟繇，弟弟是钟会，闲来无事时经常和手下一起比赛射箭。魏舒从来不主动参加，也没人邀请，所以每次他都是帮忙计数的。

有一天，钟毓又和手下比赛射箭，由于人数不够，就拉上魏舒凑数。没想到，这个魏舒竟然是个神箭手，百发百中，无人能敌，而且射箭时姿态优雅、从容淡定。

钟毓惊叹不已，面有愧色地对魏舒说："我不能充分发挥你的才能，就像这次射箭一样。其实，又何止这一件事呢？"于是，他将魏舒推荐给了司马昭。

公元263年，魏舒被司马昭征辟为相国参军，被封为剧阳子。当时在处理一些细碎的事务上，没人看出魏舒的才能；等到关系到国家发展的大事，众人难以做出决断的时候，魏舒便慢慢筹划，他的见识大多高于其他人。司马昭非常器重他，每逢朝会结束，便一边目送他离开一边说："魏舒相貌堂堂，是众人的领袖。"在司马昭手下，魏舒终于大放异彩。

后来，魏舒成为西晋的重臣，官至司徒，以为官清贫、有威严名望著称于世。公元290年，魏舒寿终正寝，享年81岁，堪称大器晚成的典范。

诗人李白的《将进酒》中有"天生我材必有用，千金散尽还复来"的诗句，又有"是金子总会发光的""人尽其才，物尽其用"这种谚语。说明人只要乐观自信，坚持自己，就会守得云开见月明。

# 敢于质疑权威

权威之所以成为权威，肯定是在某一领域经验丰富，非常精通，但权威也是人，也有犯错的时候。任何时候，都不要因为有权威在，自己就不去做判断。某些时候，你可能是对的，权威可能是错的，关键看你自己是否能坚持自己的信念。什么时候都不应该盲从权威。当权威出现错误的时候，一定要坚持自己的意见。这样，才是对自己负责，对别人负责。

18世纪化学界流行"燃素学"。这种认为物体能燃烧是由于物体内含有燃素的错误学说，严重束缚了人们的思想，误使许多科学家去积极寻找燃素，没有一个人对此表示怀疑。瑞典化学家舍勒也是热衷于寻找燃素的人，他从硝酸盐、碳酸盐的实验中，得到了一种气体，实际上就是氧气。但他却以为自己找到了燃素，命名为"火气"，并解释为火与热是火气与燃素结合的产物。舍勒如果不受燃素说的影响，当时就得到了氧气的发现权。英国人普利斯特在实验中也得到了氧气，可是也因为笃信燃素说，而把氧气说成"脱燃素的空气"，遭到了舍勒同样的命运。

后来，普利斯特把加热氧化汞取得"脱燃素的空气"的实验告诉了拉瓦锡。拉瓦锡却未从众，他不受燃素说的束缚，大胆地提出疑问，经过分析，终于取得了氧气的发现权，使化学理论进入了一个新的时期。

生活中，一个人能够提出疑问是需要勇气的，那么敢质疑权威就更加需要勇气了。

小泽征尔是世界著名的音乐指挥家，有一次，他去欧洲参加指挥比赛，决赛时，他被安排在最后出场。评委交给他一张乐谱，小泽征尔稍作准备便全神贯注地指挥起来。突然，他发现乐曲中出现了不和谐的音符，开始他以为是演奏错了，就指挥乐队停下来重奏，但仍觉得韵律不自然。他感到乐谱确实有问题，就向评委提出自己的想法。可是，在场的作曲家和评委会权威人士都声明乐谱绝不会有问题，肯定是他的错觉。面对几百名国际音乐界权威，他不免对自己的判断产生了动摇。但是，他反复考虑，坚信自己的判断没有错。于是，他自信地说："不！一定是乐谱错了！"他的声音刚落，评判席上那些评委们立即站起来，向他报以热烈的掌声，祝贺他大赛夺魁。原来，这是评委们精心设计的一个圈套，用以试探指挥家们在发现错误而权威人士不承认的情况下，是否能够坚持自己的判断。因为，只有具备足够自信的人，才能真正称得上是世界一流的音乐指挥家。在三名选手中，只有小泽征尔相信自己而不附和权威们的意见，从而获得了这次世界音乐指挥家大赛的桂冠。

哥白尼40岁时提出了日心说，否定了教会的权威，改变了人类对自然对自身的看法。当时罗马天主教廷认为他的日心说违反《圣经》，哥白尼仍坚信日心说，并经过长年的观察和计算完成他的伟大著作《天体运行论》。达尔文否定基督教宣扬的上帝造人，顶着压力写出了《物种起源》……

权威有时也会成为一种障碍，当你越来越习惯于在看似确凿的论断下生活，却出现自己的感觉与所谓的常规论断发生矛盾冲突，需要你做出抉择的时候，你必须要有自信。自信是一种力量，体现了一个人的人格魅力。尤其在自己的想法或者见解受到质疑时，自信的语言会更令人信服，更吸引人的注意。同时，有自信才能激发自己的斗志，奋勇拼搏，积极进取。有信心，才能克服眼前的困难，看到光明前景。

# 保持无畏的战斗勇气

小磊的父亲养了几头奶牛，在小磊很小的时候，每天早晨和傍晚去给几头奶牛挤奶就已经是他的责任了。他的父亲整个星期都在不停地工作，对小磊来说，完成这个任务也就成了绝对的必要；而且，除了妈妈可以在早晨帮他以外，他几乎得不到任何帮助，傍晚他就必须独自一人去挤奶。

要想在傍晚的时候走到牛棚，他不得不穿过鸡场。那里有一只公鸡，它很喜欢在小磊穿过它的领地时追赶他，以此来建立它的自豪感。即使对一个成年人来说，被一只公鸡追赶，也会是一种可怕的经历；对一个孩子来说，那种恐怖的感觉更非言语所能形容。

那只公鸡只在他提着装满牛奶的桶时追赶他。如果他提着空桶，它似乎知道他能用桶把它赶开；但如果他提的桶里装满了牛奶，他就会成为被它攻击的目标，因为他不能让牛奶洒出来。

那种情形真是太可怕了，以致他宁可绕远路，以避免碰到那只公鸡。这件事使他很不开心，也非常恐惧，甚至在每天去牛棚之前，对公鸡的恐惧就已经完全占据了他的思想。

挤奶的工作是没有休息日的。一定要找出解决这个问题的办法；但他又不想让他的父亲知道他害怕那只公鸡，因为父亲是绝对无法理解的。

有一段时间，他曾单独与他的伯父在一起。伯父是一个非常聪明的人，比他父亲大几岁，似乎什么都不怕。小磊决定在这件事上征求一下伯父的高见。伯父看起来非常乐于跟他谈论那只公鸡，并试图帮他解决他的难题。

伯父建议他去挤奶的时候多提两个桶，当他挤完奶往回走的时候，他应该每只手提一个空桶。当那只公鸡靠近他的时候，他要非常镇定地让它开始攻击他。伯父还告诉他，一定要让那只公鸡以为它还会像以前许多次一样让他感到害怕。

然后，他就要用空桶去打那只公鸡。他保证他不会伤害到它，而他也对使用空桶这个办法表示赞同。他当然不会伤害父亲的公鸡。

伯父提醒他，要不停地打那只公鸡，直到它用翅膀遮住脑袋。只有到那时，他才真正赢得了这场与公鸡的战斗。如果他退缩了，那只公鸡就会知道他仍然害怕，那么，他一定还会不断重复每天的可怕经历。

除了试一下伯父的办法之外，他没有别的选择。他似乎对伯父的办法很有信心。告诉父亲说他害怕那只公鸡，毕竟是一件让人非常尴尬的事。

在那重要的一天，当他去挤奶的时候，他的手里多拿了两个桶。挤牛奶的时候，他的手在颤抖，但他没有忘记自己应该怎么做。走出牛棚之后，他一直在为他的成功不停地祈祷着。

当那只公鸡看到他拎着两个牛奶桶时，它像往常一样地向他逼近，但它不知道这两个桶都是空的。他继续祈祷着神的保佑，他很快就走近了生命中的一个十字路口。一条线被画在了沙地上，而他就是那个画线的人。他真的能站在那里，让那只公鸡来攻击他吗？

那只公鸡凶狠地向他扑来，仿佛它也知道这次遭遇战的重要性一样。他紧紧地咬着嘴唇，恐惧感使他流下了眼泪。当他用一个空桶去打那只公鸡的时候，他迅速回想了一下伯父的指点，然后又举起了另一个桶。那只公鸡向后倒在地上，似乎它很难理解情况为什么会发生这样的转变。

有短暂的片刻，那只公鸡退却了，似乎要检验他在这件事情上的信心。然而，它很快又向他冲了过来。他已经取得了足够的成功，这使得第二次进攻更容易被击退了。他的勇气大增。

他不停地打它。在盛怒之下，一个桶的把手松了，桶飞向了空中，但那似乎并没有什么关系，他用另一个桶继续追打公鸡。

在他快速的追击下，那只公鸡向鸡舍退去。在鸡舍里，它缩在一个小角落里，以躲避小磊的打击。这只躲在角落里、被打败的公鸡终于伸出翅膀遮住了脑袋。

小磊打败了这只公鸡，无论是这只还是其他任何公鸡，都不会再让他感到害怕了。

在生命中，我们随时会遇到各种"公鸡"，因为生活中总是充满了多种可能。而正如莎士比亚提出的"生存还是毁灭"这个必答问题一样，面对困难，我们是该选择默默忍受，还是与之奋然为敌？二者择一，必是后者！永远记住，只有无畏的战斗勇气，才能让生命焕发出夺目之光。

# 敢于向极限挑战

帕蒂·威尔逊很小的时候，她的医生就告诉她，她患有癫痫。她的父亲吉姆·威尔逊每天都坚持晨练。有一天，戴着固定支架的帕蒂笑着说："爸爸，我最喜欢做的事就是每天和你一起跑步，可是我不敢，因为我怕我的病会发作。"

父亲对她说："没关系，即使你发病，我也知道怎么应对。让我们开始跑起来吧！"

那就是他们每天一起做的事。共处的时光对他们来说都是非常美好的经历，而且她在跑步的时候，也一直都没有发病。几个星期之后，她对父亲说："爸爸，我最想做的事，就是打破长跑的女子世界纪录。"

她的父亲查阅了一下《吉尼斯世界纪录大全》，发现女子长跑的最远距离是80英里。刚上高中的时候，帕蒂就宣布："我要从橘子郡跑到旧金山（距离为400英里）。""二年级的时候，"她继续说，"我要跑到俄勒冈州的波特兰（1500多英里）。""三年级时，我要跑到圣路易斯（大约2000英里）。""四年级时，我要跑到白宫（3000英里以上）。"

由于她身患疾病，因此她的热情便显得有些野心勃勃，但她只把自己身为癫痫患者这个阻碍视为小小的"不便之处"。她从来不去关心失去了什么，只注重留下了什么。

那年，她穿着上面印有"我爱癫痫患者"字样的T恤衫，跑到了旧金山。她的父亲全程陪伴在她身边，和她一起跑；她的母亲———一位护士，为防止发生意外，坐在一辆房车内，一直跟在他们后面。

在二年级的长跑中，帕蒂的同班同学都跟在她的后面。他们做了一幅巨大的标语，上面写着"奔跑吧！帕蒂！"（这也成为她的座右铭，以及她所写的一本书的题目。）在跑到波特兰的这次马拉松的过程中，她的脚骨断裂了。医生告诉她，必须停止跑步。医生说："我必须在你的脚踝处打上石膏，以使你不会形成永久性的残疾。"

"医生，你不明白，"帕蒂说，"跑步并不是我的心血来潮，而是一种意义非凡的执着！我这样做并不是为了我自己，而是要打破束缚住许多人思想的枷锁。有什么方法可以让我继续跑步吗？"医生给她提供了一种选择——可以不打石膏，而改用黏合剂包扎。他警告她，那会带来难以忍受的痛苦，并对她说："那会产生水疱。"她让医生为她用黏合剂包扎。

帕蒂完成了跑往波特兰的路程，最后一英里是由俄勒冈州的州长陪她一起跑的。你可能在报纸上看到过这样的标题："超级奔跑者，帕蒂·威尔逊在她17岁生日那天，结束了癫痫患者不能跑马拉松的历史。"

在几乎马不停蹄地从西海岸到东海岸跑了4个月之后，帕蒂来到了华盛顿，并同美国总统握了手。她告诉总统说："我想让人们知道，癫痫患者也是像其他人一样的正常人。"

帕蒂给我们的启示不在于她到达了某个目的地，而在于她展现了一种敢于向极限挑战的勇气，一种执着的精神。一个人一旦拥有了这样的勇气和精神，就不会再向任何困难低头。

# 你是走属于自己的路

每个人都有一两个喜欢或擅长的技能，或手工，或乐器，或歌唱，或绘画。同样地，每个人精通的领域也有限，无法做到十项全能，而能做到的，肯定是万里挑一的佼佼者。

如果把一个人的技能比作一个不规则的多角形，每个角代表一个技能，那突出的角就代表精通的技能，钝缓的角代表不擅长的能力。如达利娅·格里在她的多角形中，突出的那个角就代表她的手工能力，而钝缓的那个角就代表她的功课学习能力。

达利娅·格里5岁那年上了幼儿园。当小朋友们聚在一起嬉戏时，她却坐在角落里，将一张张小纸片折叠成各种各样的形状，手工活是她的强项。

9岁时，达利娅·格里读小学三年级，学习成绩一塌糊涂，只有手工课不同凡响。老师家访时忧心忡忡地对她爸爸说："也许孩子的智力有问题。"达利娅·格里的父亲听后摇着头说："能在手工课上有突出表现，证明她非常聪明。"

面对家长的回答，老师失望地离开了，达利娅·格里难过地掉下了眼泪。父亲却笑着说："宝贝，不要气馁，你一点儿也不笨。还记得我给你讲过蓝鲸的故事吗？它是动物界的'巨人'，但它的喉咙却非常狭窄，只能吞下5厘米以下的小鱼。蓝鲸这样的生理结构，非常有利于鱼类的繁衍。因为如果成年的鱼也能被它吃掉的话，那么海洋中的鱼类就会大量减少甚至灭绝。上帝不会偏爱谁，连蓝鲸这样的庞然大物也不例外。这就好像你功课差，但手工却是最棒的，说明你心灵手巧。孩子，勇敢地做自己喜欢的事，坚持下去吧。"

听了父亲的鼓励，达利娅·格里备受鼓舞。她不但喜欢做手工，还常常动手搞些小发明：几块木板钉在一起，加上铁丝和螺丝钉，就是一个小巧的板凳；母亲抱怨衣架不好用，她略加改造，做成了"万能衣架"……

2010年，达利娅·格里已是美国波士顿市麻省理工学院的一名学生。一个周末，她到一家超市购物。在超市门前，她听到一个顾客抱怨："找个车位真难！如果谁能发明一种折叠汽车，该多好！"

说者无心，听者有意，达利娅·格里立刻突发奇想：是啊，这倒是一个很好的探索课题，自己为什么不试一试呢！

回到学校，达利娅·格里爱上了汽车，开始收集关于汽车构造方面的知识，如饥似渴地学习并反复研究。功夫不负有心人，经过半年的努力，她终于设计出了折叠汽车的图纸。然而有些同学却说："你懂得如何生产吗？说不定图纸只能变成废纸。"她笑着说："我的确不懂汽车生产，但可以寻找合作伙伴。"于是，她用各种方法寻求可以合作的商家。她的行动终于感动了上帝，西班牙一家汽车制造商联系了她，表示愿意与她合作，双方很快签下合约。2012年2月，世界上第一款可以折叠的汽车面世了⋯⋯

值得说明的是，达利娅·格里是一个极普通的人，更不是什么天才，但她坚持做自己喜欢的事，用刻苦和勤奋找到了属于自己的路。

"世上道路千万条，条条大路通罗马。"你只要把握好正确的目标和方向，勤勉而坚定地走自己的路，就能走出困境，走向光明，走向完美的人生！

# 向着目标不断前行

　　1998年夏天，美国俄勒冈州中部的米歇尔小镇上迎来了一个黄皮肤、黑眼睛的中国少年，他就是于智博。

　　米歇尔小镇常年享受着太平洋暖流带来的温暖湿润的空气，四季如春，植被繁茂，小镇周围有金黄的沙滩、茂密的森林、巍峨的群山、湍急的河流、碧蓝的湖泊、辽阔的草原和宁静的荒漠，自然景色极其美丽。但小镇人口仅有350人，只有一家商店、两家餐馆、一家邮局和一所学校，街上连红绿灯都没有。这让从热闹繁华的成都来的于智博心情失落。

　　于智博来到这里实属无奈，16岁的他在中国的高考中落榜了，父母为了让他能读上大学，给他在米歇尔高中毕业班办理了入学手续。

　　到学校没有几天，于智博发现自己原有的英语底子，远远不能适应学习、生活的要求，更不用说上课时与老师、同学讨论了，甚至同房东交流都有困难。

高考失利的阴霾盘踞心中没有散尽，加之环境生疏、语言不通，于智博消沉得像一块铁，他沉默寡言，难开笑脸。

约束亚·杰克逊老师教他们物理，他四十多岁，精明干练，谈吐幽默，深得同学们爱戴。一天，上物理课，杰克逊老师在课堂上提问于智博，于智博没有听清问题，胡乱地答了一气，同学们听了哄堂大笑。于智博羞愧难当，下课后他冲出教室，跑到学校附近的一片小树林里，这里草丰花茂，于智博常常在此静坐发呆。他扑倒在草地上，泪水爬满了他的脸颊。

不知什么时候，杰克逊老师坐到了他的身边。他看到于智博肩头耸动，便爱怜地抚摸着他的头。于智博看到杰克逊，停止了哭泣。杰克逊把他拉起坐下来。这时，于智博看到他们脚边有一只蜗牛，它的壳在阳光下，纤弱而透明，它正吃力地慢慢地爬行。

杰克逊老师问："你知道蜗牛要到哪里去吗？"

于智博摇了摇头，杰克逊指着蜗牛的前方说："你看那里。"前方是一座山，高耸入云。

杰克逊老师接着说："我想，蜗牛是要到山顶上去，有句谚语说：'能够到达金字塔顶端的有两种动物——雄鹰和蜗牛。'蜗牛也喜欢选择高处啊！我相信只要它努力，最终会爬上山顶，在那里，它所看到的景色和雄鹰是一样的。"

这番话，让于智博若有所思，他抬起头，看到杰克逊老师期盼的目光，他说："老师，谢谢你，我也要做一只爬上山顶的蜗牛！"

从第二天开始，于智博积极跟老师、同学交流，模仿他们讲话的口吻和语气。即便没有人的时候，他也在听录音并大声模仿。两个月的时间，他基本掌握了美式英语的发音，能轻松地听课发言了。

此外，他的成绩也突飞猛进。一年后，于智博代表优秀学生团体，在高中毕业典礼上发言。之后，校长私下告诉他，若不是他最后用中文说了句"谢谢大家"，校长差点忘了他是位外国学生。

读大学后，于智博一路高歌，他依靠自己的努力，从三流的大学转入哈佛大学商学院，2009年顺利毕业。作为曾是花旗银行10名"全球领袖计划成员"之一的尖端人才，他被世界五百强企业联想集团聘用，成为总裁高级助理。

蜗牛的天空并不一定低矮黯淡，虽然它爬得缓慢，可只要它向着目标不断爬行，它也会攀爬到一览无余的山顶，与雄鹰一样视野开阔，拥有一片高远的蓝天。

# 不要做意气之争

在日常交际中，有时候忍一忍，就可以摆脱纠纷，平息怒火，各让一步，便可使双方都得到舒畅。高情商的人遇到争执或纠纷时，说起话来，很少会冲动。因为一旦情绪失控，说话冲动，狠话说了一箩筐，不顾及他人感受，刺人又伤人，最后，往往把事情弄得一团糟。

陈平在一家装潢公司做设计员，工作环境和工资待遇都不错，但因为刚参加工作不久，还缺少磨炼，说话冲动，给自己带来了很多麻烦，最后还被炒了鱿鱼。

有一次，陈平给一家长期合作的单位制作一个广告牌。这家单位的负责人要陈平按照他建议的方案设计，结果广告牌设计出来以后，那个负责人又觉得效果不好，要求陈平重新设计。

陈平非常生气，他理直气壮地和那个负责人理论："我说你也太多事了，设计是我们的事，你却指手画脚，按照你的想法设计了，现在又要我们重新设计，这怎么可能呢？"

那个负责人自知理亏，连忙道歉："不好意思，都怪我，没想到事情会弄成这样。"

然而，陈平还是不依不饶："道歉就能解决问题吗？这损失算谁的？"

那个负责人见陈平没有缓和的意思，也不高兴了，声音就提高了几分，说："虽然我提了个建议，但你是专业人员，怎么没有说明这个建议存在问题呢？"

陈平一听更火了："你提了建议就得负责，想让我们重新给你设计门都没有，你也别想赖账！"

那个负责人更不高兴了："你怎么说话呢？会不会说话？"

两个人你一言我一语地吵了起来。年轻气盛的陈平自觉占理，最后丢下一句话："就这样了，怎么办随你便！反正我不会再给你重新设计！"说完，气冲冲地就走了。

那个负责人也勃然大怒，愤愤地说："既然这样，那我们今后也绝不再和你们合作了。"

可没想到的是，回到公司，陈平的上司就把他训斥了一顿："你怎么做事的？你怎么不动动脑子呢？咱们和他们公司仅仅是一个广告牌的事情吗？你知道失去这个客户我们的损失有多大吗？"

陈平这才知道坏事了，连忙说："对不起！我去给他们道歉吧。"

上司摇摇头对陈平说："算了，我已经接到他们负责人的电话了，他告诉我，今后绝不再与我们合作，也就是说我们失去了大客户。虽然你的设计能力不错，但太不会说话，太冲动，你去财务室结账，然后另谋高就吧。"

陈平这才知道，因为自己做意气之争，给公司带来损失，被炒了鱿鱼了。

事实上，客户单位的负责人并不是一个不通情理的人，只是陈平在气头上，言辞太过激烈，得理不饶人，才使两个人闹得很僵。

陈平在因为对方提了设计建议导致效果不好时，就气势汹汹地找对方理论，这使对方很反感；在对方向他道歉后，他仍然不依不饶，结果激化了矛盾，导致两个人起了激烈的争执，不但两人不欢而散，还给公司带来损失。等陈平认识到错误想去道歉时，却为时已晚。

许多问题的关键，不在于矛盾发生之后的解决办法，而在于矛盾发生之前的处事方法。实际上，如果在矛盾发生时，采取正确的处事方法，便完全可以避免冲突的发生。

晚上六点多钟，正是上下班的高峰期，道路上堵满了车辆。刘强因为急着去看生病住院的岳母，坐在汽车里焦急地直按喇叭。喇叭声惊动了前面的一辆电动车。电动车车主王生转头看了一眼，没好气地骂了一句。刘强一听他开口就骂人，原本焦急的情绪顿时变成了一腔怒火。他打开车门冲上前去，指着王生："你怎么骂人呢？会不会说人话？"王生被刘强手指着训斥，也升起了怒火，气愤地说："我就爱这么说话，关你什么事啊？！"气氛瞬间变得紧张起来。刘强撸胳膊挽袖子，威胁着要打王生；王生跳下车，从后座上抽出锁车的大铁锁链拿在一只手上，另一只手指着刘强，说："有本事你动我试试！"刘强大怒道："就动你！看你怎么着。"说着挥起拳头，一拳就打在王生的脸上。王生冷不防被揍，心中的火腾地一下就点着了，抡起手中的大锁链就向刘强抽了过去，结果一下抽在刘强的头上。

刘强不但没能早一点赶到医院去看岳母，自己还因为脑震荡住进了医院。王生也因为斗殴伤人被派出所拘留。

其实，这件事情两个人都有过错。乱按喇叭不礼貌、随便骂人不文明、动手打人更不应该。假如两个人中有一个能忍一忍，不做意气之争，就不会把事情搞得不可收拾。

可惜的是，两个人都没有体谅对方的心情，也没有及时地认识到自己的错误，更没有为自己的过失行为而道歉，而是暴躁冲动，以致矛盾升级，冲突顿起，大打出手。只是因为一点儿小事，一个住进医院，一个被拘留，何其不值得！所以，不论你遇到什么事，都要控制自己的情绪，别做意气之争。须知"忍一时风平浪静，退一步海阔天空"。

# 用幽默化解对立情绪

幽默是生活的调料，是人类智慧的火花，是属于艺术性的口语。它能用生动形象、鲜明活泼、委婉、含蓄、风趣、机敏、确切的口头语言，友善地提出自己对现实问题的见解，使人们在愉快的情境中、欢乐的笑声中接受批评教育，从而改正自己的缺点和错误。

一天，刘老师主持班会，班会的主题是让学生们提出半个学期以来班上出现的不良现象以及对该现象的改正意见。班会课在刘老师的主持下有条不紊地开展着，学生们针对班上的不良现象积极发言，并提出了不少有建设性的建议。刘老师对此很开心，觉得学生们都很热爱班集体，有主人翁精神，也为自己作为班主任能从学生们的发言中得到不少有助于管理好班级的信息而开心。

然而，正当刘老师高兴的时候，有位学生站起来说：
"老师，我觉得我们班上体育课时的纪律不太好，特别是课
前集队，有的同学太拖拉了，总是要等几分钟才把队伍排
好。"听了这个学生的发言，刘老师很重视，因为在他看
来，排队只不过是一件很简单的事，而学生竟然排上好几分
钟，这有点太不像话了！而且之前体育老师也向刘老师反映过
这种情况，现在正好借此机会拿到班会上解决这个问题。于
是，刘老师当着全班学生的面严肃地说："以后体育委员要在
一分钟之内把队伍整理好！"

"许多同学没到，怎么能那么快就整理好队伍啊？"体
育委员小峰回答。

"他们不来你就不会去把他们叫上啊？"对于小峰这种
推卸责任的态度，刘老师很恼火，当即声音就提高了八度。

这下小峰就像被惹火的狮子一样，抓住刘老师的话柄怒
吼："你又要我一分钟之内把队伍集好，又要我去叫他们来排
队，难道我可以分身啊？"

看到学生如此顶撞自己，刘老师也来气了，大声反问：
"为什么不可以？"

"他们有的在睡觉，有的去了厕所，有的在其他地方，
我又要站在队伍前整理队伍，又要跑去找他们，那我该做什么
啊？"小峰指出问题的症结。

听了这话，刘老师一时也有些反应不过来。小峰说得没错，他不可能分身有术地把每个人都拉来吧！自己刚才太冲动了，不应该那么大声对小峰说话，不能把这件事的责任都推到他的身上。这时，全班静悄悄的，学生都看着刘老师，教室里一片紧张的气氛。

刘老师安静下来，一反刚才气愤的态度，幽默地说："经调查，我认为刚才对小峰同学的指控不能成立。经本人慎重考虑后决定，接受该同学的上诉，撤销原判，为小峰同学彻底平反昭雪。"学生们听后都笑了，小峰也憨憨地笑了。

然后，刘老师把目光转向其他学生，认真而诚恳地说："刚才我对小峰同学的批评是因为自己了解情况不够，错怪了他。为此，我向小峰同学表示歉意。""老师，我态度也不好，我也向你道歉。我是体育委员，把队伍集合好是我的职责，以后我会履行好自己的职责的。"小峰不好意思地挠挠头。刘老师趁机对全班学生说："同学们，体育课排队拖拉并不全是体育委员的责任，更多的是我们当中某些纪律懒散的同学的责任，希望那部分同学注意一下，我不希望由于个别的同学而影响到全班的整体形象。"学生听了此话，都点头表示愿意听从教育。

老师在教学过程中，难免会有情绪，时常会冲动，说出一些过激的话，这时，我们就可以通过幽默的语言化解师生对立的情绪。

刘老师就是因为小峰推卸责任而有些恼怒，气愤之下声音也提高了；小峰当众受到批评，再加上心里感到委屈，于是当众顶撞了刘老师。这时，沟通出现了问题，刘老师立刻冷静下来，开始思考问题所在及解决方法。最后，在刘老师夸张诙谐的说明后，课堂又出现了热烈的场面，刚才的不快随之消失，师生之间丝毫没有因为刚才的小风波而影响到感情和关系。这就是幽默沟通的妙处。

# 少谈陌生的话题

孔子早在2000多年前就告诫弟子："知之为知之，不知为不知，是知也。"任何人都不是全知全能的，诸子百家无所不晓，古今中外无所不知，那只是小说里的人物。所以，在社交谈话时，一旦遇到自己不熟悉的话题，尽量避开，或者虚心向人请教，不要靠着想当然去谈论自己不熟悉的话题，更不要不懂装懂，那样往往会闹出笑话。

《警世通言》里有这样一个故事：

有一次苏东坡去拜访王安石。当苏东坡来到相府时，王安石正在睡觉，他被管家徐伦引到王安石的东书房用茶。

徐伦走后，苏东坡见四壁书橱关闭有锁，书桌上只有笔砚，更无余物。他打开砚匣，看到是一方绿色端砚，甚有神采。砚池内余墨未干，方欲掩盖，忽见砚匣下露出纸角儿。

取出一看，原来是两句未完的诗稿，认得是王丞相写的《咏菊》诗。苏东坡暗笑：士别三日，刮目相待。昔年我曾在京为官时，老太师下笔数千言，不假思索。三年后，也就不同了。这首诗才写两句，不曾终韵，看来已是江郎才尽。苏东坡拿起来念了一遍：

西风昨夜过园林，吹落黄花满地金。

苏东坡觉得这两句诗写得很可笑，他认为一年四季，风各有名：春天为和风，夏天为薰风，秋天为金风，冬天为朔风。这诗首句说西风，西方属金，金风行秋令也。那金风一起，梧叶飘黄，群芳零落。第二句说的黄花即菊花，此花开于深秋，其性属火，敢与秋霜鏖战，最能耐久。随你老来焦干枯烂，并不落瓣。说个"吹落黄花满地金"岂不错误了？苏东坡兴之所发，不能自已，举笔捺墨，依韵续诗两句：

秋花不比春花落，说与诗人仔细吟。

苏轼续完诗，看王安石还没睡醒，就走了。王安石走进东书房，看到诗稿，问明情由，认出苏东坡的笔迹，口中不语，心下踌躇："苏东坡这个人，虽然屡遭挫折，轻薄之性仍然不改。屈原的《离骚》上就有'夕餐秋菊之落英'的诗句，他不承认自己才疏学浅，反倒来讥笑老夫！明日早朝，奏过天子，将他削职为民。"又想，"且慢，他原来并不晓得黄州菊花落瓣，也怪他不得！"随后叫徐伦取湖广缺官登记册来看，发现只有黄州府缺少一个团练副使。次日早朝，王丞相密奏天子，苏东坡才力不及，将他贬到黄州。天子准奏，百官听命，唯有苏东坡心中不服，认为是王安石因改诗一事公报私仇。没奈何，也只得谢恩从命。

次日，苏东坡辞相离京，星夜赶至黄州。

苏东坡在黄州与蜀客陈季常为友。不过登山玩水，饮酒赋诗，军务民情，秋毫无涉。光阴似箭，将及一载。重九一日，天气晴朗，苏东坡突然想起："定惠院长曾送我菊花数种，栽于后园，今日何不去赏玩一番？"恰好陈季常来访，东坡大喜，便拉他同往后花园看菊。走到菊花架下，只见满地铺金，枝上全无一朵。惊得苏东坡目瞪口呆，半晌无语。陈季常问道："子瞻见菊花落瓣，为何如此惊诧？"苏东坡道："季常有所不知，平常见此花只是焦干枯烂，并不落瓣。去年我在王丞相府中，见他《咏菊》诗中写道：'西风昨夜过园林，吹落黄花满地金。'小弟只道老太师写错了，特地续二句：'秋花不比春花落，说与诗人仔细吟。'却不知黄州菊花果然落瓣！老丞相贬我至黄州，原来是让我看看菊花！"陈季常笑道："是啊！"苏东坡叹道："当初小弟被贬，只以为是王丞相公报私仇。谁知他倒不错，我倒错了。今后我一定谦虚谨慎，不再轻易笑话别人。唉，真是不经一事，不长一智啊！"

后来，苏东坡为乱改菊花诗的事，专程到京，向王安石

"负荆请罪"，认错道歉。

这个故事告诉我们，要坦诚对待自己的所学所知，不在学识不及自己的人面前狂妄自大，信口开河，也不超出能力范围滥竽充数，与其说是一种谦逊，毋宁说是一种说话的智慧。

在社交场合应该避开会被别人"一问三不知"的内容，一旦遇到避不开的生僻话题，也要做到"知之为知之，不知为不知"，不要冒充内行，你知道多少，就说多少，如果不懂还要装懂，更容易说错话。

有个北方人，到南方去做官，刚到南方，因为南北地域差异，肯定有许多事情弄不明白，如果虚心请教别人，也许并不难懂。可这位北方人认为总是去问别人，会显得自己太无知，太没面子。所以，他宁肯不懂装懂，结果惹出许多笑话来。

有一次，地方上一个乡绅请他去做客，座上有很多人，大家聊得很开心。这时，仆人送上一盘菱角，这位北方人还是第一次见到菱角，也不知道怎么吃，又不好意思问。主人家又一再请他先尝，无奈，他只好拿起一只菱角，放到嘴里去嚼。主人看他连壳也没有剥就吃了，心里很吃惊，问他："这菱角是要剥了皮才好吃的，你怎么连皮也吃了呢？"北方人一听，知道自己弄错了，却一本正经地说："刚刚到南方来，有些水土不服，连壳都吃掉了，为的就是清热解火。"主人摇摇头，说："我们怎么没听说过呢？你们那儿有这东西吗？"北方人答道："多得很哪！山前山后到处长着这东西呢。"主人不禁哑然失笑。

人不可能什么事情都知道，遇到不懂的事物很正常，并不丢面子，可是逞强装懂，下场就像陷入流沙中一样，越挣扎陷得越深，最后会更加尴尬。

为了避免不懂装懂给自己带来的尴尬，在选择交谈的话题时，要选择那些自己熟悉和擅长的话题，这样就可以驾轻就熟、应付自如，也容易给人留下谈吐不俗的印象。而如果谈那些陌生领域甚至一窍不通的话题，就会捉襟见肘、狼狈不堪，让听者也可能心里生厌。

# 拒绝不失分寸

生活中，有些人回话时不懂得拒绝的艺术，遇到他人有事相求，即使能力所不及，也因为碍于面子而答应拔刀相助。结果，做了承诺却难以兑现，费力不讨好，还伤害了朋友的感情，甚至导致友谊破裂。

遇到这种情况如何处理呢？是不是直截了当地拒绝呢？当然，自己力所不能及应该拒绝，但直截了当、丝毫不留情面地拒绝并不可取。因为直截了当地生硬拒绝，不但让人尴尬和伤心，也会给你自己的人际关系留下阴影，所以，拒绝要把握分寸。聪明人不会生硬地拒绝他人，而是在回话时，说出合理的理由，表明心有余而力不足的意思，或者尽心竭力地帮求助的朋友想出更合理的解决办法……诸如此类积极的方案，都能让朋友在被拒绝时不至于太难过，也能感受到你真诚的心意。

要想把握好拒绝的分寸，也需要讲究技巧。比如，有人找你借钱，如果你生硬地回答"没钱"，可能会惹得对方不高兴，要是你把自己的经济困难和对方说一说，就会得到对方的理解。虽然这么做，可能会暴露你真实的生活情况，但是总比朋友误解你不愿意帮忙更好。当然，就算是你因为某种原因不愿意借给对方钱，也千万不要说"我不想帮你"，没有人愿意听到这句话。你完全可以找一个说得过去的理由，比如，最近添置了一些东西，手头比较紧张，没有多余的钱，等等。遇到领导要求加班，也不要生硬地说"我不加班，没时间"，如果找个"老人不在，要回家带孩子"等理由，说明不能加班的原因，就容易被领导接受。当然，你想出的理由应该尽量符合情理，这样即便对方知道你是在刻意拒绝，也有台阶可下，不至于太尴尬。有时候，会遇到别人提一些不近人情的请求。例如，有些人就非常强势，总是喜欢对人颐指气使。对于这样的请求，你可以不卑不亢地说"不"，而没有必要与其争吵，更无须争个高低。总的来说，无论你处于何种心态拒绝他人，为了表示尊重，都应该耐心地听对方说完他的诉求，否则，在不了解情况时就果断拒绝，傻子也能看出来真相是什么。哪怕你准备与求助者老死不相往来了，也大可不必粗暴地说"不行"，这并不明智。还需要注意的是，求助者之所以直接向你求助，就是因为不想让更多的人知道他的窘况。如果你不能给予他帮助，那么千万不要通过他人之口代为转达你的拒绝，这样做是对求助者最大的不尊重，也会给他带来极大的伤害。这一点一定要记住，因为这是人际交往的大忌。

对对方心存爱慕之意的男孩或女孩，也常常会遭到对方的拒绝。面对一个喜欢自己的人，聪明的人绝对不会撕破脸皮，极尽所能地挖苦对方一番，而是力求既保全对方颜面，又恰到好处地表达清楚自己的心意。这样，即使拒绝了自己的追求者，也依然能够博得对方的尊重和喜爱，甚至与其成为朋友。

芸芸大学毕业后进入一家外贸公司工作，因为工作性质的原因，经常会出国。

有一次，她去英国出差。这天她正在伦敦铁桥上观赏泰晤士河的风光，没想到突然遇到了一个大学时代的校友方俊。"他乡遇故知"，芸芸和方俊都兴奋极了。后来，在伦敦的那几天，除了忙工作，方俊就充当芸芸的向导，陪伴芸芸一起游览伦敦。

芸芸回国没多久，方俊就给她发了一封长长的邮件，在这封邮件里，回忆了两个人大学时的美好时光，描述了伦敦相遇的开心快乐，表达了对芸芸的爱慕之情。一般情况下，女孩子收到这样的邮件，如果喜欢对方，就会马上回信，表达自己的情感；如果不喜欢对方，就会非常为难，不知道如何拒绝。芸芸脑中灵机一动，想出了一个好主意。她佯装没有收到邮件，第二天给方俊打了个电话。在电话中，芸芸向方俊提出了一个请求，说："师哥，我有件事情想麻烦你，不知道你能不能帮忙？"一听这话，方俊当即表示："没问题，什么事，你说吧！"芸芸说："是这样的，我男朋友下个月可能也要去伦敦出差。他呢，从来没去过伦敦，想四处玩玩，也不知道去哪里好，你如果有时间的话，就再给他充当一次向导呗！"听到芸芸的请求，方俊心里明白了：这是芸芸在暗示我啊，拒绝了我的表白。既然如此，方俊也佯装从未写过那封表白的邮件，大方说道："当然没问题，放心吧，我一定会把带你玩过的景点都再带他玩一遍。这样，你们在一起的时候也有更多可探讨的美景啦！"芸芸再三对学长表示感谢，他们在欢笑中结束了通话。

其实，芸芸口里的"男朋友"根本是子虚乌有的，只不过是拒绝方俊的技巧，当然，后来芸芸的"男朋友"并没有去伦敦，可是这并没有影响她和方俊的友情。

芸芸拒绝了方俊，但并没有伤害他们之间的感情，因为方俊心里清楚，芸芸是个很好的女孩，虽然没有接受他的感情，但表达得这么委婉，丝毫没有伤及他的面子。后来，芸芸因为工作需要又去伦敦出差，还出了点儿小麻烦，都是方俊帮忙的呢！如今，芸芸和方俊是非常要好的朋友。

很多女孩在男孩示爱时，不知道如何拒绝。实际上，当男孩投入的感情越来越多，这种伤害也会日渐加深。当你明白自己的心意时，一定要准确地表达自己的心意，这样才是对双方都负责的态度。不过，准确表达心意并非要生硬地拒绝，而要考虑到男孩的自尊心。委婉拒绝的方式没有固定的模式，可以灵活多变，像上述事例中的芸芸一样，以虚拟男朋友表明拒绝的态度，就值得借鉴。

# 得理也要饶人

在生活中，有些人或能言善辩，或占据了道理，在交谈中咄咄逼人，在争吵中用词尖酸刻薄，得理不饶人，这种过分争强好胜的行为，往往会给人际关系造成麻烦。戴尔·卡耐基曾经说过："你可能赢得了辩论，但你却输了人缘。"任何咄咄逼人、得理不饶人的话语都带有攻击性，会让对方感觉不舒服，会阻碍正常的交流。

公共汽车上人多，一个年轻小伙子不小心踩到一位大妈，小伙子赶忙说："对不起，我没注意！"

大妈脾气不好，张口就说："你这么大的人了，眼神不好吗？居然欺负我这么大岁数的人！"

这话让小伙子怎么都觉得不舒服，刚才充满歉意的他，马上反击道："我说了是不小心踩了你，怎么叫欺负你？"

大妈不高兴了，说："得得得，现在的年轻人怎么不学好，对长辈一点都不尊敬，是不是刚从监狱里放出来的？"小伙子彻底恼怒了，捏紧拳头就要动手了，幸亏被一旁的乘客拉住了。

大妈说话是典型的得理不饶人，本来只是一件很小的事情，可是她却斤斤计较，说话尖酸刻薄，导致矛盾激化。

当别人意识到自己有错时，对所犯的错多少有些负罪感，如果我们不分场合、不分轻重，张口就说一些攻击性的话语，一味强烈谴责，甚至是辱骂别人，就会让对方十分难堪。俗话说得好："得饶人处且饶人。"有些事情，点到即止就可以让别人明白错误，就可以化解矛盾，为什么偏要咄咄逼人呢？

小赵是一家公司的销售部经理，在销售部里有个下属名叫姗姗，大家对姗姗的评价是作风懒散，经常迟到早退。过去的部门经理对她都束手无策，只能使用一招，那就是迟到一次罚款一次，可是姗姗丝毫不在意。小赵暗中了解到，虽然姗姗迟到早退，但是工作效率很高，业绩也是出类拔萃的。

这天，姗姗上班迟到了10分钟，下午又早离开20分钟。第二天，小赵把姗姗叫到办公室，姗姗觉得小赵又要和自己谈迟到罚款的事，就以无所谓的口气说："经理，这次迟到早退要罚我多少钱，你告诉我个数就可以。"小赵说："这次我没想罚你钱，只是想和你说，如果你的时间观念和你的工作效率一样优秀，那么你将成为非常完美的员工。"

姗姗听了这句话，感到前所未有的触动。以往上司只是批评她时间观念差，说她是个糟糕的员工。从这以后，姗姗上班迟到的现象有所改观，但还会隔三岔五地迟到早退。每次说"对不起！又迟到了"的时候，小赵总是笑着对她说："你迟到早退现象比原来好一些了，有进步，值得表扬，希望你继续进步。"

久而久之，姗姗迟到早退的现象越来越少了，最后成为一名十分守时的员工。

"人非圣贤，孰能无过？"对于别人的过错，我们也没必要一句话说死、说过、说绝。在生活中，因为说话说过了、说绝了，不给人留情面，导致人际关系紧张，甚至引发悲剧的案例并不少见。俗话说得好："响鼓不用重锤。"很多时候，我们稍微提醒一下别人，别人就能意识到自己的错误，从而改正自己的错误，完全没必要露骨地抨击。

点到即止，第一个关键在于"点"，点是点醒、提醒，让对方明白我们的意思。请尽量用词委婉，这样往往比直接"点醒"能取得更好的效果。

一天，查理经过钢铁厂的走廊时，看见几个员工正在抽烟，而他们的头顶上正挂着"请勿吸烟"的牌子。查理没有气呼呼地指着墙壁上的牌子说："你们难道不认识字吗？"而是递给每人一支雪茄，然后说："兄弟们，如果你们能到外面去抽，我会很感谢你们。"员工听了这话，知道查理是什么意思，都很自觉地掐灭了烟头。

当员工破坏规矩时，查理没有直接批评，而是委婉地给他们每人一支雪茄，让他们到外面抽。这种高明的做法，让每个员工惭愧不已，当即认识到自己的错误。如果查理大声批评他们，效果会怎样呢？那员工们肯定会口服心不服，以后还会偷偷抽烟。

无论是在回答别人的提问，还是在批评别人的不良行为时，我们都有必要做到见好就收。因为话说多了无益，有时候还会引起别人的反感。

# 说话切莫揭短

伤疤这种东西，如果被揭开了，便会露出血淋淋的伤口，疼痛不已，因此无论是对于自己的伤疤还是别人的，我们都要给予很好的保护。说话也是这样，千万不要揭人短处。有的人为了争夺说话的风头，或者是为了满足自己的兴趣和刺激，为了给对方一个打击……总是张口把对方的短处揭露出来，一下让对方哑口无言，处于尴尬无奈的境地，甚至让对方的脸面尽失，无地自容。如此一来，即使对方不当场怒怼，也可能心存怨恨。

明朝开国皇帝朱元璋，曾经当过放牛郎，结交了不少朋友。称帝之后，有两个朋友先后来找他，因两人的回话方式不同，两人的命运也截然不同。

有个旧友得知朱元璋当了皇帝，就去投靠朱元璋。在被引荐进入大堂之上后，朱元璋问："堂下何人？报上名来！求见朕有何事？"这位朋友说："皇上还记得吗？当年微臣随着你大驾都骑着青牛去扫荡芦州府，打破了罐州城，汤元帅在逃，你却捉住了豆将军，红孩儿挡在了咽喉之地，多亏菜将军击退了他。那次战斗我们大获全胜。"

对于旧友的吹捧朱元璋心知肚明，但由于旧友把丑事讲得含蓄动听，让他面上有光，又想起了当年饥寒交迫、大家有难同当的情景，于是心情激动，立即封这位旧友为御林军总管。

另一个朋友得知旧友见了朱元璋一面，就飞黄腾达了，于是也去求见朱元璋。进殿之后，朱元璋问："堂下何人，见朕有何事？"这个旧友说："我主万岁！皇上还记得吗？从前你和我都替财主放牛。有一天我在芦花荡里，把偷来的青豆放在瓦罐里煮，没等煮熟，大家都抢着吃。你把罐子都打烂了，撒了满地的青豆，汤都泼在地上了。你只顾从地上抓豆吃，不小心把草叶送进嘴里，卡住了喉咙。还是我出的主意，叫你把青菜叶吞下，才把卡在喉头的草叶咽进肚里去。"

朱元璋听了这些话，为了在文武百官面前保住面子，脸色一沉，厉声喝道："哪儿来的疯子，轰了出去！"

这个故事告诉我们，不要攻人短处，揭人疮疤。揭人疮疤的人，招人痛恨，害人害己。"人活一张脸，树活一张皮"，每个人都有尊严，所以在日常交际中，揭人短处、言人隐私，实为大忌。

元旦前，在一家邮局里，许多人在忙着寄明信片。其中有一位老太太也准备寄张明信片，可能是手不太好使，她便客气地和旁边一位年轻人说道："小伙子，能帮我在明信片上写上地址吗？""行！"热心的小伙子爽快地答应了，接过老太太手中的明信片，认真地填写起来。"老人家，还有什么要帮忙的吗？"写完后，小伙子礼貌地问。"你再帮我写上几句祝福的话吧！"看到小伙子这般地热心，老人道。"好的！"小伙子继续在明信片上写着祝福。写完后，他把明信片交给老太太。老太太看过后，眉头轻轻一皱，似乎有些不满意，迟疑了一会儿，她还是叫住了刚要离开的小伙子，面带笑容地说道："你还能再帮我个忙吗？"

"可以啊！"小伙子答应得依旧爽快。"你再加上一句：字迹不好，请原谅吧！"老太太说。听到老太太这么说，跟前的两个寄明信片的小姑娘偷笑起来，小伙子立刻羞愧万分，拂袖而去。

小伙子的字可能真的不怎么好，不然老太太是不会让他加上最后一句的。可是不管怎么说，老太太是求小伙子帮着写地址的，而且小伙子还热心地帮助了她。老太太的一句"字迹不好，请原谅"，无疑是一种嘲讽，严重地伤害了小伙子的自尊心，难怪小伙子会拂袖而去。

指出别人的缺点和错误也是一种说话的艺术。指出别人的错误能够帮助对方进步，但是指出错误的方式值得我们去注意：切忌当众揭短。每个人都有自尊心，被当众揭短就已经很下不来台了，又要被人用忠告"教训"，此举容易让对方以为是故意让他出丑，因此心生怨恨。

# 避免恶语伤人

批评的时候，应该采用一种合理有效的方式，既要摆事实，也要婉转有度。如果你一味抓住对方的错误进行挖苦，或者将对方的缺陷当成你茶余饭后的谈资，过分地伤害对方的自尊，这样做会适得其反，受批评的人因此会产生抵触情绪，甚至记恨上你，他会以其人之道，还治其人之身。所以，批评别人的时候，最好能把握住分寸。

有一天晚上，林太太拿着一张电话账单给林先生看。"瞧瞧，儿子在我们出国的时候，打了多少个长途电话。太浪费了！"她指着其中一项说，"单单这一天，这一通电话就打了1小时40分钟。"

"什么？这还得了！"听到妻子的话，林先生立刻准备上楼去批评儿子。可是刚站起来，他又坐下了。他想：自己现在正在气头上，如果这个时候批评孩子的话，语言肯定会很激烈，还是不说的好，等气消了再说。况且儿子已经这么大了，要是批评孩子的话，也得有点技巧才是。

想了再想，林先生终于把话忍到第二天中午吃饭的时候，装作漫不经心的样子对儿子笑着说："你马上就要回学校了，帮我去查一查资料，找一家长途电话费最低的电话公司，我想咱们家应该安装这样一部电话。"

然后，林先生突然又来个急转弯："咳，其实你上博士班，估计也没有时间打电话，我看我这是多操心了。"

"是啊，是啊，"听到父亲的话，儿子有些不好意思地说，"你是不是看到了我上个月的电话账单了？那阵子因为要回学校，一大堆事，需要联络，所以电话确实打得有些多了。"

吃完饭之后，林先生很得意，他觉得自己把要说的"省钱，少打电话，别误了功课"这些看似是批评的话，完全换了一种说法，结果不但没有因此产生一点的不愉快，还达到了批评的效果。

即使别人犯下了"不可饶恕"的错误，在批评对方的时候，也一定要采用适当的方式。在一般人的眼中，遭到批评肯定是一件很难过的事情，不仅难过还很没面子，所以受批评的人往往会对批评者产生抵触的情绪，使批评的效果大打折扣，即批评的负效应。

因此，如果能够恰当地把握批评的方法、尺度，使批评达到效果，这样的批评才更加有意义。批评别人本身也是一门艺术，所谓"良言一句三冬暖，恶语伤人六月寒"。有很多人，在批评别人的时候，说了很多话，立足点和出发点本来是不错的，但就是不注意批评的艺术，没有把握好分寸，往往导致了无谓的误解和争端，然后影响了批评的效果。因此，批评者都要记住这样一个道理，把握好批评的分寸，不羞辱他人，婉转地表达自己的意思，这样的批评才能收到良好的效果。

# 说话要开诚布公

日常交际中，人和人之间需要坦诚相待，说话也应如此，遇到别人要求自己做力所不能及的事，拒绝时，坦诚相待，不绕弯子，不但不会引起对方不满，还会让对方更敬重你的人品。

张亮开了一家小饭馆，专卖水饺。不久，张亮就遇到了一个棘手的问题，顾客少，收益少，最后连给员工发工资的钱都没有了。没办法，张亮只好去找他的老同学贾斌帮忙。

张亮见到贾斌就直接说明来意："贾斌，我今天来是想找你帮忙。我开了一家饭馆，现在遇到了困难，资金短缺，连员工工资都发不了了，请你借点钱给我，帮助我渡过难关。"

"你想借多少钱呢？"贾斌问。

张亮说："起码得借20万元吧，要不然是杯水车薪，无济于事啊。"

张亮和贾斌是老同学，而且关系非常好。现在张亮遇到难处，来寻求贾斌的帮助，在个人感情上来说，贾斌很想帮助他渡过这次难关。可是站在理性的角度看，现在饮食行业并不景气，何况张亮的饭店没有特色，很难招徕顾客，而贾斌又刚刚给儿子买完房，手里也没有钱。所以贾斌坦然直言道："如果半年前，我要是说我没有20万元，你肯定也不会相信，会说我在欺骗你。我们是老同学，说实话，我真想帮你。可是，我刚给儿子买了房子，首付就是60多万元，手里的积蓄全交了首付，所以实在是力所不能及。"贾斌看看有些失望的张亮，接着说："何况，就算我有钱借给你，也只能解决一下眼前的员工工资问题，并不能从根本上解决饭馆的问题，这只是个治标不治本的方法。你的饭馆经营出现困难，应该先找一下原因。我觉得你现在经营过于单一，是不是应该换一换经营理念？比如冬季添加火锅、夏季添加烧烤，还可以加入美团外卖等平台，把快餐做起来。营业额上去了，困难也就解决了。古语说得好，治病须治本嘛。"

张亮听完贾斌的分析，不但没有因为贾斌没借钱给他而生气，反而开心地说："还是你说得有道理，那我就听你的，钱就不借了。如你所说的，我回去就着手调整饭馆的经营策略和方向，争取早日摆脱困境。"

　　贾斌没有欺骗张亮，也没有巧言敷衍，而是坦言相告，并且合情合理地说明不借给他钱的原因，然后，又设身处地地为饭馆的出路想办法、出主意，帮助张亮从根本上解决生存问题。

　　如果当时贾斌不是这样对张亮坦诚地实言相告，而是闪烁其词，敷衍应付，最后肯定不会取得这样双方都满意的结果。

　　有人求助，而又无力相帮，最好的方法是有话直说，坦诚相待，这样的友情才能长久坚固。一个对人坦诚的人往往能得到更多人的信任。坦诚相待，有话直说，是沟通的良药。相反，躲躲闪闪，顾左右而言他，则会让别人觉得这种人城府太深，不可深交。欺骗和谎言对于朋友之间的相处是最不可要的，一个谎言需要一百个谎言来掩饰，久而久之，总有一个谎言会被揭穿，即多米诺骨牌效应。有谁会愿意和一个满口谎言的人做朋友呢？

# 第三章
## 懂得感恩

我们和不相投的人保持距离，又好像是骄傲了。

我们年轻不谙世故，但是最谙世故、最会做人的同

样也遭非议。

——杨绛

# 感谢不幸

　　成功时，感恩的原因有许多；而失败时，不感恩的理由只需一个。其实，在失败或不幸时，我们更应该感谢生活。感恩能够带给我们力量，带给我们勇气，使我们在失败时看到差距，在不幸中得到安慰，同时激发我们挑战困难的斗志，获取前进的动力。有人说感恩是一种对失败的遮掩，是一种对现实的逃避。然而，我说感恩是一种歌唱生活的方式，是一种对生活的热爱和期望。

　　这一天，霍恩太太觉得自己非常不幸。

　　"霍恩太太，真的抱歉，在未核对您的社会保险号码时，我们无法发放新的驾照给您。"经过耐心的解释后，霍恩太太第三次得到这样的答案。

　　霍恩太太的社会保险卡在火车站被偷了，还有她的驾照、钱夹、信用卡、金融卡和孩子的照片。

办事员却告诉霍恩太太："我们局的电脑停机了，您可以到州办公处的另一个办公地点去取驾照。只要您从290号公路下去，往东开16千米，就到了。"说实话，这一切的麻烦都不是霍恩太太的过错，但她必须自己承担。

此时正值客流高峰期，霍恩太太穿过街上拥挤的车流来到另一个办公处，而那里排成长龙的车队更是让她气急败坏。"可恶的小偷竟然敢趁着刚过完圣诞节车站人多，就将皮夹偷走。这已经是很大的麻烦了，想不到，他们还要让我东奔西跑……"简直是浪费时间！霍恩太太抱怨着，同时拿了一张号码单去排队。

霍恩太太的心情糟到了极点，不仅因为失窃，还有这一天的不顺。就在这时，她听到了自己的号码，赶紧走到柜台前。这时，她发现，一个穿粉红色外套的女人跟在她身边，与她同时向前走。霍恩太太很明白此刻根本轮不到那个女人，于是，在办事窗口前坐了下来。"看她怎么办！"霍恩太太想。

"小姐，很抱歉，你必须先拿一个号码牌，等轮到你时再过来。"窗口里的职员有点恼火地对穿粉红色外套的女人说。"可是，我只是想……"两个小孩正拉着她的衣服，她怀里的婴儿开始大哭，那位职员的态度也越发生硬，怒气冲冲地重复着刚才的话。

"小姐，麻烦您一下……"年轻的母亲再次把头凑近窗口，而且几乎是哭着说道："我只是想知道……我是不是可以在这里拿到我先生的死亡证明？"

那位职员和霍恩太太同时愣住了，不知道如何接她的话茬儿。霍恩太太甚至想拥这位母亲入怀，帮她擦去脸上的泪水，抱抱那哭泣的婴儿，逗逗她刚学会走路的小孩。可此刻，她又觉得做什么都不合适。于是，霍恩太太赶紧从柜台前的凳子上站起来："您先办吧。"她非常不好意思地对那位母亲说道。

那位职员早已改变了自己的口气，同时也给了霍恩太太一张表，让她回到座位上去填写。可霍恩太太此时只有惭愧，她意识到自己失去的只是一个皮夹，而那个女人失去的却是丈夫。突然，她觉得自己的损失已经变得微乎其微了。

接下来，霍恩太太的心情发生了细微的变化，她不再抱怨，而是带着感恩的心情完成了接下来的事情。

事后，她的眼前不断浮现出那个穿着粉红色外套的女人，仿佛又听到了她怀里婴儿的哭声。开车的时候，霍恩太太早已将自己的烦恼抛之脑后，脑海里涌现出来的全都是令人愉快的事情。

其实，当一个人在抱怨自己的不幸和烦恼时，并没有想过别人正在承受更大的不幸和痛苦。当我们目睹别人更大的不幸和伤悲的时候，我们会骤然发现，自己原来是那么地幸运。在我们的周围有很多"不幸"，这些"不幸"是生命的养分，可以激励我们攀登阶梯，虽然上面充满荆棘，但在阶梯的尽头，我们可以收获鲜花和掌声，因此，这些荆棘也值得我们感激。因为它们让我们成长、成熟。

# 感激的心永远崇高

感恩是人与生俱来的本性，不可磨灭的良心，同时也是人健康性格的体现。如果一个人连感恩都不知晓，那他必定拥有一颗冷酷的心，也绝对不会为社会做出贡献。

爱德华开着车，顶着风沙往前走，看见不远处有一个人正走在风沙里。那人衣衫褴褛，身材瘦小，头上歪戴着旧布帽，背上用皮带挂着两个破背包。但他并不是爱德华想象中的一副愁容，他的脸上带着安详和平静。

爱德华情不自禁地把车开到他身边，问他是否想搭个便车。那人微微点头，然后上了车。

很快，到了目的地。"多谢你！"那人微笑着对爱德华说道，然后，继续朝大路走去。接下来，爱德华出去用餐，看到那个人竟然又站在自己的车旁，好像在等什么人。

"你今天让我搭了趟顺风车，我应该报答你。"

"不必啦，只是一件小事。"爱德华说。

"不，那是一种善意。请！"

他那暗淡的眼神使爱德华感到了一种完全陌生的规矩。

爱德华进了车里，摇下车窗，望着他。他站在车外，把手慢慢伸进背包，爱德华不由得有点紧张，赶忙攥紧拳头，但那人从背包里拿出的是一只旧口琴，爱德华立即放宽了心。

曲声悠然而起，爱德华不禁心驰神往。

爱德华听不出口琴的音乐，既不是古典曲子，又不是乡村音乐，也不是爵士乐，跟他所熟悉的音乐毫不相同。虽是即兴而奏，但各个音符却彼此关联如一串珍珠，一颗比一颗响亮。数到最大的一颗时，曲调突然下滑，一颗比一颗变小。奇妙优美的音乐，简直把爱德华听呆了。这时，一对年轻的夫妇从汽车上下来，听到口琴声便驻足观望。爱德华突然觉得不好意思，于是，为了掩饰自己的窘态，他说道："不错，热门的摇滚乐。很好，可是我得走了。"

爱德华说话时没有显出不客气，但却带着一些挖苦和不在乎。那对年轻夫妇听了哈哈大笑起来。

音乐由颤抖而逐渐停止，那人放下口琴，双眼仍注视着爱德华。他嚅动嘴唇，但没有发出任何声音，只是微微苦笑了一下。然后转过身，背起背包，走向大路，他的影子越来越小，逐渐消失在远方。

爱德华忽然想追上那个在公路上逐渐缩小的人影，但他并没有挪动自己的脚步。他抬起头，眯着眼看了看头顶上的太阳，然后，用手摸了一下脸上的阳光，接下来，茫然地从车上走下来。

每个人感激的方式、行为不一定都是一样的，有时候懂得感激的人，可能是卑微的，但感激的心却永远崇高。懂得接受别人的感恩和懂得感恩别人同样重要。付出爱心帮助别人本身并没有错，只是，接受感激本身也是一种感恩的方式，我们一定要真诚地接受别人的答谢，否则，我们的言语就会变成一种挖苦和伤害。

# 感恩的声音

"感恩"是对他人恩惠心存感激的表示，让他人的恩情总是萦绕心间，难以忘怀。学会感恩，是为了把尘封已久的心灵擦拭干净；学会感恩，是为了将他人的点滴付出铭记于心。

说到感恩，不得不提的是感谢父母——为了孩子的成长付出毕生心血的人。人们常说"滴水之恩，当涌泉相报"。更何况父母所付出的不是"一滴水"，而是一片汪洋。他们倾注了心血，花费了精力，他们的劳累有谁能体会？他们的皱纹有谁能觉察？孩子，学会感恩，需要你用心去体会、去报答。感恩于父母的辛勤抚育，感恩于他们的耐心教导。感恩不仅仅是为了报答父母的养育之恩，因为这些恩泽是无法回报的，也不是能一笔还清的，这还需要你用心灵去感受、铭记，只有这样才能真正对得起给你恩惠的人！感谢父母，努力奋斗不要辜负他们的期望。同时感谢生活，这样自然而然地，你的生命中将会出现一处处迷人的风景。

爱丝特尔小时候家里很穷，父母没有钱给她买书，渴望读书的小爱丝特尔就经常独自跑到卖书的商店里去看书，但商店总有关门的时候，而自己也没有太多时间去书店。一次爱丝特尔把那本自己还没看完的书偷偷地藏在了衣服内，然后小心地走向店门。

书店的工作人员看见爱丝特尔用胳膊挡在胸前，衣服里好像藏着东西，就让爱丝特尔站住接受检查。结果，爱丝特尔偷书的行为暴露了，她害怕极了。工作人员要她说出家里的号码，爱丝特尔知道父母如果知道了，肯定会十分伤心，急中生智的她就胡诌了一个号码。

接着书店老板就按照爱丝特尔所说的电话号码打了过去，爱丝特尔在一边仔细听着，心想对方肯定会把书店老板骂一顿。但事实却与她所想的相反，电话那头的人竟然要了书店的地址，并且说马上赶过来。

爱丝特尔觉得有些不可思议，又想莫不是那家的父母也有与自己差不多大的孩子，而此时正好还没有回家？这样想着，她开始害怕那位家长的到来，担心自己的谎言被戳穿，恐怕还要为此挨揍。

很快，一位戴眼镜的中年妇女进了这家书店，她环顾了一下整个书店，最后目光停留在爱丝特尔的身上。看着女孩瑟瑟发抖的模样，脸上还有未干的泪痕，她知道就是眼前这个孩子。

戴眼镜的妇女走向售货员，说道："孩子还小，不要再训斥她了，该如何解决，就和我说吧。"爱丝特尔更惊奇了，她现在可以断定中年妇女并不是为她的孩子而来，而是真的为自己来解围的，但是素不相识，她怎么会情愿戴上小偷妈妈的帽子呢？

此时，中年妇女已经在售货员的嘀咕声中交了罚款，并买下了爱丝特尔想偷的那本书。然后，她牵着爱丝特尔的手走出了书店，把她带到了自己的家里。

中年妇女给爱丝特尔洗了脸，然后把书交给她，说："我知道你想看书，是因为你没有钱去买所以才这样做的。以后有什么需要阿姨的地方就过来找我，现在赶快回家吧，你妈妈见你这么长时间没回去会着急的！"

爱丝特尔听了那位阿姨的话，感动得眼泪都要流出来了，她心里有千言万语想说，但最终却一句话也没讲，接过那本书，飞奔出了那位好心阿姨的家门。

八年后，爱丝特尔已经长成了亭亭玉立的大姑娘，并且已经考上了大学。她用自己的积蓄买了一条上好的围巾，然后敲开了那位八年前给自己交罚款的阿姨的家门。中年妇女开门看见一个陌生的女孩站在门口，有些纳闷。

爱丝特尔含着泪，两手托着围巾，哽咽着说道："我就是你八年前在书店好心救下的那个小女孩，你像一位妈妈那样关爱着我，那时候我就想喊你一声妈妈。这几年你的恩情我一天都没有忘记，它时时鼓励着我要好好学习，现在我考上了大学，就让我叫你一声妈妈吧？"

这位阿姨的眼睛也湿润了，她轻声地问道："那天如果我不去给你解围，会有什么样的结果？"爱丝特尔想了想，又摇了摇头说："不知道，可能会被书店的人狠揍一顿，然后再拉出去示众，我可能会因为受不了这样的羞辱而从此沉沦下去，或者去死……总之，绝对不会有今天考上大学的结果。"两个人很有默契地交谈着。

生活中，也许我们一个小小的举动，就会改变一个人的一生，我们虽然付出了一些，但我们收获的却是内心深处最真实的呼声——感恩的声音。这种声音能让我们享受到幸福的滋味和成功的喜悦。

# 施恩的水种出感恩的花

也许，有人会认为一点点有利于他人的事情，不会对他人产生什么本质上的影响，但我们一点点的爱心或许有可能给他人带来生活下去的希望，而这个希望，在未来的某一天也会改变我们的人生。

一天，一个贫穷的小男孩为了攒够学费正挨家挨户地推销商品，劳累了一整天的他此时感到十分饥饿，但摸遍全身，却只有一角钱，怎么办呢？他决定向下一户人家讨口饭吃。当一位美丽的年轻女子打开房门的时候，这个小男孩却有点不知所措了，他没有要饭，只乞求给他一口水喝。这位女子看到他很饥饿的样子，就拿了一大杯牛奶给他。男孩慢慢地喝完牛奶，问道："我应该付多少钱？"年轻女子回答："一分钱也不用付。妈妈教导我们，施以爱心，不图回报。"男孩说："那么，就请接受我由衷的感谢吧！"说完男孩离开了这户人家，此时，他不仅感到自己浑身是劲儿，而且还看到上帝正朝他点头微笑，那种男子汉的豪气像山洪一样迸发出来。其实，男孩本来是打算退学的。

数年之后，那位年轻女子得了一种罕见的重病，当地的医生对此束手无策，最后，她被转到大城市医治，由专家会诊治疗。当年的那个小男孩如今已是大名鼎鼎的霍华德·凯利医生了，他也参与了医治方案的制定。当看到病历时，一个奇怪的念头霎时间闪过他的脑际，他马上起身直奔病房。

来到病房，凯利医生一眼就认出床上躺着的病人就是那位曾经帮助过他的恩人。他回到自己的办公室，决心一定要竭尽所能来治好恩人的病，从那天起，他就特别关照这个病人。经过艰辛的努力，手术成功了，凯利医生要求把医药费通知单送到他那里，在通知单的旁边，他签了字。

当医药费通知单送到这位特殊的病人手中时，她不敢看。因为她确信，治病的费用将会花去她的全部家当。最后，她还是鼓起勇气，翻开了医药费通知单，旁边的那行小字引起了她的注意，她不禁轻声读了出来：

"医药费 —— 一满杯牛奶 —— 霍华德·凯利医生。"

一杯牛奶，一次握手，一个问候，这些在我们看来很小很小的事，也许就会对他人产生意想不到的帮助，而这些帮助，可能日后就会成为改变我们生活的桥梁，这就是命运的蝴蝶效应。施恩不图报，而知恩图报，让施恩与感恩在人世间不停地轮回。在这轮回之中，爱心就会被不断地传承下去。因为，施恩的水可以种出感恩的花，而感恩的花会结出幸福的种子撒遍四方。

# 感恩是人世间的美德

感恩我们的父母，因为他们给予我们宝贵的生命，哺育我们健康地成长；感恩我们的老师，因为他们带我们品尝知识的琼浆，让我们放飞青春的梦想；感恩我们的朋友，因为他们让我们懂得了什么是友谊，让我们的人生更加多姿多彩……

学会感恩，就会虔诚地面对生活的挑战；学会感恩，带着欣喜与热爱去进行生命的远航。

一次，汤姆在一家雅致的餐厅就餐时，发现旁边有三个黑人孩子，他们似乎在餐桌上写着什么。在就餐的时间、就餐的地方，这三个孩子却没做与吃饭有关的事。汤姆难以按捺心中的好奇，试探着走了过去。这几个孩子看汤姆这样一个肤色不同的外国人到来，他们没有一丝扭捏，而是落落大方地和汤姆谈了起来。

这三个孩子中，一个十二三岁戴眼镜的男孩是老大，八九岁的女孩是老二，另外一个五六岁的男孩是老三。从谈话中汤姆了解到他们和母亲是暂时住在这家酒店里的，因为他们正在搬家，新房还未安顿好。

当汤姆问他们在做什么时，老大回答说正在写感谢信。他一副理所当然的神情让汤姆满脸疑惑。这三个小孩一大早起来写感谢信？汤姆愣了一阵后追问道："写给谁的？""给妈妈。"三个孩子异口同声答道。然而，汤姆心中的疑团，一个未解一个又生。

"为什么要给妈妈写感谢信呢？"汤姆又问道。"我们每天都写，这是我们每日必做的功课。"孩子们回答道。哪有每天都给妈妈写感谢信的？真是不可思议！汤姆不解地想着。

汤姆凑过去看了一眼他们每人手下的那沓纸。老大在纸上写了八九行字，妹妹写了五六行字，小弟弟只写了两三行。再细看其中的内容，却是诸如"路边的野花开得真漂亮""昨天吃的比萨饼很香""昨天妈妈给我讲了一个很有意思的故事"之类的简单语句。

汤姆的心头一震。原来他们写给妈妈的感谢信，不是专门感谢妈妈给自己帮了多大的忙，而是记录下自己幼小心灵中感觉幸福的一点一滴。他们还不知道什么叫大恩大德，只知道对于每一件美好的事物都应心存感激。他们感谢母亲的辛勤工作,感谢同伴的热心帮助,感谢兄弟姐妹之间的相互理解……他们对许多成年人认为理所应当的事都怀有一颗"感恩的心"。

感恩就是这么简单,只要你从生活中的小事出发,领悟其中的道理,你的生活就会变得丰富有趣,你的眼界将会更加开阔,从而领悟生活中更多的美好和爱。

当我们抱怨命运不公之时,当我们慨叹人生苦短之时,想一想自己已经拥有的幸福,你的心就会变得坦然。

感恩是人世间的美德,它至高无上。

感恩,是一种力量;感恩,是一种境界。拥有一颗感恩的心,我们就会拥有快乐、拥有幸福,拥有一个美好的未来。

# 意外的惊喜

生活中，我们总是在变换着两种角色——施恩者和受恩者。可是，无论自己正在扮演哪种角色，都不要忘记感恩。把帮助别人当作一种习惯坚持下去，或许，哪天我们就会收获意外的惊喜。即使惊喜不会发生，我们还可以感受到帮助别人的快乐，这不也正是一种回报吗？

开普勒二十几岁时，总是觉得自己的前途一片灰暗。他的家庭并不富有，受的教育也很有限，周围更是没有一个人重视他。

为了能够养活自己，开普勒找到了一份做厨师的临时工作。有一天，天已经很晚了，店里只剩下开普勒一个人。正准备打烊时，一个人走了进来。他问开普勒，能不能为一个可怜的澳大利亚游客准备一份晚餐，他迷了路，而且非常饿。

开普勒想都没想，就答应了他的请求。可是，等开普勒从厨房里出来，发现除了那个澳大利亚游客之外，又来了一位不速之客，他坐在离澳大利亚人两张桌子远的地方。开普勒用英语同他打招呼，那个陌生客人耸了耸肩表示不懂。他用阿拉伯语解释说他不会讲英语，恰好开普勒在学校里学过一点阿拉伯语，于是，知道了这位客人是从沙特来的，他也在市区迷了路，并且也很饿。

出于礼貌，吃饭的时候，开普勒一会儿跟澳大利亚人说说话，一会儿又同阿拉伯人聊几句。他终于获得了一个有趣的发现：这个阿拉伯人经营着一家进出口公司，这个澳大利亚人有一个很大的绵羊养殖场。

于是，开普勒问澳大利亚人，是不是有兴趣将他的羊出口到阿拉伯去，澳大利亚人高兴得直点头。开普勒又转过身来问阿拉伯人，是不是愿意从澳大利亚进口新鲜、肥美的绵羊，阿拉伯人说，如果可以的话，这简直是他求之不得的事情。

谈话变得越来越热烈，双方交换了联系方式和地址，协商了价格，还互相把对方的银行账号也记在了餐巾纸上。离开的时候，两个客人相互握手表示庆贺，然后，向开普勒道别。结果，出门的时候，澳大利亚人又转回身问开普勒："我怎么和你联系呢？能给我留个地址吗？"当时，开普勒感到很奇怪，因为他觉得自己是那个最没有必要留下地址的人，但是出于对客人的尊重，他仍旧在最后一张餐巾纸上写上了自己的名字和联系方式。

几个月后的一天，开普勒收到了一封信，是从澳大利亚寄来的。那个澳大利亚人在信中感谢开普勒所做的出色工作，同时感谢他敏锐的商业眼光。他告诉开普勒，已经有几千只羊在漂洋过海去沙特阿拉伯的路上了。在信封里，还附上了一张5000美元的支票，作为对开普勒的报答。

开普勒的人生从此发生了重大转折，不久后，他成立了自己的贸易中介公司，并且生意蒸蒸日上。

很多人通常都有一种心理：付出了就要有回报。其实付出了不求回报更是一种美德。如果是发自内心的付出，其实在我们付出的同时，我们已经享受到了愉快的心情，这不正是我们得到的回报吗？所以我们不仅要感谢那些帮助过自己的贵人，同时，我们也要感谢上天的眷顾，这将会是令我们快乐的事情。

# 感恩是生命的养分

感恩是滋润生命的营养素，它使我们的生活充满芳香和阳光。一个不懂得感恩的人，即使家财万贯，他仍是个贫穷的人；懂得感恩的人，才是天下最富有的人。人生在世，不可能处处都遂人愿，也不可能总一帆风顺，种种失败、无奈都需要我们勇敢地面对、旷达地处理。当挫折、失败来临时，是一味埋怨生活，从此变得消沉、萎靡不振，还是对生活满怀感恩，跌倒了再爬起来？

生命的整体是相互依存的，每一样事物都会依赖其他一些事物而存在。无论是父母的养育、师长的教诲、家人的关爱、朋友的鼓励、他人的服务……人自从有生命起，便沉浸在恩惠的海洋里。

如果一个人真正意识到这个道理，那么，他就会感恩大自然的福佑，感恩父母的养育，感恩社会的安定，感恩衣食饱暖，感恩花鸟鱼虫，感恩苦难逆境。因为真正促使自己成功的，不是顺境，而是那些常常可以置自己于困境的打击、挫折和对立面。

一个寺院的方丈，曾立下一个奇怪的规矩：每到年底，寺里的和尚都要面对方丈说两个字。第一年年底，方丈问新和尚心里最想说什么，新和尚说："床硬。"第二年年底，方丈又问新和尚心里最想说什么，新和尚说："食劣。"第三年年底，新和尚没等方丈提问，就说："告辞。"方丈望着新和尚的背影，自言自语地说："心中有魔，难成正果。"

"魔"，就是新和尚心里没完没了的抱怨。像新和尚这样的人在现实生活中有很多，他们总是怨气冲天，牢骚满腹，总觉得别人欠他的、社会欠他的，从来感觉不到别人和社会为他的生活所做的一切。这种人心里只会产生抱怨，不会有所成就。

对生活常怀有一颗感恩之心的人，即使遇上再大的灾难，也能熬过去。对帮助你的人要存有感恩之心，知恩图报；千万不可忘恩负义，过河拆桥，否则就等于自毁前程。

乔治是华盛顿一家保险公司的营销员。

有一次他为女友买花，认识了一家花店的老板本。其实也只是认识而已，他总共只在本的花店里买过两次花。

后来，乔治因为为客户理赔一笔保险费，被莫名其妙地控以诈骗罪投入监狱，他要坐10年的牢。听到这个消息后，他的女友离开了他。他更是心灰意懒，因为10年的时间太长了，他过惯了热烈、激情的生活，不知自己该如何打发这漫长的既没有爱也看不到光明的日子，他对自己一点儿信心也没有。

乔治在监狱里过了郁闷的第一个月，他几乎要疯了。这时，有人来看他。他有些纳闷，在华盛顿他没有一个亲人，他想不出有谁还记着他。

在会见室里，他不由得怔住了，原来是花店的老板本。本给他带来了一束花。

虽然只是一束花，却给乔治的牢狱生活带来了生机，也使他看到了人生的希望。他在监狱里开始大量地读书，钻研电子科学。

6年后，他获释。他先在一家电脑公司做雇员，不久自己开了一家软件公司，两年后，他身家过亿。

成为富豪的乔治去看望本，却得知本已于两年前破产了，一家人贫困潦倒，举家迁到了乡下。

乔治把本一家接回来，给本一家买了一套楼房，又在公司里为本留了一个位置。乔治说："是你那年的一束花使我留恋人世的爱和温暖，给予了我战胜厄运的勇气，无论我为你做什么，都不能回报当年你对我的帮助。我想以你的名义捐一笔钱给北美机构，让天下所有不幸的人都感受到你博大的爱心。"

后来，乔治果然捐了一大笔钱出来，成立了"华盛顿·本陌生人爱心基金会"。

感恩是一种处世哲学，是生活中的一种大智慧。赠人玫瑰，手有余香，只有在生活中学会感恩，才会享受真正的幸福。

"我的手还能活动，我的大脑还能思维，我有终生追求的理想，我有爱我和我爱着的亲人与朋友。对了，我还有一颗感恩的心……"

谁能想到这段豁达而美妙的文字，竟出自一位在轮椅上生活了30余年的高位瘫痪的残疾人——世界科学巨匠霍金。

命运之神对霍金，在常人看来是苛刻得不能再苛刻了：他口不能说，腿不能站，身不能动。可他仍感到自己很富有：一根能活动的手指，一个能思考的大脑……这些都让他感到满足，并对生活充满了感恩之心。因而，他的人生是充实而快乐的。

与霍金相比，我们有的人什么也不缺，要手有手，要脚有脚，要金钱有金钱，可生活给了他一点磨难，他就开始怨天尤人了。这样的人没有感恩之心，快乐也就与他失之交臂。

# 感恩是一种责任

俗话说："滴水之恩，当涌泉相报。"感恩是一种生活态度，是一个人的内心独白，是一片肺腑之言，是一份铭心之谢。每个人都应学会"感恩"。

这是一个哈佛学子真实的感恩故事：

邹健，1998年时是清华大学大二学生。他的志向不仅仅是求学清华，他更想去世界著名学府哈佛大学深造。然而，命运总会在某个时刻同人开一些不大不小的玩笑。

正当邹健专心求学时，他的父母却双双下岗，父母要供邹健和弟弟两人同时上大学，家庭生活一下陷入了窘境。当时邹健只能一边打工一边读书，十分辛苦。要不是后来唐山市路南区工商分局每月捐助他400元，真不知道邹健能不能撑下来。

在唐山市路南区工商分局的捐助下，邹健顺利地完成清华学业，后来圆梦美国哈佛大学。如今他已取得哈佛大学电机工程的博士学位，并在美国纽约的一家金融公司工作。

为回报路南区工商分局的爱心，2006年2月14日，邹健的父亲给路南工商分局打来电话，告知邹健从美国特别寄来4000美元，他已兑换成人民币寄给了路南区工商分局。

感恩是积极向上的思考和谦卑的态度，它是自发性的行为。当一个人懂得感恩时，便会将感恩化作一种充满爱意的行动，实践于生活中。邹健最值得人称道的不是他的骄人成绩，而是他身上散发出来的人格魅力，懂得感恩就是其中的一种。邹健的故事告诉我们，一颗感恩的心，就是一个和平的种子，因为感恩不是简单的报恩，它是一种责任、自立、自尊和追求，是一种阳光人生的精神境界！

# 不要忘记感恩

人的本性是自私的，人们往往会牢记自己的付出，却容易忘记感恩。爱因斯坦说过，"每天我都要无数次地提醒自己，我的内心和外在的生活，都是建立在其他人劳动的基础上的。我必须竭尽全力，像我曾经得到的和正在得到的那样，做出同样的贡献"。我们只是普通人，不可能像伟人那样对人类有卓越的贡献。但当我们赤裸裸地来到人世，从无知直到长大成人，每时每刻都在享受着大自然、亲朋和无数陌生人给予的一切，我们被爱紧紧围绕着，许多人在为我们的成长和生活奉献着、付出着，我们难道不应该永远记住所有人和事，所有爱和恩，为此承担一份歉疚，珍惜、知足现有的一切吗？

在一个闹饥荒的城市，一个家庭殷实而且心地善良的面包师把城里最穷的几十个孩子聚集到一起，然后拿出一个盛有面包的篮子，对他们说："这个篮子里的面包你们一人一个。在上帝带来好光景以前，你们每天都可以来拿一个面包。"

瞬间，这些饥饿的孩子一窝蜂地拥了上来，他们围着篮子推来挤去大声叫嚷着，谁都想拿到最大的面包。当他们每人都拿到了面包后，竟然没有一个人向这位好心的面包师说声谢谢，就那样走了。

但是有一个叫依娃的小女孩却例外，她既没有同大家一起吵闹，也没有与其他人争抢，她只是谦让地站在一步以外，等别的孩子都拿到以后，才把剩在篮子里最小的一个面包拿起来。她并没有急于离去，而是向面包师表示了感谢，并亲吻了面包师的手之后才向家走去。

第二天，面包师又把盛面包的篮子放到了孩子们的面前，其他孩子依旧如昨日一样疯抢着，羞怯、可怜的依娃只得到一个比头一天还小一半的面包。当她回家以后，妈妈切开面包，许多崭新、发亮的银币掉了出来。

妈妈惊奇地叫道："立即把钱送回去，一定是揉面的时候不小心揉进去的。赶快去，依娃，赶快去！"当依娃把妈妈的话告诉面包师的时候，面包师面露慈爱地说："不，我的孩子，这没有错，是我把银币放进小面包里的，我要奖励你。愿你永远保持现在这样一颗感恩的心。回家去吧，告诉你妈妈这些钱是你的了。"她激动得跑回了家，告诉了妈妈这个令人兴奋的消息，这是她的感恩之心得到的回报。

在漫长的人生之路上，风雨和彩虹总是交替出现。有人在遭遇挫折的时候，总是怨天尤人、一蹶不振，而不感谢那些帮助过他的人；有人在幸福的日子里仍不知道满足，只是整天抱怨而不感谢自己拥有的。其实生活中有许多人在注视着我们，无论是我们的朋友还是对手，我们都应该感恩，只要能学会发现，学会感恩，美好的生活就在我们身边。

感恩之心会给我们带来无尽的快乐，为生活中的每一份拥有而感恩，能让我们知足常乐。但是，感恩不是炫耀，不是停滞不前，而是把所有的拥有看作一种荣幸、一种鼓励，在深深感激之中进行回报的积极行动，与他人分享自己的拥有。感恩之心使人警醒并积极行动，更加热爱生活，创造力更加活跃；感恩之心使人向世界敞开胸怀，投身到仁爱行动之中。没有感恩之心的人，永远不会懂得爱，也永远不会得到别人的爱。感恩的心能改变我们的态度，让我们收获美丽的人生！

# 拥有一颗善于感恩的心

在漫长的人生旅途中，我们会结识许许多多的人，会经历许许多多的事，其中有无法言语的感动，有发自内心的感激，也有不可避免的艰难困苦和委屈无奈，无论遇见什么，我们一定要学会拥有一颗宽容而感恩的心。

善于表达、心怀善意的人是很容易得到幸福的，他们能够顺利地打开天堂之门。然而，那些不知感恩，甚至忘恩负义的人是永远也到不了天堂的，等待他们的是苦海无边的地狱。

不会感恩，缺乏感恩心态，对工作缺乏热情与认真的态度，生活懈怠，以法律底线思考问题，人们渐渐蜕化成了冷漠无情的经济动物。只有感恩的人，他们的命运才会发生巨大的改变，甚至影响到他们的一生。

程序员史蒂文斯在软件公司干了8年突然失业了，连他自己都没有想到。他一直以为将在这里做到退休，然后拿着优厚的退休金颐养天年。然而，这一年公司倒闭了。这个时候，他的第三个儿子刚刚降生。他感谢上帝的恩赐，同时意识到，重新工作迫在眉睫。作为丈夫和父亲，自己存在的最大意义，就是让妻子和孩子们过得更好。

史蒂文斯的生活变得凌乱不堪，每天的工作就是找工作。一个月过去了，他没找到工作。除了编程，他一无所长。终于，他在报上看到一家软件公司要招聘程序员，待遇不错。史蒂文斯揣着资料，满怀希望地赶到公司。应聘的人数超乎想象，很明显，竞争将会异常激烈。经过简单交谈，公司通知他一个星期后参加笔试。凭着过硬的专业知识，史蒂文斯轻松过关，两天后面试。他对自己8年的工作经验无比自信，坚信面试不会有太大的麻烦。然而，考官的问题是关于软件业未来的发展方向，这些问题他从来都没有认真思考过。

史蒂文斯觉得公司对软件业的理解，令他耳目一新，虽然应聘失败，可他感觉收获不小，有必要给公司写封信，以表感谢之情。于是他立即提笔写道："贵公司花费人力、物力，为我提供了笔试、面试的机会。虽然落聘，但通过应聘使我大长见识，获益匪浅。感谢你们为之付出的劳动，谢谢！"这是一封与众不同的信，落聘的人没有不满，毫无怨言，竟然还给公司写来感谢信，真是闻所未闻。这封信被层层上递，最后送到总裁办公室。总裁看了信后，一言不发，把它锁进抽屉。

3个月后，新年来临，史蒂文斯收到一张精美的新年贺卡，上面写着："尊敬的史蒂文斯先生，如果您愿意，请和我们共度新年。"贺卡是他上次应聘的公司寄来的。原来，公司出现空缺，他们想到了史蒂文斯。这家公司是美国微软公司，现在闻名世界。十几年后，凭着出色的业绩，史蒂文斯一直做到了副总裁。

一张贺卡改变了史蒂文斯的命运，一句"谢谢"使得他的人生有了"柳暗花明又一村"的惊喜。其实，当我们心怀感恩之情，不仅给对方留下了深刻的印象，还为对方送去了快乐。正是这不经意间的一个小小的举动，却让命运发生了翻天覆地的变化。由此可见，感恩是受到每个人欢迎的，当你付出感恩时你也必将受到众人的喜爱。没有道谢，就无法体会彼此的好意在互动之间是多么地幸福，也很可能因此无法再继续得到对方的恩惠。

学会感恩，不仅仅意味着要拥有宽广的胸襟和高尚的品德，实际上，它更应是一种愉悦自我的智慧。

爱默生说过："人生最美丽的补偿之一，就是人们在真诚地帮助别人之后，也帮助了自己。"

一个人生活得快乐与否，不在于他是否年轻美貌，也不在于他是否位高富有，而在于他是否拥有一种健康的精神状态，是否拥有一颗善于感恩的心。

# 不要在意自己的不完美

　　世界上存在的不见得都是完美的，但是不完美的存在也有其理由，也有其存在的价值。最起码，不完美不是你的错。在悲观的时候也有理由不悲观，在失望的时候也可以找到希望，再大的劣势也还会有属于自己的优势。契诃夫说过：世界上有大狗，也有小狗。可是小狗不应该因大狗的存在而心慌意乱，所有的狗都得叫，各自按照上帝赐给它的声调去叫。既然如此，你又何必在意自己的不完美呢？如果你还徘徊在自己的不完美中，那么，请你现在就从阴影里走出来吧！

　　印度有一个农夫，住在山坡上，要到山坡下的小溪边去挑水。天天挑，习惯了也不觉得太吃力。

　　农夫挑水用两个瓦罐，有一个买来时就有一条裂缝，而另一个完好无损。完好的瓦罐总能把水从小溪边满满地运到家，而那个破损的瓦罐走到家里时，水就只剩下半罐了，另外半罐都漏在路上了。因此，他每次挑水挑到家都只有一罐半。这样一天天过去，过了两年。

有一天，有裂缝的瓦罐在小溪边对它的主人说："我为自己感到惭愧，我总觉得对不起你。"

"你为什么感到惭愧？"农夫问。

"过去两年中，在你挑水回家的路上，水从我的裂缝中渗出，我只能运半罐水到你家里。你花了挑两罐水的气力，却没有得到你应得的两满罐水，没有得到你应得的回报。"瓦罐回答说。

农夫听瓦罐这样说，微微一笑，对它说："在我回家的路上，我希望你注意，留神看看小路旁边那些美丽的花儿。"

当他们上山坡时，那个破瓦罐看见太阳正照着小路旁边美丽的鲜花，这美好的景象使它感到快慰，但到了小路的尽头，它仍然感到伤心，因为它又漏掉了一半的水，于是，它再次向农夫道歉。但是农夫却说："难道你没有注意到小路两旁，只有你的那一边有花，而另一边却没有开花吗？因为每次我从小溪边回家，你都在浇花！两年来，这些美丽的花朵给了我一路的好心情。如果不是因为你，这条路上也没有这么好看的花朵了！"

徘徊在不完美阴影里的人不可能取得骄人的成绩，任何时候都不要徘徊在自己不完美的阴影里。失之东隅，收之桑榆。在一方面失去了，可能会在另一方面收获。虽然水从瓦罐的裂缝中渗漏出去，让它损失了一部分水，可是路旁的野花却因此而得到了浇灌，开出美丽的花朵，而瓦罐和它的主人也得到了一路的风景。我们也可能在生活中不经意地损失了什么，但一定不要为此而难过，或许不久以后，你就会得到另外的收获。

# 坚强地微笑吧

既然不能哭泣，就选择坚强地微笑吧！

桑兰是我国女子体操队优秀的跳马选手。她5岁开始练体操，12岁时入选国家队，曾多次参加重大国际比赛，为国家赢得了荣誉。

1998年7月21日晚上，桑兰在美国纽约第四届世界友好运动会上参加女子跳马比赛。赛前试跳时，发生了意外，她头朝下从马箱上摔了下来，顿时，胸部以下完全失去了知觉。经医生诊断，她的脊梁骨骨折。这真是天大的不幸！桑兰的美好人生刚刚开始，可她以后的生活也许永远要在轮椅上度过了。

得知自己的伤势后，17岁的桑兰表现得非常坚强。前来探望的队友们看到桑兰脖子上套着固定套，躺在床上不能动弹，都失声痛哭。

但桑兰没有掉一滴眼泪，反而急切地询问队友们的比赛情况。

每天上午和下午，医生都要给桑兰进行两小时的康复治疗，从手部一直推拿到脚部。桑兰总是一边忍着剧痛配合医生，一边轻轻地哼着自由体操的乐曲。为她治疗的医生感动地说："这个小姑娘以惊人的毅力和不屈的精神，给所有的病人做出了榜样。"

日子一天天过去了，桑兰可以自己刷牙、自己穿衣、自己吃饭了。但有谁知道，在这些简单得不能再简单的动作背后，桑兰是怎样累得气喘吁吁、大汗淋漓的！

1998年10月30日，桑兰出院了。面对无数关心她的人，桑兰带着动人的微笑，说："我决不向伤痛屈服，我相信早晚有一天，我能站起来！"

桑兰这个坚强的小姑娘，用无比的勇气面对一切，以一贯的微笑赢得了海内外人士的敬佩。

这是一个真实的故事。面对不幸，无论是身体上的痛苦，还是精神上的痛苦，桑兰都承受下来了，而且是微笑着承受的。桑兰用微笑诠释了什么是坚强。也正是这种积极的心态，这种顽强的毅力，才让桑兰虽然遇到不幸之事，却没有成为不幸之人。

每个人的生命都是独一无二的，我们哭闹着降临到这个世上，开始属于自己的人生旅程。我们所经历的一切都是旅途的风景，不管是绿草如茵，还是黄沙漫天，都无可选择。在磨难面前，要有一颗坚强的心，要学会微笑着面对一切、承受一切，竭尽全力、想方设法克服困难、勇往直前。正如爱因斯坦说过："我失败了九十九次，但是在第一百次的时候，我成功了。"没有人可以随随便便成功，成功的背后往往是泪水、汗水甚至血水，只有坚定不移、坚持不懈，才能微笑着迎接成功的喜悦！

# 一切都会好起来

不幸的消息总是突如其来。

女孩的工作一直做得好好的，所以那天她无忧无虑地上班，一点危机感也没有。经理把她叫进办公室，然后告诉她："对不起，请你另谋高就吧！"并吩咐她下午去财务部结算工资。

中午，她坐在公园的长椅上黯然神伤，她实在想不明白自己为何会被炒鱿鱼，更让她无法想象的是同事们会用什么样的眼光来看她。于是，她哭着把自己的遭遇打电话告诉母亲。母亲静静地听完她的倾诉，说："其实没什么的，只要你面带微笑。"

女孩怔了怔，想了想，脸上微微地绽开了笑容。她忽然醒悟：真的没有什么大不了的，只不过是丢了一份工作而已。

那些世故的同事怀着强烈的兴趣想要默默偷窥到她的颓败、落魄和失意，她决不能在丢失了工作的同时，也丢失了自己的笑容。选择和被选择，不过是现在这个世界上时时刻刻都在发生着的最平常不过的事情，这件事情对于她的唯一意义便是提醒这个工作不适合她，必须去寻找一个更适合自己的工作了。

于是，那天下午，她昔日的同事们纷纷心照不宣地出来和她打招呼的时候，看到的是一张与平日丝毫无异的平静美丽的笑脸。短暂的自我调整之后，她又拥有了晴朗的天空。

有一位伟人说过："要么你去驾驭生命，要么是生命驾驭你。你的心态决定谁是坐骑，谁是骑师。"不要让你的心态使你成为一个失败者。成功是由那些抱有积极心态的人所取得，并由那些以积极的心态努力不懈的人所保持。

要知道，任何事物都有健康的一面和消极的一面，心态也不例外，如果你的心态是健康的，你看到的就是乐观、进步、向上的一面，你的生活、工作、人际关系及周围的一切就都是成功向上的；如果你的心态是消极的，你所见到的就只有悲观、失望、灰暗，你的前途也很可能随之黯淡无光。

生活中的很多失意，我们都无力去控制，既然遇上了，那也没什么，只要你面带微笑，一切都会好起来的。

# 平凡却不平庸

心态、观念改变，行动就会改变。行动改变，结果就会改变。我们每个人都拥有自己的梦，无论成功与失败，我们追求的应该是平凡而不平庸。

平凡是人生的常态。普通人都是平凡的，但如果一个人甘于平凡、不思进取，就会安于现状、碌碌无为。那些有理想、有追求的年轻人，也许现在很平凡，但是他们绝不会平庸。他们是白手起家的道路上平凡的奋斗者，他们一路都在追寻着自己的人生价值，在努力创造自己平凡生命中的不平凡。

现实中不是所有人都安于平凡，但却有很多人流于平庸。不是所有人都内心平静，但很多人却碌碌无为。即使是站在平凡的岗位上，处于平凡的起点，只要我们有一颗不甘平庸的心，也能创造出属于自己的一份基业。

美国第三大钢铁公司——伯利恒的创始人齐瓦勃，出生于美国乡村，只受过短暂的学校教育。因家中一贫如洗，早年的他便到一个山村做了马夫。然而雄心勃勃的齐瓦勃无时无刻不在寻找着发展的机遇。三年后，齐瓦勃来到钢铁大王卡内基所属的一个建筑工地打工。当其他人都在抱怨工作辛苦、薪水低并因此而怠工的时候，齐瓦勃却一丝不苟地工作着，并且为以后的发展而开始自学建筑知识。

一天晚上，同伴们都在闲聊，唯独齐瓦勃躲在角落里看书。那天恰巧公司经理到工地检查工作，经理看了看齐瓦勃手中的书，又翻了翻他的笔记本，什么也没说就走了。第二天，公司经理把齐瓦勃叫到办公室，问："你学那些东西干什么？"齐瓦勃说："我想，我们公司并不缺少打工者，缺少的是既有工作经验，又有专业知识的技术人员或管理者，对吗？"经理点了点头。

不久，齐瓦勃就被升任为技师。有人讽刺挖苦齐瓦勃，而齐瓦勃回答说："我不光是在为老板打工，更不单纯是为了赚钱，我是在为自己的梦想打工，为自己的远大前途打工。我只能在认认真真的工作中不断地提升自己。我要使自己的工作所产生的价值，远远超过所得的薪水，只有这样，我才能得到重用，才能获得发展的机会。"

就是抱着这样的信念，齐瓦勃从平凡的岗位上，一步步升到了总工程师的职位上。25岁那年，齐瓦勃做了这家建筑公司的总经理。后来，齐瓦勃终于独立地建立了属于自己的大型伯利恒钢铁公司，并创下了非凡的业绩，真正地完成了从一个普通人到富翁的飞跃，成就了自己的事业。

一个不甘平庸的年轻人，无论他现在正从事着什么工作，他都会将它视为毕生的事业来对待。正确地认识自己平凡的工作就是成就辉煌的开始，也是人生对我们每一个人最起码的要求。

不甘平凡是自我剖析后的一种积极心态。人的聪明才智有大小、学问有高低、能力有强弱，只有真正认识到自身的不足，才能克服不足，或以勤补拙，或居安思危，不断进步。

年轻时我们可以功不成、名不就，可以无过人之才，也可以无惊世之举，但绝不可以不知为什么而活，绝不可以浑浑噩噩、无所事事。人生一世，没有理由让自己的生命在挥霍中和埋怨中流逝，而应最大限度地去寻求人生的价值。

# 让自己拥有一颗平常心

只有拥有一颗平常心，才能更好地享受当下的生活。何谓平常心？如果按照中国传统文化的轨迹去追寻，并上升至儒道文化的层次上解释，便有些玄奥。其实，所谓平常心，不过是我们在日常生活中处理周围事情的一种心态。平常心应该是一种常态，是有一定修养后方可具有的。它属于一种维系终身的处世哲学。

20世纪后半叶的一天，一个美国阔太太去巴黎旅游。她在巴黎市中心的花园里看见一个老头在专心致志地浇花剪草。他是那样地内行，那样勤恳操劳，他那一丝不苟的姿态，足以证明他是一个优秀的园丁。这个阔太太有一座私人花园，她想，这个法国老头真是百里挑一的好园丁，在美国恐怕出很高的价钱也很难找到，今天既然碰到了，为什么不把他请到美国去呢？于是她问那个老头，愿不愿意到美国去做她的园丁。她可以给他高于法国3倍的工资，还可以解决他的旅费和住宿。

"夫人。"那个老头静静地听完美国阔太太的话，非常礼貌地说道，"谢谢您的好意。但真是不巧，我现在还有一个职务在身，不能离开巴黎。""你统统辞掉吧！我会给你补偿的。你还有什么兼职？还是从事什么副业？送牛奶还是养鸡？""都不是。"老头微笑着说，"我希望人们在下次选举中不投我的票，我就好来接受您的美差了。""什么？投票？你们法国人连选园丁都要投票？""不是的，夫人。我的名字叫安里，现在还兼任着法国总统。"

堂堂的一国总统竟然在花园里勤恳地工作，并且以一个平凡人的身份对待骄傲的阔太太。这是发自内心的谦虚，亦是"宠辱不惊，闲看庭前花开花落；去留无意，漫随天外云卷云舒"的坦然。其实，生活充满了变化，这就要求我们能够以平常心处之。当拥有了平常心时，你就会觉得天天都是快乐的日子。

哈佛大学博士基辛格是犹太人的后裔，他于1923年出生于德国菲尔市，1938年随父母移居美国。到了美国，基辛格一家要变成美国人那样，也并不是一件容易的事，语言、工作、学校，一切都是新的，不好办。基辛格的父亲发现自己原来在德国的学历到纽约后并不怎么受到重用，只好凑合着当了一名办事员，这使他灰心丧气。

然而，母亲葆拉却能保持一颗平常心，尽管遭受如此大的打击和不幸，她仍能像往常一样保持着积极的心态。她总是对基辛格说："孩子，这些不幸没什么，这是上帝的安排，我们不能因此而失去生活的信念。当然我们也不能祈求上帝给我们莫大的幸福。"这一点对基辛格的影响很大，以致他在面对大多数失败和成功时都能保持从容。

基辛格的妈妈教会了儿子不论遇到什么挫折，都能够保持一颗平常心。基辛格做到了，所以他骄傲地走进了举世闻名的哈佛大学，并且成为伟大的外交家。

林语堂说过：我宁肯放弃一宗哲学，而喜欢一片拌着酱汁的黄瓜。

拥有一颗平常心，是有很多好处的。

拥有一颗平常心，才能体验并享受到平淡人生的真滋味。正如中国禅宗六祖惠能大师偈曰："菩提本无树，明镜亦非台……本来无一物，何处惹尘埃？"拥有一颗平常心，才能让我们在日常生活中，抛弃一切执着与烦恼，随时给自己留下适度的空间自觉自省。

拥有一颗平常心，才能让我们学会放下一切贪念、嗔恚和痴迷，如此我们才能看到光明的自性，才能不去患得患失、唯唯诺诺，进而能昂首挺胸、潇洒自如，达到一种悠然自在的人生境界。

谨以此书，献给迷茫的追梦人。

愿你无论经历多少、无论多么难过，都不要忘记仰起头开怀大笑。